分子遗传学

陈　宏　蓝贤勇　刘武军　主编

科学出版社
北　京

内 容 简 介

本书较为全面、系统地阐述了分子遗传学的基本概念、基本理论和基本技术，并力求反映该学科的最新进展。全书涉及的内容包括遗传物质及相关研究技术；基因组及其研究技术；DNA 复制及其研究技术；RNA 转录、加工及其研究技术；蛋白质合成及其研究技术；基因表达调控及其研究技术；基因突变与 DNA 修复及其应用；遗传重组；表观遗传学基础；动植物分子育种基础；分子进化与资源保护等。

本书可作为高等院校及科研院所的生物科学、生物技术、生物工程、医学类、食品科学与工程类、动物科学、动物医学、水产科学、智慧牧业、植物保护、农学、园艺、草业科学等生命学科各有关专业本科生和研究生教材，同时也是从事分子遗传学和分子生物学的教学、科研人员的一本有益参考书。

图书在版编目（CIP）数据

分子遗传学 / 陈宏，蓝贤勇，刘武军主编. -- 北京 ：科学出版社，2025. 1. -- ISBN 978-7-03-080861-5

Ⅰ. Q75

中国国家版本馆 CIP 数据核字第 2024NN3508 号

责任编辑：刘 畅/责任校对：严 娜
责任印制：肖 兴/封面设计：无极书装

科 学 出 版 社出版
北京东黄城根北街 16 号
邮政编码：100717
http://www.sciencep.com
北京华宇信诺印刷有限公司印刷
科学出版社发行 各地新华书店经销
*
2025 年 1 月第 一 版 开本：889×1194 1/16
2025 年 1 月第一次印刷 印张：24 1/4
字数：684 000

定价：128.00 元

（如有印装质量问题，我社负责调换）

编 写 人 员

主　编　陈　宏（西北农林科技大学）

　　　　　蓝贤勇（西北农林科技大学）

　　　　　刘武军（新疆农业大学）

编　委（按姓氏汉语拼音排序）

　　　　　曹　行（新疆农业大学）

　　　　　陈　宏（西北农林科技大学）

　　　　　黄永震（西北农林科技大学）

　　　　　姜运良（山东农业大学）

　　　　　蓝贤勇（西北农林科技大学）

　　　　　李地艳（电子科技大学）

　　　　　刘武军（新疆农业大学）

　　　　　刘小军（河南农业大学）

　　　　　邵景侠（西北农林科技大学）

　　　　　乐祥鹏（兰州大学）

　　　　　张　丽（广东海洋大学）

　　　　　赵生国（甘肃农业大学）

　　　　　赵志辉（广东海洋大学）

主　审　曾文先（西北农林科技大学）

前　言

PREFACE

分子遗传学是20世纪50年代初兴起的年轻而又朝气蓬勃的遗传学分支学科，经过70多年的发展，逐步成为一门新型的学科，已经深入到生物学科的各个领域，成为整个现代生物学的中心学科。由于与其他分支学科有密切的联系，分子遗传学又成为一门重要的基础学科，与许多学科结合而形成许多交叉学科。因此，它正以旺盛的生命力成为推进整个生物学科向新的领域迈进的引领学科。最近20多年以来，随着以分子技术和组学技术为基础的整个现代生物科学发展迅速，一系列新理论、新技术和新方法的不断涌现，生物学家在揭示生命奥秘和改造生物方面利用学科交叉已开拓了不少新的研究领域，从而全面地推进了生命科学的研究进展。其中，最引人注目的是以基因组DNA为研究对象的分子遗传学。

分子遗传学是在生命信息大分子的结构、功能及相互关系的基础上研究生物遗传与变异的科学，将分子生物学与遗传学相结合。它的应用目前已广泛涉及基础医学、临床医学、兽医业、畜牧业、水产养殖业和种植业等。因此，了解和掌握分子遗传学领域的基本概念、基本原理和基本技术对于生命科学的人才培养和促进现代分子生物技术发展是非常重要的。

全书共十二章，涉及的内容包括分子遗传学的概念、研究对象、研究内容、形成与发展、分支学科及应用的概述；遗传物质及相关研究技术；基因组及其研究技术；DNA复制及其研究技术；RNA转录、加工及其研究技术；蛋白质合成及其研究技术；基因表达调控及其研究技术；基因突变与DNA修复及其应用；遗传重组；表观遗传学基础；动植物分子育种基础；分子进化与资源保护等。本书的特色是除了介绍分子遗传学的基本概念与基本理论外，同时注重阐述各个不同领域的研究技术和方法，使本书更具有系统性、先进性和实用性。

本书编委来自全国8所高等院校教学一线的教师。陈宏编写第一、二章；刘小军编写第三章；乐祥鹏编写第四章；刘武军、曹行编写第五章；姜运良编写第六章；黄永震编写第七章；邵景侠编写第八章；赵志辉和张丽编写第九章；蓝贤勇编写第十章；李地艳编写第十一章；赵生国编写第十二章。全书由陈宏教授、蓝贤勇教授及刘武军教授统稿，最后由陈宏教授定稿。

本书可作为高等院校及科研院所的生物科学、生物技术、生物工程、医学类、食品科学与工程类、动物科学、动物医学、水产科学、智慧牧业、植物保护、农学、园艺、草业科学等生命学科各有关专业本科生和研究生教材，同时也是从事分子遗传学和分子生物学教学、科研人员的一本有益参考书。考虑到本书的完整性和系统性，全书按48学时编写，根据专业需要，课堂讲授时可有所取舍。

曾文先教授审阅了全书，为本书的修改和定稿提出了宝贵的意见。西北农林科技大学研究生院、动物科技学院，新疆农业大学动物科学学院和科学出版社的同志在本教材编写和出版过程中给予了热情的指导、帮助与支持，在此一并表示衷心的感谢。此外，本书的部分插图引自书后相关参考文献，在此向原作者表示感谢。

由于分子遗传学的研究领域还在不断拓宽，发展迅速，加之编写人员水平有限，不当之处在所难免，敬请同行师生批评指正，以便将来进一步完善。

陈宏

2024 年 12 月

目　录

CONTENTS

第一章 绪 论

一、分子遗传学的定义

分子遗传学是分子生物学与遗传学相结合的一门交叉学科，是在生命信息大分子的结构、功能及相互关系的基础上研究生物遗传与变异的科学。它依据物理、化学的原理在分子水平上解释遗传变异现象，在分子水平上研究遗传机制、变异机制及遗传物质对代谢过程的调控等。也可以说，分子遗传学是在分子水平上研究生物遗传和变异机制的遗传学分支学科。经典遗传学研究的课题主要是基因在亲代和子代之间的传递问题；分子遗传学则主要研究基因的本质、基因的功能以及基因的变化等问题。

二、分子遗传学的诞生

（一）分子遗传学产生的学科背景

分子遗传学的早期研究都以微生物为材料，它的产生、形成和发展与微生物遗传学和生物化学有密切关系。1944 年，艾弗里（Avery）通过肺炎双球菌证实了遗传物质是 DNA，而不是蛋白质，从而阐明了分子遗传学遗传的物质基础。1952 年，奥地利裔美国生物化学家夏格夫（E. Chargaff，1905～2002）测定了 DNA 中的 4 种碱基含量，发现其中腺嘌呤与胸腺嘧啶的物质的量相等，鸟嘌呤与胞嘧啶的物质的量相等，这就是著名的“夏格夫法则”。这使沃森（Watson）、克里克（Crick）立即想到 4 种碱基之间存在着两两对应的关系，形成了腺嘌呤与胸腺嘧啶配对、鸟嘌呤与胞嘧啶配对的概念。1953 年 2 月，沃森、克里克通过威尔金斯（Wilkins）看到了富兰克林（Franklin）在 1951 年 11 月拍摄的一张十分漂亮的 DNA 晶体 X 射线衍射照片，这一下激发了他们的灵感。他们不仅确认了 DNA 一定是螺旋结构，而且分析得出了螺旋参数。他们采用了富兰克林和威尔金斯的判断，并加以补充，即磷酸根在螺旋的外侧构成两条多核苷酸链的骨架，方向相反；碱基在螺旋内侧，两两对应。之后几天，沃森和克里克在他们的办公室里兴高采烈地用铁皮和铁丝搭建了 DNA 模型。1953 年 2 月 28 日，第一个 DNA 双螺旋模型终于诞生了。1953 年 4 月，美国分子遗传学家沃森和英国分子生物学家克里克提出了 DNA 分子结构的双螺旋模型，这一发现常被认为是分子遗传学的真正开端。

（二）分子遗传学诞生的标志

1953 年，沃森和克里克通过威尔金斯看到的富兰克林制备的精美 DNA 晶体 X 射线衍射照片，结合夏格夫 1952 年证明的碱基配对原则，终于发现了 DNA 的双螺旋结构：两条以磷酸为骨架的链相互缠绕形成了双螺旋结构，氢键把它们连接在一起。他们的这一发现发表在 1953 年 4 月 25 日出版的英国 *Nature* 杂志上，并提出 DNA 半保留复制的设想。

双螺旋模型的提出，不仅意味着探明了 DNA 分子的结构，更重要的是它还提示了 DNA 的复制机制。由于腺膘呤（A）总是与胸腺嘧啶（T）配对、鸟膘呤（G）总是与胞嘧啶（C）配对，这说明两条链的碱基顺序是彼此互补的，只要确定了其中一条链的碱基顺序，另一条链的碱基顺序也就确定了。因此，只需以其中的一条链为模板，即可合成复制出另一条链。克里克从一开始就坚持在 *Nature* 发表的论文中加上“DNA 的特定配对原则，立即使人联想到遗传物质可能有的复制机制”这句话。他认为，如果没有这句话，将意味着他与沃森“缺乏洞察力，以致不能看出这一点”。在发表DNA双螺旋结构论文后不久，*Nature*杂志又发表了克里克的另一篇论文，阐明了DNA的半保留复制机制。

由于双螺旋结构显示出DNA分子在细胞分裂时能够自我复制，完善地解释了生命有机体要繁衍后代，物种要保持稳定，细胞内必须有遗传属性和复制能力的机制。所以，沃森和克里克提出的DNA双螺旋模型，被认为是生物学的里程碑，是分子遗传学建立的标志，是分子遗传学时代的开端，标志着分子遗传学的诞生。由于他们对科学的巨大贡献，1962年获得了诺贝尔生理学或医学奖。

三、分子遗传学的发展历史

分子遗传学诞生后，其发展非常迅速，主要分为四个时期：基础发展时期（1953～1972）、基因工程发展时期（1973～）、基因组学发展时期（2000～）和基因组编辑发展时期（2012～）

（一）基础发展时期（1953～1972）

在这个时期，遗传和变异的奥秘在分子水平上逐步被揭示出来，即从分子水平上对基因概念的定义；半保留复制的提出与验证；遗传信息传递和表达的中心法则的提出与验证；操纵子调控规律的发现；遗传密码的破译等五大研究成果奠定了分子遗传学的基础。

1. 基因概念的定义

在沃森和克里克提出DNA双螺旋模型后，人们对基因的概念从物质和功能上进行了重新定义，即基因就是一段有特定遗传效应的特异DNA片段。这个定义既表述了基因的物质性和结构性，又表明了基因的功能性。

2. 半保留复制的论证

1953年沃森和克里克在发现DNA双螺旋结构模型时，就同时提出DNA复制的可能模型；1956年科恩伯格（Kornberg）首次发现了DNA聚合酶；1958年梅塞尔森（Meselson）及斯塔尔（Stahl）用同位素标记和超速离心分离实验证明了DNA半保留复制模型；1968年冈崎（Okazaki）提出DNA不连续复制模型；1972年证实了DNA复制开始需要RNA作为引物；20世纪70年代初获得DNA拓扑异构酶，并对真核DNA聚合酶特性做了分析研究。这些发现逐渐完善了人们对DNA复制机制的认识。

3. 中心法则的揭示

1957年克里克提出，在DNA与蛋白质之间RNA可能是中间体。1958年，他又提出了核酸中碱基顺序同蛋白质中氨基酸顺序之间的线性对应关系，详细地阐述了中心法则。把中心法则的公式表述为“DNA→RNA→蛋白质”（图1-1A）。1961年雅各布（F.Jacob）和莫诺德（J.Monod）证明了在DNA同蛋白质之间的中间体是mRNA。1970年泰明（H. M. Temin）等在致癌RNA病毒中发现了逆转录酶（1975年获诺贝尔奖），提出了以RNA为模板，在逆转录酶的作用下，合成DNA的过程。从而完善了中心法则（图1-1B）。

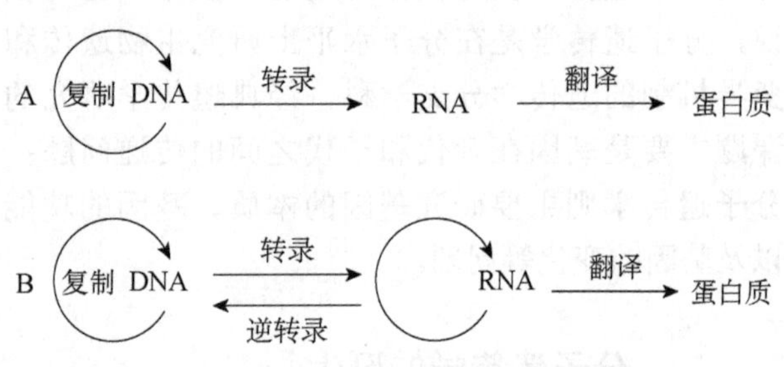

图1-1　中心法则（A）与完善的中心法则（B）

4. 操纵子调控规律的发现

操纵子学说是1961年法国科学家莫诺德与雅各布在发表的《蛋白质合成中的遗传调节机制》一文中提出的学说，莫诺德与雅各布最初发现的是大肠杆菌乳糖操纵子的调控规律。这是一个十分巧妙的自动控制系统，这个自动控制系统负责调控大肠杆菌的乳糖代谢，是一个控制细胞基因表达的模型，该操纵子学说开创了基因调控研究的先河。此学说的提出使基因概念又向前迈出了一大步。表明人们已认识到基因的功能并不是固定不变的，而是可以根据环境的变化进行调节。随之人们发现无论是真核生物还是原核生物转录调节都涉及编码蛋白质的基因和DNA上的元件。这一发现获得了1965年诺贝尔奖。

1969年，贝克维斯（Beckwith）从大肠杆菌的 DNA 中分离出乳糖操纵子，完全证实了莫诺德和雅各布的模型。

5. 遗传密码的破译

1953 年，沃森和克里克提出 DNA 双螺旋结构之后，分子生物学像雨后春笋蓬勃发展。许多科学家的研究，使人们基本了解了遗传信息的流动方向：DNA→信使 RNA（mRNA）→蛋白质。也就是说蛋白质由 mRNA 指导合成，遗传密码应该在信使 RNA 上。那么如何破译遗传密码呢？1962 年，克里克用 T4 噬菌体侵染大肠杆菌，发现蛋白质中的氨基酸顺序是由相邻三个核苷酸为一组的遗传密码来决定的。由于三个核苷酸为一个信息单位，就有 4^3=64 种组合，足够 20 种氨基酸用了。在遗传密码破译的研究中，许多科学家倾注了大量的努力，其破译密码的实验研究先后由三个实验室逐步发展了四种破译方法，于 1966 年完成。

在破译密码的过程中，美国尼伦伯格（Nirenberg）博士走在前面。他用严密的科学推理对蛋白质合成情况进行分析。既然核苷酸的排列顺序与氨基酸存在对应关系，那么只要知道 mRNA 链上碱基序列，然后由这种链去合成蛋白质，不就能知道它们的密码了吗？于是，他带领团队用仅含有单一碱基的多尿嘧啶［poly（U）］，做试管内合成蛋白质的研究。这个实验由于只用了含有单一碱基 U 的特殊 RNA，所以得到了只有 UUU 编码的 RNA。把这种 RNA 放到与细胞内相似的溶液里，就应该得到由单一一种氨基酸组成的蛋白质。这样在合成的蛋白质中，只含有苯丙氨酸。于是，人们了解了第一个氨基酸的密码：UUU 对应苯丙氨酸。随后，用 U-G 交错排列合成了半胱氨酸-缬氨酸-半胱氨酸的蛋白质，从而确定了 UGU 为半胱氨酸的密码，而 GUG 为缬氨酸的密码。这样，不仅证明了遗传密码是由 3 个碱基排列组成，而且不断地找出了其他氨基酸的密码。

进一步的研究发现，不论生物简单到只一个细胞，还是复杂到多细胞的动物、植物和人类，其遗传密码都是一样的。也就是说，一切生物共用一套遗传密码。遗传密码的破译受到人们的高度关注，它对生物化学、生命起源、分子生物学及遗传学产生了重大影响。尼伦伯格因 1966 年破译遗传密码于 1969 年获得了诺贝尔奖。

（二）基因工程发展时期（1973～）

20 世纪 70 年代以后，分子遗传学及其实验技术得到飞速发展。1972 年，美国斯坦福大学伯格（Berg）等将猿猴病毒 SV40 的 DNA 和大肠杆菌 λ 噬菌体 DNA 分别进行 *Eco*R Ⅰ 酶切，然后用 T4 DNA 连接酶将两个酶切片段进行连接，率先完成了人类历史上第一个 DNA 分子的体外重组实验。因此，他荣获了 1980 年的诺贝尔化学奖。1973 年，美国斯坦福大学科恩（Cohen）等在体外构建了含四环素和链霉素两个抗性基因的重组质粒，并将其导入大肠杆菌中，获得了双抗性的大肠杆菌转化子，成功完成了第一个基因克隆实验。这两大科研成果标志着分子遗传学已进入基因工程的发展阶段，也标志着基因工程技术的诞生。

基因工程又称重组 DNA 技术，是将不同来源的基因按照预先设计的蓝图，在体外构建重组 DNA，然后导入活细胞，以改变生物原有的遗传特性，获得新品种和生产新产品等。基因工程技术为生命科学的研究提供了有力手段，同时为以基因工程技术为核心的现代生物技术产业的建立奠定了扎实基础。之后，以基因工程技术为核心的分子遗传学发展很快，特别是在微生物和植物的转基因方面取得很多成就，并进入基因工程产品的产业化生产。

在这一时期，分子遗传学的其他方面也得到了快速发展。例如，1974 年，美国加州大学旧金山分校的毕绍普（Bishop）和瓦马斯（Varmus）共同领导的实验室首次发现了原癌基因，并于 1989 年获得诺贝尔生理学或医学奖。1976 年，桑格（Sanger）发明了双脱氧 DNA 测序法，并于 1980 年获得了诺贝尔奖。1977 年，夏普（Sharp）和罗伯茨（Roberts）发现内含子，揭示了不连续基因；1980 年，夏皮罗（Shapiro）发现转座子；1981 年，切赫（Cech）和奥特曼（Altman）发现核酶，并于 1989 年获得诺贝尔奖；1983 年，第一个动物转基因——转基因鼠获得成功；1985 年卡里·穆里斯（Kary Mullis）建立了聚合酶链反应（PCR）技术，并于 1994 年获得诺贝尔奖；1997

年体细胞克隆羊多莉（Dolli）诞生；2000年之后许多转基因体细胞克隆动物诞生；迄今，许多动物、植物和微生物转基因都获得成功。

（三）基因组学发展时期（2000～）

2000年6月26日，参加人类基因组计划（Human Genome Project，HGP）重大工程项目的美国、英国、法国、德国、日本和中国6国科学家共同宣布，人类基因组草图的绘制工作已经完成。这一成果标志着分子遗传学的研究领域已发展到一个崭新的阶段，是生命科学发展的一个重要里程碑，也标志着分子遗传学研究全面进入基因组研究的发展时期。

人类基因组计划是一项规模宏大，跨国跨学科的科学探索工程。其宗旨在于测定组成人类染色体（指单倍体）中所包含的30亿个碱基对组成的核苷酸序列，从而绘制人类基因组图谱，并且辨识其载有的基因及其序列，达到破译人类遗传信息的最终目的。

人类基因组计划由美国科学家于1985年率先提出，于1990年正式启动。美国、英国、法国、德国、日本和中国科学家共同参与了这一预算高达30亿美元的人类基因组计划。按照这个计划的设想，在2005年，要把人体内约2.5万个基因的密码全部解开，同时绘制出人类基因的图谱。2000年人类基因组草图的绘制工作完成。2001年人类基因组工作草图成果正式发表，这一发现被认为是人类基因组计划成功的里程碑。截至到2003年4月14日，人类基因组计划的测序工作完成。

人类基因组计划在研究人类过程中建立起来的策略、思想与技术，构成了生命科学领域新的学科——基因组学，可以用于研究微生物、植物及动物。人类基因组计划与曼哈顿原子弹计划和阿波罗计划并称为三大科学计划，是人类科学史上的又一个伟大工程，被誉为生命科学的“登月计划”。由于人类基因测序和基因专利可能会带来巨大的商业价值，各国政府和许多企业都在积极地投入该项研究。

在人类基因组计划的推动下，各种生物的基因组研究迅猛发展。2000年3月Celera公司完成了果蝇180 Mb的DNA测序；2000年12月完成第一种植物——拟南芥125 Mb的基因组测序；2001年人类基因组计划公布了人类基因组的精确图；2002年4月5日中国水稻（籼稻）基因组测序完成；2003年4月14日，公布了人类基因组计划的完成图，标志“后基因组时代”（PGE）的正式来临。2004年后，全面进入“组学”阶段：基因组、转录组、蛋白质组、甲基化组、外显子组、miRNA组、lncRNA组、circRNA等，几乎涉及所有农业动物和作物。

2010年以后，以基因组学为基础的精准医学迅速发展（表1-1）。2010年英国提出“万人基因组计划”，其成果发表在2015年*Nature*杂志上。2012年12月英国又启动了“十万人基因组计划”，五年半耗资5.23亿美元。2015年美国宣布精准医学“百万基因组计划”。2017年我国启动了“中国十万人基因组计划”。2017年10月，在我国江苏启动了“百万人群全基因组测序计划”，目标是建立中国人群特有的遗传信息数据库。2018年10月3日英国政府又宣布，将在未来五年内开展“五百万人基因组计划”，这是迄今为止全球最大规模的人群基因组计划，这标志着精准医学研究进入大数据阶段的分水岭。可以说，全球已兴起了精准医学的基因组计划。

表1-1　全球兴起的精准医学计划

时间	国家	提出的基因组计划
1998年	冰岛	17年间，测序了2636人，2015年发布冰岛人全基因组序列
2005年	加拿大	启动个体基因组计划
2012年	英国	5年用5.23亿美元，针对癌症和罕见病患者开展十万人基因组计划
2013年	沙特阿拉伯	沙特进行千万人的遗传密码图谱绘制
2015年	美国	用经费2.15亿美元，5年进行五百万人精准医学研究
2015年	韩国	用2500万美元，5年进行五万人基因组计划
2015年	澳大利亚	4年进行十万人基因组计划
2016年	中国	在15年内，花费600亿元，启动“中国人群精准医学研究计划”
2016年	法国	提出花费10年6.7亿欧元，启动“法国基因组医疗2025”

目前，农业动物如牛、山羊、绵羊、猪、鸡、牦牛、马等和许多植物的基因组测序都已完成，现已进入功能基因组及其应用的研究阶段。

（四）基因组编辑发展时期（2012～）

2012年，季聂克（M. Jinek）及夏邦杰研制出CRISPR/Cas9（规律性成簇间隔短回文序列及其相关蛋白9）系统，这种用RNA作为向导的DNA限制性内切酶基因编辑技术的出现，大大提高了基因编辑效率，使基因编辑技术成为21世纪初最伟大的发现之一，标志着分子遗传学全面进入人工基因组编辑的新时代。

基因组编辑（genome editing）技术是指在特异性人工内切核酸酶技术的基础上，实现对生物体内特定DNA序列进行的精准删除、插入、修饰或改造，从而获得具有特定遗传信息和特定遗传性状的一种技术。它不像转基因技术，需要把外源基因转入体内。而是在基因组水平上对生物固有基因进行精确基因编辑或修饰。

基因编辑技术主要有锌指核酸酶（ZFN）技术、转录激活因子样效应物核酸酶（TALEN）技术及CRISPR/Cas9技术。在近10年中，人们利用ZFN技术、TALEN技术及CRISPR/Cas9技术，已经在许多动物、植物和人类疾病防治上进行了基因编辑的研究并获得成功，人们已经普遍认为基因编辑将是今后动植物育种的重要方法之一。

目前，基因组编辑的动物已经应用到动物遗传改良、人类疾病模型及生产人类药用蛋白等多个方面。豪施尔德（Hauschild）等利用ZFN技术制备了α-1，3-半乳糖转移酶基因敲除猪，旨在解决异种器官移植面临的免疫排斥反应问题；利利科（Lillico）等利用TALEN技术和ZFN技术直接注射家畜胚胎得到了基因修饰的活体动物，极大地拓展了基因编辑技术的应用领域。

2015年，北京蛋白质组研究中心通过CRISPR/Cas9技术修饰猪受精卵，用人类白蛋白基因替换猪的白蛋白基因，得到的基因修饰猪可以源源不断地生产大量人血清白蛋白，而不会有产生猪白蛋白的干扰。2016年，湖北农业科学院畜牧兽医研究所利用CRISPR/Cas9技术制备了肌生成抑制蛋白（MSTN）基因修饰湖北白猪，其瘦肉率显著提高，目前该猪已获准开展转基因生物安全评价的中间试验。

综上所述，分子遗传学的发展可以概括为从普通遗传学向分子遗传学的发展过程，从研究层次上讲，是从群体水平、个体水平向细胞水平、分子水平的发展过程；从研究遗传物质上讲，是从宏观到微观、从染色体到基因、从基因到基因编辑、从研究遗传物质的结构到功能的发展过程；从研究策略上讲，是从正向遗传学向反向遗传学的发展过程（图1-2）。

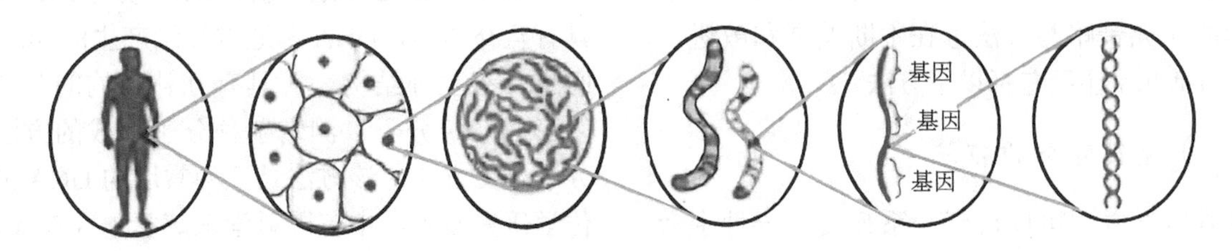

图1-2 从左到右为正向遗传学，从右到左为反向遗传学

四、分子遗传学研究的内容

分子遗传学研究的内容主要包括三大方面。①遗传物质的本质：包括DNA的结构、功能，遗传多态性，基因、基因组、蛋白质组的结构及其之间的关系。②遗传物质的传递：包括DNA的复制、传递、基因在世代之间的传递方式和规律。③遗传信息的实现：包括基因的表达及调控规律等。

分子遗传学不同于一般的遗传学。传统的遗传学主要研究遗传单元在各世代间的分布情况，而分子遗传学则着重研究遗传信息大分子在生命系统中的储存、复制、表达及调控过程。

应该强调的是：因为不能把分子遗传学单纯地理解成中心法则的演绎，分子遗传学的研究范畴要比中心法则广泛得多。它首先是遗传学，其坚实的理论基础仍然是摩尔根的《基因论》。中心法则只是对基因、性状及突变在核酸分子水平上的解释。但是，从中心法则到性状的形成，仍然是一个复杂的甚至未知的遗传、变异与发育的生物学过程。由于突变是在活细胞内发生的一种过程，这样的过程不能用DNA的简单化学反应来说明，因此分子遗传学应该研究活细胞内与遗传变异有关的一切分子事件。

分子遗传学也不仅仅是核酸及其产物（蛋白质）的生物化学。分子遗传学研究的对象是分子水平上的生物学过程——遗传及变异的过程。它研究的是动态的生命过程，而不是脱离生物体，在试管里孤立地研究生物大分子的结构与功能。

要真正地在分子水平上了解遗传变异的本质，仅研究核酸或蛋白质的生物化学是远远不够的。对于那些从活细胞中分离出来的“干燥”了的生物大分子的化学研究是必要的；但绝不是分子遗传学研究的中心内容，更不是它的全部内容。

分子遗传学所研究的应该是细胞中动态的遗传变异过程，以及与此相关的所有的分子事件。很显然，这些事件决不限于中心法则，也不限于核酸、蛋白质。

五、分子遗传学研究的策略与方法

由于生物技术和组学技术的迅速发展，分子遗传学的研究策略与方法也在不断发展和改进。目前，概括起来主要包括以下方法。

（一）遗传学分析方法

用遗传学方法可以得到一系列使某一种生命活动不能完成的突变型，如不能合成某一种氨基酸的突变型、不能进行DNA复制的突变型、不能进行细胞分裂的突变型、不能完成某些发育过程的突变型、不能表现某种趋化行为的突变型等。正像20世纪40年代在粗糙脉孢菌中利用不能合成某种氨基酸的突变型来研究这种氨基酸的生物合成途径一样，也可以利用上述不同种类突变型来研究DNA复制、细胞分裂、发生过程和趋化行为等。不过，许多这类突变型常常是致死的，所以各种条件致死突变型特别是温度敏感突变型，常常是分子遗传学研究的重要材料。

在得到一系列突变型以后，就可以对它们进行遗传学分析，了解这些突变型代表几个基因，各个基因在染色体上的位置，这就需要应用互补测验和基因定位，包括基因精细结构分析等手段。

（二）分子生物学方法

抽提、分离、纯化和测定等都是分子遗传学中的常用方法。在对生物大分子和细胞超微结构的研究中还经常应用电子显微镜技术。对分子遗传学研究特别有用的技术是序列分析、分子杂交和重组DNA技术。核酸和蛋白质是具有特异性结构的生物大分子，它们的生物学活性取决于它们结构单元的排列顺序，因此常需要了解它们的这些顺序。如果没有这些顺序分析，则基因DNA和它所编码的蛋白质的线性对应关系便无从确证；没有核酸的序列分析，则插入顺序或转座子两端的反向重复序列的结构和意义便无从认识，重叠基因也难以发现。分子生物学方法主要概括如下。

1）DNA和RNA的提取：人体组织细胞在含有十二烷基硫酸钠（SDS）的溶液中，用蛋白酶K消化分解蛋白质，然后用酚和氯仿抽提，用乙醇沉淀DNA。也可用离子交换树脂快速提取DNA。

2）Southern印迹分析：DNA分子的两个单链具有互补结构，DNA和通过转录产生的mRNA之间也具有互补结构。凡具有互补结构的分子都可以形成杂种分子，测定杂种分子形成的方法便是分子杂交方法。该方法是一种常用的DNA分子遗传学研究技术，由英国科学家萨瑟恩（Southern）发明而命名的。可用于测定特异基因内及周围的多态性或其突变点。可检测由突变、插入或缺失所引起的基因异常，也可以用来对DNA和由DNA转录的RNA进行鉴定和测量。分子杂交方法的应用范围很广泛，如用来测定两种生物DNA总的相似程度、某一mRNA分子从DNA的哪一部分转录等。

3）DNA多态性：DNA区域中等位基因存在两种或两种以上形式，称为多态性。DNA序列中有1/300～1/100碱基存在多态现象。根据人类DNA的多态性可以检测人体细胞中遗传因素的细微变化。

4）PCR：一种通过聚合酶作用，在体外迅速合成 DNA 序列的方法。可在体外迅速而大量地扩增被选定的一定长度的 DNA 序列。PCR 的产物纯度较高，可直接用电泳法显示和回收。这是分子生物学中的一项突破性技术。

5）DNA 序列测定：测定 DNA 序列有两种方法，一种是 DNA 化学降解法，另一种是 DNA 合成法。两种方法都由一系列 DNA 分子生成，这些 DNA 分子的长度仅差一个碱基，可经聚丙烯酰胺凝胶电泳（PAGE）分离，在凝胶上形成梯带。

6）DNA 芯片测定：标记的 cDNA 探针与定点于固相表面呈几何组列分布的寡核苷酸产生高度专一的杂交，可以进行不同细胞群中个别基因表达的评估，以及基因功能群的分析。预期 DNA 芯片技术的进一步发展和扩大应用，会对遗传学异常的快速诊断和治疗效果的判别产生积极作用。

（三）重组DNA技术与方法

重组 DNA 技术的主要工具是限制性内切核酸酶和基因载体。通过限制性内切酶和连接酶等的作用，可以把所要研究的基因和载体相连接并引进细菌细胞，通过载体复制和细菌繁殖便可获得这一基因 DNA 的大量纯制品，如果这一基因得以在细菌中表达，还可以获得这一基因所编码的蛋白质。这对于分子遗传学研究是一种十分有用的方法。此外，在取得某一个基因以后，还可以在离体条件下通过化学或生物化学方法使它发生预定的结构改变，然后再把突变基因引入适当宿主细胞。这一方法有助于对特定基因的结构和功能的研究。

重组 DNA 技术已经成为许多遗传学分支学科的重要研究方法。分子遗传学也已经渗入到许多生物学分支学科中。以分子遗传学为基础的遗传工程正在发展成为一个新兴的工业生产领域。

（四）生物化学与免疫学方法

生物化学方法可被用来研究蛋白质的结构和功能。例如，可以筛选得到一系列使某一蛋白质失去某一活性的突变型。应用基因精细结构分析可以测定这些突变位点在基因中的位置；通过序列分析可以测定各个突变型中氨基酸的替代，从而判断蛋白质的哪一部分与特定的功能有关，以及什么氨基酸的替代影响这一功能；等等。

生物进化的研究过去着眼于形态方面的演化，以后又逐渐关注代谢功能方面的演变。自从分子遗传学发展以来又关注 DNA 的演变、蛋白质的演变、遗传密码的演变以及遗传行为包括核糖体和 tRNA 等的演变。通过这些方面的研究，对生物进化过程将会有更加本质的了解。

分子遗传学也已经渗入到以个体为对象的生理学研究领域，特别是对免疫机制和激素作用机制的研究。随着克隆选择学说的提出，目前已经确认动物体的每一个产生抗体的细胞只能产生一种或者少数几种抗体，而且已经证明这些细胞具有不同的基因型。这些基因型的鉴定和来源的探讨，以及免疫反应过程中特定克隆的选择和扩增机制等，既是免疫遗传学也是分子遗传学研究的课题。个体发生过程中一般并没有基因型的变化，因此主要是基因调控问题，也属于分子遗传学研究范畴。

（五）计算机与生物信息学方法

随着 DNA 和蛋白质测序技术的发展和成本的降低，大量的测序等遗传数据不断产生。因此，利用生物信息学技术与方法对大量遗传数据的分析、归纳就成了必不可少的事情。

生物信息学不仅是一门科学学科，它更是一种重要的研究开发工具。从科学的角度来讲，它是一门研究生物和生物相关系统中信息内容物和信息流向的综合系统科学，只有通过生物信息学的计算处理，人们才能从众多分散的生物学数据中获得对生命运行机制和系统的理解。

从工具的角度来讲，它是几乎进行所有生物（医药）研究开发所必需的舵手和动力机器，只有基于生物信息学，通过对大量已有分子遗传学数据资料的分析处理所提供的理论指导和分析，人们才能选择正确的研发方向。同样，只有选择正确的生物信息学分析方法和手段，才能正确处理和评价新的遗传观测数据并得到准确的结论。

可见，生物信息学无论是在生物科研还是在开发中，都具有广泛而关键的应用价值。而且，由于生物信息学是生物科学与计算科学、物理学、化学和计算机网络技术等密切结合的交叉性学科，使其具有非常强的专业性，这就使得专业的生物遗传科研或开发机构自身难以胜任它们所必需的生物信息学业务，而这种需求，仅靠那些高度分支化和学术化的分散的生物信息学科研机构是远远不能满足的。可见，在生命科学的新世纪，生物信息学综合服务将是一个非常重要也是极具挑战性的领域。

纵观当今生物信息学界的现状，在遗传学领域，可以发现大部分人都把注意力集中在基因组、蛋白质组、蛋白质结构以及与之相结合的药物设计上，但生物信息方法是反向遗传研究的重要手段之一。

1. 生物基因组分析

（1）新基因的发现

通过计算分析，从表达序列标签（expressed sequence tag，EST）序列库中拼接出完整的新基因编码区，也就是通常所说的“电子克隆”；通过计算分析，从基因组DNA序列中确定新基因编码区，根据编码区具有的独特序列特征、编码区与非编码区在碱基组成上的差异、高维分布的统计方法、神经网络方法、分形方法和密码学方法等，经过多年的积累，已经形成许多分析方法。

（2）非蛋白质编码区生物学意义的分析

非蛋白质编码区约占人类基因组的95%，其生物学意义目前不是很清楚，但从演化观点来看，其中必然蕴含着重要的生物学功能，由于它们并不编码蛋白质，一般认为，它们的生物学功能可能体现在对基因表达的时空调控上。对非蛋白质编码区进行生物学意义分析的策略有两种：一种是基于已有的已经被实验证实的所有功能已知的DNA元件的序列特征，预测非蛋白质编码区中可能含有的功能已知的DNA元件，从而预测其可能的生物学功能，并通过实验进行验证；另一种则是通过数理理论直接探索非蛋白质编码区新的未知序列特征，并从理论上预测其可能的信息含义，最后同样通过实验验证。

（3）基因组整体功能及其调节网络的机制研究

把握生命的本质，仅掌握基因组中部分基因的表达调控是远远不够的，因为生命现象是基因组中所有功能单元相互作用共同制造出来的。基因芯片技术由于可以监测基因组在各种时间断面上的整体转录表达状况，因此成为该领域中一项非常重要和关键的实验技术，对该技术所产生的大量实验数据进行高效分析，从中获得基因组运转以及调控的整体系统的机制或网络机制，便成了生物信息学在该领域首先要解决的核心问题。

（4）基因组演化与物种演化

尽管已经在分子演化方面取得了许多重要的成就，但仅依靠某些基因或者分子的演化现象，就想阐明物种整体的演化历史似乎不太可靠。例如，智人与黑猩猩之间有98%～99%的结构基因和蛋白质是相同的，然而表型上却具有如此巨大的差异，这就提示我们要研究基因组整体组织方式而不仅仅是研究个别基因在物种演化历史中的重要作用。由于基因组是物种所有遗传信息的储藏库，从根本上决定着物种个体的发育和生理，因此，从基因组整体结构组织和整体功能调节网络方面，结合相应的生理表征现象，进行基因组整体的演化研究，将是揭示物种真实演化历史的最佳途径。

2. 蛋白质组研究技术

基因组对生命体的整体控制必须通过它所表达的全部蛋白质来执行，基因芯片技术只能反映从基因组到RNA的转录水平上的表达情况，从RNA到蛋白质还有许多中间环节的影响，仅凭基因芯片技术我们还不能最终掌握生物功能具体执行者——蛋白质的整体表达状况。因此，近几年在发展基因芯片的同时，也发展了一套研究基因组所有蛋白质产物表达情况的技术——蛋白质组研究技术，从技术上来讲包括双向凝胶电泳技术和质谱测序技术。通过二维凝胶电泳技术可以获得某一时间截面上蛋白质组的表达情况，通过质谱测序技术可以得到所有这些蛋白质的序列组成。这些都是技术实现问题，而最重要的是如何运用生物信息学理论方法去分析所得到的巨量数据，从中还原出生命运转和调控的整体系统的分子机制。

3. 蛋白质结构研究

基因组和蛋白质组研究的迅猛发展，使许多新蛋白质序列涌现出来，然而要想了解它们的功能，只有氨基酸序列是远远不够的，因为蛋白质的功能是通过其三维高级结构来执行的，而且蛋白质三维结构也不一定是静态的，在行使功能的过程中其结构也会相应地有所改变。因此，得到这些新蛋白质的完整、精确和动态的三维结构就成为摆在我们面前的紧迫任务。目前除了通过诸如X射线晶体结构分析、多维核磁共振（multidimensional NMR）波谱分析和电子显微镜二维晶体三维重构（电子晶体学，EC）等物理方法得到蛋白质三维结构之外，还需要一种广泛使用的方法就是通过计算机辅助预测的方法。目前，一般认为蛋白质的折叠类型只有数百到数千种，远远小于蛋白质所具有的自由度数目，而且蛋白质的折叠类型与其氨基酸序列具有相关性，这样就有可能直接从蛋白质的氨基酸序列通过计算机辅助方法预测出蛋白质的三维结构。

六、分子遗传学的作用和地位

（一）分子遗传学的作用

1953年，沃森和克里克提出DNA双螺旋模型，开启了分子遗传学研究的大门。以PCR技术、DNA重组技术、测序技术、基因编辑技术等为代表的一系列新技术和方法的不断发展和突破，更是让人们对生命的理解进入了分子遗传学时代。正是源于分子遗传学研究及其相关学科研究成果的不断涌现，生命科学研究真正进入了一个高速发展的分子化和大数据化的全新时代。分子遗传学的深入研究不仅直接关系到分子遗传学本身的发展，而且在理论上，对于探索生命的本质和生物进化的机制、对于推动整个生物科学和有关科学的发展都有巨大的推动作用。

近年来，分子遗传学的飞速发展充分证实以核酸和蛋白质为研究基础，特别是以DNA为研究基础可以认识和阐述生命的现象和本质。在生产实践上分子遗传学对农业科学起着直接的指导作用，通过有效地控制遗传变异，可加速育种进程，开展品种选育和良种繁育。在医学中分子遗传学也有重要的指导作用。由于分子遗传学的发展，广泛开展人类遗传疾病的调查研究，深入探索癌细胞的遗传机制，从而为保健工作提出有效的诊断、预防和治疗措施，为消灭致命的癌症展示出乐观的前景。因此，分子遗传学研究已经渗透到人类、动物、植物、微生物等生命科学的各个领域和各个学科，由此产生的新理论、研究新思路、新技术和新成果极大地推动了生命科学各个学科的整体发展，同时也催生出许多新兴的前沿交叉学科。可以预期，以遗传学特别是分子遗传学为核心的科学研究必将成为未来科技的强劲增长点和突破点，引领生命科学研究新一轮的发展浪潮。

（二）分子遗传学在学科中的地位

分子遗传学是20世纪50年代初兴起的年轻而又朝气蓬勃的学科，由于它已经渗入到生物学科的各个领域，已成为整个现代生物科学的中心学科与核心学科；又由于它与其他分支学科有密切的联系而成为重要的基础学科，与众多学科结合而形成许多新兴的前沿交叉学科。所以，分子遗传学正是以旺盛的生命力推进整个生物学科向新的领域迈进的带头学科。

七、分子遗传学的分支学科

自从分子遗传学诞生以来，它的各个领域都得到快速发展，由于它与生命科学的许多其他学科相互结合、相互渗透、相互交叉，已形成了30多个分支学科。下面从研究对象、学科交叉、研究内容及应用等方面简单介绍各个分子遗传学分支学科的情况。

（一）按研究对象分类

按研究对象分为：①动物分子遗传学；②人类分子遗传学；③植物分子遗传学；④微生物分子遗传学；⑤昆虫分子遗传学等。由于分子遗传学主要是研究基因的本质、基因的功能以及基因的变化等问题。所以，在分子水平上其研究的方法基本相同，但由于不同专业、不同领域的需要，就形成了以研究对象为特征的分子遗传学。

（二）按学科交叉分类

随着分子遗传学的快速发展，分子遗传学与其他生命学科不断结合、渗透与交叉，形成了许多新兴学科。按学科交叉有以下多个学科。

1）分子数量遗传学：分子数量遗传学是分子遗传学与数量遗传学相结合的一个学科。它主要是利用生物DNA分子的遗传多态性来揭示数量性状的遗传机制等问题。

2）分子群体遗传学：分子群体遗传学是分子遗传学与群体遗传学相结合的一个学科。它主要是在分子水平研究群体的遗传结构、变化规律、形成机制及群体间的亲缘关系与分类等。

3）分子细胞遗传学：是分子遗传学与细胞遗传学相结合的一个学科。它主要是利用分子遗传学技术与方法研究细胞中染色质与染色体的结构、功能及在细胞分裂中的染色体行为变化的机制，包括染色质的三维基因组结构、基因的染色体定位、染色体变异的分子遗传学机制等。

4）分子行为遗传学：分子行为遗传学是分子遗传学与行为学相结合的一门学科。它主要研究动物及人类各种行为所形成的分子遗传基础，包括生物的摄食、求偶、哺乳、育儿、筑巢、攻击、性格、学习、记忆等行为方面的基因和表达的时间、位置及作用途径等。

5）分子医学遗传学：分子医学遗传学是分子遗传学与医学相结合的一门交叉学科。它主要是利用分子遗传学的方法研究各种遗传疾病的基因诊断、分子治疗及发病的分子遗传学机制等。

6）肿瘤分子遗传学：肿瘤分子遗传学是肿瘤学与分子遗传学相结合的一门新的交叉学科。它主要是在分子水平上研究和阐述肿瘤发生、演变的遗传机制，肿瘤研究的分子遗传学技术、方法与基本原理，肿瘤的基因诊断与基因治疗等。

7）医用分子遗传学：医用分子遗传学主要研究分子遗传学的基本理论在医学中的应用，包括各种疾病诊断的分子遗传学应用技术的基本原理与方法等。

8）分子生态遗传学：分子生态遗传学是生态学与分子生物学、分子遗传学相结合的一门交叉新兴学科，也可以说，是利用分子遗传学方法研究生态学的一门交叉科学。它主要研究基因在不同环境种群中的存在与分布，在分子水平上研究生物种群的分子结构及其与环境适应性的分子特征，从而阐明种群与种群、种群与环境相互作用的机制等。

9）分子营养遗传学：分子营养遗传学是营养学与遗传学、分子生物学相结合的一门新兴边缘学科。它主要研究营养素与基因之间的相互作用及其对机体生长、发育、健康影响的规律和分子机制，包括营养素对基因表达的调控作用以及对基因组结构和稳定性的影响；同时，研究遗传因素对营养素消化、吸收、分布、代谢和排泄及生理功能的决定作用等。

10）免疫分子遗传学：免疫分子免疫学是免疫学与分子遗传学相结合的一门新兴学科。它主要利用分子遗传学的技术和方法，在分子水平上研究免疫系统的结构和功能，包括免疫系统的遗传多态性、分子遗传机制及表达调控等。

（三）按研究内容分类

按研究内容分子遗传学分为基因组学、解码学、转录组学、表观遗传学、表观基因组学、基因工程学、基因分子生物学、基因编辑学、生物信息学等。

1）基因组学：基因组学（genomics）是指对所有基因（基因组）进行基因组作图（包括遗传图谱、物理图谱、转录本图谱）、核苷酸序列分析、基因定位和基因功能分析的一门科学。

2）解码学：解码学是以基因组为研究对象对全部DNA密码序列进行功能研究，揭示全部编码序列的转录产物和蛋白质合成产物的遗传密码，借助DNA编码序列去寻找各个物种的源头，认识物种的起源。

3）转录组学：转录组学是指在整体水平上研究某一物种、某一组织、某一发育阶段、特定细胞中全部基因转录的情况及转录调控规律的一门学科。转录组学是从RNA水平研究基因表达的情况。转录组是一个活细胞所能转录的所有RNA的总和，是研究细胞表型和功能的一个重要手段。

4）表观遗传学：表观遗传学（epigenetics）是研究基因的核苷酸序列在不发生改变的情况下，基因表达发生的可遗传变化的一门遗传学分支学科。表观遗传的现象很多，已知的有DNA甲基化（DNA methylation）、染色质构象变化、基因组印记（genomic imprinting）、母体效应（maternal effect）、基因沉默（gene silencing）、核仁显性、休眠转座子激活和RNA编辑（RNA editing）与调控等。

5）表观基因组学：表观基因组学（epigenomics）是在基因组水平上对表观遗传学改变的研究。

6）基因工程学：基因工程学（genetic engineering）是以分子遗传学为理论基础，以分子生物学方法为手段，将不同来源的基因按预先设计的蓝图，在体外构建杂种DNA分子，然后导入活细胞，以改变生物原有的遗传特性、获得新品种、生产新产品的一门技术学科。

7）基因分子生物学：是研究生物基因组中基因的结构特征及功能的一门新兴学科。它包括研究基因本体的序列特征与结构，启动子、增强子、沉默子、终止子、5′非翻译区（5′UTR）、3′非翻译（3′UTR）区等基因元件的组成、结构及功能等。

8）基因编辑学：基因编辑（gene editing），又称基因组编辑（genome editing）或基因组工程（genome engineering），是一种新兴的比较精确的能对生物体基因组特定目标基因进行修饰的基因工程技术，已经形成分子遗传学的一个分支学科。基因编辑技术指能够让人类对目标基因进行定点“编辑”，实现对特定DNA片段的修饰。基因编辑以其能够高效率地进行定点基因组编辑，在基因研究、基因治疗和遗传改良等方面展示出了巨大的潜力。

9）生物信息学：生物信息学（bioinformatics）是在生命科学的研究中，以计算机为工具对生物信息进行储存、检索和分析的科学。也可以说是一门利用计算机技术研究生物系统之规律的学科。它是当今生命科学和自然科学的重大前沿领域之一。其研究重点主要体现在基因组学和蛋白质组学（proteomics）两方面，具体说就是从核酸和蛋白质序列出发，分析序列中表达的结构功能的生物信息。

（四）按应用分类

随着分子遗传学的发展，人们也越来越多地考虑其应用前景，因而在应用方面也形成一些新的学科。

1）动物分子育种学：动物分子育种学是分子遗传学与动物育种学相结合的一门新兴交叉学科。它主要是借助于动物分子遗传学的研究成果用于动物育种，包括标记辅助选择育种、全基因组选择育种、分子设计育种、基因编辑育种和转基因育种等。

2）植物分子育种学：植物分子育种学是分子遗传学与植物育种学相结合的一门新兴交叉学科。它与动物分子育种学同样，主要是借助于植物分子遗传学的研究成果用于植物育种，包括植物的标记辅助选择育种、全基因组选择育种、分子设计育种、基因编辑育种和转基因育种等。

3）转基因学：转基因学是分子遗传学与基因工程相结合发展起来的一门基因工程技术学科。它是研究在微生物转基因、植物转基因、动物转基因方面的应用。

4）基因治疗学：基因治疗学是医学与分子遗传学、基因工程相结合的一门应用学科。它主要研究人类各种疑难杂症、遗传病、慢性病、癌症等疾病的分子治疗。

5）基因免疫学：基因免疫学是分子遗传学与免疫学相结合的一门应用学科。其主要目的是通过基因疫苗研究提高人类和动物免疫力的一门应用学科。基因免疫（gene immunization）又称DNA免疫（DNA immunization）、核酸疫苗（nucleic acid vaccine）、DNA疫苗、体细胞转基因免疫（somatic transgene immunization）。基因免疫学研究的重点是将靶抗原编码基因置于真核表达调控元件的调控下，将该质粒DNA直接进行动物体内接种，并以与自然感染类似的方式呈递抗原，诱生特异性体液和细胞免疫应答。

6）基因诊断学：基因诊断学是指利用分子遗传学方法进行基因分析与疾病诊断的一系列方法体系。它与传统的诊断方法相比有着显著的优越性，它以基因的结构异常或表达异常为切入点，往往在疾病出现之前就可做出诊断，使疾病能够进行早期预防和及时治疗。基因已应用于许多临床疾病的诊断。

综上所述，由于分子遗传学与其他生命学科不断深入融合和渗透，不断产生新的分支学科。这也说明分子遗传学在整个生命科学中的重要性和核心位置。

八、分子遗传学的应用

在分子遗传学发展的同时，人们也在不断探

索分子遗传学的理论、技术和方法在生产和社会生活中的应用。概括起来主要有探讨生命的起源与分子进化，指导动物、植物、微生物的育种工作，探讨生物种群间的亲缘关系，正身与亲子鉴定，基因诊断与分子治疗等许多方面。

1. 探讨生命的起源与分子进化

由于基因组重测序技术的发展和费用的显著降低，使基因组测序得到广泛的应用。人们利用现有生物大量的基因组序列数据，以及得到的古代的骨DNA，通过可变DNA序列及生物信息学的比对分析，可以研究生命的起源、分子进化的规律及生物基因流的特征与方向，也可以发掘物种特定优良性状的基因。

2. 指导动物、植物、微生物的分子育种工作

分子遗传学的理论和技术能够指导动物、植物、微生物的育种工作和种质创新。归结起来是在分子水平上的选择育种，包括分子标记辅助选择育种、全基因组选择育种、转基因育种、基因编辑育种等。分子水平上的选择育种也叫分子育种（molecular breeding）或基因育种（gene breeding），也可以说是在DNA水平对生物进行选择、品种选育与改造的技术。分子育种能够提高选种的准确性，缩短世代间隔，加快育种进程，提高育种效率，降低育种成本、在育种过程中，人们还可以利用转基因技术、基因编辑技术、基因突变技术、DNA重组技术等，进行生物的种质创新，为育种提供素材。

3. 探讨生物种群间的亲缘关系

人们可以利用基因组中的遗传多态性，分析种群的遗传结构，种群间的亲缘关系，为品种分类、杂交优势利用提供基础依据。

4. 正身与亲子鉴定

近些年来，人们利用微卫星DNA的遗传多态性，在侦破中通过PCR技术与基因分型进行正身，其准确率达到99.9999%。利用这种方法，在人类和家养动物中进行亲子鉴定，应用越来越普遍。

5. 基因诊断与分子治疗

许多疾病与基因突变或基因表达有密切关系，但有些疾病发病的时间和表现度存在差异，可以根据基因序列设计引物，通过PCR扩增等技术进行基因诊断，确定是否含有特定的突变基因，以推测发病的可能性。在动物中，人们也利用这种方法，对特定有害基因进行检测和淘汰。利用性别特异性基因序列，通过PCR可以早期对性别进行鉴定，以获得高产单一性别的动物个体。在海关可以进行病原菌和其他微生物的检测等。

分子治疗也叫基因治疗。人们可以通过分子的方法，在细胞水平上对基因进行修饰，然后转入体内特定位置的组织，以达到疾病分子治疗的目的。

综上所述，随着分子遗传学的发展和研究的不断深入，其应用的领域会越来越多，应用的范围会越来越大，应用的内容会越来越广，一定会给人类带来美好的前景。

本章小结

分子遗传学是分子生物学与遗传学相结合的一门交叉学科，是在生命信息大分子的结构、功能及相互关系的基础上研究生物遗传与变异的科学。1953年由沃森和克里克提出的DNA双螺旋模型标志着分子遗传学的诞生和开端。分子遗传学自诞生以后发展非常迅速，其发展可以分为四个重要时期：分子遗传学基础发展时期、基因工程发展时期、基因组学发展时期和基因组编辑发展时期。可以概括为从普通遗传学向分子遗传学的发展过程，从群体水平、个体水平向细胞水平、分子水平的发展过程；从宏观到微观、从染色体到基因、从基因到基因编辑、从遗传物质的结构到功能的发展过程；从正向遗传学向反向遗传学的发展过程。分子遗传学研究的内容主要包括三大方面。①遗传物质的本质：包括DNA的结构与功能，遗传多态性，基因、基因组、蛋白质组的结构及其之间的关系。②遗传物质的传递：包括DNA的复制、传递、基因在世代之间的传递方式与规律。③遗传信息的实现：包括基因的表达及调控规律等。分子遗传学的研究策略与方法随着科技的发展和深入而不断发展和创新。目前研究的主要方法包括：遗传学分析方法、分子生物学方法、重组DNA技术与方法、生物化学与免疫学方法、计算机与生物信息学方法等。分子遗传学在整个生物科学中具有重要的作用和地位，所涉及的研究已经渗透到人类、动物、植物、微生物等生命科学的各个领域和各个学科，它对整个生物科学和相关科学的发展都有巨大的推动作用，已成为整个现代生物科学的中心学科、核心学科、前沿交叉学科和带头学科。分子遗传学与生命科学的许多其他学科相互结合、相互渗透、相互交叉，已形成了30多个分支学科。在分子遗传学发展的同时，人们也在不断探索其分子遗传学的理论、技术和方法在生产和社会生活中的应用，概括起来主要有探讨生命的起源与分子进化，指导动物、植物、微生物的育种工作，探讨生物种群间的亲缘关系，正身与亲子鉴定，基因诊断与基因治疗等许多方面。

思 考 题

1. 分子遗传学的概念是什么？
2. 分子遗传学是如何诞生的？
3. 分子遗传学的发展分为哪几个时期？各时期的主要特征是什么？
4. 分子遗传学研究的内容是什么？
5. 分子遗传学研究的策略与方法有哪些？
6. 分子遗传学在整个生物科学中的作用和地位如何？
7. 分子遗传学都有哪些分支学科？
8. 分子遗传学在社会和生产中的应用有哪些？

第二章 遗传物质及相关研究技术

第一节 遗传物质的发现

1865年，孟德尔经过8年豌豆杂交实验，证明生物的性状是由遗传因子控制的。20世纪初期，沃尔特・萨顿（Walter Sutton）（1903年）以蝗虫作材料，研究了精子和卵细胞的形成过程，推论基因位于染色体上，理由是基因和染色体行为存在着明显的平行关系。1906年摩尔根（Morgan）通过果蝇杂交实验，同样证明基因位于染色体上。人们通过研究了解到染色体在生物的传宗接代过程中，能够保持一定的稳定性和连续性。因此人们认为染色体在遗传上起着主要作用。

经研究科学家们发现，染色体的主要化学成分是DNA、蛋白质和少量的RNA。那么蛋白质、DNA、RNA到底谁是遗传物质呢？遗传物质应具备什么条件呢？作为遗传物质，应该：①具备稳定性；②能够自我复制，使前后代保持一定的连续性；③能储存大量的遗传信息；④能够指导蛋白质的合成，从而控制新陈代谢过程和性状；⑤可以产生可遗传的变异。关于谁是遗传物质的问题争论了几十年，直到1944年有了实验依据这个问题才得到解决。

一、肺炎双球菌的转化实验

（一）肺炎双球菌的类型

肺炎双球菌可分为S型细菌和R型细菌。根据血清免疫反应不同，按抗原S型和R型又分为不同的亚型。S型有：S-Ⅰ型、S-Ⅱ型、S-Ⅲ型；R型有：R-Ⅰ型、R-Ⅱ型、R-Ⅲ型。S型和R型肺炎双球菌的特征见表2-1。

表2-1 S型和R型肺炎双球菌的菌落特征

特性	细菌类型	
	S型细菌	R型细菌
菌落	光滑	粗糙
菌体	有多糖类的荚膜	无多糖类的荚膜
毒性	有毒性，可致死	无毒性，不致死

（二）Griffith的肺炎双球菌体内转化实验

为了确定谁是遗传物质，1928年格里菲思（Griffith）用肺炎双球菌体进行了体内转化实验，具体实验如图2-1所示。①将R-Ⅱ型的活细菌注射到小鼠体内，小鼠正常无病，小鼠不死亡，分离到活的R-Ⅱ型细菌（阴性对照）。②将S-Ⅲ型的活细菌注射到小鼠体内，小鼠患败血症死亡。分离到活的S-Ⅲ型细菌（阳性对照）。实验①和实验②的结果说明S-Ⅲ型的活细菌对小鼠有毒，而R-Ⅱ型的活细菌无毒。③将高温加热杀死的S型细菌注射到小鼠体内，小鼠正常无病，小鼠不死亡，也没有分离到活的S-Ⅲ型细菌（处理组-Ⅰ）。④将活的R-Ⅱ型细菌与加热杀死的S-Ⅲ型细菌混合共注射到小鼠体内，小鼠患败血症死亡，并检测到活的S-Ⅲ型细菌（处理组-Ⅱ）。实验④说明，小鼠体内R-Ⅱ型活细菌在加热杀死的S-Ⅲ型细菌的作用下可以转化为S-Ⅲ型活细菌。

在Griffith的实验中，严格设置了实验的阴性、阳性对照。实验结果说明，在加热杀死的S型细菌中，必然存在某种活性物质——转化因子，促使小鼠体内R型活细菌转化为有毒性的S

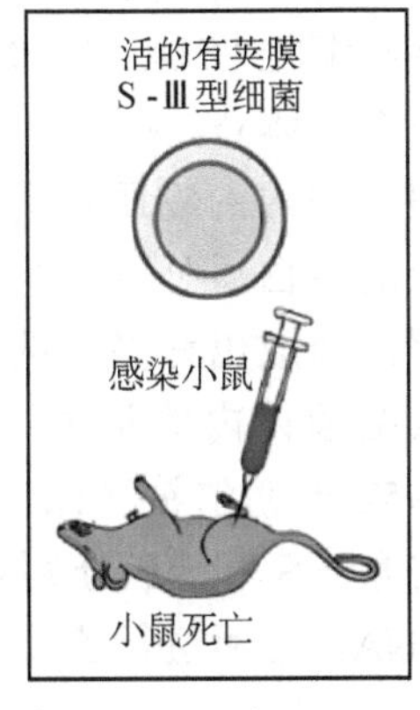

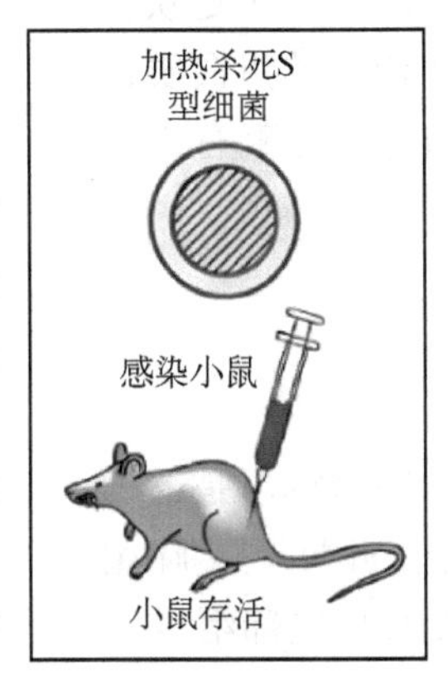

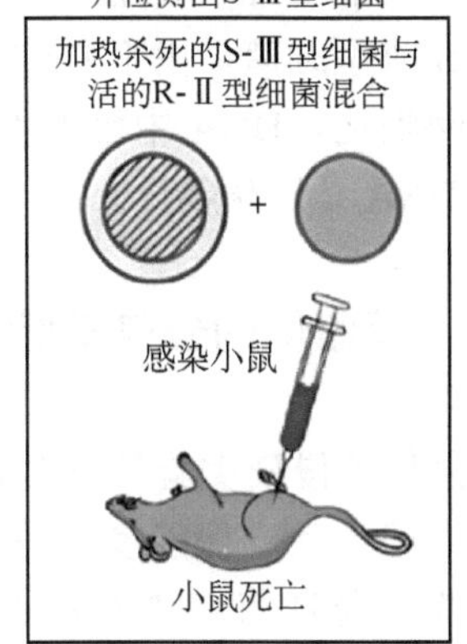

图 2-1　1928 年 Griffith 的肺炎双球菌体内转化实验步骤

型活细菌。那么，这种转化因子到底是什么物质呢？Griffith 并没有给出明确的答案。

（三）Avery 的肺炎球菌体外转化实验

1944 年艾弗里（Avery）同样用肺炎双球菌，并用生物化学和细菌体外转化方法证明这种活性物质是 DNA。他选用的实验材料也是肺炎双球菌，其实验目的就是弄清这种转化因子到底是什么？他的实验设计是将 S 型细菌中的多糖、蛋白质、脂类、DNA、“DNA 酶＋DNA” 等分别提取与处理，分别与 R 型活细菌进行混合培养。Avery 的细菌实验操作步骤如图 2-2 所示。

1）提取 S-Ⅲ型细菌中的多糖与活 R-Ⅱ型细菌混合后注射，结果无活的 S-Ⅲ型细菌出现（证明：多糖不是遗传物质）。

2）提取 S-Ⅲ型细菌中的脂类与活 R-Ⅱ型细菌混合后注射，结果无活的 S-Ⅲ型细菌出现（证明：脂类不是遗传物质）。

3）提取 S-Ⅲ型细菌中的 RNA 与活 R-Ⅱ型细菌混合后注射，结果无活的 S-Ⅲ型细菌出现（证明：RNA 不是遗传物质）。

4）提取 S-Ⅲ型细菌中的蛋白质与活 R-Ⅱ型细菌混合后注射，结果无活的 S-Ⅲ型细菌出现（证明：蛋白质不是遗传物质）。

5）提取 S-Ⅲ型细菌中的 DNA 与活 R-Ⅱ型细菌混合后注射，结果有活的 S-Ⅲ型细菌出现（证明：DNA 是遗传物质）。

6）提取 S-Ⅲ型细菌中的 DNA，并用 DNA 酶（DNase）消化，然后与活的 R-Ⅱ型细菌混合后注射，结果无活的 S-Ⅲ型细菌出现（反证：DNA 已降解，无 DNA，无活 S-Ⅲ型菌落）。

这些实验结果表明，只有加入 DNA，R 型细菌才能转化成 S 型细菌。后来的研究进一步证实，DNA 的纯度越高，转化效率就越高。所以得出结论：DNA 是遗传物质。

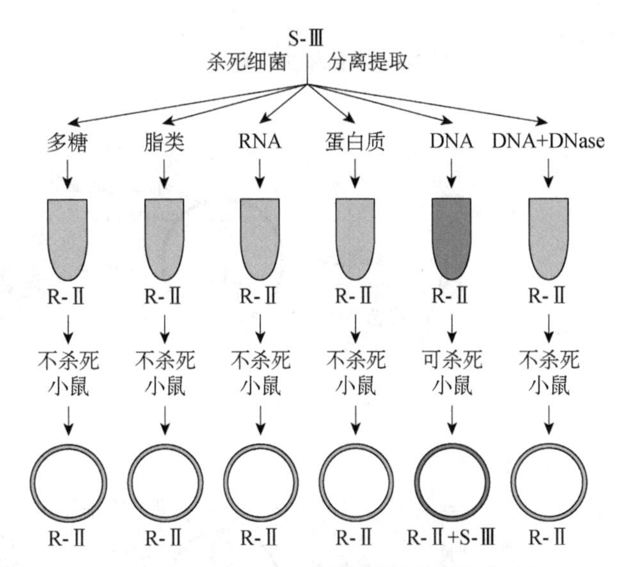

图 2-2　Avery 肺炎双球菌的体外转化实验

可见，科学家是设法把 DNA 与蛋白质分开，从而单独地、直接地去观察 DNA 与蛋白质的作用。然而，为什么还有人对 Avery 的实验结论表示怀疑呢？因为 Avery 提取的 DNA 中还含有少量的蛋白质（至少含 0.02%）。这一点在当时技术水平条件下无法避免。为此，Avery 又设计了第 7 个实验，即把从 S-Ⅲ型细菌中提取的 DNA 用蛋白酶消化后再与活的 R-Ⅱ型细菌共培养，结果还是获得了活的 S-Ⅲ型细菌。由于 DNA 溶液中的蛋白质已用蛋白酶消化，DNA 中已无蛋白质，这就有力地证明了 DNA 是遗传物质。

二、噬菌体的侵染实验

噬菌体的侵染实验又一次证实了 DNA 是遗传物质。噬菌体是一种能侵染细菌的病毒，T2 噬菌体能侵染大肠杆菌。噬菌体由头部和尾部组成，在 T2 噬菌体的成分中，只有 DNA 和蛋白质两种物质（图 2-3）。头部外围是蛋白质外壳，内部是一条 DNA 分子（图 2-3）。当 T2 噬菌体侵染大肠杆菌时，首先用尾部吸附细菌表面，然后尾巴强烈收缩把 DNA 注入细菌细胞内，而蛋白质外壳留在细菌体外。接着，在细菌体内，噬菌体 DNA 利用细胞内的物质和酶系复制自己，并指导合成相应的蛋白质外壳，形成新的噬菌体，最后细菌裂解，释放出许多新的噬菌体（图 2-4）。但是，进入细菌体内的是否只是 DNA 而不是蛋白质呢？1952 年赫尔希（Hershey）和蔡斯（Chase）用同位素 ^{35}S 和 ^{32}P 分别标记 T2 噬菌体的蛋白质和 DNA，然后进行了侵染实验（图 2-5）。

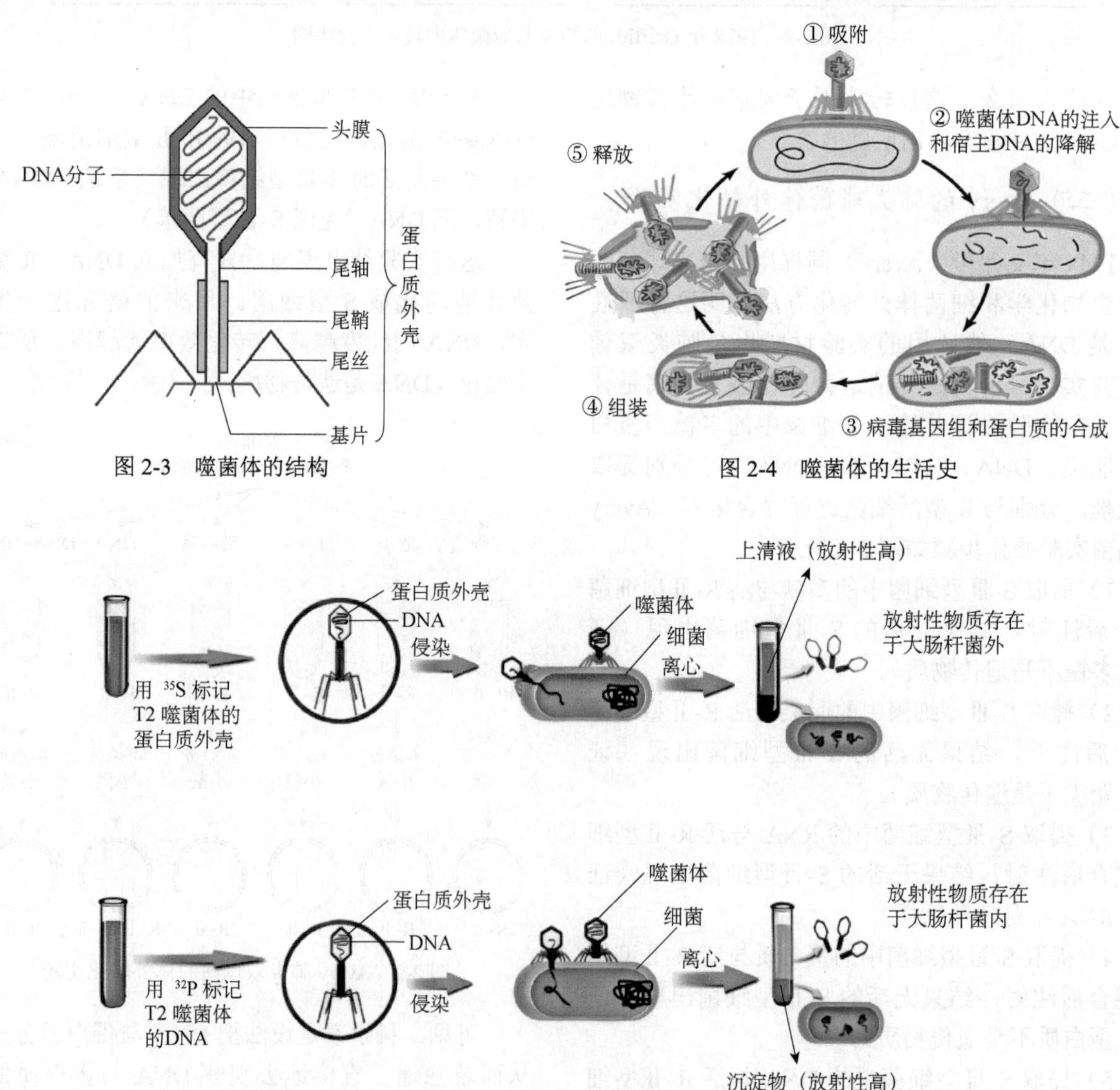

图 2-3 噬菌体的结构

图 2-4 噬菌体的生活史

图 2-5 用放射性同位素 ^{35}S 和 ^{32}P 标记的噬菌体侵染实验

结果发现用 ^{35}S 标记蛋白质外壳的噬菌体侵染细菌后，主要在细菌体外即噬菌体外壳上有放射性，在搅拌器中振荡后，蛋白质外壳脱离细菌，细菌体内有少量放射性，可能由于少量的噬菌体经搅拌后仍吸附在细胞上所致。用 ^{32}P 标记DNA的噬菌体侵染细菌后，主要在细菌体内有放射性，在搅拌器中振荡后，蛋白质外壳脱离细菌，但细菌体内仍然有放射性，释放的子噬菌体有放射性，噬菌体外壳上有少量放射性，可能还有少量的噬菌体尚未将DNA注入宿主细胞中就被搅拌下来所致。由此看来，进入细菌体内的是噬菌体的DNA，而不是噬菌体的蛋白质。并依靠这种DNA在细菌体内繁殖出同样的子噬菌体。可见DNA是亲代和子代间具有连续性的遗传物质。

三、烟草花叶病毒感染实验

病毒可分为DNA病毒和RNA病毒两类。烟草花叶病毒（tobacco mosaic virus，TMV）是一种RNA病毒，只含有蛋白质和RNA，没有DNA（图2-6）。烟草花叶病毒是由蛋白质和RNA组成的螺旋管状微粒，外壳由很多蛋白亚基组成，内芯是一单螺旋RNA。

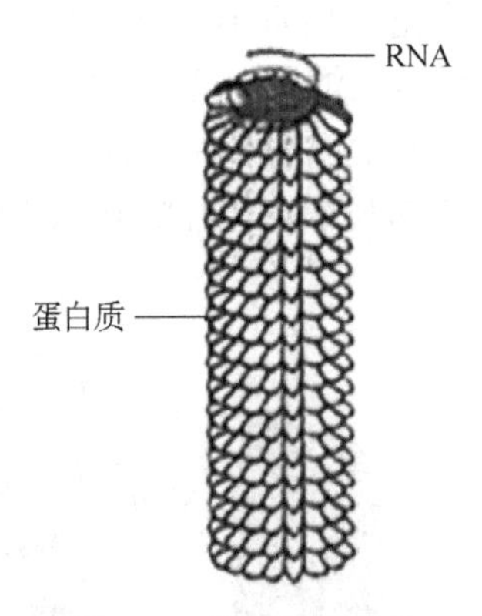

图2-6　烟草花叶病毒

那么，什么是遗传物质？如何设计实验来验证呢？1956年弗伦克尔·康拉特（Fraenkel Conrat）和施拉姆（Schramm）将烟草花叶病毒是在水和苯酚中振荡，把RNA和蛋白质分开，分别去感染烟草。用病毒蛋白质不能使烟草感染，用病毒RNA能使烟草感染，病毒的RNA进入烟草叶子细胞内，并产生了正常的病毒后裔，当病毒被RNA酶解后，就完全失去感染能力（图2-7）。这就证明了烟草花叶病毒的RNA感染了烟草，而不是蛋白质感染了烟草，即RNA是遗传物质。

随后，科学家们又将两种烟草花叶病毒的RNA和蛋白质分离，然后进行交叉重组病毒实验，即烟草花叶病毒A的RNA与烟草花叶病毒B的蛋白质重建组合新病毒；用烟草花叶病毒A的

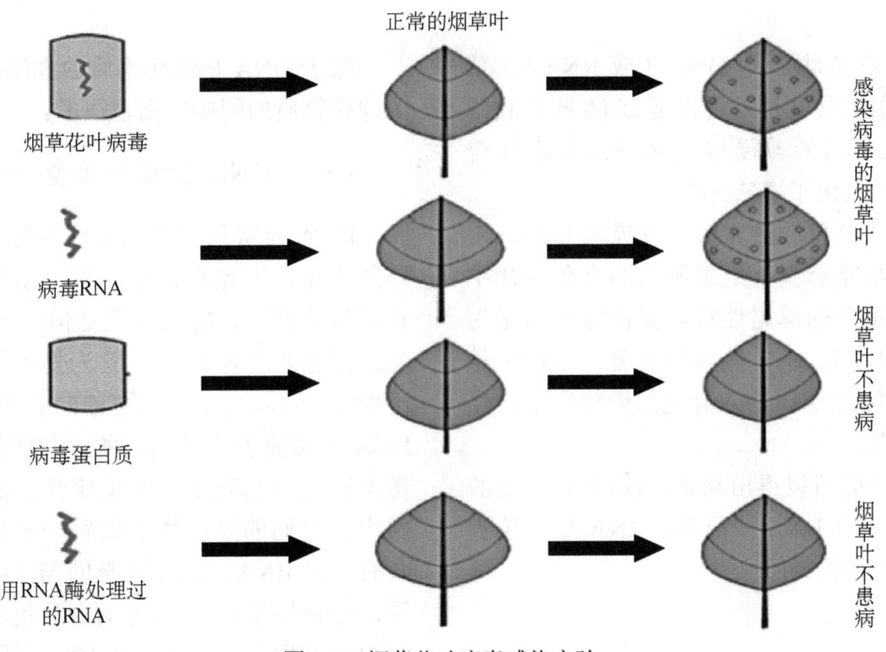

图2-7　烟草花叶病毒感染实验

蛋白质与烟草花叶病毒B的RNA重建组合新病毒，然后分别感染烟草，再从感染的烟草中分别分离病毒。结果发现第一个实验中分离的病毒的RNA和蛋白质都与烟草花叶病毒A相同，第二个实验中分离的病毒的RNA和蛋白质都与烟草花叶病毒B相同（图2-8）。这说明重建的新病毒类型取决于所提供的RNA，即RNA是遗传物质。

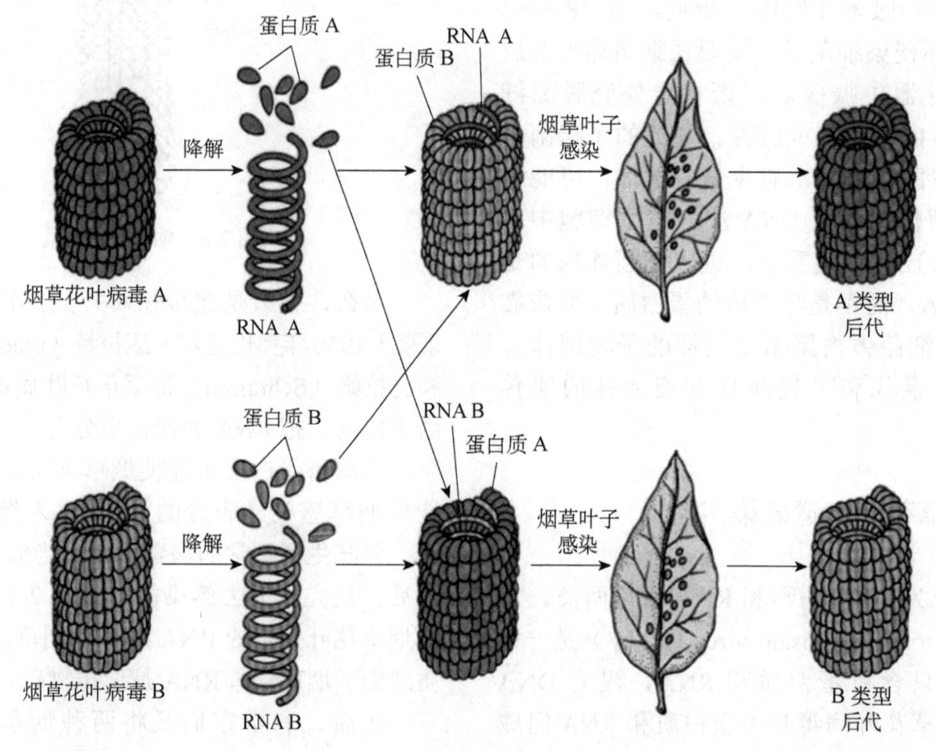

图2-8　两种烟草病毒重建实验

四、金鱼与鲫鱼遗传性状的定向转化

微生物的遗传物质是DNA（或RNA），那么，高等生物的遗传物质是否也是DNA呢？我国著名生物学家童第周教授与美籍华人牛满江合作，在该领域里做出了卓越贡献。

他们首先从鲫鱼成熟卵细胞里提取mRNA，注射到金鱼的受精卵里，结果孵出的金鱼后代中部分鱼长成了鲫鱼的单尾性状，其试验组单尾为33.1%，对照组仅为3%，差异极显著。从鲫鱼精子细胞核中提取DNA，注入金鱼的受精卵中，也获得类似的结果。

根据以上实验可以得出结论：DNA是主要的遗传物质；在没有DNA情况下，RNA是遗传物质；蛋白质不是遗传物质。

五、DNA作为遗传物质的间接证据

除了DNA是遗传物质的直接证据以外，其作为遗传物质的间接证据也很多。

（一）DNA含量和质量的恒定性

DNA通常只存在细胞核内的染色体上，不论年龄大小，不论身体哪一部分组织，同一物种，在正常情况下，染色体数是恒定的，DNA的含量也总是基本相同的，这就为物种的稳定性遗传打下物质基础。在同一物种的各种不同细胞中，DNA在质量上也是恒定的。与此相反，蛋白质在量上和质上都表现为不恒定性。例如，在某些鱼类中，它们的染色体蛋白质一般都是组蛋白，且含有少量RNA，而在成熟的精子中，组蛋白不见了，全是精蛋白，RNA的含量也测不出来，可见蛋白质在质量上是不恒定的。利用放射性元素进行标记，发现细胞内许多分子与DNA分子不同，它们一面迅速合成，一面又分解，而放射性元素一旦被DNA分子摄取，则在细胞保持健全生长的情况下，它不会离开DNA。

（二）性细胞DNA含量是体细胞的一半

当个体成熟后，经过减数分裂形成的性细胞（精子或卵子）染色体数减少一半，而DNA含量恰好也减少一半，再经过精卵结合，使染色体数及其相应的DNA含量恢复到体细胞的水平，体现了物种世代间的遗传连续性。

（三）能改变DNA结构的理化因素都可引起突变

能引起DNA分子结构变化的理化因素都可引起突变的产生。例如，用紫外线以不同的波长诱导各种生物突变时，其最有效的波长在260 nm左右，这段波长恰好是DNA的吸收峰，而不是蛋白质的吸收峰。

（四）DNA的半保留复制

DNA半保留复制可以把亲代的遗传物质精确地遗传给后代，为亲子间的相似性奠定了物质基础。作为遗传物质需要符合连续性、稳定性、多样性和可变性四个条件，而DNA就符合遗传物质的条件。以上说明DNA是遗传物质。

第二节　基因组上两种不同的遗传信息

一、遗传信息的物质条件

作为传递遗传信息的物质必须能够保证物种的连续性和适应进化的需要，这些信息必须能够稳定复制和稳定传递。遗传物质必须能够自我表达，即必须要有某种机制将遗传物质中所含信息翻译成产品。遗传物质还必须能够发生变异，以满足生物进化的需要。已经被证明DNA和RNA具备遗传信息载体的所有特征。

二、DNA上两种不同的遗传信息

DNA是所有生物（除RNA病毒外）遗传信息的携带者。这些遗传信息可以分为两类：①负责蛋白质氨基酸组成的信息，也叫编码信息或编码序列；②关于基因选择性表达的信息，也称非编码信息或非编码序列。

1. 负责蛋白质氨基酸组成的信息

负责蛋白质氨基酸组成的信息是由编码蛋白质的序列信息所组成，其由密码子方式编码。截至目前，除了线粒体DNA的密码子与核基因的密码子稍有不同以外，所有核基因的密码子在几乎所有生物中，不管是植物、动物还是微生物都是相同的。该序列信息占基因组的比例在不同的生物中不同。原核生物中占的比例很大，高等动植物中占的比例较小。例如：Φ×174噬菌体，共有5386个碱基对，结构基因占5169个，占96%；在高等动物中，这一比例仅为10%～15%甚至更低。其主要作用是决定蛋白质中氨基酸的顺序。

2. 关于基因选择性表达的信息

基因选择性表达的信息的组成包括启动子和内含子等调控序列、基因间隔序列、中度和高度重复序列、rRNA基因和tRNA基因等非编码DNA序列。这部分序列在不同物种所占比例不同。在高等哺乳动物、高等植物中占80%以上。在原核生物中所占的比例比较低。

基因选择性表达信息的作用主要是对基因起调控作用。有些作用目前还不是完全清楚，但推测，这一部分DNA序列是用来控制选择性表达的遗传信息。也就是说，这一部分DNA序列可能与基因的调控有关。这种选择性表达表现在细胞周期的不同时期、个体发育的不同阶段、不同的器官和组织以及不同的外部环境条件下，各种基因的关闭与开放、表达量的多少都是各不相同的。

其作用的机制多种多样，可能包括以下三个

方面：①通过主动修饰自身的双螺旋空间结构起调控作用。②通过本身序列差异提供酶和蛋白质识别的基础而起调控作用。③通过转录非编码RNA调控基因表达。

第三节　核酸的一级结构

一、核酸的化学组成

核酸是一种高分子化合物，是由许多单核苷酸（mononucleotide）聚合而成的多核苷酸（polynucleotide）链，基本结构单元是核苷酸。核苷酸由五碳糖、磷酸基团和四种含氮碱基三部分构成。DNA中的戊糖为脱氧核糖（deoxyribose），RNA中的戊糖为核糖（ribose），两者的差异在于戊糖第二个碳原子上的基团，前者是氢原子，后者是羟基（图2-9）。DNA中含有4种碱基，即腺嘌呤（adenine，A）、鸟嘌呤（guanine，G）、胞嘧啶（cytosine，C）和胸腺嘧啶（thymine，T）。RNA分子中的4种碱基为A、G、C和尿嘧啶（uracil，U）（图2-10）。

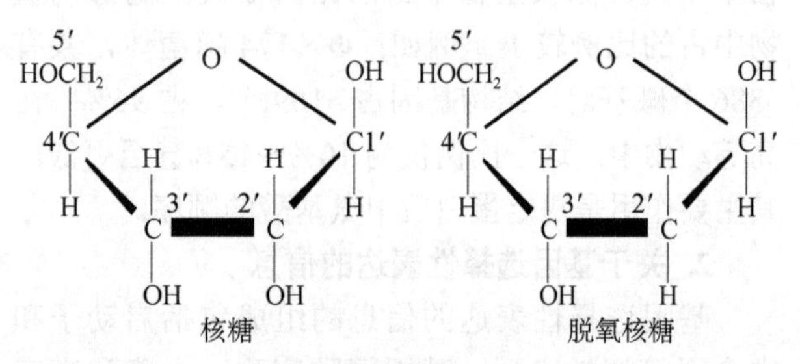

图2-9　两种核糖的结构

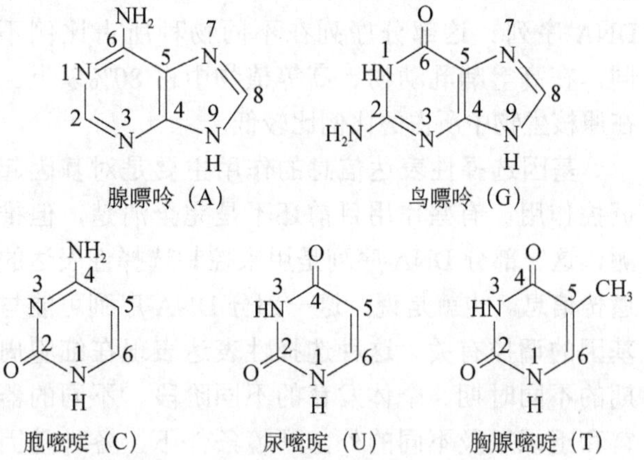

图2-10　组成核酸几种碱基的结构

DNA和RNA的化学组成汇总于图2-11。

- DNA
  - 五碳糖：脱氧核糖
  - 磷酸
  - 环状的含氮碱基
    - 鸟嘌呤（G）
    - 腺嘌呤（A）
    - 胞嘧啶（C）
    - 胸腺嘧啶（T）
- RNA
  - 五碳糖：核糖
  - 磷酸
  - 环状的含氮碱基
    - 鸟嘌呤（G）
    - 腺嘌呤（A）
    - 胞嘧啶（C）
    - 尿嘧啶（U）

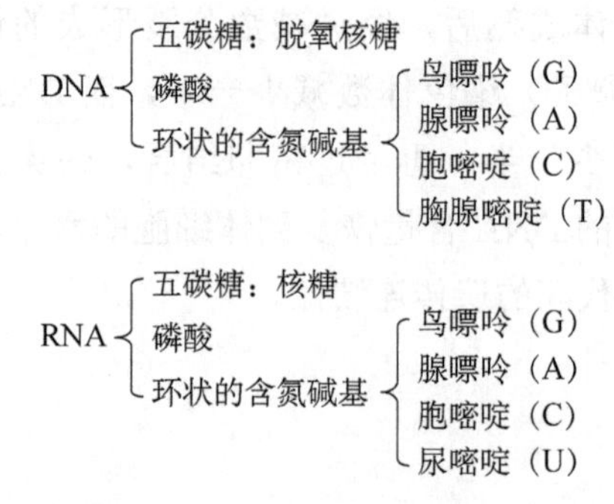

图2-11　DNA和RNA的化学组成

二、DNA的一级结构

DNA的一级结构是指DNA分子中4种核苷酸的连接方式和排列顺序。

1. 连接方式

DNA的连接方式是以4种脱氧单核苷酸通过3′,5′-磷酸二酯键按线性顺序相连接。即DNA分子中1个磷酸分子一端与1个脱氧核糖组分的3′碳原子上的羟基形成1个酯键，另一端与相邻脱氧核糖组分上的5′碳原子上的羟基形成另一个酯键。在核酸长链分子的一个末端，核苷酸的第五位碳原子上有一个游离磷酸基团，核苷酸另一末端的第三位碳原子上有一个游离羟基（图2-12），习惯上，把DNA分子序列上含有游离磷酸基团的末端核苷酸写在左边，称为5′端；另一端则写在右边，称为3′端。把接在某个核苷酸左边的序列称为5′方向或上游（upstream），而把接在右边的序列称为3′方向或下游（downstream）。

由于4种单核苷酸的脱氧核糖和磷酸组成是相同的，所以用碱基序列代表不同DNA分子的核苷酸序列。除少数生物，如病毒的DNA分子以单链形式存在外，绝大部分生物的DNA分子都由两条单链构成，通常以线性或环状的形式存在。

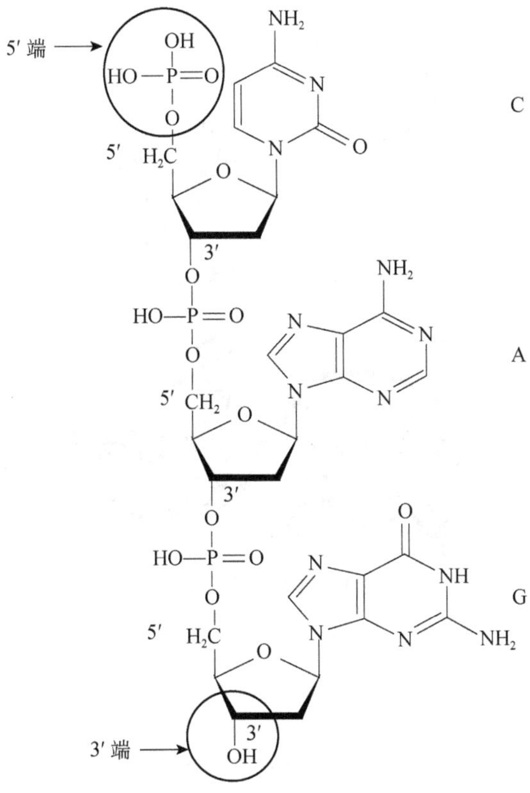

图 2-12　DNA 链的连接方式

2. 碱基配对法则

1952 年，夏格夫（Chargaff）开始应用先进的纸层析及紫外分光光度计对各种生物的 DNA 碱基组成进行定量测定，经过不懈努力发现虽然不同的 DNA 其碱基组成显著不同，但腺嘌呤（A）和胸腺嘧啶（T），鸟嘌呤（G）和胞嘧啶（C）的物质的量总是相等的，即 [A] = [T]、[G] = [C]。因此，嘌呤的总含量和嘧啶的总含量是相等的，即 A+G=C+T，这一规律称为夏格夫（Chargaff）法则。它暗示了 DNA 分子中 4 种碱基的互补对应关系，即 DNA 两条链上的碱基之间不是任意配对的，A 只能与 T 配对，G 只能与 C 配对，碱基之间的这种一一对应关系称为碱基配对法则。根据这一原则，可以从 DNA 某一条链的碱基序列推测另一条链的碱基序列。

3. DNA 链的方向

在 DNA 链中，从同一个磷酸基团的 3′酯键到 5′酯键的方向，定为 DNA 链的方向，即 5′→3′为 DNA 的方向。也可以理解为从同一个脱氧核糖 5′酯键到 3′酯键的方向，定为 DNA 的方向：5′→3′。这对 DNA 性质特性的掌握很重要。关于 DNA 链的表示法经过一个由复杂到简单的变化过程。最初用线条加符号表示，随后变为…pTpGpCpApT…或…pT-G-C-A-T…，p 代表 5′端；现在用 5′TGCAT3′更简单明了。

4. 碱基排列顺序与 DNA 的多样性

从 DNA 的分子结构来看，尽管组成 DNA 分子的碱基只有 4 种，且它们之间的配对方式只有 2 种，但碱基在 DNA 长链中的排列顺序却是千变万化的，这就构成了 DNA 分子的多样性。例如，如果一个 DNA 分子片段由 100 个核苷酸组成，碱基对的组合可能有 4 种，那么这条 DNA 分子中碱基的可能排列方式就是 4^{100}。实际上，每条 DNA 长链中碱基的总数远远超过 100 个，最小的 DNA 分子也包含了数千个碱基对，所以，DNA 分子碱基序列的排列方式几乎是无限的。DNA 分子的巨大性和沿其分子纵向排列的碱基序列的极其多样性，保证了 DNA 分子具有巨大的信息储存和变异的潜能，而每个 DNA 分子特定的碱基排列顺序构成了 DNA 分子的特异性，不同的 DNA 链可以编码出完全不同的多肽。

DNA 是生物界中主要的遗传物质，其碱基序列承载着遗传信息所要表达的内容，碱基序列的变化可能引起遗传信息很大的改变，因而 DNA 序列的测定对于阐明 DNA 的结构和功能具有十分重要的意义。进行这一技术最早的人是桑格（Sanger），1976 年 Sanger 就利用双脱氧法进行了 DNA 结构的测序工作，现在的测序仪不少是按照他的双脱氧法的基本原理设计的。随着分子生物学技术的不断发展与完善，核苷酸序列的测定已成为分子遗传学的常规测定方法，尤其是 2000 年以来，多色荧光标记技术和高通量全自动 DNA 测序仪的发展和应用，使测序工作更加快速和准确，也为人类和动物基因组计划的实施提供了技术支持和保障。

三、RNA的结构

在真核生物中，由 DNA 转录的核糖核酸称为 RNA。RNA 为单链，RNA 的一级结构是指 RNA 分子中 4 种核糖核苷酸的连接方式和排列顺序。RNA 的连接方式是由 4 种核糖单核苷酸通过 3′,5′-磷酸二酯键按线性顺序相连接（图 2-13）。构成

RNA 的基本单位是核糖核苷酸（图 2-14）。RNA 的二级结构指 RNA 的立体空间结构，由于局部碱基配对，可以形成局部双链结构（图 2-15）。

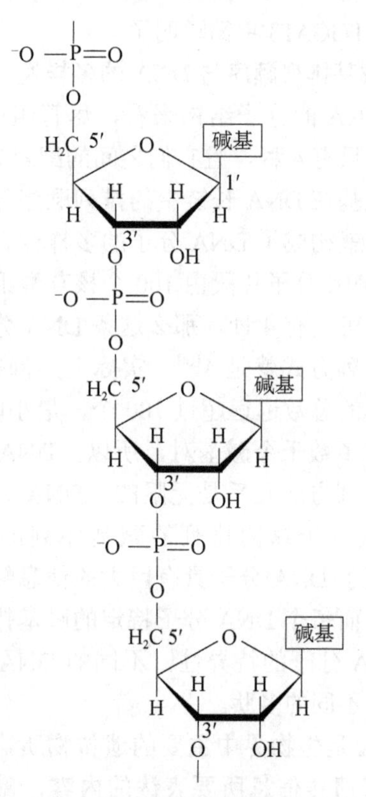

图 2-13　RNA 链的连接方式

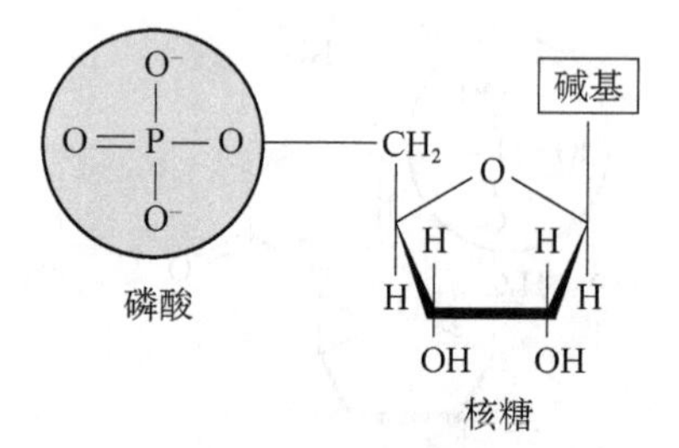

图 2-14　核糖核苷酸

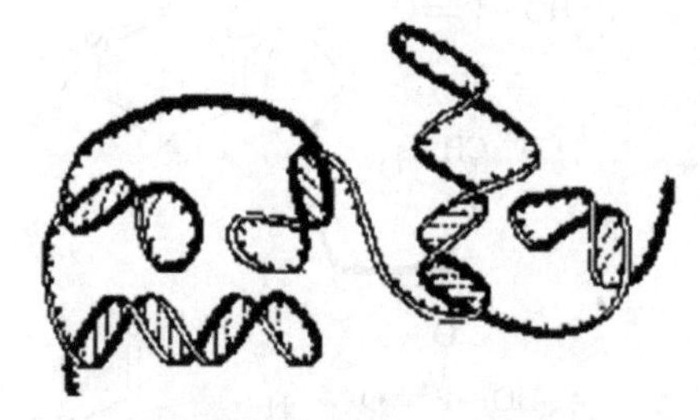

图 2-15　RNA 的二级结构

第四节　DNA 的二级结构及其影响因素

一、DNA的二级结构

DNA 的二级结构是指核酸的立体空间结构，指两条脱氧核苷酸链反向平行盘绕所生成的双螺旋结构，即沃森和克里克提出的右手双螺旋结构。1953 年，沃森和克里克提出的 DNA 右手双螺旋结构，实际上是许多科学家艰苦细致工作的结晶，因为在此之前许多科学家进行了大量的研究，沃森和克里克根据富兰克林的 DNA 晶体 X 射线衍射资料、碱基的结构和夏格夫法则等方面的资料，提出了著名的 DNA 双螺旋模型，此模型的要点如下。

1. 主链

脱氧核糖和磷酸基团通过 3′，5′-磷酸二酯键连接形成螺旋的骨架。两条主链以反向平行的方式组成右手双螺旋。双螺旋直径为 2 nm，主链在外侧，碱基在内侧（图 2-16）。

2. 碱基对

核苷酸的碱基叠于双螺旋的内侧，两条链之间的碱基按照互补配对原则通过氢键相连。A 与 T 之间形成 2 个氢键，G 与 C 之间通过 3 个氢键相连。双螺旋结构中一条链的嘌呤必定与另一条链的嘧啶相配对才能满足：①螺旋直径等于 2 nm；②只有 A 与 T、G 与 C 配对才能满足夏格夫法则。

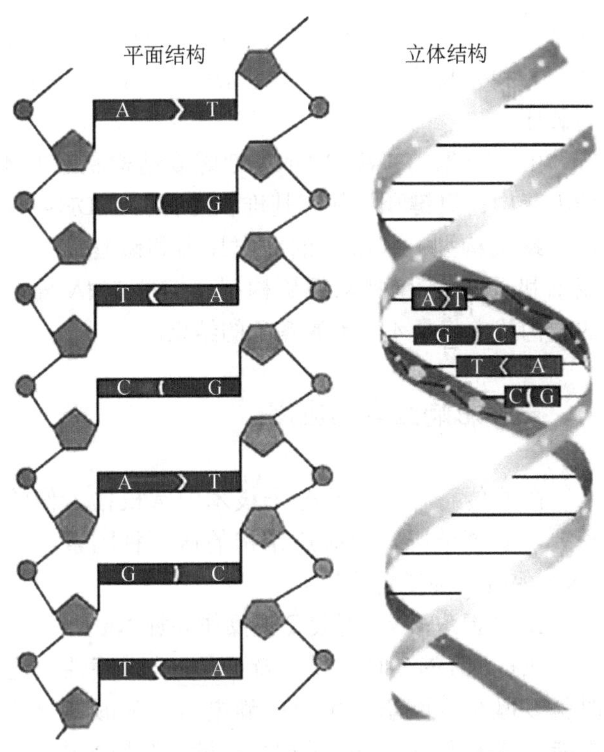

图 2-16　DNA 的右手双螺旋结构

3. 螺距

螺距是双螺旋中任意一条链绕轴一周所升降的距离。碱基的环为平面，且与螺旋的中轴垂直，螺旋轴心穿过氢键的中点。双螺旋的直径是 2 nm，一个螺距为 3.4 nm，上下相邻碱基平面的垂直距离为 0.34 nm，每一个核苷酸对于螺旋轴移动 36°，每个螺旋有 10 个碱基对。

4. 小沟与大沟

从螺旋轴方向观察，两条链和碱基并不完全占满双螺旋的空间，DNA 双螺旋的两条链间形成螺旋形的凹槽，其中一条窄而较浅，称为小沟（minor or narrow groove）；另一条宽而较深，称为大沟（major or wide groove）（图 2-17）。大沟常是多种 DNA 结合蛋白质所处的空间。因此，沟在遗传上有重要的作用。在遗传上，有重要功能的蛋白质可以通过两条沟识别 DNA 双螺旋结构上的特定信息。由于 DNA 的信息主要由碱基来确定，而它在螺旋的内部，外侧为磷酸基团和脱氧核糖，所以蛋白质在沟内才能识别出不同的序列。

DNA 双螺旋结构的提出，为合理地解释遗传物质的各种功能，阐释生物的遗传变异和自然界精彩纷呈的生命现象奠定了理论基础，具有划时代的意义，它拉开了分子遗传学的序幕。

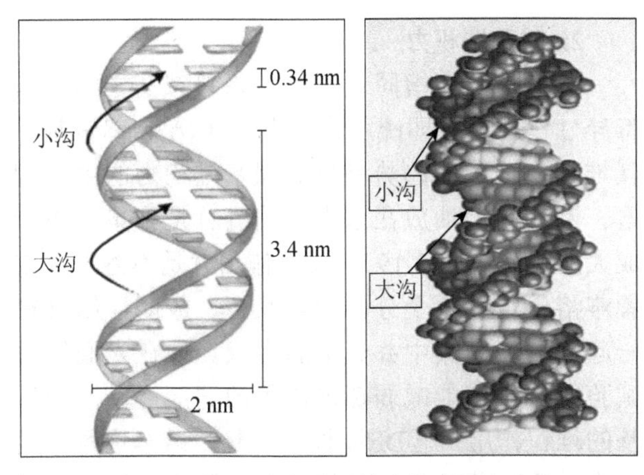

图 2-17　DNA 双螺旋结构上的大沟和小沟

二、决定双螺旋结构状态的因素

决定双螺旋结构状态的因素有氢键、碱基堆积力、磷酸基的静电斥力和碱基分子内能。

1. 氢键

氢键是维持 DNA 双螺旋结构的重要因素，在碱基上存在有形成氢键的供氢体，如氨基和羟基，也有受氢体，如酮基和亚氨基，这就为碱基之间氢键的形成准备了条件。A 与 T 之间有两个氢键，G 与 C 之间有三个氢键（图 2-18）。这一特征与 DNA 的许多性质都有密切联系。例如，熔解温度（T_m）：原意指当 DNA 加热时，在 260 nm 光吸收值达到最大值一半时的温度。DNA 在加热时，双链逐渐变为单链，在波长 260 nm 时 DNA 有最大的吸收率，但双链 DNA 的吸收率比单链小，也可理解为：一半 DNA 双链变为单链时的温度为熔解温度。

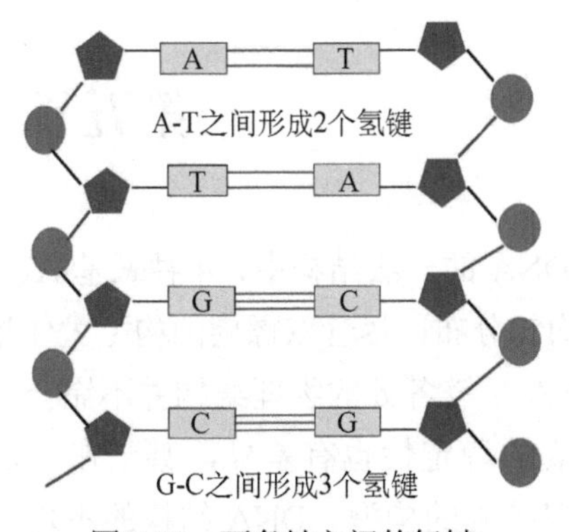

图 2-18　两条链之间的氢键

2. 碱基堆积力

碱基堆积力指同一条链中相邻碱基之间的非特异性作用力，即疏水作用力。DNA 相邻碱基相互堆积在一起的趋势是形成碱基堆积力的主要因素。例如，把油放在水中，油滴总是聚集一块形成大的油滴（图 2-19）。疏水作用就是不溶于水或者难溶于水的两个分子相互联合，成团地结合在一起的趋势。其中并无键的生成。现在人们经过试验发现：①能减弱疏水作用的试剂可以消除碱基的堆积作用；②DNA 样品加热时碱基堆积作用减小，同时伴随 A_{260} 增加；③能够断裂氢键的试剂对单链 DNA 的碱基堆积作用没有影响。

图 2-19　油滴的疏水作用

3. 磷酸基的静电斥力

每一个核苷酸的磷酸基上都带有一个负电荷，两条链之间的静电斥力会驱使两条链分开。这些负电荷对维持双螺旋结构是不利的。根据这一性质，就决定了在提取 DNA 时要加 NaCl，Na^+ 在磷酸基周围形成一个离子云，有效地屏蔽了磷酸基的静电斥力，保证 DNA 不被降解。因此，盐的浓度增加时，T_m 上升；盐浓度减小，T_m 下降。

4. 碱基分子内能

当由于温度等因素使碱基分子内能增加时，碱基的定向排列遭受破坏，从而削弱碱基的氢键结合力和碱基的堆积力，会使 DNA 双螺旋结构受到破坏。

由此可见，在决定 DNA 双螺旋结构状态的 4 种因素中：氢键和相邻碱基堆积力有利于 DNA 维持双螺旋构型；磷酸基的静电斥力和碱基分子内能不利于 DNA 维持双螺旋构型。一种 DNA 分子的结构状态将是 4 种因素竞争的结果。

三、影响因素的应用

在遗传工程及一些分子技术中常根据工作的需要，要调节影响双螺旋结构的这 4 种因素，使 DNA 保持某种特定的状态。

1. 在提取 DNA 时要低温操作并加 NaCl

在提取 DNA 时，要保持 DNA 的完整性，这时就要减少磷酸基的负电荷静电斥力和碱基分子内能。常采用的方法：①加大盐量，增加 Na^+ 的浓度；②低温操作，一般操作放在冰上，必须用低温离心。以保证 DNA 的双螺旋结构不被破坏。

2. 在使用 DNA 探针时要保持 DNA 的单链状态

在制备 DNA 探针时，要使 DNA 双链变为单链。这时，就必须采取破坏氢键、增加分子内能、增加 DNA 两条链磷酸基的静电斥力等方法。常用的方法有：①采用断裂氢键的试剂，如用 NaOH，破坏氢键；②加热处理，通常 94～100℃ 5～10 min，增加分子内能；③减少盐的浓度，增加 DNA 两条链磷酸基的负电荷静电斥力。

第五节　DNA 结构的不均一性

在 DNA 的一级结构中，4 种碱基 A、T、G、C 并非均匀分布，尽管双螺旋的构型大体相同，但沿着 DNA 长链各处的物理结构并不完全相同，各处双螺旋的稳定性也有差异，甚至在一定条件下改变了双螺旋的构型。DNA 结构的不均一性主要表现在以下几个方面：①含有反向重复序列；②富含 A/T 的序列；③嘌呤和嘧啶排列顺序（对双螺旋结构稳定性的影响）。

一、反向重复序列

反向重复序列又称回文序列，是指在 DNA 链的某区段正读时与其互补链的另外区段反向读时具有相同的序列（图 2-20）。

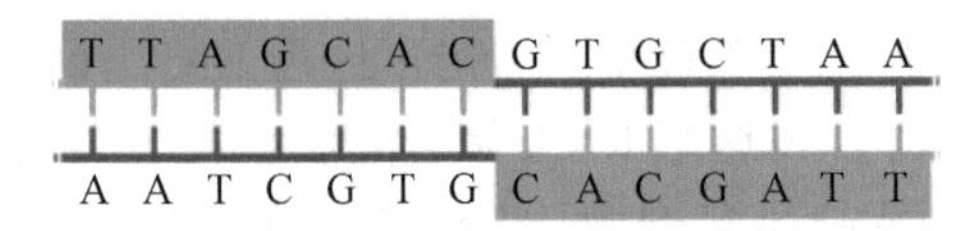

图 2-20　DNA 链上的反向重复序列

反向重复序列通常会形成“十”字形结构（图 2-21）。

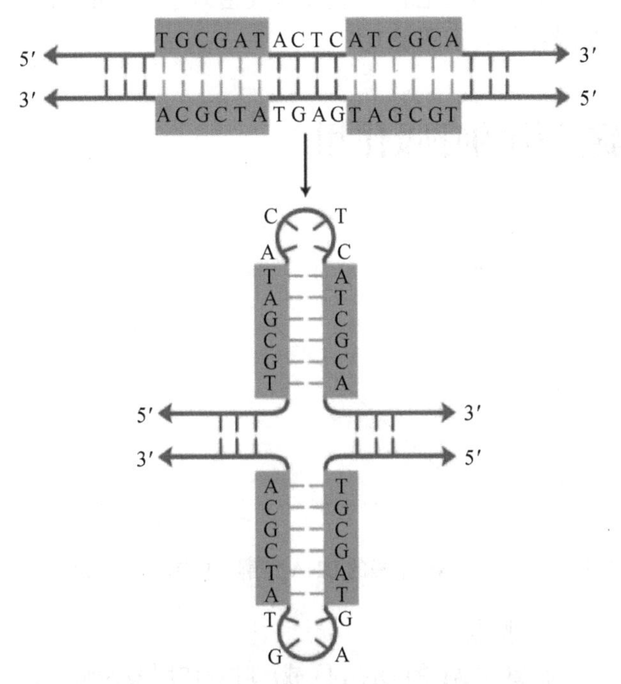

图 2-21　反向重复序列与“十”字形结构

反向重复序列的作用：较短的反向重复序列一般被认为是一种特殊的信号，如限制性内切核酸酶识别的位点（图 2-22）；较长的反向重复序列，功能目前还不清楚，但多数学者认为它与转录的终止有关。

限制性内切核酸酶	*Bam* H Ⅰ	*Eco* R Ⅰ	*Pst* Ⅰ
识别序列和切割位点	GGATCC CCTAGG	GAATTC CTTAAG	CTGCAG GACGTC

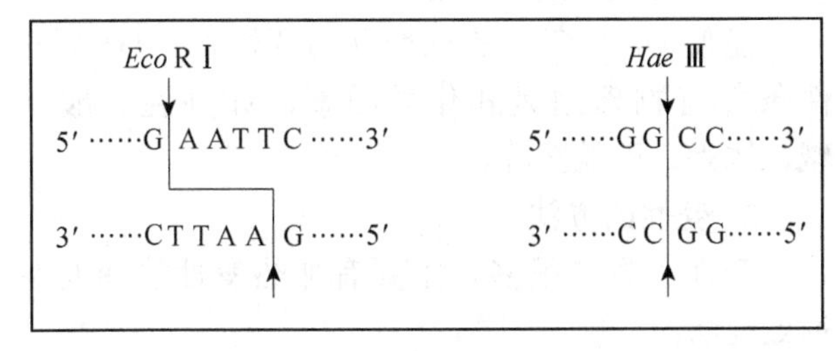

图 2-22　反向重复序列为限制性内切核酸酶的切点

二、富含 A/T 的序列

在高等生物中“A+T”与“G+C”的含量总体差不多相等，但在染色体的某区域，A-T 含量非常高。例如，在螃蟹的卫星 DNA 区段，A-T 含量达到 97%，仅重复 AT 两个碱基，即 ATATAT……大约 30 个这样的碱基有时才插入一个 G 或 C，这种被称为卫星 DNA 的序列将在后文叙述。

富含 AT 区段往往属于非编码区域，但它起着许多重要的调节功能。例如，TATA 框——对复制和转录起着重要作用。因为 A-T 有 2 个氢键，G-C 有 3 个氢键，此处双键容易解开，以利于起始复合物的形成。

三、嘌呤和嘧啶排列顺序

嘌呤和嘧啶排列顺序对双螺旋结构稳定性有显著影响。人们研究了 10 种相邻二核苷酸对，得出了一个非常有趣的现象，这就是碱基组成相同，但嘌呤和嘧啶的排列顺序不同，双螺旋的稳定性差异很大。例如：

5′GC 3′　　　5′CG 3′
3′CG 5′　　　3′GC 5′

从这两个二核苷酸看，它们的组成相同，氢键数也相同，但稳定性大不相同，前者稳定性大于后者。

嘌呤和嘧啶排列顺序对 DNA 稳定性的影响

一般来讲，在相同条件下，T_m 的大小可以说明其稳定性的大小。1981 年高奇（Gotch）研究了 10 种相邻核苷酸的 T_m（表 2-2）。从表 2-2 可以看出，5′TA3′的 T_m 最小，5′AT3′大于前者，说明嘌呤在前排列比较稳定，嘧啶排列在前不稳定。其原因主要取决于碱基堆积力，也就是说嘌呤到嘧啶方向的堆积作用要大于嘧啶到嘌呤方向的堆积作用。具体地说，前者嘌呤环和嘧啶环重叠面积大于后者嘧啶环和嘌呤环的重叠面积。在表 2-2 中

5′—3′ T A / A T　T_m 值最低。

表 2-2　相邻核苷酸的 T_m

5′	3′			
	A	T	G	C
A	54.50	57.02	58.42	97.73
T	36.73	54.50	54.71	86.44
G	86.44	97.73	85.97	136.12
C	54.71	58.43	72.55	85.97

在真核生物中，常在启动子−19 nt 到−17 nt 的位置上有一个 TATA 框结构，这是 RNA 聚合酶结合的地方，在这里 RNA 聚合酶和有关蛋白质因子形成转录起始复合物。TATA 框这样的结构，T_m 值低，双键很容易打开，RNA 聚合酶容易结合上去。

再如，在 64 个密码子中，UAA 作为终止密码子也是很有意思的，假如有反密码子，它的 T_m 也是最低的，很不稳定。

第六节　DNA 双螺旋结构的呼吸作用

1. 概念

DNA 双螺旋结构的呼吸作用是指在 DNA 双螺旋结构中，配对碱基之间的氢键处于连续不断断裂和再生的过程。实验证明，DNA 双螺旋结构的呼吸作用可以通过甲醛变性试验得以证明。其基本原理是甲醛能与自由的氨基起反应。在 DNA 分子中，如果碱基之间始终存在氢键，就不会有自由的氨基，也就不会起反应。测定的结果表明：甲醛确实能与 DNA 上的氨基起反应，使 DNA 发生不可逆的变性。这主要是氢键断裂时，甲醛才能与 DNA 上的氨基起反应，但断裂的氢键又可能立即恢复，而且甲醛与全部氨基作用需要的时间相当长（图 2-23）。

通过这个试验，说明 DNA 碱基间的氢键是不断地断裂又在不断地再生。我们把这种现象称为 DNA 双螺旋结构的呼吸作用。

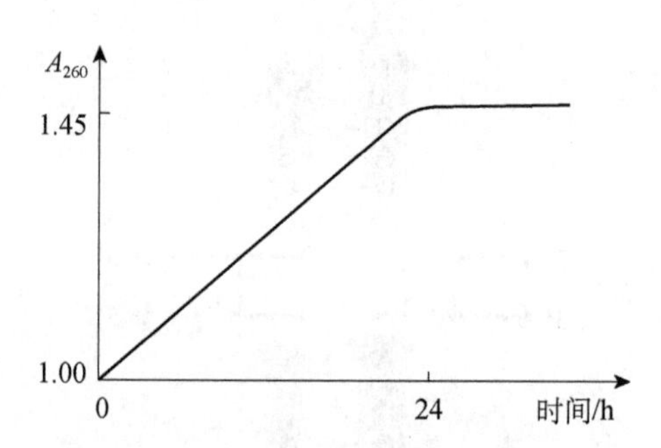

图 2-23　含有 4%甲醛的 DNA 熔解变性图（温度 25℃）

2. 特点

在富含 AT 的 DNA 区域，呼吸作用最为明显。

3. 作用

这对蛋白质识别 DNA 和位点的阅读有重要作用。

4. 绽裂

在双链 DNA 的两端通常有 3～7 个碱基对处于不同程度的单链状态，这种现象称为绽裂。

第七节　DNA 的变性、复性与分子杂交

一、变性

1. 变性的概念

双链 DNA 变为单链的过程，称为变性。大多数天然存在的 DNA 都是有规则的双螺旋结构。当 DNA 被加热时或被某些化学试剂作用下，配对碱基之间的氢键和相邻碱基间的堆积力就遭到破坏，DNA 的双螺旋状态被破坏，使双链变为单链，这个过程叫变性或熔解。

能使 DNA 变性的试剂称为变性剂。DNA 变性条件有物理因素和化学因素，如高温、酸、碱、尿素、甲酰胺等。

2. 变性的方法

变性的方法很多，主要有加热变性法和变性剂处理法。

1）加热变性法：将 DNA 放在离心管（Eppendorf 管，EP 管）中，在 94～100℃（沸

水）处理 5～10 min，然后很快放冰上冷却，DNA 双链就可变为单链（图 2-24）。但短链 DNA，变性时间短；长链 DNA，变性时间长。

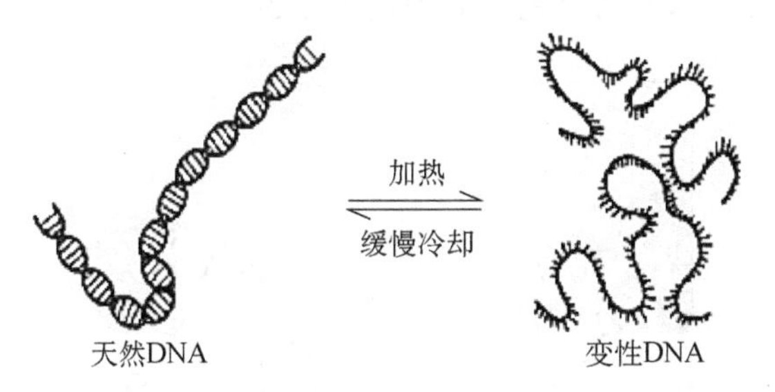

图 2-24　DNA 的变性过程

2）变性剂处理法：将 DNA 放在 0.4～0.5 mol/L NaOH 溶液中 15～30 min，就可变性。当 pH 为 11.3，全部氢键破坏。保持单链的条件是 pH≥11.3，盐浓度低于 0.01 mol/L。此法一般用于对凝胶中 DNA 的变性处理。

3. 变性程度的测定

测定变性的方法很多，现在较常用的是分光光度计法，即光吸收法。DNA 在波长为 260 nm 处有最大吸收峰。随着 DNA 的变性，光吸收在不断增加（图 2-25），当浓度为 50 μg/mL 时，双链 DNA：A_{260}=1.00；单链变性 DNA：A_{260}=1.37；等比单核苷酸：A_{260}=1.60。可根据这个值的大小确定 DNA 变性的程度。由于 DNA 变性引起光吸收增加的现象，称为增色效应。

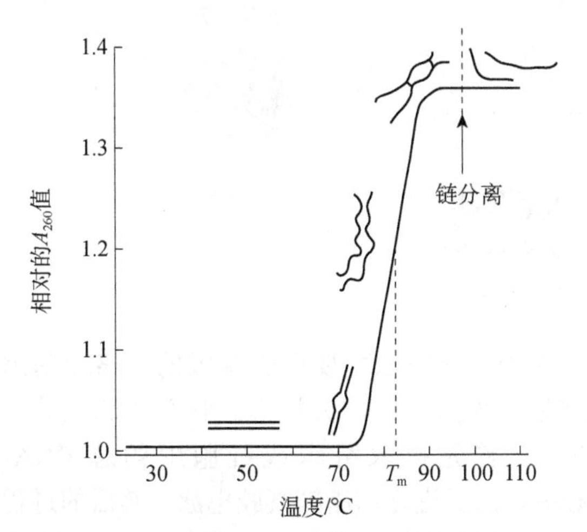

图 2-25　DNA 分子的 T_m 值和不同程度解链的 DNA 分子的可能构型

4. DNA 变性的应用

DNA 变性已用于分子生物学的许多方面。例如，①测序：进行 DNA 测序时，首先要使 DNA 变性；②分子杂交：在进行 DNA 印迹法、RNA 印迹法、原位杂交或斑点法时，都需要事先对 DNA 进行变性处理；③人工 DNA 合成或 DNA 标记：以单链为模板合成双链 DNA 的过程中，需要先将双链 DNA 变为单链 DNA；④PCR 扩增：PCR 扩增第一步就是变性；⑤基因重组：在基因重组体构建中也常用到变性等。

二、复性

1. 复性的概念

变性的 DNA 在适当条件下单链变为双链的过程，称为复性，也叫退火（图 2-26）。复性是 DNA 变性的逆过程。变性过程是分子碰撞的过程，它的快慢与 DNA 浓度、链的长短、碱基的组成、温度和离子浓度有关。一般认为，G、C 区段首先形成氢键，然后其他部分形成氢键，最后形成双螺旋结构。由变性的 DNA 直接复性，大半部分复性 DNA 都不会是原配。

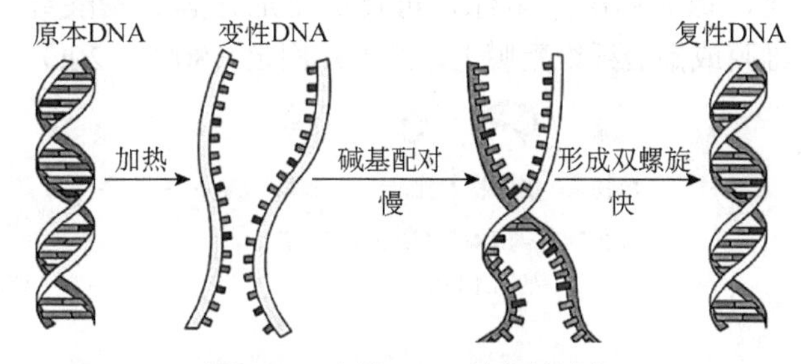

图 2-26　变性 DNA 的复性过程

2. 复性的条件与方法

1）有足够的盐浓度，一般用 0.15～0.5 mol/L NaCl，以消除磷酸基的负电荷静电斥力。

2）有足够高的温度，以破坏无规则的链内氢键。

一般所使用的温度比 T_m 低 20～25℃。例如，T_m= 85℃，复性温度为 60～65℃。因为 T_m 与碱基的组成、链的长短、所使用的介质有关，所以复性温度与这些因素都有着直接的关系。

3. 复性的应用

复性与变性是一个东西的两个方面，主要应用在分子杂交、PCR 技术和基因重组等方面。

三、分子杂交

1. 分子杂交概念

这里所指的分子杂交不是我们通常所说的不同品种或物种之间的交配，而是指分子之间的结合，即不同来源的两条 DNA 或 RNA 单链经复性变为双链的过程（图 2-27）。杂交所形成的双链 DNA 分子或 DNA/RNA 分子叫杂交分子。

2. 杂交类型

根据材料和方法的不同，杂交类型可分为：DNA 印迹法、RNA 印迹法、原位杂交、斑点杂交、蛋白质印迹法等。

（1）DNA 印迹法

DNA 印迹法（Southern blotting）是用 DNA 探针检查特定 DNA 区段的一种分子杂交技术。即 DNA 通过 DNA 印迹法转到尼龙膜上，经固定再与 DNA 探针的杂交（DNA×DNA）。DNA 指纹的制备就用到 DNA 印迹法。在这种方法中首先是从组织或细胞中提取 DNA，经限制性内切核酸酶消化，琼脂糖凝胶电泳，再转移至尼龙膜、醋酸纤维膜或硝酸纤维素膜上，经加热固定（80°C，2 h）或用紫外交联仪固定后，与标记的 DNA 或 RNA 探针杂交，然后把没有杂交上的探针冲洗掉，再通过放射自显影或显色反应显示条带并进行分析。DNA 指纹制备流程见图 2-28。

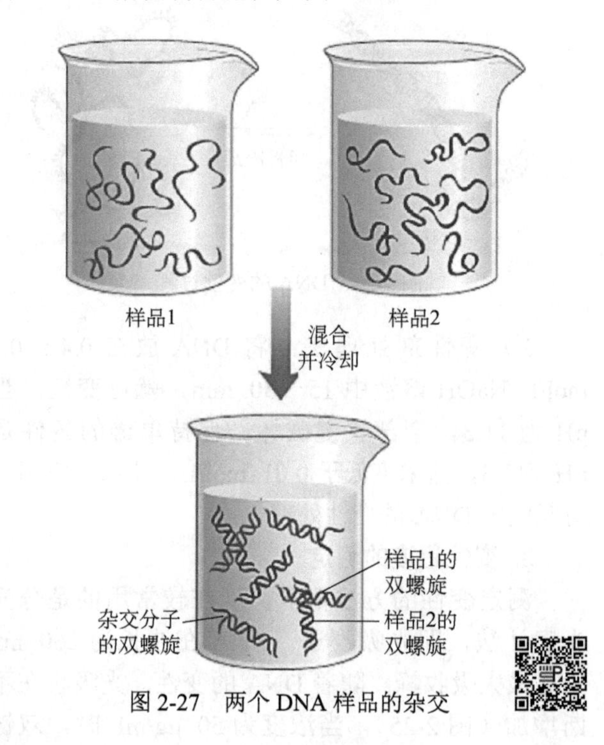

图 2-27　两个 DNA 样品的杂交

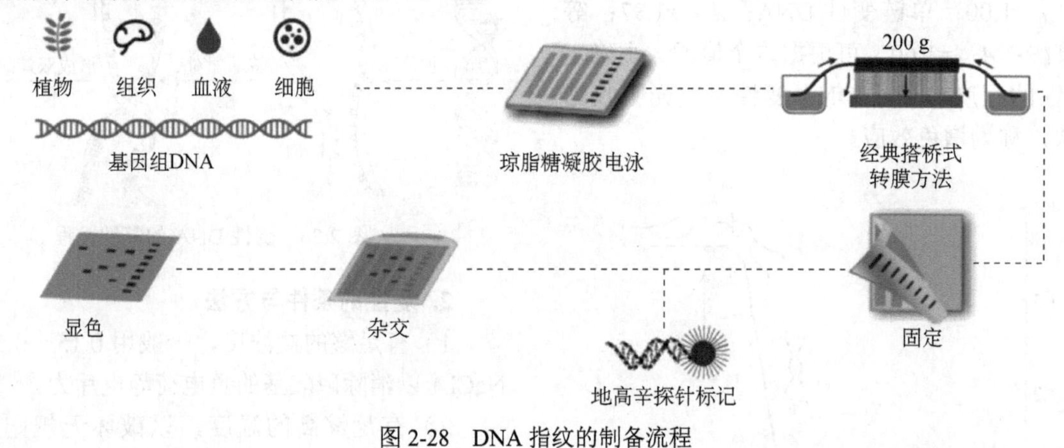

图 2-28　DNA 指纹的制备流程

（2）RNA 印迹法

RNA 印迹法（Northern blotting）是用 RNA 或者 cDNA 探针检测 RNA 的一种分子杂交（RNA×RNA，cDNA×RNA）技术。该技术是经 RNA 印迹法将 RNA 转移到尼龙膜、硝酸纤维素膜或醋酸纤维素膜上，再用特定的标记 cDNA 或 RNA 探针杂交，以确定待测 RNA 存在及表达量的情况。

这种杂交方法主要用于基因的分离和基因表达调控、疾病诊断的分析等。它主要流程是（图 2-29）：首先提取组织或细胞中的总 RNA 或 mRNA，然后进行琼脂糖凝胶电泳，其后的过程与 DNA 印迹法的方法雷同。例如，RNA 印迹法把 RNA 转移到膜上，经烘干固定或用紫外交联仪固定，再与 cDNA 或 RNA 探针杂交，冲洗、放射自显影和分析。

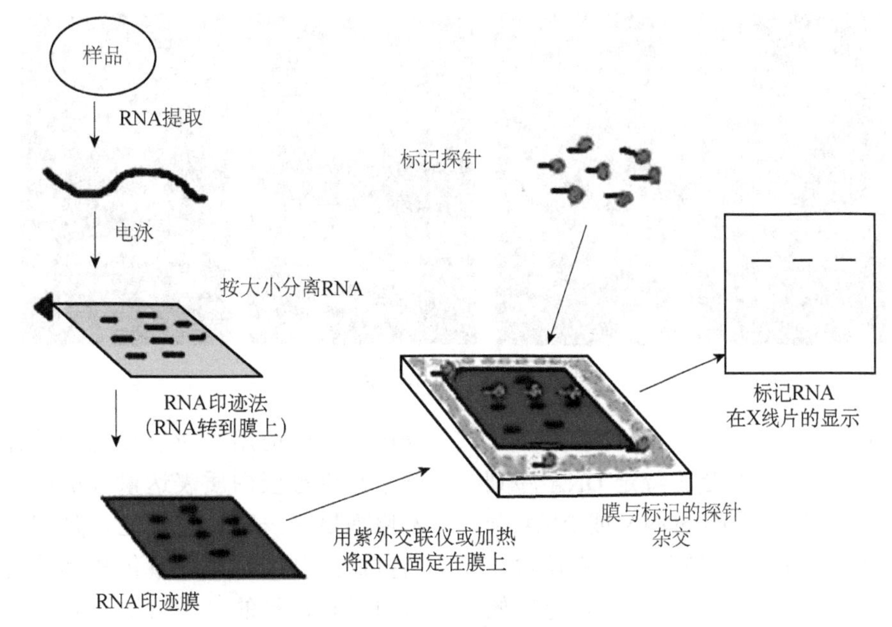

图 2-29 RNA 印迹法操作流程

（3）原位杂交

原位杂交（*in situ* hybridization）分为菌落原位杂交和染色体原位杂交，菌落原位杂交是对重组 DNA 菌落鉴定的一种分子杂交技术；染色体原位杂交是对染色体标本特定基因诊断和粗略定位的一种分子杂交技术，但都需要应用特定的 DNA 探针与菌落或染色体进行杂交。

1）菌落原位杂交：菌落原位杂交的目的是筛选带有目的基因的阳性菌落。一般方法（图 2-30）是：先用尼龙膜、醋酸纤维膜或硝酸纤维素膜粘贴菌落，使菌落黏附到膜上，经标记、固定和变性处理，再用特定 DNA 探针杂交，随后把没有杂交上的探针冲洗掉，然后利用放射自显影在膜上显示出阳性克隆菌落的位置，对照原培养皿找出阳性菌落，再接种培养与分析。

2）染色体原位杂交：染色体原位杂交的目的是基因定位，以确定特定序列或基因在染色体上的位置。其一般方法是首先制备染色体标本，经固定和变性处理，再用标记的特定单链 DNA 序列或基因荧光标记的探针进行杂交，杂交后洗涤掉没有杂交上的 DNA 探针，干燥后可在荧光显微镜下观察、照相和分析（图 2-31）。

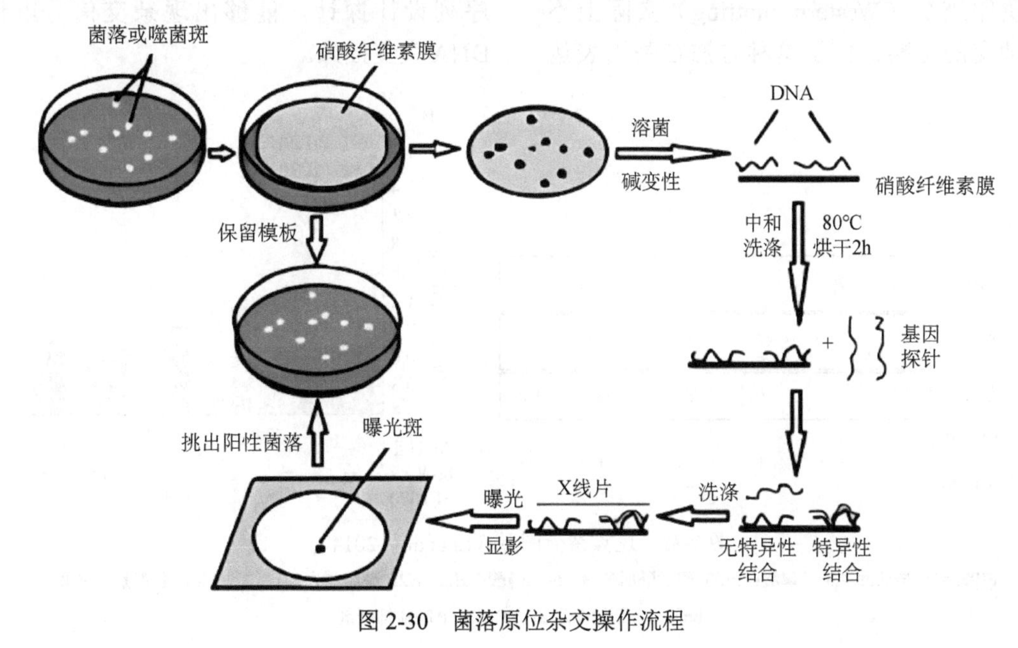

图 2-30 菌落原位杂交操作流程

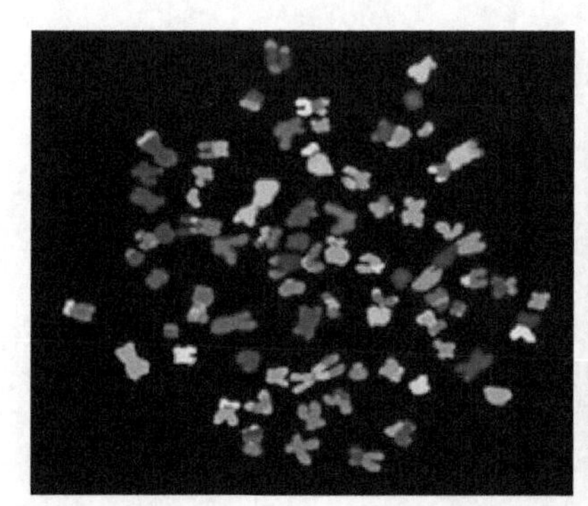
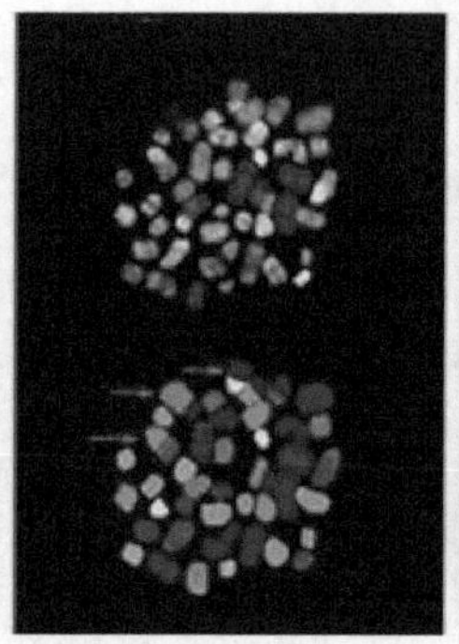
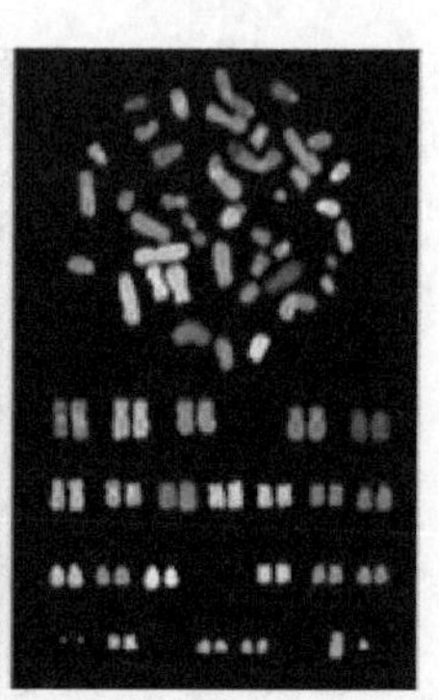

图 2-31　染色体原位杂交图

（4）斑点杂交

斑点杂交（dot blotting）是将特定 DNA 序列或基因序列点在膜上与标记的 cDNA 或 RNA 杂交，以测定基因表达活性的一种分子杂交技术，也称点杂交。近年来，研究人员将具有特定单核苷酸多态性（SNP）位点的序列点在膜上，用全基因组 DNA 与之杂交，检测生物个体的遗传多样性。基因芯片也属于这类杂交方法。

这种方法也被用在测定体外 mRNA 转录表达活性的研究。此法首先是分离出细胞核，加入带标记的核苷三磷酸（NTP）进行体外转录，然后提取 mRNA，进行逆转录，以获得 cDNA。将要测定的 cDNA 固定在尼龙膜上，与转录物或逆转录的 cDNA 进行杂交，杂交后把没有杂交上的 RNA 或 cDNA 冲洗掉，再通过放射自显影或显色反应显带，进行定性和定量分析（图 2-32）。

（5）蛋白质印迹法

蛋白质印迹法（Western blotting）实际上不属于分子杂交的范畴，由于这种方法在基因表达分析中广泛应用，所以在此一并介绍。蛋白质印迹法是进行蛋白质表达量分析的一种技术，其基本原理属于一种免疫反应，是把欲测的蛋白质作为抗原，利用标记的抗体与其结合，来测定欲测蛋白质表达量的一种方法。它的主要特点是把蛋白质进行转膜，它在基因表达分析上应用很广。其具体的方法是：首先从组织和细胞中提取蛋白质，然后对其进行电泳，把蛋白质按照分子量大小分开，再将蛋白质转移到硝酸纤维膜或尼龙膜上，即 Western blotting，经固定，再用特定标记的蛋白质抗体处理，之后冲洗掉没有结合的抗体，然后用化学发光或显色反应测定其强度（图 2-33）。

3. 分子杂交的应用

在分子生物学的研究中，DNA 的杂交技术应用很广，它已广泛应用于分子生物学的许多研究。

1）DNA 突变插入的测定：可以根据突变插入序列设计探针，能够出现杂交信号就说明存在 DNA 突变插入。

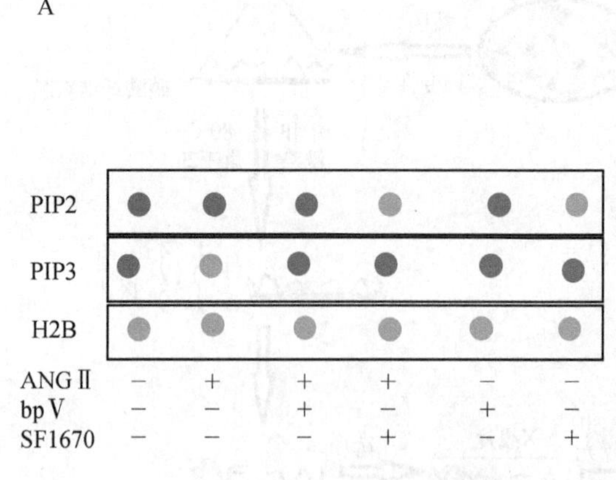

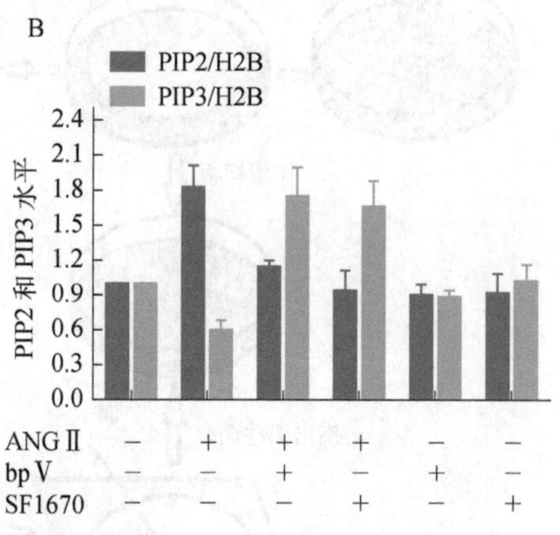

图 2-32　斑点杂交图示（Li et al.，2014）

PIP2. 磷脂酰肌醇-4,5-二磷酸；PIP3. 磷脂酰肌醇-3,4,5-三磷酸；H2B. H2B 型组蛋白 U1；ANG Ⅱ：血管紧张素Ⅱ；bp Ⅴ. 牛乳头瘤病毒；SF1670. PTEN 抑制剂

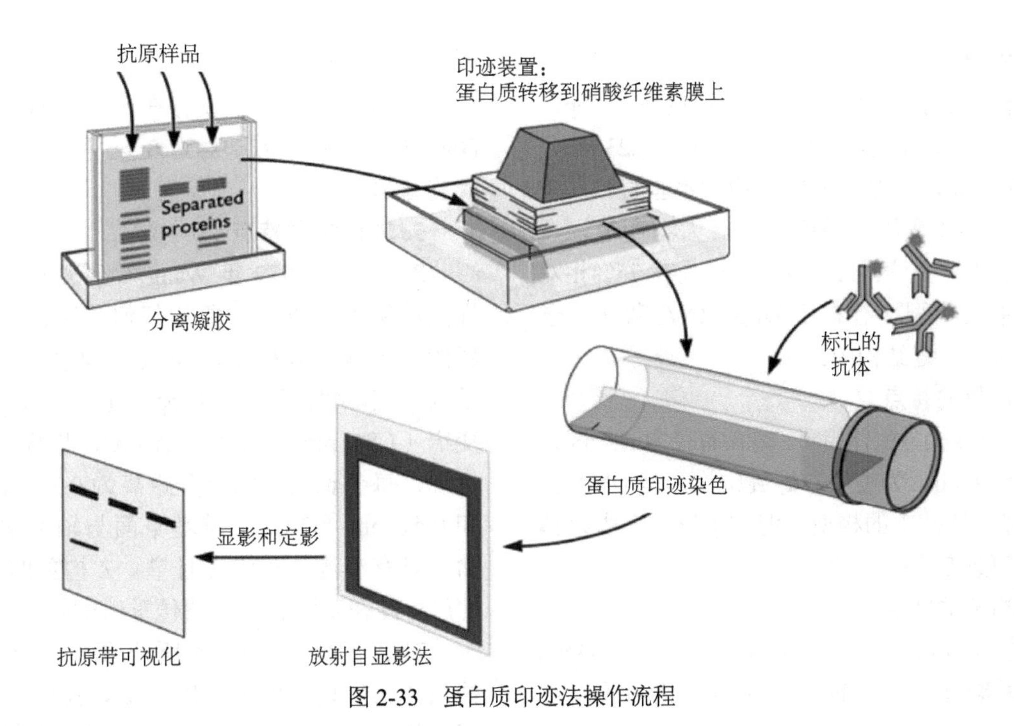

图 2-33　蛋白质印迹法操作流程

2）基因表达调控的研究：分子杂交在基因表达调控研究中经常用到，可以通过分子杂交检测 mRNA 和蛋白质的表达量。

3）基因的多样性分析：利用基因芯片技术可以检测生物个体的 SNP，对生物个体进行分型。也可以通过分子杂交，制备个体的 DNA 指纹，往往不同的个体具有不同的 DNA 指纹特征。

4）疾病的诊断：DNA 的许多突变，特别是编码基因的突变都会产生疾病或潜在的疾病，可以通过分子杂交进行早期诊断。

5）分子进化分析：分子杂交方法能够用于多种生物、多个个体突变的检测，以研究生物的分子进化规律。

6）亲缘关系的探讨：由于分子杂交可以检测生物的遗传多样性，人们可以利用遗传多样性，分析和探讨群体间、个体间的亲缘关系。

7）基因的定位、分离和克隆：利用原位分子杂交，可以把特定的基因定位于某个染色体上。也可分离出某些特定的基因并克隆，以用于其他研究。

第八节　DNA 二级结构的多形性

沃森和克里克（1953）提出的 DNA 右手双螺旋模型是 DNA 二级结构的基本形式，在正常生理条件下，细胞中的 DNA 基本都属于这种类型，称为 B 构象 DNA，简称 B-DNA。虽然 B 构象 DNA 是双螺旋结构的基本形式，但由于 DNA 所处的介质不同、细胞中介质的不均一性、DNA 某些区域的特殊性，这种 B 构象也有可能发生改变，所以除了 B 构象外，人们还发现了一些其他构象，如 A 构象、C 构象、D 构象和 E 构象等，以及右手双螺旋和左手双螺旋的 Z 构象 DNA（图 2-34）。

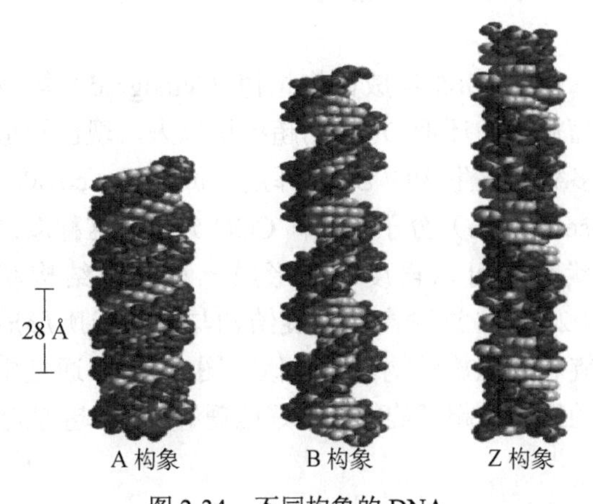

图 2-34　不同构象的 DNA

1. A 构象的特点

A 构象是右手双螺旋结构，每圈碱基 11 bp，螺距 2.60 nm，每个碱基对的螺旋上升值为 0.23 nm，直径为 2.55 nm，碱基平面与螺旋轴不垂直。与 B 构象相比，直径变粗，长度变短。大沟变窄，变深；小沟变宽，变浅。A 构象 DNA 是在 75%相对湿度钠盐中的构型。存在于 DNA-RNA 杂交分子及 RNA-DNA 双链结构中。

2. C 构象的特点

C 构象与 B 构象大体相同，螺旋直径为 1.9 nm，每圈碱基有 9 bp，为右手双螺旋结构，是 DNA 在 66%相对湿度锂盐中的构型。但尚未发现在生物体内存在 C 构象 DNA。

3. D 构象的特点

D 构象发现仅存在于缺少 G-C 碱基对的 DNA 分子，每圈碱基对为 8 bp 和 7.5 bp，为右手双螺旋结构。

4. E 构象的特点

与 D 构象类似，仅存在于缺少 G-C 碱基对的 DNA 分子，每圈碱基对为 8 bp 和 7.5 bp，右手双螺旋结构。

5. Z 构象的特点

Z 构象是 1979 年 Wang 等研究时发现的。研究的结果不是以上构象的任何一种，而是一种全新的左手双螺旋构象，叫做 Z 构象。Z 构象为左手双螺旋，每圈碱基 12 bp，螺距 4.56 nm，直径变窄（1.84 nm），序列富含 GC，嘌呤和嘧啶交替出现，每个碱基对的上升距离为 0.35 nm（G-C）和 0.41 nm（C-G），碱基平面与轴不垂直，无大沟，只有小沟，小沟深且窄。Z 构象的左手 DNA 螺旋可能在基因表达或遗传重组中起作用。

DNA 的构象与 DNA 所处的离子浓度有密切的关系。在生理条件下，B-DNA、A-DNA、Z-DNA 可能处于一个动态平衡状态之下。由于盐浓度的改变，DNA 的构象也会相应发生改变。部分不同构象双螺旋 DNA 分子的参数见表 2-3。

表 2-3　部分不同构象双螺旋 DNA 分子的参数

类型	结晶状态	螺距（nm）	每圈碱基	外形	直径（nm）	大沟	小沟	螺旋方向
A-DNA	钠盐纤维结晶，相对湿度 75%	2.60	11	短粗	2.55	很狭、很深	很宽、浅	右
B-DNA	钠盐 相对湿度 92%	3.54	10	适中	2.37	宽、较深	狭、较深	右
Z-DNA	左手螺旋	4.56	12	细长	1.84	无大沟	很狭、很深	左

第九节　DNA 超螺旋与拓扑异构现象

一、DNA 超螺旋

自从 1965 年威诺格拉德（Vinograd）等发现多瘤病毒的环形 DNA 的超螺旋以来，现已知道绝大多数原核生物的 DNA 都是共价闭环（covalently closed circle）分子，简称 CCC 分子，这种双螺旋环状分子可以再度螺旋形成一种高级结构状态（图 2-35）。这种高级螺旋结构与电话线所形成的螺旋和超螺旋结构非常类似（图 2-36），通过电话线的螺旋和超螺旋能够很好地理解 DNA 超螺旋。

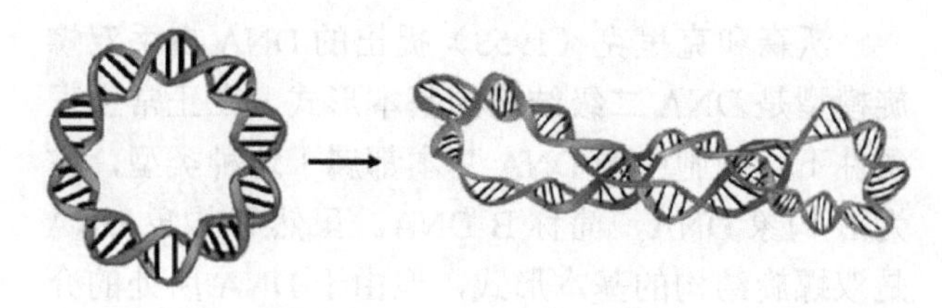

图 2-35　DNA 超螺旋

1. DNA 超螺旋的概念

由上述可知，DNA 超螺旋是指双螺旋 DNA 分子再度螺旋化所形成的状态，称为超螺旋。超螺旋是 DNA 分子高级结构的主要形式。在原核生物中，单链环形染色体，或者双链线形染色体，在其细胞周期的某一阶段，将其染色体变为超螺旋。在真核生物中，染色体为线性分子，染色体有时为超螺旋，但DNA均与蛋白质相结合，两个结合点之间的DNA形成一个环（loop）结构，类似于CCC分子，同样具有超螺旋（图2-37）。

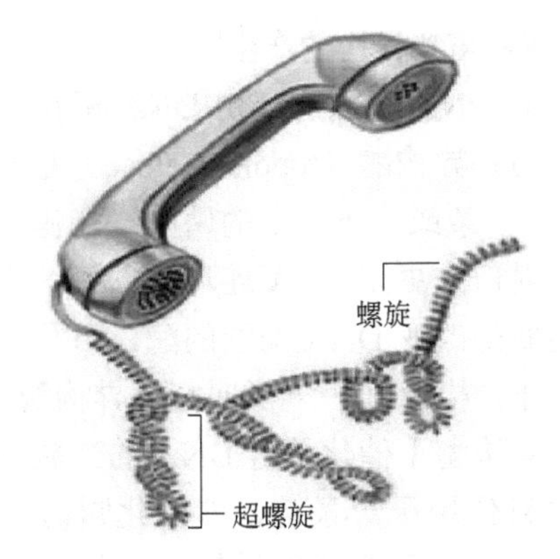

图2-36　电话线的超螺旋

2. 正超螺旋和负超螺旋

DNA超螺旋是有方向的，可分为正超螺旋和负超螺旋（图2-38）。所谓正超螺旋是指沿右旋方向缠绕并进一步旋转，所产生的一个左旋的超螺旋。负超螺旋是指DNA向松缠方向（向左）捻转，再将两端连接起来，所产生的一个右旋的超螺旋，以解除外加的捻转所造成的胁变。这种超螺旋称为负超螺旋。超螺旋总是向着抵消初级螺旋改变的方向发展。

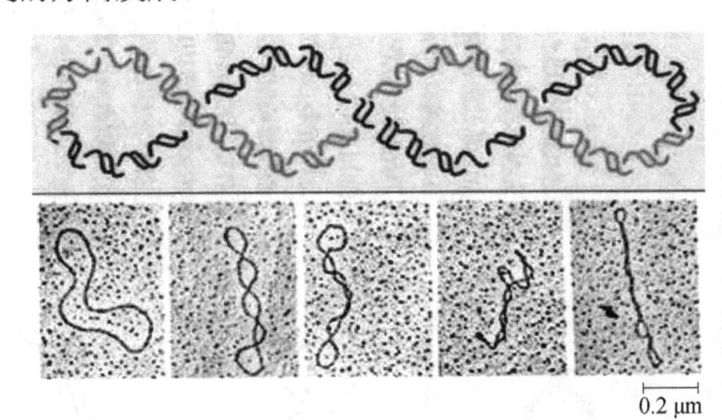

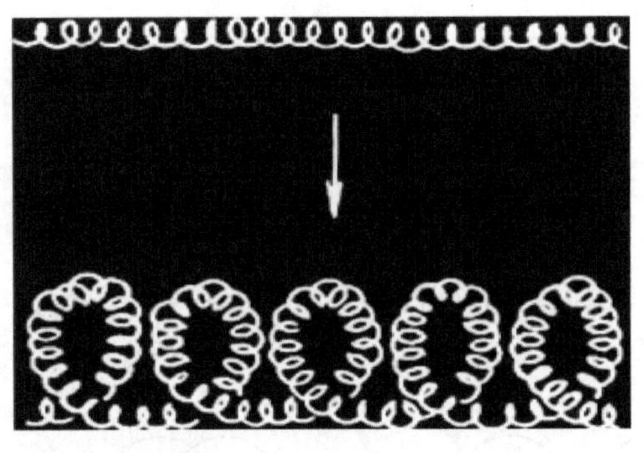

图2-37　原核生物与真核生物DNA超螺旋

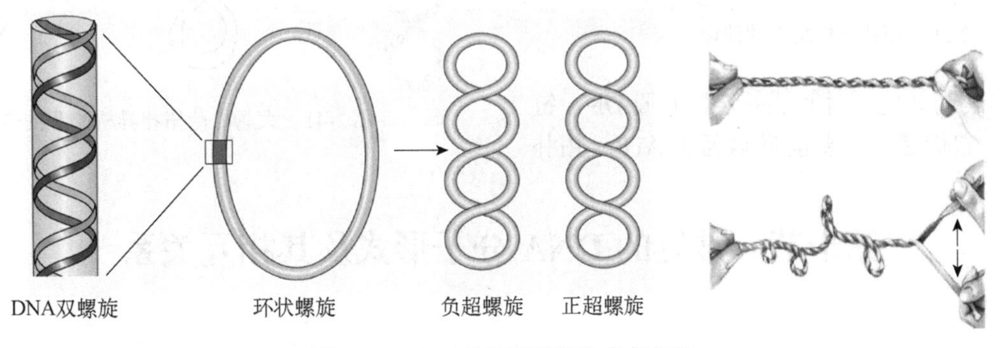

图2-38　DNA的正超螺旋与负超螺旋

3. 超螺旋存在的基本要素

由以上可以得出，超螺旋存在的基本要素为：①初级螺旋处于松缠或者紧缠状态。②与松弛形式相对比具有额外的自由能。几乎所有的生物都含有一定的负超螺旋，这与许多生命过程密切相关。

二、DNA的拓扑异构现象

1. DNA的拓扑异构概念

拓扑异构现象本是一个数学几何概念，它的意思是几何图形不断变化的现象，称为拓扑异构现象。DNA的拓扑异构是指DNA结构几何图形不断变化的现象。

2. DNA 拓扑异构的产生

所有的DNA超螺旋都由DNA拓扑异构酶催化产生。拓扑异构酶（topoisomerase）是指通过切断DNA的一条或两条链中的磷酸二酯键，然后重新缠绕和封口来更正DNA连环数的酶。也可以说拓扑异构酶是改变DNA构型的酶。可分为两类：一类叫拓扑异构酶Ⅰ；一类叫拓扑异构酶Ⅱ。

拓扑异构酶Ⅰ催化单链DNA的断裂和重新连接，每次只作用于一条链，即催化瞬时单链的断裂和连接，它们不需要能量辅因子如腺苷三磷酸（ATP）或烟酰胺腺嘌呤二核苷酸（NAD）。拓扑异构酶Ⅰ的主要作用是：①促进两个单链环的复性；②促使单环断裂形成三叶结分子；③促进两单链环中一个断裂，使双环相套，形成连环化分子（图2-39）。

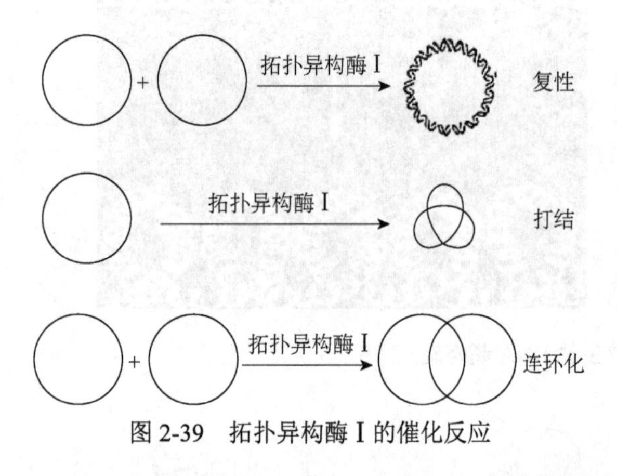

图2-39 拓扑异构酶Ⅰ的催化反应

拓扑异构酶Ⅱ能同时断裂并连接双股DNA链（图2-40），它们通常需要能量辅因子ATP。拓扑异构酶Ⅱ又可分为两个亚类：一个亚类是DNA促旋酶（DNA gyrase），其主要功能是引入负超螺旋，在DNA复制中起着十分重要的作用。迄今为止，只有在原核生物中才发现DNA促旋酶。另一个亚类是转变超螺旋DNA（包括正超螺旋和负超螺旋）成为没有超螺旋的松弛形式（relaxed form），这一类酶在原核生物和真核生物中都有发现。大肠杆菌拓扑异构酶Ⅱ的作用是：①引入负螺旋；②形成或拆开双链DNA环连体和成结分子（图2-41）。

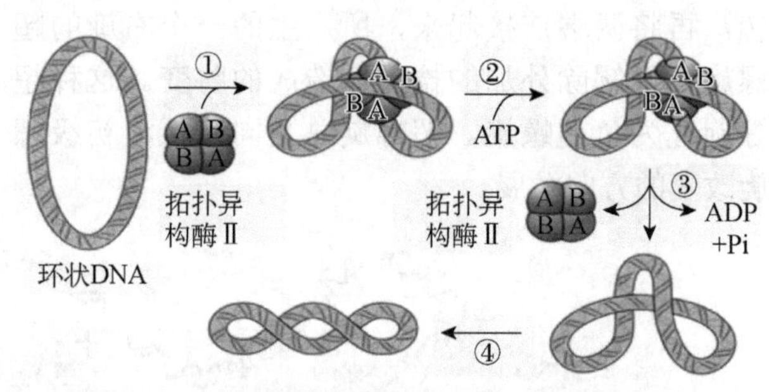

图2-40 拓扑异构酶Ⅱ能同时断裂并连接双股DNA链示意图

图2-41 大肠杆菌拓扑异构酶Ⅱ的作用

第十节 常见的DNA分子形式及其相互关系

一、常见的DNA分子形式

根据现有DNA分子的形式，在实验室中常常可以把DNA分子分为8种形式。它们的沉降系数是以相同核苷酸的线形双螺旋DNA沉降系数作为1，其他形式的DNA为其相对值。8种DNA分子形式分述如下：

1）Ⅰ形DNA：是指具有正、负超螺旋的双链闭环DNA分子，相对沉降系数1.41［图2-42（1）］。

2）Ⅰ°形DNA：指没有超螺旋的双链闭环DNA分子，也就是松弛形式，相对沉降系数1.14［图2-42（2）］。

3）Ⅱ形DNA：在一条链或者两条链上有一个或者几个切口的双链双环分子，相对沉降系数1.14［图2-42（3）］。

4）Ⅲ形DNA：指线形双螺旋DNA分子，相对沉降系数1.0［图2-42（4）］。

5）坍缩DNA（collapsed DNA）：指当Ⅰ°形

或者Ⅰ形DNA变性时，氢链断裂，而两条链无法分离，形成一团缠绕的DNA分子，沉降系数为3.0［图2-42（5）］。

6）单链环状DNA：其相对沉降系数1.14［图2-42（6）］。

7）线性单链DNA：其相对沉降系数1.30［图2-42（7）］。

8）环连DNA：为DNA复制过程中产物，或者由DNA促旋酶催化生成［图2-42（8）］。

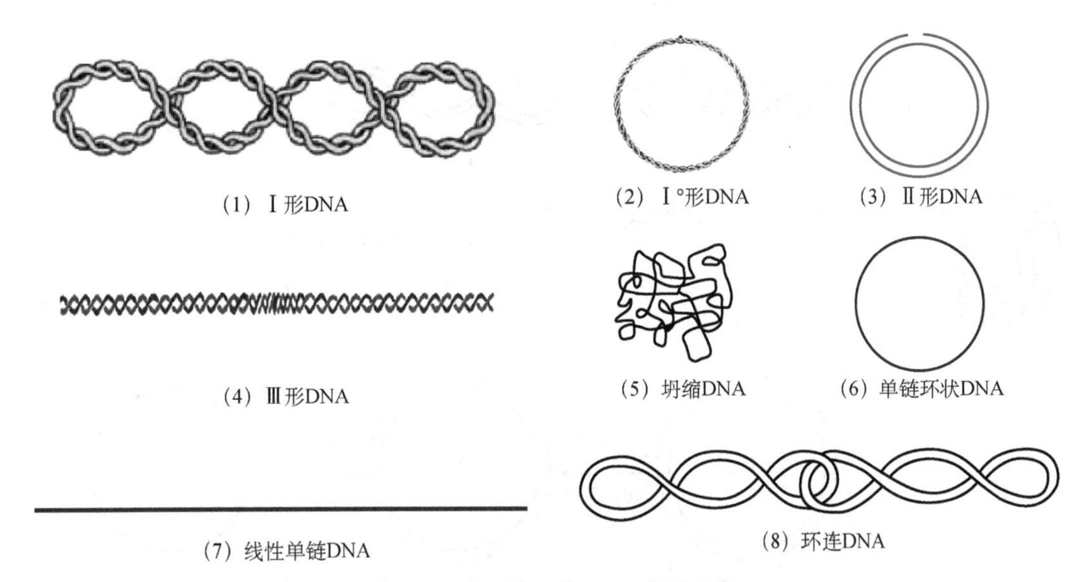

图2-42　常见的8种DNA分子形式

二、不同DNA分子形式的相互关系

DNA有8种不同的分子形式，这些不同形式在体内或体外都可以相互转化（图2-43），尤其是在分子生物学实验中，往往也需要进行相应的变化。

连环DNA在促旋酶的作用下，可以变为超螺旋的双链闭环DNA分子；超螺旋的双链闭环DNA分子在促旋酶的作用下也可以逆向变为连环DNA的结构。超螺旋的双链闭环DNA分子在拓扑异构酶或限制性内切核酸酶的作用下可以成为开环的DNA（Ⅰ°形DNA）或有切口的开环DNA（Ⅱ形DNA）。这两种形式的DNA通过变性可以变为单链环状DNA与线性单链DNA。环化的双链DNA分子在限制性内切核酸酶的作用下可以成为线状双螺旋DNA；在连接酶的作用下也可以逆向进行环化。线状双螺旋DNA经过变性可以成为单链线状DNA分子，反过来经复性也可逆向恢复双螺旋结构。超螺旋DNA与环形双链DNA如果经变性没有分开，并且缠绕在一起就会形成坍缩DNA。坍缩DNA一般很难恢复其原来的分子形式。

在以上这些形式的DNA分子中，Ⅰ形DNA分子的特点是值得注意的。

1）超螺旋DNA分子的结构紧密，有较大的沉降常数、较高的电泳迁移率。在与线性或开环DNA分子量相同的情况下，Ⅰ形DNA分子在电泳时迁移的速率要快。

2）与溴化乙锭等染料结合量受到分子内紧张性所限制，而Ⅱ形和Ⅲ形DNA分子没有这种限制，能够结合更多的染料分子。由于溴化乙锭的比重很小，因此在进行CsCl密度梯度平衡离心时，Ⅰ形DNA的比重约为1.59，而Ⅱ形和Ⅲ形DNA的比重约为1.55。

3）Ⅰ形DNA对温度和碱性pH有较强的抵抗力，不容易发生变性。这样，可以寻找一个临界条件，使Ⅱ形和Ⅲ形DNA发生变性，而Ⅰ形DNA不变性或很少变性。很多分离或鉴定Ⅰ形DNA的方法都是依据这三点特性而设计的。

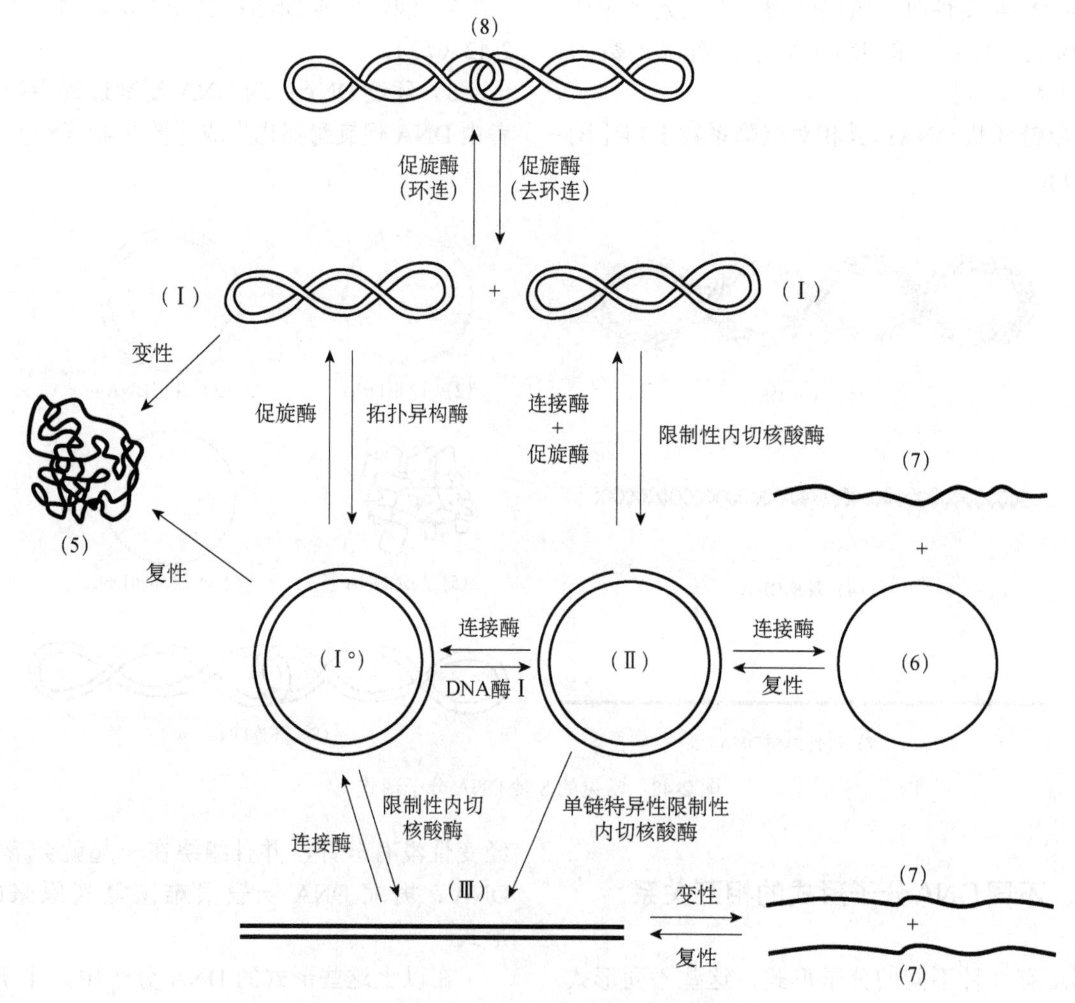

图 2-43　常见的 DNA 分子形式及其相互关系图

第十一节　DNA 多态性及其检测的分子技术

遗传多态性是指在同一群体中，某个基因座上存在两个或两个以上等位基因，且最小等位基因频率（minor allele frequency，MAF）大于 0.01 的现象，也称基因多态性。其形成机制是基因突变。评价遗传多态性的主要参数是基因频率、基因型频率及表型频率。DNA 遗传多态性是指染色体 DNA 等位基因中核苷酸排列的差异性。从本质上讲，多态性的产生在于基因水平上的变异。对于一个个体而言，基因多态性碱基顺序终生不变，并按孟德尔定律世代相传。

DNA 水平上的多态性根据差异的大小可分为：①单核苷酸多态性；②插入缺失变异；③拷贝数变异。

一、单核苷酸多态性

（一）概念

单核苷酸多态性（single nucleotide polymorphism，SNP）主要是指在基因组水平上由单个核苷酸变异所引起的 DNA 序列多态性。它是动物、植物和人类可遗传的变异中最常见的一种，占所有已知多态性的 90%以上。

（二）产生与分布

SNP 由单个碱基的转换或颠换所引起，也可由碱基的插入或缺失所致。转换是一种嘌呤被另一种嘌呤所替代，或一种嘧啶被另一种嘧啶所替代；颠换是嘌呤与嘧啶之间的替代。SNP 在人类基因组中广泛存在，平均每 300 个碱基对中就有 1 个，估计其总数可达 300 万个甚至更多。在中国黄牛上，SNP 数量可达到 700 万～900 万个。

SNP 既可能是二等位多态性，也可能是 3 个或 4 个等位多态性，但实际上，后两者非常少见，几乎可以忽略。因此，通常所说的 SNP 都是二等位多态性的。这种变异可能是转换，也可能是颠换。转换发生的频率明显高于颠换发生的频率，具有转换型变异的 SNP 约占 2/3。

在基因组 DNA 中，任何碱基均有可能发生变异，因此 SNP 分布于整个基因组，包括编码序列和非编码序列。因此 SNP 既有可能在基因本体序列内，也有可能在基因本体以外的非编码序列上。总的来说，位于编码区 SNP（coding SNP，cSNP）比较少，因为在外显子内，其变异率仅为周围序列的 1/5。但它在遗传性疾病研究中却具有重要意义，因此 cSNP 的研究更受关注。

（三）SNP 的作用

从对生物遗传性状的影响上来看，cSNP 又可分为两种：一种是同义 cSNP（synonymous cSNP），即 SNP 所致编码序列的改变并不影响其所翻译蛋白质的氨基酸序列，突变碱基与未突变碱基所控制的氨基酸密码子相同；另一种是非同义 cSNP（non-synonymous cSNP），也叫错义 SNP，指碱基序列的改变使原来控制的氨基酸密码子改变为另一种氨基酸的密码子，导致蛋白质序列发生改变，从而影响了蛋白质的功能。这种改变常常是导致生物性状改变的直接原因。理论上 cSNP 中约有一半为非同义 cSNP，但实际中并非如此。

（四）SNP 的检测技术

SNP 的检测也越来越容易。例如，全基因组 SNP 通过全基因组测序和比对分析就可获得，某些特定 SNP 可通过基因芯片、聚合酶链反应-限制性片段长度多态性（PCR-RFLP）、聚合酶链反应-单链构象多态性（PCR-SSCP）等方法测定。

1. 直接测序法

直接测序法（direct sequencing）是最精准的 SNP 检测方法。通过直接测序检测 SNP 的基本原理是：通过对不同个体全基因组，或同一基因或基因片段进行测序和序列比较，以确定所涉及的碱基是否发生变异，其检出率可达 100%。采用直接测序法，可以得到 SNP 的类型、准确位置及 SNP 的重要参数。随着 DNA 测序自动化和测序成本的降低，直接测序法将越来越多地用于 SNP 的检测与分型。

DNA 测序的方法有很多种，目前最常用的方法是双脱氧链终止法。其基本原理是在测序用的缓冲液中加入四种 dNTP 及 DNA 聚合酶，测序时分成四个反应，每个反应除上述成分外分别加入 2′，3′-双脱氧的 A、C、G、T 核苷三磷酸，即为 ddATP、ddCTP、ddGTP、ddTTP，然后进行聚合反应（图 2-44）。在第一个反应物中，ddATP 会随机代替 dATP 参加反应，一旦 ddATP 加入到新合成的 DNA 链中，由于其 3 位的羟基变成了氢，所以不能继续延伸，使第一个反应中所产生的 DNA 链都是到 A 就终止了。同理第二个反应产生的新 DNA 链都是以 C 结尾的，第三个反应产生的新 DNA 链都是以 G 结尾的，第四个反应产生的新 DNA 链都是以 T 结尾的。电泳后就可以读出序列。假如有一个 DNA 链的互补序列是 TAGCAACT，在第一个反应中由于含有 dNTP+ddATP，所以遇到互补链 A、G、C 三个碱基时没什么问题，但遇到 T 时、掺入的可能是 dATP 或 ddATP，如果参与反应的是 ddATP 则终止，产生仅有 1 个核苷酸的序列：A。否则继续延伸，可以产生序列 ATCGTTG，又到了下一个 T 了，同样有两种情况，如果是 ddATP 掺入，则产生的序列是 ATCGTTGA，延伸终止。所以在第一个反应系统中产生的都是以 A 结尾的片段：A，ATCGTTGA；同理在第二个反应中产生的都是以 C 结尾的片段：ATC；在第三个反应中产生的都是以 G 结尾的片段：ATCG，ATCGTTG；在第四个反应中产生的都是以 T 结尾的片段：AT，ATCGT，ATCGTT。电泳时按分子量大小排列，A 反应的片段长度为 1，8；C 反应的为 3；G 反应的为 4，7；T 反应的为 2，5，6；四个反应的产物分别电泳，结果为 1 2 3 4 5 6 7 8，我们可以从下向上读，为 ATCGTTGA，至此，测序完成。

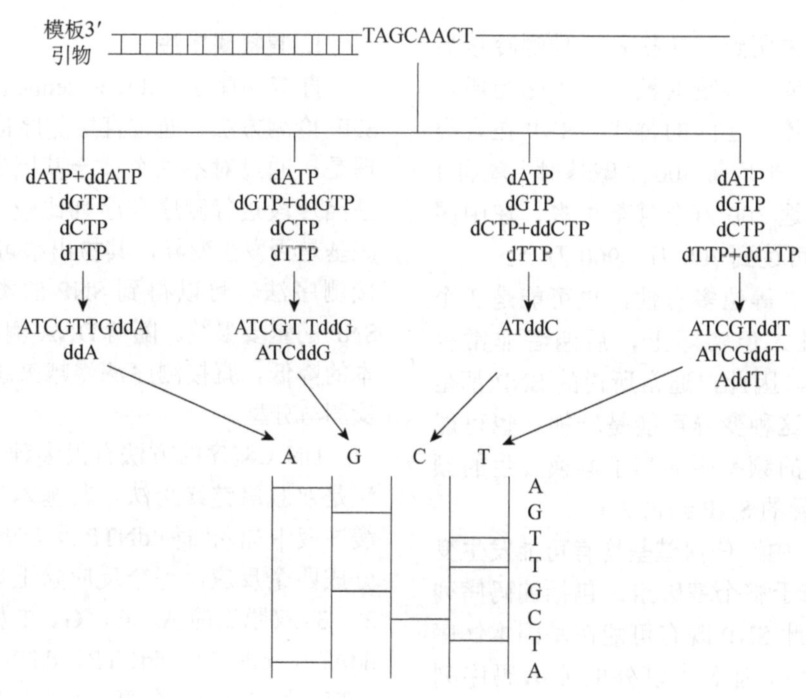

图 2-44　DNA 双脱氧测序原理图

2. 基因芯片法

基因芯片法的基本原理是利用核酸的互补碱基之间氢键作用，通过检测目的 DNA 链上的荧光信号，来实现样品 SNP 的检测。具体方法是将含有特定 SNP 的用荧光标记的 DNA 片段制成芯片，然后用待测样本的 DNA 与其杂交，通过计算机荧光扫描以获得基因组 SNP 的数量和位点。SNP 芯片的优势在于：①检测通量很大，一次可以检测几十万到几百万个 SNP 位点；②检测准确性很高，其准确性可以达到 99.9%以上；③检测费用相对低廉。因此，SNP 芯片是一种对全基因组多位点、高速度、高通量、集约化和低成本的 SNP 检测技术（图 2-45）。

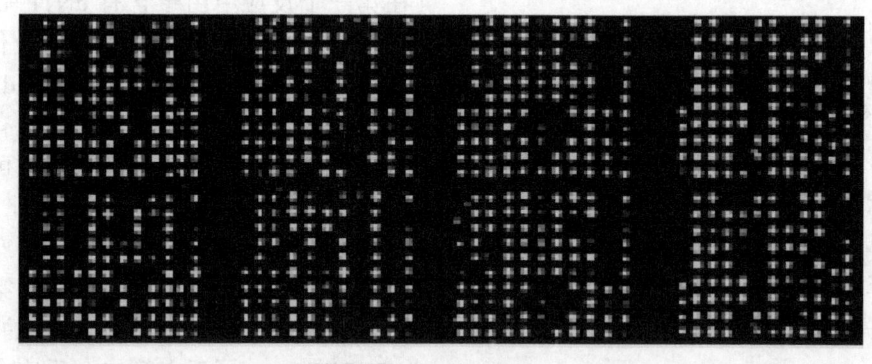

图 2-45　SNP 芯片

3. 限制性酶切法

限制性片段长度多态性（restriction fragment length polymorphism，RFLP）技术是根据不同生物品种（个体）基因组的限制性内切核酸酶的酶切位点碱基发生突变，或酶切位点之间发生了碱基的插入、缺失，导致酶切片段大小发生了变化，这种变化可以通过特定探针杂交进行检测，从而可比较不同品种（个体）DNA 水平的多态性，通过比较可以构建生物基因组的遗传图谱、进行基因定位、确立生物的进化和分类关系等。DNA 指纹高度的遗传多态性实质上就是反映了基因组酶切位点的多态性，其制备方法就是采用 RFLP 法，具体操作为：①从含核的细胞中提取基因组 DNA；②基因组 DNA 用一种限制性内切核酸酶消化切割；③通过琼脂糖凝胶电泳把不同大小的DNA片段分开；④用0.4 mol/L NaOH进行变性处理；⑤通过DNA印迹法把琼脂糖凝胶中的DNA转移到醋酸纤维素膜或尼龙膜上；⑥经加热或用紫外交联仪固定DNA；⑦用地高辛或同位素标记的微卫星DNA探针与膜进行杂交；⑧将未杂交上的探针洗涤掉；⑨通过显色或放射自显影显带；⑩根据带纹进行多态性分析（图2-46）。

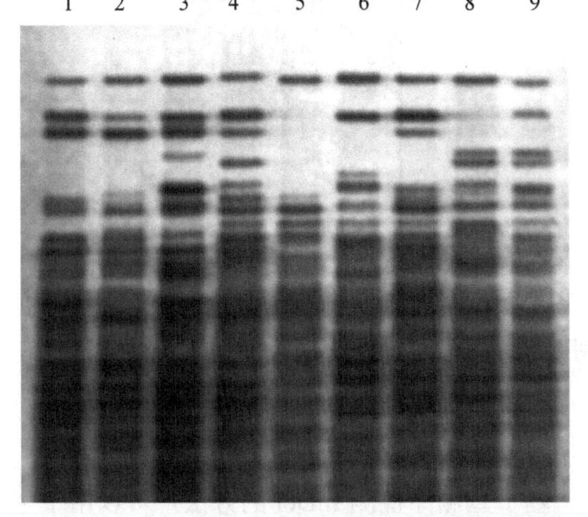

图2-46　*Hinf* Ⅰ 消化和与M13探针杂交后不同绵羊个体（1～9）的DNA指纹图谱

4. PCR-RFLP法

PCR-RFLP法的原理是先用PCR扩增目的DNA片段，然后将待检测的DNA片段用限制性内切核酸酶识别并切割特异的DNA位点，再将酶切产物进行琼脂糖凝胶电泳后，根据电泳图谱分析DNA序列特异酶切位点的多态性。这种方法多用于分析一个特定基因一个酶切位点的多态性。其一般操作步骤为：①提取DNA样品；②设计PCR扩增引物；③进行PCR扩增；④PCR产物的限制性内切核酸酶消化与琼脂糖凝胶电泳；⑤获得电泳图谱；⑥通过图谱进行基因分型（图2-47）；⑦分析遗传多态性。

5. PCR-SSCP法

聚合酶链反应-单链构象多态性（polymerase chain reaction-single strand conformation polymorphism，PCR-SSCP）法是在PCR技术基础上发展起来的，它是一种简单、快速、经济的用来显示在PCR反应产物中单碱基突变（点突变）的手段。其基

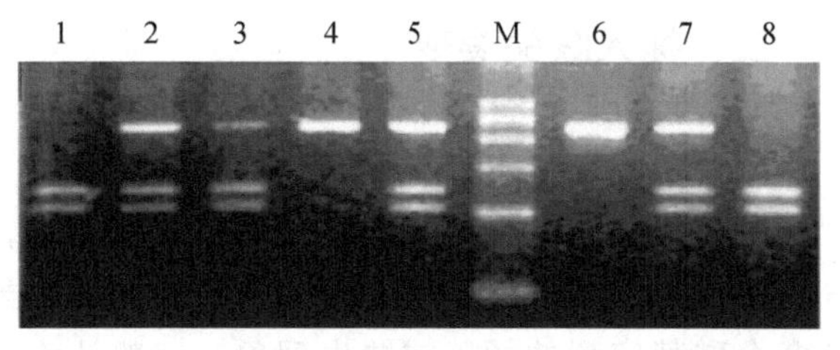

图2-47　牛*POU1F1*基因PCR-RFLP的检测电泳图谱

泳道1，8：BB型；泳道2，3，5，7：AB型；泳道4，6：AA型；M：DNA标志物

本原理是经PCR扩增的DNA片段在变性剂或低离子浓度下，经高温处理使之解链并保持单链状态，DNA单链可折叠成一定空间构象，用不含变性剂的中性聚丙烯酰胺凝胶电泳时，相同长度DNA单链因其碱基序列不同，会导致所形成的构象不同，而单链DNA构象的差异可引起电泳时迁移率的改变。每条单链处于一定的位置，靶DNA中若发生碱基缺失、插入或单个碱基置换时，就会出现泳动变位，通过显色或显影后在凝胶上就会显示出带型的差别，即多态性。该方法的具体步骤为：①提取DNA样品；②设计PCR扩增引物；③进行PCR扩增；④PCR产物进行变性处理；⑤聚丙烯酰胺凝胶电泳；⑥显色处理与获得电泳图谱；⑦通过图谱进行基因分型（图2-48）；⑧分析遗传多态性及与性状表型值的关联。该方法已被用作基因突变的筛查检测，遗传病的致病基因分析和基因诊断，基因制图等领域。

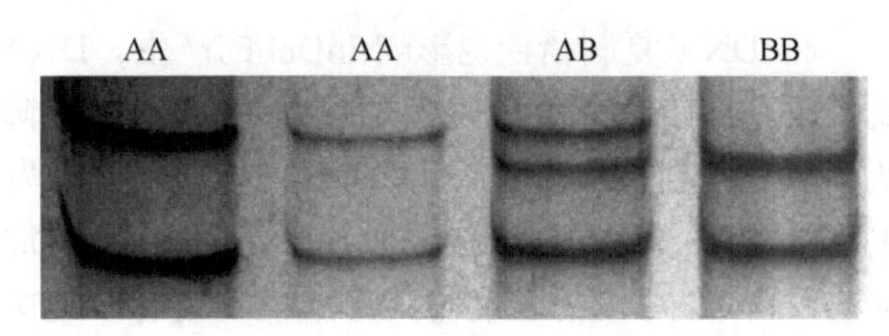

图2-48　中国黄牛*HTR1B3*基因位点PCR-SSCP遗传分析电泳图谱

（五）SNP标记的应用

由于SNP具有密度高、分布广、数量大、遗传性稳定，而且某些位于基因内部的SNP有可能直接影响蛋白质结构或表达水平，所以，在遗传学分析中，SNP作为一类遗传标记已广泛应用于动物、植物的遗传作图、全基因组选择、标记辅助选择、疾病诊断及分子进化等方面。

二、插入缺失突变

1. 插入缺失突变的概念

插入缺失突变（insertion-deletion mutation，InDel）是指同源序列的某一个位点上发生一个或者多个碱基序列的插入或缺失现象。一般认为，该 InDel 片段的大小为 5～50 bp。

2. InDel 的分布特征

InDel 标记在基因组中分布频率高、密度大、数目多。但其分布有不均匀现象，如在性染色体上的 InDel 位点相对较少，大约仅为常染色体的一半。而通常情况下，X 染色体上的 InDel 位点又比 Y 染色体上的多。编码区的序列通常相对较为保守，所以大部分 InDel 位点都分布于非编码区。相邻两个基因之间 InDel 位点的数量通常比启动子上游序列、5′UTR 及外显子 1 区多。此外基因序列若存在串联重复序列，则较易发生缺失突变。

3. InDel 产生的机制

1）InDel 产生受基因组特征影响。孔德拉绍夫（Kondrashov）等通过研究发现，染色体上 DNA 序列的碱基类型对 InDel 产生频率有影响。一般情况下，突变位点包含 GTAAGT 碱基序列或者存在 DNA 两条链上的嘌呤嘧啶相对含量不平衡情况时，则缺失突变发生的概率增加；而包含 AT（A/C）以及（AC）GCC 序列时插入突变发生的概率增加。

2）DNA 复制错误也影响 InDel 的产生。DNA 复制时，解链酶解链的过程中，DNA 的稳定性降低，加之双链中 GC、AT 含量不平衡，很容易发生复制滑移；而复制滑移就会导致序列发生 InDel 突变。InDel 片段的长度与其形成机制也有一定关系，一般情况下，转座子复制或者异常重组相对的容易导致较长片段的 InDel，而复制滑移则易产生较短片段的 InDel。

4. InDel 检测方法

InDel 从本质上来说还是长度多态性标记。在实践应用中，InDel 多态性的检测方法有很多：①全基因组重测序。某种生物通过全基因组重测序，可以与其标准序列进行比对，可以获得全基因组中 InDel 存在的位置与数量。例如，通过此法，陈宏教授团队和蓝贤勇教授团队发现秦川牛和南阳牛的 InDel 位点分别为 115 005 个和 154 609 个。②PCR-电泳法。如果已知某种生物的 InDel 位点，要检测某一位点在群体中的多态性，先提取 DNA，然后通过设计引物，PCR 扩增，扩增产物直接电泳，根据条带的大小和分布就可直接对个体进行基因分型（图 2-49）、统计频率与关联分析等。

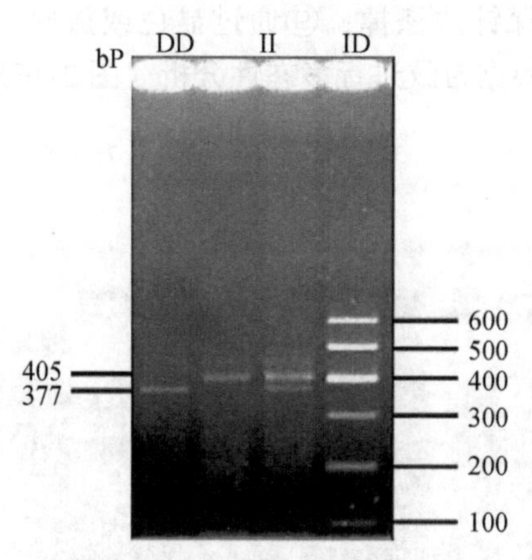

图 2-49　中国黄牛 *IGF1R* 基因 28 bp InDel 突变三种基因型电泳图谱

5. InDel 标记的应用

基于重测序检测 InDel 的方法，可以用于生物品种或类群起源进化的分析、亲缘关系的探讨等。基于 PCR 扩增技术，对 InDel 标记进行分型的技术准确性高、变异稳定性好、分型容易、简单便捷，且分型结果清晰，对仪器设备和技术要求也较低，在电泳分析平台上就可进行。在应用该技术扩增一些产物较短的 InDel 标记时，对 DNA 样品质量和样品量的要求都比较低，还可对高度降解的 DNA 分子进行扩增。这些优点使 InDel 成为新一代分子标记方法，而被广泛应用于动植物遗传图谱方面的分析、分子标记辅助育种、人类法医方面的遗传学鉴定以及医学遗传疾病的诊断等多个领域，并发挥着独特的优势。

InDel 突变在人类、动物和植物等各种生物的基因组中广泛存在。随着分子生物学的发展，InDel 分子标记逐渐被研究者们应用到畜禽经济性状相关的遗传育种中，截至目前 InDel 标记已经得到了广泛应用。最近利用 InDel 分型方法对猪、牛、羊、家禽等传统畜禽进行经济性状遗传选育与改良已经成为研究的热点之一。该方面研究的深入可以为家畜育种工作提供可靠的科学依据。例如，蓝贤勇等通过对山羊 *GHR* 基因的研究，发现了一个 14 bp 的 InDel 突变位点，该位点能显著影响山羊的体高、体长、胸宽，且插入/插入型（II）个体为优势基因型，而且 II、ID 和 DD 基因型分布在多羔及单羔的母羊之间也存在着显著差异。该基因 14 bp InDel 可作为山羊生长及第一胎产羔数的有效分子标记。蓝贤勇等研究发现在 *GDF9* 基因 3′调控区存在一个 12 bp 的 InDel 突变能显著影响陕北白绒山羊的头胎产羔数，同时对陕北白绒山羊的体高性状有显著影响，可作为陕北白绒山羊产羔与生长性状的标记基因。在绵羊 *FecB* 基因剪接区发现一个 10 bp InDel 变异，此 InDel 对绵羊的产仔数有显著影响。绵羊 *GHR* 基因 2 个 23 bp InDel 突变与初胎产仔数显著相关，同样在绵羊 *PRL* 基因中也存在一个 23 bp 的 InDel 突变，与第一胎产羔数显著相关。牛在 *PAX7* 基因启动子中检测到一个 10 bp InDel 多态性，此 InDel 对牛早期的生长性状（如 6 月龄黄牛的体重、体高、心脏周长等）有显著影响。*PLAG1* 基因内含子中存在一个 19 bp 的 InDel 突变，且该 InDel 在云岭牛上具有多态性，并与云岭牛体高、十字部高、胸围性状显著相关，说明 *PLAG1* 基因的 19 bp InDel 是一种高效的体尺性状遗传标记。在家禽上，Zhang 等（2014）研究发现位于 *PAX7* 基因第 3 内含子中的 31 bp InDel 位点在鸡上具有多态性，且该位点对第 4、6、8、12 周龄鸡的体重、胸肌肌纤维直径和体长指数有显著影响。在猪上，*Hsd17b3* 基因启动子区和内含子中发现了 2 个 InDel 突变，经研究发现该突变与雄性生殖性状显著相关。随着 InDel 检测技术的广泛应用和测序技术的发展，在今后将会发现更多潜在的 InDel 分子标记，这对畜禽遗传改良进程和畜牧业发展将会有极大的推动作用。

三、拷贝数变异

1. 拷贝数变异的概念

拷贝数变异（copy number variant，CNV）是指与参考基因组相比，大小为 1 kb 至几 Mb 的 DNA 片段发生拷贝数突变，其中包含 DNA 片段的插入、缺失和重复等形式。当 CNV 在参考群体中发生的频率大于 1%，可以将其称为拷贝数多态性（copy number polymorphism，CNP）。

2. CNV 的存在形式

CNV 属于结构变异，主要以 5 种形式存在：①两条染色体都发生拷贝数增加；②一条染色体产生拷贝数增加，而另一条染色体发生拷贝数缺失；③一条染色体的拷贝数正常，另一条染色体的拷贝数增加；④一条染色体的拷贝数正常，另一条染色体的拷贝数缺失；⑤两条染色体拷贝数都缺失。当两个或者几个 CNV 发生了重叠，使其范围变得更大，就形成了 CNVR。换言之，CNVR 是指存在重叠的 CNV 的集合。

3. CNV 产生机制

CNV 通常处于包含可重复序列的位置，如端粒、着丝点、异染色质等。99%以上的 CNV 来自遗传，只有不到 1%的 CNV 产生于突变。由于检测技术的限制，CNV 是如何形成的，目前并不是非常的明确，现阶段比较被认可的形成方式主要有 4 种：①非等位基因同源重组（non-allelic homologous recombination，NAHR），这是 CNV 主要的形成机制，大量 DNA 片段在细胞的有丝分裂及减数分裂间期产生非等位基因的同源重组，进而导致结构变异。②非同源末端连接（non-homologous end-joining，NHEJ），经鲁普斯基-詹姆斯研究发现，NHEJ 大多数发生在 DNA 的修复过程，进而形成了许多简单的 CNV。③DNA 的复制叉停滞及模板转换（fork stalling and template switching，FoSTeS），FoSTeS 模型最早于 2007 年由 Lee 等（2007）提出，他们研究明确了 FoSTeS 模型的机制，在 DNA 复制间期，某些停滞的复制叉会与相邻复制叉结合，然后产生单链 DNA，从而形成新的 CNV。研究显示，在人类基因组中，FoSTeS 模型可以解释约 30%的 CNV 形成。④逆转录转座（retrotransposition），mRNA 首先逆转录为 cDNA，然后形成的 cDNA 插入到基因组中，造成拷贝数变异。除此之外，还有一种人们普遍认为的形成一些小片段 CNV 的机制，那就是非同源突变机制。该机制由弗莱德曼等发现。

4. CNV 的作用

CNV 发挥作用主要通过两种方式：①剂量效应，通过影响功能基因的拷贝数量，进而直接影响基因的表达量。②它会通过影响转录因子的拷贝数进而间接调控功能基因的表达量。

5. CNV 的检测方法

在现有检测方法中，按照检测范围的大小可以分为两类：一类是基于全基因组范围来检测 CNV 的存在与否，包括高通量测序技术和比较基因组杂交（comparative genomic hybridization，CGH）技术。由于测序费用相对较高，很难对一个群体中的多个个体进行序列检测，但是检测的准确度高，所以使用频繁。此外，现阶段一般也常用 CGH 技术来检测 CNV。另一类是实时荧光定量 PCR（quantitative real-time PCR，qPCR）技术。该技术的基本原理是：在 PCR 过程中加入荧光染料，利用 DNA 与荧光染料特异结合的性质，使荧光实现积累，并实时检测。通过对比目的基因和参考基因达到阈值的循环数（Ct 值），来确定未知模板的拷贝数变异情况与分型。一般划分为三种基因型，即增加型（gain）、正常型（normal）和缺少型（loss）。此方法实用性强、结果相对比较准确，操作简单，但是每次只能检测一个位点，检测拷贝数较多时需要的技术重复较多。

6. CNV 的应用

随着生物检测技术的发展，对 CNV 的检测会越来越精确、简单，特别是测序技术的快速发展，对 CNV 的精确检测意义重大。CNV 主要应用于群体的种质鉴定、突变分析、分子进化研究、亲缘关系探讨、与经济性状的关联分析及标记辅助选择育种等。2014 年陈宏课题组利用基因芯片研究了中国地方黄牛基因组拷贝数变异及其功能，发现中国黄牛基因组中存在 470 个 CNV，借此分析揭示了中国黄牛品种间的亲缘关系，绘制了聚类图，揭示了 CNV 与南阳牛生长性状存在显著的相关关系。2014 年陈宏课题组用全基因组重测序技术研究了南阳牛和秦川牛基因组中的 CNV，发现了 2907 个 CNV 区域，其中在 783 个 CNV 区域内（27%，783/2907）发现了 495 个蛋白质编码基因。GO 分析发现，多数基因与环境应激、对疾病的免疫应答等有关。2019 年陈宏课题组利用 qPCR 技术研究了小尾寒羊、大尾寒羊、湖羊和茶卡羊四个绵羊品种 *KAT6A* 基因中的拷贝数变异类型，发现它们与生长性状显著关联，即：发现 CNV1 位点在大尾寒羊和茶卡羊中以拷贝数正常型为主；CNV2 位点在小尾寒羊、大尾寒羊、湖羊、茶卡羊中的拷贝数均以缺失为主；CNV3 位点在小尾寒羊中增加和缺失比例一致，大尾寒羊中拷贝数以增加为主，湖羊和茶卡羊中以拷贝数缺失为主。并发现 *KAT6A* 基因拷贝数变异类型与体尺性状（胸宽、管围、体高、胸围、尻长）存在显著相关。表明可以将绵羊 *KAT6A* 基因拷贝数作为绵羊选育的分子标记。

本章小结

本章首先从肺炎双球菌的转化实验、噬菌体的侵染实验、烟草花叶病毒感染实验和金鱼与鲫鱼遗传性状的定向转化实验揭示 DNA 是遗传物质；在没有 DNA 的情况下，RNA 是遗传物质；作为遗传物质需要符合连续性、稳定性、多样性和可变性四个条件。生物的 DNA 携带了生物遗传的全部信息，这些信息包括两大类，即基因的编码信息和基因选择性表达的非编码信息。DNA 是通过 3′, 5′-磷酸二酯键连接起来的高聚物，DNA 与 RNA 的最大区别是核酸第二位上氧原子的有无及胸腺嘧啶与尿嘧啶的差异。DNA 的二级结构为右手双螺旋结构，两条链反向平行组成双螺旋。两条链上的碱基按 A-T 和 G-C 互补配对规律，相互以氢键相接。影响 DNA 双螺旋结构的因素有氢键、碱基堆积力、磷酸基的静电斥力和碱基分子内能。维持 DNA 二级结构的主要作用力是氢键和碱基堆积力，而磷酸基的电斥力和碱基分子内能则不利于双螺旋结构的稳定。由于 DNA 上碱基的不均一性，产生了一些特异的序列及其相应的特性。在生理状况下，双螺旋的碱基对之间氢键自发地发生断裂和再生，这就是 DNA 双螺旋结构的呼吸作用。DNA 可以变性和复性，在 DNA 复性和变性的基础上，产生了一系列应用广泛的分子杂交技术，如 DNA 印迹法、RNA 印迹法、原位杂交和斑点杂交、蛋白质印迹法等。DNA 的构象除了 B 型外，还有 A、C、D、E 和 Z 构象。DNA 的双螺旋结构在 DNA 拓扑异构酶作用下，进一步螺旋会形成超螺旋。DNA 分子有 8 种形式，在一定条件下可以相互转化。DNA 的多态性有 SNP、InDel、CNV 等，检测的方法有 DNA 印迹法、基因芯片、测序、RFLP、PCR-RFLP、PCR-SSCP、PCR+琼脂糖凝胶电泳、qPCR等。

思考题

1. 在证明遗传物质的实验中，最关键的设计思路是什么？
2. 生物基因组中有哪两种遗传信息？各自的作用是什么？
3. DNA和RNA在组成上有何区别？
4. DNA和RNA的结构如何？
5. 影响DNA双螺旋结构的因素有哪些？为什么在提取DNA时要在提取液中加NaCl？为什么要用低温冷冻离心机离心？
6. 什么是DNA双螺旋结构的呼吸作用？呼吸作用的强弱与DNA链上的碱基组成有何关系？
7. DNA结构的不均一性表现在哪些方面？
8. 什么是DNA的变性、复性和分子杂交？分子杂交有哪些类型？
9. DNA二级结构的多形性都有哪些？
10. 什么是DNA的超螺旋和拓扑异构现象？DNA的超螺旋有何生物学意义？
11. 常见的DNA分子有哪些形式？它们是怎样相互转化的？
12. 什么是DNA的多态性？DNA的多态性都有哪些形式？
13. 测定DNA多态性有何意义及应用？
14. 什么是DNA单核苷酸多态性？测定的方法有哪些？
15. 什么是InDel变异？如何测定？有何应用？
16. 什么是CNV？常用的测定方法有哪些？有何应用？
17. CNV产生机制有哪些？
18. InDel产生机制有哪些？

第三章　基因组及其研究技术

第一节　基因组与C值

一、基因组及其进化

（一）基因组

基因组（genome）是指生物体所有遗传物质的总和。大多数生物的遗传物质是DNA，但有些生物的遗传物质是RNA（如RNA病毒）。高等生物，除位于细胞核的遗传物质组成核基因组外，位于细胞质的一些细胞器（如线粒体、叶绿体等）也含有遗传物质，组成了细胞质基因组或细胞器基因组。而一些低等生物，如细菌、酵母菌和放线菌等生物中，除染色体（或拟核）携带有遗传物质外，还存在具有自主复制能力并表达所携带遗传信息的双链DNA分子，称为质粒。质粒携带的遗传信息能赋予宿主某些生物学性状，有利于宿主在特定的环境条件下生存。

（二）基因组改变

组成多细胞生物体的所有细胞都源自同一个单细胞，因此它们具有相同的基因组。但是，在体细胞分裂期间的DNA复制过程中，由于碱基错配和环境诱变剂的作用可导致体基因组发生突变；对于生殖细胞而言，减数分裂期间，二倍体细胞分裂两次产生单倍体生殖细胞，重组导致遗传物质在同源染色体之间重新排列，从而形成独特的基因组。基因组改变主要包括以下几种形式。

1. 单核苷酸变异

单核苷酸变异，包括置换和颠换，导致的核酸序列的多态性，称为单核苷酸多态性（SNP），是生物基因组中最常见的遗传变异类型。由于具有遗传稳定性强、数量多、分布广等特点，SNP被广泛应用于群体遗传学以及疾病相关基因定位等研究中。

2. 插入缺失

插入缺失（InDel）是指在基因组的某个位置上所发生的小片段序列的插入或缺失，其长度通常在1～50 bp。插入和缺失在基因组中的分布频率仅次于SNP，且很多都发生在基因内部甚至是外显子区域、启动子区域等重要位置，导致基因移码突变或表达调控机制改变，使该基因所编码蛋白质结构和表达水平发生变化，最终引发生物学功能的改变。

3. 结构变异

基因组结构变异（structure variation，SV）是指基因组上长度较大的序列变化和位置关系变化。这类变异的类型很多，包括基因组中长度在50 bp以上长片段的插入或删除、串联重复（tandem repeat）、染色体倒位（inversion）、染色体内易位（intra-chromosomal translocation）和染色体间易位（inter-chromosomal translocation）以及形式更为复杂的嵌合型变异。

随着检测方法的发展，不断有更多新的结构变异在基因组中被检出。据统计，目前人类基因组中有超过20 000个结构变异。这些变异可能导致的疾病已经超过1000种，如人们熟知的肌萎缩侧索硬化、精神分裂症及多种癌症。结构变异可通过影响基因组的稳定性和相关基因表达，进而影响物种的表型。结构变异也可以在不改变编码基因序列情况下，通过位置效应影响顺式作用元件（如启动子和增强子）的功能，参与基因的调控，导致疾病的发生。最近，随着三维基因组测序技术发展，位置效应作为基因表达调控的证据越来越明显。

4. 拷贝数变异

拷贝数变异实际是基因组结构变异的一种类型，由基因组发生重排而导致。拷贝数变异（CNV），也称拷贝数多态性（copy number polymorphism，CNP），是指相对于常见的二倍体基因组来说，长度为 1 kb 以上的基因组大片段的拷贝数增加或者减少，主要表现为亚显微水平的缺失和重复。拷贝数变异通过基因剂量效应、基因断裂、基因融合和位置效应等影响动物性状的表型，如鸡的豆冠和皮肤色素沉着、猪耳面积和肉牛体重等，也是人类疾病如孤独症、精神分裂症、智力障碍以及多种先天性畸形和特定形式听力损失等的重要致病因素之一。

5. 基因融合

基因融合（gene fusion）是指两个或两个以上基因的部分或全部序列构成一个新杂合基因的过程。一般来说，基因融合是指基因组层面的融合。但转录组层面也可能发生融合，主要是由于两个不同基因转录产生的 RNA，由于某种原因融合在一起，形成新的融合 RNA，该 RNA 可能编码蛋白质，也可能不编码。而基因组层面产生的融合基因，根据融合情况，可能表达，也可能不表达。基因融合可能由染色体易位、缺失和倒位等引起，与各种疾病，特别是癌症的发生发展紧密相关，甚至是一些癌症的直接诱因。

（三）基因组进化

基因组的早期形态是出现在细胞生命之前的原基因组（protogenomes），就是一些能自我复制的多核苷酸，一般认为是 RNA 分子。随着特定 RNA 催化肽键的形成，产生了具有催化功能的蛋白质分子，在这些 RNA 分子和蛋白质的共同催化下，以 RNA 为模板的遗传物质合成新的稳定性更高的遗传物质 DNA，形成了基因组 DNA，逐步进化为复杂的现代基因组。基因组进化的分子基础是突变、遗传重组和转座等，其主要模式有以下几种。

1. 基因加倍与基因组加倍

基因加倍被认为在所有生物的基因组进化中发挥了核心作用。基因加倍使得基因组中形成了两个相同的基因。选择性约束将确保这些基因中的一个保留其原始核苷酸序列或与之相似的序列，使其能够继续提供加倍发生之前单个基因拷贝提供的蛋白质功能。同样的选择性约束也适用于第二个基因，特别是如果通过加倍使基因产物的合成速率增加，给生物体带来益处时。然而，更常见的情况是第二个拷贝不会带来任何益处，因此不会受到相同的选择压力，因此会累积随机突变。但有证据表明，大多数通过加倍产生的新基因都获得了使其失活的有害突变，从而成为非加工假基因（non-processed pseudogene）。另外一种情况是，突变可能不会导致基因失活，而是导致其对生物体有用的新功能。在这种情况下，基因将被保留，基因组的基因含量将增加（图 3-1）。

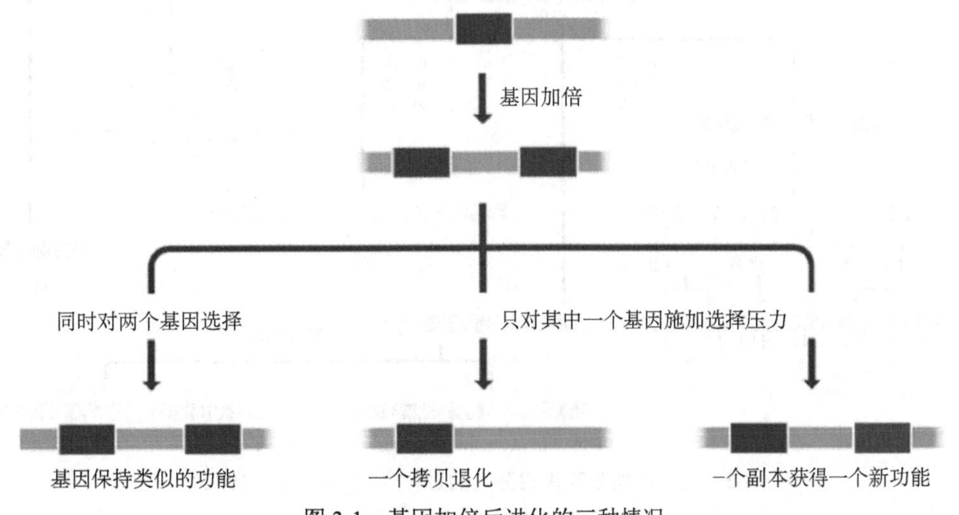

图 3-1　基因加倍后进化的三种情况

基因组序列分析证明，许多基因是由基因加倍事件产生的，如具有相同或接近序列的基因组成的球蛋白多基因家族就是很好的例子。这些加倍的基因积累突变，赋予了新的、有用的功能，使动物在不同发育阶段使用不同的新球蛋白。哺乳动物β-球蛋白基因的进化起始于原-α和原-β谱系，通过基因不断的加倍或缺失导致不同哺乳动物中存在不同组β-球蛋白基因（图 3-2）。另一种通过基因加倍进化的基因是同源异形选择者基因（homeotic selector gene），这类基因是与动物形态发育相关的关键基因，如果蝇的同源选择基因簇 HOM-C 由 8 个基因组成，每个基因包含编码蛋白质产物中 DNA 结合基序的同源域序列。这 8 个基因及果蝇中的其他具有同源结构域的基因被认为是由同一个祖先基因通过一系列基因加倍产生的。脊椎动物中有 4 个同源基因簇，即 HoxA～HoxD。当这 4 个簇彼此对齐并与 HOM-C 比较时，在相同位置的基因之间具有相似性，这意味着在脊椎动物谱系中不是单个 *Hox* 基因的加倍，而是整个基因簇的加倍（图 3-3）。

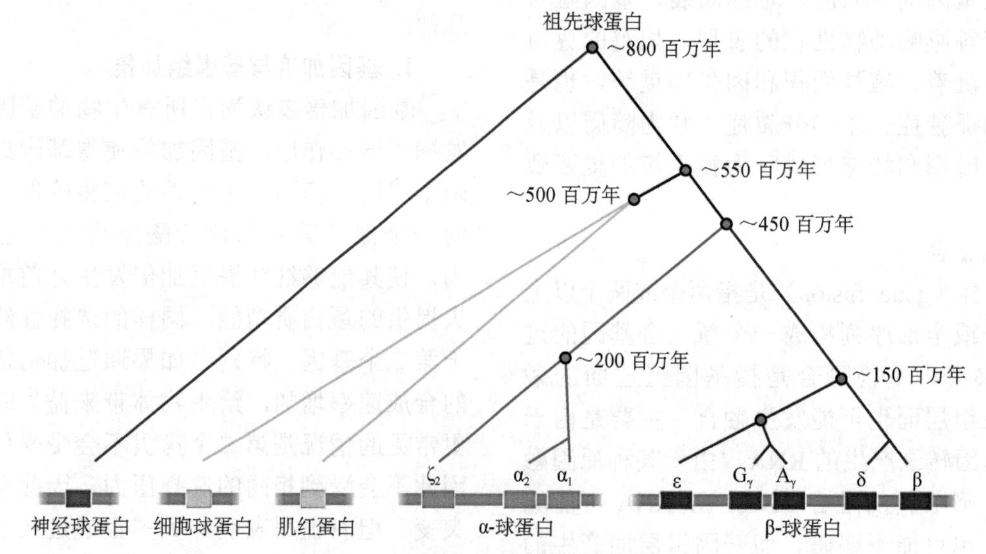

图 3-2 人类球蛋白基因超家族的进化

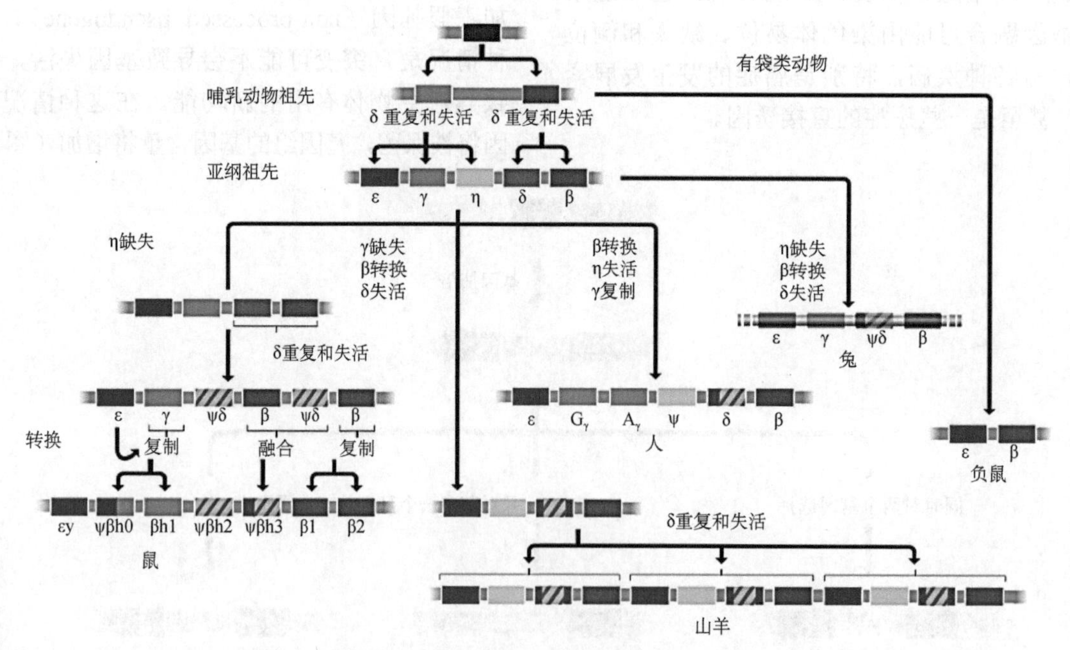

图 3-3 哺乳动物 b 珠蛋白基因的进化（Tagle et al.，1992）

人类球蛋白基因超级家族成员位于不同的染色体上。14 号染色体上有神经红蛋白基因，17 号染色体上有细胞红蛋白基因，22 号染色体上有肌红蛋白基因。α-球蛋白基因簇在 16 号染色体上，β-球蛋白基因簇在 11 号染色体上。基因之间的关系可以从基因对之间核苷酸的相似程度推断。用人类外显子中突变累积的估计速率作为分子时钟来估计基因复制发生的日期，单位为百万年（缩写 MYr）。

基因加倍的机制有多种，主要包括：①不等交换（unequal crossover），即一对同源染色体中不在相同位置的类似核苷酸序列引发的重组事件导致重组产物中 DNA 片段的复制；②不等姐妹染色单体交换（unequal sister chromatid exchange），即来自同源染色体的一对姐妹染色单体间的不等交换；③DNA 扩增（DNA amplification），即 DNA 复制泡中两个子 DNA 分子之间的不平等重组（图 3-4）。

上述过程产生相对较短的 DNA 加倍，长度一般在几十个碱基对。更大范围的加倍，如整个染色体的加倍似乎对基因组的进化意义不大，因为我们知道，单个人类染色体的复制，导致一个细胞包含一条染色体的三个拷贝（称为三体）要么是致命的，要么导致遗传疾病，如唐氏综合征。在人工产生的果蝇三体突变体中也观察到类似的有害作用。然而，三体的有害影响并不意味着必须排除细胞核中整组染色体的重复。如果减数分裂过程中的错误导致产生二倍体配子而非单倍体配子，则可能发生基因组加倍。如果两个二倍体配子融合，结果将是一种同源多倍体，在这种情况下，四倍体细胞的细胞核包含每个染色体的 4 个拷贝。同其他类型的多倍性一样，同源多倍性并不少见，尤其是在植物中。同源多倍体通常是可行的，因为每个染色体仍然有一个同源伴侣，因此在减数分裂期间可以形成二价体。这允许同源多倍体成功繁殖，但通常会阻止其与原始生物杂交。例如，四倍体和二倍体之间的杂交会产生三倍体后代，而三倍体后代本身无法繁殖，因为它的一整套染色体将缺少同源伴侣（图 3-5）。同源多倍体并不会直接导致基因组复杂性的增加，因为最初的产物是一种简单地拥有每个基因的额外拷贝的生物体，而不是任何新基因。然而，它确实提供了增加复杂性的可能性，因为额外的基因对细胞的功能不是必需的，因此可以在不损害生物体生存能力的情况下进行突变。

2. 从其他物种获得新基因

基因加倍或基因组加倍事件不是向基因组中添加新基因的唯一方法，原核生物和真核生物也可以通过横向基因转移从其他物种获得基因。在细菌和古菌中，横向基因转移非常频繁，对个体基因组的基因目录产生了重大影响，由此产生的基因共享导致原核物种之间的区分模糊。有些物种的细胞膜上还有专门用于从其环境中获取 DNA 的蛋白质。

真核生物不具有原核生物 DNA 摄取的等效机制，因此，横向基因转移在真核生物基因组进化过程中的重要性大大降低。但在植物中，两个密切相关且各自拥有一些新基因的亲本通过杂交

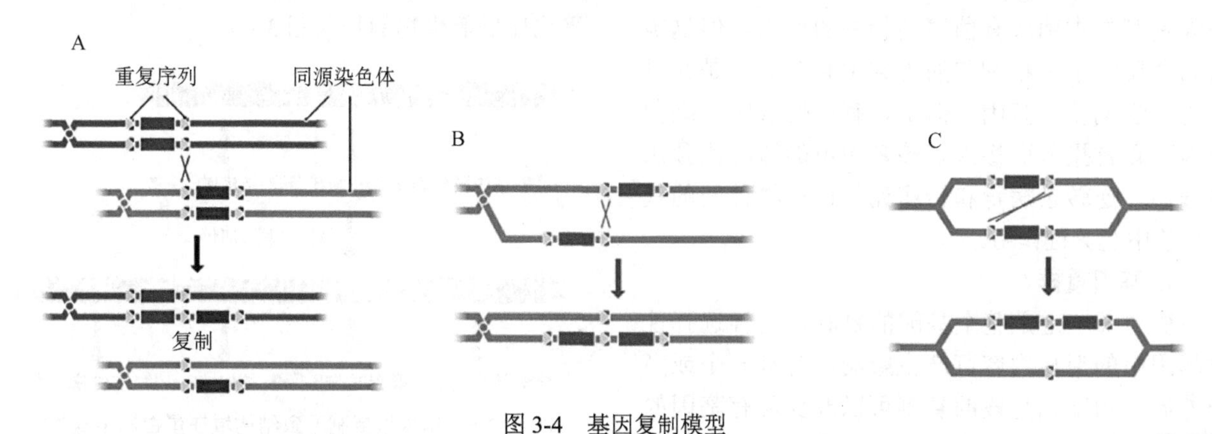

图 3-4　基因复制模型

A.同源染色体之间不等交换；B.不等姐妹染色单体交换；C.细菌基因组复制过程中的“DNA 扩增”。在每种情况下，短重复序列的两个不同副本之间发生重组，导致重复序列之间的重复

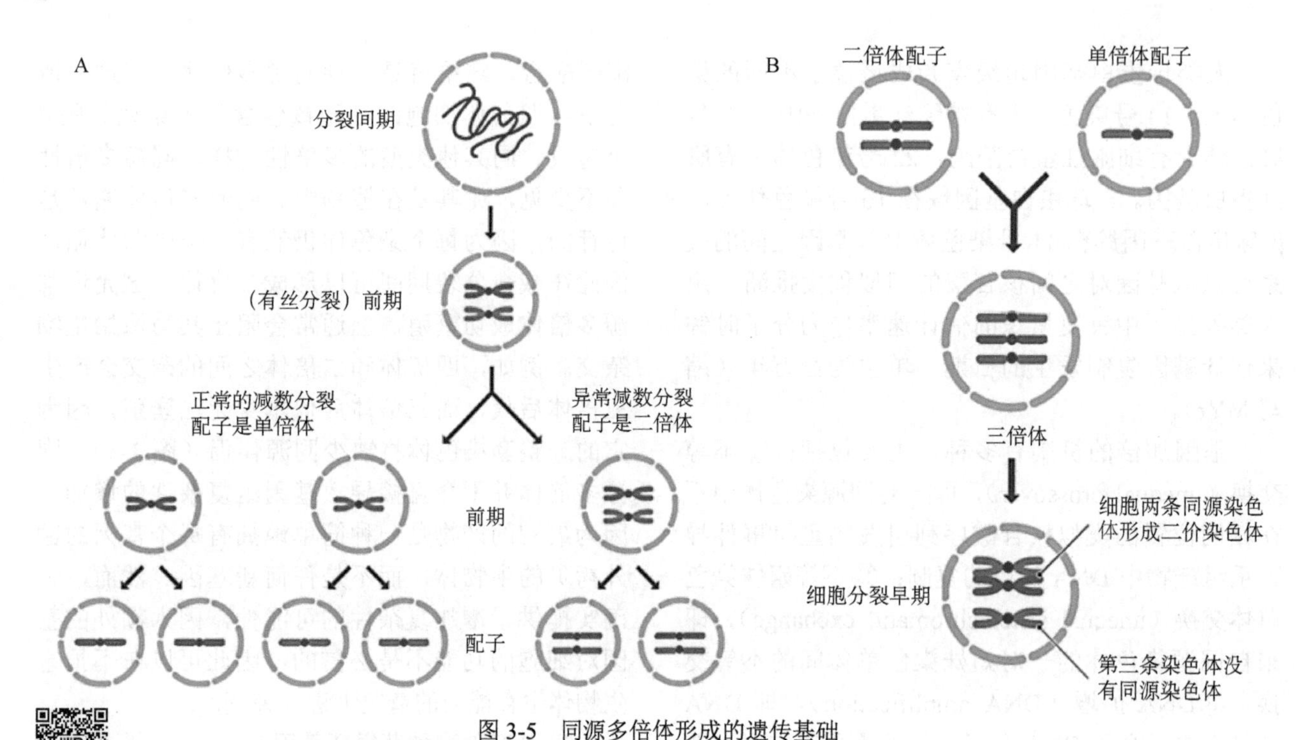

图 3-5　同源多倍体形成的遗传基础

A.减数分裂期间染色体发生的事件；B.同源多倍体不能与亲本杂交

可形成异源多倍体。例如，普通小麦（*Triticum aestivum*）是一种六倍体，是由四倍体二粒小麦（*Triticum turgidum*）与二倍体粗山羊草（*Aegilops tauschii*）天然杂交而成的异源多倍体。粗山羊草细胞核中包含有高分子量麦谷蛋白基因的新等位基因，当与二粒小麦中已经存在的麦谷蛋白等位基因结合时，导致六倍体小麦所显示的优越的面包制作特性。因此，异源多倍体化可以被视为基因组加倍和种间基因转移的结合。动物体的种间基因转移发生较困难，很难找到某一类水平基因转移（horizontal gene transfer）的例子。许多真核基因具有与古菌或真菌序列相关的特点，但这被认为是反映了真核细胞的内共生起源而不是在进化的较晚期获得基因。但是，有证据表明，细菌基因随食物摄入而掺入真核基因组的情况比预想的普遍。逆转录病毒和转座元件在动物种间的基因转移中起关键作用。

3. 基因重排

复制不一定是整个基因的复制，这种选择性对基因组的遗传内容可产生影响。含有一个或多个外显子的基因片段的复制可以改变现有基因的编码特异性，甚至产生全新的基因。这种类型的重排可以产生新的蛋白质功能，因为大多数蛋白质由结构域组成，每个结构域包括多肽链的一段。编码结构域的基因片段通过不平等交叉、复制滑动或其他 DNA 复制方法使基因组中该结构域加倍的过程称为结构域复制（domain duplication）。结构域复制可导致结构域在蛋白质中重复，可能使蛋白质更稳定，这对生物本身可能是有利的。重复的结构域也可能随着时间的推移而改变，因为其编码序列发生突变，导致结构发生改变，从而可能为蛋白质提供新的活性。另外，结构域复制会导致基因变长，这是基因组进化的普遍结果，也可以解释为什么高等真核生物的基因长度平均比低等生物的长（图 3-6）。

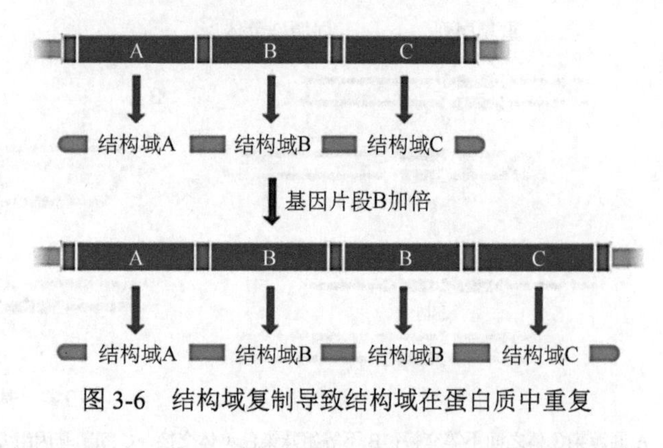

图 3-6　结构域复制导致结构域在蛋白质中重复

基因重排的另一种方式称为结构域洗牌

（domain shuffling）（图 3-7），即将来自完全不同基因的结构域的片段结合起来，形成一个新的编码序列的过程。这一新的编码序列特化出了一种新的杂交或嵌合蛋白质，这种蛋白质将具有新的结构特征，并可为细胞提供一种全新的生物化学功能。

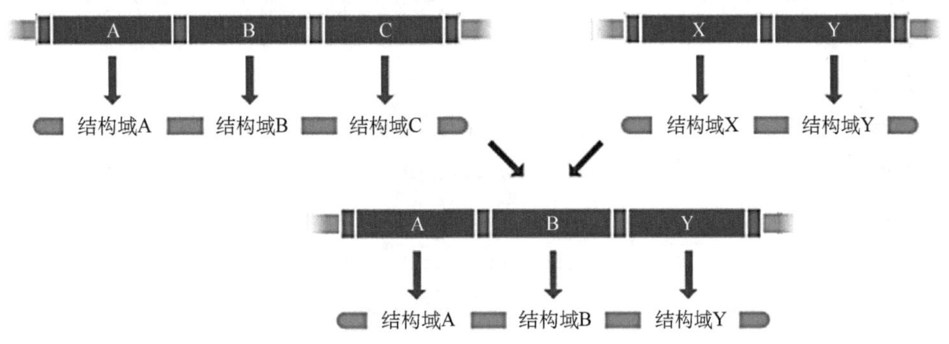

图 3-7 结构域洗牌产生新基因

二、C值及C值悖论

（一）C 值的概念

基因组 C 值（C value）是指生物单倍体基因组中 DNA 的总含量，以碱基对（bp）作为单位。每种生物各有其特定的 C 值，不同物种的 C 值之间有很大差别（表 3-1）。

表 3-1 真核生物基因组大小比较

真菌与原生动物		无脊椎动物		脊椎动物		植物	
物种	基因组大小/Mb	物种	基因组大小/Mb	物种	基因组大小/Mb	物种	基因组大小/Mb
曲霉属真菌	31	秀丽隐杆线虫	100	河豚	365	豌豆	140
酵母菌	12.2	果蝇	175	小鼠	2 640	玉米	2 500
原虫	2.3	蚕	432	人类	3 235	小麦	16 500
犬新孢子虫	62	蟋蟀	2000	大王肺鱼	143 000	衣笠草	165 000
无恒变形虫	200 000	蝗虫	6500	牛	2 700	山羊	2 660
				绵羊	2 900	猪	2 458

（二）C 值悖论

一般认为，生物从简单到复杂、由低级向高级进化，必然伴随着遗传信息的增加，也就是 C 值增加。通过对不同生物基因组大小的比较发现，相对比较简单的单细胞真核生物如啤酒酵母，其基因组就有 1.75×10^7 bp，大约是细菌基因组的 3～4 倍。最简单的多细胞生物秀丽隐杆线虫其基因组有 8×10^7 bp，大约是酵母的 4 倍。看来生物的复杂性与其 DNA 含量之间有较好的相关性。但具体到一些门中的生物，C 值变化并没有一定的规律，这种相关性并不存在（图 3-8）。主要表现为：①C 值不随生物的进化程度和复杂性而增加，如软骨鱼、硬骨鱼甚至昆虫和软体动物的基因组都大于包括人类在内的哺乳动物的基因组。爬行动物和棘皮动物的基因组大小同哺乳动物几乎相等。②关系密切的生物 C 值相差甚大，如豌豆与蚕豆都含有 14 条染色体，豌豆的基因组 C 值为 14 Gb，而蚕豆的基因组 C 值是 2 Gb，相差很大；两栖动物中最小的基因组不足 1 Gb，最大的则达 100 Gb；昆虫中的家蝇基因组比果蝇基因组大 6 倍左右。③真核生物基因组 DNA 的量远远大于编码蛋白质所需的量，假设一个基因的平均长度为 1×10^4 bp（超过大多数基因的长度），那么人类基因组 DNA 的长度 3.1×10^9 bp 就应该能编码 31 万个基因，但实际上人类基因组中大约仅为 2.3 万多个编码基因，另有 2.6 万多个非编码基因（不同的分析方法得出的结论略有差异），远低于预测的基因数。这种 C 值大小和生物结构或组成的复杂性不一致的现象称为C值悖论（C-value paradox），也叫C值矛盾。

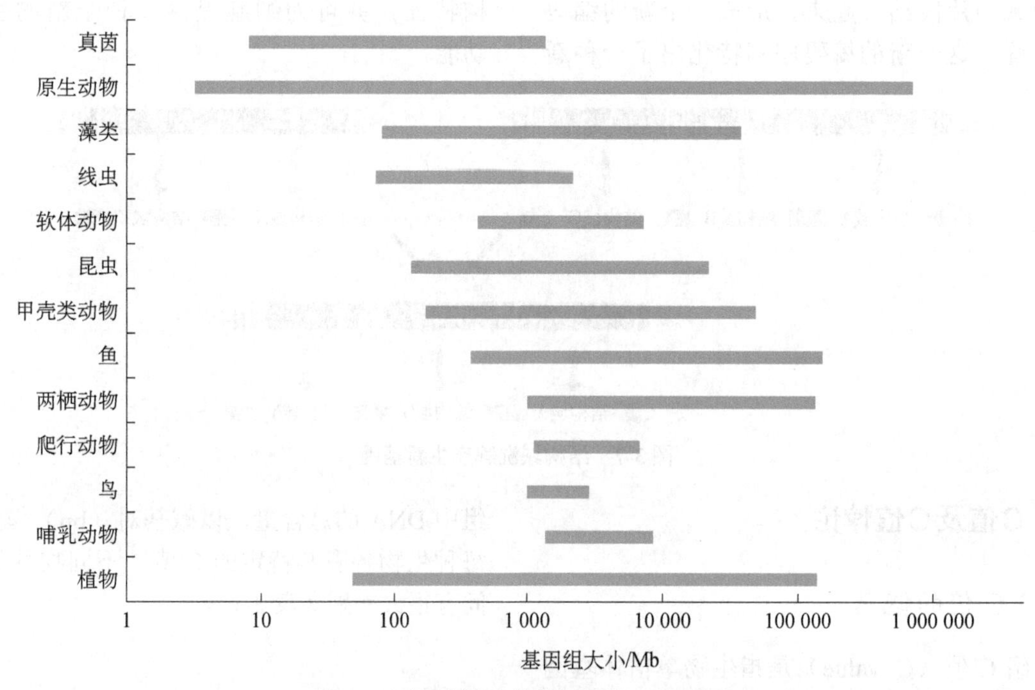

图 3-8　不同真核生物基因组的C值范围

（三）C值悖论解释

低等生物C值与其形态复杂性是相关的，到了高等生物，基因组的大小与生物形态上的复杂性就没有必然的联系了。这是因为：①低等生物基因组里各基因紧密地聚集在一起，而高等生物基因间存在较大的非编码区域。例如，每1 Mb基因组中酵母平均有549个基因，果蝇有80个基因，而人仅有6个基因。②高等生物大都是断裂基因，或叫不连续基因，即基因的编码序列（外显子）被不同长度的非编码序列（内含子）隔开，而较低等的生物基因内部没有或有很少的内含子，如酵母基因组蛋白质编码基因中平均含有0.05个内含子，果蝇有3个，而人类有8个（表3-2）。③高等生物基因组中含有大量散布的重复序列（interspersed repeats），而较低等生物基因组内没有或很少有散布的重复序列，如酵母基因组中散布的重复序列仅占基因组全长的3.4%，果蝇占12%，而人类占44%（表3-2）。

表 3-2　酵母、果蝇和人类基因组的紧密度

特点	酵母	果蝇	人类
基因密度（平均数量/Mb）	549	80	6
每个蛋白质编码基因内含子数（平均）/个	0.05	3	8
采取散在重复序列基因组的数量/%	3.4	12	44

第二节　原核生物的基因组及其基因特征

一、病毒基因组结构及其基因特征

病毒是最简单的生物，完整的病毒颗粒包括外壳蛋白和内部的基因组DNA或RNA。有些病毒的外壳蛋白外面有一层由宿主细胞构成的被膜（capsule），被膜内含有病毒基因编码的糖蛋白。病毒不能独立复制，必须进入宿主细胞中借助细胞内的一些酶类和细胞器才能使病毒得以复制。外壳蛋白（或被膜）的功能是识别和侵袭特定的宿主细胞并保护病毒基因组不受核酸酶破坏。

（一）病毒基因组结构特征

1. 病毒基因组大小和碱基组成

与细菌或真核细胞相比，病毒的基因组很小，但不同的病毒之间其基因组大小变化很大，变化范围在 1.5×10^3 ～6×10^6 bp，可编码 5 至数百个基因。例如，乙肝病毒基因组只有 3.2 kb 大小，所含信息量较小，编码 6 种蛋白质，而痘病毒的基因组有 300 kb，编码几百种蛋白质，不但为病毒复制所涉及的酶类编码，还为核苷酸代谢的酶类编码，因此，痘病毒对宿主的依赖性较乙肝病毒小得多。

2. 病毒基因组的核酸类型

病毒基因组有的由 DNA 组成，有的由 RNA 组成，每种病毒颗粒中只含有一种核酸，或为 DNA 或为 RNA，两者一般不共存于同一病毒颗粒中。组成病毒基因组的 DNA 和 RNA 可以是单链，也可以是双链，可以是闭环分子，也可以是线性分子。例如，乳头瘤病毒是一种闭环的双链 DNA 病毒，而腺病毒的基因组则是线性的双链 DNA；脊髓灰质炎病毒是一种单链的 RNA 病毒，而呼肠孤病毒的基因组是双链的 RNA 分子。一般说来，大多数 DNA 病毒的基因组为双链 DNA 分子，但也有一些病毒基因组为单链 DNA 分子。例如，腺相关病毒（adeno-associated virus，AAV）属微小病毒科（*Parvoviridae*），为无包膜的单链线状 DNA 病毒。基因组约 4800 bp，包括上下游两个开放阅读框（ORF），位于分别由 145 个核苷酸组成的 2 个末端反向重复序列（ITR）之间。*cap* 基因编码病毒衣壳蛋白，*rep* 基因参与病毒的复制和整合（图 3-9）。作为基因转移载体广泛应用于基因治疗和疫苗研究。

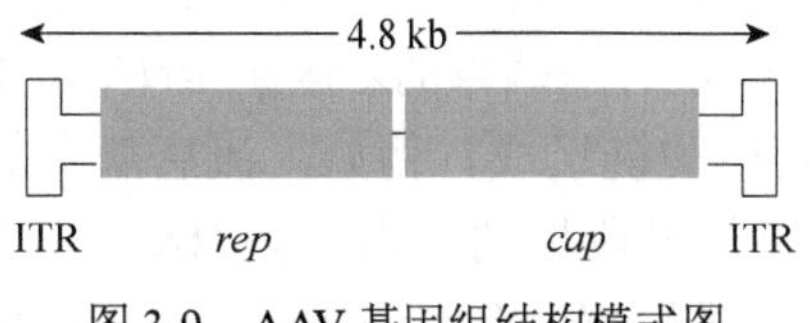

图 3-9　AAV 基因组结构模式图

大多数 RNA 病毒的基因组是单链 RNA 分子。RNA 病毒基因组为线状单链或双链，有的只含一个 RNA 分子（单一分子基因组），有的则含数个 RNA 分子。在单链 RNA 病毒中，如果基因组序列与 mRNA 相同，可直接作为蛋白质合成的模板，称为正链 RNA（+RNA）病毒；而基因组序列与 mRNA 互补，只有在其核衣壳蛋白的转录酶存在下，才具有侵染能力，这类病毒称为负链 RNA（−RNA）病毒。在双链 RNA 病毒中，两条链都有产生互补链的功能，但只有正链 mRNA 具有编码能力。

还有一类为逆转录病毒（retrovirus），包括 DNA 逆转录病毒（DNA retrovirus）、RNA 逆转录病毒（RNA retrovirus）。所有发现的 RNA 肿瘤病毒均属 RNA 逆转录病毒。逆转录病毒的共同特点（图 3-10）是：①能够携带或编码逆转录酶（reverse transcriptase，RT），病毒感染细胞后，先以其 RNA 为模板，逆转录合成前病毒 DNA（provirus DNA），再整合到宿主细胞染色体 DNA 中，随细胞基因组的复制和细胞分裂。②在宿主细胞 RNA 聚合酶Ⅱ的作用下，前病毒 DNA 又能重新转录成子代病毒基因组。③能与宿主基因发生重组，干扰宿主基因的表达。

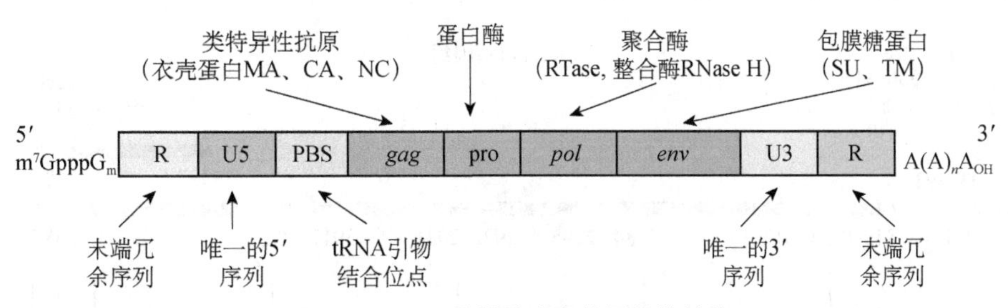

图 3-10　RNA 逆转录病毒基因组的结构

gag 基因：编码核心蛋白，即 DNA 结合蛋白；*pol* 基因：编码病毒复制所需的酶类（逆转录酶、整合酶、RNase H）；*env* 基因：编码包膜蛋白；R：10～80 bp（不同病毒）的正向重复顺序；U3：与转录终止和加 poly（A）有关；U5：含强启动子，起始转录 RNA；PBS：逆转录时 tRNA 引物的 3′端结合位点

3. 病毒分段基因组

多数RNA病毒的基因组是由连续的核糖核酸链组成，但也有些病毒的基因组RNA由不连续的几条核糖核酸链组成。例如，流感病毒的基因组RNA分子是节段性的，由8条RNA分子构成，每条RNA分子都含有编码蛋白质分子的信息；而呼肠孤病毒的基因组由双链的节段性RNA分子构成，共有10个双链RNA片段，同样每段RNA分子都编码一种蛋白质（图3-11）。还没有发现有节段性DNA分子构成的病毒基因组。

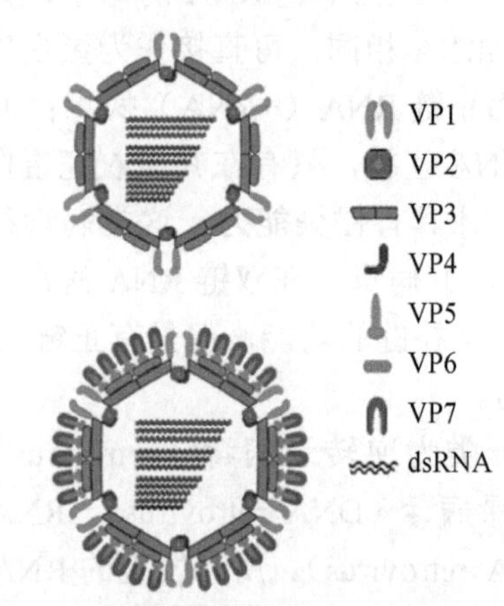

图3-11　呼肠孤病毒颗粒组成模式图（2021年Aquareovirus，https://link.springer.com/book/10.1007/978-981-16-1903-8）

4. 病毒基因组的编码能力

病毒基因组的大部分是用来编码蛋白质的，只有非常小的一部分不被翻译，这与真核细胞DNA的冗余现象不同。例如，在ΦX174中不翻译的部分只占217/5375，G4 DNA中占282/5577，约5%。不翻译的DNA序列通常是基因表达的控制序列。如ΦX174的*H*基因和*A*基因之间的序列（3906～3973），共67个碱基，包括RNA聚合酶结合位点、转录的终止信号及核糖体结合位点等基因表达的控制区。乳头瘤病毒是一类感染人和动物的病毒，基因组约8.0 kb，其中不翻译的部分约为1.0 kb，该区也是其他基因表达的调控区。

5. 病毒基因组的拷贝

除了逆转录病毒以外，一切病毒基因组都是单倍体，每个基因在病毒颗粒中只出现一次。逆转录病毒基因组有两个拷贝。

（二）病毒基因组的基因特征

1. 病毒基因组存在基因重叠

基因重叠即同一段DNA片段能够编码两种甚至三种蛋白质分子，这种现象在其他生物细胞中仅见于线粒体和质粒DNA。这种结构使较小的基因组能够携带较多的遗传信息。重叠基因是1977年Sanger在研究ΦX174时发现的（图3-12）。ΦX174是一种单链DNA病毒，宿主为大肠杆菌，因此，又叫噬菌体。它感染大肠杆菌后共合成11个蛋白质分子，总分子量为250 kDa左右，相当于6078个核苷酸所容纳的信息量。而该病毒DNA本身只有5375个核苷酸，最多能编码总分子量为200 kDa的蛋白质分子，Sanger在弄清ΦX174的11个基因中有些是重叠的之前，这一矛盾长时间没得到解决。

重叠基因有以下几种情况：①一个基因完全在另一个基因里面。例如，基因*A*和基因*B*是两个不同基因，而基因*B*包含在基因*A*内。同样，基因*E*在基因*D*内。②部分重叠。例如，基因*K*和基因*C*的一部分基因重叠。③两个基因只有一

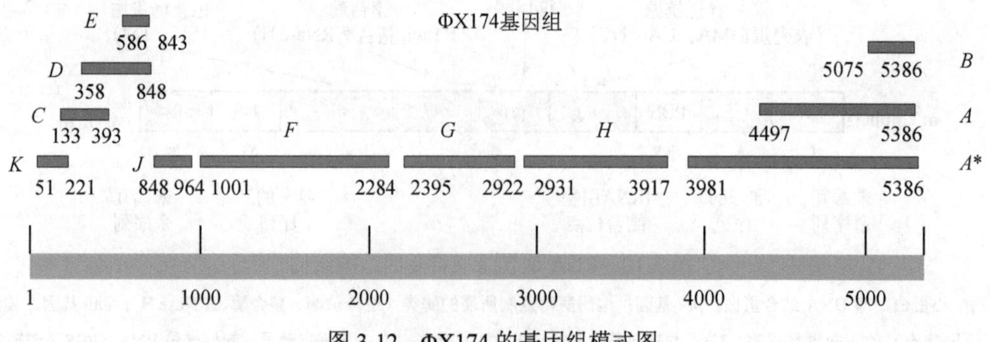

图3-12　ΦX174的基因组模式图

ΦX174的基因组长5386 bp，共编码11个蛋白质，其中有7个基因为重叠基因：*A*、*A**、*B*、*C*、*D*、*E*、*K*；*K*与*C*重叠，*C*与*D*重叠，*D*与*E*重叠，*A*和*B*位于*A**基因内

个碱基重叠。例如，基因 *D* 的终止密码子的最后一个碱基是 *J* 基因起始密码子的第一个碱基（如 TAATG）。这些重叠基因尽管它们的 DNA 大部分相同，但是由于将 mRNA 翻译成蛋白质时的 ORF 不一样，产生的蛋白质分子往往并不相同。有些重叠基因 ORF 相同，只是起始部位不同，如 SV40 的基因组 DNA 中，编码三个外壳蛋白 VP1、VP2、VP3 的基因之间有 122 个碱基的重叠，但密码子的 ORF 不一样。而小 t 抗原完全在大 T 抗原基因里面，它们有共同的起始密码子。

2. 病毒基因组中基因的丛集性

DNA 序列中功能上相关的蛋白质的基因或 rRNA 的基因往往丛集在基因组的一个或几个特定部位，形成一个功能单位或转录单元。它们可被一起转录成为含有多个 mRNA 的分子，称为多顺反子 mRNA（polycistronic mRNA），然后再加工成各种蛋白质的模板 mRNA。例如，腺病毒晚期基因编码病毒的 12 种外壳蛋白，在晚期基因转录时是在一个启动子的作用下生成多顺反子 mRNA，然后再加工成各种 mRNA，编码病毒的各种外壳蛋白，它们在功能上都是相关的；ΦX174 基因组中的 *D-E-J-F-G-H* 基因也转录在同一 mRNA 中，然后再翻译成各种蛋白质，其中 *J*、*F*、*G* 及 *H* 都是编码外壳蛋白的，D 蛋白与病毒的装配有关，E 蛋白负责细菌的裂解，它们在功能上也是相关的。

3. 病毒基因组上基因的连续性

噬菌体（细菌病毒）的基因是连续的；而真核细胞病毒的基因是不连续的，具有内含子，除了正链 RNA 病毒之外，真核细胞病毒的基因都是先转录成 mRNA 前体，再经加工才能切除内含子成为成熟的 mRNA。更为有趣的是，有些真核细胞病毒的内含子或其中的一部分，对某一个基因来说是内含子，而对另一个基因却是外显子，如 SV40 和多瘤病毒（polyomavirus）的早期基因就是这样。SV40 的早期基因即大 T 和小 t 抗原的基因都是从 5146 开始反时针方向进行，大 T 抗原基因到 2676 位终止，而小 t 抗原到 4624 位即终止了，但是，从 4900 到 4555 之间一段 346 bp 的片段是大 T 抗原基因的内含子，而该内含子中从 4900～4624 的 DNA 序列则是小 t 抗原的编码基因。同样，在多瘤病毒中，大 T 抗原基因中的内含子是中 T 和 t 抗原的编码基因。

二、细菌基因组结构及其基因特征

细菌和病毒一样同属原核生物，因而细菌基因组的结构特点在许多方面与病毒的基因组特点相似，而在一些方面又有其独特的结构和功能。

（一）细菌基因组的一般结构特征

1. 细菌基因组大小、核酸类型和复制特征

细菌的 DNA 分子量较小，如大肠埃希菌基因组 DNA 为 4.6×10^6 bp，约 3500 个基因。基因组 DNA 在核区通常由一条环状双链 DNA（dsDNA）分子组成，并且呈丝状结构。有些原核细胞的 DNA 为线形，还有些细菌含有不止一条 DNA 分子，如霍乱弧菌。基因组中 GC 含量差异大，有种属特异性。结构基因多数是单拷贝，只有 rRNA 和 tRNA 是多拷贝。结构基因中没有内含子成分，RNA 合成后不需要剪切加工，基因之间也几乎没有间隔，结构基因之间不重叠。基因组中具有编码同工酶的不同基因，其基因表达产物的功能相同，但基因结构不完全相同。基因之间存在重复序列，重复序列可形成茎环结构。编码区所占基因组的比例为 50%，小于病毒基因组，大于真核生物基因组。一些反向重复序列可形成特殊的结构，具有复制调控作用。另外，基因组中存在着可移动的 DNA 序列，如转座子、质粒等。非编码区内存在多种功能的识别区域，细菌基因组中只有一个 DNA 复制起点。

2. 细菌基因组具有“类核”结构

基因组 DNA 位于细胞的中央区，经高度折叠、盘绕聚集在一起，形成致密的类核（nucleoid）。其中心由 RNA 和支架蛋白质组成，外周是双链闭合 DNA 结构。

3. 具有操纵子结构

操纵子（operon）结构是功能上相关的几个结构基因串联排列在一起，由上游共同的调控区和下游转录终止子所构成的基因表达单位。转录时，几个基因转录在一条 mRNA 链上，再分别翻译成各自不同的蛋白质（图 3-13）。

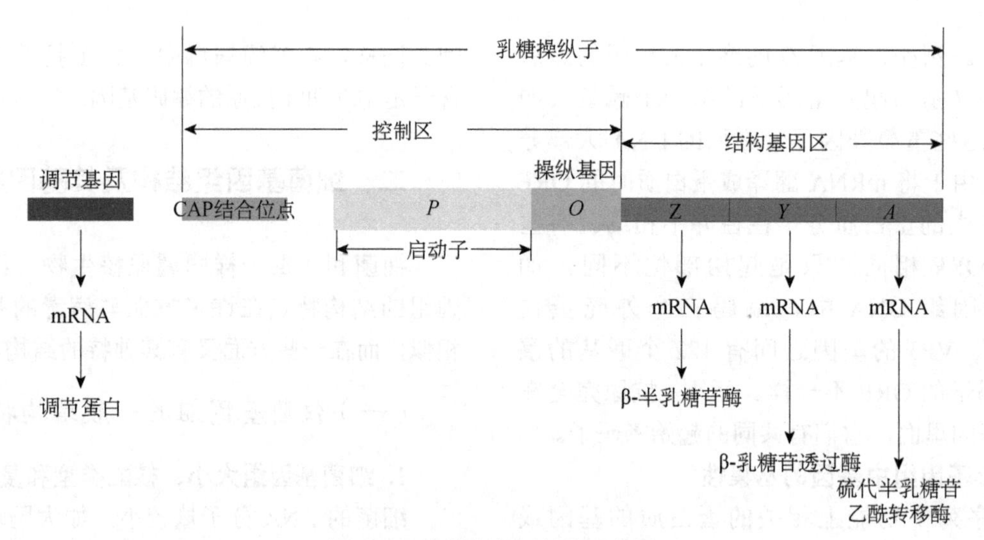

图 3-13　乳糖操纵子结构示意图

（二）细菌中可移动的 DNA 序列特征

1. 质粒

质粒（plasmid）属于共价闭合环状 DNA 分子（covalently closed circular DNA，cccDNA），存在于细胞质中，能够独立复制及稳定遗传。质粒转化细胞后能自主复制，并对细菌的一些代谢活动和抗药性表型具有一定作用，给细菌带来特殊的标志，是基因工程技术中常用的载体（vector）（图 3-14）。

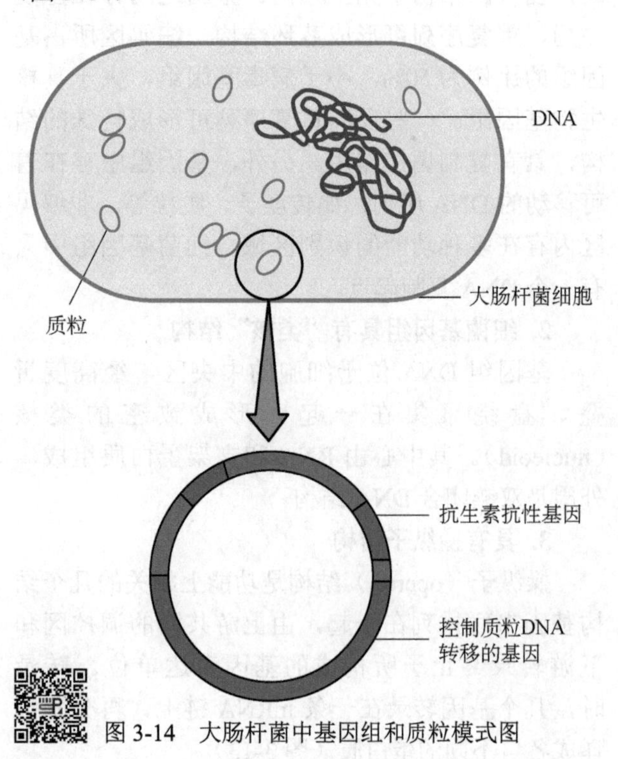

图 3-14　大肠杆菌中基因组和质粒模式图

质粒可分为 DNA 质粒和 RNA 质粒，前者没有蛋白质包裹，后者多数有蛋白质外壳。质粒可通过自然基因转移和人工基因转移，实现遗传物质横向和纵向流动。

（1）质粒的自然转移

接合（conjugation）是质粒自然转移的主要方式，是细胞与细胞或细菌通过菌毛相互接触，质粒 DNA 从一个细胞（细菌）转移至另一细胞（细菌）的方式（图 3-15）。

（2）质粒的人工转移

质粒的人工转移方法主要有：①转化（transformation）。通过自动获取或人为供给外源 DNA，使细胞或培养的受体细胞获得新遗传表型。分子生物学实验中常用到的如外源重组质粒转化到感受态细胞去获得目的质粒载体（图 3-16）。②转导（transduction）。发生在供体细胞与受体细胞之间的 DNA 转移及基因重组，针对温和性噬菌体，分普遍性转导和局限性转导。③转染（transfection），是转化的一种特殊形式。原指将噬菌体、病毒或以其为载体构建的重组子导入受体细胞的过程。通过感染方式将外来 DNA 引入宿主细胞，并导致宿主细胞遗传性状改变的过程称为转染。这也是体外试验基因功能研究的重要方式（图 3-17）。转染可分为瞬时转染和稳定转染，瞬时转染指外源 DNA/RNA 不整合到宿主染色体中，通常只持续几天，在转染后 24～72 h 内分析结果，多用于启动子和其他调控元件的分析。稳定转染指外源 DNA 可以整合到宿主染色体中。通

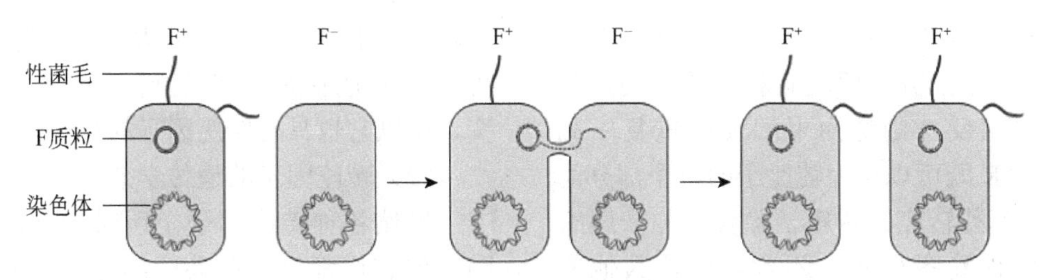

图 3-15　细菌的接合转移

常需要通过一些选择性标记来筛选以得到稳定转染的细胞系。

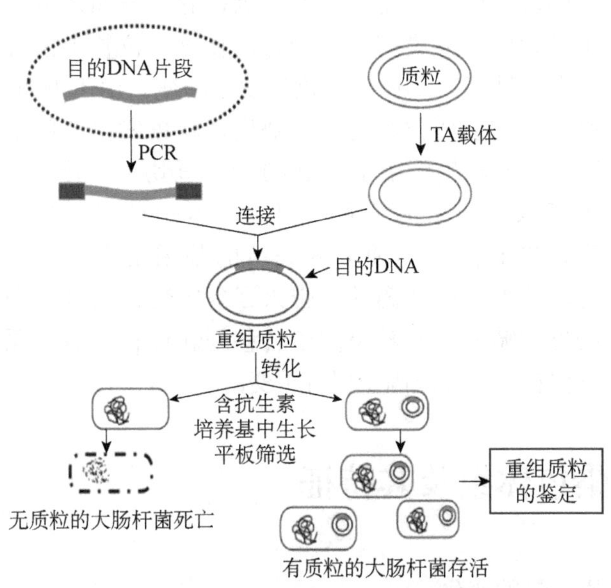

图 3-16　外源重组质粒转化进感受态细胞

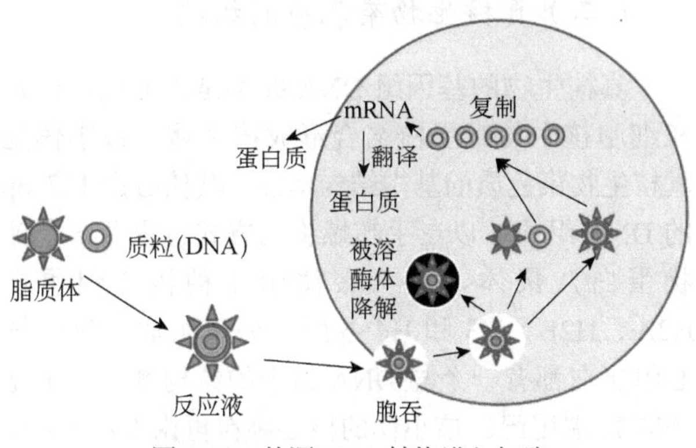

图 3-17　外源 DNA 转染进入细胞

2. 转座因子

转座因子（transposable element）也称为转座元件，是一类在细菌染色体、质粒或噬菌体之间自行移动并具有转位特性的独立的 DNA 序列。转座因子改变位置（如从染色体上的一个位置转移到另一个位置，或者从质粒转移到染色体上）的行为称为转座（transposition）。由于转座因子既能给基因组带来新的遗传物质，在某些情况中又能像一个开关那样启动或关闭某些基因，并常使基因组发生缺失、重复或倒位等 DNA 重排，所以它与生物演化有密切的关系，并可能与个体发育、细胞分化有关。

（1）转座因子的分类

1）插入序列：这是一类除了和它的转座作用有关的基因以外不带有任何其他基因的转座因子。它们是较小的转座因子，可以在染色体、质粒上发现它们。F 因子和大肠杆菌的染色体上有一些相同的插入序列（IS），现已搞清至少有 5 种 DNA 插入序列，它既可独立，也可作为其他转座因子的一个部分存在于某些细菌的染色体和质粒上（图 3-18）。

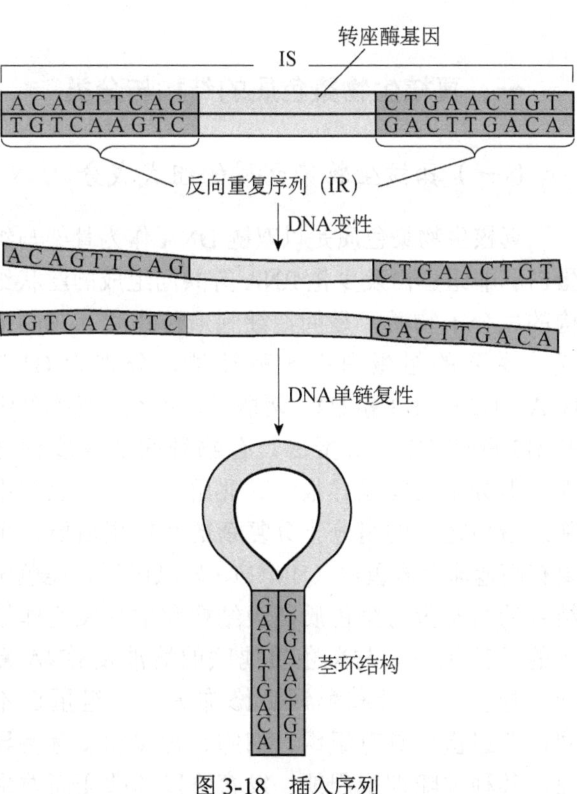

图 3-18　插入序列

2）转座子：以 Tn 表示，首先在质体中发现了转座子。转座子的分子两端有相同的序列，如果它们的方向相反，则称为末端反向重复序列（ITR），这些 ITR 既可以作为转座子的一个部分而转座，也可以单独转座。转座子除含有与转座有关的基因和核苷酸序列外，还含有一些其他的基因。

3）转座噬菌体：温和噬菌体既能以自主的自我复制颗粒而存在，也可以插入延续的细菌染色体而与其一起复制，宛如附加的细菌基因群。最著名的温和噬菌体入侵大肠杆菌，它既可以像烈性噬菌体一样裂解寄主细胞释放出几百个成熟噬菌体，也可以成为原噬菌体与寄主染色体之间呈半永久联合，当细菌染色体复制时入侵的噬菌体也跟着一起复制。1953 年发现，在大肠杆菌敏感菌体和溶源性菌株间的 F^{+}与 F^{-}杂交中，入侵的噬菌体和细菌 *gal* 基因一起分离。1955 年证明入侵噬菌体和 *gal* 可被 P1 噬菌体（bacteriophage P1，P1 virus）共同转导。这些研究表明入侵噬菌体具有转座子的性质。另外，大肠杆菌的噬菌体 Mu，可以引起肠菌的几乎任何一个基因发生插入突变，所以它也具有转座因子的特性。

（2）转座因子的遗传学效应

虽然各种转座因子上所带的基因可以很不相同，但它们都有一些共同的遗传学效应：①引起插入突变，使插入位置上出现新基因。除了上面已经提到的由 IS 和噬菌体 Mu 引起的插入突变以外，转座子同样能引起插入突变。可见，不管插入的转座因子上带有何种基因，它一方面造成一个基因的插入突变，另一方面使这一位置上出现了个新基因。②促使染色体发生畸变。由于 IS 的存在，它的侧位容易发生缺失，缺失发生的频率高出自发缺失频率 10～1000 倍。③切离。转座因子可以从原来的位置上消失，这一过程称为切离，准确的切离使插入失活的基因发生回复突变，不准确的切离并不带来回复突变，而是带来染色体畸变。④转座因子转移到新位置上后，原有位置上的转座因子保持不变。

第三节　真核生物的染色体组及其特征

一、真核生物染色质的结构与分类

（一）真核生物染色质的组成成分

真核生物染色质是以双链 DNA 作为骨架与组蛋白和非组蛋白及少量 RNA 等共同组成的丝状结构的大分子物质，是间期细胞遗传物质存在的形式。主要的组蛋白有 5 种类型，分别为 H1、H2A、H2B、H3 和 H4。两栖类、鱼类、鸟类红细胞 H5 取代 H1。组蛋白具有物种间的高度保守性，但分子之间差异很大。非组蛋白是染色质中除组蛋白之外的组分十分复杂的其他蛋白质，主要有高速泳动族蛋白（HMG）、转录因子、染色质结合的酶及参与染色质高级结构和中期染色体结构的骨架蛋白。与染色质偶联的酶涉及 DNA 复制、修复、转录和翻译后修饰等。与组蛋白不同，非组蛋白具有组织、细胞、种属和发育特异性，其种类随细胞周期、发育阶段的改变而发生质和量的变化。

（二）真核生物染色质的结构

真核生物的基因组 DNA 并不是裸露的，而是在细胞核中与组蛋白结合形成核小体。核小体是真核生物染色质的基本结构单位，其核心由 147 bp 的 DNA 组成，以左手超螺旋的方式包裹着一个球状蛋白八聚体，该八聚体由 4 种核心组蛋白 H2A、H2B、H3 和 H4 各两个分子组成。每个核心组蛋白都有一个与 DNA 结合的结构域和一个无序的 N 端尾巴。核小体的核心颗粒再由 50～60 bp 的游离 DNA 与组蛋白 H1 共同连接形成串珠式的染色质细丝，染色质细丝通过紧密折叠并高度压缩形成螺旋化的染色体结构（图 3-19）。

（三）真核生物染色质的分类

真核生物细胞间期的染色质按其形态特征和染色性能区分为两种类型：常染色质和异染色质；按活性状态分类为活性染色质和非活性染色质。

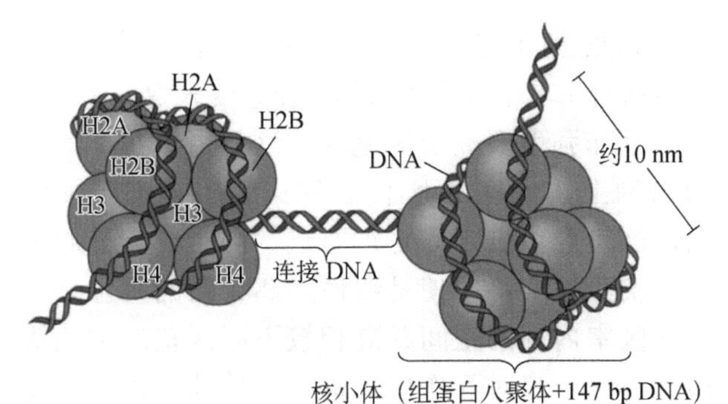

图 3-19　染色质核小体的结构示意图

1. 常染色质

常染色质是指间期细胞核内染色质纤维折叠压缩程度低，相对处于伸展状态，用碱性染料染色时着色浅的那些染色质。在常染色质中，DNA 组装比为 1/2000～1/1000，即 DNA 实际长度为染色质纤维长度的 1000～2000 倍。构成常染色质的 DNA 主要是单一序列 DNA 和中度重复序列 DNA。常染色质并非所有基因都具有转录活性，处于常染色质状态只是基因转录的必要条件，而不是充分条件。

2. 异染色质

异染色质是指间期细胞核中，染色质纤维折叠压缩程度高，处于聚缩状态，用碱性染料染色时着色深的那些染色质。异染色质又分为结构异染色质和兼性异染色质。结构异染色质指的是各种类型的细胞中，除复制期以外，在整个细胞周期均处于聚缩状态，DNA 组装比在整个细胞周期中基本没有较大变化的异染色质，如着丝粒结构域、端粒、次缢痕等区域。兼性异染色质是指在某些细胞类型或一定的发育阶段，原来的常染色质聚缩，并丧失基因转录活性，变为异染色质。

3. 活性染色质

活性染色质是指具有转录活性的染色质。活性染色质的核小体发生构象改变，具有疏松的染色质结构，从而便于转录因子与顺式作用元件结合和 RNA 聚合酶在转录模板上滑动。活性染色质的主要特征：活性染色质具有 DNase Ⅰ 超敏位点（DNase Ⅰ hypersensitive site）；活性染色质很少有组蛋白 H1 与其结合；活性染色质的组蛋白乙酰化程度高；活性染色质的核小体组蛋白 H2B 很少被磷酸化；活性染色质中核小体组蛋白 H2A 在许多物种很少有变异形式；HMG14 和 HMG17 只存在于活性染色质。常染色质一般是活性染色质。

4. 非活性染色质

非活性染色质是指不具有转录活性的染色质。异染色质一般是非活性染色质。

二、染色质三维结构与染色质重塑

（一）染色质三维结构

近年来，随着染色体构象捕获（chromosome conformation capture，3C）技术的出现，使人们可以研究位于基因组上两位点是否存在空间上的互作关系，从而评估两位点功能上的联系。在此基础上，环状染色体构象捕获（circular chromosome conformation capture，4C）技术、染色体构象捕获碳拷贝（chromosome conformation capture carbon copy，5C）技术以及对全基因组范围的染色质互作信息进行捕获的高通量染色体构象捕获（high-throughput chromosome conformation capture，Hi-C）技术逐渐发展起来，揭示了不同物种基因组不同层面的染色质三维结构（3D chromatin structure）。目前公认的染色质三维结构主要包含染色质疆域（chromatin territory，CT）、染色质区室（chromatin compartment）、拓扑关联结构域（topologically associating domain，TAD）和染色质环（chromatin loop），这些结构单元以不同方式参与基因表达调控（图 3-20）。

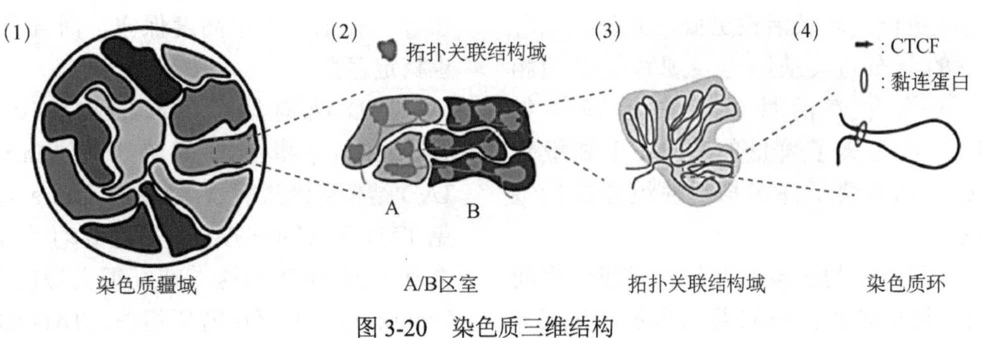

图 3-20　染色质三维结构

1. 染色质三维结构单元及其特征

（1）染色质疆域

具有相似特征（如基因密度和染色体大小）的染色质倾向于聚集在细胞核中某些特定区域，称为染色质疆域。研究表明，动物、植物和微生物的染色体都以疆域的形式存在于细胞核中。Lieberman-Aiden 等（2009）首次运用 Hi-C 技术发现同一条染色体上距离较远的位点在空间上相互靠近，不同染色体上的位点在空间上相互远离，表明染色体并不是以相互交错、杂乱无章的形式存在于细胞核内，从而证实了染色质疆域的存在。相关研究表明，人类细胞中基因相对富集、转录相对活跃的 19 号染色体通常位于细胞核中间，而基因密度较低的 18 号染色体通常靠近细胞核边缘。此外，染色质疆域分布在不同细胞系中可能有所不同。在人类淋巴细胞和成纤维细胞间，染色质疆域的径向分布（radial CT arrangement）会受到细胞核形状差异的影响。

虽然染色质疆域形成的原因及其生物学意义至今仍不明确，但有研究推测形成疆域的意义可能在于疆域间形成的大大小小的通道，使得细胞核具备更大的内表面积，进而达到调控核内基因转录或促进大分子物质运输的目的。近年来，越来越多的证据显示，疆域边界处存在着一定程度的交互。

（2）染色质区室

通过对全基因组染色质交互数据的分析，发现染色质是由两种具有不同染色质状态的区域（活跃区域和非活跃区域）交替分布构成，这些区域称为染色质区室 A（compartment A）和区室 B（compartment B）。染色质区室 A 具有更加开放（open）的空间结构，区室内基因密度更高，基因表达活性更强，且 GC 碱基含量更高；相反，染色质区室 B 具有更加闭合（close）的空间结构，其内部基因密度更低，转录活性更低。此外，两种染色质区室的分布与其基因组表观特征密切相关，区室 A 富集着活性组蛋白标签（如 H3K36me3），且富集了大量的 DNase Ⅰ 高敏位点，而区室 B 则富集了许多抑制性组蛋白标签（如 H3K27me3）。

此外，不同类型的区室在互作模式或者空间结构上也有不同的特点。Hi-C 数据显示，在同一区室内的互作强度要高于不同区室间的互作强度，而对于单个区室内部的互作强度来说，区室 B 内的互作强度要高于区室 A，这是由于在三维空间结构上，区室 B 所代表的染色质状态更加固缩，区室内位点之间更加靠近。同时，荧光原位杂交实验证实，即使是线性距离相同的两位点，同一区室内部的空间距离相较不同区室的空间距离近。进一步对互作模式进行相关性分析，发现同一类型的染色质区室（区室 A1 和 A2 或区室 B1 和 B2）具有相似的互作模式，而不同类型的染色质区室（区室 A 和区室 B）互作模式相反。

虽然在哺乳动物中，已有大量对区室结构特征的相关报道，但区室调控基因表达的具体机制仍不明确。有研究表明，在人类胚胎干细胞分化过程中，至少有 36%的基因组区域发生了染色质空间可塑性重排，这种大范围的区室类型的变化（即由区室 A 变为区室 B，或由区室 B 变为区室 A）意味着染色质状态的改变（由开放的活跃状态变为封闭的非活性状态，或者由封闭的非活性状态变为开放的活跃状态），直接影响着基因表达的激活或抑制。总之，不论是区室或者亚区室，它们都与基因组表观修饰密切相关，在机体生长发育过程中，可以通过这种可塑性重排，进而影响并参与基因的表达调控。

（3）拓扑关联结构域

拓扑关联结构域（TAD）是一种基因组兆碱基（Mb）层面上发现的染色质三维结构单元，TAD 为处于其内部的基因和调控元件提供稳定的交互微环境。与疆域不同，目前还没有很好的技术手段能在细胞核内直接观察到 TAD 结构，通常基于 Hi-C 数据对拓扑关联结构域进行鉴定。早期研究表明小鼠胚胎干细胞基因组具有大约 2200 个平均大小为 0.88 Mb 的 TAD，覆盖了整个基因组的 91%。此外，大量研究发现，TAD 不仅在同一物种不同细胞系中高度保守，而且在不同物种间也稳定存在。

TAD 结构具有明显的自我交互性（self-association）和 TAD 间绝缘性（insulation），即 TAD 结构可通过促进 TAD 内（intra-TAD）或者避免 TAD 间（inter-TAD）基因启动子与调控元件的交互，而 TAD 的这一特征很大程度与 TAD 边界（boundary）的存在密切相关。TAD 的边界处有大量绝缘蛋白CCCTC结合因子（CCCTC binding factor，CTCF）、持家基因（housekeeping gene）、活性组蛋白标签（如H3K4me3和H3K36me3）、转录起始位点（transcription start site，TSS）和一些短散在核元件（short interspersed nuclear element，SINE）富集，这些因素可能共同参与了TAD边界的形成，从而促进了TAD的构建。

近年来，大量研究表明，TAD不仅是染色质的结构单元，更是参与DNA复制和基因调控等众多生物学过程的功能单元。TAD结构单元的鉴定主要依赖于庞大的Hi-C数据和复杂的计算机分析技术。随着三维基因组研究领域的不断深入，已有大量基于不同算法的TAD鉴定软件被开发。值得注意的是，使用不同的软件，即使是同一分辨率、同一测序深度，所得到TAD的大小与数量也会有所不同。在500 Mb配对读序（read pairs）的测序深度和50 kb的分辨率条件下（常用的Hi-C测序深度与分辨率），使用不同TAD鉴定方法得到的TAD的平均大小存在较大差异，从215 kb（Armatus算法）到1.2 Mb（Arrowhead算法）不等。随着测序深度与分辨率的改变，所鉴定的TAD数目和大小也不相同（分辨率由50 kb提高到25 kb，Arrowhead鉴定出的TAD平均大小由1.2 Mb变为0.8 Mb）。因此，TAD预测的准确性依然是一个亟待解决的问题。不同的工具，其可用性、操作性、实现的稳定性和完成分析所需的计算资源都会有所不同，研究人员在使用前应准确认识到自己所用方法的优劣，进行综合考量。

总之，TAD作为一种染色质三维结构基本功能单元，占基因组结构的绝大部分，在不同细胞类型、不同物种中广泛存在，与基因表达调控、细胞分化、疾病发生和机体免疫有着密切关系。

（4）染色质环

远距离的调控元件通过染色质空间折叠或碰撞，与其靶基因在空间上相互靠近，实现远距离调控基因转录，这样的结构称为染色质环。

染色质环与TAD类似，在不同物种、不同细胞系间具有相对的保守性与特异性。研究表明，在人类不同细胞系中有55%～75%染色质环都是相同的，且在小鼠B淋巴母细胞中约50%的染色质环与人类基因组同源区域一致。进一步研究发现，染色质环也特异性存在于哺乳动物不同细胞系中。例如，与L-选择素（L-selectin，SELL）相关的染色质环只特异性存在于GM12878细胞系中。染色质环的保守性暗示在细胞分化或物种进化过程中大部分基因的调控模式并未发生改变，这些基因可能共同参与细胞基础生命活动的维持，而染色质环的特异性则从三维空间层面解释了生物个体不同细胞系之所以发挥不同生物学功能的原因。综上所述，染色质环是一种同时具有保守性、特异性和传递性，且直接参与基因表达调控的，目前所能鉴定到的最精细的染色质三维结构单元。

大量研究证明染色质环或TAD的边界处有大量CTCF和黏连蛋白（cohesin）富集，暗示着这两种蛋白质直接参与了哺乳动物染色质成环和TAD结构的建立和维持。有研究分别对CTCF基因转录产物和RAD21蛋白（黏连蛋白亚基）进行敲减（knock-down），发现染色质环数量大幅减少，部分基因的表达量发生变化（分别有161个和48个基因差异表达），对于CTCF敲减后的那些差异表达基因，启动子处明显富集着CTCF结合位点。对染色质环的深入研究，为理解染色质更深层面的三维结构及其与基因表达的关系提供了一个初步认识。

2. 不同染色质三维结构单元间的相互关系

目前对于这些结构单元之间的相互关系依然不太明确。在早期研究中，生物学家普遍认为哺乳动物染色质的三维结构是一个层级结构。这个层级结构中，基因组按照一定的规律进行折叠组装，由小到大相继形成染色质环、TAD、染色质区室和染色质疆域等结构。最近的证据表明，染色质环和区室可能有着各自独立的形成机制，这使得人们不得不重新审视染色质三维层级结构理论。

（1）染色质区室与TAD

染色质区室与组蛋白修饰的水平密切相关，区室A和区室B分别代表着染色质活跃状态或者非活跃状态，而TAD则包含了一个或多个基因及其调控元件与多种组蛋白标签，是染色质三维结构基本功能单元。染色质状态活跃的区域通常具有更高的互作频率，位于这些区域的部分TAD内存在活性组蛋白富集的频繁交互区域（frequency interaction region，FIRE），且该区域的基因表达水平更高；相反，那些富含抑制性组蛋白标签的结构域所对应的基因表达量则很低。这些研究表明染色质的开放程度与TAD内部位点的互作强度会受到基因组表观修饰状态的影响，进而影响位于TAD内部基因的表达。同一TAD内部具有更加相似的组蛋白标签（如H3K36me2、H3K4me3等），且不同组蛋白标签分布的转换通常发生在TAD的边界。

此外，大量研究发现TAD的边界与染色质状态的转换点（transition point）部分重叠。对人胚胎干细胞（hESC）分化前后的染色质区室分布进行比较，发现由hESC分化获得的间充质干细胞（mesenchymal stem cell，MSC）和人胚肺成纤维细胞（human foetal lung fibroblast）IMR-90基因组的部分染色质区室发生了由A到B或由B到A的可塑性重排，且这种染色质区室的可塑性重排与TAD的边界存在重叠。小鼠胚胎干细胞中存在与染色质区室B密切相关的H3K9me2富集区域，称为大型组织化染色质组蛋白H3赖氨酸9修饰结构域（large organized chromatin K9 modification，LOCK）结构域，这些区域在人和小鼠中高度保守，Dixon等（2012）从人和小鼠胚胎干细胞中鉴定得到的TAD边界与LOCK边界存在部分重叠。这说明染色质区室与TAD存在一定相关性，这种相关性主要体现在：①同一TAD内部具有相似的表观修饰水平；②染色质区室状态的转换点与TAD边界重合；③TAD边界可能作为表观修饰的屏障（barrier）发挥着作用。

（2）TAD与染色质环

研究发现TAD的边界与染色质环的锚点之间存在一定程度的重叠，两者之间既有关联性又有差异性。染色质环位于TAD内部，在局部范围内调控TAD内部基因的表达，由于TAD边界的绝缘性，使不同TAD内的位点很难在三维空间上相互靠近成环，调控其他TAD内的基因表达。高分辨率Hi-C图谱分析发现，一定比例的互作结构域（contact domain）即TAD边界与染色质环的锚点相互重叠，那些边界有CTCF和黏连蛋白富集的TAD为环结构域（loop domain），而那些边界不存在CTCF和黏连蛋白富集的TAD为一般性结构域（ordinary domain）。此外，TAD的边界除了CTCF与黏连蛋白富集外，核小体、转录起始位点和其他功能元件也密集分布于此处，而这些因素的密集分布会降低该区域染色质的灵活性（flexibility），增加该区域的刚性（stiffness），从而导致了TAD边界的绝缘性，而TAD的这一特性是染色质环所不具有的。可见，TAD与染色质环之间既有关联也有差别，且不能简单将两者视作层级结构。TAD的存在为哺乳动物细胞内基因正常表达调控提供了一个稳定微环境，而具体某个基因的表达调控则通过染色质成环来实现。

（3）三者之间的相互关系

染色质区室、TAD和染色质环存在相互交错的非层级关系，目前普遍观点认为：在哺乳动物细胞核中，染色质三维空间的折叠组装由两种机制介导，一是由CTCF和黏连蛋白等因素介导的环挤压（loop extrusion），二是由各种表观修饰相互作用形成的区室化（compartmentalization），这两种机制相互作用，共同形成了染色质的基本结构功能单元TAD，并在基因表达调控等生物学过程中发挥其重要作用。对人类结肠直肠癌细胞的研究发现349个区室边界位于环结构域内，敲除黏连蛋白后，几乎所有依赖于CTCF和黏连蛋白而存在的染色质环结构全部被破坏，而与表观修饰组蛋白标签密切相关的区室结构依然存在，且边界在环结构域内的区室，其区室化程度更加强烈。同时，敲除黏连蛋白后，并没有发生大范围的基因异常激活（widespread ectopic activation），敲除前不表达的基因［每千碱基百万个读数（reads per kilobase million，RPKM）<0.5］仅有1%左右被激活，大部分（约87%）基因表达水平没有明显变化，部分下调基因则与染色质环结构被破坏有关。在小鼠胚胎干细胞中用同样的方法高效地敲除CTCF蛋白后，同样发现CTCF的消除并没有破坏染色质区室结构，这说明哺乳动物染色质的区室化在一定程度上独立于由CTCF和黏连蛋白介导形成的染色质环结构。这些研究表明，哺乳动物染色质三维空间结构的形成可能受到两种独立机制的共同作用：第一种是不依赖于CTCF和黏连蛋白的染色质区室化，主要由染色质的表观修饰状态所决定，与组蛋白标签等表观修饰密切相关；第二种是依赖于CTCF和黏连蛋白的染色质成环，介导了远距离增强子与启动子间的交互，避免了

基因的异常激活。

（二）染色质重塑

染色质重塑（chromatin remodeling）是由染色质重塑复合物介导的一系列以染色质上核小体变化为基本特征的生物学过程，是调节真核基因表达的重要机制，也是染色质表观遗传调控的重要方式，它使紧密凝聚的DNA能够被转录因子和DNA复制成分等多种调节因子所接近。染色质中的基因在不同细胞或不同内外环境均可随着染色质重塑而被调控进入相应的活化或抑制状态，从而导致疾病的发生或产生对生物体自身有益的变异。染色质重塑复合物被认为是染色质活化的动力，与组蛋白修饰、DNA甲基化、RNA干扰等共同重塑染色质结构，成为与经典遗传密码不同的表观遗传调控。

1. 染色质重塑复合物家族

染色质重塑是由ATP供给能量以及染色质重塑复合物去改变组蛋白与DNA的结合而实现的。染色质重塑复合物实现染色质重塑，是利用ATP水解产生的能量增加了转录因子与DNA的可接近性，这个过程主要通过两种方式实现：一种是使核小体的位置发生了移动，从而让DNA序列被暴露或掩盖；另一种则是在靠近核心组蛋白的DNA表面通过建立特殊构象，从而使转录因子能够更容易接近DNA。因此，通过这两种方式实现的染色质重塑过程也被称为核小体重塑。每一个染色质重塑复合物的构成都包括ATP酶核心亚基和数个不同的其他亚基。ATP酶核心亚基在功能上主要是起催化作用，ATP酶核心亚基具有不同的结构域，并根据此将染色质重塑复合物分为4类：SWI/SNF（switching defective/sucrose non-fermenting）、ISWI（imitation switch）、SWRI（Swi2/Snf2related）及Mi2/CHD（chromo-helicase and ATPase-DNA-binding）。

（1）SWI/SNF家族

该家族主要包括酵母SWI/SNF复合物的SWI2/SNF2亚基，酵母RSC复合物的Sth1亚基，果蝇SWI/SNF复合物中的Brahma亚基，以及人类SWI/SNF复合物中的BRG1和BRM亚基。SNF2家族的染色质重塑复合物一般含有12个亚基，其功能主要为“打开”或“破坏”核小体结构。酵母SWI/SNF复合物是目前研究最为彻底的一类染色质重塑复合物，是大约20 MDa的大蛋白质复合物，从酵母到人类都具有良好的保守性。SWI/SNF复合物被序列特异的DNA结合蛋白招募到转录调控区，然后通过染色质重塑作用调控基因转录活性。大约有5%的酵母基因受SWI/SNF复合物调控，以达到基因激活或抑制的目的。酵母RSC复合物在构成上与SWI/SNF复合物类似。它具有15个亚基，至少有2个亚基与SWI/SNF复合物相同，但它在转录调控作用方面却表现出更加广泛的特点。人类SWI/SNF复合物的核心亚基主要是BRG1和BRM，同时包括其他亚基的分子聚合物，主要参与激活基因转录及基因重组等。

（2）ISWI家族

ISWI家族又被称为SNF2L家族，主要与装配核小体和增强二胺色织结构稳定性相关，包括酵母中的ISWI1和ISWI2亚基，果蝇中ACF、NURF和CHRAC复合物相关的SWI蛋白，以及脊椎动物中RSF、NoRC、cHRAC、hACF和WICH复合物相关的SNF2L和SNF2R等亚基。ISWI复合物可分为RSF、HucHRAC、CAF1三类。其中RSF主要由Hsnf-h亚基组成，其功能主要是参与转录起始；HucHRAC由Hsnf-2h、Hacf1等亚基组成，主要参与维持异染色质的复制；CAF1的主要功能是参与组装染色质。ISWI家族虽不具有Bromo结构域，却具有SANT结构域。结构域亚基由N-CoR、SWI3、TFWB、ADA2组成，它们是c-myb的类似物，在ISW与DNA的结合中可能起作用。ISWI亚家族的复合物亚基相对比较少，其功能主要是与核小体装配和二胺色织结构增强稳定性有关。

（3）Mi2/CHD家族

Mi2/CHD家族有一个Chromo结构域和一个DNA结合模体，包括果蝇Mi-2复合物和人Nu RD复合物中的CHD1、Mi-2a/CHD1等亚基及一个HDAC活性亚基。同一个复合物中既有CHD1亚基又有HDAC活性亚基，提示这些复合物也许利用染色质重塑活性来帮助组蛋白或其他DNA相关蛋白的乙酰化。含有INO80亚基的Ino80蛋白是一个包含12个亚基的大蛋白质复合物，又被称为Ino80.com。Ino80.com含有两个具有DNA促旋酶的 Rvb1 和 Rvb2 亚基。Ino80.com 既在基因转录中起作用又参与 DNA 修复。

（4）其他家族

其他染色质重塑复合物家族，如 Rad54 参与同源重组，并与 Rad51 一起参与染色质重塑。CSB（cockayne syndrome protein B）参与核酸切除修复。DDM1 蛋白对维护 DNA 甲基化和基因组稳定性有重要作用。

2. 染色质重塑复合物的作用机制

（1）核小体“滑动”

已知 DNA 解旋酶是一类依赖 ATP 水解所释放能量打开 DNA 双螺旋的蛋白酶，它分为 6 个亚家族（superfamily 1-superfamily 6，Sf1～Sf6），其中 Sf2 亚家族解旋酶通常可以结合双链 DNA，并以特定的方向沿着单链移动从而导致双链分离。SNF2 染色质重塑复合物家族的 ATPase 亚基虽然不具有类 Sf2 的解旋酶活性，但是仍保存着类似的作用机制。染色质重塑复合物具有类 DNA 易位酶作用，即在 DNA 双链未解开的情况下可以使核小体沿着 DNA 滑动。在此过程中重塑复合物识别并结合到特定的组蛋白和 DNA 上，并且将 ATPase 亚基锚定在核小体 DNA 上的作用位点。根据目前的观点，锚定的 ATPase 亚基可以引起组蛋白八聚体表面与 DNA 分离，形成 DNA-凸起（DNA-bulge）或称为“DNA-loop”。一方面 ATPase 亚基可能通过 ATP 水解所释放的能量驱动核小体在 DNA 上滑动，导致 DNA-凸起形成。另一方面重塑复合物可能“推”或“拉”接头 DNA 进入核小体区域，从而形成 DNA-凸起，继而暴露或封闭某一段 DNA 序列。无论哪种假设，这种机械力造成的 DNA-凸起都会改变组蛋白八聚体与 DNA 之间的相互作用，从而导致 DNA 在组蛋白表面相对位置的改变，即达到核小体在 DNA 上滑动的效果（图 3-21）。

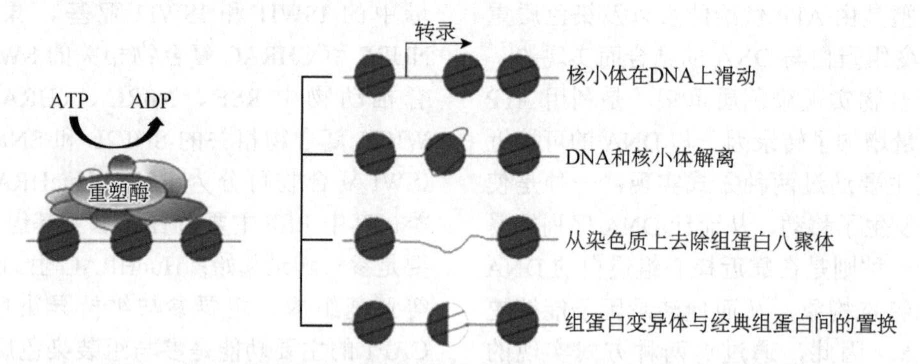

图 3-21　ATP 依赖染色质重塑活性改变核小体 DNA 可接近性的模式图

（2）核小体组蛋白“置换”

染色质中大部分核小体是由 4 种经典组蛋白（H2A、H2B、H3、H4）构成，但是有一部分核小体中的经典组蛋白可以被组蛋白变异体所替换。含有组蛋白变异体的核小体在染色质上被特殊标记，而且不同变异体所特有的结构特点使染色质结构发生一定的改变，从而介导相应细胞功能的变化，包括基因转录调控和 DNA 损伤修复等。目前已经发现，一些染色质重塑复合物是组蛋白变异体置换进（或出）核小体的执行者。最典型的例子是在酵母中 SWR1 可以催化 H2A.Z-H2B 异源二聚体与核小体中经典 H2A-H2B 二聚体之间的替换。同样，INO80 亚家族中人源 INO80/SRCAP/TRRAP-TIP60 复合物除了具有染色质重塑功能外，也拥有组蛋白变异体置换功能，可以催化经典组蛋白 H2A 与组蛋白变异体 H2AZ 之间的置换。SWR1 属于 INO80 染色质重塑家族，其主要功能是催化 H2A-H2B 与 H2A.Z-H2B 的替换。H2A.Z 是 H2A 的变体，富集在启动子区域，也能抑制异染色质向常染色质的延伸。在染色质特定位置或特定时期进行组蛋白变体的替换可以改变染色质结构或招募染色质调控因子，是维持不同染色质状态所必需。与其他染色质重塑蛋白不同，SWR1 不能移动核小体。SWR1 结合核小体的 SHL2 位置，使 DNA 在 SHL2 处产生 1 bp 凸起。为了形成这个凸起，1 bp DNA 从进口端被抽进核小体内部。由于 1 bp DNA 的位移，SWR1 的 N 端结构域和核小体的另一圈 DNA 之间相互作用加强，限制了核小体的进一步滑动，这是SWR1不具备催化核小体滑动的可能机制。复合物全酶中另一个重要的核小体结合元件是Arp6-Swc6异源二聚体，它们通过全酶中的RuvBL亚基（六聚体）与SWR1作用，稳定了整个复合物的构象。Arp6-Swc6结合进口端DNA，使该DNA偏离了常规位置约65°，暴露大概2.5圈核小体DNA。突变和生化实验（体外表达重构体系的一大优势）表明Arp6-Swc6是SWR1组蛋白替换活性的关键。与INO80一样，因为失去了与进口端DNA的作用，H2A-H2B也相应地暴露。这也许是SWR1与INO80共同具有组蛋白替换活性的机制。

3. 染色质重塑及染色质可及性

染色质可及性是通过组蛋白、转录因子（TF）和活性染色质重塑者之间的动态相互作用建立的。核小体的占有和定位是可及性的主要决定因素，并受到序列特异性TF和染色质重塑子的调控。这种相互作用是通过亚组蛋白规模的TF对核小体DNA的直接竞争或者通过招募活跃的染色质重塑子动态驱逐核小体来实现的。

染色质状态和功能之间存在着复杂的相互作用。例如，增强子和启动子两者对于转录都是必需的，并与活性相关，但转录沉默基因的非活性增强子和启动子通常是开放的，这表明染色质可及性对增强子或启动子活性是必需但不充分的。这些稳定的增强子和启动子是可接近的，但缺乏活性调节区的明确标记，包括增强子RNA（eRNA）生成和组蛋白乙酰化等。另外一个可及性和转录活性不一致的例子是在发育中的黑腹果蝇合子基因激活期间，尽管激活前在早期胚胎中观察到染色质的广泛开放，但是许多可及性基因在转录上是不活跃的，直到发育后期。

染色质可及性代表了表观基因组的功能，定义了整个基因组中一系列假定的调控区域，提供了增强子、绝缘子、启动子和基因体之间开放染色质组织的一个可延展的生物物理模板。了解这些调控域是如何随着细胞在发育阶段和细胞激活状态之间转变而动态建立的，以及调控元件如何塑造基因表达程序的生物物理规则，将是未来表观遗传学研究的一个重要焦点。

三、从染色质到染色体的变化

染色体是指细胞在有丝分裂或减数分裂过程中，由染色质聚缩而成的棒状结构（图3-22）。实际上，染色质和染色体两者化学组成没有差异，只是包装程度即构型不同，是遗传物质在细胞周期不同阶段的不同表现形式。在真核细胞的细胞周期中，大部分时间是以染色质的形态存在的。

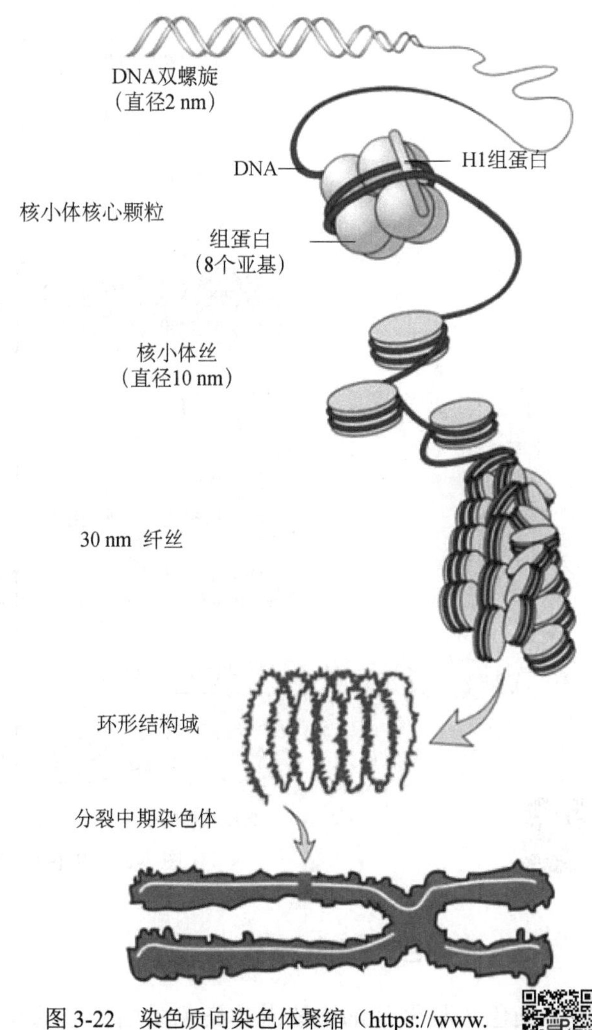

图3-22　染色质向染色体聚缩（https://www.biodiversity-science.net/CN/10.17520/biods.2016057）

（一）染色质和染色体的区别

1. 形态不同

染色质和染色体是同一种物质的两种形态。染色质是伸展的状态，染色体是高度螺旋的状态。伸展的染色质形态有利于在它上面的DNA储存信息的表达，而高度螺旋化了的棒状染色体则有利于细胞分裂中遗传物质的平分。

2. 出现时期不同

染色质出现于间期，在光学显微镜下呈颗粒状，不均匀地分布于细胞核中，比较集中于核膜的内表面。染色体出现于分裂期中，呈较粗的柱状和杆状等不同形状，并有基本恒定的数目（因生物的种属不同而异）。例如，人体细胞有染色体23对，共计46条。

3. 构成不同

染色质是由DNA和组蛋白八聚体构成的核小体串珠链，而后以每圈6个核小体进一步盘绕形成30 nm纤丝的染色质二级结构。染色体是在此基础上结合了核骨架蛋白形成150 nm突环，进而形成300 nm玫瑰花结（6个突环），再进一步组成700 nm的螺旋圈，最后螺旋圈组成1400 nm的染色体（图3-23）。

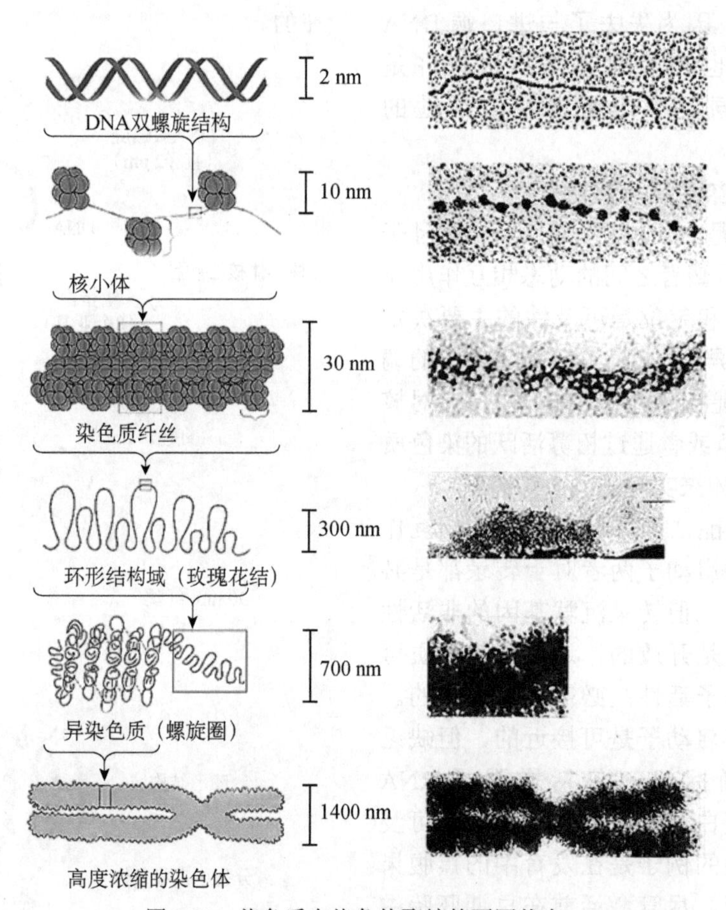

图3-23　染色质向染色体聚缩的不同状态

（二）染色质凝聚

染色质凝聚是细胞核内的染色质由松散的丝状变成紧致染色体的过程。在有丝分裂或减数分裂间期，染色质有着较低的压缩比，因此染色质丝较松散并遍布整个细胞核，从分裂前期开始，染色质丝开始螺旋缠绕，凝聚成可见的染色体。

自19世纪以来，细胞分裂过程中染色质发生的变化及其命运，一直令生物学家着迷。当时染色质可以通过新的细胞染色技术可视化，X形的有丝分裂染色体的标志性结构不仅装饰着许多科学期刊的封面，而且现在也牢牢地固定在常识中。然而，尽管经过多年的努力，这个结构是如何形成的仍然存在很大争议。通过光学显微镜可观察到有丝分裂中的染色质浓缩，但对有丝分裂染色质致密化程度与其间期状态的评估存在很大差异。各种各样的模型试图解释有丝分裂过程中染色质浓缩的机制，这些模型主要分为两大类

（图 3-24）：第一类提出 DNA 被分层折叠成越来越高的有序结构；第二类提出有丝分裂染色质形成一系列连接到中心染色体支架轴的环。

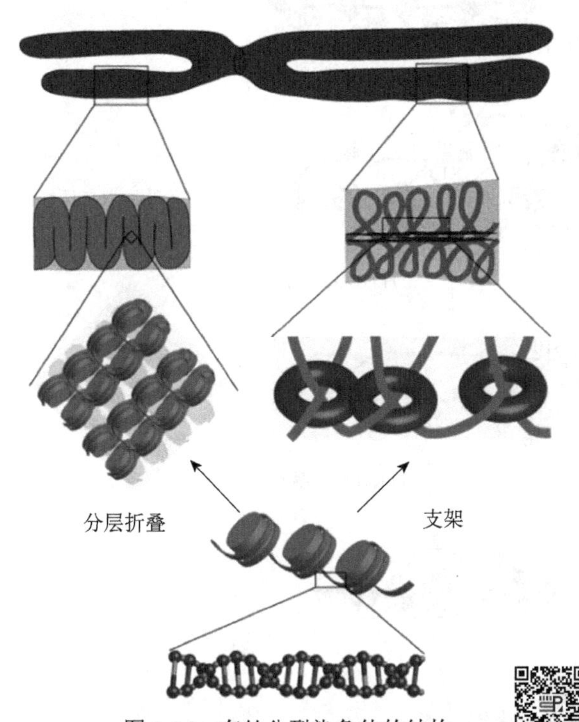

图 3-24　有丝分裂染色体的结构

有丝分裂染色体结构的两类模型。分层折叠模型（左）表明，染色质纤维从最初的 11 nm 纤维（“串珠”）开始折叠成连续的高阶结构。支架模型（右）预测了在染色体臂的中心存在一个连续的蛋白质核心，该核心与环相连

1. 参与染色质凝聚的蛋白质

五聚体凝聚蛋白复合物由两个 SMC 家族的蛋白质、一个 kleisin 和两个含有 HEAT 重复序列的蛋白质组成。SMC 蛋白形成反平行的长螺旋，其两侧是 ATP 酶头部结构域。头部结构域与 kleisin 亚基相互作用，使 SMC 和 kleisin 亚基形成一个闭合环，而含有 HEAT 重复序列的蛋白质主要通过与其 kleisin 亚基相互作用与复合物相关联。该环可以像内聚蛋白（一种结构相关的复合物，参与姐妹染色单体的内聚、DNA 修复和转录调控）环绕姐妹染色单体一样，捕获来自同一染色体的两条 DNA 链。除了 kleisin 介导的环形成外，SMC 蛋白的 ATP 酶结构域也与之相互作用。

凝集素介导的 80～120 kb 线状染色质环被认为代表了多步骤过程的初始事件（图 3-25）。该模型得到了聚合物模拟和染色体构象捕获实验对有丝分裂染色体分析的支持。在 M 期后期，染色体臂的轴向压缩需要进一步的凝聚活性，并结合姐妹染色单体拆分，这是由拓扑异构酶Ⅱa 和“前期途径”释放内聚蛋白介导的。迄今为止研究的所有后生动物物种都具有两种不同的凝聚蛋白复合物，凝聚蛋白Ⅰ和凝聚蛋白Ⅱ，它们在非 SMC 亚基上有所不同。在有丝分裂过程中，浓缩蛋白Ⅱ复合物在染色质上被发现，而浓缩蛋白Ⅰ复合物只有在核膜破裂后才会与染色体结合。不同凝聚蛋白都有助于染色体凝聚，但对形状的影响不同。

关于有丝分裂染色体凝聚机制的争议来自于这样一个事实，即凝聚的染色体仍然能在缺乏凝聚蛋白的细胞中形成，尽管其结构完整性大大降低。凝集蛋白失活干扰出芽酵母有丝分裂中 rDNA 位点的凝集。在裂变酵母中，温度敏感的 SMC 蛋白突变体在有丝分裂中不能浓缩和分离染色体，但仍然能进行纺锤体伸长和细胞分裂。荧光显微镜分析有丝分裂缩合反应显示，在限制性温度下几乎完全没有缩合反应。

2. 染色质凝聚的触发因素

染色体压实是由细胞周期蛋白 B1/周期蛋白依赖性激酶 1（CyclinB1/Cdk1）的激活触发的。Cyclin B/Cdk1 被激活后，大量 Cyclin B/Cdk1 进入细胞核，随后出现明显的染色体凝聚迹象。凝乳蛋白的磷酸化（激活）似乎是这些早期转变阶段的重要步骤，凝乳蛋白本身被确定为 Cyclin/Cdk 底物。早期缩合由直径在 200～300 nm 的大型染色质纤维折叠而成。除了磷酸化浓缩蛋白，Cyclin B/Cdk1 似乎还通过磷酸化未知底物参与染色体浓缩，这些底物与浓缩蛋白平行作用，构建有丝分裂染色体。事实上，即使在缺乏凝聚蛋白的情况下，在体内也可以实现一定程度的染色体压实，即使在后期，只要 Cyclin B/Cdk1 保持活性，这种情况也可以持续。

间期染色质也可以在有丝分裂外浓缩成“有丝分裂样染色体”。这种现象被称为超前凝集染色体（PCC），可以在除 G_0 期以外的细胞周期任何阶段的细胞中触发。Calyculin A 或冈田软海绵酸（okadaic acid）、1 型特异性抑制剂和蛋白磷酸酶 2A（PP2A）是 PCC 的优良诱导因子。其他蛋白

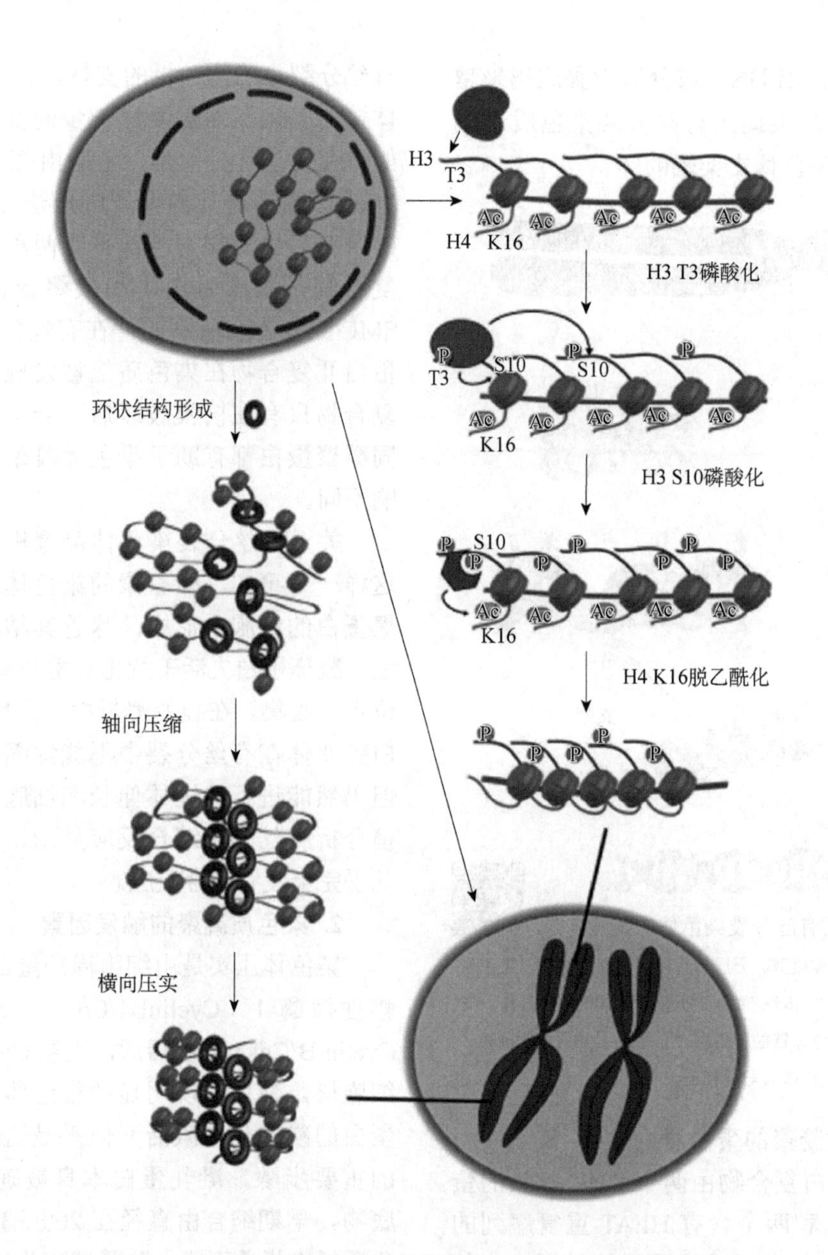

图 3-25 有丝分裂染色体形成的潜在机制是一个多层次的过程

磷酸酶 1（PP1）抑制剂如草多索（endothal）和斑蝥素（cantharidine）也同样能诱导 PCC。这种现象可能与抑制 Cdc25 有关，它是一种调节有丝分裂开始的细胞周期蛋白。Cdc25 是一种蛋白酪氨酸磷酸酶，通过酪氨酸残基去磷酸化激活 p34Cdc2/CyclinB 复合物。Cdc25 的活性受自身磷酸化/去磷酸化调控，对 PP1 和 PP2A 敏感。这表明，可能需要一个连续的蛋白磷酸酶介导的抑制活性，以保持染色质在间期的非浓缩状态。也有报道称，能量消耗也会导致间期染色质压实，而这可以通过添加 ATP 来逆转。所有这些数据表明，间期需要多种因素来维持染色质在一个解压缩状态。

四、真核生物染色体组的一般特征

细胞中的一组完整非同源染色体，它们在形态和功能上各不相同，但又互相协助，携带着控制一种生物生长、发育、遗传和变异的全部信息，这样的一组染色体，叫做一个染色体组。

（一）染色体组的特点

真核生物染色体组内的染色体形态、大小、功能各不相同。对同型性染色体生物而言，一个

染色体组含有 N 条染色体，就意味着细胞内有 N 种形态的染色体；对异型性染色体生物而言，如果一个染色体组有 N 条染色体，就意味着细胞内有（N+1）种形态的染色体，如人的一个染色体组有 23 条染色体，男性体细胞内有 24 种形态的染色体。

（二）染色体倍性组数判断

1. 染色体倍性

多倍体的生殖细胞内不只含有一个染色体组，由只含有一个染色体组的生殖细胞直接发育成的个体叫单倍体。如果生物体由受精卵（或合子）发育而成，生物体细胞内有几个染色体组，此生物就叫几倍体；如果生物体由生殖细胞（卵细胞或花粉）直接发育而成，无论细胞内含有几个染色体组，此生物体都不能叫几倍体，而只能叫单倍体。另外，还要考虑染色体组倍性的变化。若染色体组数目倍性减半，则形成单倍体，如植物的花药离体培养形成单倍体植株，蜜蜂的孤雌生殖发育成雄蜂；若染色体组数目成倍增加则形成多倍体，如八倍体的小黑麦等。

2. 组数判断

判断几倍体实际上是判断某个体的体细胞中的染色体组数。由于一个染色体组中无同源染色体，则同源染色体个数成为判断染色体组数即判断某个体为几倍体的主要依据。

细胞内同一形态的染色体有几条，则含有几个染色体组。细胞内有几种形态的染色体，一个染色体组内就有几条染色体。

（1）一倍体

一个生物的体细胞内含有一个染色体组的叫做一倍体。在生物的体细胞中，染色体的数目不仅可以成倍地增加，还可以成倍地减少。例如，蜜蜂的蜂王和工蜂的体细胞中有 32 条染色体，而雄蜂的体细胞中只有 16 条染色体。像蜜蜂的雄蜂这样，体细胞中含有本物种配子的染色体数目的个体为一倍体。

（2）二倍体

体细胞中含有两个染色体组的个体叫二倍体，如人、玉米、果蝇等。几乎全部的动物和过半数的高等植物都是二倍体。其中，人类染色体根据着丝点的位置而定，可将中期染色体分为四种：中着丝粒染色体、亚中着丝粒染色体、端着丝粒染色体、近端着丝粒染色体。人类染色体组型是指人的一个体细胞中全部染色体的数目、大小和形态特征。进行人类染色体组型分析就是根据上述特征对人类染色体进行分组、排列和配对。生物的染色体组型代表了生物的种属特征，所以，进行染色体组型分析，对探讨人类遗传病的发病机制、动植物的起源、物种间的亲缘关系等都具有重要意义。人类男性体细胞的正常染色体组型具有 46 条染色体，同源染色体配对后按体积从大到小逐一编号，其中 1～22 号为常染色体，性染色体被称为 X 染色体和 Y 染色体。

（3）多倍体

体细胞中含有三个或三个以上染色体组的个体叫多倍体，其中体细胞中含有三个染色体组的个体叫三倍体，如香蕉。体细胞中含有四个染色体组的个体叫四倍体，如马铃薯。多倍体在植物中广泛存在，在动物中比较少见。在被子植物中，至少有 1/3 的物种是多倍体。多倍体产生的主要原因，是体细胞在有丝分裂的过程中，染色体完成了复制，但是细胞受到外界环境条件（如温度骤变）或生物内部因素的干扰，纺锤体形成受到抑制以致染色体不能被拉向两极，细胞也不能分裂成两个子细胞，于是就形成染色体数目加倍的细胞。人工诱导多倍体的方法也有很多，如低温处理。而最常用且有效的方法是用秋水仙素处理一些植物萌发的种子或幼苗。

染色体数目加倍也可以发生在配子形成的减数分裂过程中，这样就会产生染色体数目加倍的配子，染色体数目加倍的配子在受精后也会发育成多倍体。

异源多倍体指不同物种杂交产生的杂种后代经过染色体加倍形成的多倍体。常见的多倍体植物大多数属于异源多倍体，如小麦、燕麦、棉花、烟草、苹果、梨、樱桃、菊、水仙、郁金香等。与之相对应，同一物种经过染色体加倍形成的多倍体，称为同源多倍体。

第四节　真核生物核基因组及其特征

RNA 和 DNA 这两类核酸都可以作为遗传信息的载体。记录生物体自身完整信息的单倍体核酸序列被称为该物种的基因组，包括所有的编码及非编码的核酸分子。广义的基因组包括核基因组、线粒体基因组和叶绿体基因组；狭义的基因组一般指核基因组。除 RNA 病毒外，其他生物的基因组均由 DNA 构成。虽然表观遗传学认为细胞的某些状态（主要是基因组上碱基的各类修饰）也能产生遗传效应，但确定无疑的是，基因组核酸序列编码了最主要的遗传信息。在真核生物中，不同种类生物基因组的大小变化范围非常大，最大的基因组和最小的基因组之间相差超 8 万倍。

一、真核生物DNA序列特征

真核生物 DNA 比原核生物大得多，DNA 序列的组织性也复杂得多，根据 DNA 复性动力学研究，可将真核生物 DNA 序列分为单一序列（unique sequence）和重复序列（repetitive sequence）。真核生物基因组的一个显著特点是含有许多重复序列。这些重复序列的长短不一，短的仅有几个甚至两个核苷酸，长的有几百乃至上千个核苷酸。重复序列的重复程度也不一样。重复多的可在基因组中出现几十万到几百万次；另一些序列可重复几十到几千次。有些重复序列成簇存在于 DNA 某些部位，也有些重复序列分散分布于整个基因组。所以，重复序列又可分为轻度重复序列、中度重复序列和高度重复序列。其分子特征如下：

1. 单一序列

单一序列又称非重复序列（nonrepetitive sequence），即在一个基因组中只有一个拷贝的序列。一般认为单一序列是编码序列，真核基因组中大多数结构基因是单一序列，如果蝇的 α4 微管蛋白（tubulin）基因、鸡的卵清蛋白基因，以及蚕的丝心蛋白、血红蛋白和珠蛋白基因等。但不是所有的单一序列都是编码多肽链的结构基因，真核生物基因组中编码多肽链的单一序列仅占有百分之几，绝大部分为基因之间非编码的间隔序列。

不同生物基因组中单一序列所占的比例不同。原核生物除了短片段的反向重复序列以及 16S rRNA、23S rRNA、5S rRNA 和 tRNA 基因外，皆为单一序列。真核生物单一序列所占比例为 40%～70%，如小鼠基因组中单一序列所占比例为 58%，黑腹果蝇和非洲爪蟾分别为 70%和 54%。

2. 轻度重复序列

含有两份或数个拷贝的序列称为重复序列或重复 DNA（repetitive DNA）。在一个基因组中含有 2～10 个拷贝的序列称为轻度重复序列。2～3 个拷贝常常被当做是非重复序列，一般为编码序列。

3. 中度重复序列

在一个基因组中含有 10 个至数百个拷贝的序列称为中度重复序列。中度重复序列一般认为是非编码序列，由相对较短序列的重复序列组成，常有数千种这样的重复序列。这些序列遍布整个基因组，被认为在基因调控中起作用，包括开启和关闭基因的活性、促进和终止转录、DNA 复制起始、参与 核不均一 RNA（hnRNA）的加工处理等。mRNA 前体剪接时，内含子中的反向重复序列配对形成双链体区域。

中度重复序列在真核生物基因组中占 25%～40%，分散分布于整个基因组的不同部位。根据重复单位的片段长度和拷贝数的不同，中度重复序列可分为两种类型：一类是 SINE，另一类是长散在核元件（long interspersed nuclear element，LINE）。SINE 的重复单位的长度为 300～500 bp，拷贝数可达 10^5 以上。Alu 家族（Alu family）是人类及哺乳动物基因组中十分典型的 SINE。在人类基因组中，Alu 序列长 300 bp 左右，由两个 130 bp 的重复序列组成，中间有 31 bp 的间隔序列。每个 Alu 序列含有一个限制性内切核酸酶 *Alu*I 的识别序列 AGCT，可被 *Alu* Ⅰ 切割为两个片段，分别为 170 bp 和 130 bp，Alu 序列因此而得名。Alu 家族占人类基因组的 3%～6%，在单倍体基因组有30万～50万个拷贝，平均每6000 bp DNA就有1个Alu序列，是人类基因组中最丰富的中度重复序列。非洲绿猴、小鼠、中国仓鼠和猪等哺乳动物基因组中都存在Alu家族，且具有很高的同源性。LINE的重复单位长度为5000～7000 bp，重复次数为10^2～10^5次。例如，人类的*Kpn* Ⅰ家族（*Kpn* Ⅰ family）和哺乳动物的LINE1家族。人类基因组*Kpn* Ⅰ家族的拷贝数为300～4800个，散布于整个基因组，所占比例为3%～6%，其重复单位序列用限制性内切核酸酶*Kpn* Ⅰ酶切，可得到4种长度不同的DNA片段，分别为1.2 kb、1.5 kb、1.8 kb和1.9 kb。哺乳动物的LINE1家族是由RNA聚合酶Ⅱ转录的，在基因组中约有6万个拷贝，长约6500 bp，属于一种转座因子。

4. 高度重复序列

高度重复序列在基因组中存在大量的拷贝，其重复次数高达10^6～10^8个。通常这些序列是由很短的碱基组成的，长度为2～200 bp。例如，在果蝇中，ACAAACT有1.1×10^7个拷贝，占基因组DNA的25%。ATAAACT和ACAAATT各3.6×10^6个拷贝，各占8%。高度重复序列为非编序列，不转录，在真核生物中都会有20%以上这样的高度重复序列。但复制时与单一序列一样快。

有些高度重复序列常含有异常高或低的GC含量，因为DNA片段在氯化铯梯度离心的浮力密度取决于它的GC含量，所以当基因组DNA被切断成数百个碱基对的片段进行氯化铯密度梯度超速离心时，这些重复序列片段的GC含量与主体DNA不同，常在主要DNA带的前面或后面形成一个次要的DNA区带，这些小的区带就像卫星一样围绕着DNA主带，这些高度重复序列因而被称为卫星DNA（satellite DNA）。有些高度重复序列的GC含量在基因组中与其他DNA没有明显的差别，所以用氯化铯密度梯度离心就分不出一条卫星带，这种高度重复序列称为隐蔽卫星DNA（cryptic satellite DNA）。卫星DNA分布于染色体端粒和着丝粒附近的异染色质区。

二、卫星DNA及其起源进化

（一）卫星DNA的概念

在高度重复DNA序列中，有一类以少数核苷酸为单位多次串联重复的DNA序列，称为可变数目串联重复序列（variable number tandem repeat，VNTR），这种序列也称为卫星DNA，即高度重复的DNA序列。通常可用氯化铯密度梯度离心将卫星DNA与其他DNA分开。将基因组DNA切断成数百个碱基对的片段进行超速离心时，在主要DNA带的两侧会出现一条或多条次要的DNA区带，形成两个以上的峰，即含量较大的主峰和高度重复序列小峰，后者又称为卫星区带（峰）（图3-26）。这种次要区带的DNA就称为卫星DNA。果蝇DNA在中性氯化铯密度梯度离心中出现1条主带和3条卫星区带，人DNA经氯化铯密度梯度离心后可得到4条卫星区带。原位杂交证明，许多卫星DNA均位于染色体的着丝粒部分，也有一些在染色体臂上。这类DNA是高度聚缩的，是异染色质的组成部分。卫星DNA不转录，其功能还不明，可能与染色体的稳定性有关。

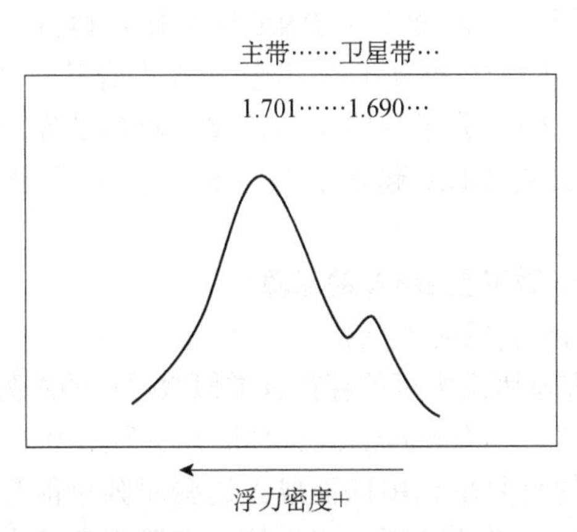

图3-26　卫星DNA离心条带扫描图

（二）卫星DNA的分类

按照重复序列碱基长短和重复次数把卫星DNA划分为两类：一类以6～65个核苷酸为核心序列（core sequence）、重复次数为9到数百次的串联重复序列，称为小卫星DNA（minisatellite DNA），另一类是以2～6个核苷酸为核心序列的串联重复序列，称为微卫星DNA（microsatellite DNA）。微卫星DNA是短的、串联的简单序列重复序列（simple sequence repeat，SSR），重复单位为2、3、4、5、6个碱基，重复次数5～100次，也有人认为是20万～100万次，这类DNA只在真核生物中发现，占基因组的10%～60%，如$(AT)_n$、$(GC)_n$、$(GTG)_n$等。

（三）卫星DNA的等级结构

哺乳动物的卫星DNA常常是多级的，也就是说一个大的重复单位由若干个彼此相似的小重复单位串联组成，每个小重复单位又由若干个彼此相似的更小的重复单位串联组成，这种现象称卫星DNA的等级结构。例如，$[(AGGGCTGGAGG)_3C]_{18}$，是以11 bp为重复单位重复3次，为33个碱基，然后增加了一个C，再以这样的34 bp为单位再重复18次。

（四）微卫星DNA的起源及进化

每个微卫星DNA均由中间的核心区和外围的侧翼区两部分构成。核心区即为串联在一起的重复序列，重复单元数目是随机改变的，串联重复单元的外围即是侧翼区。微卫星DNA的突变率比较高，这使得微卫星DNA在研究较短时期的进化常有用。目前微卫星DNA标记技术得到广泛应用，相应的也推动了微卫星DNA本身基本理论的研究，随着分子生物学和计算机科学的发展，用于微卫星DNA起源和进化的研究技术越来越丰富。

1. 微卫星DNA的起源

（1）自发突变产生

在基因组中可能存在有类似微卫星的序列，即原始微卫星（proto-microsatellite）序列，由3～4个相似的重复单元串联而成。这些序列可能是由于碱基的替换或是插入产生的，有研究表明在突变过程中，插入序列倾向于复制周边的序列，如GCAT→GCACAT。而类似微卫星的序列一旦形成，就有可能在复制过程中经历“滑动”，或者形成特殊的DNA构型，参与到重组和转座过程中。在动物基因组内，SINE与LINE分布广泛，在许多高等真核生物基因组中，约占总DNA的50%，因此也被认为是原始微卫星序列的重要潜在来源。

（2）转座机制产生

在生物基因组中存在有大量的转座元件（transposable element，TE）。例如，转座子，其转座作用可以影响微卫星在基因组中的数量及分布。根据转座机制的不同可将转座子分为两类：Ⅰ型（复制型转座子）与Ⅱ型（剪切-粘贴型转座子）。其中Ⅰ型转座子又被称为反转录转座子（retrotransposon），在结构和复制上与反转录病毒类似。这两类转座子在其转座过程中，均可在基因组中插入反向重复序列或串联重复序列。作为在哺乳动物中最为常见的也是最为有名的SINE成员，Alu家族被证明与三核苷酸重复$(GAA \cdot TTC)_n$序列的进化密切相关，$(GAA \cdot TTC)_n$可能起源于富含G/A的序列，借助与Alu元件的共同进化，最终达到了在哺乳动物基因组中的广泛分布。因此，许多影响TE扩散的机制，如RNA干扰及胞嘧啶甲基化等，也会影响特定微卫星序列在基因组中的产生与扩散。

2. 微卫星DNA的进化机制

复制滑动（replication slippage）机制：在DNA复制过程中，聚合酶会在一些含有毗邻短序列重复的特殊位点发生“滑动”，从而导致短序列重复数目的增加或减少。大多数微卫星长度的变化是通过增加或删除单个重复单位而产生的。具体来说，DNA复制过程中，聚合酶在模板上会出现偶尔解离的情况，导致新合成链的末端与模板链暂时分离，几秒钟后，重新退火复性。若此时正在进行的是重复序列的复制，则可能出现模板上的重复单元与新合成链的重复单元的错配，导致一个或几个重复单位形成“环凸”（looped out）区域。在正常情况下该结构将会被错配修复系统（mismatch repair system）所校正，但校正系统失常时，子链DNA继续延伸，结果将导致重复单元的插入或删除。

在多数情况下，复制滑动的发生会导致单个重复单元的插入或删除，但是有时也会出现多个重复单元同时插入或删除的情况。在此基础上，微卫星的进化符合Kimura提出的逐步突变模型（stepwise mutation model，SMM），即突变所产生的新的等位基因是在原来的基础上增加或者减少了一个重复单位。在真核生物中，重复单元的插入比删除更为常见，因为在复制滑动的过程中，“环凸”区域更容易出现在新合成的子链上。因此，微卫星产生之后更倾向于不断延长。但是，点突变的发生会导致微卫星延长的中断，增加其结构上的无序性。基因组内微卫星的最终分布是复制滑动与点突变之间产生平衡的结果。

除此之外，染色体之间的重组或不等交换

（recombination or unequal crossing over）也可能导致微卫星序列的大幅增加或缩短，但是，这一机制对微卫星进化的影响较为有限。虽然关于微卫星的进化机制还存在许多争论，但是复制滑动机制一般被认为是微卫星进化的主要机制。

（五）微卫星 DNA 的特点

微卫星广泛分布于真核生物基因组中，研究发现，微卫星 DNA 序列具有以下特点：①种类多、分布广，并按孟德尔共显性方式世代相传；②具有高度的多态性；③具有遗传连锁不平衡现象；④绝大部分位于非编码区；⑤属于不稳定的 DNA 序列；⑥在不同基因位点上的微卫星 DNA 的重复序列可以不同，也可以相同；⑦选择中性，即微卫星位点的等位基因频率不受自然选择作用的影响；⑧具有保守性，微卫星位点在种内是高度保守的，在近似种间也有一定的保守性。

（六）微卫星 DNA 的研究与应用

由于微卫星 DNA 广泛分布于生物体的整个基因组，具有数量多、多态性丰富、保守性强、共显性遗传、进化承受选择压力小、检测操作简单、重复性好和检测结果准确等优点，被认为是品种遗传变异、群体遗传结构估测和演化历史分析最主要的分子标记之一，广泛应用于动植物遗传图谱构建、目的基因标定、种质资源研究、亲子鉴定及遗传疾病诊断等诸多基因组研究领域。

由于微卫星 DNA 的多态性主要来自重复长度变异和碱基序列变异，所以，其研究方法首先是测定其遗传多态性。目前测定的方法主要有聚合酶链反应-简单序列重复（polymerase chain reaction-simple sequence repeat，PCR-SSR）技术、聚合酶链反应-单链构象多态性（single strand conformation polymorphism，SSCP）技术和测序等。

三、真核生物的基因组特征

真核生物基因组 DNA 与蛋白质结合形成染色体，储存于细胞核内，除配子细胞外，体细胞内的基因组是双份的［二倍体（diploid）］，即有两份同源的基因组。

非重复 DNA 所占比例在不同生物类群的基因组中变化较大。一些有代表性生物的基因组组成：原核生物只包含非重复 DNA；对于单细胞真核生物，大多数 DNA 是非重复的，小于 20%的 DNA 属于一个或多个中度重复；在动物细胞中，多达一半的 DNA 由中度和高度重复序列组成；在植物和两栖动物中，中度和高度重复序列占到基因组的 80%，在这些基因组中，非重复 DNA 已经成为次要的组成成分了（图 3-27）。

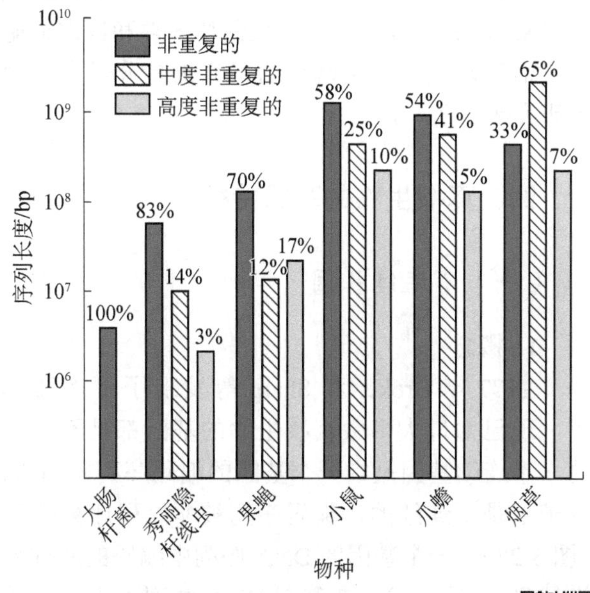

图 3-27　真核生物基因组中不同组成序列比例

非重复 DNA 随着全基因组的增大趋向于更长。当基因组继续增大，重复成分在数量和比例上都增加。因此，基因组中的非重复 DNA 组分与物种的相对复杂性有较好的相关性。大肠杆菌基因组为 4.2×10^6 bp，秀丽隐杆线虫（*C. elegans*）增加到约 6.6×10^7 bp，黑腹果蝇增加到约 1×10^8 bp，哺乳动物的基因组又增加了一个数量级，约达 2×10^9 bp。

总之，真核生物基因组的结构特点可归纳如下：①真核基因组庞大，一般都远大于原核生物的基因组。②真核基因组存在大量的重复序列。③真核基因组的大部分为非编码序列，占整个基因组序列的 90%以上，该特点是真核生物与细菌和病毒之间最主要的区别。④真核基因组的转录产物为单顺反子。⑤真核基因是断裂基因，含有内含子结构。⑥真核基因组存在大量的顺式作用元件，包括启动子、增强子、沉默子等。⑦真核基因组中存在大量的DNA多态性。DNA多态性是指DNA序列中发生变异而导致的个体间核苷酸序列的差异，主要包括SNP和串联重复序列多态性（tandem repeat polymorphism）两类。⑧真核基因组具有端粒（telomere）结构。端粒是真核生物线性基因组DNA末端的一种特殊结构，它是一段DNA序列和蛋白质形成的复合体，其DNA序列相当保守，一般由多个短寡核苷酸串联在一起构成。人类的端粒DNA长5～15 kb。它具有保护线性DNA的完整复制、保护染色体末端和决定细胞的寿命等功能，有关端粒的研究也是分子生物学的研究热点之一。

四、真核生物的基因特征

（一）不连续基因

1. 概念

1977年Broker和Sharp等发现了不连续基因，现已知道大多数真核生物的基因都是不连续的。不连续基因是指一个基因的编码序列在DNA分子上是不连续的，编码序列被非编码序列分开（图3-28）。一个基因的DNA序列中编码的序列称为外显子（exon）；在基因DNA序列中不编码的序列称为内含子（intron），又叫介入序列，也就是说一个基因内有 n 个内含子，就可将基因的编码序列分割成 $n+1$ 个外显子序列。

2. 不连续基因的测定

不连续基因的测定实际上就是内含子和外显子的测定，有3种方法。

（1）杂交电镜观察

这种方法是用mRNA与DNA杂交，然后再在电镜下观察。杂交上的双链较粗，未杂交上的单链形成一些环（图3-29）。这些环实际就是内含子，有多少个环就有多少个内含子。

（2）S1核酸酶制图法

S1核酸酶制图法的基本原理是利用S1核酸酶的单链特异性，外切核酸酶Ⅶ的单链外切特异性，以及稀碱溶液能分解RNA的特性来对杂交分子的各部分做不同的处理，通过电泳就可得到内含子、外显子和基因总长度的方法。其基本过程是先将DNA与mRNA进行杂交，得到DNA/mRNA杂交分子后，分别用S1核酸酶和外切核酸酶Ⅶ处理，S1核酸酶能将杂交分子中的单链DNA消化掉，剩下的DNA/mRNA分子可直接电泳，得到一个条带。用碱破坏mRNA，还可存在外显子1和外显子2两个单链片段，电泳后会出现两个条带。用外切核酸酶Ⅶ消化的杂交分子，可以除去两边的DNA单链部分，再用碱破坏mRNA后，就是外显子1+内含子+外显子2的单链DNA片段（图3-30）。电泳后，其电泳条带是最大的。利用这种方法就可测出内含子和外显子的数目。

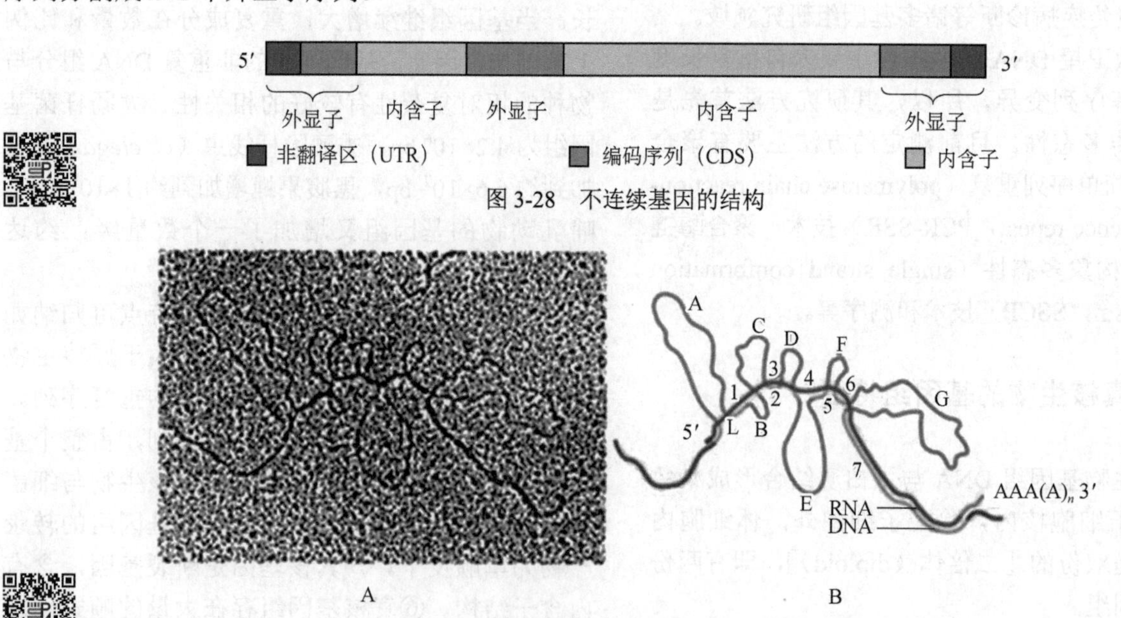

图3-28 不连续基因的结构

图3-29 不连续基因测定的杂交电镜观察法

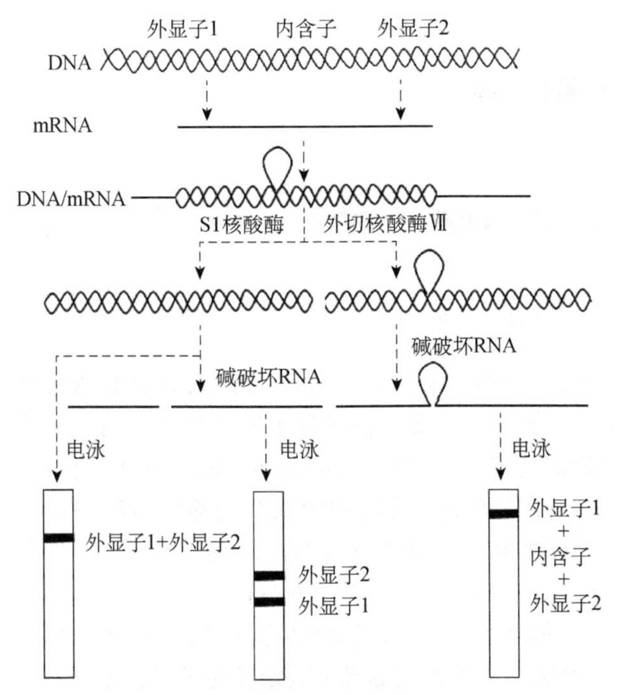

图 3-30　用 S1 核酸酶制图法测定外显子和内含子

（3）测序法

测序法的基本原理是将基因组和转录组分别测序，然后进行比对分析就可确定基因组中外显子的数目和长度。其方法简便、准确和高效。

3. 内含子的数目和大小

一个基因中内含子的大小和数目变化是很大的。有的基因具有一个或少数几个内含子，如珠蛋白基因有 2 个内含子。而有的基因含有较多内含子，如鸡卵清蛋白含有 7 个内含子，鸡胶原蛋白基因含有 52 个内含子。

内含子的大小差异也很大，少则只有 14 个碱基，多则可达基因总长度的 93.55%。例如，小鼠 *DHFR* 基因，含有 5 个内含子，6 个外显子，该基因的总长度为 31 000 个碱基对，mRNA 只占 6.45%（mRNA/ 总长 =2 000/31 000=6.45%）。所以，内含子的数目和大小没有一定的规律。

4. RNA 拼接

含有内含子的原初转录物不能翻译蛋白质的前体，rRNA 和 tRNA 也不能执行此功能，必须经过 RNA 的拼接以后才具有生物学活性。在原核生物中，由于基因中没有内含子，转录物可以直接进行蛋白质的翻译。但在真核生物中，大部分基因含有内含子，在原初 RNA 转录物中，相应于 DNA 内的介入序列，必须除去内含子以后，将外显子序列连接起来，才能产生有功能的 mRNA、rRNA 或 tRNA（图 3-31）。把这个除去内含子，将外显子连接起来的过程叫 RNA 拼接。

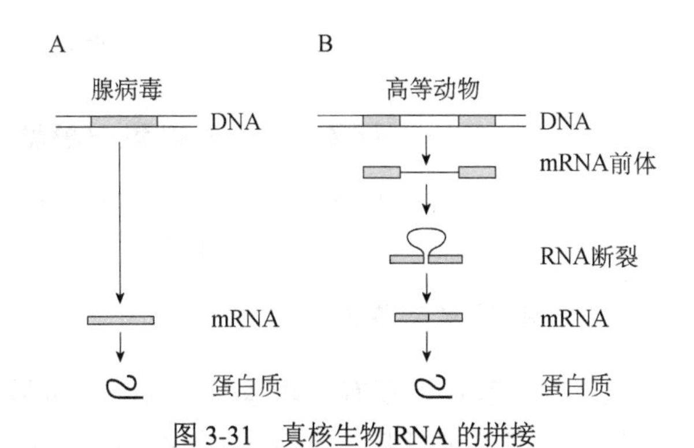

图 3-31　真核生物 RNA 的拼接

（二）基因家族和基因簇

在真核生物中也有些结构基因是没有内含子的，如组蛋白基因、干扰素基因，它们大多以基因家族和基因簇的形式出现。

在真核生物的基因组中有许多来源相同、结构相似、功能相关的一组基因，称为基因家族（gene family）。例如，血红蛋白基因家族，由 4 个亚基和 4 个血红素基因组成。基因家族是来源于同一个祖先，由一个基因通过基因重复而产生两个或更多拷贝而构成的一组基因，它们在结构和功能上具有明显的相似性，编码相似的蛋白质产物，同一家族基因可以紧密排列在一起，也可以分散在同一染色体的不同位置，或者存在于不同的染色体上，各自具有不同的表达调控模式。

在结构和功能上更为相似，彼此靠近成串地排列在一起的一组基因，称为基因簇。基因簇的基因分布在同一条染色体上，它们可同时发挥作用，合成某些蛋白质，如组蛋白基因家族就成簇地集中在 7 号染色体长臂 3 区 2 带到 3 区 6 带区域内；基因家族的不同成员成簇地分布在不同染色体上，这些不同成员编码一组功能上紧密相关的蛋白质，如珠蛋白基因家族。不含血红素的血红蛋白称为珠蛋白。在珠蛋白中，ξ 和 α 结构相似称类 α 链基因簇，位于 16 号染色体上；而 ε、γ、δ 和 β 链相似称类 β 链基因簇，位于 11 号染色体上（图 3-32）。

在基因家族中，各成员具有结构相似、来源相同、功能相关，但其序列差异较大，各成员的非转录间隔长短不一的特点。

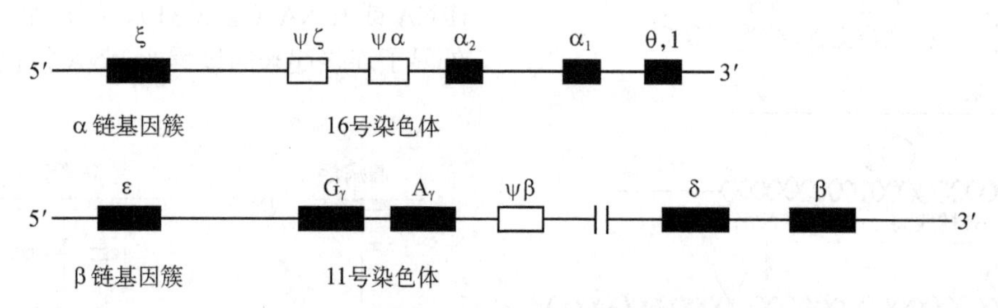

图 3-32 珠蛋白基因家族各成员的分布

（三）串联重复基因

在真核生物中，还有一些基因是以基因为单位的串联重复，把这些基因称为串联重复基因。它类似于重复序列，但这里只是以基因为单位。这些基因的特点是：①各成员之间有高度的序列一致性，甚至完全相同；②拷贝数高，通常有几十个甚至几百个；③非转录的间隔区短而一致。例如，组蛋白基因、rRNA 基因和 tRNA 基因都是串联重复基因。

组蛋白的 5 个基因 *H1*、*H2A*、*H2B*、*H3*、*H4* 彼此靠近构成一个重复单位。组蛋白基因簇重复单位的组织形式因生物而异，这表现在重复的次数、基因次序、转录方向和基因间隔区的不同（图 3-33）。哺乳动物有 20 次重复，鸡有 10 次重复，海胆有 300～600 次重复，果蝇有 100 次重复。

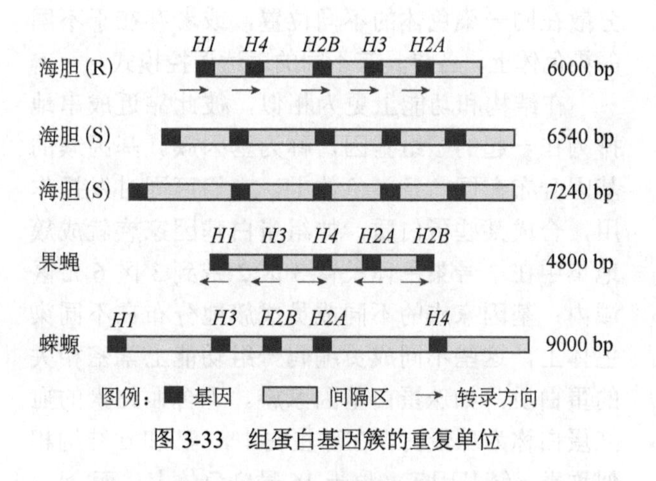

图 3-33 组蛋白基因簇的重复单位

（四）基因的一般结构特征

1. 外显子和内含子

原核生物的基因是连续编码的一个 DNA 片段。真核生物结构基因是断裂基因，一般由若干个外显子和内含子组成。内含子在原始转录产物的加工过程中被切除，不包含在成熟 mRNA 序列中。在每个外显子和内含子的接头区，有一段高度保守的共有序列（consensus sequence），即每个内含子的 5′端起始的两个核苷酸都是 GT，3′端末尾的两个核苷酸都是 AG，这是 RNA 剪接的信号，这种接头形式称为 GT-AG 法则。

原始转录产物经 RNA 剪接后，形成成熟的 mRNA，然后经过翻译编码出特定的蛋白质或组成蛋白质的多肽亚基。翻译从起始密码子开始，到终止密码子结束。起始密码子为 AUG，终止密码子有 3 种，即 UAA、UAG 和 UGA。动物基因内对应的翻译起始序列为（A/G）NNAUGG，其中 N 代表任意核苷酸，翻译终止序列为 UAA/UAG/UGA。结构基因中从起始密码子开始到终止密码子的这一段核苷酸区域，其间不存在任何终止密码子，可编码完整的多肽链，这一区域被称为开放阅读框（ORF）。

2. 信号肽序列

在分泌蛋白基因的编码序列中，在起始密码子之后，有一段编码富含疏水氨基酸多肽的序列，称为信号肽序列（signal peptide sequence），它所编码的信号肽行使着运输蛋白质的功能。信号肽在核糖体合成后，与细胞膜或某一细胞器的膜上特定受体相互作用，产生通道，使分泌蛋白穿过细胞的膜结构，到达相应位置发挥作用。信号肽在完成分泌过程后将被切除，不留在新生的多肽链中。例如，小鼠的激肽释放酶（kallikrein）基因的编码序列为 795 个碱基，编码长度为 265 个氨基酸的蛋白质，其中 51 个碱基编码一个长 17 个氨基酸的信号肽，该信号肽与内质网膜上一种称为运输识别颗粒（transit recognization particle）的特殊受体相互作用，将与之相连的翻译初始产物——原激肽释放酶原运输过内质网膜，接着信号肽通过酶切被切除，形成激肽释放酶原。激肽释放酶原分泌到细胞外表后，通过进一步的加工，将多肽链起始的11个氨基酸除掉，最终形成有活性功能的激肽释放酶。

3. 侧翼序列和调控序列

每个结构基因在第一个和最后一个外显子的外侧，都有一段不被转录和翻译的非编码区，称为侧翼序列（flanking sequence），又可分为“5′侧翼序列”和“3′侧翼序列”，其中从转录起始位点至起始密码子这一段非翻译序列称为5′非翻译区（5′untranslated region，5′UTR），从终止密码子至转录终止子这一段非翻译序列称为3′非翻译区（3′untranslated region，3′UTR）。侧翼序列虽然不被转录和翻译，但它常常含有影响基因表达的特异性DNA序列，其中有些控制基因转录的起始和终止，有些确定翻译过程中核糖体与mRNA的结合，而另一些则与基因接受某些特殊信号有关，这些对基因有效表达起着调控作用的特殊序列被统称为调控序列（regulatory sequence），包括启动子、增强子、沉默子、终止子、绝缘子、加帽、加尾信号和核糖体结合位点等。

（1）启动子

启动子（promoter）是指准确而有效地启动基因转录所需的一段特异核苷酸序列。转录起始位点（+1位）下游区域为正区，上游区域为负区。启动子通常位于转录起始位点上游100 bp（−100 bp）范围内，是RNA聚合酶识别和结合的部位，控制着基因转录的起始过程。

原核生物基因启动子含有两段结构保守序列，一段是RNA聚合酶与DNA牢固结合的位点，它位于−10 bp左右，称为TATA框（TATA box）或普里布诺框（Pribnow box），共有序列为TATAAT。另一段是RNA聚合酶依靠其σ亚基识别的部位，位于−35 bp左右，其共有序列为TTGACA。

真核生物基因启动子结构比原核的复杂，它主要包括了三种不同的序列。第一种序列位于−19～−27 bp处，称为TATA框或戈德堡-霍格内斯框（Goldberg-Hogness box）。动物基因启动子的TATA框是一段高度保守的序列，由7个碱基组成，即TATA（A/T）A（A/T），其中只有两个碱基可以有变化。它的功能类似于原核基因启动子的Pribnow框，能保证转录起始位置的精确性。

第二种序列位于−70～−80 dp处，称为CAAT框（CAAT box）。动物基因启动子的CAAT框也是一段高度保守的DNA序列，由9个碱基组成，其顺序为GG（C/T）CAATCA，其中只有一个碱基会有所变化，CAAT框具有决定基因转录起始频率的功能。第三种序列位于−40～−110 dp，以含有GGGCGG序列为特征，称为GC框（GC box）。GC框在不同基因的启动子中所处的位置不同，有激活转录的功能，可能与增强起始转录的效率有关。

（2）增强子

增强子（enhancer）是一种基因调控序列，它可使启动子发动转录的能力大大增强，从而显著地提高基因的转录效率。增强子多为重复序列，一般长约50 bp，不同基因中的增强子序列差别较大，但含有一个基本的核心序列，即（G）TTGA/TA/TA/T（G）。增强子的作用与它所处的位置、方向及与基因的距离无关。无论它处于基因的上游、下游，还是基因的内部；无论其方向是5′→3′，还是3′→5′；无论在距转录起点前后3000个碱基或更大处，增强子均可以发生作用。增强子具有组织特异性和细胞特异性。例如，免疫球蛋白基因的增强子只有在B淋巴细胞中活性最高。

（3）沉默子

沉默子（silencer）是一种与基因表达有关的调控序列，它通过与有关蛋白质结合，对转录起阻抑作用，能根据需要关闭某些基因的转录，而且可以远距离作用于启动子。沉默子对基因的阻遏作用没有方向的限制。

（4）绝缘子

绝缘子（insulator）是一种真核生物远距离调控元件，也被称为障碍子（barrier）或边界元件（boundary element）。它可通过相互作用阻断其他调控元件（启动子、增强子和沉默子等）的激活或失活效应。当位于活性基因与异染色质之间时，还能够提供一道屏障来防备异染色质的延伸。两个绝缘子能够保护它们之间的区域不受外部环境的干扰。不同的绝缘子与不同的因子结合，可以表现出不同的阻断机制或保护机制。同一种绝缘子可能同时具备阻断和保护两种特性。

（5）终止子

终止子（terminator）是一段位于基因3′端非翻译区中与终止转录过程有关的序列，它由一段富含GC碱基的回文序列及寡聚T组成，是RNA聚合酶停止工作的信号，当RNA转录到达终止子区域时，其自身可以形成发夹式结构，并且形成一串U。发夹式结构阻碍了RNA聚合酶的移动，寡聚U与DNA模板的A的结合不稳定，导致RNA聚合酶从模板上脱落下来，转录终止。

（6）加帽

真核生物mRNA的5′端都有一个帽子结构，它是在5′端通过三磷酸酯键以5′-5′方式连接一个7甲基鸟苷（m^7G）基团形成的。mRNA的帽子结构并不在DNA上编码，而是来自转录后加工。

（7）加尾信号

真核生物mRNA的3′端都有一段多（A）尾[poly（A）tail]，它不由基因编码，而是在转录后通过多聚腺苷酸聚合酶作用加到mRNA上的。这个加尾过程受基因3′端非翻译区中一种称为加尾信号序列的控制。

（8）核糖体结合位点

在基因翻译起始位点周围有一组特殊的序列，控制着基因的翻译过程。核糖体结合位点序列（shine-dalgarno sequence，SD序列）是其中主要的一种。SD序列存在于mRNA的5′非翻译区，位于起始密码子之前10个碱基内，包含一个富含嘌呤六聚体AGGAGG的一部分或全部。SD序列可与16S rRNA 3′端CCUCCU相结合，是mRNA与核糖体的结合序列，对翻译起始复合物的形成和翻译的起始有重要作用。

综上所述，真核生物基因的一般结构如图3-34所示。

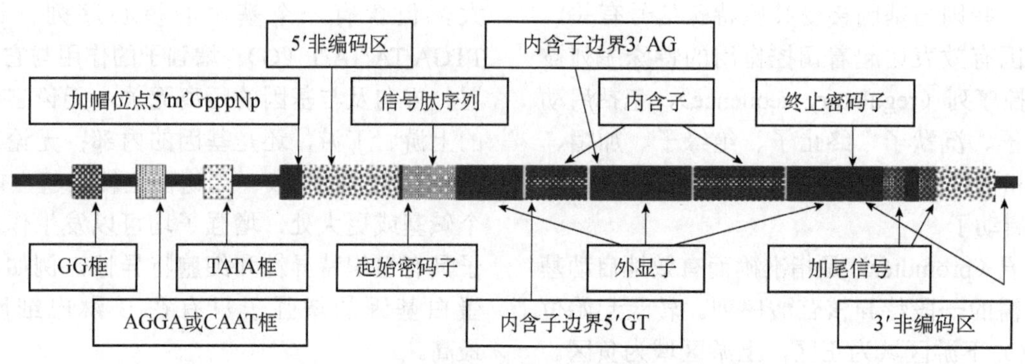

图3-34　真核生物基因的一般结构示意图

第五节　核外基因组及其特征

核外基因组是指核基因组之外能进行自主复制的遗传单位所携带遗传物质的总和，包括质粒基因组（plasmid genome）、线粒体基因组（mitochondrial genome）和叶绿体基因组（chloroplast genome）等。

一、质粒基因组及其特征

（一）质粒基因组概况

1. 质粒基因组概念

质粒DNA（plasmid DNA，pDNA）是染色体（或拟核）外稳定存在的遗传物质，具有自主复制的能力，广泛存在于细菌、真菌和放线菌等生物体内。质粒在细菌遗传物质中属于比较活跃的成分，部分细菌通过质粒上的部分基因来实现抗性或致病等生物学功能。同时，也有部分物种间的基因交流是通过质粒完成的。研究质粒基因组，可以为细菌间快速进化、环境适应性及平行基因转移等领域提供切入点。

2. 质粒的形状与基因结构

来自细菌的质粒通常是双链、共价闭合的环状DNA分子，以超螺旋构型存在。如果两条多核苷酸链中只有一条保持着完整的环形结构，另一条链出现有一至数个缺口时，称为开环构型。若质粒 DNA 经过适当的限制性内切核酸酶切割之后，发生双链断裂形成线性分子时称 L 构型。在提取、纯化和保存过程中，细菌质粒会发生降解，单链断裂会使超螺旋构型转变成开环构型，双链断裂会变成线性构型。在 3 种构型中，超螺旋构型的质粒最稳定，且在细胞中的转化和表达效率也最高。

3. 质粒基因组大小

细菌质粒的分子量一般较小，约为细菌染色体的 0.5%～3%。大小为 2×10^6～100×10^6 Da，根据分子量的大小，大致可以把质粒分成大小两类：较大一类的分子量是 40×10^6 Da 以上，较小一类的分子量是 10×10^6 Da 以下（少数质粒的分子量介于两者之间）。每个细胞中的质粒数主要取决于质粒本身的复制特性。按照复制性质，可以把质粒分为两类：一类是严紧控制（stringent control）型质粒，当细胞染色体复制一次时，质粒也复制一次，每个细胞内只有 1～2 个质粒；另一类是松弛控制（relaxed control）型质粒，当染色体复制停止后仍然能继续复制，每一个细胞内一般有 20 个左右质粒。一般分子量较大的质粒属严紧控制型。分子量较小的质粒属松弛控制型。质粒的复制有时与它们的宿主细胞有关，某些质粒在大肠杆菌内的复制属严紧控制型，而在变形杆菌内则属松弛控制型。

质粒上常带有一些特殊的基因，如抗生素的抗性基因。质粒具有自己的复制起始区，能自主复制。有些小质粒使用细胞的酶来复制，而大型质粒本身就带有编码复制酶的基因，这样就可以依靠自己的复制酶来复制。另外一些质粒它们可以整合到宿主的染色体中，与细菌染色体同步复制。在细菌中有很多不同的质粒，不同的细菌含有不同的质粒。质粒根据它们所带有的基因以及赋予宿主细胞的特点可以分为 5 种不同的类型。

（1）抗性质粒

抗性质粒携带有抗性基因，可使宿主菌对某些抗生素产生抗性，如对氨苄青霉素、氯霉素等产生抗性。不同的细菌中也可含有相同的抗性质粒，如 RP4 质粒在假单胞菌属和其他细菌中都存在。R 质粒还可以通过感染的形式在不同种细菌中传播。

（2）致育因子

致育因子也称为 F 因子，可以通过接合在供体和受体间传递遗传物质。F 因子约有 1/3 的 DNA 构成一个转移 DNA 的操纵子，约 35 个基因，负责合成和装配性伞毛。这就是 DNA 转移区域，受 *traJ* 基因产物的正调节。它还具有重组区和复制区。重组区含有多个插入序列，通过这些插入序列进行同源重组。在复制区有两个复制起点：一个是 OriV，供 F 因子在宿主中自主复制时使用；另一个是 OriT，是接合时进行滚环复制的起始点。

（3）Col 质粒

Col 质粒是指带有编码大肠杆菌素基因的一类质粒。大肠杆菌素可杀死其他细菌。

（4）降解质粒

降解质粒是指能编码一种特殊蛋白质，使宿主菌代谢特殊的分子，如甲苯或水杨酸的质粒。

（5）侵入性质粒

侵入性质粒是指能使宿主菌具有致病力的一类质粒。例如，在根癌农杆菌中发现的 Ti 质粒，现经过加工用来作植物转基因的一种常用载体。

（二）质粒基因组特征

1. 双链共价闭合环形 DNA

质粒基因组一般为双链共价闭合环形 DNA，可自然形成超螺旋，不同质粒大小在 2～300 kb，<15 kb 的小质粒比较容易分离纯化，>15 kb 的大质粒则不易提取。

2. 能自主复制的复制子

质粒 DNA 可自主复制，并随宿主细胞分裂而传给后代。严紧控制型质粒的复制常与宿主的繁殖偶联，拷贝数较少，每个细胞中只有 1 到十几个拷贝；而松弛控制型质粒，其复制与宿主的繁殖独立，每个细胞中有几十到几百个拷贝。每个质粒 DNA 上都有复制的起点，能被宿主细胞复制蛋白质识别。不同质粒复制控制状况主要与复制起点的序列结构相关。有的质粒可以整合到宿主细胞染色质 DNA 中，随宿主 DNA 复制，称为附加体。例如，细菌的性质粒就是一种附加体，它可以质粒形式存在，也能整合入细菌的 DNA，又能从细菌染色质 DNA 上切下来。F 因子携带基因编码的蛋白质能使两个细菌间形成纤毛状细管连接的接合（conjugation），通过这个细管遗传物质可在两个细菌间传递。

3. 质粒对宿主生存并不是必需的

这点不同于线粒体，线粒体DNA也是环状双链分子，也有独立复制的调控，但线粒体的功能是细胞生存所必需的。线粒体是细胞的一部分，质粒也往往有其表型，其表现不是宿主生存所必需的，但也不妨碍宿主的生存。某些质粒携带的基因功能有利于宿主细胞在特定条件下生存。例如，细菌中许多天然质粒带有抗药性基因，如编码合成能分解破坏四环素、氯霉素、氨苄青霉素等的酶基因，这种质粒称为抗药性质粒，又称R质粒，带有R质粒的细菌能在相应的抗生素存在时生存繁殖。所以质粒对宿主不是寄生的，而是共生的。

（三）质粒基因组应用

细菌质粒是基因工程中最常用的载体。它能携带目的基因进入受体细胞，并促使目的基因在受体细胞中表达。目前，质粒已经成为DNA疫苗开发的一种流行的基因传递载体，用于癌症、过敏、自身免疫病和传染病的治疗。与常规蛋白质或肽疫苗相比，DNA疫苗更稳定、成本更低、制造更简单且安全性更高。迄今为止，在美国登记的DNA疫苗临床试验项目已经超过500项，主要针对病毒感染和癌症。此外，质粒还被用作基因治疗中腺相关病毒载体和嵌合抗原受体（CAR）-T细胞治疗中慢病毒载体的构建。近来，质粒还被作为非病毒基因传递系统的一部分，用于表皮生长因子受体特异性CAR-T细胞的产生。作为基因治疗和细胞治疗的关键原材料，质粒产品的质量至关重要。各国监管机构纷纷出台相应的规定，对质粒产品的纯度、安全性和有效性等作了严格的要求。

二、线粒体基因组及其特征

线粒体是一种在多数真核细胞中普遍存在的由两层膜包被的半自主细胞器，拥有自己的基因组，这些基因组统称为线粒体基因组。线粒体拥有自身的遗传物质和遗传体系，线粒体基因组是独立于染色体基因组之外的细胞器基因组，不参与染色体基因重组，不遵从孟德尔遗传定律。与核基因不同，线粒体DNA（mitochondrial DNA，mtDNA）的转录和复制发生在同一时空。线粒体DNA转录、复制的有序进行依赖于多种因子的协助及精密的调控机制。

（一）线粒体基因组概况

1. 线粒体基因组结构

除了少数低等真核生物的线粒体基因组是双链线状DNA分子外（如原生动物草履虫和四膜虫等），一般都是一个环状DNA分子。在利什曼原虫和布氏锥虫等动物中，线粒体基因组具有十分特殊的网络结构，包括两种类型的分子：数千个小环分子（1～3 kb）和25～50个大环分子（20～40 kb）。由于一个细胞里有许多个线粒体，而且一个线粒体里也有几份基因组拷贝，所以一个细胞里也就有许多个线粒体基因组。

动物线粒体DNA在基因组成上具有较高的保守性，一般由2个非编码区和37个编码基因组成。2个非编码区是控制区（control region）和L-链复制起始区（origin of L-strand replication，O_L）。37个编码基因包括：2个rRNA基因（*12S*和*16S*）;22个tRNA基因（*trn A*、*trn R*、*trn N*、*trn D*、*trn C*、*trn Q*、*trn E*、*trn G*、*trn H*、*trn I*、*trn L1*、*trn L2*、*trn K*、*trn M*、*trn E*、*trn P*、*trn S1*、*trn S2*、*trn T*、*trn W*、*trn Y*和*trn V*）；13个mRNA基因，包括3个编码"细胞色素氧化酶亚基"基因（*cox1*、*cox2*、*cox3*）、2个ATP酶亚基基因（*atp6*和*atp8*）、细胞色素b（cytochrome b，*cyt b*）基因和NADH氧化还原酶7个亚基基因（*nad1*、*nad2*、*nad3*、*nad4*、*nad4L*、*nad5*和*nad6*）。其中NADH氧化还原酶7个亚基大约占动物线粒体基因组的40%。除个别基因外，这些基因都是按同一个方向进行转录，而且tRNA基因位于rRNA基因和编码蛋白质基因之间。除了少数例外，线粒体基因组编码蛋白质的密码子都是生命世界通用的密码子。

2. 线粒体基因组大小

不同物种线粒体基因组的大小相差悬殊。Anderson等于1981年对人（*Homo sapiens*）的mtDNA进行了完整序列分析，其线粒体基因组长度是16 569 bp。此外，动物线粒体基因组测序研究迅速发展，上千种动物的线粒体基因全序列已被分析，几乎包括了所有主要动物类群，但不同动物间线粒体基因组大小差异很大（表3-3）。尤其在低等原生动物中。后生动物线粒体基因组大小变异相对较小，一般为15.7～19.5 kb。迄今，孑遗疟虫（*Plasmodium reichenowi*）的线粒体基因组最小仅为5 966 bp，领鞭毛虫（*Monosiga brevicollis*）的最大，为76 568 bp。脊椎动物中，马达加斯加彩蛙（*Mantella madagascariensis*）的线粒体基因组最大长达22 874 bp，其次是圆口纲的大西洋盲鳗（*Myxine glutinosa*）为18 909 bp。

表3-3　不同动物线粒体基因组大小比较

类群	物种	基因组/bp	控制区/bp	GenBank 序列号
哺乳类 Mammalia	小家鼠 *Mus musculus*	16 300	874	NC006915
鸟类 Aves	蓝胸鹑 *Coturnix chinensis*	16 687	1 150	AB073301
爬行类 Reptilia	绿海龟 *Chelonia mydas*	16 497	981	NC000886
两栖类 Amphibia	马达加斯加彩蛙 *Mantella madagascariensis*	22 874	4 704	AB212225
鱼类 Pisces	胭脂鱼 *Myxocyprinus asiaticus*	17 514	940	AY597334
圆口纲 Cyclostomata	大西洋盲鳗 *Myxine glutinosa*	18 909	3 627	AJ404477
头索动物 Cephalochordata	佛州文昌鱼 *Branchiostoma floridae*	15 083	128	AF098298
尾索动物 Urochordata	真海鞘 *Halocynthia roretzi*	14 771	—	AB024528
半索动物 Hemichordata	肉花柱头虫 *Balanoglossus carnosus*	15 708	—	AF051097
毛颚动物 Chaetognatha	箭虫 *Paraspadella gotoi*	11 423	—	AY619710
棘皮动物 Echinodermata	紫色球海胆 *Strongylocentrotus purpuratus*	15 650	120	NC001453
帚虫动物 Phoronida	沙帚虫 *Phoronis psammophila*	14 018	—	AY368231
苔藓动物 Bryozoa	颈链血苔虫 *Watersipora subtorquata*	14 144	99	NC011820
腕足动物 Brachiopoda	腕足 *Terebratalia transversa*	14 291	—	NC003086
节肢动物 Arthropoda	意大利蜂 *Apis mellifera*	16 343	—	L06178
软体动物 Mollusca	紫贻贝 *Mytilus galloprovincialis*	16 744	1 157	NC006886
环节动物 Annelida	陆正蚓 *Lumbricus terrestris*	14 998	—	U24570
棘头动物 Acanthocephala	似细吻棘头虫 *Leptorhynchoides thecatus*	13 888	—	AY562383
内肛动物 Entoprocta	斜体虫 *Loxosomella aloxiata*	15 323	—	NC010432
轮虫动物 Rotifera	褶皱臂尾轮虫 *Brachionus plicatilis*	11 153	—	NC010472
线虫动物 Nematoda	秀丽隐杆线虫 *Caenorhabditis elegans*	13 794	—	X54252
纽形动物 Nemertea	绿线纽虫 *Lineus viridis*	15 388	414	FJ839919
扁形动物 Platyhelminthes	阔节裂头绦虫 *Diphyllobothrium latum*	13 608	—	DQ985706
腔肠动物 Coel	尖枝列孔珊瑚 *Seriatopora hystrix*	17 059	—	NC101244
海绵动物 Porifera	昆士兰双御海绵 *Amphimedon queenslandica*	19 960	—	DQ915601
原生动物 Protozoa	领鞭毛虫 *Monosiga brevicollis*	76 568	—	NC004309

（二）线粒体基因组特征

线粒体基因组能够单独进行复制、转录及合成蛋白质，但这并不意味着线粒体基因组的遗传完全不受核基因控制。线粒体自身结构和生命活动都需要核基因参与并受其控制，说明真核细胞内虽然有两个遗传系统，一个在细胞核内，一个在细胞质内，各自合成一些基因产物，但细胞核和细胞质遗传物质是相互作用的，协同维持生命活动。线粒体基因组具有以下一些特征。

1. 半自主性

线粒体具有DNA复制、转录和蛋白质翻译的系统，拥有自己的核糖体。但在线粒体所具有的1000多种蛋白质中自身合成的仅10余种。维持线粒体结构和功能的主要大分子复合物和大多数氧化磷酸化酶蛋白亚单位是由核DNA编码，在细胞质合成后，定向转运到线粒体，故其功能又受核基因的影响。

2. 基因排列紧密

动物线粒体基因之间的排列十分紧凑，一些相邻的编码基因甚至发生部分碱基的重叠。大多数鸟类重叠的碱基数在30个左右，并且*atp6*和*atp8*基因之间都是10个碱基重叠，其数量少于哺乳动物。这种对紧缩容量的净化选择（purifying selection）作用是动物线粒体基因组在进化上的一个特点，这对缩短整个基因组复制的时间十分有利。在少数动物线粒体基因组中如虎纹捕鸟蛛和杭七纺蛛甚至会丢失部分tRNA基因的结构域以达到这种结构上的简约性。

3. 遗传密码和通用密码不完全相同

线粒体DNA的遗传密码中有4个与核基因的"通用"密码子不同（表3-4）：①UGA不是终止信号，而是色氨酸的密码；②多肽内部的甲硫氨酸由AUG和AUA两个密码子编码，起始密码子有4个，分别是AUG、AUA、AUU和AUC；③AGA、AGG不是精氨酸的密码子，而是终止密码子，因此，线粒体密码系统中有4个终止密码子，即UAA、UAG、AGA、AGG。此外，线粒体tRNA兼用性较强，仅用22个tRNA来识别多达48个密码子。

表3-4　哺乳动物"通用"密码子与线粒体密码子的差异

密码子	"通用"密码子	线粒体密码子
UGA	终止密码子	色氨酸
AUA	异亮氨酸	甲硫氨酸
AGA	精氨酸	终止密码
AGG	精氨酸	终止密码

4. 母系遗传

因为精子的细胞质极少，子代的线粒体DNA基本上都来自卵细胞，所以线粒体DNA是母系遗传（maternal inheritance），且不发生DNA重组，因此，具有相同线粒体DNA序列的个体必定是来自一位共同的雌性祖先。但是，近年来PCR技术证实，精子也会对受精卵提供一些线粒体DNA，这是造成线粒体DNA异质性（heteroplasmy）的原因之一。此外，突变也可导致线粒体DNA异序性。一个个体生成时，该个体细胞质内线粒体DNA的序列都是相同的，这是线粒体DNA的同质性（homoplasmy）；当细胞质里线粒体DNA的序列有差别时，就是线粒体DNA的异序性。异序性对种系发生的分析研究会造成一些困难。

5. 阈值效应

阈值效应是指突变的线粒体DNA数量达到一定程度时，才引起某种组织或器官的功能异常，这称为阈值效应。能引起特定组织器官功能障碍的突变线粒体DNA的最少数量称阈值。在异质性细胞中，突变型和野生型的比例决定了细胞是否能量短缺。特定的细胞或组织对能量的依赖程度不同（脑>骨骼肌>心>肾>肝）。

6. 突变率高

线粒体DNA的突变率比核DNA高10～20倍，因此即使是在近期内趋异的物种之间也会很快地积累大量的核苷酸置换，可以进行比较分析。线粒体DNA突变率高的原因：①线粒体DNA结构特殊。缺乏组蛋白和其他DNA结合蛋白的保护；无损伤修复系统；没有内含子，任何突变都可能会影响其基因组内的某一重要功能区域。②独特的复制方式，"D-环"复制。③处于高度氧化性的环境，线粒体DNA与线粒体内膜相连，呼吸链不断产生反应性活性氧（ROS）和自由基。

7. 线粒体DNA可以稳定地整合到核基因组中

在特定条件下，核DNA序列和线粒体DNA序列可以在细胞内游走，从而造成线粒体DNA对核基因组的插入。

8. 线粒体遗传瓶颈效应

在有丝分裂和减数分裂期间线粒体DNA数量剧减的过程称遗传瓶颈效应。例如，人类的每个卵细胞中大约有10万个线粒体DNA，卵母细胞成熟时，绝大多数线粒体DNA会丧失，数目可能会随机减少到100个以下，甚至不到10个。线粒体遗传瓶颈效应限制了下传的线粒体DNA数量及种类，造成子代个体间明显的异质性差异，甚至同卵双生子也可表现为不同的表型。

（三）线粒体基因组应用及疾病研究

在分子进化研究中，线粒体DNA同样是十分有用的材料。由于线粒体基因在细胞减数分裂期间不发生重排，而且点突变率高，所以有利于检查出在较短时期内基因发生的变化，也有利于比较不同物种相同基因之间的差别，确定这些物种在进化上的亲缘关系。有科学家曾从一具4000年前的人体木乃伊分离出残存的DNA片段，平均大小仅为90 bp。对于核基因组来说，这么短的DNA片段很难说明什么问题，可是这是线粒体基因组DNA，就可能是某个基因的一个片段，可以进行比较分析。因此，当前分子进化生物学研究，多半是取材于古生物或化石的牙髓或骨髓腔中残留的线粒体DNA作为实验材料。

线粒体基因组中的基因与线粒体的氧化磷酸化作用密切相关，因此关系到细胞内的能量供应。近年来发现人的一些神经肌肉变性疾病，如莱伯（Leber）遗传性视神经病变（主要表现为双侧视神经萎缩引起急性或亚急性视力丧失，还可伴有神经、心血管及骨骼肌等系统异常）、帕金森病、早老性痴呆症、线粒体脑肌病、母系遗传的糖尿病和耳聋等，都同线粒体基因有关。也有人指出，衰老可能同线粒体DNA损伤的积累有关。

三、叶绿体基因组及其特征

叶绿体是植物细胞中承担能量转换的重要半自主性细胞器，具有独立的遗传物质，被称为叶绿体基因组，常见于陆生植物、藻类和少数原生动物。植物细胞中叶绿体基因组的拷贝数非常高，在植物叶片细胞中包含400～1600个叶绿体基因组拷贝。

（一）叶绿体基因组概况

1. 叶绿体基因组大小

叶绿体基因组的大小差别比较大，基因组长度一般为107～218 kb，而叶绿体基因组长度的变化主要是由反向重复（inverted repeat，IR）区的收缩和扩张导致的。目前已知的叶绿体基因组最大的被子植物是牻牛儿苗科的天竺葵（*Pelargonium hortorum*），其叶绿体基因组大小为217 942 bp。天竺葵的反向重复区发生了明显的扩张，其IR区达到了75 kb。由于猴耳环属植物*Pithecellobium flexicaule*叶绿体基因组IR区（长度达到41 503 bp）向大单拷贝区（large single-copy region，LSC region）的扩张，使其成为目前已报道的豆科植物最大的叶绿体基因组。黑松（*Pinus thunbergii*）叶绿体基因组长度仅有119 707 bp，主要是因为黑松叶绿体基因组的反向重复区发生了严重收缩，其IR区的长度仅有495 bp。此外，叶绿体基因的插入缺失或重复序列的数量也会影响叶绿体基因组的大小。例如，单子叶植物叶绿体基因组普遍比双子叶植物叶绿体基因组小15 kb左右，这主要是由于单子叶植物中丢失或部分丢失了*ycf1*（5～7 kb）和*ycf2*（约5 kb）这两个较长的基因片段。在天竺葵叶绿体基因组中发现了大量大于100 bp的重复序列，占叶绿体基因组的17.5%～26.9%。

2. 叶绿体基因组的结构

叶绿体基因组与线粒体基因组、核基因组相比较而言，在结构、基因数量和基因组成上更加保守，进化速率相对适中。叶绿体基因组有多种构型，最常见的为共价双链闭合环状结构，包括小单拷贝区（small single-copy region，SSC region）和LSC区，这两个区域被一对IR区分开，形成典型的四分体结构。少数叶绿体基因组为线状、D-环构型和套索状。与细胞核内遗传物质不同，叶绿体基因组不含有5′-甲基胞嘧啶，不与组蛋白形成结构紧密的染色体，具有与原核生物相似的复合操纵子结构。高等植物叶绿体基因组有110～130个编码基因，包含与光合作用、自我复制、开放阅读框和一些其他蛋白质编码相关的基因。有些植物叶绿体基因中包含两个内含子（如clpP、ycf3）和外显子，内含子大部分为Ⅱ型内含子，有时在基因中会存在一个反式剪接结构的内含子。例如，被子植物无油樟（*Amborella trichopoda*）的叶绿体基因组结构，双链环形DNA由4个基本部分组成，分别为LSC区（长81～90 kb）、SSC区（长为18～20 kb）和两个IR区（IRa和IRb，长为20～30 kb）。也有数种植物，如牻牛儿苗属植物，以及蒺藜苜蓿、鹰嘴豆、三叶草等豆科植物，因为丢失了一个IR区而不具有四分体结构。

叶绿体基因组的结构非常保守。例如，被子植物分子进化速率适中，约是核基因进化速率的1/3。IR区对维持叶绿体基因组结构的稳定性具有重要意义，IR区基因的碱基替代率仅为单拷贝区基因的

1/4。基于叶绿体全基因组的物种鉴定及系统进化研究已成为植物系统分类学的一个新趋势。

（二）叶绿体基因组特征

叶绿体基因组与核基因组和线粒体基因组相比，具有以下特征。

1. 叶绿体基因组较小

叶绿体基因组较小，占植物总DNA量的10%～20%，但细胞内拷贝数高，易于获得叶绿体全基因组序列。

2. 叶绿体基因组相对保守

在不同植物物种之间，叶绿体基因组结构相对保守，基因数目、含量稳定，共线性好，适合设计通用性引物以及进行序列比对分析。

3. 叶绿体基因组为单亲遗传

叶绿体基因组一般为单亲遗传，不会发生基因重组等问题。

4. 叶绿体基因组进化速率适中

叶绿体基因组进化速率适中，介于核基因组和线粒体基因组进化速率之间，被子植物叶绿体基因进化速率约是核基因进化速率的1/3，是线粒体进化速率的3倍。同时，其编码区与非编码区的进化速率具有较大差异，适合用于不同分类阶元的研究。

基于以上特征，叶绿体基因组已被广泛用于植物物种鉴定、系统发育及叶绿体基因工程等领域的研究。

（三）叶绿体基因组应用

1. 叶绿体基因组在系统发育研究中的应用

利用基于全叶绿体基因组序列信息可重建不同阶元的系统发育关系，较好地解决植物目级、科间、属间甚至属下种间的关系。

2. 叶绿体基因组在居群遗传学研究中的应用

居群遗传学主要研究种内居群间或近缘物种之间的进化历史，其研究内容主要集中在遗传多样性、遗传分化和物种进化方式等方面。单亲遗传且一般没有重组，使叶绿体基因组序列成为研究植物居群遗传的得力工具。位点专一重组（site-specific recombination，SSR）位点在真核生物基因组分析中普遍存在；多态性高，可通过PCR快速分型。叶绿体基因组中的SSR位点可以为植物居群遗传结构的分析提供重要信息。在松属植物中，叶绿体基因组是通过花粉遗传的，借助PCR方法可以检测该属植物的基因流。

3. 叶绿体基因组在谱系地理学研究中的应用

谱系地理学是生物地理学的一个分支，主要研究近缘物种之间及种内不同居群间的亲缘关系，探究物种演化与地质历史的关系，并结合多学科推断种群动态、进化历程及物种现有分布格局的成因。叶绿体基因组为单亲遗传且进化速率适中，以叶绿体分子标记进行植物谱系地理学研究较为广泛。随着测序技术的发展，基于比较叶绿体基因组研究开发特异性标记已经成为趋势。

4. 叶绿体基因工程

叶绿体遗传转化具有很多优势，如目的基因表达效率高、不存在转化后基因沉默现象等；叶绿体基因表达方式与原核生物相似，可以进行多顺反子表达；叶绿体是一个生物反应器，能够在叶绿体中积累任何的外来蛋白质和其他生物产物，尤其是在细胞质中有害的生物产物；多为母系遗传，外源基因不会随花粉扩散，环境安全性高。除烟草外，小麦、水稻、大豆、棉花、番茄、马铃薯、胡萝卜、莴苣和拟南芥等植物的叶绿体遗传转化研究也取得了成功。结合CRISPR/Cas9基因编辑技术，可开发新的高效稳定的叶绿体遗传转化方法。

第六节　基因组研究技术

基因组学的兴起和快速发展得益于一系列基因组研究技术的进步和革命性的突破，如PCR、高通量测序（high-throughput sequencing，HTS）技术和生物信息学分析方法等。

一、基因组测序方法学

基因组测序是基因组研究的基础，而 DNA 测序是基因组测序的核心。第一代 DNA 测序技术链终止法从 1975 年提出后逐渐普及，一直到 2005 年之前完成的所有基因组测序项目均采用链终止法进行，包括人类基因组项目和其他几种真核生物以及多种细菌和古菌项目。随着近年来 DNA 测序技术的突破性进步，多种不同新一代 DNA 测序方法被广泛采用，实现了快速、高通量、低成本的序列分析，但链终止法仍然在大多数分子生物学实验室中作为短 DNA 分子测序的手段。

（一）DNA 测序的方法

1. 第一代测序技术——链终止法

双脱氧链终止法（chain termination method）是由英国剑桥分子生物学实验室的生物化学家 Fred Sanger 及其同事在 1975 年发明的 DNA 测序技术，其原理是将 2′,3′- 双脱氧核苷三磷酸（ddNTP）掺入到新合成的 DNA 链中，由于掺入的 ddNTP 缺乏 3′-羟基，因此不能与下一位核苷酸反应形成磷酸二酯键，DNA 合成反应将终止。测序时分成 4 个反应，每个反应中加入 DNA 聚合酶、待测模板、引物、4 种脱氧核苷三磷酸（dNTP），除此之外还要加入一种 ddNTP，然后进行反应，ddNTP 随机取代相应的 dNTP，由于其 3 位的羟基变成了氢，不能继续延伸，使正在延伸的寡聚核苷酸选择性的在 A、T、C 或 G 处终止。终止的核苷酸由相应的 ddNTP 决定，通过电泳可分离出长度不同的片段，再对这些片段的末端碱基进行检测从而获得所测片段的碱基序列（图 3-35）。最初对凝胶片段末端碱基的检测是用同位素标记法，20 世纪 80 年代改用荧光进行标记，实现了测序自动化，到 90 年代，随着毛细管电泳技术及微阵列毛细管电泳技术的发展，测序的通量得到大幅度提高。

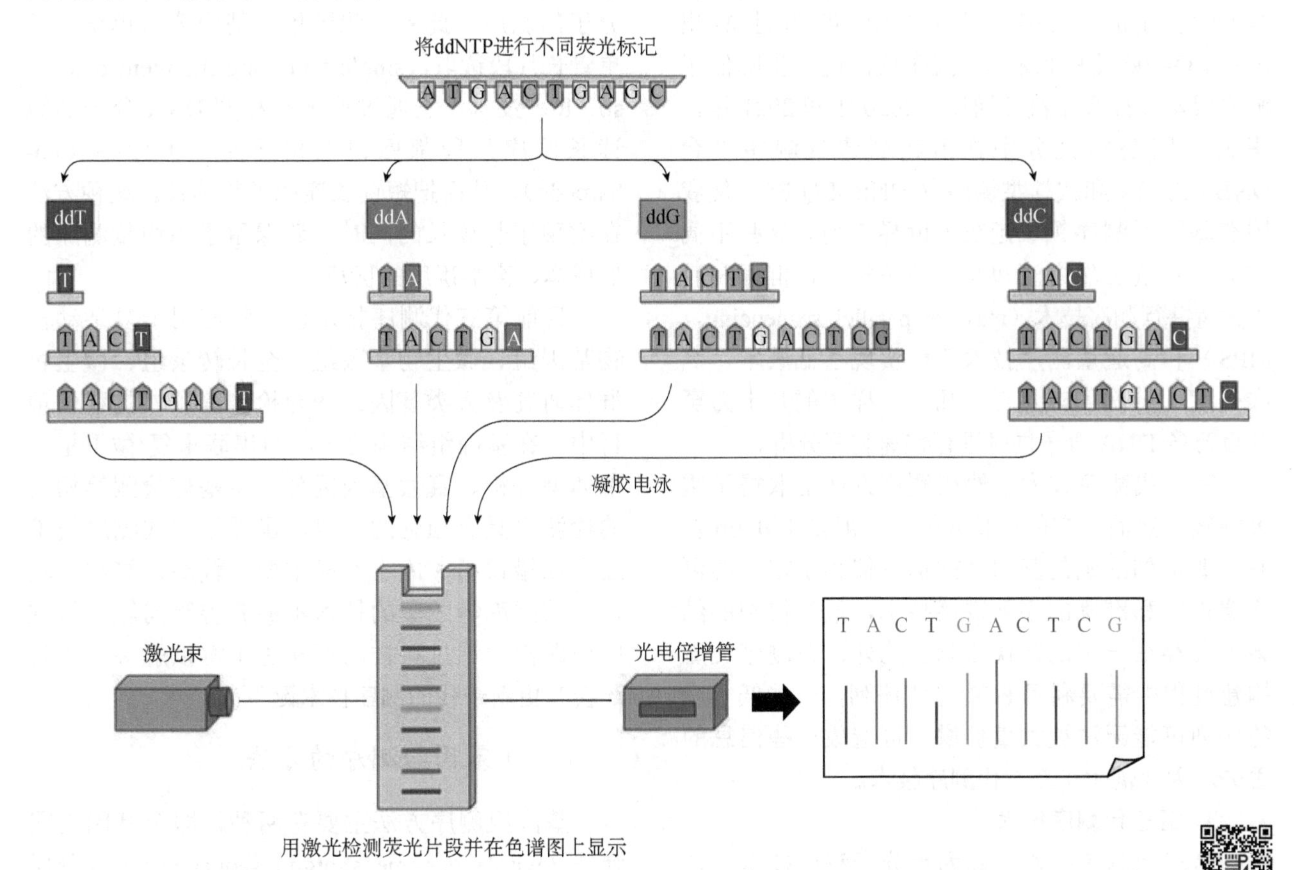

图 3-35　第一代 DNA 测序原理

双脱氧链终止法测序的准确性高，适用于所有突变类型的检测，虽然存在检测速度较慢、成本较高和不适用于大规模测序等缺点，但在大多数分子生物学实验室中作为一种对短DNA分子进行测序的手段仍广泛使用。

2. 第二代测序技术

针对第一代测序技术的不足，2005年454 Life Sciences公司（后被Roche公司收购）开发出了首款基于焦磷酸测序法的高通量基因组测序系统（Genome Sequencer 20 System），标志着第二代DNA测序技术的诞生。该方法使用了光纤维流体技术和包裹了待测DNA片段的乳化聚合酶链反应（emulsion PCR，emPCR），开创了边合成边测序（sequencing-by-synthesis，SBS）的先河。

2006年英国剑桥的Solexa公司（后被Illumina公司收购）推出基于SBS技术的高通量测序系统，2007年Applied Biosystems公司也推出了自己的SoLiD高通量测序系统。自此以后，更便捷、快速和经济的测序系统不断出现。我国华大基因公司也于2015年和2018年相继推出BGISEQ-500测序仪和T7测序仪，进一步降低了测序成本，提高了测序通量。2020年和2021年，华大基因公司又分别推出超高通量测序平台DNBSEQ Tx和快捷型测序仪DNBSEQ-E5，使我国在基因组测序领域走在了世界前列。这些不同的测序系统虽然方法和原理各不相同，但都利用了大量并行测序技术（massive parallel sequencing，MPS）和高通量测序技术等，实现了低成本、高准确度，一次可对几百、几千个样本的几十万至几百万条DNA分子同时进行快速测序分析。

第二代测序技术虽然在测序方法上取得了重大突破，然而，它的读长太短，一般是150 bp左右，要得到准确的基因序列信息依赖于较高的测序覆盖度和准确的序列拼接技术，最终得到的结果中会存在一定的错误信息。此外，在测序文库构建过程中需要利用PCR富集序列，一些低丰度的序列可能无法被大量扩增，可造成一些信息的丢失，因此催生了新一代测序技术。

3. 第三代测序技术

第三代测序技术也称为单分子测序技术，该技术在保证测序通量的基础上，对单条长序列进行从头测序，能够直接得到长度在数万个碱基的核酸序列信息。其主要技术有两种，即单分子实时测序（single-molecular real time sequencing，SMRT）技术和直接测序（directRNA-seq）技术，前者的代表是美国太平洋生物公司（Pacific Biosciences，PacBio）开发的PacBio Sequel测序仪，后者的代表是Oxford Nanopore Technologies公司开发的纳米孔（Nanopore）测序平台。SMRT测序技术建立在两项重要的发明基础之上，一是零模波导孔（zero-mode waveguide，ZMW）技术，使激发光被限定在单分子纳米孔底部一定范围内，过滤了背景噪声；二是荧光基团结合在核苷酸的磷酸基团上，帮助DNA聚合酶完成一个全天然的DNA链合成过程。这两项技术的突破攻克了测序领域测序读长短的重大难题。纳米孔单分子测序是基于电信号测序的技术，原理是通过电场力驱动单链核酸分子穿过纳米尺寸的蛋白质孔道，由于不同的碱基通过纳米孔道时产生了不同阻断程度和阻断时间的电流信号，由此可根据电流信号识别每条核酸分子上的碱基信息，从而实现对单链核酸分子的测序。此外，我国华大基因公司也研发了单管长片段读取（single tube long fragment reads，stLFR）技术，它通过给来自相同DNA分子的短读长测序片段都标记上相同的分子标签（co-barcode），从而把短读长连成了长读长。这种方法在实现了长读长的同时，还保留了高通量测序的低成本、高准确度的优势。

目前第三代测序技术已广泛应用于复杂动植物基因组、微生物基因组、全长转录组、微生物群体研究及人类基因组变异检测等领域的科研项目中，在基因组结构变异、短串联重复/微卫星、单体型分析、真假基因区分、甲基化检测等相关的检测中具有独到的优势。虽然第三代测序技术还存在错误率、成本及样本要求较高，算法、软件、数据库等配套的技术不够完善等问题，但这些问题都将通过科技的不断进步得以解决，而且还会有更新一代的测序技术诞生。

（二）基因组测序的方法

基因组测序方法主要有两种，即全基因组霰弹法（whole genome shotgun sequencing）和分层次克隆霰弹法（hierarchical shotgun sequencing），实际应用中两种方法经常同时使用。

1. 全基因组霰弹法

用全基因组霰弹法对基因组测序时，首先用物理方法（如超声波）或酶化学方法（如限制性内切核酸酶）对生物细胞基因组DNA进行切割，琼脂糖凝胶电泳回收、纯化大小适宜的片段，一般1.0～2.0 kb。其次是将这些片段与适当的载体（质粒或λ病毒载体）连接后转化受体菌进行扩增，构建基因组文库并对文库进行双末端测序。然后对测序获得的末端序列进行分析，将具有相同末端序列的短片段拼接形成长的连续序列，称为重叠序列（sequence contig），每个这样的重叠序列代表基因组的不同、非重叠部分。根据配对末端读取的序列信息，将重叠序列进一步组装，形成更长的序列，这个序列称为基因组框架（scaffold）。每个框架包括一组序列重叠，由成对末端读取之间的间隙分隔，根据对覆盖全基因组的所有重叠序列的分析，就可获得该物种的基因组序列（图3-36）。很多原核生物基因组都是用这一方法测序完成的。这也是目前高通量测序出现后的主要测序策略。

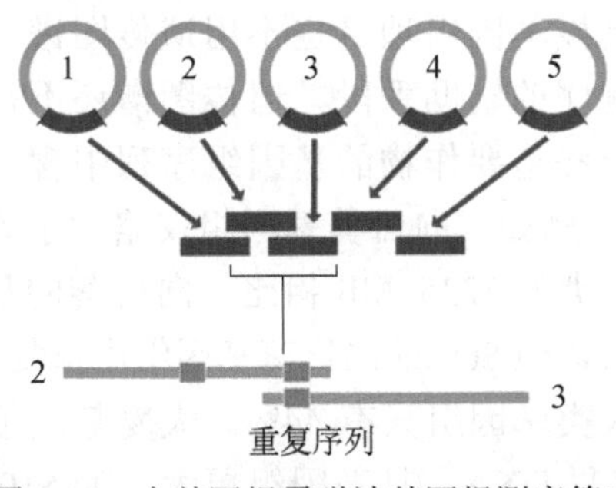

图3-36　全基因组霰弹法基因组测序策略

全基因组霰弹法存在两个问题：一是通过测序有可能得不到足够多的短序列来产生整个基因组的连续DNA序列。由于这些短序列不能覆盖整个基因组，就会造成序列间隔，这时需要通过识别位于基因组图上的特征，从基因组文库中筛选对应的克隆进行测序，最后根据序列分析补齐这些间隙。二是如果基因组包含复杂的重复序列，则可能导致错误。有些重复序列长度可达几千个碱基，在基因组中的两个或多个位置重复。基因组测序时，一个包含重复序列的基因组被打断成一定长度的小片段，其中一些片段将包含相同的序列基序。重新组装这些序列时非常容易将两个重复序列之间的部分DNA遗漏，甚至可以将相同或不同染色体的两个完全分离的片段连接在一起。

2. 分层次克隆霰弹法

分层次克隆霰弹法也叫逐步克隆法，是比较传统的测序策略。这一方法首先需要在基因组物理图谱的基础上构建“染色体的克隆图谱”，在此期间基因组DNA被用物理方法（如超声波）或酶化学方法打断为较大片段，一般长度为300～1000 kb。这些片段被克隆到高容量载体中，如酵母人工染色体（yeast artificial chromosome，YAC）和或细菌人工染色体（bacterial artificial chromosome，BAC）。根据每一克隆中DNA在染色体上的位置排序，得到末端序列相互重叠的一系列克隆，即克隆重叠群（clone contig）。然后，利用霰弹法每个克隆中的DNA进行测序并组装，继而按照克隆重叠群确定的顺序将每一克隆中的序列连接在一起构建主序列（图3-37）。分层次克隆霰弹法得到的序列质量好，特别是避免了有重复序列存在时的基因组组装错误，但是步骤较为烦琐，使得其在应用上受到限制。

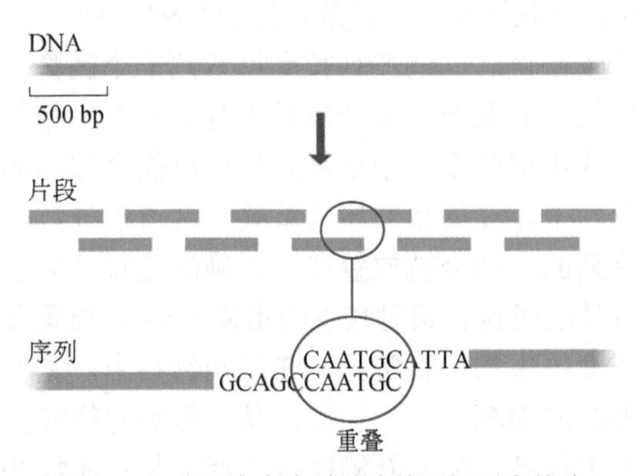

图3-37　分层次克隆霰弹法基因组测序策略

二、基因组的组装

基因组组装（genome assembly）就是把测序产生的各个片段经过序列拼接，组装生成基因组碱基序列的过程。从上一节基因组测序的方法中可以看出，基因组组装一般分为三个层次，从测序产生的读长序列（reads）到重叠群（contig）、从重叠群到基因组框架、从基因组框架到染色体。基因组组装可以分为从头组装（*de novo* assembly）和映射比对组装（mapping assembly）两种情况，前者是指在没有被测序生物基因组信息的情况下组装全新的基因组，后者是指在被测序生物基因组序列存在的情况下对被测个体基因组进行组装，已经存在的基因组序列称为参考基因组（reference genome）。

（一）从头组装

基因组从头组装首先是根据测序获得的短读序列之间的重叠区域对片段进行拼接，形成较长的连续序列，即重叠群，然后再将重叠群拼接成更长的允许包含空白序列（gap）的基因组框架，通过消除基因组框架的错误和空白序列，得到基因组中各个染色体序列。基因组从头组装要面对两个主要难题：一是短读序列数据集的大小，真核基因组比原核基因组长得多（如人类基因组为3235 Mb，而流感嗜血杆菌仅为1.83 Mb），因此需要更多的短读序列，而且是更多的成对短读序列的数量，以确保足够多的覆盖率，因为只有成对的短读序列才能用于识别重叠群。但随着短读序列数量的增加，所需的数据分析变得异常复杂。二是如果基因组包含复杂重复的DNA序列，则可能导致错误。这些序列长度可达几千个碱基，在基因组中的两个或多个位置重复。一个序列如果部分或全部位于一个重复元件中可能会与不同重复元件中存在的相同序列重叠。这可能导致基因组序列的一部分被放置在不正确的位置。大多数原核基因组包含相对较少的重复DNA，但重复序列在真核生物中很常见，在某些物种中，它们占基因组的50%以上。因此，从头组装对拼接算法的要求很高。随着新测序技术使读长不断增加，基因组组装软件的功能不断提升，辅以三维基因组等其他方法的应用，基因组组装的质量也不断提高。

（二）映射比对组装

映射比对组装是基于近缘或同一物种的基因组染色体同源性进行的基因组组装。将测序结果独立组装成的重叠群或基因组框架与参考基因组进行比对，从而提升至染色体水平。

三、遗传图谱构建与基因功能注释及数据库

（一）遗传图谱构建

遗传图谱（genetic map）也叫基因图谱，是依据染色体交换与重组，以多态性的遗传标记为路标，以标记间的重组率为图距，确定不同多态性标记位点在每条连锁群上排列的顺序和遗传距离的线性连锁图谱。遗传图谱在性状连锁关系分析、基因定位和早期的基因组序列分析等方面应用广泛。近年来，测序技术变得越来越强大，使得从单个基因组生成的短序列数量不断增加，这意味着组装形成的最终序列包含的缺口会越来越小。同时，用于序列组装和拼接的计算机算法变得更加复杂，能够识别重复DNA区域，并采取措施确保这些区域周围的序列不会被错误地组合在一起。因此，基因组的遗传图谱显得不那么重要了，许多原核基因组（相对较小且几乎没有重复的DNA）已在没有遗传图谱的情况下测序，越来越多的真核基因组项目也不用遗传图谱。但作为基因组测序的辅助手段，遗传图谱还不是完全多余的。一些重要作物的基因组序列中含有大量重复DNA。例如，向日葵基因组仅略大于人类基因组（与人类的3235 Mb相比，向日葵的基因组为3600 Mb），但80%的向日葵基因组由重复DNA组成，而人类基因组只有44%。大麦基因组也有约80%的重复DNA，且基因组更大，为5100 Mb。而六倍体小麦有三套基因组，称为A、B和D。每个基因组约5500 Mb（总共16 500 Mb），重复DNA含量与大麦相似。对于这些物种的基因组测序而言，遗传图谱还是必不可少的。此外，在复杂性状如人类疾病和动物生产性状基因定位研究时，也需要用到对应基因组的遗传图谱。

构建遗传图谱首先要选择合适的遗传标记，其次根据遗传材料间遗传标记的多态性选择用于建立作图群体的亲本组合，并产生遗传标记处于分离状态的分离群体，然后测定作图群体中不同个体或株系中遗传标记的基因型，最后通过对标记基因型数据进行连锁分析，构建遗传图谱。

1. 遗传标记

基因组遗传图谱是以多态性的遗传标记为路标显示基因组不同特征的位置。遗传标记的类型很多，最早的遗传标记就是基因，20世纪初构建的世界上第一张遗传图谱——果蝇遗传图谱就是使用基因作为遗传标记的。随着遗传学和分子生物学等学科的发展，一系列新的遗传标记不断出现，如RFLP、简单序列长度多态性（SSLP）和SNP等。

2. 作图群体的建立

建立作图群体时，需要考虑的主要因素包括亲本的选择、分离群体的类型及群体的大小。亲本应是遗传纯度高、亲本间遗传标记多态性丰富且杂交后代可育的群体。分离群体的类型可根据其遗传特性分为暂时性分离群体和永久性分离群体。

在确定了作图群体的类型后，还要考虑合适的作图群体的大小。遗传图谱的分辨率与精度，很大程度上取决于群体大小。群体越大，则作图精度越高。但群体太大，不仅增加实验工作量，而且增加费用。作图群体的大小可根据研究的目标来确定，作图群体越大，则可以分辨的最小图距就越小，而可以确定的最大图距也越大。如果遗传图谱构建的目的是用于基因组的序列分析或基因分离等工作，则需用较大的群体，以保证所建连锁图谱的精确性。另外，作图群体大小还取决于所用作图群体的类型。

3. 遗传图谱构建

遗传图谱构建的理论基础是染色体的交换与重组。在细胞减数分裂时，非同源染色体上的基因相互独立、自由组合，同源染色体上的基因产生交换与重组。位于同一染色体上的相邻基因在减数分裂过程中表现为基因连锁，如果同一条染色体上的两个基因相对距离越长，那么它们减数分裂发生重组的概率将越大，共同遗传的概率就越小。因此可以根据它们后代性状的分离判断它们的交换率，也就可以判断它们在遗传图谱上的相对距离。一般用重组率来表示基因间的遗传距离，图距单位用厘摩（centi morgan，cM）表示，一个厘摩的大小相当于1%的重组率。

用于遗传图谱构建的统计学方法，经典的是两点测验和多点测验，这些方法在很多细胞遗传学教材中已有介绍，这里不再赘述。随着标记数目的增加，计算工作量常呈指数形式增加，遗传图谱构建的多种专用程序包应运而生，如LINKAGE和MAPMAKER/EXP等。LINKAGE软件可通过linkage、rockefeller、edu/software/linkage获得，该软件是利用最大似然法估计两座位或多座位间的重组率与对数优势比（LOD）值；MAPMAKER/EXP可通过bution/software/mapmaker3获得，该软件可以应用于各种类型的实验群体进行遗传作图，是目前应用最为广泛的作图软件之一。

（二）基因组功能注释

基因组注释的核心就是确定所有基因和其他重要元件在基因组序列中的位置，并明确它们的功能，这些过程需要通过计算机分析结合实验验证来完成。

1. 基因和其他功能性元件在基因组序列中的识别和定位

（1）基于序列相似性的基因预测

基因组序列预测新基因主要有以下方法：①将基因组序列与同种生物表达序列标签（expressed sequence tag，EST）数据库或cDNA数据库等相比较，在基因组序列中找出与这些mRNA相对应的区域；②将基因组序列与蛋白质数据库相比较，或者将预测得到的多肽与蛋白质数据库相比较，找出可能的编码区；③将基因组序列与同源性相近物种的基因组相比较，找出保守区域。

（2）基于各种统计模型和算法从头预测

基因组中的基因和其他功能性元件有其固有的特征。例如，编码蛋白质的基因对应于由一系列密码子组成的ORF，这些密码子确定了基因编码的蛋白质的氨基酸序列。ORF开始于起始密码子，结束于终止密码子。因此，通过ORF扫描可从头预测新基因。对于细菌基因组，简单的ORF扫描是定位DNA序列中大多数基因的有效方法。但对于复杂的真核生物而言，由于基因之间间隔较大、外显子被内含子打断和密码子使用的偏好性等特性的存在，大大降低了预测效率。因此，在计算机预测模型中需要添加描述基因特性的约束条件，如外显子-内含子边界独特的特征序列、上游和下游特征序列等，以提高预测的准确性。

（3）非编码 RNA 基因预测

有些非编码 RNA 基因，如长链非编码 RNA（long non-coding RNA，lncRNA）在结构上具有与编码基因类似的特征，预测这类非编码 RNA 基因的统计模型与上述模型一致。而另一些非编码 RNA 的基因，如 rRNA、tRNA 和 miRNA 等没有对应的 ORF，不能通过上述方法预测、定位。然而，这些非编码 RNA 分子有自己的独特性，可以用来帮助从基因组序列中识别这些非编码 RNA 基因，其中最重要的特征就是具有折叠成二级结构的能力，如 tRNA 分子具有三叶草样结构，这些二级结构不是通过 DNA 双螺旋中两个独立多核苷酸之间的碱基配对，而是通过同一多核苷酸不同部分之间的分子内碱基配对而结合在一起。为了形成分子内碱基对，相互配对的两部分中的核苷酸序列必须是互补的；而为了产生复杂的如三叶草样的结构，这些互补序列对的组成部分必须在 RNA 序列中按特征顺序排列，这些特征提供了大量信息，可用于在基因组序列中定位 tRNA 基因。其他的一些非编码 RNA 可能不形成复杂的二级结构，但大多数包含一个或多个茎环（或发夹）结构，如 miRNA。有一些非编码 RNA 基因不易在基因组中定位，因为这些 RNA 分子没有明显的结构特征。

2. 基因功能注释

当新基因被定位在基因组序列中后，接下来需解决其功能问题，这是目前基因组学研究的一个重要领域。基因功能注释是通过计算机分析结合实验验证完成的。

（1）基因功能计算机预测

在未知基因功能研究中，计算机预测扮演重要角色。首先，基因同源性分析可以提供有关基因功能的信息。同源基因是那些共享共同进化祖先的基因，它们具有序列相似性。同源基因可分为两类，即直系同源基因（orthologous gene）和旁系同源基因（paralogous gene）（图 3-38）。直系同源基因是存在于不同生物中的同源基因，它们的共同祖先早于物种之间的分裂，通常具有相同或非常相似的功能。例如，人类和黑猩猩的肌红蛋白基因是同源基因。旁系同源基因是存在于同一生物体中，通常作为多基因家族的成员。

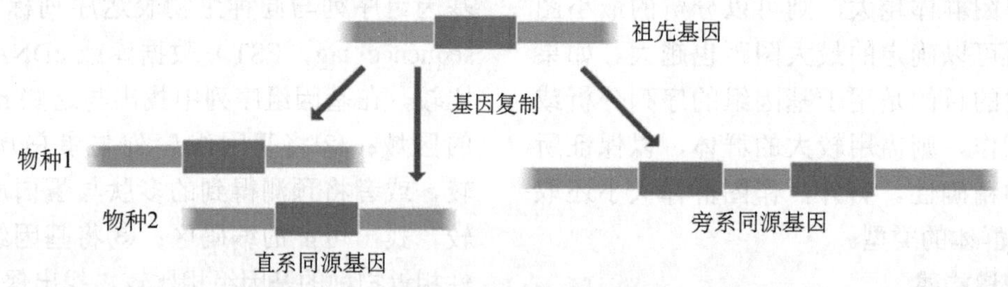

图 3-38　直系同源基因和旁系同源基因的形成

（2）基因功能的实验验证

虽然利用计算机方法预测未知基因功能的效率和准确性越来越高，但其也有局限性，即无法识别基因组中发现的每个新基因的功能。因此，需要实验方法来补充和扩展计算机分析的结果。基因功能的实验研究方法很多，最常用的方法是在活体或细胞上使基因过表达或失活，根据后代个体或细胞表型分析推断基因的功能。此外，通过直接检查基因表达谱、基因定点或体外突变、全基因组关联分析（genome wide association study）等方法确定基因功能。

（三）基因组数据库

基因组数据库（genome database）是收集、保存和处理基因组数据的数据库。常用的基因组数据库如下。

1. 综合性基因组数据库

综合性基因组数据库包含有微生物、动物、植物等多种生物的基因组数据，最主要的有：①由美国国立卫生研究院下属的美国国家生物技术信息中心（National Center for Biotechnology Information，NCBI）管理的数据库，查询网址为 https://www.ncbi.nlm.nih.gov/。②由欧洲生物信息研究所（European Bioinformatics Institute）和英国桑格研究所（UK Sanger Institute）管理的数据库，查询网址为 https://www.sanger.ac.uk。③由美国加州大学圣克鲁斯分校（University of California，Santa Cruz，UCSC）管理的数据库，查询网址为 http://genome.ucsc.edu/。④由我国国家基因组科学数据中心（National Genomics Data Center）管理的数据库，查询网址为 https://ngdc.cncb.ac.cn/。⑤由我国华大基因管理的数据库，查询网址为 http://gigadb.org/#myCarousel。

2. 专业性基因组数据库

专业性基因组数据库是各特定专门领域物种的基因组数据库，最主要有：①由美国能源部联合基因组研究所（Joint Genome Institute，JGI）管理的部分植物的基因组数据库，查询网址为 https://phytozome-next.jgi.doe.gov/。②由位于美国的拟南芥信息资源中心（The Arabidopsis Information Resource，TAIR）管理的拟南芥基因组数据库，查询网址为 https://www.arabidopsis.org/。③由美国佐治亚大学管理的水稻基因组数据库，查询网址为 http://rice.uga.edu/home_contacts.shtml。④羊基因组数据库较多，包括由我国国家基因组科学数据中心（National Genomics Data Center，NGDC）和中国科学院北京基因组研究所（Beijing Institute of Genomics，BIG）管理的数据库，查询网址为 https://bigd.big.ac.cn/isheep；由国际绵羊基因组学联合会（International Sheep Genomics Consortium）管理的数据库，查询网址为 https://www.sheephapmap.org/；由意大利生物医学技术研究所（Institute for Biomedical Technologies，IBT）管理的数据库，查询网址为 https://www.itb.cnr.it/。⑤由美国杰克逊实验室管理的小鼠基因组数据，查询网址为 http://www.informatics.jax.org/。还有很多专业性基因组数据库，在这里不一一列举。

四、动植物基因组计划

人类基因组计划完成以后，一大批主要动物、植物的基因组计划也相继完成。为了在更广范围、更深层次和更高水平全面、准确、系统地理解物种的起源、进化和适应，阐明人类疾病发生和生物性状形成的遗传基础，一批新的动植物基因组计划相继展开。

（一）动物基因组计划

1. 万种脊椎动物基因组计划

万种脊椎动物基因组计划拟在 10 年内绘制万种脊椎动物基因组图谱，建立哺乳类、鸟类、爬行类、两栖类和鱼类等 10 000 种脊椎动物的遗传信息数据库，研究生物多样性和动物进化的机制，为生命科学和全球动物保护提供前所未有的基础资源。这一雄心勃勃的计划自 2010 年启动以来，第一期首先完成了包括大马蹄蝠、加拿大猞猁、鸭嘴兽等 16 个脊椎动物物种迄今最完整、质量最高的基因组。2021 年，张国捷课题组在 *Nature* 报道了普通棉耳狨猴（*Callithrix jacchus*）的高质量二倍体参考基因组，这是脊椎动物基因组计划的一部分。另外，该课题组通过系统分析横跨所有主要脊椎动物谱系的 35 个物种的基因组，以及来自无脊椎动物谱系的另外 4 个外群基因组，对催产素（OXT）以及精氨酸加压素（AVP）或血管加压素受体的源头和进化关系进行了研究。同年，Erich D. Jarvis 团队在 *Nature* 发文强调了长读长测序技术对最大化基因组质量的重要性，开始为所有约 7 万种现存脊椎动物物种生成高质量、完整的参考基因组努力，并帮助开启生命科学发现的新时代。

2. 万种鸟基因组计划

由中国科学家牵头、20 多个国家和地区的科研人员组成的国际研究团队参与的万种鸟基因组计划（Bird Genome 10K）于 2015 年启动，其目标是完成对全球现存约 1.05 万种鸟类的基因组的解读工作，探索现代鸟类的起源、演化历程、物种性状多样性的形成及维持机制。2020 年，张国捷课题组报道了万种鸟类基因组计划第二阶段（科级别）的研究结果。研究团队发表了 363 种鸟类基因组数据，同时通过这一数据建立了无参考序列下多基因组比对和分析的新方法，并基于这一新方法阐明高密度物种取样对生物多样性研究的重要性。

3. 万种软体动物基因组计划

软体动物是动物界中仅次于节肢动物的第二大类群，其所属的冠轮动物超门拥有包含软体动物、环节动物和腕足动物等在内的 10 余个动物门类，从进化与发育角度而言具有极为重要的科学意义。万种软体动物基因组计划启动于2021年10月，其目标是在十年内，绘制万种贝类和其他冠轮动物的基因组图谱，涵盖整个冠轮动物超门，建立一个大规模、高质量的基因组数据库，为动物的系统演化等重要科学问题提供有效和可靠的数据基础。

4. “世界三极”动物基因组计划

“世界三极”动物基因组计划由我国深圳华大生命科学研究院（原“深圳华大基因研究院”）与Illumina公司，以及我国大连老虎海滩海洋研究中心、青海大学、中国科学院海洋研究所和中国极地研究中心等单位共同发起，并于2009年4月24日在我国深圳宣布启动，其目标是对分别生长于南极、北极和高海拔严酷环境下的企鹅、北极熊和藏羚羊这三种动物展开基因组水平上的研究。藏羚羊是我国青藏高原特有的物种，其生存环境高寒、缺氧，自然条件极为严酷。在喜马拉雅造山运动形成的封闭环境中，藏羚羊经历了数百万年的演变和进化历程，未受物种迁徙和人工选择的影响，是研究低氧适应性的极佳模式动物。它的基因奥秘现在已被华大基因等机构破译，其基因组序列图谱于2013年发表在*Nature Communication*杂志。

5. 国际大熊猫基因组计划

大熊猫基因组计划启动于2008年5月，其目标是通过新一代测序技术和组装方法，生成高质量的熊猫基因组序列，从而大大推动该物种的遗传学和生物学研究，应用于濒危物种的疾病控制和保护。2012年，华大基因等单位对熊猫种群的演化史及适应性研究认为，全球气候变化可能导致大熊猫的种群波动，但近期的人类活动则是导致熊猫种群分化和数量严重下降的主要因素。

（二）植物基因组计划

1. 万种植物基因组计划

万种植物基因组计划（Plant Genome 10K，10KP）由深圳华大生命科学研究院联合多位植物学领域的权威专家于2017年共同发起，旨在通过全球的广泛合作、全面的资源搜集以及系统的科学设计和研究，对一万种植物的基因组进行测序研究，以推动生物多样性、植物进化、生态保护及相关重要基础科研和农业应用发展。该项目将分为三个阶段执行：第一阶段填补植物各个科级物种的空白。例如，被子植物共有416科，目前仅65科有基因组信息。该计划将用一年半的时间完成剩下300多个缺乏基因组信息物种科（每个科至少完成一个物种）的基因组测序。同时为了加快对植物系统进化的了解，早期植物绿藻以及基部类群植物也会是优先测序的对象。第二阶段尽量优先测序农业相关的几个大科内作物近缘不同属级的物种，尽早为农业、医药提供基因信息数据资源。第三阶段是该项目的整体目标，尽量测序覆盖植物所有属一级的物种。至2022年，已累计完成破译584种植物基因组。

2. 千种本草基因组计划

2022年7月，千种本草基因组计划联盟由成都中医药大学陈士林教授牵头、香港浸会大学中医药学院院长吕爱平教授等联合创立，并由全国60多个科研团队组成。千种本草基因组计划拟完成1000种以上药用植物基因组测序，让药用植物拥有自己的“身份证”。

3. 地球生物基因组计划

地球生物基因组计划（Earth BioGenome Project，EBP）由中国和美国学者于2017年倡议，全球科学家合作开启，旨在对地球上所有真核生物进行测序，提供所有180万种已命名的植物、动物和真菌以及单细胞真核生物的完整DNA序列目录。到2023年，第一阶段的目标是产生代表约9400个分类科的参考基因组。到2022年为止，附属项目已经产生了大约200个这样的参考基因组。截至2023年5月，华大已完成超3000个物种的基因组测序组装，其中，破译动物基因组累计全球贡献值占比约41%、植物基因组累计全球贡献值占比约38%。

第七节　基因组研究技术的应用

一、比较基因组学研究

（一）比较基因组学概况

比较基因组，一般是对一个物种的多个个体（群体）基因组或多个物种基因组的结构和功能基因区域进行比较分析。具体来讲就是：比较多个物种的基因组结构特征的异同，研究物种间基因家族收缩与扩张，研究分化时间和演化关系，研究新基因的产生与进化等。其中，基因组的结构特征包括DNA序列、基因及基因家族、基因排序、调控序列和其他基因组结构标志等（图3-39）。低成本、下一代测序技术的发展使得利用比较基因组学分析大量相关基因组成为可能。

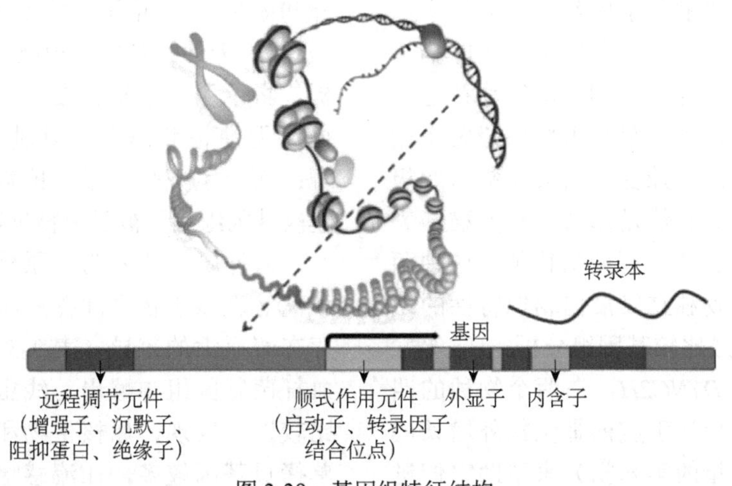

图3-39　基因组特征结构

在从共同祖先分化的初期，物种A与物种B的基因序列（内含子和外显子）都具有非常高的保守性。但是随着两物种的分化时间越来越久远，由于碱基自发突变，两物种的基因序列会存在越来越多的变异。不同的是内含子序列由于不参与编码蛋白质，其突变不改变蛋白质序列，因此受选择压力较小，允许积累较多突变；而外显子区域由于负责编码蛋白质，其突变导致蛋白质序列和功能发生改变，特别是功能重要的持家基因，其外显子序列受到较强的负向选择，一般不容易积累突变，因而两物种的外显子区域仍然具有非常高的同源性。

比较基因组研究的基础正是基于物种基因序列的相似性，即物种间基因序列同源性越高，基因组共线性越好，说明物种的亲缘关系越近；相反，物种间基因序列变异越大，说明物种分化时间越久远，亲缘关系越远。

（二）比较基因组分析

比较基因组学通过比较多物种蛋白质序列或者基因位置与相对顺序，包括基因的丢失、复制、水平转移等，鉴定物种之间保守的基因（找物种相似之处），或者每个生物自身特征基因（找物种不同之处），旨在阐释物种多样性的分子遗传基础。其常见分析包括：基因家族聚类得到直系同源基因、系统进化分析、物种分歧时间估算、鉴定基因融合与基因簇、信号通路基因簇重构、基因家族收缩与扩张、全基因组共线性比较等。

例如，Islam等首先获得两个高质量的锦葵科黄麻基因组，然后通过与其他13个物种，包括锦葵类（可可、棉花、拟南芥）、豆类（亚麻、蓖麻、苜蓿、大豆、杨树）、菊类（番茄和马铃薯）、葡萄和单子叶水稻（外类群）等物种进行比较基因组分析，揭示了它们在进化上的关系（图3-40）。

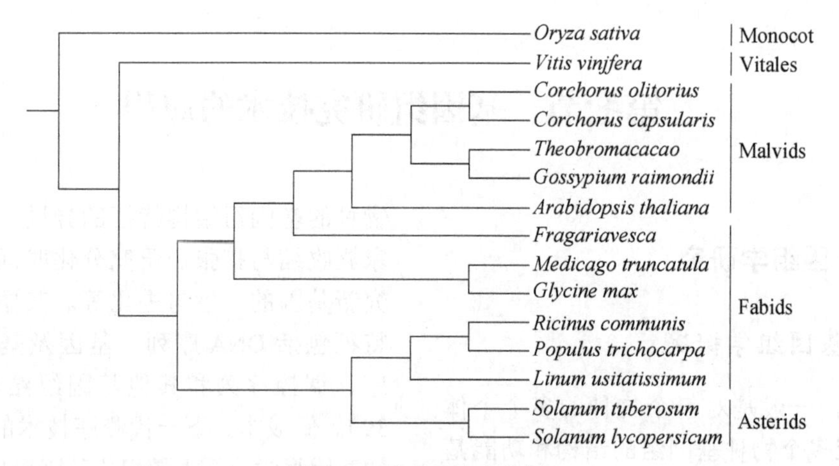

图 3-40　黄麻系统进化树

虽然大熊猫和小熊猫名字中都带“熊”字，但它们实际上是远亲。通过将小熊猫、大熊猫、雪貂、北极熊、犬、老虎、人和老鼠等物种进行比较基因组分析发现，小熊猫与雪貂亲缘关系相对较近，位于进化树的姐妹支；而大熊猫与北极熊亲缘关系相对较近。虽然是远亲，小熊猫却表现出与大熊猫相同的食性，都爱吃竹子。这种两个亲缘关系较远的生物独立发展出相似特性的现象称为趋同进化。通过比较基因组分析，Hu 等发现两个基因 *PCNT* 和 *DYNC2H*，在两个物种的四肢发育中是重要的，允许手腕的骨头额外增长成拇指状附属物（伪拇指的第六指）来帮助它们进食，有助于把握竹竿（图 3-41）。

两种水生植物——芡实和金鱼藻通过与其他代表性陆生植物基因组包括真双子叶植物（拟南芥、桃、葡萄和耧斗菜）、木兰类植物（鳄梨、牛樟和鹅掌楸）、单子叶植物（水稻、芭蕉和桃红蝴蝶兰）、无油樟和裸子植物银杏，进行深入比较分析，揭示了被子植物在生命之树中的关键进化地位：无油樟和睡莲是其他所有被子植物的姐妹群；而金鱼藻是双子叶植物的姐妹群。芡实和金鱼藻基因组揭示被子植物早期进化（图 3-42）。

另外研究还表明，原核生物、低等真核生物和高等真核生物之间在所编码的蛋白质种类数上存在着巨大的差异（表 3-5）。对原核生物流感嗜血杆菌基因组与酵母、线虫、果蝇和拟南芥进行比较以后发现，原核生物和低等真核生物细胞中单拷贝基因较多，在流感嗜血杆菌中单拷贝基因占 88.8%，在酵母中占 71.4%，在果蝇中占 72.5%，在线虫中占 55.2%，而在高等植物拟南芥中只占约 35.0%（表 3-6）。

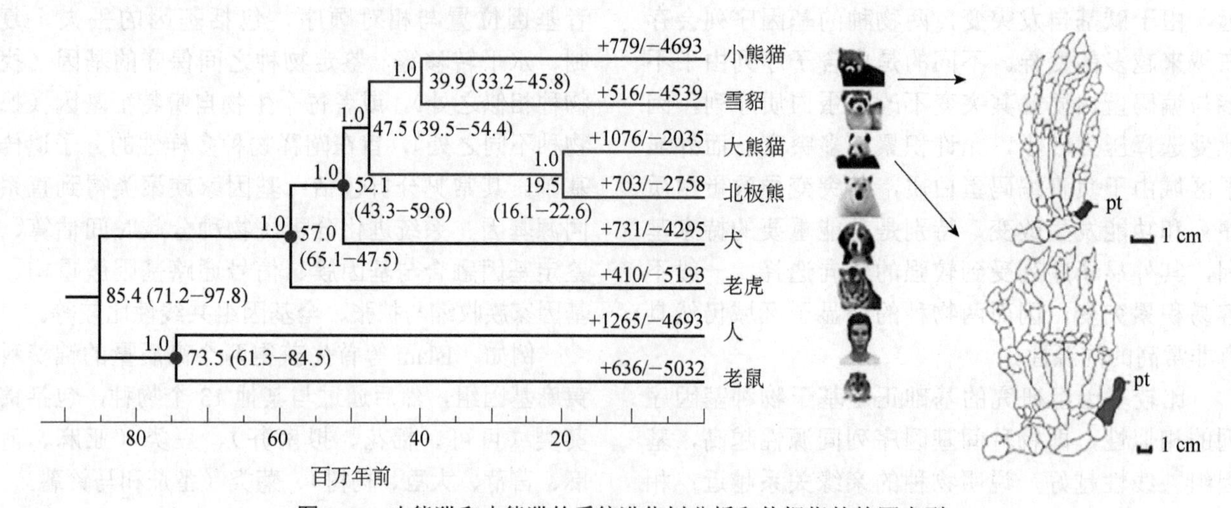

图 3-41　小熊猫和大熊猫的系统进化树分析和伪拇指的趋同表型

比较基因组分析揭示大熊猫和小熊猫都爱吃竹子的趋同进化机制

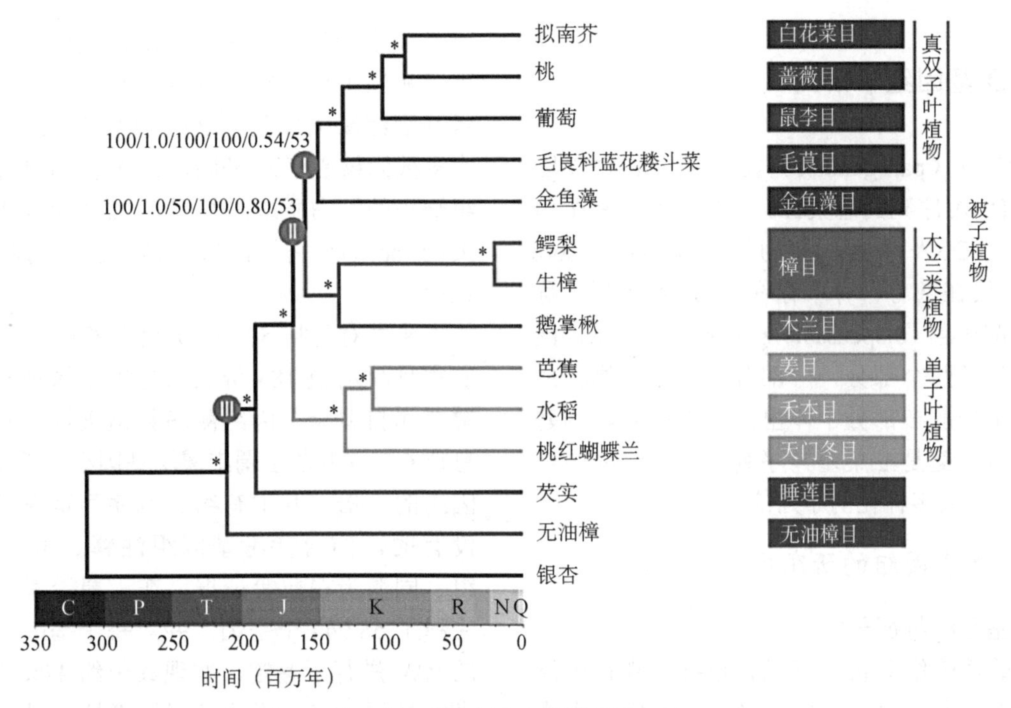

图 3-42　芡实和金鱼藻系统进化树

表 3-5　不同生物基因组的蛋白质编码能力比较

物种	基因组总长度	蛋白质种数/个
生殖道支原体 *Mycoplasma genitalium*	580 073 bp	467
肺炎支原体 *Mycoplasma pneumoniae*	816 394 bp	677
流感嗜血杆菌 *Haemophilus influenzae*	1 830 138 bp	1 709
枯草芽孢杆菌 *Bacillus subtilis*	4 214 814 bp	4 100
大肠杆菌 *Escherichia coli*	4 639 221 bp	4 288
酿酒酵母 *Saccharomyces cerevisiae*	13 116 818 bp	6 275
秀丽隐杆线虫 *Caenorhabditis elegans*	约 97 Mb	18 891
拟南芥 *Arabidopsis thaliana*	115 Mb	25 498
果蝇 *Drosophila melanogaster*	116 Mb	14 113
人类 *Homo sapiens*	3.2×10^9 bp	约 2.5 万

表 3-6　不同物种中单拷贝基因的数量及占基因总数百分比

物种	基因组总长度/bp	蛋白质种数/个	单拷贝基因占的比例/%
流感嗜血杆菌	580 073	467	88.8
酵母	816 394	677	71.4
果蝇	1 830 138	1 709	72.5
线虫	4 214 814	4 100	55.2
拟南芥	3.2×10^9	约 2.5 万	35.0

通过比较在生命进化树中处于不同地位的物种的基因组结构特征，推测序列的共同祖先状态（common ancestral state），得到最近共同祖先序列（most recent common ancestor，MRCA）。通过研究物种演化过程中序列变异，了解物种分类谱系的动态变化过程，解析物种进化关系，为阐明物种进化历史提供依据（图 3-43）。同时，比较基因组对解释基因功能、阐明其在适应性进化中的作用、鉴定基因型和表型之间的联系等方面也有重要意义。

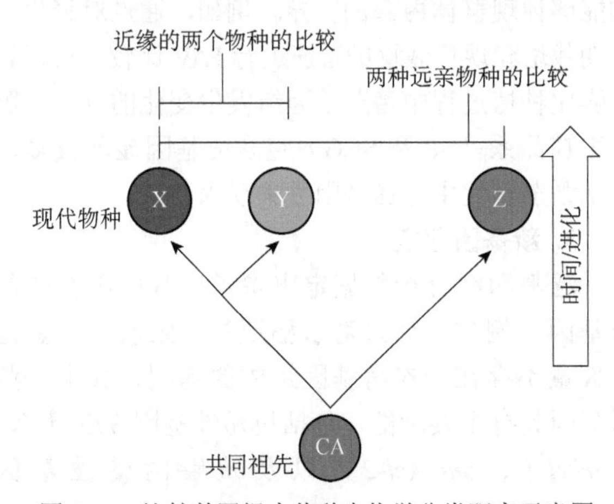

图 3-43　比较基因组中物种生物学分类距离示意图

X、Y、Z 为现存物种，都从共同祖先 CA 分化而来，其中 X 和 Y 的亲缘关系比 X 和 Z 的亲缘关系更近。当将 X、Y 和 Z 三个物种同时进行比较基因组分析时，可以推测其共同祖先 CA 的性状特征

二、泛基因组学研究

泛基因组（pan-genome）是指某一物种基因组中全部DNA序列的总集合。其中，在所有个体中都存在的DNA序列，称为核心基因组（core genome）；仅在部分个体中存在的DNA序列，称为非必需基因组（dispensable genome）。可见，泛基因组包含了两个部分，一部分是共享于物种的公有序列和分散在部分个体里的差异序列。构建泛基因组的关键是汇集差异序列，这是物种中差异化最大、最为多样化的序列信息。

（一）泛基因组的研究内容

1. 泛基因组特征分析

通过泛基因组分析，可以知道某一物种中泛基因组的大小是多少，其中，核心基因组的大小是多少，可变基因组的大小是多少，这有助于了解该物种的特性。

2. 全面准确的变异检测

泛基因组研究可以得到物种全面且准确的变异信息［SNP、InDel、CNV、存在/缺失变异（presence/absence variation，PAV）］。与重测序变异检测相比，泛基因组研究基于基因组序列进行变异分析能大幅度提高变异检测的准确性，以及大结构变异的检出性。在群体中各个个体相对差异较大时，使用PAV分析比使用SNP等变异信息分析更加能够体现群体内部的差异。例如，通过对野生、早期栽培和现代栽培的番茄进行PAV比较，可以揭示驯化种植过程中番茄基因组发生变化的过程。野生番茄品系（SP和SCG）包含的基因显著较多，显示番茄驯化中存在基因丢失现象。

3. 新基因鉴定

泛基因组分析能鉴定出参考序列中不存在的新基因。例如，通过对水稻泛基因组研究，鉴定出大量不存在于参考基因组中的基因，其中一些新基因具有重要功能，包括抗涝性基因*Sub1A-1*、*Snorkel-1*、*Snorkel-2*，以及缺磷耐受性基因*Pstol1*。

通过对世界范围内15个家鸡品种的20个个体进行基因组从头组装，构建了鸟类的第一个基于从头测序的高质量泛基因组。虽然家鸡已经具有鸟类中最好的参考基因组，但研究人员依然发现了相当于目前参考基因组15%（159 Mb）的参考基因组缺失序列。这些参考基因组缺失序列绝大多数为核心序列/基因，包含了1335个参考基因组缺失的蛋白质编码基因和3011个参考基因组缺失的lncRNA基因，极大地更新了对鸟类进化的认识。

通过对包括507份现代玉米材料、31份玉米农家种材料及183份玉米野生近缘种共721份玉蜀黍属材料全基因组测序数据进行分析，构建了总计6.71 Gb的玉蜀黍属泛基因组，是单个玉米基因组的3倍，其中有约37%序列是玉米基因组所没有的。结合参考基因组注释、群体水平转录组、同源蛋白质等证据，在玉蜀黍属泛基因组中注释了58 944个基因，并对每个基因在群体水平的PAV进行了鉴定，发现其中约44%的基因是非必需基因。该超级泛基因组囊括了目前最全面的玉蜀黍属基因组序列信息，极大地扩展了玉米遗传改良的基因池。

4. 系统进化分析

泛基因组可以对物种进行广而深入的进化研究，以了解物种的起源与演化。同时，还能结合生物地理学分析物种传播途径的演化。泛基因组研究收集到的数据较全面，因此，在某些情况下可以解决物种进化分歧的问题。

5. 泛基因组进阶分析

调控区差异分析：泛基因组对PAV的分析大多集中在编码区域，然而，越来越多的人认识到顺式作用元件和重复序列在健康和疾病以及作物驯化和改良中的重要性。因此，泛基因组的研究也扩展到非编码序列。

核心基因和可变基因的调控网络构建：泛基因组分析得到了大量核心基因和可变基因，这些基因都行使着什么样的功能，以及相互之间有什么样的联系？这些问题将在未来泛基因组的研究中得到解答。可变基因的作用之一是提供适应环境变化和新生态位所需要的表型可塑性，为了履行这一功能，可变基因需要整合到现有的生物学通路和调控网络中。

（二）群体中可变基因组的来源

泛基因组的概念来源于细菌研究，细菌具有

较小的基因组，其基因占据基因组序列的大部分，几乎没有基因间序列，而且数量差异很大，所以蛋白质编码基因的含量是细菌等原核生物泛基因组研究的主要内容。原核基因组以不断变化的状态存在，通过水平基因转移，基因复制甚至可能以从头出现的方式而扩张，并通过基因丢失而收缩。在细菌中广泛的基因损失和水平基因转移（转化、接合和转导）是导致可变基因产生的两个主要进化模式。真菌物种泛基因组的研究表明真菌是通过菌株水平的创新来进化的，而不是大规模的水平基因转移。此外被子植物可通过全基因组复制（whole genome duplication，WGD）、局部串联重复、转座因子介导的重复、片段重复近缘物种渗入、水平基因转移和从头基因诞生（*de novo* gene birth）获取新基因，同时也能通过染色体内重组和假基因化导致基因和序列丢失。虽然当前在动物上泛基因组的研究有限，众多的基因组学研究已经证明了动物基因组存在渗入、水平基因转移及各种重复事件。综上所述，正是通过序列重复、近缘物种渗入、基因从头诞生或水平基因转移，以及后续的序列分歧/丢失或基因分裂/融合等过程，才产生了物种内广泛的PAV，形成了泛基因组。但是重复及从头诞生的新基因一般很难在短时间内与原序列产生足够的分歧，因此在狭义泛基因组中难以被捕获。所以通常认为从狭义上来说，可变基因组的主要来源是基因和序列的丢失、渗入和水平基因转移（图3-44）。

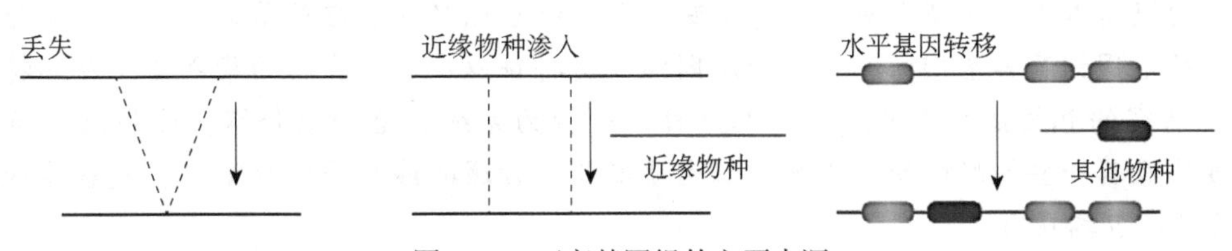

图3-44　可变基因组的主要来源

（三）泛基因组的构建与呈现

目前构建泛基因组主要有基于从头组装和基于迭代组装两种方法。

1. 泛基因组的从头组装

首先，分别对多个个体的基因组进行从头组装并注释；其次，通过同一物种不同个体基因组间的相互比较，确定出核心基因组序列和可变基因组序列；最后，将这些序列去冗余合并后构成一个包含该物种所有个体基因组序列的泛基因组。这种方法的优势在于它能够检测到更多的结构变异（structural variation，SV），但对计算资源和样品的测序深度有较高要求，不适用于基因组较大的物种和大规模群体的分析。

2. 泛基因组的迭代组装

首先，从参考基因组起始，将每个样本的测序数据映射到参考基因组，提取未比对成功的序列进行组装；然后，使用非冗余序列直接更新参考基因组，获得最终的扩展参考基因组，即为该物种的泛基因组，从与参考基因组未比对上的重叠群中移除冗余序列来构建代表性的非参考序列，结合参考基因组和代表性非参考基因组序列构建泛基因组。这种构建策略可以利用大规模的重测序数据，对测序深度要求很低，同时，因为只对未成功比对到参考基因组上的序列进行了组装，这种方法相对节省了计算资源，已在基因组较大的物种如小麦及大规模测序物种如水稻中被应用。这种方法会在最终的泛基因组中产生大量的序列片段，并且无法检测每个个体的CNV，但对于基因的PAV检测非常有效。

通过将新发现的序列直接加入参考基因组的呈现形式产生了一系列线性泛基因组，极大地丰富了人们对现有物种基因组的认识。然而，这种展示方式也带来了一些问题。例如，源于不同个体的变异信息被丢失，也几乎没有相应的程序和算法可以处理这种方式提供的变异信息。为防止重要信息丢失，要么在线性泛基因组中标注序列位置信息，要么构建图形结构的泛基因组。图形结构泛基因组是一个二维序列图谱，它以参考基因组为框架、以单个碱基作为图的节点、以碱基间的前后关系作为图的边，存在序列差异的地方会自然形成不同的分支，呈现出一个图结构。这个图结构基因组可以依据新序列的加入不断扩展变化，最终它将会成为一个符合全物种的泛基因组图谱。这种展示形式可以包含变异的嵌套，将同一位置的变异整合而不是单独占据一个区域，从而达到将所有变异精确纳入图谱的效果。这使得物种内大量复杂的变异可以紧凑的形式呈现。目前已有大量软件被开发用于这种图形结构泛基因组的分析，并且已在动植物基因组学研究中得到了初步应用。

随着测序技术以及生物信息学工具的进步，包含全部序列变异信息的图形结构泛基因组出现，尽管它受限于计算和存储当前只能应用于部分个体，但仍旧是向着广义泛基因组研究迈进的重要一步。未来技术的发展会让构建一个包含物种内全部遗传信息的泛基因组成为可能，实现精确处理大量基因组中的序列和变异信息，那时的基因组学研究才是真正在利用一个“参考”基因组。

本章小结

基因组及其研究技术是当今生命科学中研究最活跃、发展最快的领域，原始创新性发现和成果层出不穷，不仅极大地促进了生命科学及其相关学科的发展，也显著地推动了相关技术地创新和应用。本章首先从基因组的概念入手，介绍了基因组的改变、进化和C值悖论，在此基础上，进一步介绍了原核生物和真核生物的基因组及其基因特征、核外基因组及其特征以及真核生物的染色体组及其特征，最后，介绍了基因组研究的相关技术及其应用。本章目的是较为系统、全面地介绍基因组及其研究技术的概念、理论、方法及其一些最新的研究成果，但由于本研究领域的涉及面十分宽广、发展速度很快，还有相当多的内容没有包括在内。

思考题

1. 名词解释：基因组、C值悖论、转座元件、染色质重塑、微卫星DNA、泛基因组
2. 简要回答下列各题。
(1) 病毒的基因组特征。
(2) 细菌的基因组特征。
(3) 真核生物的基因组特征。
(4) 染色质三维结构单元及其特征。
(5) 线粒体基因组特征。
(6) 叶绿体基因组特征。
3. C值悖论的可能解释是什么?
4. 基因加倍的主要机制有哪些?
5. 双脱氧链终止法测序的原理是什么?
6. 基因组测序的方法有哪些?
7. 基因组学在人类疾病诊断和治疗方面的主要应用有哪些?
8. 基因组重测序在动植物遗传育种领域中的主要应用有哪些?

第四章　DNA复制及其研究技术

第一节　DNA的半保留复制

一、概念

根据沃森和克里克对DNA复制过程的预测，DNA分子由两条反向平行的DNA单链组成，两条链上的碱基按照碱基互补配对原则，通过氢键相连，一条链上的碱基排列顺序决定了另一条链上的碱基排列顺序。沃森和克里克认为，DNA复制时，两条互补链的碱基对之间的氢键首先断裂，双螺旋解开，两条链分开，分别作为模板，按照碱基互补配对原则合成新链，每条新链与其模板链组成一个子代DNA分子，子代DNA分子具有与亲代DNA分子完全相同的碱基排列顺序，即携带了相同的遗传信息。在这个过程中，一个亲代DNA分子通过复制产生了两个相同的子代DNA分子，每个子代DNA分子中一条链来自亲代DNA（模板），一条链来自新合成的DNA，这种方式被称为半保留复制（semiconservative replication）。

二、DNA半保留复制的意义

按半保留复制的方式，子代保留了亲代DNA的全部遗传信息，保证了遗传的稳定性和DNA碱基序列的一致性。生物基因组中结构基因所携带的遗传信息经过转录、翻译等一系列过程，合成特定的蛋白质，进而发挥其特定生物学功能的过程称为基因表达（gene expression）。此过程也包括rRNA和tRNA基因转录生成RNA。遗传的保守性是维持物种相对稳定的主要因素，通过复制和基因表达，决定了生物的特性和类型。

三、半保留复制过程

复制从称为原点（origin）的特定位点开始，然后向未复制部分逐步扩大。事实说明，单向或双向复制都是存在的，但多数DNA的复制是双向的。复制时，双链DNA要解成单链分别进行，因此这个复制起点呈现叉子的形状，称为复制叉（replication fork），它由两股亲代链及在其上新合成的子链构成（图4-1）。

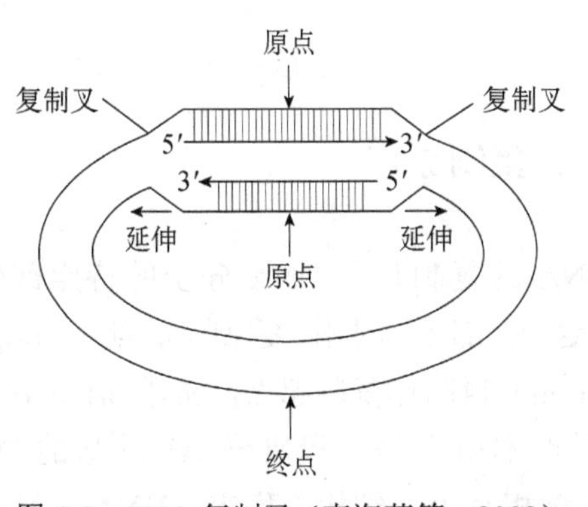

图4-1　DNA复制叉（李海英等，2008）

解旋酶首先与ATP结合，水解ATP成为ADP，释放能量解开复制原点的螺旋。解旋酶打开双螺旋后，单链DNA结合蛋白（single-strand DNA binding protein，SSB）很快与之结合，两条单链DNA上结合有大量的SSB，使单链DNA变得稳定，否则DNA易被降解或单链自身形成发卡结构。

在RNA引物酶（特殊的RNA聚合酶）的作用下先合成长度不超过10 nt的RNA引物。无论是原核生物还是真核生物，在DNA复制时都需要

RNA 引物。目前已知的 DNA 聚合酶都只能延长已存在的 DNA 链，而不能直接起始 DNA 链的合成。

DNA 的合成是按 5′→3′方向进行，而双条链的极性是相反的，一条链是 3′→5′，另一条链是 5′→3′，而且由于双螺旋 DNA 是逐步解旋的，所以一条链上的 DNA 合成是连续的，另一条链上的 DNA 合成只能是不连续的。连续合成的链比不连续合成的链超前一步，称为前导链（leading strand）；不连续合成的链要滞后一步，称为后随链（lagging strand）。这种前导链连续复制和后随链不连续复制，称为 DNA 的半不连续复制（semidiscontinuous replication）。

前导链在 DNA 聚合酶Ⅲ的作用下，按碱基配对法则，在 RNA 引物后面逐个接上碱基；后随链在 RNA 引物酶的作用下先合成一些不连续的 10 nt RNA 引物，然后在 DNA 聚合酶Ⅲ的作用下，按碱基配对法则，在每个 RNA 引物后面逐个接上碱基，形成不连续合成的 1000～2000 bp（真核生物中 100～200 bp）的 DNA 片段，称为冈崎片段（Okazaki fragment）。最后 RNase H 或 DNA 聚合酶Ⅰ降解 RNA 引物，DNA 聚合酶Ⅰ将缺口补齐，DNA 连接酶将冈崎片段连在一起形成大分子 DNA（图 4-2）。

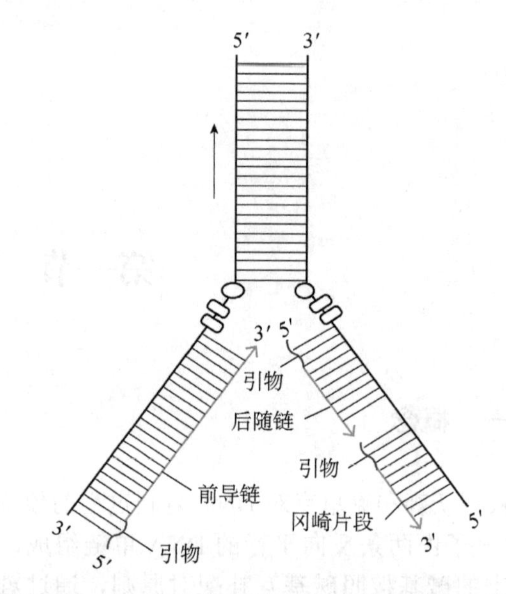

图 4-2　DNA 半保留复制过程（李海英等，2008）

第二节　复制原点、方向和方式

一、复制原点

DNA 的复制是从 DNA 分子的特定部位开始的，这一部位叫作复制原点（origin of replication）也叫作复制起点，常用 ori 或 o 表示。复制原点本质上是一段富含 AT 碱基的 DNA 序列，氢键相对少，结构不稳定，DNA 双链容易解旋，因此容易与引物结合，成为转录的起点或复制的起点。每个复制起点到两个复制终点间的 DNA 复制区域称为复制子，每个复制子在一个细胞分裂周期中必须启动，且只能启动一次。复制时，双链 DNA 由起点处解旋，沿两条解旋的单链模板合成新的 DNA 单链，两侧形成的 Y 型结构称为复制叉。原核生物的 DNA 分子一般只有一个复制原点，整个 DNA 复制都由这个复制原点开始的复制叉完成；真核生物的 DNA 分子复制过程具有多个复制原点，每个起点开始各自完成一个片段，最终相连完成整体复制（图 4-3）。

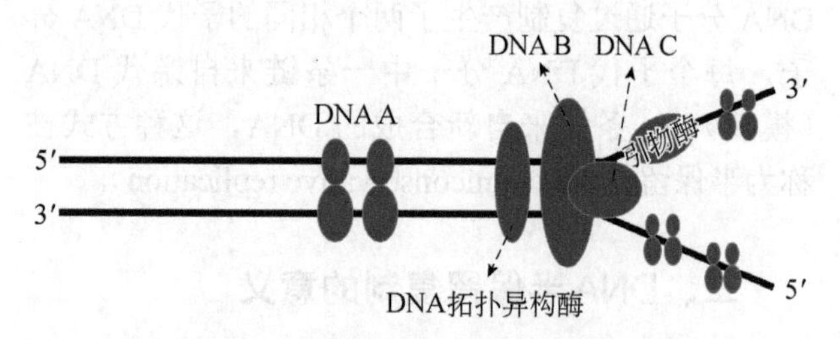

图 4-3　DNA 复制的起始（张一鸣等，2018）

二、复制方向

在 DNA 复制时，在复制起点打开双链，以两股单链为模板，合成子代新链。根据对病毒、原核生物以及真核生物 DNA 复制机制的研究，在生物界存在如下两种复制方向：①从起始点向一个方向进行，通常称为单向复制；②从起始点向两个方向进行，称为双向复制。通常情况下，复制是对称的，即两条单链同时进行复制；但也存在不对称复制，即一条链复制后再进行另一条链的复制。大多数生物染色体 DNA 及病毒环形 DNA 等的复制是双向的，并且是对称的。复制从复制子起始点开始，朝着相对两个方向进行，复制叉也朝相对方向逐渐位移，直至整个复制子完成复制（图 4-4）。

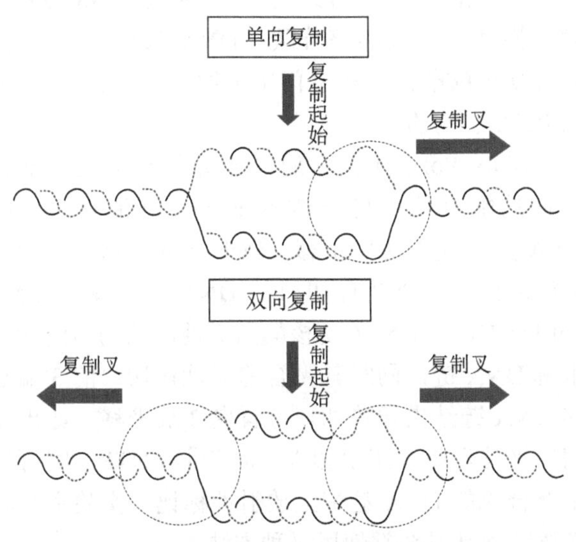

图 4-4　DNA 的复制方向（郜金荣等，1999）

三、复制方式

（一）线形 DNA 的复制方式

在复制时，复制子起始点开始解链，两条单链各自为模板合成互补链，复制叉单向或双向位移，此时在电镜下可以看到如眼的结构，通常称为复制泡（replication bubble）（图 4-5）。

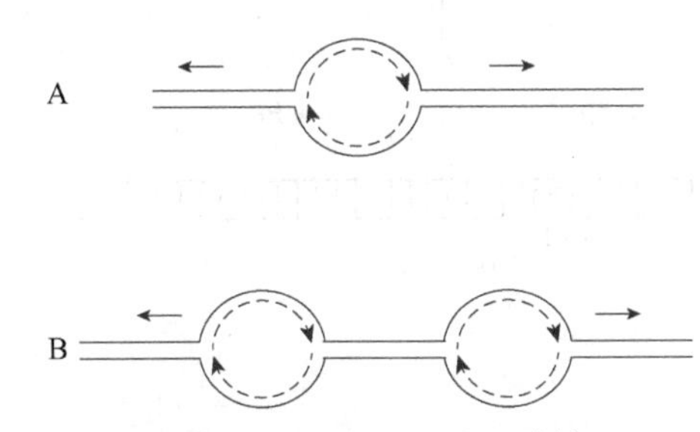

图 4-5　线形 DNA 的复制（张一鸣等，2018）

A. 直线双向复制；B. 多重起始双向复制

（二）环状 DNA 的复制方式

1. θ 型结构复制

环状 DNA，如大肠杆菌、多瘤病毒 DNA，由于只有一个复制起点，其复制泡形成希腊字母 θ 型结构，随着复制的进行，复制泡逐渐扩大，直至整个环状分子（图 4-6）。

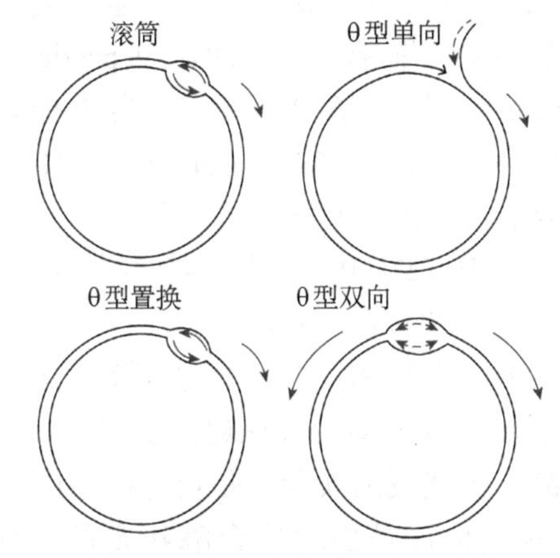

图 4-6　环状 DNA 的复制方式（张一鸣等，2018）

2. D 环型复制

线粒体 DNA 的复制就采用这种模式。环状 DNA 两条单链的复制起点不在同一位点。复制开始时，先在负链的起位点解链，然后以负链为模板，合成一条与其互补的新链，取代另一条仍保持单链状态的亲代正链，此时在电镜下可以看到呈 D 环形状。当负链复制达到一定程度，随着正链置换区域扩大，暴露出正链的复制起点，于是以正链为模板开始合成与其互补的新链，最后生成两个子代 DNA 双链分子。由于两条亲代链的复制起点不同，合成起始并不同步进行，所以 D 环型复制是一种不对称复制形式。

3. 滚动环型复制

滚动环型复制指一些简单低等生物或染色体外 DNA，环状双链 DNA 的正链由一内切核酸酶在特定的位置切开，游离出一个 3′-OH 和一个 5′-磷酸基末端。5′-磷酸基末端在酶的作用下，附着在细胞膜上。随后，在 DNA 聚合酶催化下，以环状负链为模板，从正链的 3′-OH 末端加入与负链互补的脱氧核苷酸，使链不断延长，通过滚动而合成新的正链。与此同时，以伸展的正链为模板，合成互补的新的负链。最后合成两个环状子代双链分子。

第三节　DNA复制的酶系

一、DNA聚合酶类

DNA 聚合酶（DNA Pol）的全称是依赖于 DNA 的 DNA 聚合酶（DNA-dependent DNA polymerase），其本意是以 DNA 为模板，催化 DNA 合成的聚合酶。DNA Pol 是参与 DNA 复制的最重要酶，其催化的反应通式为：

$$\text{引物-OH}+(\text{dNTP}) \xrightarrow{\text{DNA Pol，DNA模板/镁离子}} \text{引物-O-dNMP}+(\text{dNTP})_{n-1}+\text{PP}_i$$

反应中形成的 PP_i 在细胞内焦磷酸酶的催化下迅速被水解，使得聚合反应趋于完全。如果没有焦磷酸酶，上述反应实际上是可逆的。DNA 复制的一些基本特征是由此聚合酶决定的。例如，DNA 复制需要引物和 DNA 链延伸的方向总是从 5′→3′。

（一）原核细胞的 DNA 聚合酶

1. DNA Pol Ⅰ

DNA PolⅠ由 *polA* 基因编码，是一种多功能酶（multi-functional enzyme），除了具有 5′→3′的聚合酶活性以外，还具有 5′-外切核酸酶和 3′-外切核酸酶的活性：3′→5′的外切核酸酶活性是用来自我校对的，当错配的碱基出现在 DNA 生长链的 3′端时切除错配的核苷酸，然后再通过 5′→3′的聚合酶活性换上正确的核苷酸；DNA PolⅠ所具有的 5′-外切核酸酶活性是专门用来切除位于 DNA 5′端的 RNA 引物的。

DNA PolⅠ所具有的聚合酶和 5′-外切核酸酶活性的配合使用可导致本来一条链带有切口的 DNA 分子发生切口平移（nick translation）。如图 4-7 所示，一个具有切口的 DNA 分子受到 DNA PolⅠ 的作用其 5′-外切核酸酶活性能从切口的 5′端水解 DNA 链，同时其聚合酶活性在切口的 3′端延伸 DNA 链结果导致切口位置向 3′端平移。如果在切口平移反应系统中加入［a-^{32}P］-dNTP，则可使重新合成的 DNA 链带上放射性标记。实验室在制备核酸探针时经常使用这种方法。

1978 年 Tom Steitz 等得到了克列诺（Klenow）酶的 X 射线晶体结构，发现该酶有“校对”和

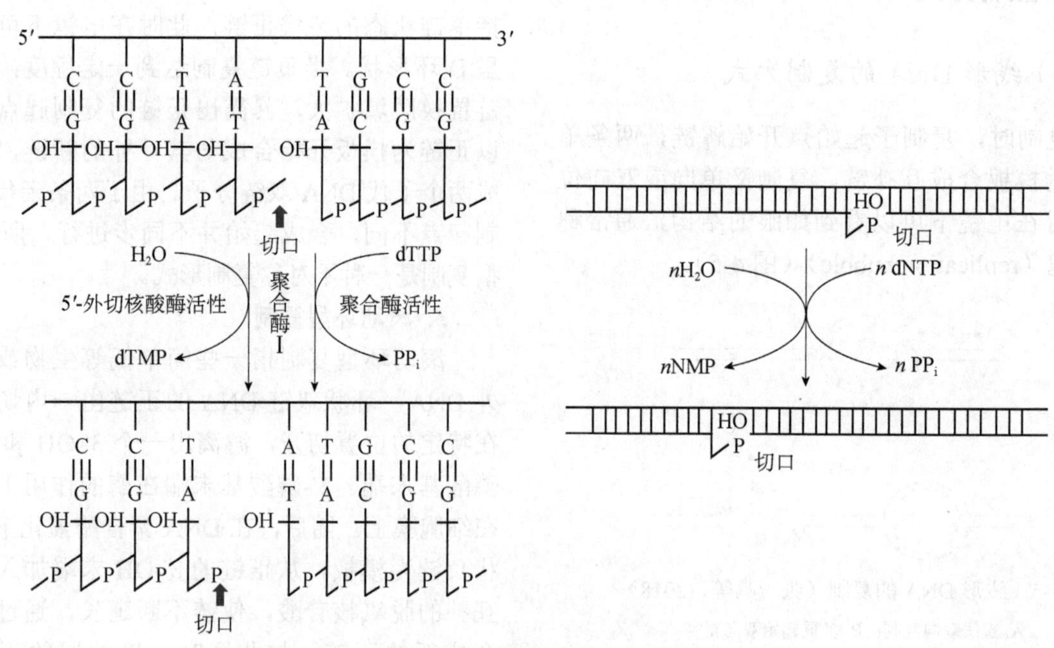

图 4-7　DNA PolⅠ催化的缺口平移（杨荣武等，2007）

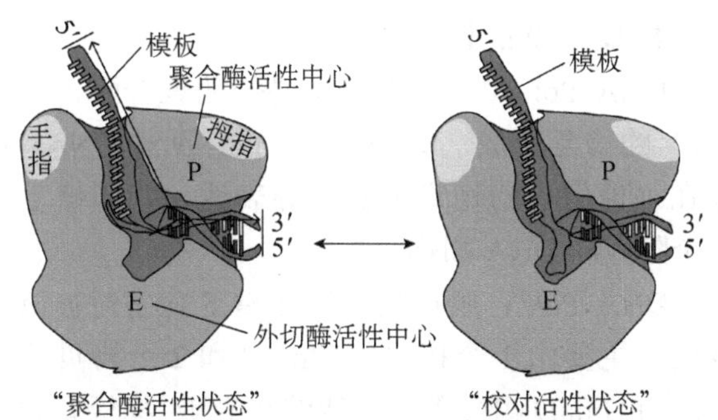

图 4-8　DNA Pol Ⅰ的聚合和校对（杨荣武等，2007）

“聚合酶”两种活性状态（图 4-8），不同的活性状态下，酶的构象不一样。当酶处于“聚合酶活性状态”时，位于聚合酶活性中心的一些高度保守的氨基酸残基直接与进入活性中心的 dNTP 的磷酸骨架相互作用，这些保守的氨基酸残基均带有正电荷。除了这些带正电荷的保守氨基酸残基以外进入活性中心的 dNTP 还与一些带负电荷的氨基酸残基结合。

在 DNA 复制过程中，首先合成 RNA 引物。RNA 引物合成好以后，与模板链一起诱导的构象发生变化，致使在外切核酸酶活性中心附近形成一个新的裂缝。随后 RNA 引物和模板链通过这个新的裂缝进入聚合酶活性中心，DNA 子链的合成由此在引物的 3′-OH 端展开。

该酶不适合充当催化大肠杆菌染色体 DNA 复制的主要酶的一些性质包括：

1）速度太慢：该酶催化的聚合反应约为 20 nt/s，远低于大肠杆菌染色体 DNA 复制的实际反应速度；

2）酶量太多：据测定，每一个大肠杆菌大约含有 400 个 DNA Pol Ⅰ分子，这大大超过每个大肠杆菌染色体 DNA 两个复制叉需要的酶量；

3）进行性太低：该酶的进行性平均值为 20～50 nt，远低于实际值；

4）对诱变剂敏感：DNA Pol Ⅰ有缺陷的大肠杆菌突变株照样能够生存，但是这样的突变株对各种诱变剂（如紫外线）更为敏感。

2. DNA Pol Ⅱ

此酶也具有聚合酶活性和 3′-外切核酸酶活性，但无 5′-外切核酸酶活性。其大小为 90 kDa，由 *pol B* 基因编码。DNA Pol Ⅱ的聚合反应速度较慢，无法满足大肠杆菌染色体 DNA 复制的需要，此酶最有可能参与 DNA 修复。实验证明，缺乏此酶活性的突变株在生长和 DNA 复制上无任何缺陷。

3. DNA Pol Ⅲ

DNA Pol Ⅲ含有多个亚基，虽然也具有 5′→3′聚合酶活性和 3′→5′外切核酸酶活性，但却由不同的亚基承担（表 4-1）。

表 4-1　大肠杆菌 DNA Pol Ⅲ

亚基功能			
全酶	Pol Ⅲ′	核心酶	α：5′→3′聚合酶活性
			ε：3′→5′外切核酸酶活性
			θ：α 和 ε 的装配
			τ：将全装配到 DNA
			β：滑动钳（进行性因子）
			γ：滑动钳载复合物
			δ：滑动钳载复合物
			δ′：滑动钳载复合物
			χ：滑动装载物
			ψ：滑动钳载复合物

DNA Pol Ⅲ被认为是参与大肠杆菌染色体 DNA 复制的主要酶，最有利的证据来自大肠杆菌的一种 DNA Pol Ⅲ温度敏感型突变株。这种突变株只能生存在 30℃以下，当温度上升到 45℃时，细菌难以生存。这是因为编码 DNA Pol Ⅲ亚基的 *pol C* 基因发生了突变，致使该酶对温度变化异常敏感。当环境温度超过 30℃以后，该酶就很容易变性而失活。这时 DNA 复制就不能正常进行；而在允许温度以下，该酶的活性是正常的，所以细胞内的 DNA 复制也就正常。

DNA Pol Ⅲ的组成最为复杂，主要有核心酶和全酶两种形式（表 4-1）。全酶由核心酶、滑动钳（sliding clamp）和钳载复合物（clamploading complex）组成。

1）核心酶由 α、ε 和 θ 亚基组成。α 亚基由 *pol C*（也称 *dna E*）基因编码，具有 5′→3′聚合酶活性。ε 亚基由 *dna Q* 基因编码，具有 3′→5′外切核酸酶活性，负责复制的校对。核心酶单独也能催化 DNA 复制，但进行性只有 10～15 nt。

2）Pol Ⅲ′由核心酶和亚基 τ 组成。体内的 Pol Ⅲ′形成二聚体，分别负责前导链和后随链的复制。τ 和 θ 亚基被认为参与核心酶二聚体的形成，以利于前导链和后随链合成的偶联。

3）滑动钳载复合物由γ、δ、δ′和ψ亚基组成。其中复合物γ-δ复合物被认为具有ATP酶活性，负责滑动钳的装载。γ和ψ亚基都是*dna X*基因的产物，该基因的移码突变造成了二者的差别。

4）β滑动钳由两个β亚基（*dna N*基因的产物）组成为环绕DNA模板而成的环状六角星结构，其外径为8 nm，内部为一空洞，直径为3.5 nm，大于DNA的双螺旋直径。在DNA复制中，它像一个钳子，松散地夹住DNA模板，并能自由地向前滑动，这大大提高了DNA Pol Ⅲ的进行性。

β滑动钳的装配需要消耗ATP，由钳载复合物催化，其中的γ-δ复合物具有ATP酶活性，其功能是通过水解ATP驱动钳子打开，并帮助钳子装配到DNA模板上。

前导链和后随链的合成都需要形成β滑动钳，但前导链合成时，它只是在开始时形成一次，这种结构一直持续到合成结束，但后随链合成时，它需要周期性的装配和解体，实际上每合成一个冈崎片段就需要形成一次（图4-9）。

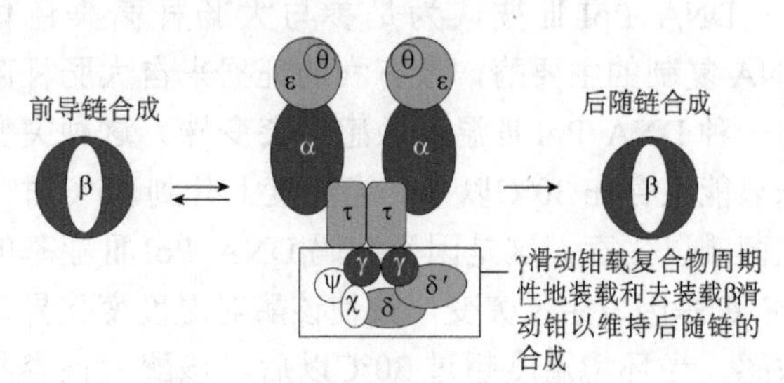

图4-9 大肠杆菌DNA Pol Ⅲ全酶的结构模型（杨荣武等，2007）

4. DNA Pol Ⅳ和Ⅴ

DNA Pol Ⅳ和Ⅴ都属于易错的聚合酶，参与DNA的修复合成。其中DNA Pol Ⅳ与DNA Pol Ⅱ在细菌生长的稳定期被诱导表达，共同修复这一个阶段的DNA损伤。

DNA Pol Ⅴ则在细菌进行SOS应答时被诱导合成，主要由1个拷贝的UmuC和2个拷贝的被截短的UmuD组装而成，能够在DNA模板有切口的地方催化DNA复制，但它无校对活性，从而导致复制易错而且进行性极低。SOS应答是指当细菌受到高剂量辐射或突变剂作用下，其染色体DNA受到严重损伤时细胞所作的各种保护性应激反应。当细菌进行SOS应答时，包括*umuC*和*umuD*在内的一系列的基因被诱导表达，这显然有利于细菌在恶劣环境中能够生存。

（二）真核细胞的DNA Pol

已在真核细胞中发现超过15种的DNA Pol，但最重要的是5种较早发现的DNA Pol：α、β、γ、δ和ε（表4-2），而新发现的10多种DNA Pol（如聚合酶θ、ζ、η、κ、μ、λ、φ和ξ）一般无3′-外切核酸酶活性（θ除外），因此没有校对的功能，它们主要参与DNA的跨越合成（bypass synthesis）。

表4-2 真核细胞DNA Pol α、β、γ、δ和ε的比较（杨荣武等，2007）

性质	DNA Pol α	DNA Pol β	DNA Pol γ	DNA Pol δ	DNA Pol ε
亚细胞定位	细胞核	细胞核	线粒体基质	细胞核	细胞核
引发酶活性	有	无	无	无	无
亚基数目	4	1	4	3～5	≥4
催化亚基的分子量/kDa	160～185	40	125	125	210～230或125～140
对dNTP的K_m值/（μmol/L）	2～5	104	0.5	2～4	—
内在的进行性	中等	低	高	低	高
在增殖细胞核抗原（PCNA）存在时的进行性	中等	低	高	高	高
3′-外切核酸酶活性	无	无	有	有	有
5′-外切核酸酶活性	无	无	无	无	无
对3′,5′-ddNTP的敏感性	低	高	高	低	中等
对阿拉伯糖胞苷三磷酸（CTP）的敏感性	高	低	低	高	高
对四环双萜的敏感性	高	低	低	高	高
生物功能	细胞核DNA复制	细胞核修复	线粒体DNA复制	细胞核DNA复制	细胞核DNA复制和修复

1. DNA Pol α

DNA Pol α 是一种异源四聚体蛋白，拇指-手掌-手指三个结构域位于 p180 亚基上：N 端结构域（1～329 位氨基酸残基）似乎是催化活性和四聚体复合物组装必需的；中央结构域（330～1234 位氨基酸残基）含有所有与 DNA 结合、dNTP 结合和磷酸转移所必需的保守区域；C 端结构域（1235～1465 位氨基酸残基）并非催化活性所必需，但参与与其他亚基的相互作用。

DNA Pol α 最独特的性质是它的三个小亚基中有两个具有引发酶的活性，负责合成 RNA 引物。在 DNA 复制过程中，DNA Pol α 与复制起始区结合，先合成短的 RNA 引物（长度约为 10 nt），再合成 20～30 nt 的 DNA，然后由 DNA Pol δ 和 ε 取代。

聚合酶缺乏 3′-外切酶活性，因此无校对能力。但在 DNA 复制过程中，复制蛋白 A（replication protein A，RPA）与它相互作用，稳定了它与引物末端的结合，同时降低掺入错误核苷酸的机会，从而抵消了无校对能力对复制忠实性的不利影响。

2. DNA Pol δ 和 ε

DNA Pol δ 由 3～5 个亚基组成，DNA Pol δ、ε 和 α 一起参与染色体 DNA 的复制。

DNA Pol δ 和 ε 都有 3′-外切核酸酶活性，因此具有校对能力。遗传分析表明，降低聚合酶的 3′-外切核酸酶活性的突变导致体内突变率增加。

增殖细胞核抗原（proliferating cell nuclear antigen，PCNA）为 DNA Pol δ 的辅助蛋白，其功能相当于大肠杆菌 DNA Pol Ⅲ 的 β 亚基。在真核细胞 DNA 复制中，由 PCNA 三个亚基组成滑动钳，以提高 DNA Pol δ 的进行性。

3. DNA Pol β

DNA Pol β 是真核细胞中最小的 DNA 聚合酶，仅由一个 39 kDa 的多肽链组成。它含有两个结构域：N 端较小的结构域具有 5′-脱氧核糖磷酸酶（5′-deoxyribose phosphatase）和与单链 DNA 结合的活性；C 端较大的结构域具有聚合酶活性。DNA Pol β 参与 DNA 损伤修复，能填补 DNA 链上短的空隙。

4. DNA Pol γ

DNA Pol γ 是一种异源二聚体蛋白，位于线粒体基质，其大亚基具有催化活性，小亚基为辅助亚基，能刺激大亚基的催化活性。除了聚合酶活性以外，DNA Pol γ 还具有 3′-外切核酸酶和 5′-脱氧核糖磷酸酶活性。DNA Pol γ 负责线粒体 DNA 的复制和损伤修复。

二、解旋、解链酶类

（一）DNA 解链酶

DNA 解链酶是一类催化 DNA 双螺旋进行解链的酶，一般由两个亚基或六个亚基组成。无论是原核细胞还是真核细胞，都有多种 DNA 解链酶。

所有的解链酶都能结合 DNA、结合 NTP 和水解 NTP，并具有解链的极性。

DNA 解链酶和 DNA 结合与碱基序列无关，这是解链酶作用的前提。大多数解链酶优先结合 DNA 的单链区域，少数解链酶优先结合 DNA 的双链区域。无论是单链区域还是双链区域，被结合的区域都充当解链酶作用的“着陆点”。

解链酶还能结合 NTP，并同时具有内在的依赖于 DNA 的 NTP 酶活性。其 NTP 酶活性用来水解被结合的 NTP，为 DNA 解链提供能量，以克服碱基对之间的氢键（图 4-10A）。绝大多数解链酶优先结合 ATP 或者只能结合 ATP，少数解链酶优先结合其他的 NTP（如 GTP），甚至还能结合 dNTP。

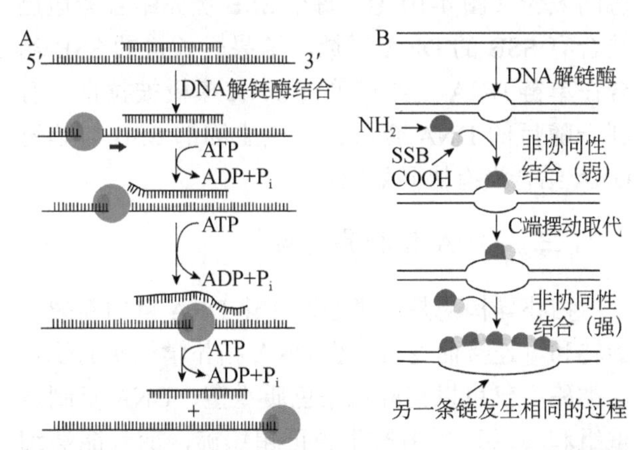

图 4-10　DNA 解链酶的作用模型（A）和大肠杆菌 SSB 与单链 DNA 结合的协同效应（B）（Lodish et al.，2004）

所有 DNA 解链酶都具有移位酶（translocase）活性，该活性与 DNA 解链紧密偶联。移位酶活性使其能沿着被结合的DNA链单向移动，以不断地解开DNA双链。解链的速度能达1000 nt/s。解链酶在与“着陆点”结合以后的移位是单向的，这种单向移动的特性称为解链的极性。根据不同的解链极性，解链酶可分为3′→5′解链酶、5′→3′解链酶和同时从两个方向移位的双极性酶。

无论是解链酶活性还是移位酶活性都是将NTP水解释放出的化学能转化成DNA解链和沿着DNA移位的机械能，所以可将解链酶视为一种特殊的分子马达，其运动的轨道是DNA。

（二）单链DNA结合蛋白

单链DNA结合蛋白（SSB）是一种专门与DNA单链区域结合的蛋白质，它本身并无任何酶的活性，但通过与DNA单链区段的结合，在DNA复制、修复和重组中发挥以下几个方面的作用。

1）暂时维持DNA的单链状态，以防止被解链的互补双链在作为复制模板之前重新复性成双链。

2）防止DNA的单链区域自发形成链内二级结构，以消除它们对聚合酶进行性的影响。

3）包被DNA的单链区域，防止核酸酶对单链区域的水解。

4）刺激某些酶的活性，如T噬菌体编码的SSB-gp32能刺激T噬菌体DNA Pol的活性。

原核生物的SSB与DNA单链的结合具有正协同效应（图4-10 B）每个SSB优先结合旁边已结合有SSB的DNA区域，结果一长排的SSB结合在单链DNA上致使单链DNA模板被拉直，有利于随后的DNA合成。真核生物的SSB与单链DNA结合没有协同效应。

（三）DNA拓扑异构酶

拓扑异构酶是一类通过催化DNA链的断裂、旋转和再连接而直接改变DNA拓扑学性质的酶。这类酶不仅可以清除在染色质重塑、DNA复制、重组和转录过程中产生的正超螺旋，而且能够细调细胞内DNA的超螺旋程度，以促进DNA与蛋白质的相互作用，同时防止胞内DNA形成有害的过度超螺旋。

所有拓扑异构酶的作用都是通过前后两次转酯反应来进行的：第一次转酯反应由酶活性中心的一个Tyr-OH亲核进攻DNA链上的3′，5′-磷酸二酯键，导致DNA链发生断裂，并形成以磷酸酪氨酸酯键相连的酶与DNA的共价中间物（图4-11）。形成的这种共价中间物既储存了被断裂的磷酸二酯键中的能量，又防止了DNA链上出现非正常的永久性切口。在断裂的DNA链进行重新连接之前，DNA的另一条链或者另外一个DNA双螺旋通过切口，导致其拓扑学结构发生变化。最后，在断裂处发生第二次转酯反应。这次转酯反应由DNA链断裂处的自由OH亲核进攻酶第一次转酯反应形成的磷酸酪氨酸酯键，导致原来断裂的3′，5′-磷酸二酯键重新形成，而酶则恢复到原来的状态。

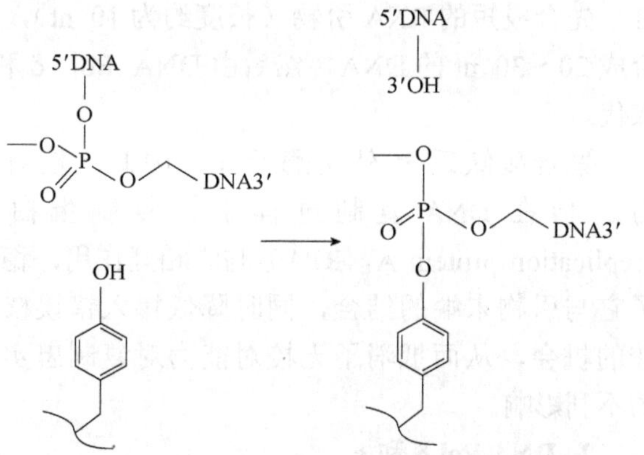

图4-11　DNA拓扑异构酶催化的转酯反应（杨荣武等，2007）

拓扑异构酶可分为Ⅰ型和Ⅱ型。Ⅰ型包括拓扑异构酶Ⅰ和Ⅲ，它们在作用过程中，只能切开DNA的一条链（图4-12）。而Ⅱ型包括拓扑异构酶Ⅱ和Ⅳ，它们在作用过程中同时交错切开DNA的两条链，并能在消耗ATP的同时将一个DNA双螺旋从一个位置经过另一个双螺旋的裂口主动运输到另外一个位置（图4-13）。

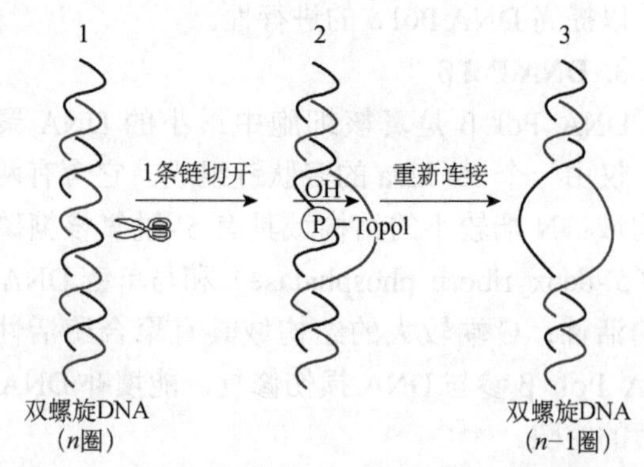

图4-12　Ⅰ型DNA拓扑异构酶的作用机制（杨荣武等，2007）

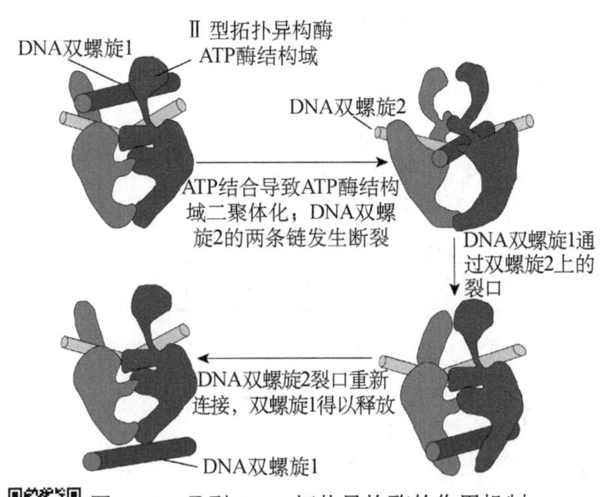

图 4-13　Ⅱ型 DNA 拓扑异构酶的作用机制（Lodish et al，2004）

参与 DNA 复制的主要是Ⅱ型拓扑异构酶。Ⅱ型拓扑异构酶既可以在 DNA 分子中引入有利于复制的负超螺旋，又可以及时清除复制叉前进形成的正超螺旋，还能分开复制结束后缠绕在一起的两个子代 DNA 分子。其催化的反应依赖于 ATP。在 ATP 存在时，一个 DNA 双螺旋上的两条链同时出现切口。随后，另一个 DNA 双螺旋穿过切口。最后，切口重新连接（图 4-13）。在断裂和重新连接之间。可完成几种不同类型的拓扑学转变，包括松弛正、负超螺旋，环形 DNA 的连环化（catenation）和去连环化（decatenation）。

细菌的促旋酶属于Ⅱ型拓扑异构酶，在消耗 ATP 的条件下，该酶可在共价闭环 DNA 分子中连续引入负超螺旋。在无 ATP 的情况下，该酶可以松弛负超螺旋。

真核细胞的拓扑异构酶Ⅱ在细胞核里通常与核骨架（nuclear skeleton）相连，其作用位点可能是相距 30～90 kb 长的 DNA 重复序列。

三、引发酶

DNA 引发酶是一类特殊的催化 RNA 引物合成的 RNA 聚合酶。由于 DNA 复制的半不连续性，引发酶在每一个复制叉的前导链上只需要引发一次，而在后随链上则需用引发多次（一个冈崎片段需要引发一次）。

大肠杆菌的引发酶由 *dnaG* 基因编码，其进行性很低，在胞内催化合成约 11 nt 长的 RNA 引物。如图 4-14 所示，大肠杆菌引发酶由一条肽链组成，但具有三个相对独立的结构域：N 端结构域（p12）具有典型结合 DNA 的结构模体锌指结构；C 端结构域（p16）负责与复制叉内的 DNA B 蛋白相互作用。引发酶通过这种相互作用被招募到后随链上；核心结构域（p35）位于中央，含有聚合酶活性中心。

真核细胞的引发酶活性由 DNA Pol α 的两个小亚基承担。

图 4-14　大肠杆菌引发酶的结构模型（杨荣武等，2007）

四、DNA连接酶

DNA 连接酶（DNA ligase）不仅参与 DNA 复制、修复和重组，而且是基因工程中最常见的工具酶之一。连接酶负责催化一个双螺旋 DNA 分子内相邻核苷酸 3′-OH 和 5′-P 甚至两个双螺旋 DNA 分子两端的 3′-OH 和 5′-P 发生连接反应形成 3′，5′-磷酸二酯键。DNA 连接酶只会连接 DNA，而不会连接 DNA 和 RNA，因此从来没有将 RNA 引物与新生的 DNA 连接起来的危险。

连接酶在 DNA 复制过程中的作用是连接后随链上相邻的冈崎片段，使后随链成为一条连续的链，而在 DNA 修复和重组中的作用则是“缝合”修复或重组过程中在 DNA 链上产生的切口。

连接酶在催化连接反应时需消耗能量，细菌来源的 DNA 连接酶由 NAD^+ 提供能量，真核细胞、病毒的连接酶由 ATP 提供能量。

DNA 连接酶催化的反应由三步核苷酸转移反应构成（图 4-15），每一步都需要 Mg^{2+}：首先在连接酶的一个赖氨酸（Lys）残基的 ε-NH_2 上形成酶“-AMP”共价中间物；随后 AMP 被转移到 DNA 链切口上的 5′-P 上；最后切口处的 3′-OH 亲核进攻 AMP-DNA 之间的键，致使切口处相邻的核苷酸之间形成 3′，5′-磷酸二酯键，同时释放出 AMP。

1）$E+NAD^-/ATP \rightarrow EpA+NMN/P_i$

2）$EpA+pDNA \rightarrow AppDNA+E$

3）$DNA_{OH}+AppDNA \rightarrow DNApDNA+AMP$

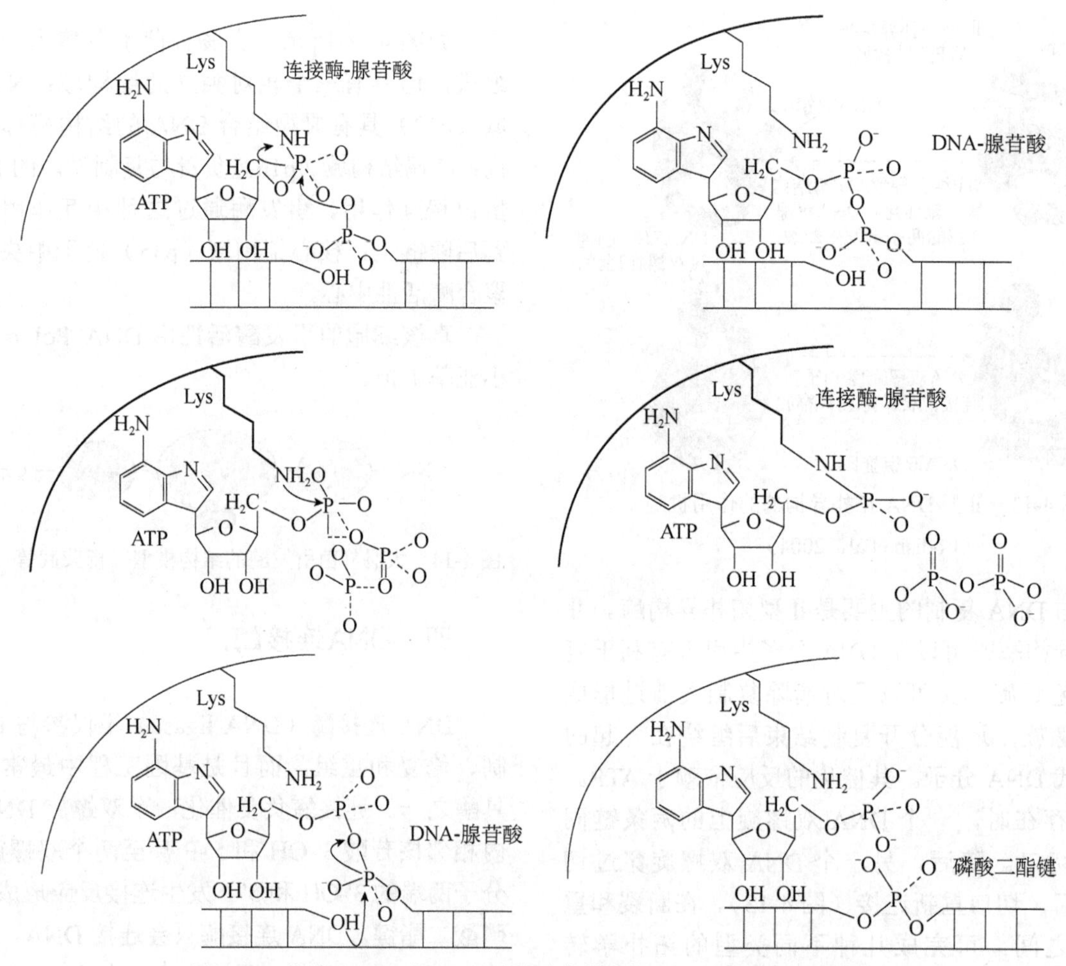

图 4-15　依赖于 ATP 的 DNA 连接酶的作用机制（杨荣武等，2007）

五、端粒酶

端粒酶也称为端聚酶或端粒末端转移酶（telomere terminal transferase，TTT），是真核细胞所特有的，其作用是维持染色体端粒结构的完整性。端粒是位于一条染色体末端的特殊结构，由蛋白质和 DNA 组成，其中的 DNA 称为端粒 DNA。端粒的主要功能是保护染色体，防止染色体降解和相互间发生不正常的融合或重组。

端粒 DNA 由许多短重复序列组成，一般无编码功能。表 4-3 所示为几种生物的端粒重复序列。例如，人端粒 DNA 的重复序列是 TTAGGG，重复了 2000 多次。

因为线性 DNA 的两端有可能被细胞内的修复机构当作损伤而进行非正常的“修复”，而导致末端 DNA 丢失或与其他双链 DNA 融合，所以真核细胞具有多种防止染色体末端被修复酶进行非

表 4-3　几种真核生物的端粒重复序列

物种名称	重复序列
四眼虫	TTGGGG
小腔游仆虫	TTTTGGGG
出芽酵母	TGTGGGTGTGGTG
裂殖酵母	TTAC（A）（C）$G_{(1\sim8)}$
丝状真菌（链孢霉）	TTAGGG
脊椎动物（人、小鼠和非洲爪蟾）	TTAGGG

正常修复的机制。例如，纤毛虫和真菌的端粒受到端粒结合蛋白的保护，从而有效地将其与修复机构隔离。再如，哺乳动物端粒 DNA 突出的 3′端能与内部的重复序列互补配对，形成精巧的 D 环（D-loop）和 t 环结构，在此基础上，还有额外蛋白质结合的保护（图 4-16）。无论是哪种情况结合，在端粒 DNA 上的蛋白质都既有保护作用，又能将端粒酶招募到端粒上来。

随着真核细胞染色体 DNA 的复制，一旦位于

端粒5′端冈崎片段上的RNA引物被切除，留下来的空隙将无法通过DNA Pol来填补，因为DNA Pol不能从3′→5′方向催化DNA合成。如果上述空隙不及时填补，端粒DNA会变得越来越短。

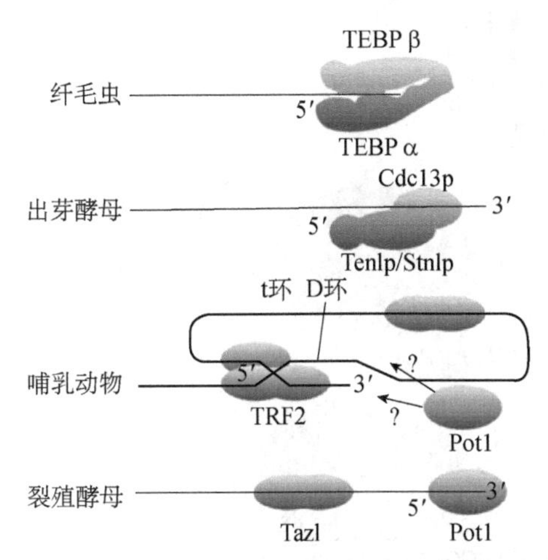

图4-16　端粒DNA的防“修复”机制（杨荣武等，2007）

端粒酶的结构见图4-17，由蛋白质和RNA两种成分组成。酵母和人端粒酶的蛋白质部分由1个RNA结合亚基、1个逆转录酶亚基和3个或者更多的其他几个亚基组成。纤毛虫端粒酶的蛋白质部分只有两个亚基。每一个酶的RNA部分含有一段与端粒重复序列互补的序列。端粒酶的RNA长度变化很大，短到146 nt（四膜虫），长到1544 nt（白念珠菌），但它们都形成一种典型的二级结构，作为模板的那一段序列总是位于单链区域。

端粒酶使用“滑动”机制（slippage mechanism）来延长端粒的长度，它每合成1拷贝的重复序列，就滑到新的端粒末端，重新启动重复序列的合成，详细的作用机制见图4-18。首先是其RNA中的端粒DNA重复序列与端粒DNA最后一段重复序列互补配对，而剩余的重复序列凸出在端粒的一侧作为模板；随后发生逆转录反应，在端粒DNA的3′端添加1拷贝的重复序列（GGGTTG）。当逆转录反应结束后，端粒酶移位，重复上面的反应，直到端粒突出的一端能够作为合成新的冈崎片段的模板，以填补上一个冈崎片段RNA被切除后留下的空隙。由此可见，端粒酶并没有直接填补引物切除以后留下的空白，而是借助其逆转录酶的活性，将突出的端粒模板链进一步延长，从而可以在隐缩的后随链上再合成冈崎片段以加长后随链。

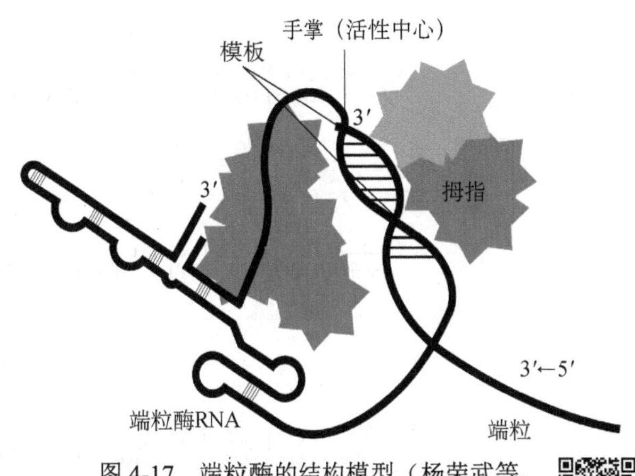

图4-17　端粒酶的结构模型（杨荣武等，2007）

端粒酶活性的高低与端粒的长短有十分密切的关系。由于体细胞缺乏端粒酶活性，因此每分裂一次端粒就缩短一点。当端粒缩短到一定长度，影响到正常基因时，细胞必然死亡。这就是为什么体细胞在体外培养到几十代以后，就不能传下去了，而癌细胞和生殖细胞几乎是永生的。当有人将端粒酶基因成功地转染到体外培养的人细胞以后，发现被转染的细胞重新获得无限增殖能力。

单细胞生物（如草履虫）体内的端粒酶活性也很高。这对于单细胞生物来说极为重要，因为如果它们缺乏端粒酶活性，最终必然导致物种灭绝。

世界第一例通过体细胞克隆产生的哺乳动物——多莉羊（sheep Dolly）的DNA来自一头6岁成年羊乳腺细胞的细胞核，提供DNA的乳腺细胞已在体外培养了几个星期。据测定，多莉羊的端粒长度只有同年的通过正常生殖产生的羊端粒长度的80%（杨荣武等，2007）。

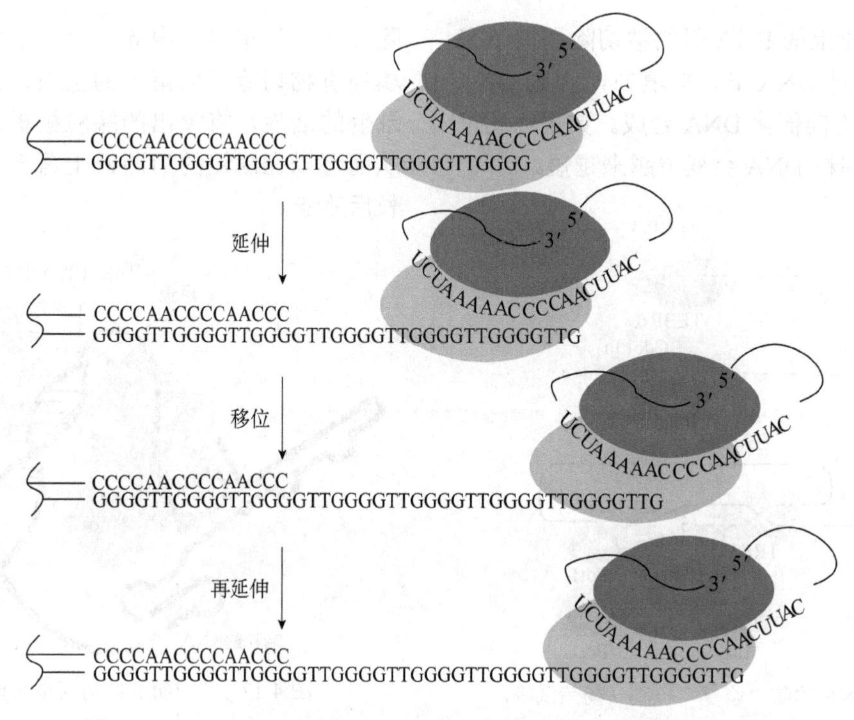

图 4-18　端粒酶的作用机制（杨荣武等，2007）

第四节　DNA 复制的不连续性

一、概念

在复制起点，两条链解旋形成复制泡，DNA 复制会形成复制叉，如果向单侧复制会形成一个复制叉，向两侧复制会形成两个。以复制叉移动的方向为基准，一条模板链是 3′→5′，以此为模板而进行的新生 DNA 链的合成沿 5′→3′方向连续进行，这条链称为前导链。另一条模板链的方向为 5′→3′，以此为模板的 DNA 合成也是沿 5′→3′方向进行，但与复制叉前进的方向相反，而且是分段、不连续合成的，这条链称为后随链，合成的片段即为冈崎片段。冈崎片段会由 DNA 连接酶连接成完整的 DNA 链。这种前导链的连续复制和后随链的不连续复制在生物中是普遍存在的，称为 DNA 合成的半不连续复制。

二、不连续复制模型的提出与完善

（一）不连续复制模型的提出

沃森和克里克提出了 DNA 双螺旋结构后，1953 年又在 *Nature* 发表论文，提出若将 DNA 双螺旋结构看成是一对模板，且这两条模板是彼此互补的，则可以假定复制分两步走：在复制之前氢键断裂，两条链解旋并彼此分离，然后每条链都可以作为模板在其上形成一条新的互补链，最终将得到两对 DNA 链，这样新形成的两个 DNA 分子与原来 DNA 分子的碱基顺序完全一样。这种每个子代分子的一条链来自亲代 DNA，另一条链是新合成的链的复制方式称为 DNA 的半保留复制。但此时，半保留复制仍然是一种推测。1958 年，梅塞尔森（Meselson）和斯塔尔（Stahl）用放射性元素标记的方法和密度梯度离心法探讨了亲代链在子代分子中分布的规律，证实了 DNA 的复制是以半保留方式进行的。

因此，在 DNA 复制过程中，分开的两条亲本链均可以作为模板，按照碱基配对法则合成互补新链。DNA 双螺旋结构中两条链是反向平行的，一条链方向为 5′→3′，另一条链方向为 3′→5′，以它们为模板合成的互补链的方向应分别为 3′→5′、5′→3′。然而 20 世纪 50 年代美国生物化学家科恩伯格（A. Kornberg）就提出生物体内 DNA 分子的复制过程必然是在 DNA 聚合酶作用下的酶促反应过程，并且实验证明 DNA 聚合酶只能利用引物分子提供的 3′-OH 末端聚合 dNTP，所以生物体内 DNA 复制过程中新生单链 DNA 分子的延伸方向只能是 5′→3′。

这就出现了一个矛盾：DNA 双链分子中以 5′→3′链为模板的 3′→5′新生链是如何产生的？1968 年冈崎及其同事提出了四种可能的 DNA 不连续复制模型（图 4-19）。

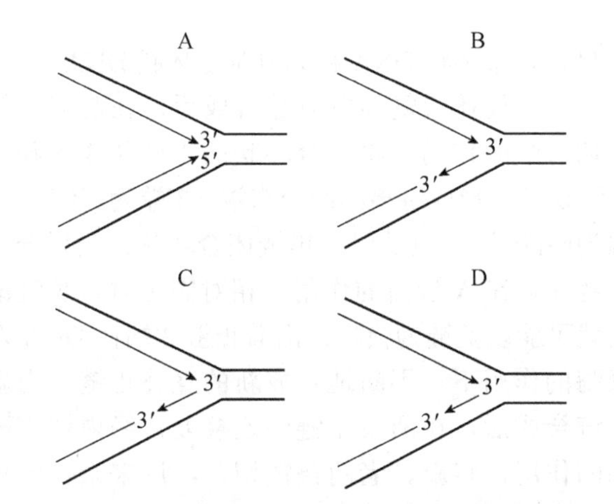

图 4-19　DNA 复制区可能的结构和反应模型（Sugimoto et al.，1968）

（二）不连续复制模型的完善

冈崎在提出模型后对这些模型提出了如下的预测：①一条或两条子代链最新复制的部分在变性后能够分离为有别于大的来自染色体其余部分 DNA 分子的短 DNA 链，也就是说在新合成的 DNA 中存在许多小的片段；②若抑制了在 DNA 链之间磷酸二酯键的形成酶将导致新生短链明显的积累。

冈崎等随后选择了 T4 噬菌体侵染大肠杆菌这一过程作为研究对象，利用脉冲标记技术使 ^{3}H 标记了胸苷。脉冲标记实验在“大肠杆菌-T4 噬菌体”体系内检测到了新合成的子链 DNA 小片段，证实了上述第一个预测。

脉冲标记实验支持了 DNA 链不连续复制的假设。然后冈崎等分别将有基因 30（当时冈崎等将 T4 噬菌体的基因 30 等同于连接酶的结构基因）的 T4 噬菌体突变体 tsA80、tsB20（该突变体产生的 DNA 连接酶具有热敏性）侵染了大肠杆菌，并将反应温度升高进行了脉冲标记实验，发现累积了大量新合成的短链 DNA。该实验验证了冈崎的第二个假设。

这一系列实验为解决 DNA 的不连续复制模型提供了支撑，认为以 5′→3′母链为模板合成的 3′→5′走向的 DNA 链其合成方向并非为 3′→5′，而是由许多 5′→3′方向合成的 DNA 片段连接起来的。

第五节　RNA 引物与引发酶

一、RNA引物

引物（primer）是指在核酸合成反应时，作为每个多核苷酸链进行延伸的出发点而起作用的多核苷酸链，是引发酶以复制起点的 DNA 序列为模板、NTP 为原料，催化合成 5′→3′的 RNA 短片段。在引物的 3′-OH 上，以二酯键形式进行核苷酸合成，因此引物的 3′-OH 必须是游离的。所有 DNA 聚合酶都必须利用引物提供自由的 3′-OH 末端，通过加入核苷酸使 DNA 链得以延伸，而不能从游离的核苷酸开始合成 DNA 链。引物的主要形式是 RNA，少量的病毒（噬菌体）以 DNA 或核苷酸（结合蛋白质）为引物。合成引物的是一种性质独特的 RNA 聚合酶，其催化的反应是以解开的 DNA 单链为模板，以 NTP 为原料，按碱基配对法则，催化合成一小段RNA，长约十余个至数十个核苷酸，作为DNA合成的引物。引物的3′-OH端是DNA合成的起始点。引发酶是复制起始时催化RNA引物合成的酶，该酶不同于转录中的RNA聚合酶。DNA聚合酶不能催化两个游离的dNTP聚合，只能在与DNA模板链互补的RNA引物3′-OH端后逐一聚合新的互补核苷酸。

二、引发酶

引发酶为DNA复制中引物-RNA的合成酶，狭义的引发酶是指大肠杆菌dnaG遗传因子的产物。dnaG遗传因子产物的分子量约为60 000 Da的蛋白质，是大肠杆菌及以大肠杆菌为寄主的许多噬菌体DNA复制所必需的。通过对以ΦX174、G4噬菌体DNA为模板的离体（*in vitro*）复制系的分析，也可决定由引发酶所合成的RNA结构。在大肠杆菌的T系噬菌体方面，与dnaG机能相对应的噬菌体固有遗传因子可被测出。在复制开始时须有一段RNA作为引物，这段引物在合成后并不与模板分离，而是以氢键与模板结合。这种引物即由一种独特的RNA聚合酶引发酶所合成。在大肠杆菌中这种酶是一条单链，分子质量60 000 Da，每个细胞中有50～100个分子。它们是由*dnaG*基因编码的。该酶单独存在时相当不活泼，只有与有关蛋白质结合成一个复合物时才有活性。

第六节　原核生物DNA复制模型

一、凯恩斯模型

目前的观点普遍认为大肠杆菌和λ噬菌体DNA的复制都是按照凯恩斯模型（Carins model）进行的。它们的复制都是从双链的固定点Ⅰ开始，以双向进行复制。正链膨大负链变形，逐渐形成θ型DNA分子，新生子链随母链正负链内外侧延伸。由于亲代DNA分子是螺旋的双链，复制到最后两条亲链会互相紧绕在一起，因此一定要在内切核酸酶的作用下使一条链产生一个缺口才能使两条链分开。复制后产生的两个子代双螺旋DNA，需要通过连接酶连成一个完成的双螺旋DNA。双螺旋DNA延伸到一定程度闭环，形成两个子代DNA分子。

二、滚环复制模型

某些病毒（如ΦX174噬菌体）的DNA是单链环状的DNA，它的复制方式与原核生物中双链DNA分子的复制方式不同，为滚环复制。当单链病毒DNA分子复制时，首先以病毒DNA分子为模板（正链）在RNA引发酶、DNA多聚酶和连接酶等的作用下合成一条环状互补的单链（负链），再由负链环状DNA合成的一条双链环状DNA，这条环状DNA称为复制型环状DNA。

当亲代环状复制型双链合成后，在起点处经内切核酸酶作用，将闭合环状的正链从3′-5′磷酸酯键切开，形成游离的两个末端（3′端为—OH，5′端为磷酸基），负链仍是单链闭合环状。当切开的正链5′端在A蛋白的作用下相对固定时，负链滚动就可能以负链为模板，沿着正链3′端在DNA多聚酶的作用下，不断地合成新的互补正链。当新正链合成后，在两条正链的连接处，经内切核酸酶的作用，将新、老两条链切开，原来亲代的正链在连接酶的作用下闭合成环状单链（正链），可以重复第一阶段的各过程，使DNA分子得到扩增；新合成的正链通过滚环复制，重复第二阶段的各过程，使DNA分子得到扩增。第二阶段为复制型双链的增殖阶段。

一个病毒单链环状DNA分子，经过复制产生许多复制型双链DNA分子，当病毒外壳蛋白在宿主细胞内合成后，病毒外壳蛋白与单链正链病毒DNA分子结合，阻止了单链环状病毒DNA分子继续复制，接着便组装成一个成熟的病毒DNA。

滚环复制模型不仅可以用来解释单链病毒DNA分子的复制，而且可以用来解释细菌有性生殖过程中DNA分子的复制和移动。此外，两栖类卵细胞形成过程中染色体外携带rRNA基因簇的小DNA分子的复制，也可能是通过滚环复制模型复制而成的。

第七节　真核生物DNA复制模型

一、多复制子

（一）复制子

复制是从DNA分子上的特定部位开始的，这一部位叫作复制起点，常用ori或o表示。细胞中的DNA复制一经开始就会连续复制下去，直至完成细胞中全部基因组DNA的复制。DNA复制从起始点开始，双向复制，直到两侧两个终点为止，每个这样的DNA单位称为复制子或复制单元（replicon）。也可以说一个复制子包含了一个复制原点和两个复制终点的区域。

每个复制子使用一次，并且在每个细胞周期中只有一次。复制子中含有复制需要的控制元件。在复制的起始位点具有原点，在复制的终止位点具有终点。

在原核细胞中，每个DNA分子只有一个复制起始点，因而只有一个复制子；而在真核生物中，DNA的复制是从许多起始点同时开始的，所以每个DNA分子上有许多个复制子。

（二）多复制子

真核生物的DNA生物合成是在S期进行的多复制子的复制。细胞分裂的时相变化称为细胞周期，包括M期、G_1期、S期和G_2期，真核生物的DNA生物合成是在S期进行的。

真核生物基因组庞大而复杂，DNA的复制速率比原核生物慢，但真核生物具有多复制子结构。也就是说真核生物的复制有多个起始点。一个复制原点和两侧两个复制终点之间构成一个独立的复制功能单位，称为复制子。真核生物是多复制子复制。每个复制子的复制从起始点（复制原点）开始，分别向两侧方向双向进行，称为双向复制。当一条DNA分子上所有的复制子都复制结束，整条DNA链的复制就完成了，从而大大加快了DNA的复制速度。

二、复制的一致性

DNA复制是半保留复制，生成的子代DNA与亲代DNA的碱基序列一致，把这种现象称为DNA复制的一致性，也称DNA复制的高保真性。复制的一致性依赖于以下三个机制：

1）遵守严格的碱基配对规律（最基本机制）；

2）聚合酶在复制延长中对碱基的选择功能（DNA Pol Ⅲ）；

3）复制出错时有外切核酸酶即时校读功能（DNA Pol Ⅰ）。

复制子的双向复制能大大提高真核生物的复制速率。

三、避免5′端缩短的机制

（一）线性DNA 5′端缩短的原因

DNA复制的起始必须先期合成一段引物分子（多数为RNA分子），当DNA复制完成后，无论是前导链还是后随链，都必须将引物分子降解，RNA引物在DNA Pol Ⅰ的5′→3′外切核酸酶作用下被切除，并用脱氧核苷酸填补缺口。环状DNA分子的冈崎片段首尾相连，每个片段的RNA引物被降解后均可利用位于其上游DNA分子的3′端来启动DNA Pol Ⅰ以填补切除后的空缺。但是，线性DNA分子位于5′端的冈崎片段的RNA引物被切除后，DNA Pol Ⅰ没有3′端来发动DNA复制补填缺口，那么每一轮复制后5′端就会出现一次短缩。

（二）避免5′端缩短的机制

大部分真核生物是通过末端的端粒结构而防止遗传信息丢失的。端粒是真核生物染色体线性DNA分子末端的膨大结构，由DNA和结合蛋白组成。端粒DNA的两条链，一条为（AC）短序列的多次重复，另一条为（GT）短序列的多次重复，如人类的为（TnGn)$_X$的重复序列，并往往能形成反折的二级结构。

端粒在端粒酶的作用下，通过爬行模型，完成末端双链DNA的复制。端粒酶由端粒酶RNA（hTR）、端粒酶协同蛋白（hTP1）和端粒酶逆转录酶（hTRT）三部分组成。其中hTR的序列为(AnCn)$_X$的重复，可与端粒DNA的GT重复链辨认结合。过程如下：

1）hTR与GT短重复序列互补结合，并以其3′-OH为引物，以自身序列为模板，在hTRT的催化下延伸GT链；

2）延伸一段后，端粒酶向下游移动（爬行），继续延伸；

3）延伸至足够长度后，端粒酶脱离，CT链反折形成自身GC非典型配对；

4）以其3′-OH为引物，以GT链为模板，在DNA PolⅠ催化下合成AC链，最终完成末端双链DNA的复制。

端粒酶并不是决定端粒长度的唯一因素，因此有关端粒和端粒酶的作用还有待进一步研究。但据目前研究表明，至少端粒酶活性的下降和端粒的缩短与细胞的老化有关。而在肿瘤研究上，某些肿瘤细胞的端粒比正常细胞短，而有些肿瘤表现出端粒酶活性的增高，表现出一定的不确定性。因此在肿瘤学发病机制及治疗等领域，有关端粒和端粒酶的研究还有待深入的研究（于秉治等，2008）。

四、与原核生物DNA复制的异同点

（一）与原核生物DNA复制的共同点

1）底物成分：亲代DNA分子为模板，4种dNTP为底物，酶及蛋白质有DNA拓扑异构酶、DNA解链酶、单链结合蛋白、引发酶、DNA聚合酶、RNA酶及DNA连接酶等；

2）过程：分为起始、延伸、终止三个过程；

3）聚合方向：5′→3′；

4）化学键：3′，5′-磷酸二酯键；

5）遵从碱基配对法则；

6）一般为双向复制、半保留复制、半不连续复制。

（二）与原核生物DNA复制的不同点

1）复制前与染色体蛋白质分离，复制后形成染色体；

2）有多个复制始点，形成多个复制子；

3）聚合酶类型不同；

4）DNA线性复制；

5）存在端粒和端粒酶，防止DNA在复制过程中缩短。

第八节　体外DNA复制技术及其应用

一、体外DNA复制技术原理

体外核酸复制是一种选择性在体外快速扩增DNA或RNA片段的方法。PCR技术的特异性由两个人工合成的引物序列决定。所谓引物就是与待扩增DNA片段两端互补的寡聚核苷酸，其本质是单链DNA（single-stranded DNA，ssDNA）片段。待扩增DNA模板加热变性后，两引物分别与两条DNA两端序列特异复性。此时，两引物的3′端相对，5′端向背。在合适条件下，由*Taq* DNA聚合酶催化、引物引导DNA合成，即引物的延伸。上述过程由温度程序控制。这种热变性-复性-延伸的过程就是一个PCR循环。PCR就是在合适条件下的这种循环的不断重复。理论上扩增产物量呈指数上升，即n个循环后，产量为2^n个拷贝。

二、PCR技术

（一）PCR技术的发展

PCR技术，即试管内DNA扩增技术，PCR技术是在1985年由美国Cetus公司人类遗传学研究室穆利斯（Mullis）等创立。该技术是一种利用

DNA片段旁侧两个短的单链引物，在体外快速扩增所希望的目的基因或DNA片段，可将皮克（pg）水平的DNA特异地扩增100万倍左右，达到微克（μg）水平。这一技术的发明极大地推动了分子生物学的发展，而且其应用领域迅速扩展至基础研究、生物工程和医学卫生等诸方面，是目前核酸分子水平研究的基础，也是应用研究中使用最广泛的一项技术。1990年，威廉斯（Williams）等在PCR的基础上，把单对引物改成了多对引物，获得了多态性DNA片段，以此作为分子标记，创立了随机扩增多态性DNA（random amplified polymorphic DNA，RAPD）方法，并扩大了PCR的应用范围。其显著的特异性、高效性和真实性仍将继续推动现代分子生物学迅速向前发展。

（二）PCR技术的基本过程

PCR全过程包括三个基本步骤，即双链DNA模板加热变性成单链（变性）；在低温下引物与单链DNA互补配对（退火）；在适宜温度下*Taq* DNA聚合酶以单链DNA为模板，利用4种dNTP催化引物引导DNA的合成（延伸）。这三个基本步骤构成循环重复进行，可以使特异性DNA扩增达到数百万倍（≥ 2×10^6），具体过程如下（图4-20）。

1）变性：加热至90～96°C时，模板DNA双螺旋的氢键断裂，双链解链，形成单链DNA。

2）退火：当温度突然降低至25～65°C，引物与互补的单链DNA模板在局部形成杂交链。

3）延伸：在70～74°C下，在Mg^{2+}存在的条件下，4种dNTP底物在*Taq* DNA聚合酶的作用下，引物沿5′→3′方向延伸，按碱基配对法则合成与模板DNA互补的DNA新链。

变性、退火、延伸三个步骤称为PCR的一轮循环。每循环一次，目的DNA的拷贝数加倍，经过*n*次循环后，PCR扩增倍数为$(1+X)^n$，*X*为扩增效率，平均为75%。循环次数一般为20～30次。如果一次循环需要2～3 min，1～2 h就能将目的基因扩大几百万倍。

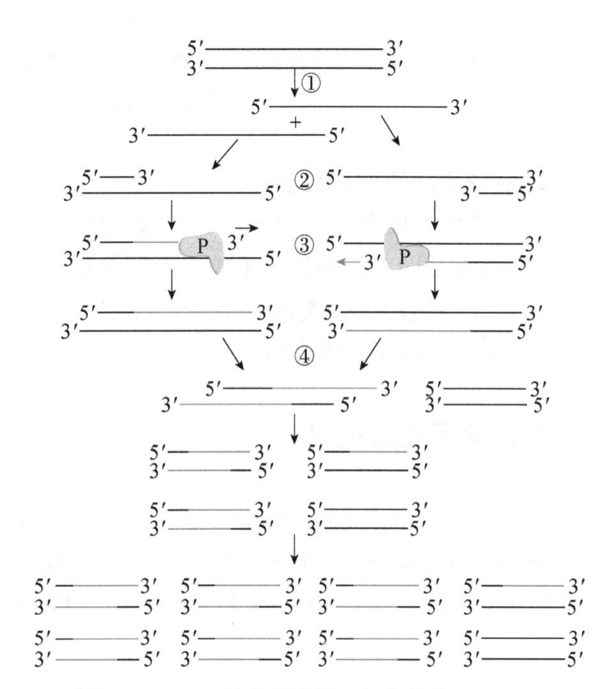

图4-20　PCR的实现过程（赵广荣等，2008）

①加热使双链DNA打开，形成单链；②引物与模板DNA的5′端配对结合；③在DNA聚合酶催化下DNA延长，一次增加一个单核苷酸；④第一循环完成，生成两段双链DNA，又可作为下一个循环模板，这样每次循环都使得扩增的DNA片段加倍

（三）PCR技术的特点

1. 特异性强

PCR反应的特异性决定因素为：引物与模板DNA特异正确的结合、碱基配对法则、*Taq* DNA聚合酶合成反应的忠实性、靶基因的特异性与保守性。其中引物与模板的正确结合是关键，它取决于所设计引物的特异性及退火温度。在引物确定的条件下，PCR退火温度越高，扩增的特异性越好。*Taq* DNA聚合酶的耐高温性质使反应中引物能在较高温度下与模板退火，从而大大增加了PCR反应的特异性。

2. 灵敏度高

从PCR的原理可知，PCR产物的生成是以指数方式增加的，即使按75%的扩增效率计算，单拷贝基因经25次循环后，其基因拷贝数也在100万倍以上，即可将极微量（pg级）DNA，扩增到紫外线下可见的水平（μg级）。

3. 简便快速

现已有多种类型的PCR自动扩增仪，只需把反应体系按一定比例混合，置于仪器上，反应便会按所输入的程序进行，整个PCR反应在数小时内就可完成。扩增产物的检测也比较简单：可用电泳分析、不用同位素、无放射性污染、易推广。

4. 对标本的纯度要求低

不需要分离病毒或细菌及培养细胞，DNA粗制品及总RNA均可作为扩增模板。可直接用各种生物标本（如血液、体腔液、毛发、细胞、活组织等）粗制的DNA扩增检测。

三、分子克隆技术

分子克隆（molecular clone）是指由一个祖先分子复制生成的与祖先分子完全相同的分子群，发生在基因水平上的分子克隆称基因克隆（DNA克隆）。

（一）分子克隆技术的基本原理

将编码某一多肽或蛋白质的基因（外源基因）组装到细菌质粒（质粒是细菌染色体外的双链环状DNA分子）中，再将这种质粒（重组质粒）转入工程菌体内，这样重组质粒就随工程菌的增殖而复制，从而表达出外源基因编码的相应多肽或蛋白质。由于质粒具有不相容性，即同一类群的不同质粒常不能在同一菌株内稳定共存，当细胞分裂时就会分别进入到不同的子代细胞中，所以来源于一个菌株的质粒是一个分子克隆，而随质粒复制出的外源基因也就是一个分子克隆。

（二）分子克隆技术的基本步骤

分子克隆技术目前已经有了很大发展，取得了巨大成就，特别是一些新技术和先进研究设备的不断涌现，进一步推动了分子克隆技术的发展，但其基本研究步骤仍主要包括以下几个方面。

1）采用各种方法从复杂的生物体基因组中分离获得带有目的基因的DNA片段。

2）在体外，将带有目的基因的外源DNA片段连接到具有自我复制功能及筛选标记的载体分子上，构建成重组DNA分子。

3）将重组体转移到宿主细胞，并随宿主细胞的繁殖而扩增。

4）从细胞繁殖群体中筛选出获得了重组体的受体细胞克隆。

5）从筛选出的受体细胞中提取已经得到扩增的目的基因，以做进一步的分析鉴定。

6）将目的基因克隆到合适的表达载体上，导入宿主细胞，构建成高效、稳定的具有功能性表达能力的基因工程细胞。

7）利用工程技术大规模培养上述基因工程细胞，获得大量的外源基因表达产物。

8）工程细胞表达产物的分离纯化，并最后获得所需的基因工程产品。

上述8个步骤也可归并为两大部分，分属上游技术和下游技术。其中上游技术包括1）～5），下游技术包括6）～8）。两大部分有机结合成为一个整体：上游技术是分子克隆的核心与基础，下游技术则是克隆基因的应用。上、下游技术紧密衔接，相互兼顾，将有力地促进克隆技术的发展与完善。

四、应用

（一）基因克隆

基因的克隆和分离是分子生物学和细胞生物学研究中必不可少的手段。运用PCR技术进行基因克隆和亚克隆比传统的方法具有更大优点。由于PCR可以对单拷贝的基因放大上百万倍，产生微克级的特异DNA片段，从而可省略从基因组DNA中克隆某一特定基因片段所需要的DNA的酶切、连接到载体DNA上、转化、建立DNA文库，以及基因的筛选、鉴定、亚克隆等烦琐的实验步骤。

（二）重组基因

在分子生物学研究中常常需要将两个不同的基因融合在一起。通过PCR反应可以比较容易地实现这一目的。重组PCR（recombinant PCR，R-PCR）可用PCR法在DNA片段上进行定点突变，突变的产物（即扩增物）中含有与模板核苷酸序列相异的碱基，用PCR介导产生核苷酸的突变包括碱基替代、缺失或插入等。

（三）DNA序列的测定

目前广泛采用的DNA测序方法有化学法和双脱氧法两种，它们对模板的需要量比较大。传统的模板制备方法是将含目的基因的DNA片段进行酶切，建立基因库，筛选克隆，并亚克隆到M13噬菌体载体上，经噬菌体产生单链DNA。这是一项比较复杂的工作。利用PCR方法可以比较容易地测定位于两个引物之间的序列。利用PCR测序有多种方法。

（四）体外DNA复制技术用于基因定量

应用PCR技术可以定量监测标本中靶基因的拷贝数，这在研究基因的扩增等方面具有重要意义，这种方法称为差示PCR（differential display PCR）。它是将目的基因和一个单拷贝的参照基因置于同一个试管中进行PCR扩增。电泳分离后呈两条区带，比较两条区带的丰度；或在引物5′端标记上放射性核素后，通过检测两条区带放射性强度即可测出目的基因的拷贝数。利用差示PCR还可对模板DNA（或RNA）的含量进行测定以及mRNA的定量。

（五）体外DNA复制技术在传染病病原体检测中的应用

传统实验室诊断传染病病原体感染的方法主要有：①病原体培养法，需要时间较长，且对标本要求高，不能作早期诊断；②免疫学方法，在抗原量低时敏感度不够，有较强的交叉反应，且不能诊断潜伏感染；③核酸探针法，敏感性不足，在实用性方面颇受限制。PCR是一种具有高敏感性且特异性好的靶DNA快速检测方法，能对前病毒或潜伏期低复制的病原体特异性靶DNA片段进行扩增检测，只要标本中含有1 fg靶DNA就可检出。可检出经核酸分子杂交呈阴性的许多标本，而且对标本要求不高，经简单处理后就能得到满意扩增。可做到早期及时诊断，对防止传染病流行有重要意义。PCR可用于病原体潜伏期的早期诊断；临床检测与监控；流行病学、分子传染病学研究；评价药物治疗效果。

（六）体外DNA复制技术在肿瘤相关基因检测中的应用

细胞基因组的变化影响了控制细胞生长和分化的基因表达及功能，从而导致癌症，癌基因和抑癌基因统称为肿瘤相关基因或细胞调控基因。癌基因活化或抑癌基因失活的原因包括点突变、缺失、片段的插入或易位等。可通过寡核苷酸探针杂交法、RFLP技术、PCR-RFLP技术、RNA酶A错配清除法、核酸序列分析法进行检测。为鉴定基因突变，建立了以快速PCR技术为基础的新的分子生物学技术，它具有检测10^4个正常细胞中一个突变细胞的潜在能力，故可以用于患者各种体液中突变基因的检测，不需取患者活组织，因而可进行非创伤性检查，而且灵敏度高，假阳性率低，对癌症的早期诊断具有极为重要的意义。

（七）体外DNA复制技术在遗传病早期诊断中的应用

遗传病是由于人体生殖细胞或受精卵的遗传物质发生改变而引起的疾病，从亲代传至后代，通常包括三大类：①单基因遗传病；②染色体遗传病；③多基因遗传病。遗传性疾病常具有先天性、终生性和家族性的特点，随着分子生物学技术的迅速发展和在遗传病研究中的广泛应用，又兴起了第四代诊断技术——基因诊断技术。基因诊断技术的发展是现代医学发展的一个重要标志，它从基因水平开辟了诊断学新领域。PCR技术是基因诊断主要技术之一，以PCR为基础的各种分子生物学新技术在遗传病的基因诊断等方面得到广泛应用。

（八）体外DNA复制技术在骨髓移植HLA-D位点配型中的应用

人类白细胞抗原（human leucocyte antigen，HLA）为白细胞的表面蛋白，它是存在于所有脊椎动物中的主要组织相容复合体（major histocompatibility complex，MHC）的适用于人类的命名。*HLA*基因定位于6号染色体短臂2区1带，编码具有传递抗原功能的细胞表面糖蛋白。HLA系统在骨髓移植免疫反应中起主导作用，只有供、受者之间HLA相合才能进行骨髓移植，因此，HLA配型的精确性在很大程度上影响着临床的治疗效果。

（九）体外DNA复制技术在刑事侦查及法医学鉴定中的应用

刑事侦查和法医物证检验已进入DNA水平。PCR技术以它特有的高灵敏度、高特异性和快速反应为DNA多态性分析提供了有力的工具，可以对犯罪现场或个体检查中通常收集到的各种形式的生物学证据，如牙齿、骨骼、血液、精斑、单根毛发，甚至单个精子的DNA加以检测分析。PCR技术用于生物物证的分析，与RFLP技术相比，具有操作简单、省时、成本低廉的优点，还可避免同位素分析所带来的一系列问题，如放射性污染、操作时的人身防护以及材料来源困难等。

（十）体外DNA复制技术在进化分析中的应用

rRNA基因有“化石”之称，PCR扩增并分析其序列，可分析比较界或门分类水平上的生物。通常，细胞核小亚基rDNA的序列进化相对较慢，主要用于种系关系较远的生物比较研究；而线粒体rRNA基因进化非常快，可在科目、水平上进行不同生物的比较；转录的间隔区序列和核rRNA的基因间隔区重复单位序列进化最快，可用于同属异种或不同群之间的分析比较。

本章小结

核酸是生命体最本质的遗传物质，其中储存着遗传信息，而蛋白质或RNA为功能表现形式。根据沃森和克里克对DNA复制过程的预测，DNA分子由两条反向平行的DNA单链组成，两条链上的碱基按照碱基互补配对原则，通过氢键相连，一条链上的碱基排列顺序决定了另一条链上的碱基排列顺序。DNA复制时，每条新链与其模板链组成一个子代DNA分子，子代DNA分子具有与亲代DNA分子完全相同的碱基排列顺序，即携带了相同的遗传信息。这种方式被称为半保留复制。DNA的复制由复制起点开始，生物体中既存在单向复制，也存在双向复制；既存在线性复制，也存在环形复制。真核生物与原核生物的DNA复制模式有所区别。原核生物的主要复制模型有凯恩斯模型和滚环式模型；而真核生物相较于原核生物有多个复制起点，形成多个复制子，并且存在端粒和端粒酶以防止DNA在复制过程中缩短。

DNA复制过程中起作用的酶类主要有催化DNA合成的DNA聚合酶、催化DNA螺旋双链解离的DNA解旋酶、催化RNA引物合成的引发酶、连接相邻冈崎片段的DNA连接酶和维持染色体端粒结构的完整性的端粒酶。并且DNA的复制过程是半不连续的，在复制起点，两条链解开形成复制泡，DNA复制会形成复制叉，如果向单侧复制会形成一个复制叉，向两侧复制会形成两个。以复制叉移动的方向为基准，一条模板链是3′→5′，以此为模板而进行的新生DNA链的合成沿5′→3′方向连续进行，这条链称为前导链。另一条模板链的方向为5′→3′，以此为模板的DNA合成也是沿5′→3′方向进行，但与复制叉前进的方向相反，而且是分段、不连续合成的，这条链称为后随链，合成的片段即为冈崎片段。冈崎片段会被DNA连接酶连接成完整的DNA链。

人们利用DNA复制的原理，创建了一种体外扩增DNA的方法——PCR技术，常规PCR分为变性、退火、延伸3个过程。这一技术的发明极大地推动了分子生物学的发展，而且其应用领域迅速扩展至基础研究、生物工程和医学卫生等诸方面，是目前核酸分子水平研究的基础，也是应用研究中使用最广泛的一项技术。体外DNA复制技术在基因克隆、重组基因、DNA序列的测定、传染病病原体检测、遗传病诊断、刑事侦查及法医学鉴定以进化分析领域都发挥有重要作用。

思 考 题

1. 简要描述DNA复制的过程。
2. 真核生物与原核生物DNA复制有何异同点？请举例说明。
3. 维持DNA复制准确性的机制是什么？
4. DNA复制过程中都有哪些酶参与？各自的作用又是什么？
5. 请简要概述PCR技术的原理。
6. 举例说明分子克隆的应用前景。

第五章　RNA 转录、加工及其研究技术

第一节　RNA 转录

一、转录的概念

转录（transcription）是指以 DNA 为模板合成 RNA 的过程。也可以说是遗传信息从 DNA 流向 RNA 的过程，即以 DNA 为模板，以 NTP（ATP、UTP、CTP、GTP）为原料，在 RNA 聚合酶催化下合成 RNA 的过程。

DNA 分子储藏着蛋白质遗传的信息，这种信息必须通过转录传递给信使 RNA（mRNA），然后蛋白质合成酶系才能把 mRNA 上的信息翻译成蛋白质。在蛋白质合成过程中，不仅需要来自 DNA 上遗传信息的 mRNA，而且必须有携带氨基酸的 tRNA 和组成核糖体的 rRNA。这三种 RNA 都必须以 DNA 为模板，在依赖 DNA 的 RNA 聚合酶的催化下合成。

在生物体中转录并不是产生 RNA 的唯一途径，许多 RNA 病毒可以以其 RNA 为模板合成新的 RNA，还有些 RNA 病毒可以逆转录产生互补链 DNA，再经转录产生 mRNA。

转录是基因表达的第一步，也是关键的一步，是生物体基因调控关键的一步，也就是决定是否该基因转录。

二、转录的基本特征

无论是原核细胞还是真核细胞，在进行转录时，一个基因会被读取并被转录为 mRNA，即特定的 DNA 片段作为遗传信息模板，依赖 DNA 的 RNA 聚合酶，通过碱基配对法则合成前体 mRNA。RNA 聚合酶通过与一系列组分构成动态复合体，完成转录的起始、延伸、终止等过程。生成的 mRNA 携带有蛋白质合成的密码子，进入核糖体后可以实现蛋白质的合成。概括起来，转录具有如下基本特征（图 5-1）。

1）RNA 的合成以 4 种核苷三磷酸（NTP），即 ATP、GTP、CTP 和 UTP 为前体（原料）。

2）RNA 链的合成方向也是从 5′→3′。

3）转录必须以一条 DNA 链为模板，按照碱基配对法则进行转录。因此 DNA 分子中的 A、G、T、C 分别转录成 U、C、A、G。

4）在一个转录区内，一般只有一条 DNA 链可以被转录。

5）RNA 聚合酶与 DNA 聚合酶不同，RNA 聚合酶能起始一条链的合成，起始的核苷酸一般是嘌呤核苷三磷酸。而且将在 RNA 的 5′端保持这一三磷酸基团。

6）RNA 聚合酶反应可以用下式表示：

$$\mathrm{NTP+XTP} \xrightarrow[\mathrm{DNA,\ Mg^{2+}}]{\mathrm{RNA聚合酶}} \mathrm{(NMP)}_n\mathrm{-XTP}=n\mathrm{PP_i}$$

式中，NTP：四种核苷三磷酸前体；XTP：RNA 的 5′端核苷酸（第一个核苷酸）；PP_i：焦磷酸。

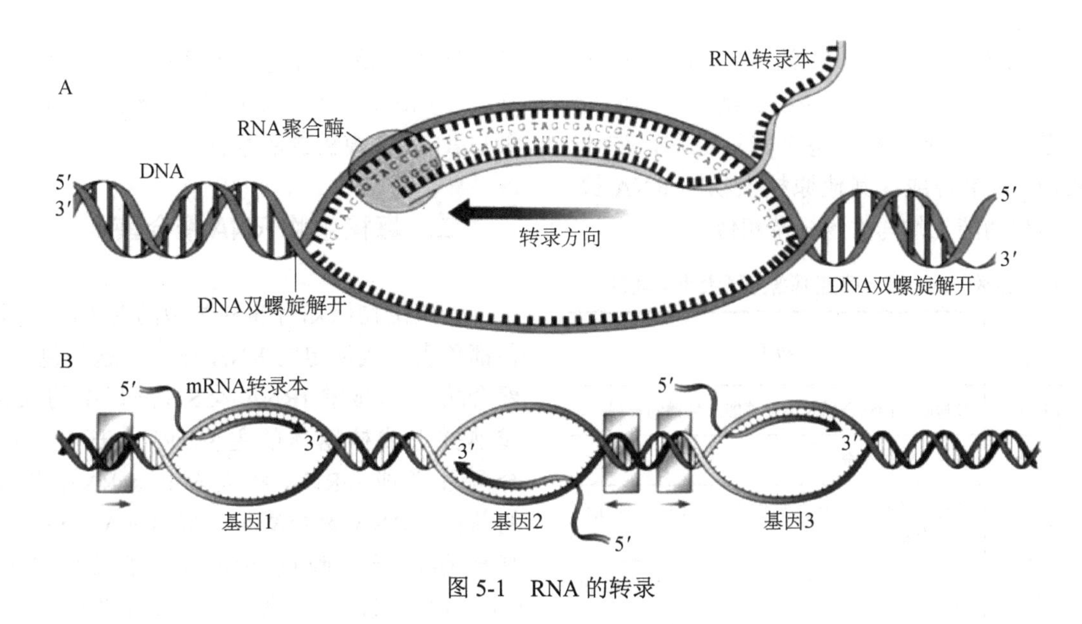

图 5-1　RNA 的转录

第二节　RNA 聚合酶

在 DNA 存在的条件下，以四种核酸核苷三磷酸为前体催化合成 RNA 的酶，称为 RNA 聚合酶（RNA polymerase）。RNA 聚合酶是以一条 DNA 链或 RNA 为模板，以核糖核苷三磷酸为底物，通过磷酸二酯键而聚合的合成 RNA 的酶。由于在细胞内该酶与基因 DNA 的遗传信息转录为 RNA 有关，所以也称转录酶。

该酶需要 4 种核苷三磷酸（NTP：ATP、GTP、CTP、UTP）作为 RNA 聚合酶的底物，以 DNA 为模板，二价金属离子 Mg^{2+}、Mn^{2+}是该酶的必需辅因子。其催化的反应表示为：$(NMP)_n$+NTP→$(NMP)_{n+1}$+PP_i。RNA 链的合成也是 5′→3′方向，第一个核苷酸带有 3 个磷酸基。其后每加入一个核苷酸脱去一个焦磷酸，形成磷酸二酯键，焦磷酸迅速水解的能量驱动聚合反应。与 DNA 聚合酶不同，RNA 聚合酶无须引物，它能直接在模板上合成 RNA 链；RNA 聚合酶能够局部解开 DNA 的两条链，所以转录时无须将 DNA 双链完全解开，RNA 聚合酶无校对功能。

RNA 聚合酶催化 RNA 的合成，其与 DNA 聚合酶有许多相同的催化特点：①以 DNA 为模板；②催化核苷酸通过聚合反应合成核酸；③聚合反应是核苷酸形成 3′，5′-磷酸二酯键的反应；④以 3′→5′方向阅读模板，5′→3′方向合成核酸；⑤按照碱基配对法则忠实转录模板序列。

通常可根据生物的类别，将 RNA 聚合酶分为原核生物 RNA 聚合酶、真核生物 RNA 聚合酶。原核生物和真核生物的 RNA 聚合酶有共同特点，但在结构、组成和性质等方面又不尽相同。

一、原核生物 RNA 聚合酶

原核生物具有单一类型的 RNA 聚合酶（RNAP），可合成所有类型的 RNA，即 mRNA、tRNA、rRNA、小 RNA（sRNA）等。RNA 聚合酶分子由 2 个结构域和 5 个亚基组成，即结构域为核心酶（core enzyme）和全酶（holoenzyme），亚基为 β、β′、αⅠ、αⅡ、ω。启动子是准确和特异性启动转录所需的 DNA 序列，也是 RNA 聚合酶准确结合启动转录的 DNA 序列，“α”亚基由 N 端和 C 端两个不同的结构域组成。N 端结构域参与形成 α_2 的二聚化和 RNA 聚合酶的进一步组装，C 端结构域的功能是与 rRNA 和 tRNA 基因启动子处的上游启动子（UP）DNA 序列结合，并与几种转录激活因子进行通信。原核生物 RNA 聚合酶各亚基的分子大小与功能见表 5-1。

原核生物 RNA 聚合酶其中研究得最清楚的是大肠杆菌 RNA 聚合酶。该酶是由 5 种亚基组成的六聚体（$\alpha_2\beta\beta'\omega\sigma$），分子量约 500 000。其中 $\alpha_2\beta\beta'\omega$ 称为核心酶，σ 因子与核心酶结合后称为全酶。核心酶只有一种，参与整个转录过程，催化所有 RNA 的转录合成。其他原核生物的 RNA 聚合酶在结构和功能上均与大肠杆菌相似。

表 5-1　原核生物 RNA 聚合酶亚基各分子大小与功能

亚基	分子大小/kDa	功能
β	150.4	参与底物的结合以及催化磷酸二酯键的形成
β′	155.0	与有义链的结合
α	36.5	参与全酶和启动子的牢固结合以及双螺旋的解开与恢复
ω	155.0	它赋予启动子特异性，并与启动子中的−10 和−35 结合

核心酶主要作用于转录的延伸过程，其依靠静电引力与 DNA 模板结合（蛋白质中碱性基团与 DNA 的磷酸根之间），且为非专一性结合，与 DNA 的序列无关，结合常数为 10^{11}/mol。

全酶主要作用于转录的起始，其依靠空间结构与 DNA 模板结合（σ 与核心酶结合后引起的构象变化），专一性地与 DNA 序列（启动子）结合，结合常数为 10^{14}/mol，半衰期为数小时，转录效率低，速度缓慢（σ 的结合）。全酶的组装过程为 $2\alpha+\beta\rightarrow\alpha_2\beta+\beta'\rightarrow\alpha_2\beta\beta'+\sigma\rightarrow\alpha_2\beta\beta'\sigma$，此外，新发现的一种 ω 亚基的功能尚不清楚。

σ 因子的主要作用是识别 DNA 模板上的启动子，其单独存在时不能与 DNA 模板结合，与核心酶结合成全酶后，才可使全酶与模板 DNA 上的启动子结合。当它与启动基因的特定碱基序列结合后，DNA 双链解开一部分，使转录开始，故 σ 因子又称起始因子。已经鉴定出大肠杆菌有 7 种 σ 因子，不同的 σ 因子可以竞争结合核心酶，以决定哪个基因被转录。其中 σ70（数字表示其分子量大小）协助识别持家基因的启动子。环境变化可以诱导产生特定 σ 因子，启动特定基因的转录。

α 因子作为核心酶的组建因子（$\alpha+\alpha\rightarrow 2\alpha+\beta\rightarrow\alpha_2\beta+\beta'$），促使 RNA 聚合酶与 DNA 模板链结合，前端 σ 因子使模板 DNA 双链解链为单链，尾端 σ 因子使解链的单链 DNA 重新聚合为双链。

β 因子的主要作用是促进 RNA 聚合酶+NTP——RNA 延伸，完成核苷酸底物之间磷酸酯键的连接，编辑功能（排斥与模板链不互补的碱基），与 Rho（ρ）因子竞争 RNA 3′端。β′因子主要参与 RNA 非模板链的结合。

二、真核生物RNA聚合酶

真核生物已知有 5 种类型的 RNA 聚合酶，每种都负责合成特定的 RNA 亚型。这些包括：RNA 聚合酶Ⅰ合成前 rRNA 45S（酵母中的 35S），它成熟并形成核糖体的主要 rRNA 部分；RNA 聚合酶Ⅱ合成 mRNA 和大多数 snRNA 及 miRNA 的前体；RNA 聚合酶Ⅲ合成 tRNA、5S rRNA 和其他存在于细胞核和细胞质溶胶中的小 RNA（sRNA）。RNA 聚合酶Ⅳ和Ⅴ在植物中发现，研究的还较少，但是它们可以合成 siRNA。植物叶绿体编码 ssRNAP 并使用细菌样 RNA 聚合酶。

真核生物的 3 种细胞核 RNA 聚合酶的结构比原核生物复杂，3 种 RNA 聚合酶都有 2 个不同的大亚基、2 个类 α 亚基和 1 个类 ω 亚基，分别与大肠杆菌核心酶的 β 和 β′、2 个 α 亚基和 ω 亚基同源。除上述 5 个亚基外，3 种 RNA 聚合酶还各含 7～11 个小亚基。合成 RNA 时，原核细胞依赖 RNA 聚合酶的各个亚单位就能完成转录过程，而真核细胞还需要一些蛋白质因子参与，并对转录产物进行加工修饰。真核生物线粒体有自己的 RNA 聚合酶，催化合成线粒体 mRNA、tRNA 和 rRNA。线粒体 RNA 聚合酶在功能和性质上与原核细胞 RNA 聚合酶类似。

1）RNA 聚合酶Ⅰ：这种酶位于细胞的核仁中。它是一种特殊的核亚结构，其中 rRNA 通过转录合成并组装成核糖体。rRNA 是核糖体的组成元素，在翻译过程中很重要。因此，RNA 聚合酶Ⅰ可以合成除 5S rRNA 之外的几乎所有 rRNA，包括 5.8S rRNA、18S rRNA 和 28S rRNA。在酵母中，该酶具有 600 kDa 的质量和 13 个亚基。

2）RNA 聚合酶Ⅱ：这种酶位于细胞核中。大多数拥有 RNA 聚合酶Ⅱ的生物体都有一个 12 亚基的 RNAPⅡ（质量约为 550 kDa），它在结构上由全酶和介质组成，具有一般转录因子（GTF）。它通过合成编码真核细胞中的核前体 mRNA（原核细胞中的 mRNA）的所有蛋白质来发挥作用。它负责转录大部分真核基因。

3）RNA 聚合酶Ⅲ：它位于细胞核中。RNA 聚合酶Ⅲ具有 14 个或更多不同的亚基，质量约为 700 kDa。它的功能是转录 tRNA、5S rRNA 和其他小 RNA。

4）RNA 聚合酶 Ⅳ和Ⅴ：它们仅存在于植物中，它们在细胞核形成干扰小 RNA（siRNA）和异染色质时发挥联合作用。在植物中，RNA 聚合酶存在于叶绿体（质体）和线粒体中，由线粒体 DNA 编码。这些酶与细菌 RNA 聚合酶的关系比与核 RNA 聚合酶的关系要近得多。它们的功能是催化细胞器基因的特异性转录。

第三节　转录的不对称性

DNA 为双股链分子，转录过程只以基因组 DNA 中编码 RNA（mRNA、tRNA、rRNA 及 sRNA）的区段为模板。把 DNA 分子中能转录出 mRNA 的区段，称为结构基因（structure gene）。结构基因的双链中，仅有一股链可作为模板转录成 RNA，称为模板链（template strand），也称作 Watson（W）链（Watson strand）、负（−）链（minus strand）或反义链（antisense strand）。与模板链相对应的互补链，其编码区的碱基序列与 mRNA 的密码序列相同（仅 T、U 互换），称为编码链（coding strand），也称作 Crick（C）链（Crick strand）、正（+）链（plus strand），或有义链（sense strand）。不同基因的模板链与编码链，在 DNA 分子上并不是固定在某一股链，这种现象称为不对称转录（asymmetrical transcription）。

不对称转录有两重含义：一是指双链 DNA 同一区段只能有一条单链用作模板（图 5-2），二是指同一单链上可以交错出现模板链和编码链（图 5-3）。不对称转录 RNA 时，一个转录子内只转录一条 DNA 链上的信息，表现为不对称转录。而 DNA 上的遗传信息以基因为单位（真核），可以在不同的单链上。DNA 合成酶只能从 5′→3′端转录，如果只有一条，反着转录就无法实现；而两条 DNA 链是互补的，所以不对称转录使得正着转录和反着转录都能得以实现。RNA 在转录后加工编辑的过程中，有些情况下会把不同 RNA 结合在一起来翻译出蛋白质。

一个包含许多基因的 DNA 分子中，各个基因的反义链并不在同一条 DNA 单链上，有些基因的反义链可在这条 DNA 单链上，而另一些基因的反义链则在另一条链上（图 5-3）。

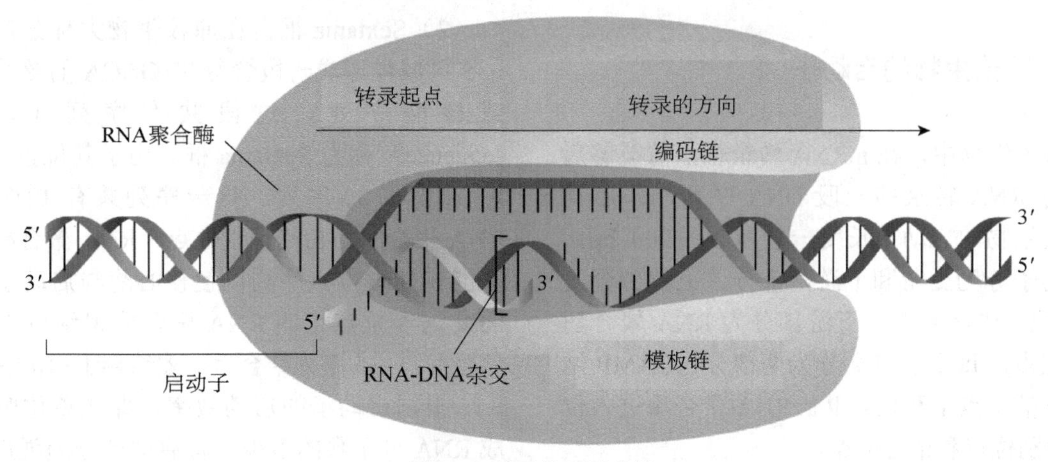

图 5-2　转录的不对称性

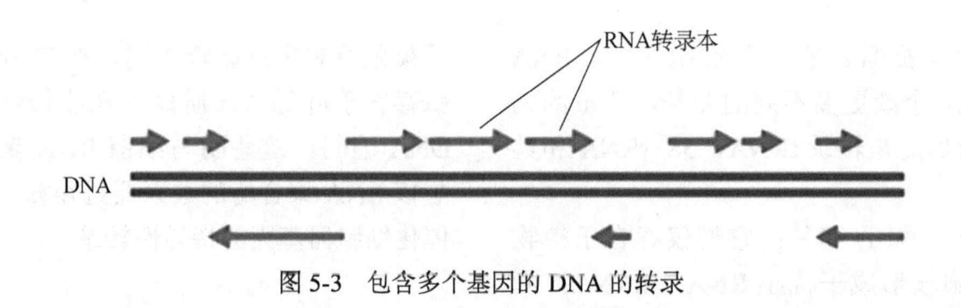

图 5-3　包含多个基因的 DNA 的转录

第四节　转录起始的启动子结构

转录需要完整的双链 DNA，但每次转录仅以其中一条链为模板，称为模板链，另一条链称为编码链。转录的过程分为起始、延伸和终止三个阶段。转录的 3 个阶段中，起始阶段的调控最为重要。对于转录起始的调控，启动子是最重要的调控元件。能够启动和促进 RNA 转录的一段 DNA 序列，称为启动子。启动子是 RNA 聚合酶识别、结合以开始转录的 DNA 序列，是基因的一个组成部分，是 DNA 分子上能与 RNA 聚合酶结合并形成转录起始复合体的区域，控制基因的表达。启动子对基因的表达十分重要，决定基因的活动，控制基因表达（转录）的起始时间和表达的程度。启动子本身并不控制基因活动，而是通过与称为转录因子的这种蛋白质结合而控制基因活动。下面分别介绍原核生物和真核生物的启动子的结构特点。

一、原核生物的启动子

在原核生物中，在 mRNA 转录位点前能够启动与促进 RNA 转录的一段 DNA 序列，即启动子。原核生物的启动子长度一般为 20～200 bp，整个启动子分为上游和下游两部分。上游部分是 CAP-CAMP 结合部点，下游部分为 RNA 聚合酶的进入位点。每个位点又分为两部分，CAMP 结合部点包括位点Ⅰ和位点Ⅱ。RNA 聚合酶进入位点包括识别位点和结合位点。

原核生物不同基因的启动子虽然在结构上存在一定的差异，但具有明显的共同特征：①在基因的 5′端，都能直接与 RNA 聚合酶结合，控制转录的起始和方向。②都含有 RNA 聚合酶的识别位点、结合位点和起始位点。③都含有保守序列，而且这些序列的位置是固定的，如−35 序列、−10 序列等。

经 DNase 法和硫酸二甲酯法测定了许多启动子的序列，发现在启动子上有一些共同的序列。为了描述方便，习惯上以 DNA 编码链为准，将转录起始位点的 5′端称为上游，3′端称为下游。将转录起始位点标记为+1，顺沿转录方向下游为+（正），逆流而上的启动子部分为-（负）。

1）Pribnow 框：在原核生物启动子−10 区域的一段含有 TATAAT 的核苷酸序列或是稍有不同变化的序列，这段核苷酸序列称 Pribnow 框，也有称 −10 序列的。其一致性序列为 TATAAT，Pribnow 框是 RNA 聚合酶与之牢固结合并将 DNA 双链打开的部位，即结合位点，形成所谓的开放性启动子复合物。

2）Sextama 框：在原核生物大部分启动子的 −35 区域也形成一段含有 TTGACA 的核苷酸序列或核酸序列，这段共有序列（consensus sequence）称为 Sextama 框。由于其位置在−35 附近，也叫−35 序列。这一序列共有 TTGACA 是 RNA 聚合酶的初始识别位点，RNA 聚合酶的 σ 亚基能识别该位点序列以使核心酶与启动子结合。因此这一位点也叫 RNA 聚合酶识别位点。RNA 聚合酶与−35 序列结合后，才结合于−10 序列。

根据启动子的启动效率，即在单位时间内合成 RNA 分子数的多少，将启动子分为强启动子和弱启动子。启动子的强弱与−35 序列和−10 序列密切相关，特别是−35 序列在很大程度上决定了启动子的强度。另外，这两个序列之间的距离也可能是影响启动子强度的因素之一。强启动子平均 2 s

启动一次转录，而弱启动子需要 10 min 以上。实验表明，对于不同的启动子序列，转录速率（即从给定启动子合成全长 RNA 产物）的变化可能超过 10 000 倍。这两个序列之间的距离为 17 bp 时，转录效率最高。天然启动子中，这一段距离大多为 16～19 bp。原核生物启动子的结构如图 5-4 所示。

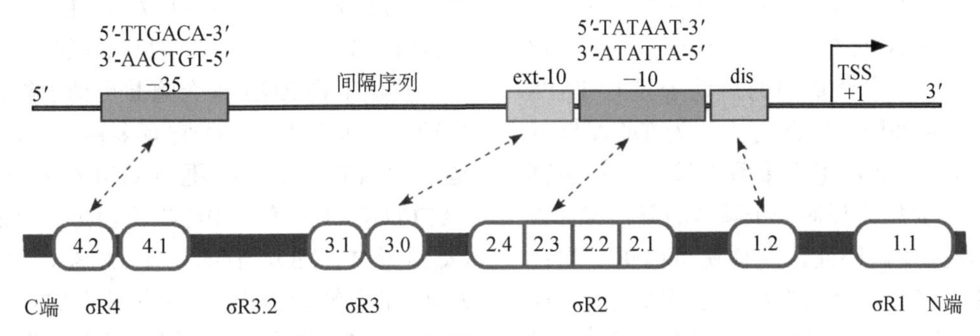

图 5-4　原核生物启动子结构示意图（Mazumder et al.，2019）

二、真核生物的启动子

真核生物的三种 RNA 聚合酶有各自的启动子类型。RNA 聚合酶Ⅰ只转录 rRNA，对应的是Ⅰ类（classⅠ）启动子，由核心启动子（−45～+20）和上游控制元件（−180～−107）构成。RNA 聚合酶Ⅱ负责蛋白质基因和部分核内小 RNA（snRNA）基因的转录，其启动子结构最为复杂。RNA 聚合酶Ⅲ负责转录 tRNA 和 5S rRNA，其启动子位于转录的 DNA 序列之内，也称下游启动子。现在分别介绍这 3 种 RNA 聚合酶的启动子结构。

（一）RNA 聚合酶Ⅰ的启动子结构

RNA 聚合酶Ⅰ的启动子由两部分保守序列组成：由核心启动子（core promoter）和上游启动子元件（upstream promoter element，UPE）组成。核心启动子位于转录起点附近，从−45 至＋20；上游启动子元件位于−180 ～−107。RNA 聚合酶Ⅰ对其转录需要 UBF1 和 SL1 两种因子参与：UBF1 是上游结合因子 1（upstream binding factor 1，UBF1），由基因 *UBTF* 编码，其蛋白质分子量为 97 kDa，用于识别并与启动子上游元件结合，可增加转录起始的效率。SL1 是选择因子 1，由 4 个亚基组成，含有 1 个 TATA 结合蛋白（TATA-binding protein，TBP）和 3 个转录辅因子 TAFⅠ（TBP 相关因子）。SL1 的功能是使 RNA 聚合酶正确的定位在起始位点。

（二）RNA 聚合酶Ⅱ的启动子结构

人们比较了上百个真核生物 RNA 聚合酶Ⅱ的启动子核苷酸序列，发现真核生物的启动子是多部位结构（multipartite）。主要有 4 个部位，其中前 3 个部位是大多数启动子都具备的。

1. 帽子位点

帽子位点（cap site）即转录起始位点。其碱基大多为 A（注意：指的是非模板链 1），两侧各有若干个嘧啶核苷酸。这与原核生物大肠杆菌转录起始位点的所谓“CAT 规律”（占相当大的比例，并非全部）一致。其中 A 为转录起点。

2. TATA 框

TATA 框又称 Hogness 框，其一致序列为 TATAATAAT（非模板链序列），基本都由 AT 碱基对所组成，只在很少启动子中有 GC 碱基对存在。然而，在 TATA 框的两侧却倾向于富含 GC 碱基对的序列，这也是 TATA 框发挥作用的重要因素之一。TATA 框一般位于−25～−32 位。除这一点外，其结构与功能均类似于原核生物的 Pribnow 框。TATA 框又称为基本启动子（basal promoter），它与上游的 TFⅡB 识别元件（TFⅡB recognition element，BRE）、以转录起始位点为中心的起始子（initiator，Inr）及下游启动子元件（downstream promoter element，DPE）一起构成核心启动子，其他均称为上游元件。离体转录试验表明，TATA 框决定了转录起始位点的选择。也就是说 RNA 聚合酶与 TATA 框牢固结合之后才能开始转录。由于

RNA聚合酶有相对固定的拓扑形状，其结合位点与催化位点之间的距离也是固定的，这就决定了起始点的选择。体外转录试验表明，如使起始点序列缺失，聚合酶会在同样的距离选择起始点。只不过为了选择A可以前后偏离1～2个碱基而已。天然缺少TATA框的基因可以从一个以上的位点开始转录。有些真核基因的启动子没有TATA框，如海胆*H2A*基因。因此有人认为TATA框并非转录所必需。然而，绝大多数真核生物基因都有TATA框，而且框内任何一个碱基的替代突变都是强烈的下降突变。因此，这样说可能更妥当：TATA框是绝大多数真核生物基因正确表达所必需的；在没有TATA框的基因表达过程中可能存在着某种替代机制，这种机制可能涉及某种蛋白质因子与某些DNA序列的共同作用。

3. CAAT框

CAAT框一般位于−75 bp附近，其一致性序列为GGCTCAATCT，是真核生物基因常有的调节区，是转录因子CTF/NF-1的结合位点，控制着转录起始的频率。相当于原核的−35序列，虽然名为CAAT框，但其中头两个G的重要性并不亚于CAAT部分。如果缺失这两个G，则兔子的β-珠蛋白基因的转录效率只有原来的12%，该框中其他碱基的缺失也导致转录效率的急剧降低。这就表明，CAAT框可能控制着转录起始的频率。CAAT框的存在较为普遍。除CAAT框之外，真核生物的启动子还有许多其他类型的上游启动子成分，它们可能同样控制着转录起始的频率。

4. 增强子

增强子（enhancer）又称为远上游序列（far upstream sequence），一般都在−100bp以上。目前研究较多的增强子序列主要是SV40的两个正向重复的72 bp序列（−107～−178bp和−179～−250bp）以及多瘤病毒的244 bp的增强子序列。

真核生物RNA聚合酶Ⅱ启动子结构和原核的启动子有很多不同：①它有多种元件，包括TATA框、CATT框、GC框（GGGCGG）、OCT框（ATTTGCAT）等。②结构不恒定，有的有多种框（如组蛋白H2B），有的只有TATA框和GC框（如SV40早期转录蛋白）。③各种框的位置、序列、距离和方向都不完全相同。④有的框有远距离的调控元件存在，如增强子，可以控制转录效率和选择起始位点。⑤不直接与RNA聚合酶结合，而是先结合其他转录因子。

图5-5是一个典型的真核生物RNA聚合酶Ⅱ的启动子结构。位于−25 bp处的TATAAA序列，也称为TATA框或Hogness盒。TATA框是RNA聚合酶Ⅱ的结合部位，主要作用是使转录精确地起始。在真核生物基因中，有少数基因没有TATA盒。在没有TATA盒的真核生物基因启动子序列中，有的富集GC，即有GC框；有的则没有GC框。在真核生物基因转录起始位点上游约−75 bp处有CAAT序列，也称为CAAT框。这一顺序也有比较保守的共同序列GCCCAATCT，RNA聚合酶Ⅱ也可以识别这一序列。CAAT框和GC框主要是控制转录起始的频率，特别是CAAT框对转录起始频率的影响作用更大。

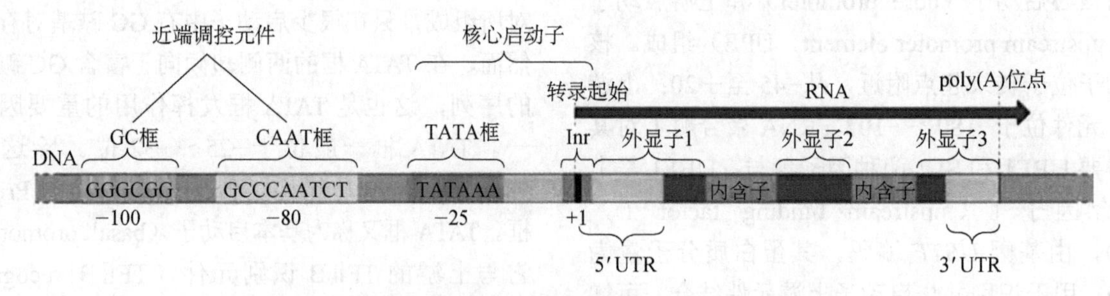

图5-5　真核生物启动子结构示意图（Zeng et al.，2009）

（三）RNA聚合酶Ⅲ的下游启动子

在非洲爪蟾5S rRNA基因的启动子鉴别以前，人们总是试图在转录起始位点的上游方向找出一个基因的启动子。实际上，5S rRNA基因的启动子位于转录区内，在转录起始位点下游50 bp之后。以非洲爪蟾的卵母细胞提取液作为体外转录体系，以不同长度的5S rRNA基因（缺失部分以非特异DNA序列代替）为模板进行转录，结果发现，缺失+50以前的序列和缺失+83以后的序列都能正常转录，而唯独+50～+83这段序列不可缺少。把这段DNA序列插入任何DNA中，RNA聚合酶都能识别并起始转录，转录起始位点在其上游方向50 bp左右的一个嘌呤碱基。这段序列就是5S rRNA基因的启动子，这种位于转录起始位点下游的启动子又称为内部启动子（图5-6）。

RNA聚合酶Ⅲ不但能转录5S rRNA基因，而且还能转录tRNA基因，部分snRNA基因及腺病毒的VA基因。这些基因也都是内部启动子（图5-7）。但是，这些基因的启动子与5S rRNA基因启动子不同，它们是由不连续的两个区域所组成，靠近5′方向的称为A区，靠近3′方向的称为B区。对于tRNA基因来说，A区相应于tRNA分子的D臂，而B区相应于tRNA分子的TψC臂、A区和B区之间的序列是可变的，而且有时在反密码子，环上有内含子；但是A区和B区之间的距离有所限制，不能过长。由此可见，各种tRNA结构的相似性，不仅取决于它们携带氨基酸这一功能的相似性，而且还取决于它们转录的起始和转录后的处理。有趣的是，原核生物tRNA基因也有大体相同的A区和B区的结构，但这些基因是由上游启动子发起转录的。

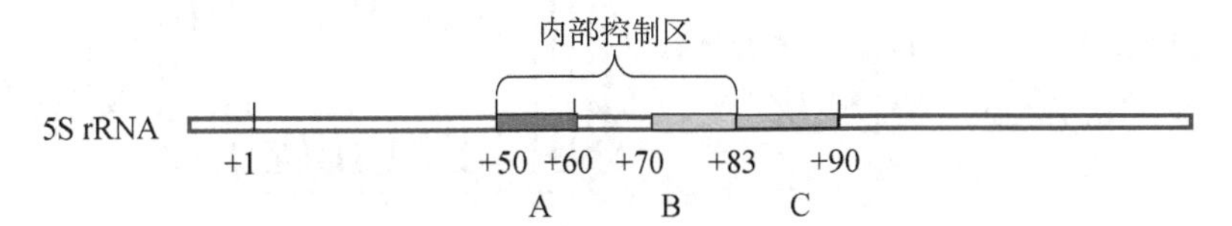

图5-6　非洲爪蟾5S rRNA基因内部启动子结构

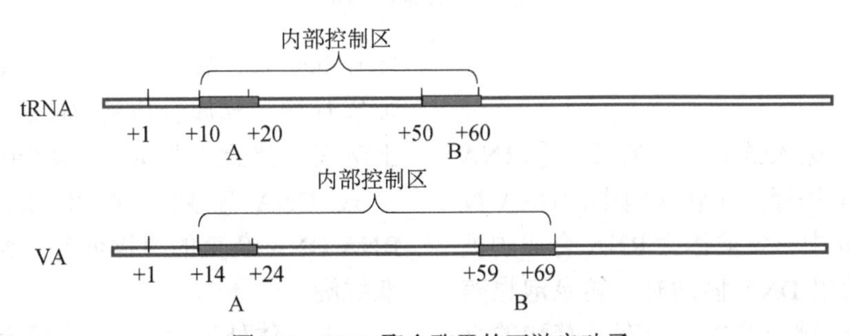

图5-7　RNA聚合酶Ⅲ的下游启动子

第五节　转录的过程

遗传信息传递给后代不仅需要DNA的自我复制，还要根据中心法则将DNA上的遗传信息在RNA聚合酶的作用下实现基因表达，实现信息传递。基因的广义定义为DNA的某条链的编码信息能够经mRNA转录生成蛋白质或多肽链。目前已经证实转录后产物并不是单纯的mRNA，还有tRNA、rRNA及具有其他意义的RNA，因此基因的定义得到扩充。基因是能够产生一条多肽链或功能RNA所需的全部核苷酸序列。可见，转录是基因发挥功能的关键步骤。转录过程包括转录起始、转录延伸和转录终止三个动态循环过程。

一、原核生物的转录过程

（一）转录起始

第一步RNA聚合酶全酶依靠σ亚基识别DNA上的启动子序列并结合，形成一个闭合（closed）的二元复合物。第二步RNA聚合酶结合的一小段DNA序列的"溶解"导致闭合启动子复合体转变为开放（open）启动子复合体（图5-8）。对于强启动子来说，闭合启动子复合体向开放二元复合物的转变是不可逆转的。第三步是最开始的两个核苷酸之间会形成一个磷酸二酯键，这样所产生的三元复合物就包括RNA、DNA和聚合酶。接下来加入前9个核苷酸时，聚合酶是一直不移动的，产生一条短RNA链，直到9个碱基为止。第四步当起始过程完成后，聚合酶释放出σ亚基而转变为核心酶，后者和DNA、新生RNA组成延伸三元复合物。

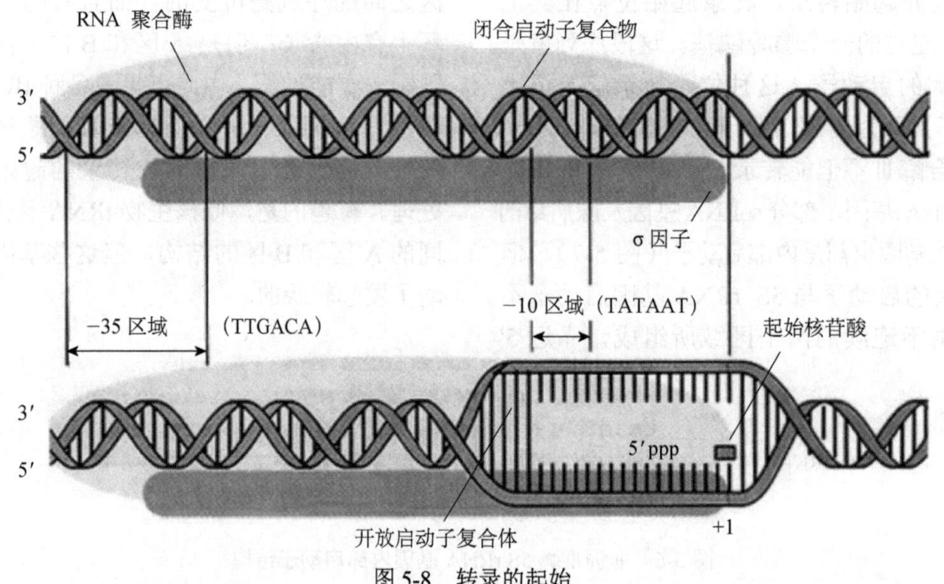

图 5-8　转录的起始

（二）转录延伸

σ亚基释放后，进入链的延长阶段：①RNA合成在一个转录泡中进行，在转录泡中，DNA被瞬间分离成单链，其中一条被作为RNA合成的模板。当RNA聚合酶沿DNA移动时，转录泡也随之移动。②磷酸二酯键的形成。所有核苷酸的合成都开始于游离核苷酸的5′-三磷酸基团与RNA链末端的3′-OH之间的缩合反应。新加入核苷酸失去末端的两个磷酸基（γ和β）；其α磷酸基与RNA链形成磷酸二酯键。这个反应发生在催化位点。③延伸的速度。37°C时反应速度约为每秒40个核苷酸（细菌RNA聚合酶）；这与翻译的速度（每秒15个氨基酸）大致相同。④核苷酸加入的控制。RNA聚合酶控制着下一个核苷酸的加入。该酶可能仅当一个核苷酸与模板形成氢键互补配对时才允许磷酸二酯键形成。如果该核苷酸与模板不匹配，则将其去除，接着另一个核苷酸加入。

（三）转录终止

一旦RNA聚合酶开始转录，RNA聚合酶就沿模板向前移动合成RNA，直至遇到终止子（terminator），聚合酶停止向正在延长的RNA链添加核苷酸，释放合成的RNA产物，从DNA模板上解离。终止子是RNA聚合酶停止RNA转录的一段DNA序列。终止过程需要所有维持RNA/DNA杂交的氢键断裂，然后DNA重新形成双螺旋。

根据体外试验中RNA聚合酶是否需要辅助蛋白质参与终止，可将大肠杆菌中的终止子分为两种类型：一种是在体外，没有任何其他因子参与，核心酶也能在某些位点终止转录，这些位点被称为内在终止子（intrinsic terminator）。另一种是需要其他因子参与才能终止转录。例如，“ρ-依赖型终止子”，突变实验显示体内ρ因子参与了终止过程。

1. 内在终止子

内在终止子有两个明显的结构特点，①一个二级结构中的发夹结构和转录单位最末端的连续约6个U残基的区段。②发夹的基底部通常包含一个富含G-C区。发夹和U区段的典型距离为7～9个碱基。有时U区段可以插有其他碱基。终止子内部包含能够形成7～20 bp长度的发夹结构区。茎环结构有富含尿嘧啶核苷酸的G-C区。这两个特点都是终止子所必需的。

内源性终止子终止的机制：①RNA 聚合酶遇到发夹结构时，RNA 转录产物合成速度会减慢（或者是暂停）；②正确位置的一段 U 残基是 RNA 聚合酶遇到发夹而暂停时从模板解离下来所必需的；③rU∶dA（RNA/DNA 杂交）是一个不常见的弱碱基配对结构，对它的破坏所需能量最少。当聚合酶暂停时，RNA/DNA 杂交链从终止区的弱键 rU∶dA 处解开。

2. ρ-依赖型终止子

终止子序列特征：①ρ-依赖型终止作用所需的序列长为 50～90 个碱基，该区域的共同特征是 RNA 富含 C 残基而 G 残基很少。可以在新合成的 RNA 中形成松散的发卡结构。②一个 ρ-依赖型终止子的终止效率随“富 C/少 G”区域的长度而增加。

ρ 因子终止机制：ρ 因子是 *ρ* 基因编码的蛋白质，是一种酶，它具有 ATPase 的活性和解链酶的活性。6 聚化的 ρ 因子在水解 ATP 的情况下，它沿着 5′→3′方向转录物的 3′端前进，直到遇到暂停在终止点位置的 RNA 聚合酶（因为该区有发卡结构，导致聚合酶暂停）。随后 ρ 因子通过解链酶的活性解开转录泡上 RNA/DNA 形成的杂交双螺旋，使 RNA 转录物得到释放，从而终止转录。

二、真核生物的转录过程

（一）转录起始

转录起始主要指 RNA 聚合酶（RNA-Pol）与启动子 DNA 双链相互作用并与之结合的过程。真核生物的转录起始上游区段比原核生物多样化。转录起始前，启动子附近的 DNA 双链分开形成转录泡（transcription bubble）以促使底物核糖核苷酸与模板 DNA 的碱基配对。在转录起始时，RNA 聚合酶不直接结合模板 DNA，而是借助众多转录因子（transcriptional factor，TF）的协助，RNA 聚合酶识别结合转录起始位点上游的 DNA 序列（启动子），生成起始前复合物。

需要注意的是：①转录起始位点前的上游区段，含有顺式作用元件（*cis*-acting element），即指与结构基因串联的特定 DNA 序列，是转录因子的结合位点，它们通过与转录因子结合而调控基因转录的精确起始和转录效率。②能直接或间接辨认和结合转录上游区段 DNA 的蛋白质，统称为反式作用因子（*trans*-acting factor）。在反式作用因子中，直接或间接结合 RNA 聚合酶的蛋白质称为转录因子。③真核生物 RNA 聚合酶不与 DNA 分子直接结合，而需依靠众多的转录因子形成转录起始前复合体（preinitiation complex，PIC）。④拼板理论（piecing theory），一个真核生物基因的转录需要 3～5 个转录因子。转录因子之间互相结合，生成有活性和专一性的复合物，再与 RNA 聚合酶搭配而有针对性地结合、转录相应的基因。

（二）转录延伸

起始前复合物形成后，这一阶段主要是在 RNA 聚合酶的催化下，以 DNA 的模板链为模板，以 4 种 NTP（ATP、GTP、CTP、UTP）为底物，按照碱基配对法则，不断形成磷酸二酯键，并且 RNA 聚合酶不断沿 DNA 链向前移动，使新生 RNA 链不断伸长（图 5-9）。

真核生物转录延长过程与原核生物大致相似，但因有核膜相隔，没有转录与翻译同步的现象。RNA 聚合酶前移处处都遇上核小体，转录延长过程中可以观察到核小体移位和解聚现象。

（三）转录终止

当 RNA 链延伸到转录终止位点时，RNA 聚合酶停止添加底物，不再形成新的磷酸二酯键。DNA/RNA 杂合物分离，转录泡瓦解，RNA 聚合酶解离。DNA 恢复成双链螺旋状态，RNA 聚合酶和 RNA 链都被从模板上释放出来，转录便结束。终止反应为终止子在转录的过程中，提供转录终止信号的 RNA 序列。

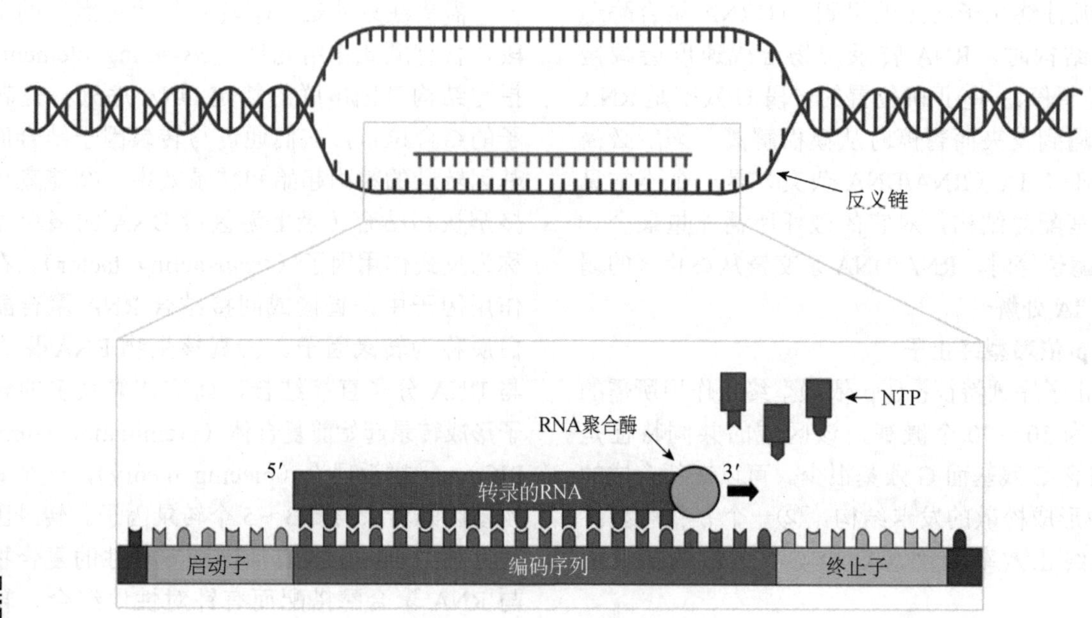

图 5-9 RNA 链的延伸

第六节 RNA 转录后的加工

真核生物中的 RNA 转录本被广泛地修饰。例如，将 mRNA 前体的 5′端封盖，并在其 3′端添加长 poly（A）尾。RNA 修饰最显著的例子之一是 mRNA 前体的剪接，剪接是由剪接体催化的，剪接体是由 snRNA（U1、U2、U4、U5、U6 等）和蛋白质因子（100 多种）动态组成，识别 RNA 前体的剪接位点并催化剪接反应的核小核糖核蛋白颗粒（snRNP）。值得注意的是，一些 RNA 分子可以在没有蛋白质的情况下剪接自己。托马斯・切赫（Thomas Cech）和西德尼・奥特曼（Sidney Altman）的这一里程碑式的发现揭示了 RNA 分子可以充当催化剂，并极大地影响了我们对分子进化的看法。RNA 剪接并不是一件稀奇事件，至少 15%的遗传疾病与影响 RNA 剪接的突变有关。

此外，相同的 pre-mRNA 可以在不同的细胞类型中，在不同的发育阶段，或响应其他生物信号进行不同的剪接。一些 pre-mRNA 分子中的碱基在 RNA 编辑的过程中发生改变。一个基因能通过选择性剪接编码一个以上不同的 mRNA 如人类基因组测序中最令人惊讶的是只有大约 23 000 个基因，与之前估计的 10 万或更多相比相差甚远。

一、原核生物RNA转录后的加工

在原核生物中，mRNA 分子经 RNA 聚合酶合成后很少或不经过修饰。事实上，许多 mRNA 分子在被转录时就被翻译。但 tRNA 和 rRNA 分子转录到一个原初转录本，以及 tRNA 上发生的一些碱基变化，都是转录后加工的。大肠杆菌有三种 rRNA，即 5S rRNA、16S rRNA、23S rRNA，它们分别有 120、1541、2094 个核苷酸。rRNA 基因都与 tRNA 基因混杂在一个操纵子中。共有 7 个这样的操纵元。排列为：16S RNA、间隔 tRNA、23S RNA、5S RNA 和收尾 tRNA（图 5-10）。所以，tRNA 和 rRNA 分子是由新生 RNA 链的切割和其他修饰产生的。目前发现原核生物 RNA 在转录后的加工有三种类型。

第一种类型是核糖核酸酶Ⅲ（RNase Ⅲ）通过在原初转录本特定位点切割双螺旋发夹区，从初级转录本中切割 5S、16S 和 23S rRNA 前体和 tRNA。例如，在大肠杆菌中，三个 rRNA 和两个 tRNA 被从一个包含间隔区域的单一初级 RNA 转录本中切除（图 5-11）。其他转录本包含几种 tRNA

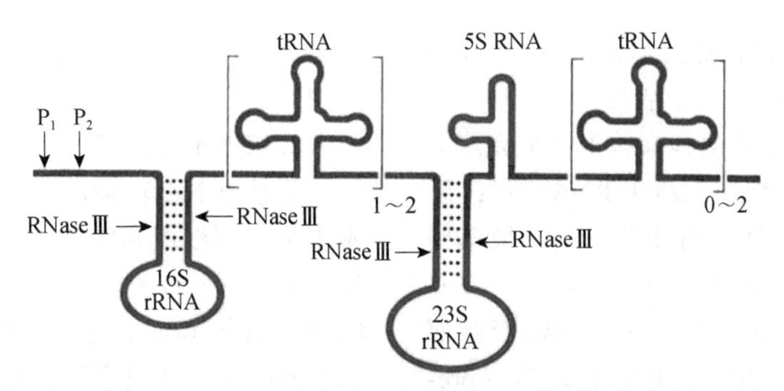

图 5-10　*E. coli* k12 的 tRNA 和 rRNA 的原初转录本

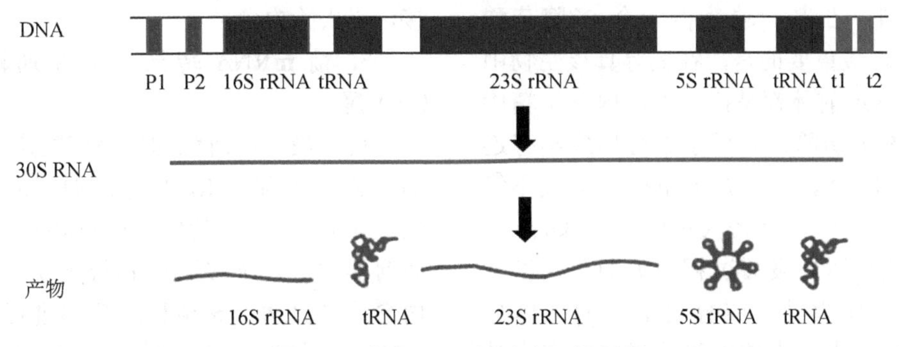

图 5-11　初级 RNA 转录本切割方式

的阵列或同一 tRNA 的多个副本。切割和修剪这些 rRNA 和 tRNA 前体的核酸酶是高度精确的。例如，核糖核酸酶 P（RNase P）生成大肠杆菌中所有 tRNA 分子正确的 5′端。

该转录本的裂解产生 5S、16S 和 23S rRNA 分子和一个 tRNA 分子。

第二种类型是在某些 RNA 链的末端添加核苷酸。例如，所有 tRNA 的功能都需要一个末端序列 CCA，它被添加到 tRNA 3′端。催化添加 CCA 的酶对于 RNA 聚合酶来说是非典型的，因为它不使用 DNA 模板。

第三种类型是 r RNA 的碱基和核糖单位的修饰。在原核生物中，rRNA 的一些碱基被甲基化。在所有的 tRNA 分子中都发现了不寻常的稀有碱基。它们是由 tRNA 前体中标准核糖核苷酸的酶修饰形成的。例如，尿苷酸残基在转录后被修饰形成核苷酸和假尿苷酸。这些修改产生了多样性，允许更大结构和功能的通用性。

二、真核生物RNA转录的调控与加工

真核生物的转录是一个比细菌转录更复杂的过程。真核细胞具有精确调控每个基因转录时间和产生多少 RNA 的能力。这种能力使一些真核生物进化成具有不同组织的多细胞生物。也就是说，多细胞真核生物利用差异转录调控来创造不同的细胞类型。基因表达受真核生物特有的三个重要特征的影响：核膜、复杂的转录调控和 RNA 加工。

1）核膜：在真核生物中，转录和翻译发生在不同的细胞区隔中，转录发生在膜结合的细胞核中，而翻译则发生在细胞核外的细胞质中。在细菌中，这两个过程紧密耦合。事实上，细菌 mRNA 的翻译在转录本合成时就开始了。转录和翻译的空间和时间分离使真核生物能够以更复杂的方式调节基因表达，促进真核生物形式和功能的丰富。

2）复杂的转录调控：与细菌一样，真核生物依靠 DNA 中的保守序列来调节转录起始。但是细菌只有三个启动子元件（−10 序列、−35 序列和 UP 元件），而真核生物使用多种类型的启动子元件，每个启动子元件都由自己的保守序列识别。并非所有可能的类型都会同时出现在同一个启动子中。在真核生物中，调控转录的元件可以在 DNA 中不同的位置找到，如起始位点的上游或下游，有时距离起始位点的距离比原核生物远得

多。例如，位于远离起始位点的DNA上的增强子元件可以增强特定基因的启动子活性。

3）RNA加工：虽然细菌和真核生物都会修饰RNA，但真核生物广泛地加工新生RNA，最终形成mRNA。这一过程包括对两端的修改，最重要的是，拼接出主要转录本的片段。

在真核生物中，几乎所有转录的初始产物都要经过进一步的加工。例如，初级转录本（pre-mRNA分子）、RNA聚合酶Ⅱ作用的产物、在其5′端获得一个帽、在其3′端获得一个多腺苷酸[poly（A）]尾。最重要的是，在高等真核生物中几乎所有的mRNA前体都是拼接的。内含子精确地从初级转录本中切除，外显子结合形成具有连续信息的成熟mRNA。一些成熟mRNA的大小仅为其前体的十分之一，前体的大小可达30 kb或更大。剪接的模式可以在发展过程中被调节，以产生主体的变化，如膜结合或分泌形式的抗体分子。选择性剪接扩大了真核生物的蛋白质库，是为什么蛋白质组比基因组更复杂的一个清楚的说明。具体的加工步骤和参与的因素因RNA聚合酶的类型而异。

1. rRNA的加工

一些RNA分子是核糖体的关键组成部分。RNA聚合酶Ⅰ转录产生单个前体（哺乳动物为45S），编码核糖体的三个RNA组分：18S rRNA、28S rRNA和5.8S rRNA。18S rRNA是核糖体小亚基（40S）的RNA组分，28S rRNA和5.8S rRNA是核糖体大亚基（60S）的两个RNA组分。大核糖体亚基的另一个RNA组分，即5S rRNA，由RNA聚合酶Ⅲ作为一个单独的转录本进行转录。前体裂解成三个独立的rRNA实际上是其加工过程的最后一步。首先，用于核糖体的前rRNA序列的核苷酸在许多核仁小核糖核蛋白（snoRNP）的指导下，在核糖和碱基组分上进行广泛的修饰，每个小核仁核糖核蛋白由一个snoRNA和几个蛋白质组成。在加工因子的引导下，前rRNA与核糖体蛋白组装在一个大的核糖蛋白中。例如，核糖体小亚基（SSU）处理体是18S rRNA合成所必需的，可以在电子显微图中显示为新生RNA的5′端的末端旋钮。最后，rRNA裂解（有时加上额外的加工步骤）释放与核糖体蛋白组装的成熟rRNA作为核糖体。就像RNA聚合酶Ⅰ转录自身一样，大部分的处理步骤都发生在核仁中。

2. tRNA的加工

真核tRNA转录本是所有RNA聚合酶Ⅲ转录本中加工程度最高的。与原核tRNA一样，5′端前导段被RNase P切割，3′端尾段被移除，添加CCA。真核tRNA也在碱基和核糖上大量修饰；这些修改对功能很重要。与原核tRNA相比，许多真核前tRNA也通过内切核酸酶和连接酶进行剪接，以去除内含子。

3. 前mRNA转录本的5′加帽和3′加poly（A）尾

也许最广泛研究的转录产物是RNA聚合酶Ⅱ的产物：大部分RNA将被加工成mRNA。RNA聚合酶Ⅱ的直接产物有时被称为前体信使RNA，或前mRNA。大多数前mRNA分子通过剪接去除内含子。此外，5′端和3′端都进行了修饰，在前mRNA转化为mRNA的过程中，这两种修饰都保留了下来。与原核生物一样，真核生物的转录通常以A或G开始。然而，新生RNA链的5′三磷酸末端立即被修改。首先，磷酸化基被水解释放出来。然后，二磷酸5′端攻击GTP的α-磷原子，形成一个非常不寻常的5′-5′三磷酸链。这种独特的终端被称为帽。末端鸟嘌呤的N-7氮被*S*-腺苷甲硫氨酸甲基化形成帽。相邻的核糖可能被甲基化形成帽1或帽2。与mRNA和参与剪接的小RNA相比，tRNA和rRNA分子没有帽。帽通过保护其5′端不受磷酸酶和核酸酶的影响来促进mRNA的稳定性。此外，帽通过真核蛋白合成系统增强mRNA的翻译。

如前所述，前mRNA也在3′端被修饰。大多数真核mRNA包含一个poly（A），在转录结束后添加到末端。DNA模板不编码poly（A）尾。事实上，poly（A）前面的核苷酸并不是最后一个被转录的核苷酸。一些初级转录本包含数百个核苷酸，超过成熟mRNA的3′端。前mRNA的3′端是如何给出最终形式的？真核生物的初级转录本被一种识别AAUAAA序列的特异内切核酸酶切割。如果该序列或其3′侧约20个核苷酸片段被删除，则不会发生裂解。在一些成熟mRNA中存在内部的AAUAAA序列，表明AAUAAA只是切割信号的一部分；它的背景也很重要。经内切核酸酶切割前 RNA 后，poly（A）聚合酶在转录本的 3′端添加约 250 个腺苷酸残基；ATP 是这个反应的供体。poly（A）尾的作用仍然没有牢固地建立，尽管有很多努力。然而，越来越多的证据表明它能提高 mRNA 的翻译效率和稳定性。通过暴露于 3′-脱氧腺苷（虫草素）阻断 poly（A）尾的合成不影响初级转录本的合成。没有 poly（A）尾的 mRNA 可以被运输出细胞核。然而，一个有 poly（A）尾的 mRNA 分子通常比一个没有 poly（A）尾的 mRNA 分子是更有效的蛋白质合成模板。事实上，一些 mRNA 以非腺苷化的形式存储，只有在即将转译时才接收 poly（A）尾。mRNA 分子的半衰期部分取决于其 poly（A）尾的降解速率。

4. miRNA 的分离与加工

裂解为小单链 RNA（20～23 个核苷酸）被称为 miRNA。miRNA 在真核生物的基因调控中起着关键作用。它们由 RNA 聚合酶Ⅱ（在某些情况下，受 RNA 聚合酶Ⅲ作用）产生的初始转录本生成。这些转录本折叠成发夹结构，在不同阶段被特定的核酸酶切割。最后的单链 RNA 与 Argonaute 蛋白家族成员结合，发挥控制基因表达的作用。

三、RNA编辑

值得注意的是，一些 mRNA 编码的氨基酸序列信息在转录后发生了改变。RNA 编辑是指 RNA 转录后核苷酸序列的改变，而不是通过 RNA 剪接。RNA 编辑在一些已经讨论过的系统中非常突出。载脂蛋白 B（ApoB）在脂蛋白颗粒携带的脂类周围形成两亲球形外壳，在三酰甘油和胆固醇的运输中发挥重要作用。ApoB 以 512 kDa 和 240 kDa 两种形式存在。较大的蛋白质由肝脏合成，参与细胞内合成脂质的运输。较小的蛋白质由小肠合成，以乳糜微粒的形式携带膳食脂肪。ApoB-48 含有 2152 个 N 端残基，而 ApoB-100 有 4536 个残基。这种截断的分子可以形成脂蛋白颗粒，但不能与细胞表面的低密度脂蛋白受体结合。实验揭示了一种完全意想不到的产生多样性的机制正在起作用：mRNA 合成后核苷酸序列的改变。mRNA 中特异的胞苷残基脱氨为尿苷，2153 残基的密码子由 CAA（Gln）变为 UAA（终止密码子）。催化这种反应的脱氨酶在小肠中存在，但在肝脏中不存在，并且只在某些发育阶段表达。RNA 编辑并不局限于 ApoB。谷氨酸通过与突触后膜上的受体结合，在脊椎动物中枢神经系统中打开阳离子特异性通道。RNA 编辑将谷氨酸受体 mRNA 中的一个谷氨酰胺密码子（CAG）改变为精氨酸密码子（CGG）。受体中精氨酸取代 Gln 可以阻止 Ca^{2+}而不是 Na^{+}通过该通道。RNA 编辑可能比以前认为的要普遍得多。核苷酸碱基的化学反应性，包括需要复杂的 DNA 修复机制的脱氨敏感性，已经被利用为在 RNA 和蛋白质水平上产生分子多样性的引擎。在锥虫（寄生原生动物）中，一种不同的 RNA 编辑显著地改变了几种线粒体 mRNA。这些 mRNA 中近一半的尿苷残基是通过 RNA 编辑插入的。一个引导 RNA 分子识别需要修改的序列，引导 RNA 上的 poly（U）尾将尿苷残基捐赠给正在进行编辑的 mRNA。显然，DNA 序列并不总是忠实地揭示编码蛋白质的序列：mRNA 的功能关键变化可能发生。

四、mRNA前体的剪接位点

高等真核生物中的大多数基因由外显子和内含子组成。内含子必须被切除，外显子必须被连接起来形成最后的 mRNA，这个过程被称为 RNA 剪接。这种剪接必须非常敏感：在预期位点的上游或下游剪接一个核苷酸就会产生一个核苷酸位移，这将改变剪接的 3′侧的 ORF，从而得到一个完全不同的氨基酸序列，可能包括一个过早终止密码子。因此，正确的剪接位点必须清楚地标记出来。RNA 转录本内数千个内含子-外显子连接的序列是已知的。在从酵母到哺乳动物的真核生物中，这些序列有一个共同的结构：内含子以 GU 开始，以 AG 结束。脊椎动物 5′剪接的一致序列是 AGGUAAGU，其中 GU 是不变的。在内含子的 3′端，一致序列是由 10 个嘧啶组成的一段（U 或 C，称为多嘧啶束），然后是任何碱基，然后是 C，最后是不变的 AG。内含子还有一个重要的内部位点位于 3′端剪接位点上游的 20～50 个核苷酸之间，它被称为分支位点的原因将在后面说明。在酵母中，分支位点的序列几乎总是 UACUAAC，而在哺乳动物中，发现了各种各样的序列。

5′端剪接位点、3′端剪接位点和分支位点对决定剪接发生的位置至关重要。这三个关键区域的突变都会导致异常的剪接。内含子的长度为50～10 000个核苷酸，因此剪接机制可能需要找到几千个核苷酸之外的3′端位点。剪接位点附近的特定序列（包括内含子和外显子）在剪接调控中发挥着重要作用，尤其是在剪接位点有多种选择时。研究人员目前正在试图确定影响单个mRNA剪接位点选择的因素。尽管我们知道剪接位点序列，但从基因组DNA序列信息预测前mRNA及其蛋白质产物仍然是一个挑战。

新生mRNA分子的剪接是一个复杂的过程。它需要几个小RNA和蛋白质合作，形成一个大的复合体称为剪接体。然而，剪接过程的化学过程很简单。剪接始于上游外显子（外显子1）与内含子5′端之间的磷酸二酯键的断裂。这个反应的攻击基团是分支部位腺苷酸残基的2′-OH基团。在该A残基和内含子的5′端磷酸盐之间形成一个2′, 5′-磷酸二酯键。这个反应是酯交换反应。然后外显子1的3′-OH端攻击内含子和外显子2之间的磷酸二酯键。外显子1和外显子2结合，内含子以套索形式释放。同样，这个反应是酯交换反应。因此，剪接是通过两次酯交换反应完成的，而不是通过水解然后连接。第一个反应在外显子1的3′端生成一个游离的3′-OH基团，第二个反应将这个基团与外显子2的5′-磷酸连接起来。在这些步骤中，磷酸二酯键的数量保持不变，这是至关重要的，因为它允许剪接反应本身在没有ATP或GTP等能量来源的情况下进行。

五、snRNA催化mRNA前体剪接

细胞核包含许多类型的小于300个核苷酸的小RNA分子，称为核内小RNA（snRNA）。其中一些被指定为U1、U2、U4、U5和U6，它们是剪接mRNA前体所必需的。这些RNA的二级结构在从酵母到人类的生物体中高度保守。这些RNA分子与特定的蛋白质相结合，形成被称为核小核糖核蛋白颗粒（snRNP）的复合物。剪接体是由snRNP、数百种其他被称为剪接因子的蛋白质和正在加工的mRNA前体组成的大型动态组装体。在哺乳动物细胞中，剪接开始于5′剪接位点被U1 snRNP识别。U1 snRNA包含一个高度保守的六核苷酸序列，在snRNP中不被蛋白质覆盖，该碱基对连接到前mRNA的5′端剪接位点。这种结合在前mRNA分子上启动剪接体组装。

U2 snRNP通过U2 snRNA中一个高度保守的序列与前mRNA的碱基配对结合到内含子的分支位点上。U2 snRNP结合需要ATP水解。一个预先组装的U4-U5-U6三snRNP连接这个U1、U2的复合体与mRNA前体形成剪接体。这种结合也需要ATP水解。通过研究补骨脂素形成的交联模式，揭示了RNA分子在这一组合中的相互作用。补骨脂素是一种试剂，在光照下连接碱基配对区域的邻近嘧啶。这些交联表明拼接是按以下方式进行的。首先，U5与第5′剪接位点的外显子序列相互作用，随后与第3′外显子序列相互作用。接下来，U6与U4分离，进行分子内重排，允许与U2进行碱基配对，并与内含子的5′端相互作用，取代了剪接体上的U1。U2-U6螺旋是剪接必不可少的，这表明U2和U6 snRNA可能是剪接体的催化中心。U4是一种抑制因子，可以屏蔽U6，直到特定的剪接位点对齐。这些重排导致第一个酯交换反应，裂解5′外显子并产生套索（lariat）中间产物。剪接体中RNA的进一步重排促进了第二次酯交换。在这些重排中，U5将游离的5′外显子与3′外显子对齐，使5′外显子的3′-OH定位为亲核攻击3′剪接位点，产生剪接产物。将被切除的套索内含子上的U2、U5和U6释放完成剪接反应。剪接过程中的许多步骤都需要ATP水解。为了实现剪接所需的有序重排，RNA解旋酶须解开RNA螺旋，并允许形成替代的碱基配对安排。因此，剪接过程的两个特点是值得注意的。首先，RNA分子在指导剪接位点对齐和催化过程中起着关键作用。其次，ATP驱动的解旋酶解开RNA中间体，促进催化和诱导从mRNA释放snRNP。

六、mRNA转录和加工的耦合

虽然在这里，mRNA的转录和加工被描述为基因表达中的独立事件，但实验证据表明，这两个步骤是由RNA聚合酶Ⅱ的C端结构域（C-terminal domain，CTD）协调的。我们已经看到，CTD由一个独特的重复的7个氨基酸序列YSPTSPS

组成。S2 或 S5 或两者都可能在不同的重复序列中被磷酸化。CTD 的磷酸化状态由许多激酶和磷酸酶控制，并导致 CTD 与许多在 RNA 转录和加工中起作用的蛋白质结合。CTD 通过招募这些蛋白质到前 mRNA 来促进高效转录，包括：①一种甲基化酶，它在转录开始后立即使前 mRNA 上的 5′鸟嘌呤甲基化；②剪接机制的组成部分，它在合成内含子时启动每个内含子的切除；③一种内切核酸酶，在 poly（A）添加位点切割转录本，创造一个自由的 3′-OH 基团，是 3′腺苷化的目标。这些事件在 CTD 的磷酸化状态指导下依次发生。

第七节　RNA 的可变剪接

一、可变剪接

可变剪接（alternative splicing，AS）也叫作选择性剪接，是指在前体 mRNA 成熟过程中，通过不同的剪接方式产生多个不同序列 mRNA 的过程。mRNA 可变剪接可以使单个基因产生多个转录本和蛋白质亚型，并导致不同转录本的蛋白质结构和功能多样性，是一种重要的转录调控机制。可变剪接在高等真核生物的生长发育、信号转导和调控等过程中起积极作用。诸多的证据表明，RNA 转录与可变剪接有着密切的关系，可变剪接可以直接参与 RNA 转录，影响下游靶基因表达，从而参与众多蛋白质-蛋白质、蛋白质-RNA 和 RNA-RNA 的调节网络，造成蛋白质多样性和组织特异性。随着单细胞测序、蛋白质组、代谢组等测序技术的快速发展，可变剪接体的鉴定更加方便快捷。

可变剪接现象说明剪接过程中，某些外显子也有可能从序列中被移除。因此，一个基因在表达过程中可以通过外显子的不同组合形式而产生不同的转录本，进而可以编码多种蛋白质。这种基因和蛋白质间一对多的关系使得真核生物可以在保持基因复杂性不变的情况下实现更复杂的生物功能。

二、真核生物 RNA 可变剪接

各级生物中都存在断裂基因（interrupted gene），只是在低等真核生物的基因中断裂基因仅占很小的一部分，但是在高等真核生物基因组中绝大部分都是断裂基因。由于基因是断裂结构而它的 mRNA 却是非断裂结构，所以初始转录产物就需要进行加工。初始转录产物称为 前 mRNA。具有与基因一样的断裂结构。去除内含子后的成熟 mRNA 才具有翻译活性。内含子的去除过程称为 RNA 剪接或拼接（RNA splicing）。

RNA 的可变剪接是普遍发生在真核生物基因表达过程中的重要表现。真核生物的基因序列分为外显子（exon）和内含子（intron）。在转录过程中，基因序列会根据碱基配对法则合成具有一致序列的前 mRNA。然后，剪接体会将前 mRNA 上的内含子片段从序列中移除，将保留下来的外显子拼接在一起。拼接好的外显子序列经过进一步加工成为成熟 mRNA，自此可以作为模板进行蛋白质翻译。

RNA 可变剪接的存在使得一个基因可以表达为多种不同的转录本，进而在保持基因复杂性不变的情况下增加了表型（phenotype）的多样性。外显子包含率是衡量 RNA 可变剪接的重要指标，其反映了基因表达时外显子被转录的频率，被广泛地应用在外显子水平的差异表达分析和 RNA 可变剪接的生物机制研究中。

（一）可变剪接体类型

mRNA 的可变剪接形式复杂多样，是导致高等真核生物蛋白质多样性的主要原因之一。利用 RNA 测序（RNA-seq）技术对人类组织的可变剪接体进行分析，发现在 20 000 个编码蛋白质的基因中约 95%的外显子存在多种 mRNA 亚型，具有不同的剪接方式。可变剪接常见的形式主要包括：外显子跳跃、外显子互斥、内含子保留、可变 3′端剪接和可变 5′端剪接。也有分为 7 种形式的，加上可变的起始或末端外显子，而这两种形式更有可能是可变启动子、可变poly（A）位点造成的。每个可能的可变剪接可以通过将表达序列标签（EST）与其对应的基因组序列精确比对获得其确切的可变剪接形式。与基因组序列匹配的部分为外显子，外显子之间被内含子所分离。内含子序列在剪接位点具有高度保守性（99.24%）的剪接位点符合碱基配对法则，两者具有高度保守一致序列。它们可用来验证内含子-外显子边界，获得剪接位点在相对于基因组序列上的准确位置信息。

可变剪接的发现打破了人们对一个基因只能编码一种多肽的传统思想，同一基因通过可变剪接形成的蛋白质被称为剪接异构体，可变剪接调控是高等真核生物中增加mRNA结构和丰富蛋白质功能多样性的重要机制。

（二）可变剪接形式的识别

真核生物mRNA前体须经过5′-加帽、3′-加尾以及拼接过程才能成为成熟的mRNA，成熟的mRNA和hnRNP及其他蛋白质形成复合体输出核外再经过选择性降解参与翻译。这些步骤并不是简单的线性顺序，而是在转录延伸期与转录同时发生的，从而形成一个大型的“生产链”。单独的受体位点或供体位点根据位点的统计特征已能够得到较正确的预测。而识别AS基因及其剪接形式所必需的剪接位点对（限定一个内含子的两个位点）的确定还不能做到通过直接计算预测。

目前，可变剪接的生物信息学研究主要依赖于EST、mRNA（cDNA）等转录数据提供的基因结构信息，这些转录数据只包括外显子的信息。大多数识别方法始于对来自同一基因的EST或mRNA序列进行聚类。之后对应于同一基因的一类序列之间进行比对，其中可能具有相对较大的插入或删除。

（三）mRNA可变位点剪接

随着人类基因组测序工作的完成。参与人类基因组计划的六国科学家宣布了有关人类基因组的初步研究结果。其中有一项内容引起了公众和媒体的广泛关注。人类基因为什么不是原来预计的8万～10万个，而是只有3.5万个左右。人类基因组计划首席科学家柯林斯认为，人类基因数比预计的少得多，说明人类在使用基因上很节约，与其他物种相比更高效。人类不是靠自我开发新基因来获取新功能，而是通过重新编码或扩充已有的可靠资源来达到创新的目的。可变剪接现象的存在正是人类节约使用基因的最好例证。进一步的大量实验表明。对于同一个基因，其剪接位点和拼接方式可以有所改变。从而导致同一个基因可以表达出多个不同的相关蛋白质产物，行使不同的生理功能。这就是RNA的可变剪接特别是可变剪接是真核基因表达调控研究的重要内容之一。

同一前mRNA（pre-mRNA）在产生成熟mRNA的过程中减除内含子的方式可能不同。这种机制最早在1978年由Waiter Gillbert首先描述。已有实验研究表明，可变剪接在产生受体多样性、控制调节生长发育等方面起决定性作用。尤其表现在神经系统和免疫系统，这与该类系统的功能多样性和反应敏感性是密切相关的。许多遗传疾病都与剪接繁盛异常紧密相关，据估计，导致疾病的变异中约15%会影响 前mRNA的剪接。目前，实验研究的主要方向在于揭示可变剪接的生化机制和鉴定参与可变剪接的调控元件及因子。

（四）可变剪接的功能与调控研究

可变剪接与固定剪接不同。通过不同的途径、不同的调节方式，能从同一条基因序列产生一套不相同的mRNA序列从而合成功能不同的蛋白质，这使基因编码更有效率。基因的外显子和内含子都存在着一些特异性序列，起着增强或者减弱外显子剪接的作用。这些序列分别称为外显子剪接增强子、外显子剪接沉默子、内含子剪接增强子和内含子剪接沉默子。参与可变剪接的RNA顺式作用元件，根据其所在的位置和作用特点，分为4类。①ESE：外显子剪接增强子（exon splicing enhancer）；②内含子剪接增强子（ISE：intron splicing enhancer）；③ESS：外显子剪接沉默子（exon splicing silencer）；④ISS：内含子剪接沉默子（intron splicing silencer）。ESE和ISE是剪接因子SR蛋白的结合位点，能提高相邻剪接位点的活性。ESS和ISS是核不均一核糖核蛋白（hnRNP）蛋白的结合位点，抑制相邻剪接位点的活性。ESE、ISE、ESS、ISS都是很短的序列基序，一般由6～10个碱基组成。

每一类成员内部之间即有相对的特异性，也有简并性，作用有交叉和冗余。增强子和抑制子分别具有刺激和抑制剪接位点选择的作用。而这种调节作用是通过RNA结合蛋白来实现的。核内不均一性核糖核蛋白（heterogeneous nuclear ribonucleoprotein，hnRNP）蛋白是一组由多种RNA结合蛋白组成的具有多种功能的多肽家族。其成员带有多种不同形式的RNA结合基序和富含甘氨酸结构域。富含甘氨酸结构域可能参与蛋白质与蛋白质相互作用，异质性核核糖核蛋白A1（heterogeneous nuclear ribonucleoprotein A1，hnRNP-A1）中还包含M9结构域，同时具有核定位信号及出核信号的作用，能够介导RNA向细胞质中转运。hnRNPA、B、C家族的蛋白质能与新生的mRNA前体组装成40S的结构。多种hnRNP蛋白始终伴随mRNA，影响mRNA的剪接、出核转运，甚至在细胞质中的翻译、RNA定位和降解过程中发挥作用。hnRNP通过影响增强子或抑制子序列，刺激或抑制剪接位点的选择。最早被发现作用于前体mRNA剪接过程中的是hnRNP-A1。hnRNP-A1是该家族中研究较多的一个成员。它能够结合RNA、单链DNA，与mRNA的可变剪接、RNA的转运及招募端粒酶维持染色体长度有关。在参加与mRNA的可变剪接过程中，它能够结合原初转录hnRNA序列中的ESS序列，阻碍SR蛋白与ESE的结合，从而弱化相邻剪接位点，抑制可变外显子（alternative exon）的识别、剪接及出现。

（五）可变剪接体的作用机制

随着微阵列技术和高通量RNA-seq技术的开发及应用，逐步揭示了真核生物可变剪接的复杂性。可变剪接在内含子转录过程中有序组装成各种剪接体成分，其中5个snRNP与大量的辅助蛋白协作，以准确识别剪接位点，并催化剪接反应的2个步骤。该过程涉及5个小核糖核酸蛋白U1、U2、U4、U5和U6 snRNP之间的精确调节，使其与mRNA相互作用，从而导致内含子和外显子产生剪接位点识别、组装及酯交换等一系列变化，产生多个可变剪接异构体。可变剪接体的组装始于U1 snRNP对5′端位点的识别，以及剪接因子1（SF1）与分支点的结合和U2辅因子（U2AF）与多肽链3′端异构体相结合。这个过程的最终产物是E复合物，在SF1被分支上的U2 snRNP取代后U4 tri-snRNP、U6、U5 tri-snRNP三核糖核酸相互作用进一步导致B复合物的形成，在可变剪接的蛋白质构象重塑后，被转化为具有细胞活性的C复合物，从而影响细胞的生长、分化和凋亡。

三、可变剪接转录本表达量鉴定

通过选择性剪接前体mRNA，有90%以上哺乳动物的多外显子基因可以产生多个mRNA和蛋白质异构体。RNA-Seq数据的高通量和高分辨率特性为研究转录本选择性剪接提供了有力工具，并被迅速应用于基因组注释、多组织转录本比较、发育和疾病等领域，成为分子生物学和遗传学研究中不可替代的常规分析方法。

选择性剪接转录本与组织/细胞特性、细胞重编程、发育、诱导多能性和疾病等密切相关。例如，大量组织特异性选择性剪接在动植物多个组织中被发现：肌盲（muscle blind）样蛋白1和2（MBNL1/MBNL2）在间充质细胞中表达，而它们的下调会促进体细胞重编程；上皮剪接调节蛋白1和2（ESRI/ESR2）建立了上皮特定模式的可变剪接表达。在诱导多能性的过程中，基因具有不同的选择性剪接模式：破坏正常的由不同剪接因子调控的剪接程序，导致生物疾病。另外，作为一种主要的转录后调控机制，基因的选择性剪接参与了许多类型的癌症的发生。

转录本可变剪接分析的基础是利用不同的外显子-外显子连接来鉴定和区分可变剪接转录本。现在已经有多款软件研究转录本可变剪接的表达量，根据这些软件选择的比对策略，可以将相关软件分为比对基因组、比对转录组和利用kmer（表5-2）。准确的基因表达定量对研究和理解正常和疾病个体、组织和细胞的基因表达调控具有重要意义。影响基因表达定量的因素很多，主要包括读长、转录本不均匀的覆盖度和读段深度等。此外，转录本长度、转录本GC含量、基因转录本个数等也会影响转录本表达定量。随着第三代测序技术的应用［如PacifieBiosciences的单分子实时测序（SMRT）技术］，可以直接获得全长eDNA序列，大大方便和促进了选择性可变剪接的研究，但是由于测序通量低，不能精确定量选择性剪接转录本的表达。

表 5-2　可变剪接转录本表达量鉴定方法

方法	参考序列	基因丨转录本	差异表达分析方法
Cufflinks，http://cole-trapell-lab/github.io/cufflinks/	基因组	是丨是	Cuffdiff2，http://coletrapell-lab.Github.io/cufflinks/
IsoEM，http://dna.engr.uconn.edu/	基因组	是丨是	IsoDE，http://dna，engr，uconn.edu/software/IsoDE/
Stawberry，http://github.com/ruolin/Stawberry	基因组	是丨是	Cuffdiff2，http://coletrapell-lab.github.io/cufflinks/
EBSeq，http://deweylab.Githhub.io/RSEM/	转录组	是丨是	EBSeq，http://bioconductor.org/packages/release/bioc/html/EBSeq.html
BitSeq，http://cole.google.com/p/bitseq	转录组	是丨是	BitSeq，http://cole.google.com/p/bitseq
Sailfish，http://ccb.jhu.edu/software/stringtie/	转录组	是丨是	DESeq，http://Bioconductor.org/packages/release/bioc/html/DESeq.html
Sailfish，http://www.cs.edu/～ckingsf/software/saifish/	转录组（kmer）	是丨是	EBSeq，http://Bioconductor.org/packages/release/bioc/html/EBSeq.html
Kallisto，http://pachterlab.Github.io/kallisto/	转录组（kmer）	是丨是	EBSeq，http://Bioconductor.org/packages/release/bioc/html/EBSeq.html

值得注意的是，与直接统计基因内读段个数来计算基因表达量的方法相比，利用累加可变剪接转录本的表达量来计算基因表达量更加准确。主要原因可能是转录本表达量累加方法可以很好地平衡不同转录本的长度，而读段个数统计方法只能用其中一个长度代替所有的转录本。

四、可变剪接转录本差异表达

可变剪接转录本差异表达分析可以分为两类：一类是基于读段数（read scount）的软件，包括 baySeq、DESeq 和 edgeR 等；另一类是基于转录本表达量的软件，如 BitSeq、Cuffdiff2、IsoDE 和 EBSeq 等。根据比较分析，基于读段数的差异表达分析软件中，DESeq 具有相对较好的表现。

近年研究表明，在不同的组织/细胞、发育时期或疾病中表达的可变剪接转录本是不同的，因此鉴定不同组织和细胞类型中基因不同转录本的使用频率具有重要的细胞和发育生物学意义。可变剪接转录本的差异使用频率（DTU）和可变剪接转录本差异表达（DTE）不同，DTU 考虑基因多个转录本使用频率的改变，而 DTE 考察同一转录本在不同样本中的差异表达。

通过研究鸟类和哺乳动物中的组织特异性剪接模式，发现许多外显子呈现高度保守的组织特异性剪接模式。目前已有多款软件致力于鉴定不同样本中的转录本使用频率，如 Cuffdiff2、MISO、DEXSeq、DiffSplice、SigFuge、IsoDOT、IUTA 等。最近的研究显示，转录本预先过滤可以提高鉴定不同转录本使用频率的准确性。

尽管 RNA-seq 已经成为转录组范围内研究可变剪接的强有力工具，但是逆转录-聚合酶链反应（RT-PCR）仍然是定量和验证可变剪接的标准方法。PrimerSeq 提供了基于 RNA-seq 数据的系统设计和可视化 RT-PCR 引物的用户友好化软件，缩小了利用 RNA-seq 数据鉴定可变剪接和利用 RT-PCR 验证可变剪接之间的距离。

第八节　逆转录及其应用

一、逆转录的概念

逆转录是以 RNA 为模板合成 DNA 的过程，即 RNA 指导下的 DNA 合成。逆转录过程是 RNA 病毒的复制形式之一。在此过程中，逆转录（RNA 到 DNA）的过程与遗传信息的流动方向（DNA 到 RNA）相反，故称为逆转录，也叫反转录。所以，严格地讲逆转录并不属于转录过程，不仅逆转录的过程和产物与转录完全不同，而且催化这一过程的逆转录酶与 RNA 聚合酶也截然不同。从本质上来讲，逆转录酶属于 DNA 聚合酶。

二、逆转录的基本特征

逆转录的基本特征包括以下五点：①催化逆转录过程所需的酶为逆转录酶；②前体物为 dNTP（dATP、dGTP、dCTP、dTTP），产物为 cDNA；③必须有引物存在时才能起始聚合 DNA 或 RNA；④必须有 Zn^{2+}参与（与 DNA 聚合酶同）；⑤DNA 链的合成方向为 5′→3′。

与转录过程相比，其主要区别为：①转录催化的酶为 RNA 聚合酶；②转录的前体物为 NTP（ATP、GTP、CTP、UTP）；③转录不需要引物；④转录需要 Mg^{2+}参与；⑤两者的目的不同，转录的目的在于制造基因的产物（RNA 或蛋白质），而还原病毒逆转录的直接目的在于基因组的重组。

三、逆转录酶的特性

逆转录酶最早是 1960 年由美国威斯康星大学 Temin 等首先发现的，后来人们陆续发现了各种高等真核生物的 RNA 病毒都有逆转录酶，这类 RNA 病毒统称为还原病毒。这类病毒有三个基因：*gag* 基因编码病毒特异性的抗原，*pol* 基因编码逆转录酶，*nv* 基因编码病毒外膜蛋白。

鸟类 RNA 病毒的逆转录酶具有两个亚基，即 α 亚基和 β 亚基。鸟类的逆转录酶有三种分子形式：α、αβ、$β_2$，其中以 αβ 为主。哺乳动物还原病毒的逆转录酶一般为一单亚基结构。

逆转录酶是一类非常复杂的酶，因为在简单的一条肽链上具有多酶活性。

1. DNA 聚合酶活性

逆转录酶不但具有 RNA 指导的 DNA 聚合酶活性，而且具有 DNA 指导的 DNA 聚合酶活性，所以逆转录酶能够以 RNA 或 DNA 为模板，在引物 RNA 或 DNA 存在情况下合成 DNA。

2. RNase H 活性

还原病毒要将自己的单链 RNA 分子转变为双链 DNA 分子才能整合到寄主染色体中。要完成这一过程，就必须要有降解 RNA 的酶活性，所有的逆转录酶都具有 RNase H 活性，即可以降解 RNA 和 DNA 双链中的 RNA（图 5-12）。

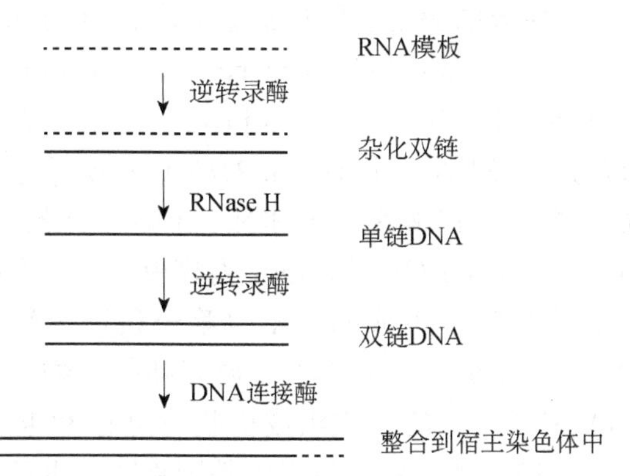

图 5-12　逆转录酶能够降解 RNA/DNA 杂化分子中的 RNA

3. DNA 内切活性

所有的逆转录酶都表现出一定的 DNA 内切核酸酶活性，这种酶活性具有位点特异性，这种酶活性可能与重组功能有关。

4. DNA 旋转酶活性

此酶活性能够使 DNA 的构型发生改变，细节和生理功能还不清楚。

5. 促旋酶活性

此酶活性能够作用于 DNA/DNA 或 DNA/RNA 双链，而不能作用于 RNA/RNA 双链。

目前在实验室常用的逆转录酶有：

1）Money 鼠白血病病毒（MMLV）逆转录酶：有强的聚合酶活性，RNase H 活性相对较弱，最适作用温度为 37 ℃。

2）禽成髓细胞瘤病毒（AMV）逆转录酶：有强的聚合酶活性和 RNase H 活性，最适作用温度为 42 ℃。

3）*Thermus thermophilus*、*Thermus flavus* 等嗜热微生物的热稳定性逆转录酶：在 Mn^{2+}存在下，允许高温逆转录 RNA，以消除 RNA 模板的二级结构。

4）MMLV 逆转录酶的 RNase H 突变体：商品名为 SuperScript 和 SuperScript Ⅱ。此种酶较其他酶能将更大部分的 RNA 转换成 cDNA，这一特性允许从含二级结构的、低温逆转录很困难的 mRNA 模板合成较长 cDNA。

四、逆转录的应用

逆转录的应用主要是通过逆转录-聚合酶链反应（reverse transcription-polymerase chain reaction，RT-PCR）研究基因的表达和基因克隆。RT-PCR原理是以RNA（主要是mRNA）为模板进行的PCR过程，首先采用与RNA 3′端互补的Oligo（dT）或随机引物，以RNA为模板在逆转录酶的作用下逆转录生成cDNA的第一条链，然后以cDNA为模板，以cDNA 3′端互补的引物以及与RNA 3′端互补的引物组成引物对进行PCR扩增（图5-13）。其产物可以用于基因克隆，也可以依据PCR产物量的多少，进行定量和半定量分析，确定某个基因的表达情况。所以，逆转录过程不但是RNA病毒的复制形式，也是研究真核生物基因表达和进行基因克隆的重要技术途径。

一般要进行RT-PCR，首先要提取组织或细胞中的总RNA，以其中的mRNA作为模板，采用Oligo（dT）或随机引物利用逆转录酶逆转录成cDNA。再以cDNA为模板进行PCR扩增，而获得目的基因或检测基因表达。RT-PCR使RNA检测的灵敏性提高了几个数量级，使一些极为微量RNA样品分析成为可能。该技术主要用于分析基因的转录产物、获取目的基因、合成cDNA探针、构建RNA高效转录系统等。RT-PCR的特点是灵敏且用途广泛，常用于检测细胞中是否表达了某种RNA，是基因表达检测的方法之一。

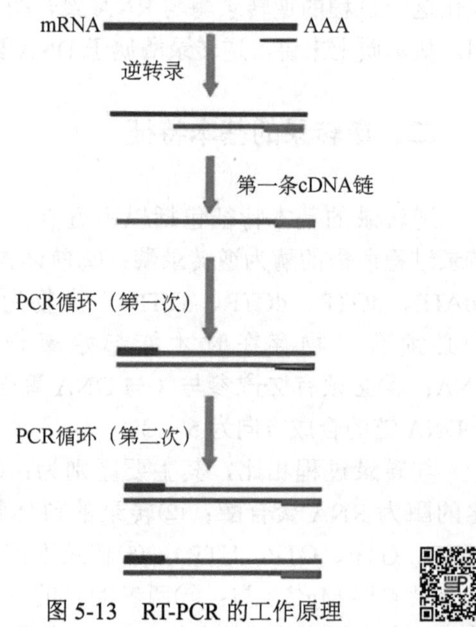

图5-13　RT-PCR的工作原理

在进行RT-PCR时应注意：①RNA酶不易变性失活，故用于实验的所有器皿都必须经含DEPC水浸泡后高压灭菌，水也需要经DEPC处理，然后高压灭菌；②RNA的提取过程要加入RNA酶抑制剂（RNasin）；③提取的RNA要避免DNA污染，纯净RNA的A_{260}/A_{280}为2.0，若样品中含有蛋白质、酚或DNA都会导致比值下降；④要设立阳性对照和阴性对照。

第九节　转录组学研究技术

RNA是一种核苷酸聚合物分子，具有多种生物学作用，如表达（mRNA）、解码（tRNA）和调控［非编码RNA（ncRNA）］等。mRNA是传递遗传信息并指导蛋白质合成的RNA分子。通过比较转录组，可以鉴定不同细胞、组织或条件下的差异表达基因，从而揭示这些基因的转录调控、功能和在生理病理中的作用。与基因组不同，转录组会随着时间、空间、环境等发生变化。转录组学的主要研究目的包括转录本的鉴定与分类（mRNA、ncRNA和sRNA等）、基因的转录本结构鉴定（剪接模式和转录本修饰等）和转录本的表达水平定量等。本节主要介绍基于RNA-seq被广泛应用的转录组学研究方法，包括mRNA、非编码RNA转录组研究。

一、mRNA转录组研究

（一）RNA-seq介绍

基因表达模式可以驱动控制生物学过程的分子机制，目前生物学家发现了大量的证据表明转录组对理解疾病及其他生物学问题非常关键。RNA-seq为鉴定特定功能通路、发现新转录本及评价药物对基因表达的影响等生物学问题提供了有力的工具。

通过测量基因的表达量，可以获得基因在特定细胞、组织或物种中的表达量，从而进一步研究基因的功能。此外，研究基因表达可以用来诊断疾病，鉴定细菌、真菌和病毒感染等，是医学领域常用的分子生物学方法。

基因表达可以通过鉴定蛋白质表达和（或）其对应的 RNA 表达来定量。由于 RNA 检测的方便性，根据 RNA 表达量来鉴定基因表达成为最为常用的方法。RNA 表达量的鉴定有多种方法，包括 RNA 印迹法、RT-qPCR、芯片杂交、EST、SAGE、CAGE 和 RNA-seq 等。相比其他方法，RNA-seq 具有许多优势，如可获得单核苷酸分辨率、较高的检测深度和广度以及可以构建转录本等。由于 RNA-seq 可以不依赖已知基因组序列来研究特定样本的转录组情况，大大拓展了转录组研究的范围，如新基因的鉴定、基因组未知物种的转录组研究和融合基因鉴定等。

利用 RNA-seq 数据构建转录本主要有两类方法。一类是依赖于基因组序列的转录本构建方法，如 Strawberry、StringTie、Cufflinks 和 Scripture 等；另一类是不依赖基因组序列的转录本构建方法，如 Bridger、Trinity、Trans-ABySS、SOAPdenovo-Trans 和 Oases 等。Cufflinks 由于开发较早，具有兼容的上下游分析软件（序列比对、差异表达分析和绘图等）和使用方便等特性，是目前使用最广泛的依赖于基因组序列的转录本构建方法。最近公布的 Strawberry 和 StringTie 在转录本构建水平方面有所改进，可能会逐渐取代 Cufflinks。Trinity 是较早开发的不依赖基因组序列的转录本构建方法，应用较广。新开发的 Bridger 在性能上优于 Trinity，也已经开始被使用。RNA-seq 最主要的应用就是获得基因的表达量，从而方便后续其他分析。

RNA-seq 数据分析中最重要的一步就是把获得的 RNA-seq 序列比对到参考序列上（基因组或转录组）；从而获得特定基因组区域或特定转录本的表达信息（读段个数）。为了实现这一目的，现已开发了多款针对 RNA-seq 短读段的序列比对软件。根据这些软件是否可以比对和鉴定外显子连接处的读段（junction read），可以将这些序列比对软件分为不支持和支持外显子连接处的读段鉴定两类。支持外显子连接处的读段鉴定，对于鉴定新基因、研究可变剪接和发现融合基因非常关键。目前，大多数 RNA-seq 数据都是利用支持外显子连接处的读段鉴定的比对软件进行序列比对，常用的有 GSNAP、MapSplice、TopHat、STAR、HPG Aligner、HISAT 等。GSNAP 虽然计算速度较慢，但是准确性较高；而且外显子连接处的读段与正常读段在序列比对时权重一致，成为主要的支持外显子连接处的读段比对的序列比对软件。

RNA-seq 数据比对到基因组或转录组后，根据比对结果，可以获得每个基因或转录本的读段个数。常用的读段数统计软件有 HTSeq、Picard、BEDTools、featureCounts 和 Cufflinks 等。HTSeq 主要适合基因读段个数统计，而 Cufflinks 可以对基因、转录本、编码序列、启动子、剪接、转录起始位点等进行读段个数统计。

获得基因或转录本的读段个数后，需要对读段数进行标准化。读段数标准化是后续表达分析的关键，因为不同的样本可能含有不同的读段数及由文库构建方法、测序平台和核苷酸组成等引入的技术偏差。数据标准化的目的就是尽可能地降低由测序深度和技术偏差等引入的差异，从而准确地比较不同样本之间的差异。读段数标准化的方法主要有 RPKM 和 FPKM。RPKM 是 reads per kilobase per million mapped reads 的缩写，代表每百万读长（reads）中来自于某基因每千碱基长度的 reads 数。RPKM 是将测序片段定位（map）到基因的 read 数除以 map 到基因组上的所有 read 数（以 million 为单位）与 RNA 的长度（以 kb 为单位）的乘积和。即

$$\text{RPKM} = \frac{\text{total exon reads}}{\text{mapped reads (millions)} \times \text{exon length (kb)}}$$

式中，total exon reads：某个样本 mapping 到特定基因的外显子上的所有 reads；mapped reads（millions）：某个样本的所有 reads 总和；exon length（kb）：某个基因的长度（外显子的长度的总和，以 kb 为单位）。

FPKM 是每千个碱基的转录每百万映射读取的 fragment，以及引入各种标度因子（scaling factor）。其中，fragment 指的是测序片段，可以是单端测序片段，也可以是双端测序片段。RPKM 和 FPKM 由于使用了所有基因的读段数来衡量每个基因的表达量，使得那些较少的高表达基因影

响了低表达基因的表达量。基因表达的统计学模型主要有泊松分布（Poisson distribution）和负二项分布（negative binomial distribution）两种。大多数差异表达基因鉴定软件都是以这两种基因表达分布模型进行表达量的标准化。

为了获得较为准确的基因表达量及方便表达量标准化计算（适应统计学模型），从而进一步比较准确地进行后续数据分析，RNA-seq 实验设计时需要考虑生物学重复和测序深度。一般情况下，生物学重复越多，测序深度越大，越有利于后续数据分析。根据不同的实验目的，所需考虑的侧重点也不尽相同。如果要构建新转录本，研究转录本的差异表达，通常对于人和小鼠等哺乳动物来说，短测序序列的测序深度一般要达到 100～200 Mb 读段；如果主要是用于发现不同样本之间的差异表达基因，那么每个实验组和对照组至少需要 3 个实验重复，每个实验重复的短测序序列的测序量通常需要达到 30 Mb 读段（测序饱和曲线进入平台期）。通过比较研究发现，当测序深度达到 10 Mb 后，测序深度对差异表达分析的影响会越来越小，而增加生物学重复则可以显著提高差异表达基因的鉴定。

目前已有成千上万基于 RNA-seq 的研究并产生了海量的 RNA-seq 数据。为了促进利用这些海量 RNA-seq 数据并为后续研究提供一个基因表达比较的数据源，Wan 等首先构建了基于癌症研究 RNA-seq 数据的基因表达数据库，可以为研究人员提供方便的癌症相关基因表达量查询。

（二）mRNA 差异表达分析

发现不同条件下基因的差异表达是理解表型变异的分子生物学基础的一个重要组成部分。利用表达芯片鉴定不同样本之间的差异表达基因已有十几年的历史，特别适合对大样本和中高表达基因进行基因差异表达分析。针对表达芯片，已开发了多款成熟的差异表达基因鉴定软件，如最常用的软件 Limma。随着测序成本的不断降低，利用 RNA-seq 来研究基因的差异表达已成为一种主要趋势。RNA-seq 是利用第二代测序技术对 RNA 逆转录获得的 cDNA 进行测序，并获得数以百万计的短序列，进而研究不同样本的转录情况（转录组）。通过对 RNA-seq 数据进行质量评估和过滤（去掉接头序列和低质量序列），留下来的高质量测序数据被比对到参考基因组或转录组序列上，并根据比对上的读段数获得基因、转录本或外显子的表达丰度，从而研究基因的差异表达。转录组研究最核心的问题就是揭示不同样本之间（不同条件、组织、细胞、发育时期和疾病等）的转录本差异，也就是说鉴定差异表达基因和转录本。根据 RNA-seq 样本的特性，可以将 RNA-seq 分为多细胞或组织样本的多细胞 RNA-seq（bulk cell RNA-seq）和单个细胞样本的单细胞 RNA-seq（single cell RNA-seq，scRNA-seq）两种。

与 RT-PCR、表达芯片、EST、基因表达系列分析（SAGE）等传统方法相比，RNA-seq 在转录组研究中具有与许多传统方法无法比拟的优势，如转录组研究的广度和深度、高分辨率（单碱基水平）、新转录本鉴定、融合基因鉴定、RNA 编辑研究、可变剪接和序列变异鉴定等。当然，RNA-seq 也有其不足，如序列短、测序错误、转录本读段分布不均等。此外，多样本之间比较时也会引入建库、测序深度等方面的差异。为了弥补 RNA-seq 的这些不足：一方面，需要对原始测序结果进行过滤，获得高质量的测序读段；另一方面，需要提高序列比对的准确性并进行样本之间的标准化，以进一步降低建库和测序深度等对基因表达比较的影响。

为了利用 RNA-seq 数据鉴定差异表达基因，已有许多相关软件和工具被开发出来（表 5-3）。综合评价这些软件，发现增加样本重复次数对基因差异表达鉴定准确性的影响高于增加测序深度。根据这些软件使用的表达量数据，可以将它们分为两类，一类是利用读段数进行差异表达分析，另一类是利用转化后的表达量（如标准化文库大小和转录本长度的 RPKM）进行差异表达分析。此外，为了加快基于 RNA-seq 数据的基因差异表达分析，生物信息学家提供了一些经典的 RNA-seq 数据分析方案，大大加快了 RNA-seq 的数据分析过程。另外，为了研究那些没有参考基因组序列的物种的基因差异表达，一般需要进行转录组从头组装、读段比对到转录本、转录本聚类为基因、基因水平表达量计算和基因差异表达分析等步骤。

表 5-3　差异表达基因鉴定软件

方法	特点	链接
DESeq	过于保守，多样本假阳性	http://bioconducto.org/packages/release/bioc/html/ DESeq. html
edgeR	略微宽松，假阳性较高	https://bioconducto.org/packages/release/bioc/html/ edgeR. html
NBPSeq	过于宽松	https://cra.rprojec.org/web/packages/NBPSeq/index.html
TSPM	样本数依赖型，样本越多越准确	http://www.stat.purdue.edu/～doerge/software/TSPM.R
PoissonSeq	适应于单向差异表达数据	https://cran.rproject.org/web/packages/PoissonSeq/ index. html
baySeq	适用于多样本（重复）和上下调基因均等分布情况	http://Bioconductor.org/packages/release/relaease/ bioc/html/baySeq.html
NOISeq	对离散度高的样本效果较好	http://Bioconductor.org/packages/release/relaease/ bioc/html/NOISeq.html
EBSeq	假阳性较高，大样本较好	http://Bioconductor.org/packages/release/relaease/ bioc/html/EBSeq.html
SAMseq	适用于多样本（最少 4 个样本重复）	http://www.Insider.org/packages/cran/samr/docs/ SAMseq
ShrinkSeq	假阳性较高	http://www. Few. Vu. nl/～mavdwiel/ShrinkBayes. html
Limma	适用于多样本（最少 3 个样本重复）和单向差异表达数据（都上调或下调）	https://Bioconductor.org/packages/release/bioc/html/limma. html
Cuffdiff	适用于转录本差异表达鉴定	http://cole-trapnell-llab.github.io/cufflinks/cuffiff/

在单细胞水平鉴定基因表达可以去除多种细胞类型对基因表达的影响，并研究特定细胞环境下基因的表达调控。早先，人们在蛋白质水平利用显微镜偶联报告基因或免疫组织化学的方法研究单细胞内蛋白质的表达；在 RNA 水平利用单细胞用 PCR 或单分子 RNA 荧光原位杂交来研究单细胞内的 RNA 分子。最近，方法学的发展使得单细胞转录本检测成为可能：促进了无偏差分析细胞转录组状态的发展。单细胞 RNA-seq 可以发现相似细胞之间基因表达水平的差异。然而，除了单细胞获取和同时进行多个 RNA 文库测序等实验技术问题外，单细胞测序具有高水平的技术噪声，给分析鉴定细胞间差异表达基因带来了挑战，如高度的 cDNA 扩增和逆转录过程中转录本丢失等。由于单细胞测序还有许多新的特征，之前基于多细胞测序的基因差异表达分析方法已经不适用。

单细胞测序时，通常需要加入量化标准，常用的人工合成内参（spike-in）混合物是基于细菌序列的 92 个带有 poly（A）的外源参比转录本（ERCC RNA spike-in control mixes）。一般将等量的内参分子加入细胞提取物中，测序后根据内参分子数量在多个细胞中应该一致来进行基因表达数据的标准化和估计测序引入的误差。最近的研究通过在逆转录过程中向每个 cDNA 分子加上独特的分子标识符（unique molecular identifier，UMI）来大幅减少那些无法解释的技术噪声及消除测序深度变化和其他扩增偏好性等带来的影响。UMI 方法能够以转录分子的个数来估计基因表达量；而不是利用比对到基因上的读段个数来衡量基因表达。

单细胞 RNA-seq 的分析步骤与传统 RNA-seq 分析步骤类似，包括读段比对、统计基因读段个数、质量控制、表达量标准化及后续分析等。但是，一些单细胞 RNA-seq 特有的数据特性需要予以注意。第一，如果使用了内参分子，比对参考序列中需要加入内参分子的 DNA 序列。第二，如果使用 UMI 标记方法，序列比对前需要去掉 UMI 标记序列。第三，如果含有 UMI 标记，可以统计比对到特定基因上所有读段的唯一 UMI 标签个数，获得基因的转录本个数。第四，数据质量控制分为两部分，一部分是原始读段质量控制，另一部分是比对后鉴定低质量文库构建的细胞（RNA 降解、污染等）。第五，表达量标准化，需要考虑细胞内转录本总量差异、测序深度、模拟混杂变量、模拟技术变量等。单细胞 RNA-seq 主要应用于 3 个方面：鉴定和描述细胞类型以及研究它们在时间和/或空间上的组织形式；推理个体细胞之间的基因调控网络及其稳健性；转录随机成分的鉴定。目前已有多种统计学方法应用于单细胞 RNA-seq 数据分析的不同阶段或者不同应用领域。

二、非编码mRNA组学研究

除了mRNA外，其他RNA都属于非编码RNA，包括rRNA、tRNA、miRNA、lncRNA、环状RNA（circRNA）、PIWI互作RNA（piRNA）等。目前，非编码RNA研究较多的是miRNA、lncRNA和circRNA等，而且都是利用转录组学的研究模式，如以miRNA组、lncRNA组和circRNA组学研究特定组织细胞、特定发育阶段转录的非编码RNA的组成、数量及作用机制。

微小RNA（microRNA，简称miRNA）是一类进化上高度保守的小分子非编码RNA，长度大约22 nt，具有转录后调控基因表达的功能。第一个miRNA于1993年被发现。2000年之后，关于miRNA的研究取得了很大进展，目前已经有1000多个在人类被发现，这些miRNA调控30%以上的基因表达，参与多种生理病理过程。

长链非编码RNA（long non-coding RNA，lncRNA）是长度大于200 nt的非编码RNA。lncRNA在发育和基因表达中发挥的复杂而精确的调控功能，极大地解释了基因组复杂性的难题，同时也为人们从基因表达调控网络的维度来认识生命体的复杂性开启新天地。lncRNA在剂量补偿效应（dosage compensation effect）、表观遗传调控、细胞周期调控和细胞分化调控等众多生命活动中发挥重要作用，成为遗传学研究热点。

环状RNA（circular RNA，简称circRNA）是非编码RNA分子的一种，它具有以共价键形成的闭合环状结构，不存在5′端帽子和3′端poly（A）尾并以共价键形成环形结构的客观存在于生物体内的非编码RNA分子。circRNA大量存在于真核转录组中，不受RNA外切核酸酶的影响，表达更稳定，不易降解。相当一部分circRNA都是由外显子序列构成的，在不同的物种中具有保守性，同时存在组织及不同发育阶段的表达特异性。

关于miRNA、lncRNA和circRNA的定义、特征、形成机制、功能与作用机制、分析与研究技术等将在第十章表观遗传学基础中详细介绍。

第十节　基因转录表达研究方法

一、RNA的分离与分子鉴定

DNA、RNA和蛋白质是三种重要的生物大分子，是生命现象的分子基础。DNA的遗传信息决定生命的主要性状，而mRNA在信息传递中起很重要的作用。其他两大类RNA，rRNA和tRNA，同样在蛋白质的生物合成中发挥着不可替代的重要功能。因此，mRNA、rRNA、tRNA在遗传信息由DNA传递到表现生命性状的蛋白质的过程中举足轻重。通常一个典型的哺乳动物细胞含5～10 μg RNA，其中大部分为rRNA及tRNA，而mRNA仅占1%～5%。在基因表达过程中，mRNA作为蛋白质翻译合成的模板，编码了细胞内所有的多肽和蛋白质，因此，mRNA是分子生物学的主要研究对象之一。mRNA分子种类繁多，分子大小不均一，但在多数真核细胞mRNA的3′端都带有一段较长的poly（A）链，可以从总RNA中用寡聚（dT）亲和色谱等方法分离出mRNA。

获得高纯度和完整的RNA是很多分子生物学实验所必需的，如RNA印迹法、mRNA分离、RT-PCR、定量PCR、cDNA合成及体外翻译等。由于细胞内大部分RNA是以核蛋白复合体的形式存在的，所以在提取RNA时，要利用高浓度的蛋白质变性剂，迅速破坏细胞结构，使核蛋白与RNA分离，释放出RNA。再通过酚、氯仿等有机溶剂处理、离心，使RNA与其他细胞组分分离，得到纯化的总RNA。所有RNA的提取过程中都有5个关键点：①样品细胞或组织的有效破碎；②有效地使核蛋白复合体变性；③对内源RNA酶的有效抑制；④有效地将RNA从DNA和蛋白质的混合物中分离；⑤对多糖含量高的样品还涉及多糖杂质的有效除去。由于RNA样品易受环境因素特别是RNA酶的影响而降解，提取高质量的RNA样品在生命科学研究中具有相当大的挑战性。目前普遍使用的RNA提取法有两种：基于异硫氰酸胍/苯酚混合试剂的液相提取法（即Trizol类试剂）和基于硅胶膜特异性吸附的离心柱提取法。

（一）总RNA提取

Trizol试剂中的主要成分为异硫氰酸胍和苯酚，异硫氰酸胍属于解耦剂，是一类强力的蛋白质变性剂，可溶解蛋白质，主要作用是裂解细胞，使细胞中的蛋白质、核酸物质解聚，并将RNA释放到溶液中。苯酚虽可有效地使蛋白质变性，但是它不能完全抑制RNA酶的活性，因此，Trizol中还加入了8-羟基喹啉、β-巯基乙醇等来抑制内源和外源RNA酶。当加入氯仿时，它可抽提酸性苯酚，而酸性苯酚可促使RNA进入水相，离心后可形成水相层和有机层，这样RNA与仍留在有机相中的蛋白质和DNA分离开。

（二）mRNA的分离与纯化

真核细胞mRNA分子最显著的结构特征是具有5′端帽子结构（m^2G）和3′端的poly（A）尾。绝大多数哺乳动物细胞mRNA的3′端存在180～200个腺苷酸组成的poly（A）尾，通常用poly（A）表示。这种结构为真核mRNA的提取提供了极为方便的选择性标志。mRNA的分离方法较多，其中以Oligo（dT）纤维素柱色谱法最为有效，已成为常规方法。此法利用mRNA 3′端含有poly（A）的特点，在RNA流经Oligo（dT）纤维素柱时，在高盐缓冲液的作用下，mRNA被特异地结合在柱上，当逐渐降低盐的浓度时或在低盐溶液和蒸馏水的情况下，mRNA被洗脱，经过两次Oligo（dT）纤维柱后，即可得到较高纯度的mRNA。

（三）RNA的分子大小及完整性的鉴定

RNA分子是以单链形式存在的，但在局部仍有双链结构形成。由于这种局部双链结构的干扰，使得在非变性凝胶上对RNA分子完整性的鉴定及其分子量大小的检测变得不十分可靠。通过加入乙二醛-二甲基亚砜、氢氧化甲基汞、甲醛等变性剂进行变性处理，使其局部双链变为单链；再进行电泳，RNA的泳动距离与其片段大小的对数值就形成良好的线性关系，从而可对RNA的分子大小及完整性程度作准确的分析。

二、Northern印迹法

Northern印迹法（Northern blot），又称RNA印迹法，是生物化学、分子生物学中常用的实验方法，利用探针检测含有特定序列的RNA片段。由斯坦福大学的詹姆斯·阿尔文（James Alwine）和乔治·斯塔克（George Stark）在1977年发明。Northern印迹法检测的是RNA分子而不是DNA分子；总RNA不需要进行酶切，即是以各个RNA分子的形式存在，可直接应用于电泳。此外，由于碱性溶液可使RNA水解，因此不进行碱变性，而是采用甲醛等进行变性电泳。与Southern印迹法相似，Northern印迹法中RNA样品经过凝胶电泳后会按照分子量大小分离，然后将样品从凝胶转印到膜（如尼龙膜、硝酸纤维膜等）上，并用与目标序列互补的标记探针检测。胶体可以选用琼脂糖凝胶或聚丙烯酰胺凝胶，“探针”（probe）是与目标序列互补的、由放射性（或非放射性）标记的RNA、DNA序列或寡核苷酸，探针至少要有25个碱基对与目标序列互补，最后进行放射自显影（或化学显影）。RNA样品通常以含甲醛的琼脂糖凝胶电泳来分离，甲醛作为RNA变性剂，将RNA的二级结构变性成一级结构。凝胶内用溴化乙锭（EtBr）染色，可在紫外线下观察到RNA样品的品质、大小。实验结果可以根据所用探针的不同，以多种方式来观察。结果显示的是被检测的RNA条带的位置，即分子量大小；而条带的强度则与样品中目标RNA的含量相关。这一方法可以测量目标RNA在不同样品中的情况，因此已经被普遍应用于研究特定基因在生物体中表达的时间和表达量。

三、实时荧光定量PCR

实时荧光定量PCR（real-time fluorescence quantitative PCR）技术是20世纪90年代由美国Applied Biosystems公司推出的，其基本原理是在常规PCR的基础上添加荧光染料或荧光探针，利用荧光信号积累实时监测整个PCR进程。理论上，PCR过程是按照2^n（n代表PCR循环的次数）指数的方式进行模板的扩增。但在实际的PCR反应进行过程中，体系中各成分的消耗（主要是由于聚合酶活力的衰减），使得靶序列按线性的方式增长，进入平台期，该平台效应使得同样的初始模板量不能获得同样的终点观测指标。与常规PCR相比，其最大的优势就是可以实现对PCR反应中的初始模板进行定量，克服了PCR的平台效应，使定量更灵敏（灵敏度可达单拷贝）、更精确和具有更高特异性（可以进行单个核苷酸的区分）。

一般real-time PCR引物的设计遵循一些原则：①扩增产物长度为75～200 bp。②引物长度一般在15～25个碱基。③G+C含量在50%～65%，上下游引物的T_m值不能超过2℃的差异。④避免3个G或C碱基的重复。⑤避免二级结构的形成，引物自身避免形成二级结构，引物之间避免4个碱基以上的互补，避免出现引物二聚体；引物和靶序列扩增片段以外的区域避免出现4个以上的互补（特别是发生在引物的3′端），以防止出现非特异性扩增。⑥避开内含子，以免基因组DNA的污染。⑦最后用比对工具验证引物的特异性（BLAST）。

四、双荧光素酶报告基因检测

荧光素酶（luciferase）生物检测技术诞生于1990年，距今已有30多年的发展史，1996年双荧光素酶报告基因检测系统推出，为研究者的实验提供了更加可靠的工具。荧光素酶是生物体内催化荧光素（luciferin）或脂肪醛（firefly aldehyde）氧化发光的一类酶的总称，来自于自然界能够发光的生物。以北美萤火虫（*Photinus pyralis*）来源的荧光素酶基因应用的最为广泛，该基因可编码550个氨基酸的荧光素酶蛋白，是一个62 kDa的单体酶，无须表达后修饰，直接具有可被检测的酶活（张菊梅等，2001）。另外，提取自海洋腔肠动物海肾（*Renilla reniformis*）的荧光素酶也是一种可以催化萤火素发生荧光反应的单亚基特异活性蛋白，其分子量为36 kDa。同萤火虫荧光素酶一样，该蛋白质在完成转录翻译后即具有催化活性（赵斯斯，2012）。

荧光素酶报告基因检测是以荧光素为底物来检测萤火虫荧光素酶（firefly luciferase，F-Luc）活性的一种报告系统。利用荧光素酶与底物结合发生化学发光反应的特性，可以把感兴趣的基因的转录调控元件克隆在萤火虫荧光素酶基因的上/下游，构建成荧光素酶报告质粒。然后转染细胞，经适当刺激或处理后裂解细胞，测定荧光素酶活性。通过荧光素酶活性的高低判断刺激前后或不同刺激对感兴趣调控元件的影响。双荧光素酶报告基因检测常用的载体有两种策略。第一种是两种荧光素分别位于两个载体上，即将带有海肾荧光素酶基因的质粒与报告基因质粒共转染细胞；第二种是两种荧光素酶位于同一个载体上，两种荧光素酶分别用不同的启动子启动其表达。

荧光素酶报告基因在研究miRNA通过作用于靶基因的3′UTR起作用中，可以将目的基因3′UTR区域构建至pGL3-basic载体中报告基因荧光素酶基因的后面，构建荧光素酶质粒，然后转染至细胞中。通过比较过表达或干扰miRNA后，检测报告基因表达的改变（监测荧光素酶的活性变化）可以定量反映miRNA对目的基因的抑制作用，结合定点突变等方法进一步确定miRNA与靶基因3′UTR的作用位点。

双荧光素酶报告基因检测的实验步骤可大致分为以下5步：①构建相应的载体；②将载体转染至细胞内进行表达；③裂解液裂解细胞；④荧光检测；⑤数据分析得到实验结论。

五、RIP技术

RNA免疫共沉淀（RNA co-immunoprecipitation，RIP）是研究细胞内RNA与蛋白质结合情况的技术，是了解转录后调控网络动态过程的有力工具，能帮助人们发现miRNA的调节靶点。RIP技术运用针对目标蛋白的抗体把相应的RNA-蛋白质复合物沉淀下来，然后经过分离纯化获得结合在复合物上的RNA，再通过高通量测序实现对目的RNA的信息分析。RIP技术与高通量测序的结合，能帮助研究人员更好地了解生物性状发育以及其他疾病整体水平的RNA变化情况。

非编码RNA的发现使得RNA领域再次成为生命科学研究关注的焦点。因为RNA是一种不稳定的生物大分子，绝大多数RNA都需要与特定的

RNA结合蛋白质结合形成RNA/蛋白质复合物才能稳定存在于细胞中。不仅如此，RNA与RNA结合蛋白之间的动态关联贯穿和伴随了RNA的转录合成、加工和修饰、胞内运输和定位、功能发挥及降解的整个生命循环。鉴于此，利用RNA结合蛋白分离或发现鉴定功能性RNA分子是RNA研究领域中一个不可或缺的研究方法。简单地说，就是利用RNA结合蛋白的抗体免疫沉淀RNA/蛋白质复合物，再从沉淀的RNA/蛋白质复合物中分离得到特定RNA结合蛋白的RNA；分离得到的RNA可以通过末端标记和变性凝胶电泳对RNA分子的大小进行鉴定，也可以利用高通量RNA测序方法对RNA序列进行分析。

本章小结

RNA分子类型多样，除了在蛋白质合成过程中起到直接作用的mRNA、rRNA、tRNA以外，还有许多种类的RNA分子起着重要的调节作用或直接参与加工过程。

基因的概念在不断地发展，更多的基因结构形式被发现，非编码RNA分子体现出越来越重要的作用。因此仍然主要介绍了真核生物编码基因的一般结构，随后讲解了编码基因遗传信息传递的一般过程。

通过转录，遗传信息由DNA传递到RNA。转录的效率受转录作用元件的调节，包括对增强子、启动子的识别等。原核生物由α因子负责识别启动子，在RNA聚合酶核心酶的作用下RNA链得到延伸，新合成的RNA链上存在特殊的发夹结构引起转录终止。真核生物不同的RNA分子合成所用的聚合酶不同，转录的调节机制也更加复杂。并且，与原核生物不同，真核细胞转录产生的mRNA要经过加工才具有功能。mRNA通常要在5′端加上帽子，3′端加上poly（A）尾，还要通过剪接作用剪掉内含子将外显子连接起来，有时还要进行RNA编辑和碱基的化学修饰。

思考题

1. 在真核细胞中，RNA分子存在于细胞的什么位置？
2. 启动子如何影响转录？
3. 真核生物RNA的加工和修饰与蛋白质的合成有何关系？
4. 密码子的偏好性有什么进化学意义？
5. 一个真核生物mRNA分子能编码一个以上的蛋白质吗？

第六章　蛋白质合成及其研究技术

蛋白质是组成生物体一切细胞、组织的重要成分。机体所有重要的组成部分都需要有蛋白质的参与。作为一种重要的有机大分子，蛋白质是生命的物质基础，是构成细胞的基本物质，是生命活动的主要承担者。蛋白质还是生物体组织更新和修补的主要原料，是与生命及各种形式的生命活动紧密联系在一起的物质，没有蛋白质就没有生命。在本章中，我们将会对蛋白质生物合成的分子机制以及蛋白质研究的进展、方法、意义等进行阐述。主要内容包括蛋白质生物合成过程中涉及的主要生物化学组分的结构、性质及其与生物学功能的关系，这些组分在多肽链的合成起始、延伸到终止的过程中的作用机制以及多肽链合成后经过加工运输成为成熟蛋白质的过程；原核生物和真核生物在蛋白质合成过程中的一致性与差异性；现代分子生物学技术在蛋白质研究中的应用等。

蛋白质的生物合成是指在细胞核糖体上，以 mRNA 为模板合成具有特定氨基酸序列和生物学功能的蛋白质的过程，也称为翻译（translation）。真正意义上对蛋白质生物合成体系的研究开始于 20 世纪的中后期。1957 年克里克等提出了中心法则（图 6-1），即遗传信息的传递过程是从 DNA 到 RNA 再到蛋白质；其中，蛋白质编码基因表达的最终产物是蛋白质，通过转录和翻译完成基因表达过程。

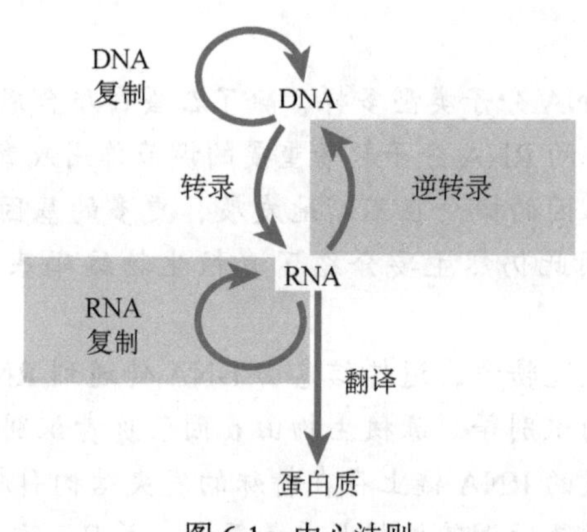

图 6-1　中心法则

迄今为止，从各种生物体中发现的能够参与蛋白质生物合成的成分有 200 多种，主要包括核糖体、mRNA、tRNA、非编码 RNA 以及各种酶和蛋白质分子。在这些分子中，核糖体是蛋白质生物合成的场所，mRNA 是指导多肽链合成的模板，tRNA 是氨基酸按照特定顺序到达核糖体上参与合成的运输工具。蛋白质生物合成的整个过程中，氨基酸与 tRNA 的特异结合，核糖体上氨基酸按照特定顺序连接成肽链，以及多肽链合成之后的折叠、修饰和运输等过程都是由各种酶和蛋白质因子辅助完成的。反应所需能量由 ATP 或 GTP 提供，而且蛋白质合成所需要的能量几乎占细胞合成反应耗能的 90%。以下我们对这些参与蛋白质合成的主要组分进行阐述。

第一节　mRNA 的结构与功能

mRNA 是蛋白质生物合成的直接模板，其碱基组成与 DNA 上的碱基相对应，所携带的遗传信息就位于其特定的核苷酸序列中。mRNA 约占细胞内 RNA 总量的 5%，含量较少，但种类多，分子长短不一，是 rRNA、tRNA 和 mRNA 三种中最不稳定、更新速度最迅速的 RNA，是一种在生命活动中非常活跃的大分子物质。原核生物的一种 mRNA 往往可以翻译几种功能相关的蛋白质，以多顺反子的形式翻译成多种蛋白质。真核生物的 mRNA 比原核生物多，但一个 RNA 分子一般只带有一种蛋白质的编码信息，以单顺反子形式进行翻译，所以真核生物蛋白质的多样性是由 mRNA 的多样性决定的。相对而言，原核细胞（如大肠杆菌）的 mRNA 半衰期较短，而真核生物的则较长。

根据序列是否有蛋白质编码功能，将 mRNA 的序列可以分为两部分：直接决定氨基酸序列的区域称为翻译区或编码区，其他非编码序列称为非翻译区或非编码区。翻译区一般位于 mRNA 序列内部，非翻译区一般在成熟 mRNA 的两个末端，部分 mRNA 内部也有非翻译序列。转录后加工完成后，编码区通常是成熟 mRNA 内部一段连续可翻译的 RNA 序列。

原核生物 mRNA 的 5′端总有一段富含嘌呤碱基的序列，这段序列是由约翰·赛恩（John Shine）和林恩·达尔加诺（Lynn Dalgarno）首先发现的，所以称为 Shine-Dalgarno 序列（简称 SD 序列）。该序列与核糖体 16S rRNA 3′端富含嘧啶碱基的序列互补，这与 mRNA 对核糖体的识别结合有关，有助于蛋白质生物合成时的正确起始。真核生物的 mRNA 5′端有一个特殊的“帽子”结构：m^7G-5′ppp5′-Nm，即 5′端的 N^7 被甲基化成甲基鸟苷（m^7G），后者通过 3 个磷酸基与相邻的核苷酸以 5′-5′-三磷酸酯键相连，这个相邻的核苷酸常在 C_2′-OH 上发生甲基化（Nm）修饰（图 6-2）。“帽子”结构对真核生物有着重要的作用，不仅可以抵御 5′-外切核酸酶的降解作用，而且还是翻译起始时核糖体首先识别的部位，能够让 mRNA 很快地与核糖体结合，促进蛋白质合成起始复合物的形成，使翻译过程在起始密码子 AUG 处开始。此外，帽子结构还有增强 mRNA 从细胞核到细胞质的转运，以及提高 mRNA 的剪接效率，保证剪接准确性的功能。

真核生物 mRNA 的 3′端有一段 poly（A）尾，长 20～300 个腺苷酸，这段序列是在转录之后被 poly（A）聚合酶加上去的。poly（A）与 mRNA 由细胞核向细胞质的移动有关，也与 mRNA 的半衰期有关，还能够增强 mRNA 的可译性。一些研究还表明，poly（A）可能是 mRNA 降解的信号，一些暂时不翻译而需长期储存的 mRNA 需要切去该序列，待翻译时再重新添加上。而在原核生物 mRNA 上并没有这段特殊的结构。

对 mRNA 的二、三级结构了解和关注的较少，目前的一些报道表明，原核、真核生物的 mRNA 分子中许多非翻译区段含有互补碱基，可以折叠成发夹结构，这些发夹结构可能与蛋白质的规则二级结构单元具有一定的相关性。

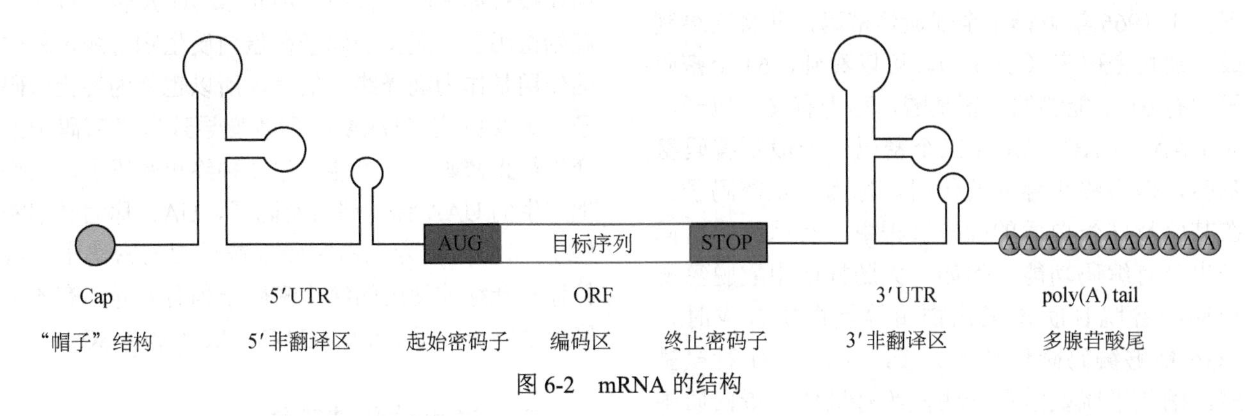

图 6-2　mRNA 的结构

第二节　遗传密码及其特征

mRNA 分子中有 4 种碱基，即 A、U、G、C；而参与蛋白质生物合成的常见氨基酸有 20 种，那么，mRNA 分子内的碱基顺序是如何决定多肽链中的氨基酸顺序的呢？研究证明，这一过程是通过遗传密码来实现的。

遗传密码是指DNA或mRNA中碱基序列与蛋白质中氨基酸序列的相互对应关系。1954年，美国物理学家伽莫夫（G. Gamov）首先对遗传密码进行了探讨，提出密码子中核苷酸的三联体组合方式。1961年，英国科学家克里克通过噬菌体基因突变为之提供了确切的证据，说明三联体密码学说的正确性。之后，随着体外无细胞翻译体系的建立、核酸的人工合成技术和核糖体结合技术的完善，遗传密码的破译工作获得突破性进展。

1964年，布伦纳（Brenner）等在T4噬菌体基因突变研究中发现三联体密码在指导蛋白质生物合成时具有定点起始、非重复、连续分布等特点。此外，也确定了mRNA的阅读方向是从5′端到3′端，指导多肽链的合成方向是N端到C端。换言之，mRNA分子上从5′→3′方向，与它们被合成的方向一致，相邻3个核苷酸为一组，代表多肽链上的某个氨基酸或蛋白质合成终止信号，蛋白质合成以氨基端→羧基端方向进行，即氨基端氨基酸是首先加入的，这些三联体统称为遗传密码，其中单个的三联体称为密码子。这样按数字计算的方法4^3=64，就可以排列组成熟悉的64个密码子。它们不仅代表了20种氨基酸，还决定翻译过程的起始和终止。

后来在美国生物学家尼伦伯格（M.W. Nirenberg）和科拉纳（H.G. Khorana）等的努力下，于1966年破译了全部遗传密码，并将其绘制成了遗传密码表（表6-1）。可以看到，64个密码子中有61个能够编码氨基酸，称为有义密码子。而UAA、UAG、UGA三个密码子一般不编码氨基酸，但有终止翻译的作用，称为终止密码子。在某些特殊蛋白质的翻译过程中，有些终止密码子也具有编码功能。例如，大肠杆菌甲酸脱氢酶和动物谷胱甘肽过氧化物酶等蛋白质合成时，UGA能够编码硒代半胱氨酸，称为第21种氨基酸。硒代半胱氨酸在一些低等有机体的蛋白质中都有发现，但尚未在真菌和植物蛋白质中发现。在甲烷八叠球菌属古菌和某些细菌的甲胺甲基转移酶的蛋白质合成中，UAG密码子可以编码吡咯赖氨酸，称为第22种氨基酸。UAA是否也同样具有特殊编码功能，尚未有报道。

表6-1 常见三联体密码

第一个核苷酸	第二个核苷酸				第三个核苷酸
	U	C	A	G	
U	苯丙氨酸	丝氨酸	酪氨酸	半胱氨酸	U
	苯丙氨酸	丝氨酸	酪氨酸	半胱氨酸	C
	亮氨酸	丝氨酸	终止密码子	终止密码子	A
	亮氨酸	丝氨酸	终止密码子	色氨酸	G
C	亮氨酸	脯氨酸	组氨酸	精氨酸	U
	亮氨酸	脯氨酸	组氨酸	精氨酸	C
	亮氨酸	脯氨酸	谷氨酰胺	精氨酸	A
	亮氨酸	脯氨酸	谷氨酰胺	精氨酸	G
A	异亮氨酸	苏氨酸	天冬氨酸	丝氨酸	U
	异亮氨酸	苏氨酸	天冬氨酸	丝氨酸	C
	异亮氨酸	苏氨酸	赖氨酸	精氨酸	A
	甲硫氨酸	苏氨酸	赖氨酸	精氨酸	G
G	缬氨酸	丙氨酸	天冬氨酸	甘氨酸	U
	缬氨酸	丙氨酸	天冬氨酸	甘氨酸	C
	缬氨酸	丙氨酸	谷氨酸	甘氨酸	A
	缬氨酸	丙氨酸	谷氨酸	甘氨酸	G

前面提到在T4噬菌体基因突变研究中发现了三联体密码在指导蛋白质生物合成过程中的一些特点，那么遗传密码有哪些基本特点呢？

一、起始密码子和终止密码子

在有义密码子中，AUG可以作为绝大多数生物蛋白翻译的起始信号，编码多肽链的第一个氨基酸，即甲酰甲硫氨酸fMet（原核生物）或甲硫氨酸Met（真核生物），所以称为起始密码子。少数细菌中，GUG或UUG也可以作为起始密码子。而在线粒体和叶绿体中，AUU或AUA也可以作为起始密码子。无义密码子在蛋白质生物合成过程中的作用是作为翻译终止信号，所以也称为终止密码子。无义突变（DNA序列改变导致有义密码子改变为终止密码子）可能产生3种终止密码子，人们把产生的UAA称为赭石密码子，UAG称为琥珀密码子，UGA称为乳白密码子或蛋白石密码子。线粒体和叶绿体使用的终止密码子稍有差异，有4个终止密码子，即UAA、UAG、AGA和AGG。

二、通用性和特殊性

从生命起源至今的近40亿年中，从病毒、原核生物到人类等所有生物都使用一套基本上相同的遗传密码，即遗传密码的编码功能基本是通用的。这种通用性引出了地球生物界各生物的单一起源论。

值得注意的是遗传密码并非绝对通用，也有一些例外（表 6-2）。这些例外首先是在线粒体基因组中发现的，由于这些异常发生在线粒体中而被忽略。原因是，线粒体基因组非常小，只编码几种蛋白质，因此比核基因组有更多的自由发生变化。但在核基因组和细菌基因组也发现了例外的密码子。这些不同于通用密码表的密码子中，有些有义密码子变为终止密码子或者相反，也有一些有义密码子编码的氨基酸发生变化。这些密码子编码功能的改变主要来自于 tRNA 和蛋白质合成过程中所需翻译因子的功能变异，变异的密码仍然与它们可能由此演变的标准密码子有着紧密的联系。

表 6-2　线粒体密码子编码的氨基酸

密码子	正常编码的氨基酸	人、牛	多数哺乳动物	软体动物	棘皮动物	扁形动物	真涡虫	线虫	果蝇	玉米	链孢霉	脉孢霉	酵母菌
AUA	Ile	Met	Met						Met	Met			Met
CUN	Leu												Thr
AAA	Lys				Asn	Asn							
AGR	Arg	Stop	Stop	Ser	Ser	Ser		Ser	Ser	Ser			
UAA	Stop						Try						
AUU	Ile	Met	Met						Met			Met	Met
CGC	Arg									Trp			
UGA	Stop	Trp	Trp	Trp	Trp	Trp	Trp	Trp	Trp	Stop	Trp	Trp	Trp

注：N 为 A、U、G、C，R 为 A、G

三、方向性

如前面所提到的，起始密码子总是位于 mRNA 的 5′端，终止密码子总是位于 3′端，而且阅读方向总是从 5′→3′。

四、连续性

在 mRNA 指导合成多肽链过程中，从起始密码子 AUG 开始读码，每个密码子编码一个氨基酸，密码子之间无交叉、重叠和间隔，必须 3 个碱基一组往下翻译，每个碱基只是一个密码子的一部分，直至终止密码子。从起始密码子到终止密码子一段连续的 mRNA 编码序列称为开放阅读框（ORF），基因组中一个 ORF 就是一个潜在的基因。基于这种翻译的连续性，DNA 或 mRNA 中插入或缺失碱基常常会造成移码突变，即突变位点下游 mRNA 序列编码的全部氨基酸序列的翻译错误或者提前终止。因此，移码突变常常会导致蛋白质的功能异常甚至完全失去生物学活性。只有完整密码子的缺失或密码子之间插入连续的有义密码子，移码突变对蛋白质的功能才会产生较小的影响。

在某些病毒和细胞生物中也有一些例外，翻译过程中读码会发生一个碱基（+1 或−1）甚至大片段的位移，这种现象称为翻译跳跃。虽然翻译跳跃涉及的区段与内含子都是非编码序列，但前者在转录后加工过程中不会被切除，其非编码作用会体现在翻译过程中。造成翻译跳跃的原因尚不清楚，但与其上游序列有一定关系。

五、简并性与摆动性

除 3 个终止密码子外，其他 61 个有义密码子可以编码 20 种氨基酸。其中，除甲硫氨酸（Met）和色氨酸（Trp）只有一种密码子外，其他 18 种氨基酸均由两个或更多个密码子编码，这种特点称为遗传密码的简并性（表 6-3）。编码同一种氨基酸的不同密码子称为同义密码子，结合同一种氨基酸但识别不同密码子的 tRNA 为同工 tRNA。

造成密码子简并性的一个重要原因是密码子第三位碱基在与 tRNA 上反密码子第一位碱基配对时的摆动现象。所谓摆动性即 mRNA 上的密码子与 tRNA 的反密码子辨认配对时会出现不完全遵循碱基配对法则的现象。有些细胞器还进化出比所需要更少的tRNA来翻译所有密码子，通过超级摇摆，以U在摇摆位的反密码子可以翻译最后一位为任意碱基的密码子。简并性的存在减少了碱基取代造成的有害突变，使合成的蛋白质不变，有利于保护遗传信息表达的稳定性。

表6-3　常见氨基酸密码子个数

氨基酸	个数	氨基酸	个数
丙氨酸	4	亮氨酸	6
精氨酸	6	赖氨酸	2
天冬酰胺	2	甲硫氨酸	1
天冬氨酸	2	苯丙氨酸	2
半胱氨酸	2	脯氨酸	4
谷氨酰胺	2	丝氨酸	6
谷氨酸	2	苏氨酸	4
甘氨酸	4	色氨酸	1
组氨酸	2	酪氨酸	2
异亮氨酸	3	缬氨酸	4

六、偏好性

不同物种或基因对某些有义密码子的选择具有一定的偏好性。研究发现，一方面，与tRNA配对结合能力适中的密码子常常使用频率较高。GC含量高的密码子与tRNA配对要求能量高，结合牢固，但不易解离；而AT含量高的密码子则相反。结合能力适中的密码子使用频率较高，有利于保证高效率、低能耗的蛋白质合成。另一方面，密码子的使用频率因基因和物种不同而有差异。同义密码子之间在不同基因和物种中的使用频率可以不同，同一种密码子在不同物种或基因中的使用频率也可以相差很大。密码子使用频率的差异与密码子配对tRNA的数量有关，使用配对tRNA丰度高的密码子可以保证蛋白质的高效表达。不同物种和基因中选择使用频率不同的密码子，既是物种长期进化产生的一种适应性，也是在翻译水平上调控基因表达的一种有效手段。

终止密码子的使用也具有偏好性：在细菌中，UAA的使用频率最高，UGA比UAG使用的频率高一些。在真核生物中，酵母和哺乳动物偏爱的终止密码子分别是UAA和UGA，单子叶植物最常用UGA作为终止密码子，昆虫偏爱终止密码子UAA。在远源物种之间进行基因转移时，要考虑密码子偏好性差异对基因表达效率的影响。

第三节　tRNA的结构与功能

tRNA叫转运RNA，也叫受体RNA。在蛋白质生物合成过程中，它携带活化的氨基酸加入到正在合成的肽链的正确位置。tRNA常以游离状态存在于细胞质中，每一种氨基酸都有特异的一种或几种tRNA。各种tRNA通常都是由74～95个数目不等的核苷酸组成，尽管tRNA分子很小，但它的结构却很复杂，它有初级、二级和三级结构。初级结构是tRNA中的核苷酸线性顺序，二级结构是tRNA不同区域碱基互相配对形成的茎环，三级结构是tRNA分子的整体三维形状，这些结构对tRNA功能的正确行使都是非常重要的。

一、一级结构

tRNA的碱基组成除A、U、G和C外，还含有较多的稀有核苷，如二氢尿嘧啶核苷、5-甲基胞嘧啶核苷、假尿嘧啶核苷和简单的甲基化修饰核苷，还有一些更加精细的修饰，如鸟嘌呤核苷转换为怀俄苷（wyosine）。有研究证明无修饰的tRNA是无法行使其功能的，这些修饰作用的总和在功能行使中非常重要，单碱基修饰可能也对tRNA运载功能和利用效率有着细微的影响。此外，tRNA在3′端皆是CCA序列，5′端多为pG（也有的为Gp），一级结构中还存在较多的彼此分隔又可能相互配对的保守序列。

二、二级结构

tRNA单链经自身反向折叠，根据碱基配对法规，形成发夹式结构，进而形成链内小双螺旋区，而有些未配对的碱基部分形成突环。所有的tRNA都具有共同的表现为三叶草形的二级结构，由 4 个碱基配对的茎形成三个茎环结构和一个受体臂，氨基酸通过加载步骤（charging）被连接到 tRNA 的受体臂上。大多数情况下，tRNA 由 4 臂（氨基酸臂、二氢尿嘧啶臂、反密码子臂、TψC 臂）和 4 环（二氢尿嘧啶环、反密码子环、TψC 环和额外环）组成（图 6-3）。

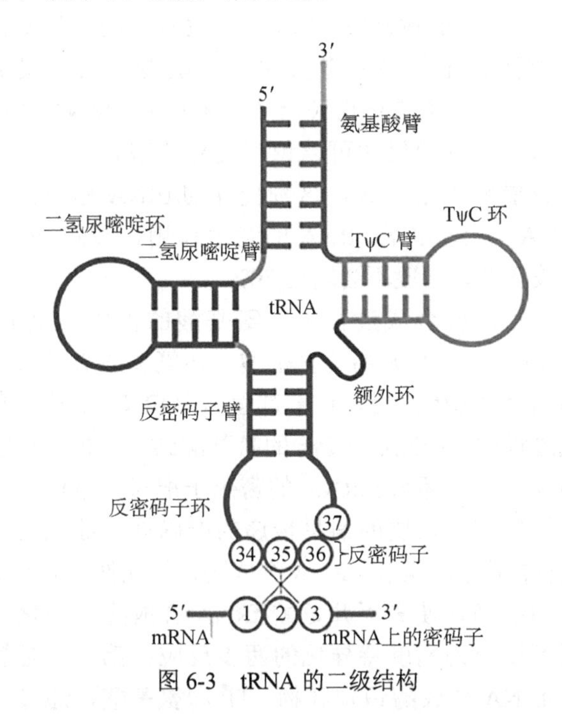

图 6-3　tRNA 的二级结构

1. 氨基酸臂

氨基酸臂是三叶草柄，由 7 bp 组成，富含鸟嘌呤，3′-CCA 的腺苷酸 3′-OH 或 2′-OH 是活化氨基酸的结合位点。

2. 二氢尿嘧啶环

二氢尿嘧啶环（DHU，也叫 I 环或 D 环）由 8～12 个核苷酸组成，以含有 5，6-二氢尿嘧啶为特征。此环通过一个由 3～4 bp 组成的二氢尿嘧啶臂（简称 D 臂或 D 茎）与 tRNA 分子二级结构的其余部分相连。

3. 反密码子环

反密码子环由 7 个核苷酸组成，其碱基顺序是：5′-嘧啶-嘧啶-X-Y-Z-修饰嘌呤-不同碱基-3′。其中-X-Y-Z-组成反密码子。该序列构成的反密码子环通过由 5 bp 组成的双螺旋区（反密码子臂，简称 AC 臂）与 tRNA 二级结构的其余部分相连。反密码子专一性识别 mRNA 上的密码子。

4. 额外环

额外环也叫可变环，通常由 3～21 个核苷酸组成，在不同种类的 tRNA 上，这个环所含的核苷酸数目变化很大，而且它通常缺乏一个螺旋茎，因此是 tRNA 分类的标志。

5. TψC 环

TψC 环也称 T 环，因含 TψC 顺序而得名。它由 7 个核苷酸组成环，经一个由 5 bp 组成的臂（TψC 臂）与 RNA 二级结构的其他部分相连。ψ 代表 tRNA 中一个修饰的核苷酸（假尿嘧啶），该核苷酸与正常尿嘧啶的区别是通过 5-C 而不是 1-N 来连接核糖体。TψC 环与核糖体的结合有关。

三、三级结构

tRNA 也具有共同的三维形状，类似一个倒置的 L（图 6-4）。这种形状通过将 D 茎与反密码子茎的碱基对及 T 茎与受体臂的碱基对线性排列起来而使稳定性最大。tRNA 的反密码子从反密码子环的侧面突出，并被扭曲成一种与 mRNA 中相应的密码子容易配对的形状。在这个过程中，几十个像碱基-碱基、碱基-骨架和骨架-骨架样的三级互作发生，来达到结构的稳定，多数包含氢键的碱基-碱基三级互作发生在不变碱基或半不变碱基之间。这些互作使 tRNA 能够正确折叠。因此，tRNA 中的这些相关碱基应保持不变，任何变化都会影响正确折叠进而阻碍 tRNA 行使正确的功能。

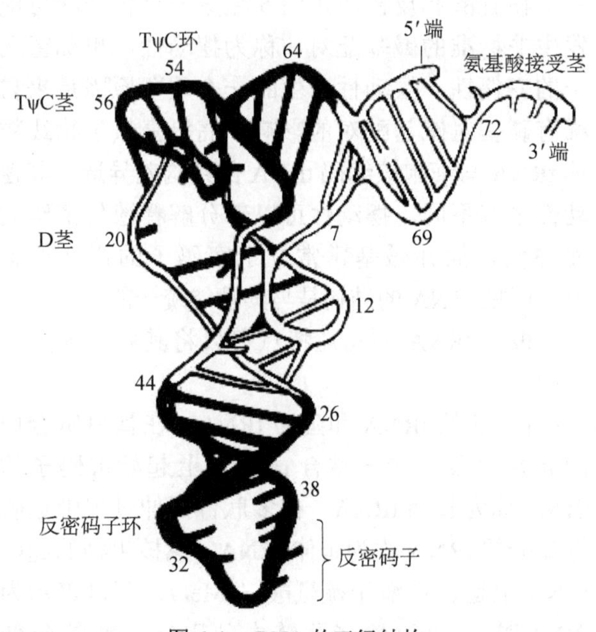

图 6-4　tRNA 的三级结构

tRNA三级结构有三个特点：

1）氨基酸臂和TψC臂形成一个连续的双螺旋区，构成倒L的一横，而D臂和反密码子臂则形成一个近似连续的双螺旋区，构成倒L的一竖。氨基酸的受体部位3′-CCA位于一横的端部，反密码子位于一竖的端部，两者相距约7 nm（70 Å）。

2）D环和TψC环构成倒L形结构的拐角，它们与额外环一起形成的构象可能决定着氨酰-tRNA合成酶对它的专一性识别。这种专一性对于具有特定反密码子的tRNA携带特定的氨基酸至关重要。

3）稳定三级结构的力量对氨基酸臂和反密码子环的束缚不太牢固，导致在结合氨基酸和阅读mRNA时可发生一定程度的构象变化，产生所谓的“变偶”现象。

具有特定反密码子的tRNA特异地结合相应的特定氨基酸后，再将所结合的氨基酸运送到多核糖体上，按mRNA上的密码子指令最终将氨基酸加入多肽链中的正确位置上。而在研究中发现tRNA反密码子的5′端常含次黄嘌呤核苷酸（IMP），IMP又该怎样与mRNA上的密码子进行碱基配对呢？对这个问题的解答，人们提出了摆动假说，即当mRNA上的密码子与tRNA的反密码子碱基配对时，一个密码子的3个核苷酸中，5′端前两个核苷酸与反密码子是精确配对的，而第三个核苷酸和反密码子的5′端第一个核苷酸可能发生非标准的碱基配对，称为摆动性，也称密码子的变偶性。摆动性产生的一个重要原因是来自稀有碱基对碱基配对的影响，高等真核生物线粒体tRNA与细胞核编码tRNA的结构差异造成其摆动性也有不同。摆动性可以部分解释遗传密码的简并性，简并碱基常常位于密码子的摆动位置上。可见tRNA的结构是与其功能统一的。

根据tRNA的功能特点可以将其归纳为如下三种。

1）起始tRNA和延伸tRNA：在蛋白质合成的起始阶段，专一结合mRNA上起始密码子的tRNA称为起始tRNA。在多肽链延伸过程中运载氨基酸的tRNA称为延伸tRNA。原核生物的起始tRNA上运输甲酰甲硫氨酸（fMet），可以表示为$tRNA_f^{fMet}$，而运输多肽链内部甲硫氨酸的延伸tRNA表示为$tRNA_m^{Met}$；真核生物起始tRNA上只携带甲硫氨酸，可表示为$tRNA_i^{Met}$，而运输多肽链内部甲硫氨酸的延伸tRNA表示为$tRNA^{Met}$。

2）同工tRNA：在多肽链合成过程中，一种氨基酸可以由多种tRNA来转运，运输同一种氨基酸的不同tRNA称为同工（受体）tRNA。同工tRNA的种类与简并密码子的种类没有对应关系。

3）校正tRNA：当基因发生核苷酸序列变异导致翻译出的多肽链发生氨基酸变异（错义突变）或合成提前终止（无义突变）时，tRNA通过反密码子变异仍然可以识别变异的密码子，使多肽链能够正常合成，这种变异的tRNA称为校正tRNA。由于正常tRNA的竞争作用，校正tRNA的校正效率一般不会超过50%。

蛋白质合成过程中，氨基酸的供体是氨酰-tRNA，而不是游离的氨基酸。即氨基酸必须共价的结合到tRNA上，这一过程称为tRNA负载。负载过程中，tRNA与专一的氨基酸结合，再通过它的反密码子环与mRNA的密码子配对，这保证了从核酸到蛋白质的信息传递的准确性。催化这一过程的酶称为氨酰-tRNA合成酶，很显然tRNA功能的准确行使离不开氨酰-tRNA合成酶。催化过程可以分为高度特异化的两步反应：第一步是氨酰-tRNA合成酶识别底物ATP和氨基酸，通过酯键将氨基酸的羧基与ATP的磷酸连接成中间产物，同时释放一分子焦磷酸。第二步是通过tRNA的3′-CCA末端腺苷酸的2′-OH或3′-OH，攻击中间产物酯键上的羰基碳原子，产生氨酰-tRNA并释放AMP：

氨基酸+ATP+tRNA→氨酰-tRNA+AMP+焦磷酸盐

整个反应过程是可逆的，但产物焦磷酸可以被焦磷酸酶快速水解，使反应趋于单向进行。

值得注意的是，在起始甲硫氨酸负载过程中，原核生物起始氨酰-tRNA的产生首先是合成Met-tRNA，然后由甲酰化酶催化，将N^{10}-甲酰四氢叶酸的甲酰基转移到Met上，形成甲酰甲硫氨酸-tRNA（fMet-tRNA）。真核生物多肽链的起始氨基酸一般不需要甲酰化修饰。

氨酰-tRNA合成酶在功能上非常相似，它们的结构也有着一定的保守性，如都具有三个重要的功能域，即催化域、tRNA受体臂结合域、反密码子结合域。但不同的氨酰-tRNA合成酶的亚基组成有多种方式，有的是单体酶，有的是寡聚酶。寡聚酶中亚基之间有的相同，有的不同。根据酶分子的结构特点和功能特性的差异，可以将氨酰-tRNA合成酶分为Ⅰ、Ⅱ两类，20种标准蛋白质氨基酸都有其对应的氨酰-tRNA合成酶。除赖氨酸的氨酰-tRNA合成酶有两种类型外，其他氨基酸的氨酰-tRNA合成酶仅有一种类型。第Ⅰ类氨酰-tRNA合成酶通常是单体酶或同源二聚体，催化氨基酸的羧基首先结合在tRNA的3′-CCA结构末端腺苷酸核糖的2′-OH上，然后再通过转酯作用转移到3′-OH上，只有3′-OH结合的氨基酸才能参与肽链延伸过程中的转肽反应。第Ⅱ类氨酰-tRNA合成酶通常是二聚体或四聚体，一般催化氨基酸直接结合在tRNA 3′-CCA末端腺苷酸核糖的3′-OH上。X射线晶体结构表明，这两类氨酰-tRNA合成酶在与tRNA相互作用方面也有区别。第Ⅰ类合成酶有针对受体臂和关联tRNA反密码子的区域，从D环和受体臂小沟一侧靠近tRNA；第Ⅱ类合成酶也有针对受体臂和反密码子的区域，但是从另一侧包括可变环和受体臂的大沟接近tRNA。

氨酰-tRNA合成酶对氨基酸和tRNA两种反应底物的专一性不同。对氨基酸的选择是绝对专一性，识别氨基酸特异的侧链；而对tRNA的选择是相对专一性，一种氨酰-tRNA合成酶可以识别该氨基酸的所有同工tRNA。研究发现，至少部分氨酰-tRNA合成酶的氨基酸选择性由双筛机制控制。第一次筛选是粗筛，排除太大的氨基酸，由合成酶与活化氨基酸的位点一起完成这一任务，该位点只够容纳关联氨基酸，不能容纳更大的氨基酸。第二次筛选是细筛，降解太小的氨酰AMP，由合成酶与接纳了小氨酰AMP并将其水解的第二活化位点（编辑位点）一起完成这一任务，第二次筛选也被称为校正或编辑。关联氨酰AMP由于过大不能嵌入编辑位点，因而避免了被水解，由合成酶将活化的氨基酸转运至关联tRNA。在氨酰-tRNA合成酶催化的特异性加载过程中，tRNA受体臂和反密码子有着重要作用，某些情况下改变受体臂的一个碱基对就会改变其加载特性，而有时反密码子能够完全决定加载的专一性。氨酰-tRNA合成酶对tRNA的识别过程也被称为第二遗传密码。

第四节　核糖体的组成与作用

核糖体是由数种rRNA和多种蛋白质共同组成的一种亚细胞超分子复合物结构，是原核生物细胞质中唯一的一种无膜细胞器，真核生物的细胞质、叶绿体和线粒体中也分布着核糖体。真核细胞和原核细胞中的核糖体沉降系数分别为80S和70S，均由大小亚基组成（表6-4）。亚基中含有不同的蛋白质和rRNA，细菌的70S核糖体由一个30S小亚基和一个50S大亚基组成，真核生物的80S核糖体由一个40S小亚基和一个60S大亚基组成，两类核糖体在rRNA和蛋白质组成上各不相同。核糖体小亚基中都只有一种rRNA（原核，16S；真核，18S），其大小在所有rRNA中位居第二，其他rRNA都分布在大亚基中。

真核生物细胞中核糖体的分布和分工比原核生物更复杂。原核生物细胞内核糖体游离于细胞质溶胶中，通过与mRNA互作固定在核基因组DNA上。一个细菌内约有20 000个核糖体，包含了细胞10%的蛋白质和80%的RNA。在真核生物中，细胞质核糖体根据分布状态分为两种类型：游离型核糖体和膜结合型核糖体。游离型核糖体以游离状态分布在细胞质中，可以直接或间接地结合在细胞骨架上，这类核糖体上主要合成细胞固有蛋白质，如可溶性胞质蛋白、核蛋白、过氧化物酶体蛋白和部分叶绿体蛋白、线粒体蛋白等；膜结合型核糖体主要与内质网外膜相结合，形成粗糙内质网，主要合成溶酶体蛋白、分泌蛋白和部分细胞膜骨架蛋白。一个真核细胞中有10^6～10^7个核糖体，而一个蟾蜍卵母细胞中核糖体数可以高达10^{12}个。真核细胞的线粒体和叶绿体中也存在核糖体，但是其结构和功能特点与细胞质中的核糖体有较大差异，而与原核生物的核糖体相似。

作为蛋白质的合成场所，核糖体在整个蛋白质合成过程中为合成体系各组分提供进入、结合和释放的功能区。这些功能位点有的是由大亚基

表 6-4 核糖体的组成

核糖体	沉降系数及RNA含量	亚基	rRNA	核糖体蛋白数目
细菌	70S 66%RNA	50S	23S=2904 nt 5S=120 nt	31
		30S	16S=1542 nt	21
哺乳动物	80S 60%RNA	60S	28S=4718 nt 5.8S=160 nt 5S=120 nt	49
		40S	18S=1874 nt	33

或小亚基单独提供，有些则只能出现在完整核糖体中，核糖体在蛋白质生物合成中的重要性与它的组成成分及结构密切相关。几个主要的功能位点如下。①mRNA 结合位点：核糖体上的 mRNA 结合区，在原核生物中位于 30S 小亚基头部，由其中的 16S rRNA 的 3′端与 mRNA 的 5′端特定序列进行碱基互补，决定蛋白质的起始位点。②A 位点，又称为氨酰-tRNA 位点：它是一个新进入核糖体的氨酰-tRNA 在核糖体上的结合位置，跨越大小两个亚基。③P 位点，又称为肽酰-tRNA 位点，它是核糖体上结合起始氨酰-tRNA，并在延伸中向 A 位点供给肽基的位置，跨越大小两个亚基。④E 位点，又称为排出位点或空载 tRNA 位点：它是多肽链合成过程中转移氨基酸残基后，剩余的空载 tRNA 在核糖体上暂停继而脱离的位置。原核生物 E 位点主要位于 50S 大亚基上，与 30S 小亚基也有接触。真核细胞核糖体上可能没有此功能位点。⑤转肽酶活性部位：位于 P 位点和 A 位点的连接处，是两位点上 tRNA 分别连接氨基酸和肽链形成肽键从而延长肽链的位置。⑥大亚基因子结合中心：核糖体上与多个延伸因子、释放因子或其他翻译辅因子结合的位点，主要位于大亚基上。

在了解大肠杆菌 rRNA 的序列后，分子生物学家很快提出了其二级结构的模型，目的是发现在分子内进行最佳碱基配对的稳定分子。对细菌亚基精细结构的研究进一步揭示了核糖体各组分在蛋白质生物合成中的重要作用。30S 亚基的精细结构中 16S rRNA 具有广泛的碱基配对，其形态可勾勒出整个颗粒的形态，X 射线晶体学研究也证实了大部分 30S 核糖体蛋白的位置，且蛋白质并没有专门构成亚基的任何主要部分。

30S 亚基与抗生素相互作用的研究使人们对翻译机制有了更加深入的了解。30S 核糖体亚基有两个作用，它促进密码子与氨酰-tRNA 反密码子间的正确解码和校正，还参与移位。利用 30S 核糖体亚基带有三种抗生素的晶体结构有助于了解移位和解码机制，这三种抗生素可干扰 30S 亚基的这两个功能。壮观霉素结合于 30S 亚基的颈部附近，在那里干扰移位所必需的头部移动。链霉素结合于 30S 亚基的 A 位点附近，稳定核糖体的状态，使非正确氨酰-tRNA 能相对容易地与 A 位点结合，并通过阻止向校正所必需的严谨态的转变而降低翻译的准确性。巴龙霉素结合于 16S rRNA 的 H44 螺旋靠近解码中心的大沟内，使碱基 A1492 和 A1493 弹出，从而稳定密码子-反密码子之间的碱基配对。这一弹出过程通常需要能量，但巴龙霉素可迫使这一过程发生，并且使稳定的碱基保持在其位置上。解码中心的这种状态稳定了密码子与反密码子之间的相互作用，包括非关联密码子和反密码子间的相互作用，因此降低了翻译的准确性。此外，结合于30S核糖体亚基的IF1的X射线晶体结构表明，IF1因子结合于A位点，明显阻断fMet-tRNA与A位点的结合，也可能通过推测的IF1和1F2之间的相互作用积极促进fMet-tRNA对P位点的结合。1F1因子还与30S亚基的H44螺旋有密切相互作用，由此也许可以解释IF1因子如何同时促进核糖体亚基的结合与分离。

对50S亚基精细结构的研究发现，两个核糖体亚基间的明显差别在于它们rRNA的三级结构。30S亚基的16S rRNA是一个含有三个结构域的结构，而50S亚基的23S rRNA是结构域间无明显界线的整块结构。生物学家推测造成这一差别的原因是30S亚基的结构域间需要移动，而50S亚基的结构域无须这种相对移动。对50S核糖体亚基的晶体结构在2.4 Å分辨率上的分析发现，在核糖体亚基接触面上相对来说少有蛋白质，用过渡态类似物在肽基转移酶活性中心18 Å范围内没有标记到蛋白质。P位点tRNA的2′-OH处于与A位点的氨酰-tRNA形成一个氢键的最佳位置，从而有助于催化肽基转移酶反应。与这一假设一致的是除去该羟基几乎消除了肽基转移酶的全部活性。类似地，除去23S rRNA的A2451的2′-OH，可强烈抑制肽基转移酶活性，因此该羟基可能也是通过形成氢键参与催化反应，或通过帮助反应物正确定位而参与催化反应。横穿50S亚基的出口通道仅能通过一个α螺旋蛋白，通道壁由RNA构成，其亲水性允许暴露出疏水侧链的新生蛋白质容易滑过。

关于核糖体结构与翻译机制间的相互作用还有很多，其中不乏涉及核糖体构型转变及酶促反应激活等，在这些过程中核糖体精细结构的作用不容忽视。

在蛋白质合成过程中，一条mRNA链上可以同时结合多个甚至几百个核糖体，形成串珠状结构，称为多聚核糖体（图6-5）。多聚核糖体上核糖体的数量与mRNA长度及核糖体组装紧密程度有关，如编码区由450个核苷酸组成的长约150 nm的血红蛋白mRNA上，可以串联有5～6个核糖体。在多聚核糖体的结构中，一个mRNA分子可以同时被多个核糖体利用，同时合成多条相同的多肽链，从而大大提高了翻译的效率。其中，越靠近mRNA 3′端的核糖体，其上多肽链合成越长，也越接近终止密码；而越靠近mRNA 5′端的核糖体，其上多肽链合成起始越晚，长度越短。

一般情况下，mRNA中每个ORF的翻译都是独立进行的，而且mRNA和核糖体亚基等组分可以循环利用。原核生物多顺反子mRNA上有多个ORF，每个ORF一般有各自的核糖体结合位点，分别在不同的核糖体上指导各自的多肽链合成。只有当两个编码区距离足够近、核糖体高度密集且起始密码子和终止密码子位置适宜等条件下，核糖体才有可能连续翻译两个相邻的ORF。无论是原核生物还是真核生物，在完成一个ORF翻译后，核糖体的大亚基和小亚基相互解离，然后可以重新组装新的核糖体，完成另一次翻译事件，这种循环利用过程称为核糖体循环。在真核生物的核糖体循环过程中，mRNA的两个末端结构在结合蛋白的作用下相互靠近，形成环状，可以提高循环效率。

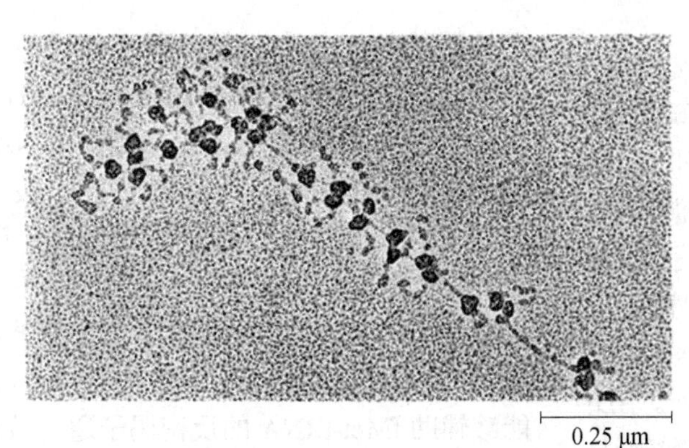

0.25 μm

mRNA
核糖体
正在合成的肽链

图6-5　多聚核糖体结构

第五节 肽链的合成

一、原核生物蛋白质的合成

在多肽链的合成过程中，每个氨基酸要掺入多肽链都需要先经过活化，即如之前提到的先与tRNA形成氨酰-tRNA。氨基酸从tRNA上转运到核糖体上，通过肽键依次连接成多肽链，此过程可分为起始、延伸和终止三个阶段。

（一）翻译起始

从核糖体的组装到第一个氨酰-tRNA成功定位在核糖体上的适宜位点是翻译的起始阶段。在这一阶段，核糖体大小亚基、mRNA、起始tRNA和起始因子共同参与肽链合成的起始。具体可以分为以下几个步骤（图6-6）。

原核细胞翻译起始

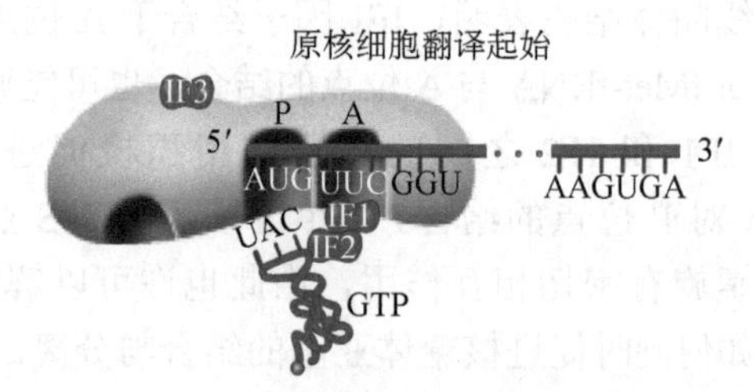

起始因子与小亚基结合并吸引mRNA与小亚基结合

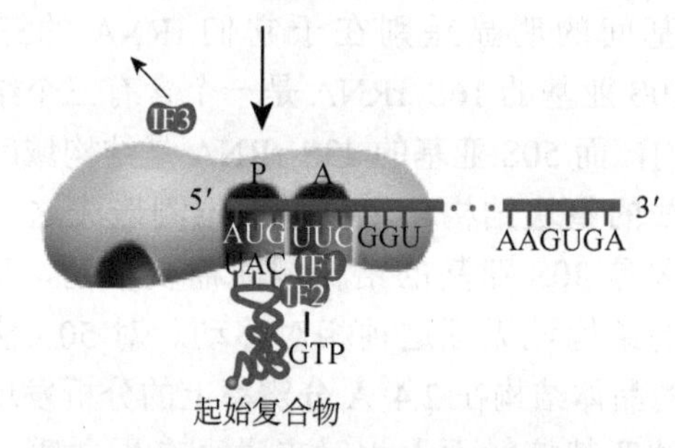

起始复合物

tRNA^{fMet}进入P位点，与mRNA上的AUG密码子结合形成起始复合物，IF3解离

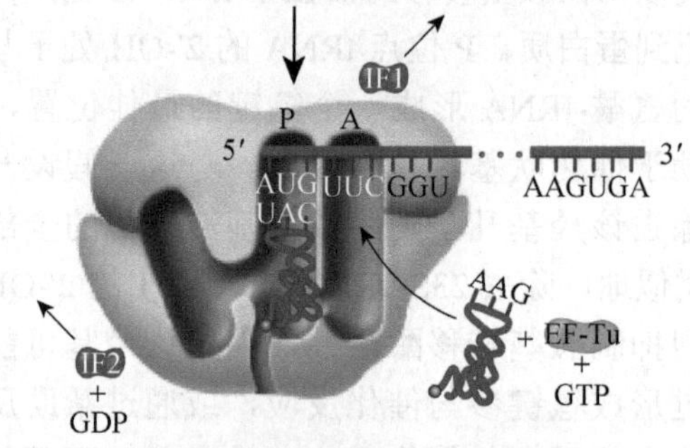

大亚基与复合物结合，IF1和IF2解离，下一个氨酰-tRNA进入A位点

图6-6 原核生物翻译的起始

（修改自Klug et al.，2019）

1. 70S核糖体的亚基解离

翻译起始复合物首先在独立的小亚基（30S）上形成，因此非功能性的70S核糖体的两个亚基必须先分离，此过程需要起始因子IF3来辅助完成，最终形成IF3·30S复合物和游离的50S大亚基。IF3能够抑制大亚基与小亚基过早地重新缔合。整个起始过程中需要三种转录因子：IF1、IF2和IF3。在解离过程中最主要的是IF3，它的功能除了防止大小亚基的结合，还可以协助mRNA的SD序列与16S rRNA的3′端结合，使核糖体结合在mRNA的正确位置。IF1能够促进IF3与小亚基结合，加速释放出大亚基。

2. 30S起始复合物的形成

多肽链合成开始之前，mRNA首先要定位在核糖体上的特定位置，以保证携带甲酰甲硫氨酸的起始氨酰-tRNA能够与其起始密码子准确结合。在原核生物mRNA中，起始密码子上游都有一个核糖体结合位点，其中紧靠起始密码子上游8～13个碱基处有一段富含嘌呤核苷酸的序列，能够与核糖体小亚基上16S rRNA 3′端的一段序列进行碱基互补配对，这个序列称为SD序列。SD序列与16S rRNA的碱基配对能使mRNA准确结合到核糖体小亚基上，且起始密码子AUG恰好位于核糖体的P位点，从而保证翻译的准确起始。原核生物的起始密码子通常是AUG，也可以是GUG，极少数是UUG。起始氨酰-tRNA是*N*-甲酰甲硫氨酸-tRNA^{fMet}，*N*-甲酰甲硫氨酸（fMet）是加入多肽链的第一个氨基酸。但是，在蛋白质成熟加工过程中fMet经常是被切除的。在mRNA与核糖体结合后，起始因子IF1能够阻止tRNA与mRNA过早的结合，IF2与GTP形成的复合物能够辅助fMet-tRNA的反密码子通过碱基互补结合到mRNA起始密码子上，形成30S起始复合物

（30S · IF1 · IF2 · GTP · fMet-tRNA · mRNA）。IF2是促进 fMet-tRNA^{fMet} 与 30S 起始复合物结合的主要因子，另外两个起始因子起重要的辅助作用。

3. 70S 起始复合物的形成

IF3 从小亚基上解离后，50S 大亚基得以与小亚基相结合，IF2 水解 GTP 为 GDP 和 Pi 为此提供能量，这种 GTP 水解是由 IF2 连同 50S 核糖体亚基进行的，目的是从复合物上释放 IF2 和 GTP，从而使多肽链的延伸能够开始，然后和 IF1 从复合物上解离，大小亚基组装形成 70S 起始复合物。此时，起始氨酰-tRNA 结合在核糖体上的 P 位点，与 mRNA 上起始密码子碱基配对；A 位点处于空置状态，等待与起始密码子 3′端下一个密码子碱基配对的氨酰-tRNA 进入并与之结合。

（二）翻译延伸

在大肠杆菌等原核生物中，延伸因子 EF-Tu、EF-Ts 和 EF-G 共同参与多肽链合成的延长过程。多肽链的 C 端每增加一个氨基酸需要进位、转肽和移位三个步骤，循环进行可以使多肽链不断延长，直到合成结束。这一过程又称为核糖体循环（图 6-7）。

1. 进位

要正确地解读 mRNA 上起始密码子毗邻的下一个密码子，需要反密码子与之碱基互补的新氨酰-tRNA 进入 A 位点。延伸因子 EF-Tu 与 GTP 的复合物 EF-Tu · GTP 结合在氨酰-tRNA 的氨酰基端，推动新的氨酰-tRNA 通过反密码子识别，首先与小亚基 A 位点结合，然后 tRNA 的氨酰基端与大亚基 A 位点结合。核糖体上的大亚基因子结合中心可以激活 EF-Tu 的 GTP 酶活性，水解 GTP 成为 GDP，为反应提供能量。同时，GTP 水解使 EF-Tu 构象改变并从核糖体上解离，得以循环利用。EF-Tu · GDP 要循环参与下一次延伸的进位过程，必须以 GTP 取代它所结合的 GDP，这个过程需要延伸因子 EF-Ts 协助。EF-Ts 又称 GTP 交换因子，能够与 EF-Tu · GDP 瞬时结合，推动 GDP-GTP 的快速交换。每个大肠杆菌细胞中有约 70 000 个 EF-Tu 分子，而 EF-Ts 分子只有约 1000 个（与核糖体数量接近），这种数量的差异也说明 EF-Ts 的作用十分快速。在硒蛋白合成过程中，选择性延伸因子 selB 可以取代 EF-Tu 的功能，通过识别 mRNA 上特殊的发夹结构（SELIS 元件），使 Sec-tRNA 进位到 UGA 密码子位置，多肽链上添加一个硒代半胱氨酸后，翻译可以继续进行。吡咯赖氨酸的掺入可能也有类似的机制。

2. 转肽

当 EF-Tu · GDP 从核糖体上释放后，P 位点结合的 fMet-tRNA（或后来的肽酰-tRNA）上的起始氨基酸或原多肽链快速地转移到 A 位氨酰-tRNA 的氨基酸上，通过肽键连接在氨基酸的氨基端，此过程称为转肽作用。转肽作用需要两个 tRNA 的氨基酸臂非常接近和适当地定向，其实质是 A 位上氨酰-tRNA 的自由氨基亲核取代 P 位上肽酰-tRNA 的 tRNA 部分，催化这一过程的是肽基转移酶。肽基转移酶活性主要是由大亚基上的 23S rRNA 来执行，即该 rRNA 具有核酶的特性，但其发挥功能还需要大亚基上数种蛋白质的辅助及较高的 K^+浓度。转肽作用发生后，延长一个氨基酸的肽酰-tRNA 暂时处于 A 位，P 位上的 tRNA 失去肽链变成空载 tRNA。

3. 移位

转肽作用完成后，核糖体沿 mRNA 沿着 5′→3′相对滑动一个密码子位置，肽酰-tRNA 从 A 位转移至 P 位，A 位重新变为空置状态，而空载 tRNA 从 E 位脱离核糖体，这个过程称为移位，也称转位或易位。延伸因子 EF-G 与 GTP 形成的复合物 EF-G · GTP 结合在大亚基因子结合中心上，推动核糖体移位过程的发生，因此 EF-G 也称为移位酶。GTP 水解为 GDP 移位提供驱动能量，促使核糖体亚基通过变构相对于 mRNA 滑动。与 EF-Tu 一样，EF-G 也要以 GTP 代替 GDP 后才能重新参与下一次移位过程，但这种转换不需要其他因子的协助就能发生。尽管移位活性看起来是核糖体内在的，并可在体外无 EF-G 和 GTP 时表现出来，但 GTP 和 EF-G 是移位所需要的。GTP 水解先于移位，并能显著地促进移位。对新一轮延伸的开始，EF-G 必须依靠 GTP 水解释放的能量从核糖体上释放出来。

（三）翻译终止

当终止密码子进入 A 位点时，没有适宜的氨酰-tRNA 能够与终止密码子结合，此时翻译释放

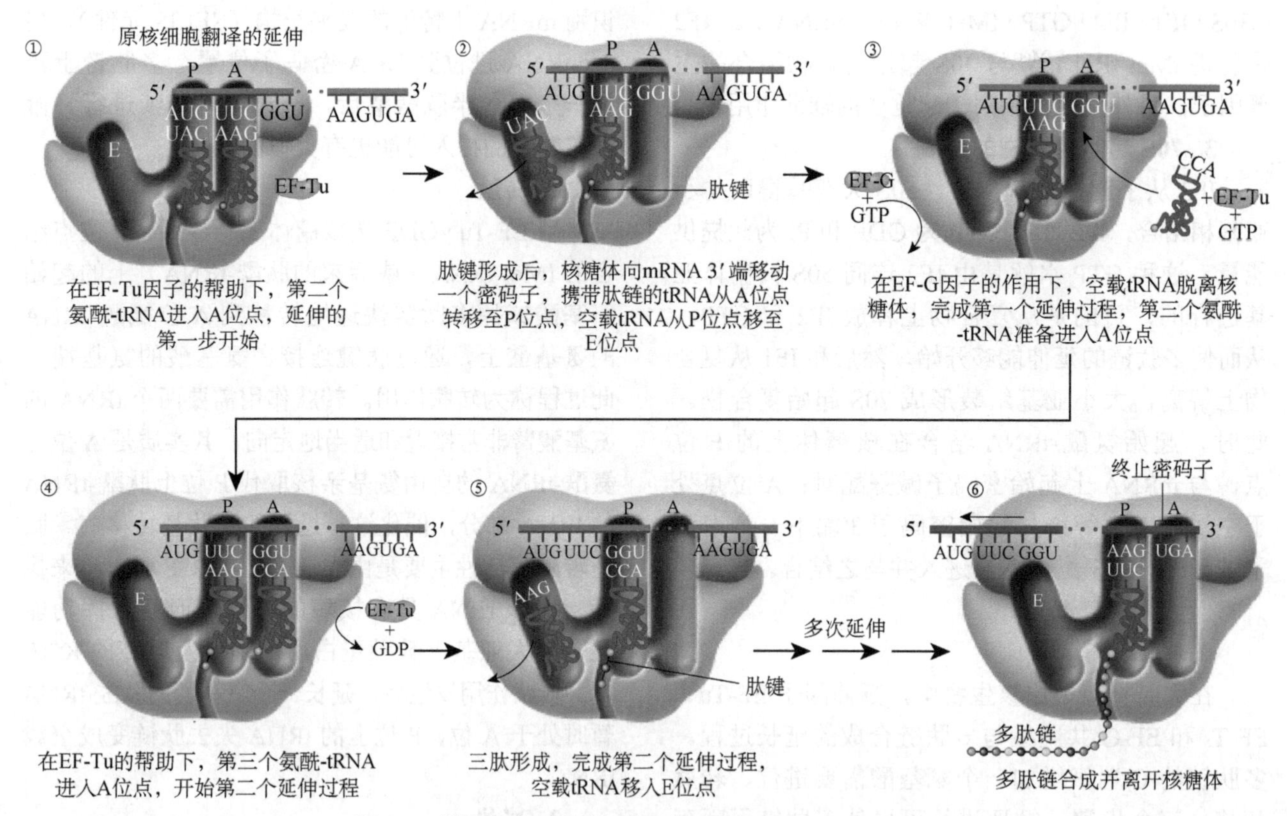

图 6-7　原核生物翻译的延伸（修改自 Klug et al.，2019）

因子（RF）可以识别终止密码子，并促使转肽酶活性变为水解酶活性，将肽链从 tRNA 的 3′端水解释放，然后 tRNA 脱落，mRNA 与核糖体分离，核糖体大小亚基也解离，一次翻译过程完全结束（图 6-8）。

原核生物中参与翻译终止过程的释放因子有三种：RF1、RF2 和 RF3。根据功能这三种释放因子可分成两类：Ⅰ类释放因子包括 RF1 和 RF2，它们的结构与 tRNA 及 EF-G 的 C 端结构域类似，且有肽反密码子和 GGQ 两种三氨基酸保守结构。借助肽反密码子序列（RF1：Pro-Ala-Thr；RF2：Ser-Pro-Phe），RF1 识别 UAA 和 UAG，RF2 识别 UAA 和 UGA。另一种三氨基酸保守结构 GGQ 进入肽基转移酶中心，辅助完成 tRNA 上肽链的水解释放。RF3 属于Ⅱ类释放因子。它有与 EF-Tu 和 EF-G 类似的 GTP/GDP 结合结构域，但对 GDP 的亲和力高于 GTP。在多肽链释放的同时，核糖体和Ⅰ类释放因子的构象发生变化，诱导 RF3 · GDP 上发生 GDP-GTP 交换，与核糖体高亲和的 RF3 · GTP 将Ⅰ类释放因子置换下来，而大亚基因子结合中心可以激活 GTP 水解为这一变化提供能量，同时 RF3 · GDP 也从核糖体上解离。

在蛋白质的生物合成过程中涉及多个依靠 GTP 能量驱动翻译过程中非常重要的分子运动的因子，这些因子属于庞大的由 GTP 激活的 G 蛋白家族，它们自身具有可被外部因子（GAP）激活的 GTP 酶活性。当它们将自身 GTP 降解成 GDP 时就会失活，而另外一个外部因子（鸟嘌呤核苷酸交换蛋白）用 GTP 替代 GDP 可以使之重新活化。

有几种情况会造成翻译终止的异常。第一种情况是 mRNA 上的有义密码子突变成为终止密码子（无义突变），导致多肽链合成的提前终止，肽链 C 端的部分缺失会造成蛋白质功能异常甚至丧失。第二种情况是出现了缺少终止密码子的非终止 mRNA，终止密码子的缺失导致核糖体停滞。这时，需要转移 mRNA 恢复核糖体的移动，并对需降解的非终止 mRNA 进行标记。第三种情况是终止密码子突变为有义密码子，或者由于某些调控因子（如 λ 噬菌体基因编码抗终止因子）的作

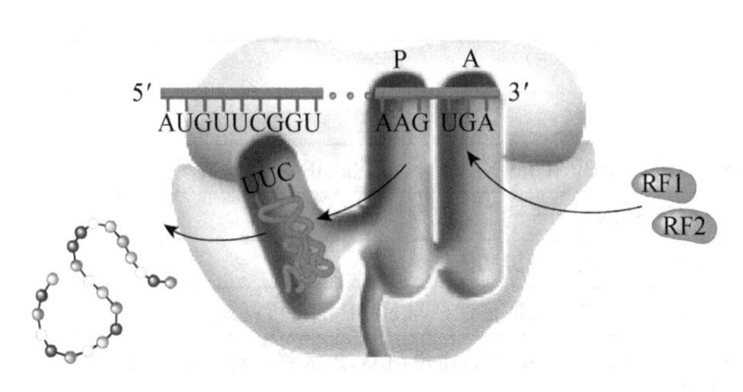

终止密码子进入A位点，RF1或RF2
催化肽酰-tRNA上肽链的水解

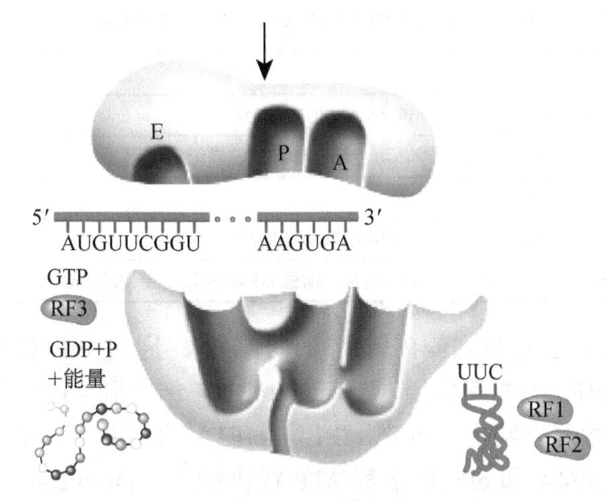

核糖体大小亚基解离，释放mRNA和tRNA，多肽链
进一步折叠形成具有多维结构的蛋白质

图 6-8　原核生物翻译的终止过程
（修改自 Klug et al.，2019）

用，使核糖体可以越过终止密码子继续向下游翻译，称为通读，又称终止密码子的抑制现象，大部分抑制子 tRNA 具有改变了的反密码子，能够识别终止密码子，通过插入一个氨基酸而使核糖体移到下一个密码子上以阻止终止。

翻译终止后，核糖体解离出的大小亚基可以重新组装翻译起始复合物，即核糖体循环。肽链释放后剩余组分的解离，由与 tRNA 结构相似但没有 3′端的氨基酸结合区的核糖体循环因子来完成。核糖体解离后，大小亚基可以形成非功能核糖体，不能组装成有活性的翻译起始复合物。而要参与新肽链的合成，需要 IF3 稳定大小亚基的解离状态，防止其重新有序组装前再度结合。但核糖体一般不能自发的与 mRNA 解离，细菌核糖体需要核糖体循环因子和 EF-G 的帮助，真核生物核糖体从翻译后复合物中释放由 eIF3 在 eIF1、eIF1A 和 eIF3J 的帮助下执行。

在整个蛋白质合成过程中，mRNA 翻译是从 5′向 3′方向进行；肽链合成是从 N 端向 C 端方向延长；生成 1 个肽键需消耗 4 个高能磷酸键，氨酰-tRNA 的生成消耗 2 分子 ATP，进位和移位各消耗 1 分子 GTP。

二、真核生物蛋白质的合成

蛋白质生物合成机制的进化保守性决定了真核生物与原核生物蛋白质合成的基本过程相似，但真核生物的核糖体比原核生物大，结构更复杂，参与翻译的 mRNA、tRNA 和蛋白质因子的种类也更多，合成步骤更复杂而且有一些细节上的差异，具体过程如下所述。

（一）翻译起始

在蛋白质合成起始阶段，组装翻译起始复合物需要更多的起始因子，翻译起始机制更加复杂。在哺乳动物中已发现了至少 20 种直接或间接参与真核翻译起始的因子（表 6-5）。

表 6-5　真核生物翻译起始因子

起始因子	分子量/kDa	结构	功能
核心起始因子			
eIF2	125	寡聚体（3）	形成 eIF2 · GTP-Met-tRNA 复合物并与 40S 小亚基结合，促使形成 43S 前起始复合物
eIF3	800	寡聚体（13）	与 40S 小亚基、eIF1、eIF4G、eIF5 结合，稳定 43S 前起始复合物结构并促进其与 mRNA 结合，阻止大亚基与小亚基过早结合
eIF1	12.7	单体	辅助起始密码子的正确定位，阻止 eIF2 结合的 GTP 过早水解
eIF1A	16.5	单体	促进 eIF2 · GTP-Met-tRNA 与 40S 小亚基结合及起始密码子的选择
eIF4E	24.5	单体	与 mRNA 帽子结构的 5′-m^{7}G 末端结合
eIF4A	46.1	单体	与 mRNA 结合辅助其 AUG 定位，有 ATPase 活性和 ATP 依赖的 RNA 解旋酶活性

续表

起始因子	分子量/kDa	结构	功能
核心起始因子			
eIF4G	175.5	单体	与 eIF4E、eIF4A、eIF3、PABP 和 mRNA 结合，增强 eIF4A 的解旋酶活性
eIF4F	246.1	寡聚体（3）	与帽子结构结合，促使 mRNA 的 5′端上二级结构解旋
eIF4B	69.3	单体	RNA 结合蛋白，能增强 eIF4A 的解旋酶活性
eIF4H	27.4	单体	RNA 结合蛋白，增强 eIF4A 的解旋酶活性，与 eIF4B 的片段同源
eIF5	49.2	单体	GTPase 激活蛋白，与 eIF2 · GTP 结合从而激活 GTP 水解，促使起始因子 eIF2、eIF3 释放和大小亚基结合
eIF5B	138.9	单体	有核糖体依赖的 GTPase 活性，促使起始因子从小亚基解离和大小亚基结合
eIF2B	33.7、39.0、50.2、59.7、80.3	寡聚体（5）	GDP/GTP 交换因子，辅助 eIF2 结合的 GDP/GTP 交换从而实现循环利用
辅因子			
DHX29	155.3	单体	与 40S 小亚基结合，促进核糖体对 mRNA 的 5′UTR 识别
Ded1p	65.6	单体	DEAD-box NTPase 与 RNA 解旋活性，可能促进酵母的扫描识别过程
eIF6	23	单体	促进核糖体大小亚基解离
P97	102.4	单体	结合 60S 亚基，是阻止 40S 与 60S 亚基结合的抗结合因子
PABP	70.7	单体	与 mRNA 的 3′poly（A）、eIF4G、eRF3 结合，增强 eIF4F 与帽子结构的结合

真核生物的翻译起始过程可以分为 4 个步骤。

1）80S 核糖体的亚基解离：起始因子 eIF1、eIF1A 和 eIF3 结合到核糖体 40S 小亚基上，促使 60S 大亚基与之解离。eIF3 可以防止两个亚基重新结合，其功能与原核生物 IF3 相似。

2）43S 前起始复合物的形成：在 mRNA 与核糖体小亚基结合之前，翻译起始因子 eIF2 辅助起始 Met-tRNA 和 40S 小亚基首先组装成 43S 前起始复合物。eIF2 能够和 GTP 形成一个稳定的 eIF2 · GTP 二元复合物。然后，eIF2 · GTP 结合到被活化的起始 Met-tRNA 上，再与 40S 小亚基结合，形成 43S 前起始复合物。eIF1 能够辅助 eIF2 完成起始 Met-tRNA 的定位，还可以与 eIF3 共同稳定前起始复合物。

3）48S 前起始复合物的形成：43S 前起始复合物形成后，在多种翻译因子的辅助作用下，mRNA 与 43S 前起始复合物结合，形成 48S 前起始复合物。在与 43S 前起始复合物结合之前，mRNA 的帽子结构先与帽子结合蛋白结合。起始因子 eIF4F（也称 CBP Ⅱ）是 eIF4A、eIF4E 和 eIF4G 三个蛋白质构成的复合物，其中的 eIF4E 能够识别并结合到 mRNA 的帽子结构上。eIF4A 具有 ATP 酶和 RNA 解旋酶活性，能够借助 ATP 水解促使 mRNA 前 15 个碱基的螺旋解链，进一步解链还需要 eIF4B 等因子的结合。通过 eIF4G 与 eIF3 的相互作用，解链的 mRNA 结合到 43S 前起始复合物上，并在 eIF1 和 eIF1A 的帮助下，借助 eIF4A 和 eIF4B 水解 ATP 提供能量，向 mRNA 下游扫描包含 AUG 在内的科扎克（Kozak）共有序列（ACCAUGG），完成 mRNA 起始密码子在小亚基上的定位，形成 48S 前起始复合物。

Kozak 信号序列的最好序列环境是 AUG 中的 A 是+1、嘌呤是−3 位、G 是+4 位。有 5%～10% 的情况，核糖体亚基将跨过第一个 AUG，继续搜寻更合适的 AUG。有时核糖体明显在上游的 AUG 处起始，翻译一个短的 ORF，然后继续扫描并在下游的一个 AUG 处再起始。这种机制只是在上游 ORF 很短时起作用。靠近 mRNA 5′端的二级结构对起始有正负不同的影响。紧接 AUG 之后的发夹结构能迫使核糖体亚基暂停于 AUG，因而激发起始。在帽子结构与起始位点之间非常稳定的茎环结构能阻止核糖体亚基扫描，因而阻止起始。一些病毒和细胞的 mRNA 含有内部核糖体进入位点（IRES），能吸引核糖体直接进入 RNA 内部。

由于没有 SD 序列，真核生物 eIF4F 与 mRNA 上帽子结构的结合不同于 SD 序列的碱基配对作用。eIF4F mRNA 复合物利用其对 eIF3 的高亲和力与 43S 前起始复合物结合，对无帽子结构的 mRNA 则没有作用。脊髓灰质炎病毒的感染可以抑制宿主细胞帽子结合蛋白的功能，从而达到利用宿主细胞蛋白质合成体系优先翻译自身无帽子结构mRNA的目的。

mRNA上的3′端poly（A）结构也能影响mRNA与起始复合物的结合，改变翻译起始的有效性。eIF4F和结合在poly（A）上的多聚腺苷酸结合蛋白相互作用，将mRNA首尾拉近弯曲成环，这种环状结构可能有利于核糖体的高效循环利用。poly（A）的长度不仅影响翻译效率，也影响mRNA的寿命。

4）80S起始复合物的形成：在mRNA与前起始复合物准确结合，并且起始Met-tRNA结合到起始AUG密码子上以后，60S亚基就可以与复合物结合，形成完整的80S翻译起始复合物。60S大亚基与48S前起始复合物的结合需要前起始复合物上eIF2和eIF3的释放及eIF5的辅助，结合过程所需的能量由eIF2上的GTP水解为GDP来提供，而eIF2B可以与eIF2结合并使水解产生的GDP再生成GTP，完成GDP-GTP交换后，eIF2B就与eIF2分离，而重生的eIF2·GTP可以被另一次翻译起始所利用，此过程称为eIF2循环。eIF2上Q亚基的磷酸化可以抑制eIF2B催化的GTP-GDP交换，从而破坏eIF2的循环利用。有些病毒感染及随后干扰素的产生可以促进宿主细胞中eIF2磷酸化，抑制蛋白质合成。

在这一阶段结束后，结合到mRNA起始位置的Met-tRNA在核糖体的P位点，而核糖体的A位点处于空置状态，可以接受新进入的氨酰-tRNA。

（二）翻译延伸

与原核生物一样，真核生物蛋白质合成的肽链延伸过程也包括进位、转肽和移位三个步骤，且需要多个延伸因子（eEF）参与。其中，eEF1α的功能相当于原核生物EF-Tu的功能，它与GTP形成的复合物eEF1α·GTP可以结合到核糖体上，引导新进入的氨酰-tRNA定位到核糖体A位。当正确的氨酰-tRNA进入A位时，eEF1α结合的GTP水解供能。eEF1α要进入延伸反应的下一个循环，eEF1α·GDP必须重新生成eEF1α·GTP，这个GTP-GDP交换过程由eEF1β和eEF1γ催化完成，二者的功能相当于原核生物EF-Ts的功能。

真核生物的转肽作用与原核生物的类似，肽基转移酶同样是核酶。移位过程由eEF2催化，其功能类似于原核生物EF-G的功能，同样伴随着GTP的水解。eEF2在移位完成后从核糖体被释放，可以循环利用。与原核生物不同的是，真核生物80S核糖体上可能没有E位，空载tRNA可以直接从P位解离后释放到细胞质中。

（三）翻译终止

真核生物的翻译终止也有两类翻译释放因子（eRF）参与。eRF1和eRF2属于I类释放因子，其功能类似于原核RFI和RF2的作用，可以识别三种终止密码子。eRF1结合到核糖体的A位置，刺激肽基转移酶活性变为水解酶活性，此时肽链合成终止。Ⅱ类释放因子eRF3与原核RF3功能相似。空载的tRNA伴随GTP水解一起被释放，无活性的核糖体释放mRNA，80S复合物分离成为40S和60S亚基，准备下一个翻译过程。真核生物中还没有发现核糖体循环因子，其供能可能由eRF3来执行。

与原核生物类似，真核细胞演化出两条途径解决提前终止密码子问题：无义介导的mRNA衰变（NMD）与无义相关的修饰剪接（NAS）。NMD依赖于核糖体在首轮翻译中对终止密码子和外显子连接复合物（EJC）之间距离的测量。如果距离太长，mRNA就被降解。在酵母中，细胞对提前终止密码子的识别是通过发现附近正常3′UTR或poly（A）的缺失。当核糖体在提前终止密码子处停止后，就移动到上游的AUG处，这有可能标记mRNA以便降解。NAS机器能识别ORF中部的终止密码子，改变剪接模式，使提前终止密码子从成熟mRNA中剪切掉。哺乳动物活跃T细胞中的两个EJC蛋白是Upf1和Upf2，经验证真核细胞的两条解决途径皆需要Upf1。

与原核生物相比，真核生物的翻译有以下特点：①真核生物核糖体更大更复杂，核糖体为80S，小亚基40S、大亚基60S。②真核细胞的起始氨基酸也为甲硫氨酸（蛋氨酸），但不需要进行甲酰化。在真核生物中与甲硫氨酸结合的tRNA至少有2种：携带起始甲硫氨酸的tRNA用$tRNAi^{Met}$表示；肽链延长中携带甲硫氨酸的tRNA则表示为$tRNA^{Met}$。③真核细胞的mRNA无SD序列，但其

5′端有“帽子”结构，3′端有poly（A）尾结构。起始复合物的合成有所不同：Met-tRNAi^{Met}首先与小亚基结合，然后与起始因子eIIF-2、GTP结合成四元复合物，又在多个因子的帮助下通过“帽子”结构与小亚基的18S rRNA结合，小亚基向mRNA的3′端滑动至第一个AUG（起始密码）处。AUG与Met-tRNAi^{Met}的反密码子结合而停下来，再与大亚基结合形成80S起始复合物开始翻译。④真核细胞mRNA是单顺反子，即一种RNA只能翻译产生一种蛋白质。而原核细胞mRNA是多顺反子，一种RNA可翻译产生多种相关蛋白质。⑤真核生物的蛋白质合成与mRNA的转录过程不同时进行，mRNA在细胞核内合成，而翻译过程在细胞质中进行，二者间隔约1.5 min。原核生物的mRNA转录和翻译过程几乎同时进行。⑥真核生物的翻译过程需要更多蛋白质因子参与。

三、线粒体和叶绿体中的蛋白质合成

线粒体和叶绿体DNA能编码所有细胞器RNA，但只能编码合成少量细胞器蛋白质。这两种细胞器中核糖体也有游离型和膜结合型两种状态，其所用的翻译因子及蛋白质合成过程与细胞质核糖体差异很大，而与原核生物的核糖体十分相似，尽管RNA和蛋白质的组成和结构也有不同。放线菌酮可抑制所有真核细胞质核糖体蛋白质合成，但是不能抑制细胞器核糖体蛋白质合成。

大多数线粒体和叶绿体蛋白都由核DNA编码并在细胞质中的游离核糖体上合成，然后在引导肽的导引下，通过翻译后运输转移到线粒体和叶绿体中各自的功能位点上。例如，人的线粒体DNA可以编码12S rRNA、16S rRNA及22种tRNA和13种蛋白质亚基。这些蛋白质主要是线粒体氧化磷酸化所需电子传递链上各复合体的组分及ATP合酶的部分亚基。叶绿体含2000～2500种蛋白质，叶绿体DNA编码的不足100种。再如，裸藻叶绿体DNA可以编码9种叶绿体中的核糖体蛋白，另外12种叶绿体核糖体蛋白由核基因编码，在细胞质中合成。

四、蛋白质合成的保真机制

在多肽链合成的复杂过程中，从氨基酸活化到多肽链合成终止各个阶段，有一系列机制可以保障翻译的忠实性。除了利用mRNA监视等方式进行质量控制（如降解异常mRNA）之外，在翻译过程中的忠实性保障机制主要包括对底物的选择和校对两个方面，前者主要来自翻译因子的作用，后者主要来自核糖体和氨酰-tRNA合成酶。通过选择和校对，可以将翻译错误率控制在10^{-5}～10^{-4}这样的低水平，以保证各种蛋白质的正常合成和供应。主要包括4个方面：①氨基酸活化过程的保真机制；②翻译起始过程的保真机制；③翻译延伸过程的保真机制；④翻译终止过程的保真机制。

第六节　蛋白质合成后的加工

多肽链在核糖体合成过程中以及被释放之后，常常要经过多种形式的加工才能成为有活性的蛋白质，主要有：①多肽链的切割和拼接，包括通过水解作用切除特定的氨基酸基团、氨基酸或者肽段，以及内部肽段切除后剩余肽段的拼接和重排；②蛋白质的修饰，通过在氨基酸残基侧链上加上其他基团或分子对多肽链进行共价修饰，包括二硫键等特殊化学键的形成；③多肽链折叠成蛋白质特定的空间结构。这一系列加工过程也是蛋白质生物合成的重要内容，有些蛋白质的加工过程是伴随其合成过程一起进行的，有些则是在多肽链合成完成后才能进行加工，但沿用以前的习惯用法，仍称为翻译后加工。

一、多肽链的剪接

（一）多肽链的水解

有些多肽链合成后需要在酶促作用下进行水解切割，然后才能变为成熟的蛋白质或寡肽，有些多肽链甚至要经过多次切割和重新组合。常见的多肽链水解形式有如下几种。

1. 起始氨基酸的水解

多肽链N端的起始氨基酸（fMet或Met）常在蛋白质合成完成之前就发生降解。在原核生物中，fMet的水解程度与其后的氨基酸残基有一定关系。当第二个氨基酸残基是Ala、Gly、Pro、Thr或Val时，通常在氨肽酶作用下切除fMet；当第二个氨基酸残基是Arg、Asn、Asp、Glu、Ile或Lys时，则以脱甲酰基为主。

2. 肽链N端引导序列的切除

在大多数定位到各种细胞器、细胞膜或分泌到细胞外的蛋白质肽链N端常有一段与蛋白质跨膜运输有关的氨基酸序列（如信号肽），能够通过与其他转运蛋白的相互作用引导肽链进行定向转运。这些引导序列在完成肽链转运后，一般要在相应酶的催化作用下水解切除，并不出现在最终的蛋白质结构中。

3. 肽链内部的切割裂分

某些蛋白质前体的活化过程中常常需要切断肽链内部某些肽键或切除某些肽段，如酶原激活过程。动物的很多消化酶大都是在各种消化器官细胞内合成酶原蛋白，分泌到消化道后，在其他酶的作用下特异地水解内部某些氨基酸序列后，才能通过折叠变成有功能的消化酶。有些蛋白质前体可以通过降解内部肽键切割裂分为多种功能蛋白。例如，哺乳动物垂体分泌的前阿黑皮素原经切割分别释放出β促脂激素、促肾上腺皮质激素（ACTH），β促脂激素可进一步分割释放出β内啡肽，ACTH也可被切割产生α促黑激素。有些蛋白质在成熟过程中需要多种水解方式共同作用，一个典型的例子就是成熟人胰岛素的生成过程。

（二）肽链的剪接和重排

肽链剪接是指从前体蛋白的多肽链上切除某些内部肽段，并将两端保留下来的肽段以肽键重新连接，产生成熟蛋白质的过程。后有生物学家根据mRNA剪接将蛋白质的这种剪接加工过程命名为蛋白质剪接，其中被剪切去除的部分称为蛋白质内含子或内含肽，保留下来的蛋白质序列称为外显肽。迄今已经发现了500种以上的可以发生肽链剪切的基因，广泛分布于病毒、细菌和真核生物中。相比之下，内含肽在古菌中比较丰富，真细菌次之，真核生物中最少，这一分布规律与RNA内含子恰好相反。

按照结构特点可以将内含肽分为经典内含肽、微小内含肽和断裂型内含肽三种类型。经典内含肽由两端的剪接区和中间的连接区构成，连接区具有蛋白质剪接活性和自导引内切核酸酶序列。微小内含肽两端与经典内含肽相同，但中间连接区没有内切核酸酶功能。断裂型内含肽上的中间连接区的内切核酸酶结构域在特定位点断开，N端和C端分别由基因组上相距较远的两个基因编码，在翻译后加工过程中，两个前体蛋白通过反式剪接形成内切核酸酶结构域。

在蛋白质剪接过程中，大部分外显肽的顺式或反式拼接都按顺序进行，但有些也可以发生重排。伴刀豆球蛋白A（ConA）前体分子的加工成熟需要多次切割和拼接，首先由Asn内切核酸酶在连接肽内部的Asn残基处切断，然后经过信号肽切除、连接肽切口和前体蛋白C端切短后，剩余两肽段前后交换连接得到成熟的ConA蛋白。

二、蛋白质的化学修饰

许多蛋白质可以进行酰基化、羟基化、磷酸化、甲基化、糖基化、泛素化和核苷酰化等不同类型的化学基团或分子的共价修饰。修饰是酶促反应过程，且具有一定的特异性，如胶原蛋白中Pro常发生羟基化，而组蛋白常被甲基化或乙酰化。修饰可以发生在蛋白质的N端、C端以及除Ala、Gly、Ile、Leu、Met和Val外的大部分氨基酸的侧链上。蛋白质修饰可以产生非标准氨基酸，也可以调控蛋白质活性。羟脯氨酸、羟赖氨酸等都是在相应氨基酸上进行修饰的结果，但硒代半胱氨酸和吡咯赖氨酸属于稀有的标准氨基酸，二者都是直接添加到多肽链中的。发生蛋白质修饰后，有些蛋白质可以表现为活化状态，也可以表现为失活状态，如磷酸化等。下面介绍几种代表性的蛋白质修饰方式。

（一）糖基化

糖基化是真核细胞蛋白质的特征之一，几乎

所有的分泌蛋白和膜蛋白都可以被糖基化修饰，如动物的血浆蛋白和植物中的凝集素等。多肽链的氨基酸残基与糖链的还原端通过糖苷键共价连接，形成带有糖链的糖蛋白或蛋白聚糖，称糖基化。多种修饰的糖基可以同类型多聚化，也可以不同类型的糖基聚合在一起，形成杂多糖。根据糖苷键的不同，糖基化有 *O*-糖基化、*N*-糖基化、*S*-糖基化、脂糖基化等几种类型。糖基化修饰主要发生在内质网和高尔基体中，也有些发生在细胞质和细胞核中。

糖基化修饰可以改变蛋白质的结构、性质甚至功能。一方面，糖基化修饰可以促使内质网中多肽进行适当的折叠，产生更大更复杂的蛋白质。若糖基化遇到抑制，会导致蛋白质的错误折叠而影响其空间结构。但蛋白质折叠一般不依赖于多个糖基化修饰位点中的某个特定位点，糖链在蛋白质折叠中既有局部作用又有整体作用。另一方面，糖基化修饰可增加蛋白质稳定性，并使蛋白质保持可溶状态。此外，糖基化修饰还可以赋予蛋白质新的功能与特异性。在不改变氨基酸序列的情况下，末端糖基化可对蛋白质的细胞或组织专一特征进行精细调节。

（二）磷酸化

蛋白质的磷酸化是指由蛋白激酶催化 ATP（或 GTP）的 γ 磷酸基团转移到蛋白质氨基酸残基上的过程，其逆向反应是由蛋白磷酸酯酶催化的去磷酸化。磷酸化多发生在多肽链中 Ser 和 Thr 的羟基上，偶尔也发生在 Tyr 残基上，磷酸化修饰常常可以提高或抑制蛋白质活性。细胞内任何一种蛋白质的磷酸化状态都是由蛋白激酶和蛋白磷酸酯酶两种相反的酶活性之间的平衡决定的。磷酸化和去磷酸化这种可逆修饰不仅可以调节细胞内很多酶和蛋白质的生物活性，而且可以通过级联调节将上游的代谢调节信号（如激素）放大。

（三）脂酰化

从低等的原核细胞到高等哺乳动物，都有在脂酰基转移酶催化作用下，蛋白质发生各种脂酰化修饰的现象。修饰可以发生在蛋白质的 N 端或肽链内部的 Lys、Cys 等残基位置。根据脂酰基的不同，可以分为乙酰化、豆蔻酰化、棕榈酰化等。在细胞核内，组蛋白乙酰化和去乙酰化过程处于动态平衡，由组蛋白乙酰转移酶（HAT）和组蛋白脱乙酰酶（HDAC）共同调控。HAT 将乙酰辅酶 A 的乙酰基转移到组蛋白氨基末端特定 Lys 残基上，组蛋白乙酰化有利于核小体上 DNA 与组蛋白八聚体的解离，使核小体结构松弛从而促进各种转录因子和辅因子与 DNA 特异性结合，激活基因的转录。HDAC 催化组蛋白去乙酰化，使其与带负电荷的 DNA 紧密结合，染色质致密卷曲，基因的转录受到抑制。

（四）甲基化

蛋白质的甲基化修饰是由甲基转移酶催化的，甲基供体是 *S*-腺苷甲硫氨酸（*S*-adenosylmethionine，SAM），甲基化方式主要包括多肽链上 Lys、Arg、His、Gln 侧链的 *N*-甲基化和 Glu、Asp 侧链上的 *O*-甲基化。核小体上 H3、H4 两种组蛋白常发生 Arg 和 Lys 的可逆甲基化修饰，它与可逆的 DNA 甲基化、可逆的组蛋白乙酰化修饰等共同调节染色质结构及相关基因的表达活性，是表观遗传学的重要研究内容。

（五）泛素化

蛋白质降解是由蛋白酶催化的代谢过程，主要包括溶酶体途径和细胞质途径。溶酶体途径是一种不依赖 ATP 的非选择性降解过程，主要针对胞外蛋白、膜表面蛋白和长寿命的细胞内蛋白，对正常状态下的细胞质蛋白质的正常转运过程不发挥主要作用。而细胞质途径主要是依赖 ATP 的选择性泛素降解途径，用于降解异常蛋白和短寿命的蛋白质。此外，还有不依赖 ATP 的细胞质降解途径，如钙蛋白酶和半胱氨酸蛋白酶降解方式，在组织损伤、细胞凋亡、细胞坏死和自溶过程中发挥着重要作用。

在细胞质中，蛋白质的泛素化修饰是蛋白质通过泛素降解途径进行降解的前提条件。泛素广泛分布在真核细胞中，是一种由 76 个氨基酸残基组成的球状蛋白，序列高度保守，如酵母和人的泛素蛋白仅有 3 个氨基酸差异。在泛素激活酶（E1）、泛素结合酶（E2）和泛素连接酶（E3）的共同催化下，泛素 C 端的 Gly 与靶蛋白 Lys 残基的ε-NH_2或α-NH_2相连，其他活化的泛素分子依次连接到靶蛋白已经结合的泛素分子的Lys侧链上，形成多泛素化链。蛋白质如果被26S蛋白酶复合体所识别和降解，需要结合4个以上的泛素分子。单泛素链、双泛素链和三泛素链不能被蛋白酶体识别和降解，它们具有其他功能，如单泛素化蛋白质常作为膜上的受体或组蛋白的基本结构蛋白。

此外，在生物体中还发现了一些类泛素蛋白，它们对蛋白质的修饰称为类泛素化修饰。Meluh和Koshland（1995）在酿酒酵母中发现一种新的蛋白质Smt3，此后在动物和植物中也发现了一种到数种同源蛋白，统称为SUMO。蛋白质的SUMO化修饰一般不介导靶蛋白质的蛋白酶体降解，而是通过对靶蛋白的可逆修饰来调节靶蛋白的定位及功能。

三、蛋白质的折叠

折叠是蛋白质由松散的多肽链形成有功能的空间构象的过程。蛋白质的一级结构是形成特定高级结构的基础，早在1973年就有生物学家提出多肽链上氨基酸序列包含了其形成热力学上稳定的天然构象的全部信息。一些低分子量的简单蛋白（如核糖核酸酶A）能够缓慢地自发折叠，形成天然构象，而且不需要额外提供能量。但细胞内大多数分子质量较高或包含多个结构域的结构复杂的蛋白质，其空间构象的形成不能靠自发折叠完成，还需要另外一些酶或功能蛋白的协助，才能保证其正确折叠。常见的参与蛋白质折叠的蛋白质至少有两类，一类是分子伴侣，另一类是折叠酶。除了肽链自身的折叠外，寡聚蛋白质还要经过亚基的聚合，才能形成有功能的蛋白质。

（一）分子伴侣

分子伴侣是细胞内一类能够识别并结合正在合成或部分折叠的蛋白质上，帮助新生肽链正确折叠、组装或跨膜运输，但自身不参与靶蛋白构成的一类蛋白质。分子伴侣首先发现于核小体的体外组装过程中，在组蛋白和DNA形成核小体时需要一种酸性蛋白——核质素，它与组蛋白结合后促进其与DNA的组装。现在发现，分子伴侣广泛分布在细菌和各种真核生物中，如大肠杆菌SecB蛋白、真核细胞内信号肽识别颗粒SRB等，尤其是以热休克蛋白（HSP）为典型代表。HSP是一类广泛分布的典型分子伴侣蛋白超家族，根据分子质量范围可以分为HSP100、HSP90、HSP70、HSP60和小分子HSP等类型，参与热激等多种条件下的众多蛋白质的结构修复、组装和运输等过程。

分子伴侣的功能特点类似于酶，但又与酶有很大差别。在蛋白质折叠过程中，分子伴侣与一个靶蛋白分子结合在一起，而一旦折叠完成甚至部分完成后，分子伴侣就会离开并继续作用于其他靶蛋白，并不参与靶蛋白的功能，这种特性与酶相似。但是，分子伴侣一般对靶蛋白的专一性不高，大多数分子伴侣可以促进多种氨基酸序列完全不同的多肽链折叠成性质和功能各不相同的蛋白质。当然也有少数分子伴侣的专一性很强，只作用于特定的底物。有些分子伴侣的作用效率很低，有时只起阻止靶蛋白错误折叠的作用，而不促进其正确折叠，而且也不提供折叠过程的正确构象信息。在分子伴侣作用过程中，常借助ATP水解释放的能量，完成非天然态蛋白质的正确折叠与装配。简单蛋白质的折叠过程可能只需要一种分子伴侣，而长链的复杂蛋白质的折叠可能需要多个分子伴侣共同作用。

大多数新生肽链的折叠和组装离不开分子伴侣，目的是避免肽链的错误折叠使部分疏水结构暴露而引起蛋白质沉淀。大肠杆菌细胞有一种叫作触发因子的蛋白质，该蛋白质与核糖体结合使新生多肽从核糖体的出口通道一出来就能被接住，从而使新生多肽的疏水区被保护起来避免产生错误结合，直到有合适的搭档出现。古菌和真核生物没有触发因子，它们必须利用游离的分子伴侣，这在细菌中也存在。

分子伴侣可以通过影响很多激酶、受体蛋白和转录因子的折叠改变其活性，从而参与细胞中几乎所有的代谢过程。除调节新生肽链的折叠与装配，分子伴侣还介导线粒体蛋白跨膜转运、微管的形成和修复甚至核酸的组装和转运，参与高温等逆境胁迫保护等诸多过程。

（二）折叠酶

迄今为止，典型的辅助蛋白质折叠的酶有两种，一种是蛋白质二硫键异构酶（PDI），另一种是肽基脯氨酰顺反异构酶（PPIase），它们分别催化二硫键的形成和脯氨酰的顺反异构两种共价反应，通常是蛋白质折叠过程中的限速步骤。

1. PDI

在真核细胞中，PDI定位在内质网管腔内，催化蛋白质分子内巯基与二硫键之间的交换反应。它能识别和水解非正确配对的二硫键，使它们在正确的半胱氨酸残基位置重新形成二硫键，从而保证二硫键的正确连接。蛋白质分子中的二硫键形成与新生肽链的折叠密切相关，对维系蛋白质分子结构和功能的稳定也有重要作用。此外，PDI还有独立于PDI之外的分子伴侣活性。在高等真核生物中，PDI通常由一个多基因家族编码，成员可以达20个以上，其底物众多，基因突变常引起生物个体的生长发育异常。

2. PPIase

PPIase可以催化肽基脯氨酰之间肽键的旋转反应，促使X-pro（X可以是任何氨基酸）肽键发生顺反异构。在蛋白质分子中，一般肽键的反式构象更有利于减少位阻干扰，顺式构象占4%左右。但对于X-pro肽键，由于脯氨酸吡咯环上亚氨基的影响，在顺式和反式构象中位阻干扰程度相似，因此X-pro肽键比其他肽键采取顺式构象更多，能增加至20%。一些天然结构蛋白质包含较多顺式X-pro肽键，这些蛋白质在完成折叠时，X-pro肽键必须将反式转变为顺式，这样折叠速率可提高300倍。但有些蛋白质中，X-pro肽键的顺式构象会阻碍蛋白质折叠为天然的二级和三级结构，因此需要将X-pro肽键顺式构象异构化为反式构象。总之，PPIase就是根据需要催化X-pro肽键的顺反互变。

3. 亚基的聚合

有些酶或蛋白质是由两个以上相同或不同的亚基构成的，这些蛋白质亚基上一般都有相互作用的结构域，借助结构域之间非共价键，多个亚基形成寡聚体，才能表现出生物活性。例如，成人血红蛋白主要是由两个α亚基、两个β亚基及与之分别相连的四分子血红素辅基所组成。在α亚基合成后，从多核糖体上自发释放出来，并与尚未从多核糖体上释放下来的β亚基结合，然后以αβ异源二聚体形式从多核糖体上脱离。αβ二聚体再与线粒体内合成的两个血红素分子分别结合，接受血红素辅基的αβ二聚体再次二聚化为$\alpha_2\beta_2$四聚体，即成人的血红蛋白（图6-9）。

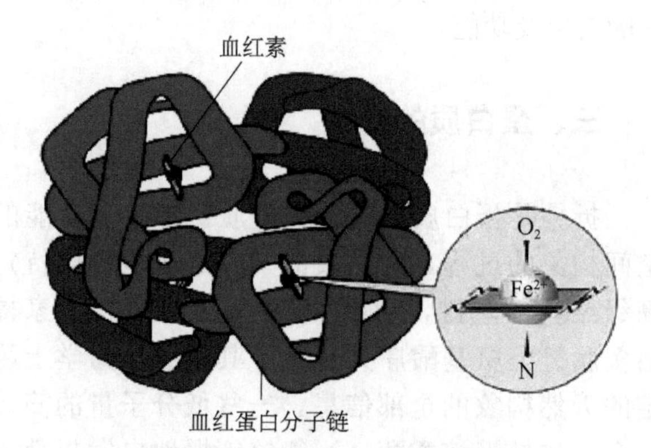

图6-9　血红蛋白的四聚体结构

除肽链的加工外，蛋白质的定向运输也是蛋白质在行使其功能前非常重要的一步。不论是原核生物还是真核生物，在细胞质内合成的蛋白质需定位于细胞特定的区域，才能有效发挥其功能。除了仍保留在细胞质的蛋白质外，其他蛋白质要运输到细胞膜和各种细胞器中，甚至分泌到细胞外。

第七节　蛋白质的研究方法

一、蛋白质组学研究

蛋白质组是指某一特定时间或空间，一个生物体或生物体某一组织中所有蛋白质的总和。蛋白质组学是对生物体或生物体组织中的蛋白质组进行分离、鉴定和功能分析的一门科学。在已经获得了转录组信息，而且可以根据转录水平同时检测大量基因表达的情况下，科学家仍对分析难度较大的蛋白质组学开展研究，一部分原因是现在已知的细胞中有一些 poly（A）尾的 RNA 并不编码蛋白质，这部分 RNA 被称为非编码 RNA（ncRNA）。它们也被称为未知功能转录物。它们的转录表达水平并不能告诉我们蛋白质的表达水平。另一部分原因是蛋白质编码基因的序列及其表达水平并不能说明蛋白质产物的活性。

除此之外，基因的转录水平只能给出该基因表达水平的大致情况。原因在于：一方面，某种 mRNA 可能大量合成，但可能立刻被降解或低效翻译，结果蛋白质产量很少。另一方面，有很多蛋白质要经历翻译后修饰，这对它们的活性有很大影响，如有些蛋白质直到磷酸化后才有活性。如果细胞没有将该蛋白质在适宜的时候磷酸化，再多的 mRNA 也不会显示出该蛋白质的真正表达水平。不仅如此，很多转录物会通过选择性剪切及有选择地翻译后修饰产生不止一种蛋白质。因此，仅看基因的转录并不知道它会产生什么蛋白质。最后，很多来自大复合物的多肽的真正功能是以整体活性为基础的。因此，要检测真实的基因表达，必须看蛋白质水平，它比转录组学研究对基因表达的描述更为精确。要分析某种生物体的所有蛋白质，必须做两件事：第一，把所有蛋白质分离出来；第二，鉴定所有蛋白质并检测其活性。

蛋白质组学所采用的技术包括双向凝胶电泳、蛋白质芯片法、质谱分析等。双向凝胶电泳（two-dimensional gel electrophoresis，2-DE）是蛋白质组中最常用的蛋白质分析方法，从建立到现在已有几十年时间，它是蛋白质组学研究的关键技术之一，它的基本原理是根据蛋白质的等电点和分子量进行分离。2-DE 技术的优点是能够直观分析差异蛋白质种类；缺点是鉴定的蛋白质数量有限，不能鉴定出表达丰度低的蛋白质且实验周期较长，蛋白质上样量大，试验的重复性、可靠性和灵敏度不高等。另外，对于强碱性蛋白质、小肽及难溶解蛋白质通常无法用 2-DE 分辨。蛋白质芯片又称为蛋白质微阵列，是一种高通量研究蛋白质表达、结构和功能的分析技术，它可以检测蛋白质之间或蛋白质与其他物质之间的相互作用，该方法的原理是：通过捕获到抗原、抗体、酶、蛋白质、DNA 等分子结合在固相载体表面，从而检测与捕获分子相互作用的蛋白质分子。质谱法也是一种常用的蛋白质鉴定技术，现代的生物质谱技术灵敏、快速、可重复及高度自动化，是鉴定蛋白质及其翻译后修饰的主要技术，其原理是通过电离源将样品分子转化为具有电相的运动离子，再根据不同离子的间质荷比（mass-to-charge ratio，*m/z*）进行分离并获得不同的质谱图。质谱系统由离子源、质量仪和收集器组成。

随着蛋白质组学研究方法的发展，无标签（label-free）定量蛋白质组学分析和 TMT/iTRAQ 标签定量蛋白质表达谱分析得到广泛应用。液相色谱串联质谱的无标签蛋白质定量技术（label-free quantitative technology based on liquid chromatography tandem mass spectrometry，Label-free LC MS/MS）是一种不带同位素标记的液相色谱和质谱串联结合的蛋白质定量技术，它可以对大规模鉴定蛋白质时产生的质谱数据进行分析，通过比较不同样品中肽段的信号强度对蛋白质进行相对定量。该技术操作简单、定量和结果准确性都比较高，对样本的操作较少，对仪器平台稳定性和重复性要求高，从而最大限度地保持样本中蛋白质的原始状态，样品不受限，应用范围广。

等重同位素标签相对和绝对定量技术（isobaric tag for relative and absolute quantitation，iTRAQ）和串联质谱标签（tandem mass tag，TMT）技术分别是由美国 AB SCIEX 公司和 Thermo 公司研发的多肽体外标记定量技术，该技术利用 8 种或 10 种同位素标签，通过特异性标记多肽的氨基酸基团，一次上机可实现 8 种或 10 种不同样本中蛋白质的相对定量，是近年来定量蛋白质组学中常用的高通量筛选技术。TMT 技术主要是通过 高效液相色谱-质谱联用（HPLC-MS/MS）技术，以液相色谱作为分离技术，质谱作为检测系统。TMT 标记进行蛋白质定量的原理如下：首先是样品制备阶段，利用高效液相色谱（high performance liquid chromatography，HPLC）蛋白鉴定技术对胶条样本进行纯化。HPLC 的原理是通过利用蛋白质及肽段对各种介质的化学键结合能力、吸附性和疏水性等性质的差异进行分离，与 2-DE 相比，自动化程度更高、更灵敏，分离效果更好。第一步通过 HPLC 将蛋白质组分分级为肽段后用 TMT 进行标记，标记后进行一级质谱检测，不同同位素标记的同一肽段分子量相同，因为 TMT 试剂是相等的，质谱形成单一峰，可以鉴定到大量肽段。然后是碰撞诱导离解，前体离子采用一级质谱检测，产物离子采用二级质谱分析。在解离过程中，报告基团、质量平衡基团和肽反应基团之间的键断裂，得到离子片段的质量数，通过查询数据库进行比较，能够鉴定出相应蛋白质前体，最后得到蛋白质定量信息。与 iTRAQ 技术相比，TMT 的优点是不受样本数目限制，定量准确，重复性好，鉴定结果可靠，蛋白质检测范围广。

很多蛋白质通过与其他蛋白质的相互作用发挥功能。检测蛋白质-蛋白质相互作用的技术有多种。传统的方法是酵母双杂交分析法，目前其他方法也已应用，包括蛋白质微阵列分析、免疫亲和层析-质谱联用法，以及噬菌体展示与计算机结合的方法。这些分析获得的最有用的成果之一是发现新的蛋白质功能。

二、Western 印迹法

蛋白质印迹法（也叫 Western 印迹法或 Western blot）是将蛋白质分子电泳后印迹到膜上（NC 膜或 PVDF 膜）再做鉴定。它是分子生物学、生物化学和免疫遗传学中常用的一种实验方法，现已广泛应用于基因在蛋白质水平的表达研究、抗体活性检测和疾病早期诊断等多个方面。

与 Southern blot 或 Northern blot 杂交方法类似，但 Western blot 法采用的是聚丙烯酰胺凝胶电泳（PAGE），被检测物是蛋白质，“探针”是抗体，“显色”用标记的二抗或蛋白质 A（IgG 结合蛋白）。经过 PAGE 分离的蛋白质样品，转移到固相载体（如 NC 膜或 PVDF 膜）上，固相载体以非共价键形式吸附蛋白质，且能保持电泳分离的多肽类型及其生物学活性不变。以固相载体上的蛋白质或多肽作为抗原，与对应的抗体起免疫反应，再与酶或同位素标记的第二抗体起反应，经过底物显色或放射自显影以检测电泳分离的特异性目的基因表达的蛋白质成分，以鉴定混合物中是否存在某种特殊蛋白质。实验操作步骤如图 6-10 所示。该技术也广泛应用于检测蛋白质水平的表达。

使用第二抗体或蛋白质 A，而不直接用标记的原初抗体的主要原因是这需要一一标记不同的抗体以便用于各个不同的免疫印迹膜。使用不标记的原初抗体，并购买与任何一抗都能结合并可检测的标记好的二抗或蛋白质 A，会更简单和便宜。

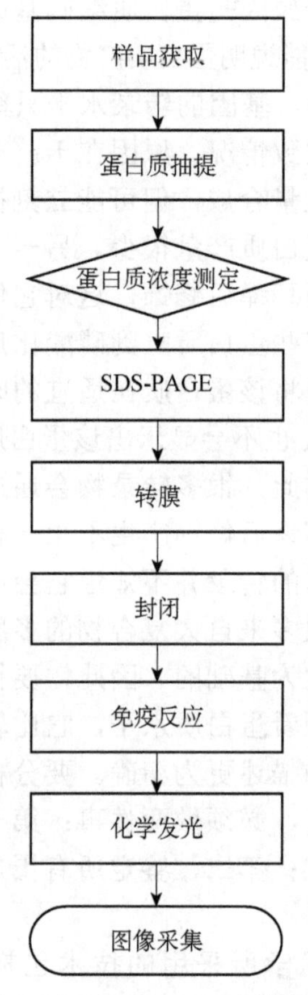

图 6-10　Western blot 实验流程

三、免疫组织化学

免疫组织化学，是应用免疫学基本原理——抗原抗体反应，即抗原与抗体特异性结合的原理，通过化学反应使标记抗体的显色剂（荧光素、酶、金属离子、同位素）显色来确定组织细胞内抗原（多肽和蛋白质），对其进行定位、定性及相对定量的研究，也称为免疫组织化学技术或免疫细胞化学技术。

抗体和抗原之间的结合具有高度特异性，免疫组织化学正是利用了这一原理。先将组织或细胞中的某种化学物质提取出来，以此作为抗原或半抗原，通过免疫动物后获得特异性的抗体，再以此抗体去探测组织或细胞中的同类抗原物质。由于抗原与抗体的复合物是无色的，因此还必须借助于组织化学的方法将抗原抗体结合的部位显示出来，以期达到对组织或细胞中的未知抗原进行定性、定位或定量的研究。

免疫组织化学技术按照标记物的种类可分为免疫荧光法、免疫酶法、免疫铁蛋白法、免疫金法及放射免疫自显影法等。几种常用免疫组织化学方法的原理如下：

（一）免疫荧光细胞化学技术

免疫荧光细胞化学技术是将已知抗体标上荧光素，以此作为探针检查细胞或组织内的相应抗原，在荧光显微镜下观察，当抗原抗体复合物中的荧光素受激发光的照射后会发出一定波长的荧光，从而可以确定组织中的抗原定位或进行定量。

（二）免疫酶细胞化学技术

免疫酶细胞化学技术是免疫组织化学研究中最常用的技术，基本原理是先以酶标记的抗体与组织或细胞作用，然后加入酶的底物，生成有色的不溶性产物或具有一定电子密度的颗粒，通过光镜或电镜，对细胞或组织内的相应抗原进行定位或定性研究。

（三）免疫胶体金技术

免疫胶体金技术就是用胶体金标记一抗、二抗或其他能特异性结合免疫球蛋白的分子（如葡萄球菌A蛋白）等作为探针对组织或细胞内的抗原进行定性、定位或定量研究。由于胶体金的电子密度高，多用于免疫电镜的单标记或多标记的定位研究。

实验所用标本主要有组织标本和细胞标本两大类，前者包括石蜡切片（病理切片和组织芯片）和冰冻切片，后者包括组织印片、细胞爬片和细胞涂片。其中石蜡切片是制作组织标本最常用、最基本的方法，对组织形态保存好，且能作连续切片，有利于各种染色对照观察；还能长期存档，供回顾性研究；石蜡切片制作过程对组织内抗原暴露有一定的影响，但可进行抗原修复，是免疫组织化学中首选的组织标本制作方法。

免疫组织化学的特点是：特异性强，敏感性高和定位准确，形态与功能相结合。从蛋白质水平检测角度，免疫组织化学技术与Western blot、酶联免疫吸附试验（ELISA）相比较：①Western blot，也是利用抗体抗原反应原理，结合化学发光等技术来检查组织或细胞样品内蛋白质含量的检测方法。与免疫组织化学技术相比，Western blot定量可能更加准确；当然Western blot也可定性和定位（通过提取膜蛋白或核蛋白、胞质蛋白分别检测其中抗原含量，进而间接反映它们的定位），但敏感性远远低于免疫组织化学技术。②ELISA，也是利用抗体-抗原结合反应原理来检查体液或组织匀浆中蛋白质含量的检测。与免疫组织化学技术相比，定量最准确，是分泌性蛋白检测首选方法之一。

四、蛋白质的体外表达与纯化

蛋白质体外表达指用模式生物如细菌、酵母、动物细胞或植物细胞表达外源基因蛋白的一种分子生物学技术，在研究相应基因的功能上有重要意义。在基因工程技术中占有核心地位。

蛋白质表达系统是指由宿主、外源基因、载体和辅助成分组成的体系。通过这个体系可以实现外源基因在宿主中表达的目的，一般由以下几个部分组成。

（一）宿主

表达蛋白质的生物体。可以为细菌、酵母、植物细胞、动物细胞等。由于各种生物的特性不同，适合表达蛋白质的种类也不相同。

（二）载体

载体的种类与宿主相匹配。根据宿主不同，分为原核（细菌）表达载体、酵母表达载体、植物表达载体、哺乳动物表达载体、昆虫表达载体等。载体中含有外源基因片段。通过载体介导，外源基因可以在宿主中表达。

作为表达载体必须具备以下特征：稳定的遗传复制、传代能力，无选择压力下能存在于宿主细胞内；具有显性的筛选标记；启动子的转录是可调控的；启动子转录的mRNA能够在适当的位置终止；具有外源基因插入的多克隆位点。

（三）辅助成分

有的表达系统中还包括了协助载体进入宿主的辅助成分，如昆虫-杆状病毒表达体系中的杆状病毒。

原核蛋白表达系统既是最常用的表达系统，也是最经济实惠的蛋白质表达系统。原核蛋白表达系统以大肠杆菌表达系统为代表，具有遗传背景清楚、成本低、表达量高和表达产物分离纯化相对简单等优点；缺点主要是蛋白质翻译后缺乏加工机制，如二硫键的形成、蛋白糖基化和正确折叠，得到具有生物活性蛋白质的概率较小。

酵母蛋白表达系统以甲醇毕赤酵母为代表，具有表达量高、可诱导、糖基化机制接近高等真核生物、分泌蛋白易纯化、易实现高密度发酵等优点。缺点为部分蛋白质产物易降解，表达量不可控。

哺乳动物细胞和昆虫细胞表达系统的主要优点是蛋白质翻译后加工机制最接近体内的天然形式，最容易保留生物活性；缺点是表达量通常较低，稳定细胞系建立技术难度大，生产成本高。

蛋白质的分离纯化在生物化学研究应用中使用广泛，是一项重要的操作技术。一个典型的真核细胞可以包含数以千计的不同蛋白质，一些含量十分丰富，一些仅含有几个拷贝。为了研究某一个蛋白质，必须首先将该蛋白质从其他蛋白质和非蛋白质分子中纯化出来。

蛋白质纯化要利用不同蛋白质间内在的相似性与差异，利用各种蛋白质间的相似性来除去非蛋白质物质的污染，而利用各蛋白质的差异将目的蛋白从其他蛋白质中纯化出来。每种蛋白质间的大小、形状、电荷、疏水性、溶解度和生物学活性都会有差异，利用这些差异可将蛋白质从混合物如大肠杆菌裂解物中提取出来得到重组蛋白。

蛋白质的纯化大致分为粗分离阶段和精细纯化阶段两个阶段。一般蛋白质纯化采用的方法为树脂法。粗分离阶段主要将目的蛋白和其他细胞成分如DNA、RNA等分开，由于此时样本体积大、成分杂，要求所用的树脂高容量、高流速、颗粒大、粒径分布宽，并可以迅速将蛋白质与污染物分开，必要时可加入相应的保护剂（如蛋白酶抑制剂），防止目的蛋白被降解。精细纯化阶段则需要更高的分辨率，此阶段是要把目的蛋白与那些分子量大小及理化性质接近的蛋白质区分开，要用更小的树脂颗粒以提高分辨率，常用离子交换柱和疏水柱，应用时要综合考虑树脂的选择性和柱效两个因素。选择性指树脂与目的蛋白结合的特异性，柱效则是指各蛋白质成分逐个从树脂上集中洗脱的能力，洗脱峰越窄，柱效越好。仅有好的选择性，洗脱峰太宽，蛋白质照样不能有效分离。

分离纯化某一特定蛋白质的一般程序可以分为前处理、粗分级、细分级、结晶几步。

1. 前处理

分离纯化某种蛋白质，首先要把蛋白质从原来的组织或细胞中以溶解的状态释放出来并保持原来的天然状态，不丢失生物活性。为此，动物材料应先剔除结缔组织和脂肪组织，种子材料应先去壳甚至去种皮以免受单宁等物质的污染，油料种子最好先用低沸点的有机溶剂如乙醚等脱脂。然后根据不同情况，选择适当的方法，将组织和细胞破碎。动物组织和细胞可用电动捣碎机或匀浆机破碎或用超声波处理破碎。组织和细胞破碎后，选择适当的缓冲液把所要的蛋白质提取出来。细胞碎片等不溶物用离心或过滤的方法除去。如果所要的蛋白质主要集中在某一细胞组分，如细胞核、染色体、核糖体或可溶性细胞质等，则可利用差速离心的方法将它们分开，收集该细胞组分作为下步纯化的材料。如果所要获取的蛋白质是与细胞膜或膜质细胞器结合的，则必须利用超声波或去污剂使膜结构解聚，然后用适当介质提取。

2. 粗分级

当蛋白质提取液（有时还杂有核酸、多糖之类）获得后，选用一套适当的方法，将所要的蛋白质与其他杂蛋白质分离开来。一般这一步的分离用盐析、等电点沉淀和有机溶剂分级分离等方法。这些方法的特点是简便、处理量大，既能除去大量杂质，又能浓缩蛋白质溶液。有些蛋白质提取液体积较大，又不适于用沉淀或盐析法浓缩，则可采用超过滤、凝胶过滤、冷冻真空干燥或其他方法进行浓缩。

3. 细分级

样品经粗分级分离后，一般体积较小，杂蛋白质大部分已被除去。进一步纯化，一般使用层析法包括凝胶过滤、离子交换层析、吸附层析及亲和层析等。必要时还可选择电泳法，包括区带电泳、等电点聚焦等作为最后的纯化步骤。用于细分级分离的方法一般规模较小，但分辨率很高。

4. 结晶

结晶是蛋白质分离纯化的最后步骤。尽管结晶过程并不能保证蛋白质一定是均一的，但是只有某种蛋白质在溶液中数量上占有优势时才能形成结晶。结晶过程本身也伴随着一定程度的纯化，而重结晶又可除去少量夹杂蛋白质。由于结晶过程中从未发现过变性蛋白，因此蛋白质的结晶不仅是纯度的一个标志，也是断定制品处于天然状态的有力指标。

常见的蛋白质分离方法如下：

（1）根据蛋白质溶解度不同的分离

1）盐析法：中性盐对蛋白质的溶解度有显著影响，一般在低盐浓度下随着盐浓度升高，蛋白质的溶解度增加，此称盐溶；当盐浓度继续升高时，蛋白质的溶解度不同程度下降并先后析出，这种现象称盐析。

2）等电点沉淀法：蛋白质在静电状态时颗粒之间的静电斥力最小，因而溶解度也最小，各种蛋白质的等电点有差别，可调节溶液的pH达到某一蛋白质的等电点使之沉淀，但此法很少单独使用，可与盐析法结合用。

（2）根据蛋白质分子大小差别的分离方法

1）透析与超滤：透析法是利用半透膜将分子大小不同的蛋白质分开。超滤法是利用高压力或离心力，使水和其他小的溶质分子通过半透膜，而蛋白质留在膜上，可选择不同孔径的滤膜截留不同分子量的蛋白质。

2）凝胶过滤法：也称分子排阻层析或分子筛层析，这是根据分子大小分离蛋白质混合物最有效的方法之一。柱中最常用的填充材料是葡萄糖凝胶和琼脂糖凝胶。

（3）根据蛋白质带电性质进行分离

1）电泳法：各种蛋白质在同一pH条件下，因分子量和电荷数量不同而在电场中的迁移率不同而得以分开。值得重视的是等电聚焦电泳，这是利用一种两性电解质作为载体，电泳时两性电解质形成一个由正极到负极逐渐增加的pH梯度，当带一定电荷的蛋白质在其中泳动时，到达各自等电点的pH位置就停止，此法可用于分析和制备各种蛋白质。

2）离子交换层析法：离子交换剂有阳离子交换剂（如羧甲基纤维素、CM-纤维素）和阴离子交换剂（二乙氨基乙基纤维素），当被分离的蛋白质溶液流经离子交换层析柱时，带有与离子交换剂相反电荷的蛋白质被吸附在离子交换剂上，随后用改变pH或离子强度办法将吸附的蛋白质洗脱下来。

（4）根据配体特异性的分离方法——亲和层析法

亲和层析法是分离蛋白质的一种极为有效的方法，它通常只需经过一步处理即可使某种待提纯的蛋白质从很复杂的蛋白质混合物中分离出来，而且纯度很高。这种方法是根据某些蛋白质与另一种称为配体的分子能特异而非共价地结合。

在进行任何一种蛋白质纯化的时候，都要时刻注意维护它的稳定性，保护它的活性，有一些通用的注意事项需要牢记，它们包括：①操作尽可能置于冰上或者在冷库内进行；②蛋白质浓度不应太低，但一般不超过50 mg/mL，以免样品过于黏稠影响纯化效果；③合适的pH，除非是进行聚焦层析，所使用的缓冲溶液pH避免与pI相同，防止蛋白质沉淀；④使用蛋白酶抑制剂，防止蛋白酶对目标蛋白降解，在纯化细胞中的蛋白质时，加入DNA酶，降解DNA，防止DNA对蛋白质的污染；⑤避免样品反复冻融和剧烈搅动，以防蛋白质的变性；⑥缓冲溶液成分尽量模拟细胞内环境；⑦在缓冲溶液中加入0.1～1 mmol/L二硫苏糖醇（DTT）或β-巯基乙醇，防止蛋白质氧化；⑧加入1～10 mmol/L乙二胺四乙酸（EDTA）金属螯合剂，防止重金属对目标蛋白的破坏；⑨使用灭菌溶液，防止微生物生长。

本章小结

蛋白质是生命的物质基础，是生命活动的主要承担者。在细胞核糖体上，以mRNA为模板合成具有特定氨基酸序列和生物学功能的蛋白质的过程，称为翻译。核糖体是蛋白质生物合成的场所，mRNA是指导多肽链合成的模板，tRNA是氨基酸按照特定顺序到达核糖体上参与合成的运输工具。mRNA在细胞内含量较少，但种类多，分子长短不一，是一种在生命活动中非常活跃的大分子物质，分为编码区和非翻译区。原核生物和真核生物mRNA的5′端分别有一段SD序列和帽子结构，是翻译起始时核糖体识别的结构。三联体密码共有64个，其中61个是能够编码氨基酸的有义密码子，UAA、UAG和UGA是终止密码子，具有通用性、简并性、摆动性等特征。tRNA的初级结构含有稀有核苷酸，二级和三级结构分别是三叶草结构和倒L型结构。在氨酰-tRNA合成酶作用下，tRNA与专一的氨基酸结合，再通过它的反密码子环与mRNA的密码子配对，这保证了从核酸到蛋白质信息传递的准确性。真核细胞和原核细胞中的核糖体沉降系数分别为80S和70S，均由大小亚基组成。在蛋白质合成过程中，一条mRNA链上可以同时结合多个甚至几百个核糖体，形成串珠状结构，称为多聚核糖体。

在多肽链的合成过程中，每个氨基酸经过活化后从tRNA上转运到核糖体上，通过肽键依次连接成多肽链，可分为起始、延伸和终止三个阶段。原核生物多肽链合成的起始包括70S核糖体大小亚基的解离、30S起始复合物的形成和70S起始复合物形成三个阶段；延伸包括进位、转肽和移位三个阶段；当解读至终止密码子时，在释放因子的作用下，翻译终止。真核生物的翻译过程与原核生物基本相同，但在起始阶段需要更多的起始因子。大多数线粒体和叶绿体蛋白都是由核DNA编码并在细胞质中的游离核糖体上合成的。多肽链在核糖体合成过程中及被释放之后，常常要经过多肽链的切割和拼接、修饰和折叠等才能成为有活性的蛋白质。蛋白质的研究方法包括蛋白质组学、Western blot、免疫荧光，以及体外表达和纯化等。

思考题

1. 遗传密码是如何被发现的？它有哪些特征？
2. 描述核糖体的结构以及原核生物与真核生物核糖体结构上的区别。
3. 阐述翻译的过程以及原核生物和真核生物在翻译起始阶段的差异。
4. 翻译后的加工包括哪些？列举常见的蛋白质翻译后修饰类型。
5. 何谓蛋白质组学？了解其新进展。
6. 列举分析蛋白质结构和功能的方法。
7. 蛋白质体外表达系统包括哪些？描述其步骤。

第七章　基因表达调控及其研究技术

细胞响应调节信号，使基因表达产物的水平升高或降低的过程，就称为基因表达调控。基因表达的调节可以在不同水平上进行，在转录水平（包括转录前、转录和转录后）或在翻译水平（翻译和翻译后）。原核生物的基因组和染色体结构都比真核生物简单，转录和翻译可在同一时间和位置上发生。真核生物由于存在细胞核结构的分化，转录和翻译过程在时间上和空间上都被分隔开，且在转录和翻译后都有复杂的信息加工过程，故其基因表达在不同水平上都需要进行调节。

第一节　原核生物基因表达的调控

原核生物基因组是具有超螺旋结构的闭合环状DNA，在结构上有以下特点：基因组中很少有重复序列；编码蛋白质的结构基因为连续编码，且多为单拷贝基因，但编码rRNA（核糖体RNA）的基因仍然是多拷贝基因；结构基因在基因组中所占的比例（约占50%）远远大于真核基因组；许多结构基因在基因组中以操纵子为单位排列。此外，原核生物的细胞结构也比较简单，它的基因组的转录和翻译可以在同一空间内完成，并且时间上的差异不大。在转录过程终止之前mRNA就已经结合在核糖体上，开始了蛋白质的生物合成。

原核生物的转录是基因表达调控最主要的步骤。原核生物的操纵子系统也是一种最有效和最经济的生存策略。它可以一开全开，一关全关。同时保持各基因产物的比例大体相当。转录水平上调控除采用操纵子的形式外，还有其他各种形式，如时序调控。实际上转录的起始、延伸、终止及翻译的起始、延伸的终止的全过程，每一步都在对基因的表达实行调控。

原核生物的基因表达调控可以分为转录水平、翻译水平和DNA水平。而原核生物的基因组结构决定了它最主要的调控方式是转录水平上的。

一、DNA水平的调控

DNA序列复制对基因转录的调控指DNA序列排列结构上的特点从而达到对另一基因转录的调控。例如，沙门菌的鞭毛蛋白由两个基因*H1*和*H2*编码，它们的表达与否决定了该菌所处的状态。但这两个基因处在染色体的不同区域，且*H2*基因与*H1*基因的阻遏蛋白基因*rh1*紧密连锁，一旦*H2*基因表达则*H1*基因就不能表达。

二、转录水平的调控

原核生物的基因表达调控主要发生在转录水平上，根据调控机制不同可分为正转录调控（positive transcription regulation）和负转录调控（negative transcription regulation）。而在转录调控中操纵子（operon）是基本单位。

（一）原核生物基因表达调控的基本单位

不同于真核生物的基因结构，原核生物存在

转录单元，即操纵子。操纵子通常由以下 2 部分组成。

1. 结构基因

结构基因编码与某一代谢过程相关的酶类，由功能上彼此相关的几个基因组成，它们串联排列，共同构成编码区，编码具有酶功能或结构功能的蛋白质，这些基因的表达受到协同控制。这些结构基因共用一个启动子和一个转录终止信号序列，因此转录合成时仅产生一条 mRNA 长链，为几种不同的蛋白质编码。

2. 调控序列

调控序列包括启动子、操纵序列（也叫操作子，operator）以及一定距离外的调节基因。启动子是 RNA 聚合酶和各种调控蛋白作用的部位，是决定基因表达效率的关键元件。各种原核基因启动序列特定区域内，通常在转录起始位点上游−10 区域及−35 区域存在一些相似序列，称为共有序列。大肠杆菌及一些细菌启动序列的共有序列在−10 区域是 TATAAT，又称 Pribnow 框，在−35 区域为 TTGACA。这些共有序列中的任一碱基突变或变异都会影响 RNA 聚合酶与启动子的结合及转录起始。因此，共有序列决定启动子的转录活性大小。操纵序列并非结构基因，而是一段能被特异的阻遏蛋白或激活蛋白识别和结合的 DNA 序列。操纵序列与启动序列毗邻或接近，其 DNA 序列常与启动子交错、重叠，它是原核阻遏蛋白（repressor）的结合位点。当操纵序列结合有阻遏蛋白时会阻碍 RNA 聚合酶与启动子结合，或使 RNA 聚合酶不能沿 DNA 向前移动、阻遏转录、介导负调节（negative regulation）。原核操纵序列中还有一种特异 DNA 序列可结合激活蛋白（activin），结合后 RNA 聚合酶活性增强，使转录激活，介导正调节。

调节基因（regulatory gene）编码能够与操纵序列结合的调控蛋白，可分为三类：特异因子、阻遏蛋白和激活蛋白。特异因子的作用是决定 RNA 聚合酶对一个或一套启动序列的特异性识别和结合能力。阻遏蛋白的作用是可以识别、结合特异 DNA 序列——操纵序列，抑制基因转录，所以阻遏蛋白介导负调控。阻遏蛋白介导的负调节机制在原核生物中普遍存在。激活蛋白可结合启动子邻近的 DNA 序列，提高 RNA 聚合酶与启动序列的结合能力，从而增强 RNA 聚合酶的转录活性，是一种正调控（positive regulation）。分解（代谢）物基因激活蛋白（catabolite gene activator protein，CAP）就是一种典型的激活蛋白。有些基因在没有激活蛋白存在时，RNA 聚合酶很少或根本不能结合启动子，所以基因不能转录。

原核生物大多数基因表达调控受操纵子控制，任何开启和关闭操纵子的因素都会影响基因的转录，从而控制基因的表达。原核生物在转录水平的调控主要取决于转录起始速度，即主要调节的是转录起始复合物形成的速度。

（二）正调控与负调控的概念

按照调节蛋白不存在的情况下，操纵子对新加入调节蛋白的应答情况可分为负调控和正调控两种：正调控也称正控制，负调控也叫负控制。正控制指没有调节蛋白时基因的活性是关闭的，加入调节蛋白后基因的活性被开启，这样的调控系统称为正调控系统。在正控制中的调节蛋白叫无辅基诱导蛋白。负控制指在调节蛋白不存在时基因是表达的，加入调节蛋白后基因的表达活性被关闭。这样的控制系统称为负调控系统。在负调控系统中的调节蛋白叫阻遏蛋白。

依据小分子调节操纵子表达的应答反应性质，可将操纵子分为可诱导的操纵子和可阻遏的操纵子两大类。在可诱导的操纵子中，加入对基因表达有调节作用的小分子后，则开启基因的活性，这种作用过程称为诱导。产生诱导作用的小分子物质称为诱导物。在阻遏操纵子中，加入对基因表达有调节作用的小分子后，则关闭基因的活性，这种作用及其过程称为阻遏。产生阻遏作用的小分子物质称为辅阻遏物。

无论是正调控还是负调控，都可以通过调节蛋白质小分子物质的相互作用而达到诱导状态和阻遏状态，从而就产生了几种调控模型（图 7-1）。

1. 正转录调控

与操纵序列或位于启动子上游的控制因子结合后能增强或启动结构基因转录的调控蛋白称为激活蛋白，分为两类：有活性的和没有活性的激活蛋白。有活性的激活蛋白可以直接与操纵序列结合，促进转录；没有活性的激活蛋白，可以在诱导物存在时与其结合变为有活性的激活蛋白。其

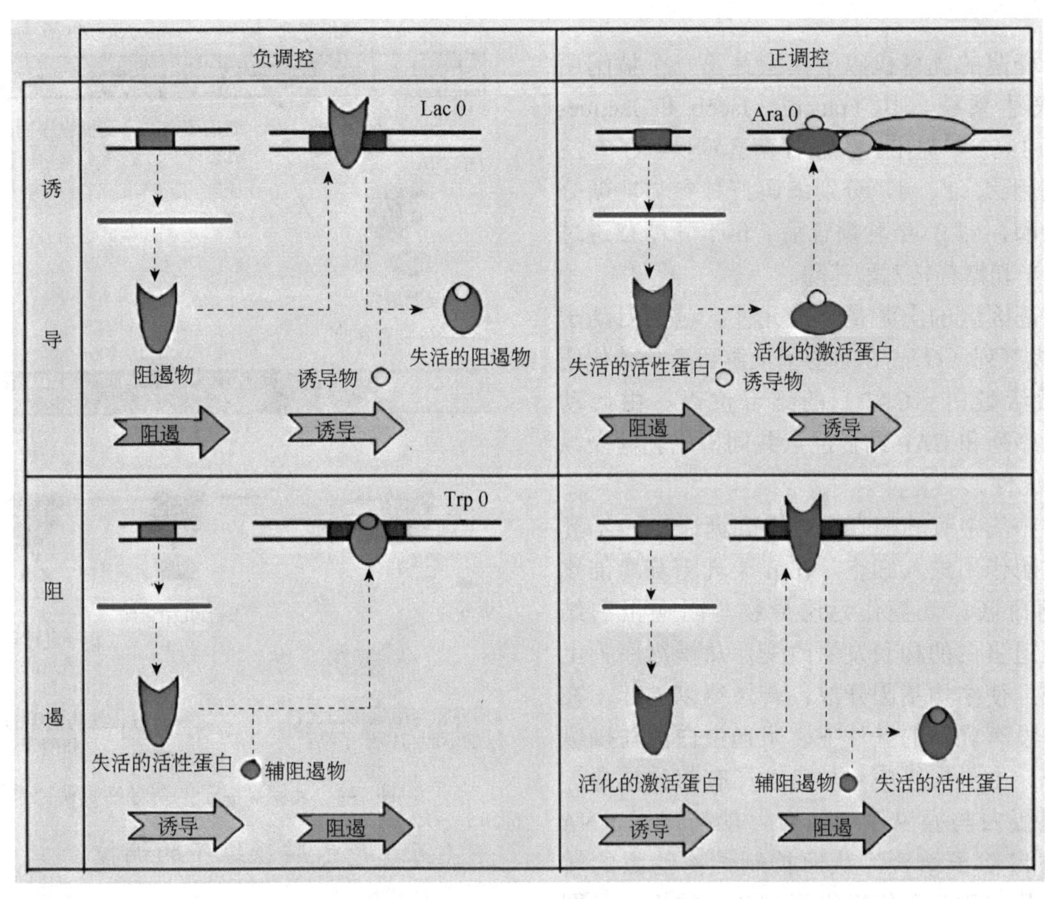

图 7-1 诱导/阻遏与正调控/负调控（仿 Lewin B，1997）

所介导的调控方式称为正调控。特点是在没有调节蛋白存在时基因活性是关闭的，加入某种调节蛋白后基因活性就被开启。

2. 负转录调控

与操纵序列结合后能减弱或阻止结构基因转录的调控蛋白称为阻遏蛋白，分为两类：有活性的和没有活性的阻遏蛋白。有活性的阻遏蛋白可以直接与操纵序列结合，抑制转录，没有活性的阻遏蛋白，可以在阻遏物存在时与其结合变为有活性的阻遏蛋白。其介导的调控方式称为负调控，即当阻遏蛋白存在时，RNA 聚合酶不能正常结合启动子发挥作用。特点是在没有调节蛋白存在时基因是表达的，加入某种调节蛋白后基因转录活性就被关闭。

（三）正转录调控与负转录调控的作用机制

1. 正转录调控的作用机制

在正转录调控系统中，调节基因的产物是激活蛋白，也可根据激活蛋白的作用性质分为正调控诱导系统和正调控阻遏系统。在正调控诱导系统中，效应物小分子（诱导物）的存在使激活蛋白处于活性状态；在正调控阻遏系统中，效应物小分子的存在使激活蛋白处于非活性状态。

2. 负转录调控的作用机制

在负转录调控系统中，调节基因的产物是阻遏蛋白（repressor protein），起着阻止结构基因转录的作用。根据其作用特征又可分为负调控诱导和负调控阻遏两大类。在负调控诱导系统中，阻遏蛋白不与效应物（诱导物）结合时，结构基因不转录；在负调控阻遏系统中，阻遏蛋白与效应物结合时，结构基因不转录。阻遏蛋白作用的部位是操纵序列区。

这些控制系统采用关和开的调控，主要是控制 RNA 的转录或不转录。但实际上，所说的关不是绝对的关，而只是处于一种基因表达很低的状态。

（四）乳糖操纵子诱导性负调控系统

大肠杆菌的乳糖操纵子模型是第一个被阐明的基因表达系统，由 Francois Jacob 和 Jacques Monod 于 1962 年提出。大肠杆菌乳糖操纵子有三个结构基因 *Z*、*Y*、*A*，分别编码三种参与乳糖分解代谢的酶，即 β-半乳糖苷酶、β-半乳糖苷透过酶和硫代半乳糖苷转乙酰基酶。

结构基因区的上游是调控元件，包括启动子（*P*）、操纵序列（*O*）。在启动子上游还有一个代谢物基因激活蛋白（CAP）的结合位点。由启动子、操纵序列和 CAP 结合位点共同构成乳糖操纵子的调控元件。

当培养基中有乳糖存在时，乳糖通过 β-半乳糖苷透过酶作用进入细胞，在 β-半乳糖苷酶催化下形成葡萄糖。乳糖作为诱导物与阻遏蛋白结合，使阻遏蛋白的构象发生改变，从操纵序列上解离下来，使结构基因开放，转录得以进行。在培养基中没有乳糖的条件下，阻遏蛋白能与操纵序列结合。由于操纵序列与启动子有部分重叠，一旦阻遏蛋白与操纵序列结合，就妨碍了 RNA 聚合酶与启动子结合，从而抑制结构基因的转录，这种状态称为乳糖操纵子的负调控机制（图 7-2）。

不过，阻遏蛋白的阻遏作用并不是绝对的。由于阻遏蛋白偶尔会从操纵序列上解离，所以每个细胞中仍有少量 β-半乳糖苷酶和 β-半乳糖苷透过酶生成。

1）在无诱导物时（乳糖），调节基因产生 mRNA，mRNA 再产生阻遏蛋白单体，阻遏蛋白单体再变成四聚体，它可以与操纵位点中的操纵序列结合，使 RNA 聚合酶不能与启动子形成复合物，从而阻止 RNA 聚合酶移动，转录关闭。

2）当环境中有乳糖时，即有诱导物时，诱导物能改变阻遏蛋白的四聚体的构象，使其变成一个无活性的阻遏蛋白四聚体，而不能与操纵序列结合，同时，原来与操纵序列结合的阻遏蛋白也迅速从操纵序列上解离下来，这样 RNA 聚合酶就可以与启动子单体结合形成开放性起始复合物，使转录开放。即产生 3 个结构基因的 mRNA 进而合成三种酶，促进乳糖的代谢分解。

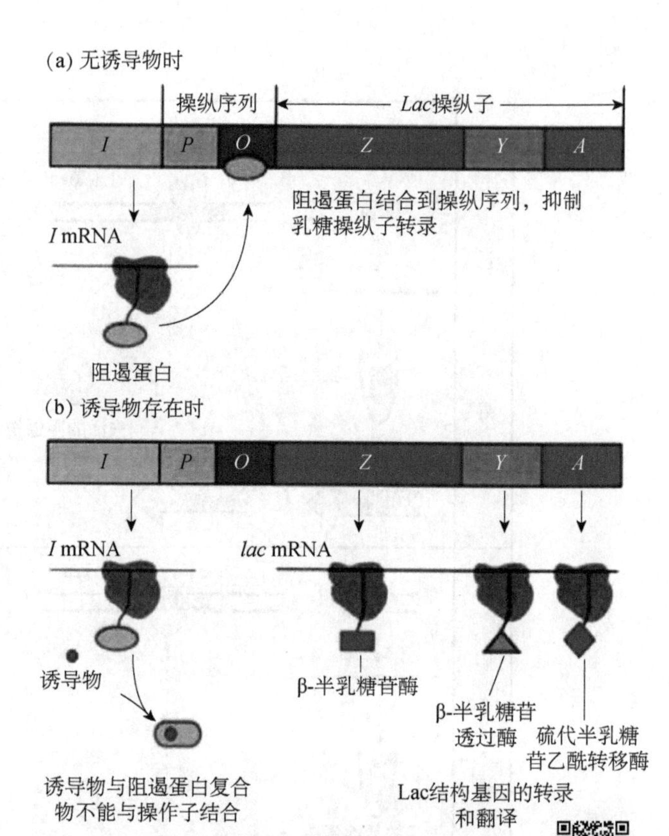

图 7-2　乳糖操纵子的诱导性负调控系统

（五）色氨酸操纵子的调控

色氨酸操纵子存在两种调控机制：一种是通过阻遏蛋白的调控，另一种是衰减子作用的调控。大肠杆菌的色氨酸操纵子有 5 个结构基因 *trpE*、*trpD*、*trpC*、*trpB*、*trpA*，编码催化分支酸合成色氨酸的 3 种酶，即 *trpE* 和 *trpD* 编码邻氨基苯甲酸合酶的两个亚基；*trpC* 编码吲哚甘油磷酸合酶；*trpA* 和 *trpB* 分别编码色氨酸合酶的 α 和 β 亚基。结构基因的上游还有一个启动子（*P*）、一个操纵序列（*O*）。在操纵序列与结构基因 *trpE* 之间有一段 162 个核苷酸的前导序列 *trpL*，可以编码出 14 个氨基酸的小肽，叫作前导肽（图 7-3）。衰减子是内部终止子，位于前导序列内。*trpR* 是调节基因，编码阻遏蛋白，与操纵子相距很远。

1. 阻遏蛋白的负调控

当培养基中色氨酸含量低（无）时，*trpR* 编码的阻遏蛋白不能与操纵序列结合，对转录无抑制作用。细菌细胞开始产生一系列合成色氨酸的酶，用于合成色氨酸以维持生存。当培养基中含有丰富的色氨酸时，细菌细胞可以直接利用已有的色氨酸。色氨酸作为辅阻遏物与阻遏蛋白结合，阻遏蛋白活化后与操纵序列结合，阻止结构基因的转录（图 7-4）。细菌直接利用环境中的色氨酸，减少或停止合成色氨酸，节省能量。

2. 衰减作用

转录出的衰减子序列（RNA 产物）具有两个特征：其中一个特征是有 4 个富含 GC 的区域，分别编号为 1、2、3 和 4 区。1 区和 2 区、3 区和 4 区都能配对形成发夹结构。3 区和 4 区形成的发夹结构是转录的终止信号。2 区和 3 区也能形成发夹结构，但是没有转录的终止作用。另一个特征

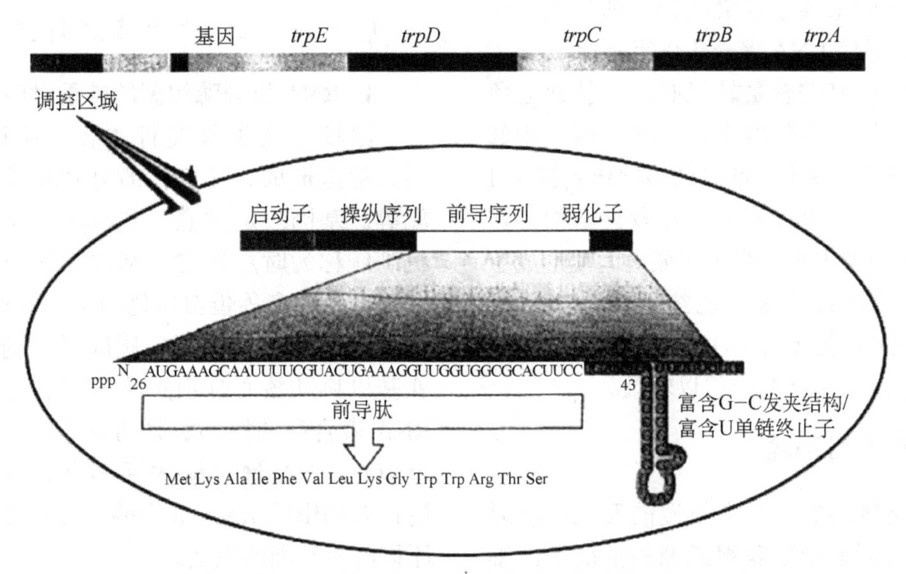

图 7-3 色氨酸操纵子的组成（原核生物基因的表达调控，学海网）

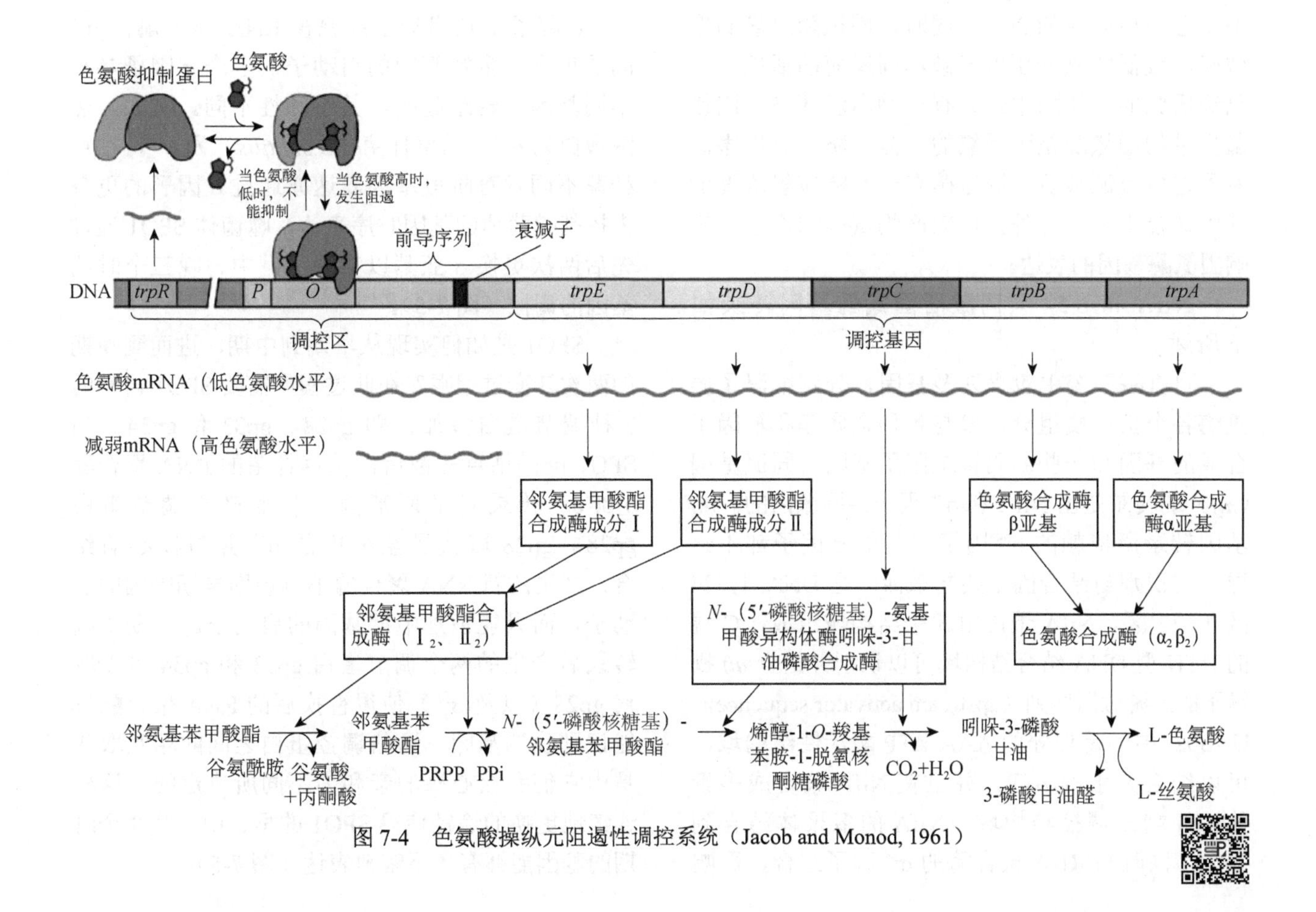

图 7-4 色氨酸操纵元阻遏性调控系统（Jacob and Monod, 1961）

是1区中含有两个相邻的色氨酸密码子，因而对tRNA trp和Trp的浓度很敏感。

细胞内色氨酸含量较高时，能够形成色氨酰-tRNA trp，核糖体可以连续移动，翻译过程顺利进行。核糖体通过1区，又覆盖了部分2区。这使得3区和4区之间形成了发夹结构，即形成转录终止信号，从而导致RNA聚合酶作用停止。

如果细胞内色氨酸含量较低时，也就缺乏色氨酰-tRNA trp，核糖体就停止在1区中两个相邻的色氨酸密码子的位置上。此时的核糖体占据了1区，所以1区和2区之间不能形成发夹结构。接着，2区和3区转录出来，两个区域之间就形成了发夹结构。随后转录的4区已经无法与3区配对，转录终止信号就不能形成，下游的 *trpE*、*trpD*、*trpC*、*trpB* 和 *trpA* 基因得以转录。

（六）固氮基因调控

固氮酶催化氮还原是一个很慢的反应，所以在细菌需要通过固氮反应获得氮源的情况下，细菌需要合成大量的固氮酶。最多时，固氮酶可占细胞总蛋白质量的20%。同时，固氮酶对氧高度敏感，较低的氧分压就能破坏固氮酶的活性。在已经研究的固氮酶中，只有一种高温环境的固氮菌携带的固氮酶是耐受氧的。为了防止氧损害固氮酶造成资源浪费，固氮菌有一套响应氧浓度的基因调控机制。另外，反应产物氨的浓度也会影响固氮酶基因的表达。

NifA和σ54共同激活固氮酶基因转录如下所述。

固氮酶系统中包含许多基因，分别编码了固氮酶各个蛋白质组分，参与各种金属簇和辅因子合成的基因和一些编码转录因子基因。固氮基因（*nif*）的转录是由NifA和σ^{54}因子共同激活的。*nif* 基因转录所依赖的σ^{54}因子与其他σ因子都不一样，它识别与结合因子共同激活的是DNA上−24区和−12区。NifA蛋白由3个结构域组成，C端的HTH型DNA结合结构域可以识别并结合 *nif* 操纵子的上游激活序列（upstream activator sequence，UAS）；中间是保守的AAA^{+}ATP酶活性结构域，可以结合并水解ATP，并且使NifA聚合成多聚体；N端是调控结构域。NifA的多聚体结合到UAS，同时与RNA聚合酶的σ^{54}因子结合，影响了σ^{54}因子的构象并使DNA解链形成开放式转录起始复合物，激活 *nif* 基因转录。这个过程依赖于ATP的水解。NifA的活性和表达水平又受其他调控因子的调节，整个固氮基因调控体系是一个级联调控体系。

（七）转录水平上其他调控方式

1. RNA聚合酶控制的转录时序

原核生物生长发育的各个阶段，为细胞分裂、芽孢形成、噬菌体的复制和噬菌体颗粒的装配等。基因表达按照一定时间顺序而进行的调控机制统称为时序调控。基因表达的时序调控大多通过一种或多种蛋白质化因子与RNA聚合酶相互作用而实现。这些蛋白质因子有的替代原来的σ亚基以协助核心酶识别特定的启动子；有的修饰RNA聚合酶的核心酶并同时更换σ亚基；有的使原有的RNA聚合酶失活而代以新的RNA聚合酶；有的影响RNA聚合酶与转录终止，从而控制不同阶段基因的表达。

（1）σ因子控制时序表达

σ因子识别启动子：原核RNA聚合酶的σ^{70}因子识别大多数基因的启动子，多个σ因子参与不同基因的转录起始，其亲和性不同。例如，热激蛋白为σ^{32}，枯草杆菌（*B.subtilis*）为σ^{55}，枯草杆菌不同发育阶段基因表达亦通过σ因子的更替来控制噬菌体的基因时序表达。噬菌体SPO1通过先后两次更换σ亚基以实现早、中、晚三个时期基因的调控（图7-5）。

SPO1是如何实现从早期到中期，进而到晚期的两次转变过程呢？在此过程中需要SPO1自身的3种调节蛋白参加，即gp28、gp33和gp34。当SPO1侵染枯草杆菌后，枯草杆菌的RNA聚合酶$\alpha_2\beta\beta'\sigma^{55}$转录其早期基因，从而产生调节蛋白gp28。gp28取代了全酶中的σ^{55}并与核心酶结合，产生的新RNA聚合酶不再识别早期基因的启动子，而只能识别中期基因的启动子。中期基因转录后产生的两个调节蛋白gp33和gp34可以取代gp28（以及σ^{55}）使得替换后的RNA聚合酶只能识别晚期基因。这些调控蛋白之间的相互取代是由它们和核心酶的亲和力不同所决定的。这样连续地更换的途径使得SPO1的早、中、晚3个时期的基因能够有条不紊地表达（图7-5）。

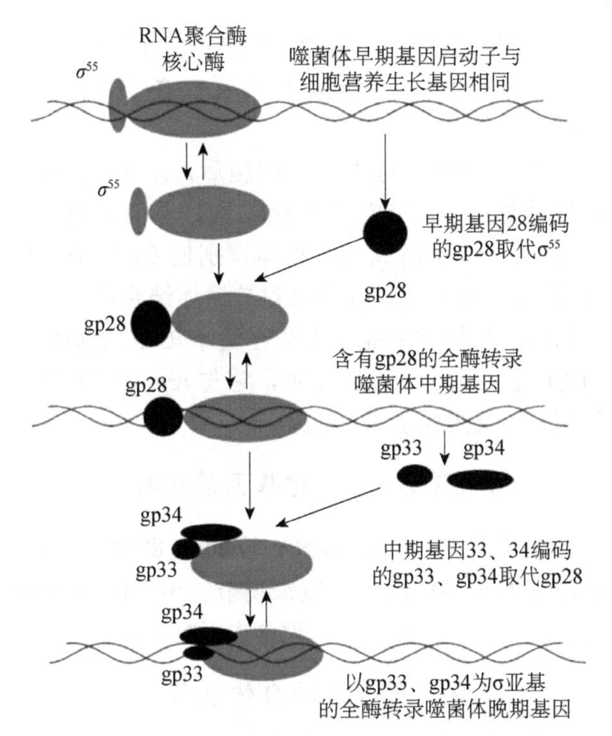

图 7-5 噬菌体 SPO1 通过更换 σ 亚基以实现早、中、晚三个时期基因的调控

（2）T7 RNA 聚合酶控制时序表达

噬菌体 T7 感染后的基因转录时序表达由 *E.coli* RNA 聚合酶和 T7 RNA 聚合酶控制。噬菌体 T7 感染后其早期基因表达由 *E.coli* RNA 聚合酶转录，合成 T7 RNA 聚合酶（早期Ⅰ基因）。晚期Ⅱ/Ⅲ类基因由 T7 RNA 聚合酶转录，合成 T7 噬菌体 DNA 复制有关的酶类及噬菌体颗粒结构蛋白，晚期Ⅲ基因的启动子不同于 *E.coli* RNA 聚合酶转录控制表达的基因启动子，无−35 和−10 共同序列。

2. 组蛋白类似蛋白的调节作用

细菌中存在一些非特异性 DNA 结合蛋白，用来维持 DNA 的高级结构，被称为组蛋白类似蛋白（histone-like protein）。细菌中的 H-NS 蛋白，就以非特异性的方式结合 DNA，维持其高级结构。H-NS 包含 2 个结构域，一个 DNA 结合结构域和一个蛋白质-蛋白质相互作用形成的四聚体或者多聚体，帮助维持 DNA 的高级结构。另外，H-NS 与大肠杆菌基因组上分散的大量基因的调控区有较高亲和性，这些基因大都与环境条件的变化有关。H-NS 非特异性结合在这些 DNA 上，抑制这些基因的转录。这些基因的转录激活需要特定的转录因子参与。

3. 转录因子的作用

能够与基因的启动子区相结合，对基因的转录起激活或抑制作用的 DNA 结合蛋白被称为转录因子。大肠杆菌基因组中有 300 多个基因编码这样的蛋白质，它们大多数是序列特异性的 DNA 结合蛋白，能够与特定的启动子结合。有些能够调控大量基因的表达，而有些仅调控一两个基因的表达。转录因子 CRP、FNR、IHF、Fis、ArcA、NarL 和 Lrp 调控了 50%基因的表达，而约有 60 个转录因子仅能特异性结合一两个启动子。有些转录因子对某个基因起激活作用，却对另一个基因起抑制作用。有些转录因子对同一基因也能发挥两种不同的作用，如 AraC 蛋白在结合阿拉伯糖前后就分别起着抑制和激活阿拉伯糖操纵子基因转录的作用。许多基因的启动子区有多个转录因子的结合位点。这些转录因子的共同作用才能使 RNA 聚合酶顺利地结合在 DNA 上起始基因转录的过程（杨月，2015）。

犹他大学的 Tara L. Deans 等提出一种原核生物基因表达正交调控的替代方法，该方法由转录激活因子而不是阻遏蛋白调控。作者将来源于丝状真菌粗糙脉孢菌真核转录因子 QF 和其相应的 DNA 结合位点上游激活序列（QF upstream activating sequence，QUAS）引入细菌。当葡萄糖水平较低时，通过基因簇中的调节基因调控，真菌可以奎宁酸作为碳源。该基因簇包括一个编码转录因子 QF 的基因，QUAS 位于该基因簇和其他 QF 调控基因的上游。QF 与 QUAS 结合时促进下游基因的转录。基因簇中还有负调控因子 QS，阻止 QF 在激活域与转录机制结合，从而阻止下游基因转录。奎宁酸的加入可以逆转转录抑制。

4. 抗终止因子的调节作用

抗终止因子是能够在特定位点阻止转录终止的一类蛋白质。当这些蛋白质存在时，RNA 聚合酶能够越过终止子，继续转录 DNA。这种基因表达调控机制主要见于噬菌体和少数细菌中。在 RNA 聚合酶到达终止子之前与 RNA 聚合酶结合，因为在终止子上游存在抗终止作用的信号序列，只有与抗终止子相结合的 RNA 聚合酶才能顺利通过具有茎-环结构的终止子，使转录继续进行。

三、翻译水平的调控

（一）反义 RNA 的调控作用

反义 RNA 对基因表达的调控作用是 1983 年发现的一种新的基因表达调控作用。反义 RNA 也叫干扰 mRNA 的互补 RNA，即一种通过互补的碱基与特定 mRNA 结合，从而抑制 mRNA 翻译的 RNA。

其作用机制是这种反义 RNA 能与 mRNA 的前导序列、起始密码子和部分 N 端氨基酸的密码子配对结合，而抑制 mRNA 的翻译。例如，大肠杆菌外膜蛋白质基因的表达调节，就属此类。外膜蛋白有两种：OmpC 和 OmpF。它的合成受渗透压调节，当渗透压降低时，OmpC 的合成降低，OmpF 增加；反之渗透压升高时，OmpC 增加，OmpF 降低。但两种蛋白质总量不变，保持恒定。

现在知道，当 *OmpC* 基因转录时，在 *OmpC* 基因启动子上游方向有一段 DNA 序列，以相反的方向同时转录 174 个核苷酸的 RNA，这个 RNA 能与 *OmpF* mRNA 的前导序列中 44 个核苷酸以及编码区（包括起始密码子）形成双链，从而抑制了 *OmpF* mRNA 的翻译。*OmpC* 基因转录越多，这种 RNA 越多，OmpF 蛋白就越少。

（二）mRNA 本身的二级结构影响翻译的进行

由于 mRNA 本身能处不同的结构状态，也直接影响翻译。例如，噬菌体中各有 40 个基因，其中 3 个序列类似，即附着蛋白基因（*A* 基因）、衣壳蛋白基因（*CP* 基因）和复制酶基因（*rep* 基因）。

当其 mRNA 进入寄主细胞后，*A* 和 *rep* 基因的核糖体结合位点处于二级结构，不能转录，而 *CP* 结合位点被游离的核糖体识别使 CP 合成，当 CP 的翻译冲开了 *rep* 基因对核糖体结合位点的二级结构，核糖体才能与之结合翻译 RNA 复制酶。当 CP 蛋白质达一定浓度时，它与 *rep* 基因的核糖体结合，又封闭了 *rep* 基因。

（三）mRNA 寿命对基因的调控

一般原核生物 mRNA 较短，即通过不同 mRNA 有不同的降解速度来调节。但 mRNA 寿命又取决于许多因素，这些因素也影响基因表达。

（四）蛋白质合成的自体调节

蛋白质合成的自体调节是指合成的蛋白质可直接与控制自身 mRNA 结合，从而控制自身 mRNA 的翻译，即某种蛋白质合成多时，它可以与自身 mRNA 上的结合位点结合，造成肽链的合成提前终止，或不能转录。这类蛋白质大多数为核酸结合蛋白，例如，释放因子 RF2，共 340 个氨基酸，25 个氨基酸在 AUG 端，315 个氨基酸在碳近端，中间有一个 U，第 26 个氨基酸密码子为 GAC，当 RF2 增加时，核糖体不能越过 U 结合域，而识别了 UGA 终止密码子，只合成了 25 个氨基酸的肽（无活性）。当 RF2 降低时，核糖体在其他因子参与下越过 U 而合成第 26 个氨基酸，直至最后。

第二节　真核生物基因表达的调控

一、概述

真核生物是由真核细胞构成的生物。包括原生生物界、真菌界、植物界和动物界。真核生物是具有细胞核的所有单细胞或多细胞生物的总称，它包括所有动物、植物、真菌和其他具有由膜包裹着的复杂亚细胞结构的生物。真核生物与原核生物的根本区别是前者的细胞内有以核膜为边界的细胞核，因此以真核来命名这一类细胞。早期对遗传信息传递的认识主要来源于结构功能较为简单的原核生物研究。随着分子生物学理论与技术的发展，关于复杂高等生物遗传信息传递机制的认识逐步深入。遗传信息的传递在生物体内受到精确调控，本节从细胞内外不同角度、不同层次叙述这一过程，蛋白质与 DNA、蛋白质与

RNA、蛋白质与蛋白质之间的相互作用是这些调控的结构基础。

（一）真核生物基因组定义

基因组是构成、经营和调节生物体并且传递生命到下一代的整套遗传指令，包括有机体的全部遗传特征。真核生物的遗传物质集中在细胞核中，并与某些特殊的蛋白质组成核蛋白，形成一种致密的染色体结构，如酵母、霉菌、高等动植物。

（二）真核生物基因组结构特点

基因组作为生物体遗传信息的载体，是发挥生命功能的源头。相比于原核生物，真核生物的基因组显得更为复杂，这可以表现在以下几个方面：①真核生物的基因组更大；②真核生物的基因组包含更多基因；③真核生物的基因组中包含更多重复序列；④真核生物的基因存在断裂基因形式；⑤真核生物的基因组存在复杂的表观修饰；⑥真核生物的DNA与蛋白质结合；⑦核小体产生螺旋结构；⑧真核生物非编码序列多。

（三）真核生物基因表达调控的特点

由于真核生物基因组结构上的以上特点，真核生物从简单的单细胞生物到复杂的人类生命体，物种之间差异巨大。所以真核生物表达调控的特点是：基因表达调控的活动范围更广、方式更多、机制更为复杂。不同细胞不同发育阶段基因表达不同，调控机制也不同，这与原核生物同一生物体内基因表达一致的情况不同；多细胞真核生物的不同细胞对环境变化反应不同，而原核生物对环境变化的反应基本一致。

（四）真核生物基因表达的特点

1. 活跃基因的数目

为了研究真核生物的基因表达，有必要对一个特定细胞群中正常表达的基因有一个粗略估计。估计方法：①采用RNA饱和实验；②转录组测序。

利用mRNA与基因组DNA进行杂交，杂交饱和时，先求出非重复DNA在杂交前的比例，如非重复DNA占基因组的75%。杂交后海胆约有1.35%非重复DNA与RNA形成杂交分子，由于一条链与RNA互补，以上mRNA群体代表2.7%的非重复DNA序列。海胆的DNA总量为8.1×10^8 bp，其中非重复DNA占75%，mRNA群体代表的DNA序列为$0.027\times0.75\times8.1\times10^8=1.6\times10^7$ bp；已知该mRNA群体的平均长度为2000 bp，则有$1.6\times10^7/2000=8000$个基因在原肠胚细胞中处于活跃表达的状态。用上述方法，已测的酵母中有4000个基因表达，高等真核生物中10 000～15 000基因表达。

利用转录组测序的方法可以直接获得所表达的基因数和基因的种类，比采用RNA饱和实验所得的数据更准确。目前利用转录组测序获得真核生物表达的基因在20 000～25 000个。

2. 基因表达的不同水平

在真核细胞中各个基因的表达水平是不同的，有些基因表达的很多，但有些基因表达的很少。这可以通过杂交或转录组分析的方法测定获得。通过测定可知，真核生物特定组织中各种mRNA的拷贝数是不同的，有些拷贝很多但种类很少，有些拷贝很少但种类很多。在mRNA中，少数（不到100种）mRNA可达数千甚至数万拷贝，它往往占了全部mRNA的一半甚至更多，这类mRNA叫丰富mRNA或优势mRNA。许多细胞中约有一半的mRNA包括了数千甚至数万种，每种mRNA的拷贝数大多在10个以下，它们被叫稀少mRNA或复杂mRNA。

3. 持家基因与奢侈基因

高等真核生物细胞中活跃表达的基因一般有1万～2万，但在不同组织中活跃基因的数目是不同的，如鸡输卵管15 000、鸡肝17 000。现在的问题是，基因在不同的组织中有多少是相同的，多少是有组织特异性的呢？测定的方法有三种：①加性饱和杂交；②分子杂交法；③转录组测序法。

一般来说，哺乳动物某一细胞类型只有10%的mRNA序列是该细胞特有的，另外90%的mRNA序列往往在其他类型的细胞中都同样存在。这也就是说，哺乳动物（其他高等动物一样），各类不同的细胞中都有相同的一组基因在表达，这种基因数目约10 000，由于它们的功能对于各种不同细胞类型的活动都是必需的，因此把这些在不同的组织中都能表达的一组基因称为持家基因；不同细胞类型又往往有种类不多，并只在该稳定的细胞类型中表达的基因，把这类只在特定的细胞类型中表达的种类不多的基因，称为奢侈基因。

二、DNA水平的调控

（一）DNA 扩增、重排和缺失

1. DNA 扩增

DNA 是生命体最主要的遗传物质。生命的延续在一定程度上表现为 DNA 从亲代精确而完整地传递到子代，这一过程依赖于 DNA 复制。DNA 复制是真核细胞在有丝分裂 S 期中发生的最重要的生物事件。DNA 作为遗传物质的基本特点就是在细胞分裂前进行准确地自我复制（self replication），使 DNA 的量成倍增加，这是细胞分裂的物质基础。DNA 扩增指细胞核内某些特定基因的拷贝数专一性地大量增加的现象。它是细胞在短期内为满足某种需要而产生足够的基因产物的一种调控手段。例如，在两栖类和昆虫中，非洲爪蟾体细胞中 rRNA 拷贝数为 500 个，卵细胞中 rRNA 拷贝数达 200 万个，增加了 4 000 倍。有一些低等的生物，在发育的不同时期，也通过 DNA 扩增，达到某种生理的需要，如果蝇的唾腺染色体。

2. DNA 重排

真核生物基因组中的 DNA 序列可发生重排，这种重排是由特定基因组的遗传信息决定的，重排后的基因序列转录成 mRNA，翻译成蛋白质，在真核生物细胞生长发育中起着关键作用。因此，尽管基因组中的 DNA 序列重排并不是一种普通方式，但它是一些基因调控的一种机制。

啤酒酵母交配型转换就是 DNA 重排的结果。酵母菌有 2 种不同的交换型，分别为 α 和 a。两种类型可以互变，但在一个特定的时刻只有一种表达。α 型由 Matα 的遗传信息所控制，a 型由 Mata 的遗传信息所控制。经分析知，在 Mat 位点的左右侧各有一个位点，左侧为 HMLα（决定 α 型），右侧为 HMRa（决定 a 型）。Mat 位置是一个活跃匣子，当这个匣子是 Matα 时，细胞是 α 型；当它为 Mata 时，细胞就是 a 型。两边为沉寂匣子，一个为 HMLα，一个为 HMRa。处于 HM 位置上的不同的沉寂匣子可以取代活跃匣子，从而改变细胞的接合型，被取代的部分被降解，取代者通过复制取代并保留一个拷贝在原来的位置（图 7-6）。

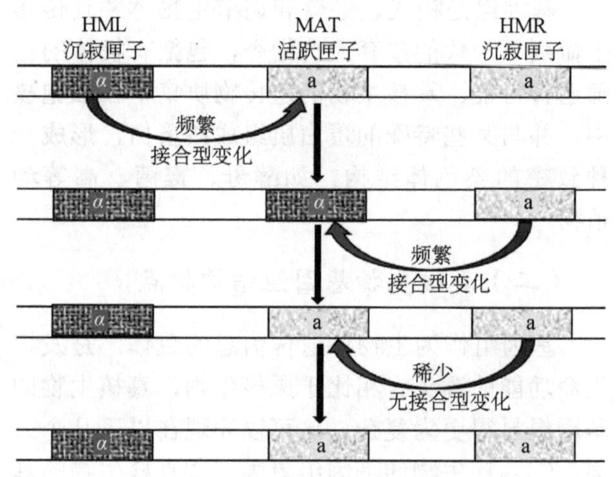

图 7-6　酵母接合型的互变模型

控制交配型的 *MAT* 基因位于酵母菌 3 号染色体上，*MATa* 和 *MATα* 为等位基因。含有 *MATa* 单倍体细胞具有 a 交配型。具有 *MATα* 基因型的细胞为 α 交配型。MAT 位点的两端，还有类似 *MAT* 基因的 *HMLa* 和 *HMRa* 基因，它们分别位于 3 号染色体左臂和右臂上，这两个基因分别具有与 *MATα* 和 *MATa* 相同的序列，但在其基因上游各有一个抑制转录起始的沉默子，所以不表达。

交配型转换是由 HO 内切核酸酶（HO endonuclease）调控的。这个内切核酸酶将 *MATa* 基因内的一段 24 bp 的双链 DNA 切开，另一种外切核酸酶在双链 DNA 的切口，从 5′到 3′加工产生段突出的 3′单链尾端序列（约 500 个核苷酸），*MATa* 基因用这一段单链序列插入到 *MATα* 基因的同源序列中，以 HMLα 序列为模板，合成一段新的 *HMLα* 基因序列，再通过重组使 HMLα 整合到 MATa 序列中，导致基因转换，由 *MATa* 转换成 *MATα*。在这个重组过程中有一段 244 bp 的重组强化子（RE）对重组起顺式调控作用，是基因转换所必需的，RE 缺失则不能发生基因转换。这段 RE 序列也位于 3 号染色体左臂上，靠近 HMLα 位点。

MAT 基因编码一种与 MCM1 转录因子互作的调控蛋白，控制其他基因，*MATa* 和 *MATα* 转录。基因产物对 MCM1 具有不同的影响，因而表现出

不同的等位基因特异表达模式。例如，在红色面包霉及其他真菌中出现的四分孢子异常比例，也是重组后产成的基因转换形成的。

3. 基因缺失

在细胞分化过程中，通过缺失丢掉某些基因而去除这些基因活性，达到基因调控的目的。例如，一些低等生物中的线虫、昆虫等，在个体发育过程中，许多体细胞掉失部分或整条染色体，而只在将来分化产生生殖细胞的那些细胞中一直保留完全整套的染色体。在高等真核生物中未发现此类现象，在高等植物中都还保持了细胞的全能性。所谓细胞的全能性，从分子遗传学来讲，指细胞中保存了个体发育的全部基因。

（二）DNA 修饰

DNA 修饰（DNA modification）是指与 DNA 共价结合的修饰基团，其结果是使具有相同序列的等位基因处于不同的修饰状态，其分子基础是 DNA 甲基化以及染色质的化学修饰和物理重塑。DNA 修饰与蛋白质修饰、非编码 RNA 调控共同构成了表观遗传中基因表达调控的 3 个层面，共同在遗传因素和环境因素的互动关系中起着桥梁作用。DNA 修饰按来源主要分为两大类：DNA 自发性化学修饰和外来因素引发的修饰。DNA 甲基化限制修饰系统是最常见的 DNA 自发性化学修饰，也是 DNA 修饰研究领域的第一项重大发现。DNA 甲基化可能存在于所有生物中，在真核生物基因组中主要发生在 CpG 和 CpXpG 的胞嘧啶碱基 5 位碳环上，简称 m^5C，原核生物基因组中 CCA/TGG 和 GATC 则常被甲基化。DNA 甲基化是表观遗传学中研究最为深入的一种形式，具有多方面的生物学意义，与胚胎正常发育、基因表达调控、雌性个体 X 染色体失活、寄生 DNA 序列的抑制、印记基因及基因组的结构稳定等关系密切。DNA 甲基化可以被动失去或主动去除，DNA 复制后如果 DNA 甲基转移酶活性低或缺少甲基供体会导致新合成的 DNA 链上 DNA 甲基化的丢失，这称为被动 DNA 去甲基化。而主动 DNA 去甲基化是指在去甲基化酶的作用下移去甲基基团来消除 DNA 甲基化。去甲基化酶可以将整个甲基化胞嘧啶碱基从 DNA 骨架上移除，随后通过碱基切除修复途径用未甲基化的胞嘧啶填充产生的单核苷酸缺口。在对哺乳动物主动去甲基化的研究中发现，双加氧酶 TET（ten-eleven translocation，TET）蛋白能将 m^5C 氧化为 5-羟甲基胞嘧啶（hm^5C），并进一步氧化 hm^5C 生成 5-醛甲基胞嘧啶（f^5C）和 5-羧基胞嘧啶（ca^5C），从而被胸苷嘧啶 DNA 糖基化酶（thymine DNA glycosylase，TDG）从 DNA 上去除（张耿等，2021）。

除了 DNA 自发性化学修饰外，环境中的理化因素也能作用于细胞内 DNA，对 DNA 的结构和稳定性产生影响，导致碱基修饰和加合物形成，这就是另一类 DNA 修饰。若这些 DNA 分子上的修饰逃脱了生物体内的修复或被不正确的修复，则将导致遗传信息的改变而诱发变异。所以，DNA 加合物的形成可能是产生 DNA 突变的第一阶段，继而发生 DNA 链断裂、碱基置换和碱基缺失等一系列事件。

（三）DNA 印记

印记基因（imprinted gene）是一类在后代中只表达来自父母一方遗传信息的基因。尽管后代具有父母双方来源的等位基因，但是后代只转录或表达来自一方（父方或母方）的遗传信息，而另一方处于关闭状态（silence）。只表达父方（paternal）、母方关闭的基因称为母方印记基因，如胰岛素样生长因子 2（insulin-like growth factor 2，IGF2）；只表达母方（maternal）、父方关闭的基因称为父方印记基因，如 H19。印记基因已成为表观遗传（epigenetic）理论的重要组成部分。基因组印记可以是共价标记（DNA 甲基化）的，也可以是非共价标记的（DNA-蛋白质和 DNA-RNA 互作，核基因组定位），印记方法包括在整个细胞周期中维持双亲表观记号的特化的核内酶的作用机制。

来自父母双方的基因组 DNA 若形成基因组印记，至少需要 3 个条件：①在雌雄配子阶段来自父母双方的基因组 DNA 应开始不同的修饰，因为这时来自父母双方的等位基因是分开的；②在控制基因是否表达的基因组 DNA 的修饰应相对稳定，即经过受精后，这种印记的标记应在各组织器官被识别；③在生命周期中，这种修饰应容易被清除和再标记。

印记基因的“印记”机制是印记一方的基因调控

序列DNA（一般为启动子）被甲基化（methylation）、组蛋白乙酰化（histone acetylation）和组蛋白被甲基化，其中DNA甲基化是其关键。研究过的印记基因，来源于父母双方的等位基因甲基化的程度不同，这一区域称为差异甲基化区域（differentially methylated region，DMR），该区域出现大量的CG重复序列（大于500 bp），形成所谓的CpG岛（CpG island），通常为基因的启动子。超过70%脊椎动物的CpG岛甲基化，但是在体细胞和性细胞之间甲基化程度不同较为常见。小鼠88%印记基因存在CpG岛，而普通基因只有47%（程柯仁，2015）。胞嘧啶（cytosine）被甲基化成为5-甲基胞嘧啶（5-methylcytosine）。该等位基因将被关闭，不再表达。另一方等位基因的调控序列未被甲基化，其组蛋白乙酰基化，在转录复合体的作用下可正常进行mRNA转录。在哺乳动物生命周期中，在性原细胞（精原细胞和卵原细胞）阶段，DNA分子的甲基化被清除。在配子（精子和卵子）阶段，DNA甲基化重新开始建立；对于非印记基因来说，随后出现去甲基化，在受精后的几小时，双亲的染色体尚处于分离状态，父方基因组DNA的去甲基化过程主要是主动的。而这个阶段的印记基因的甲基化却继续维持。由于染色体在复制过程中维持甲基化失败，母方去甲基化过程主要是被动的。重新甲基化开始于囊胚的内细胞团（inner cell mass，ICM）。印记基因在受精时及之后，甲基化的等位基因将维持甲基化状态，非甲基化的等位基因也将维持非甲基化状态，基因组印记在囊胚期正式建立。胚胎期后遗传印记在身体的各组织器官充分表达，但是性原细胞中印记标记再被清除。这种以基因组DNA分子甲基化为形式的基因组印记标记是在动物的整个生命周期中可被清除（erasure）和再建立（reestablishment）的（苏从成和曹学亮，2007）。

（四）染色体结构变化

染色体结构的改变是指在自然突变或人工诱变的条件下使染色体的某区段发生改变，从而改变了基因的数目、位置和顺序。染色体结构变异种类很多，主要可分为4种类型：①缺失（deletion）；②重复（duplication）；③倒位（inversion）；④易位（translocation）。染色体结构发生改变，根本原因在于某种外因和内因的作用，使染色体发生一个或一个以上的断裂，而且新的断面具有黏性，彼此容易结合。当断面以不同方式黏合，就形成染色体缺失、重复或倒位。当两对同源染色体各有一条染色体断裂后，如果它们的断裂区段间方能单向黏合或相互黏合，就形成易位。染色体畸变（chromosomal aberration）属于遗传信息改变的方式之一，基于这种染色体上发生变异的研究，极大地推动了基因的剂量效应、位置效应，以及遗传图谱的制作和物种起源的深入研究与发展。

除结构变异外，还存在染色体在数目上的变异，具体反映出染色体数目上发生异常的变化。正常的动物细胞属于二倍体，有两个染色体组，在一定条件下会发生数目的减少或增加，染色体数目改变一般会导致动物不育的发生，甚至是致死。而植物中多倍体的形成会推动物种的进化和发展。

（五）基因的拷贝数

遗传是物种延续的基础，变异是生物进化的动力。基因组中广泛存在着大量的结构变异，按照变异长度的不同可分为两种：当变异片段较小而低于50 bp时，被归为插入和缺失；而当片段较大且高于50 bp时，则有多种涉及DNA序列的数量或者位置改变的形式，如缺失、重复、插入、倒位（李运嘉，2020）。而拷贝数变异（copy number variation，CNV）属于后者，是一种常见的且广泛存在于基因组中的结构变异。与参考基因组相比，染色体的复杂结构重排，通常包括从50个碱基至兆碱基不等的DNA片段缺失或重复的结构变异，从而表现出与二倍体状态的差异（Stankiewicz and Lupski，2010）。如图7-7所示，常见的CNV类型有缺失（纯合型缺失、单拷贝缺失）、单拷贝或双拷贝增加及多等位基因型CNV（王丽，2020），并且目前已在多个物种中检测和确定。CNV首次在2004年被报道为一种新的基因组改变形式（Iafrate et al.，2004；Sebat et al.，2004），随后有研究报道，CNV覆盖人类基因组的3.7%、在大鼠中覆盖1.4%（Guryev et al.，2008），犬、牛和马中分别占其组装基因组的4.2%、4.6%和3.6%（Doan et al.，2012）。

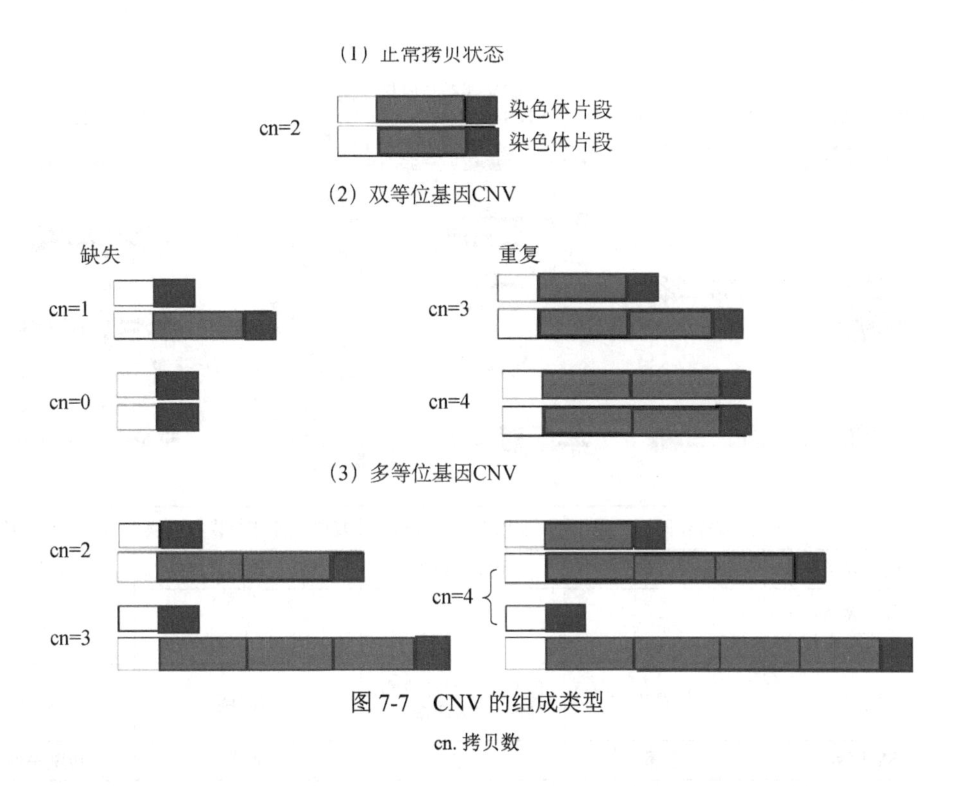

图 7-7　CNV 的组成类型

cn. 拷贝数

通过对人类（Bailey et al.，2008）、猪（Paudel et al.，2013）、小鼠（Locke et al.，2015）和牛（Keel et al.，2016）的基因组 CNV 进行分析，发现编码蛋白质的基因与 CNV 之间存在显著重叠，并且 40%的有效 CNV 重叠至少一个基因。同时，CNV 虽然出现的频率低于 SNP 和 InDel，但由于其涉及的变异片段更大，能够对基因的结构产生影响，影响其表达，或者改变其调控方式（Zhang et al.，2009），进而可以对基因功能和群体进化产生更强烈的影响，可以用来解释影响某些个体表型的机制（Bickhart et al.，2012）。

根据现有的研究进展，可以将 CNV 的形成大体分为两种机制，即 DNA 序列进行重组和 DNA 复制出现错误，而每种机制又分别可以细分为两种（图 7-8）。前者包括非等位同源重组和非同源末端连接，其中非等位同源重组发生在减数分裂前期，是形成该变异的主要原因，而非同源末端连接是一种 DNA 修复损伤机制，不依赖 DNA 同源性而将两个 DNA 的断裂处连接在一起；后者形成 CNV 的机制主要包括复制叉停滞及模板交换模型和散布元件 1（L1） 逆转录转座，这两种机制不同于前两种，主要发生于 DNA 复制或 RNA 逆转录阶段，当复制叉发生延迟或停滞时，后随链从模板上脱落，通过同源序列转到另一个复制叉上重新开始合成 DNA；散布元件 1 将 mRNA 逆转录成 cDNA，经过整合后形成基因组中的 CNV。

拷贝数变异发生在基因组中，能够通过以下 5 种机制对动植物的性状、表型产生一定影响。①基因的剂量效应：指通过对剂量敏感基因的表达量产生影响，从而引起基因功能紊乱的方式；②位置效应：指 CNV 的出现使周围或某个特定位置的基因功能被影响；③功能阻断：CNV 可能产生于基因组的各个位置，位于功能基因内部时会使其编码框紊乱，从而使特定基因的功能丧失；④基因融合：当 CNV 出现在相邻的基因之间，则会使它们进行融合，甚至由于调控序列发生改变而导致新基因出现；⑤暴露隐性等位基因：当 CNV 发生缺失时会由于等位基因消失而使隐性等位基因被暴露（张良志，2014）。

（六）启动子序列

真核生物细胞中有三种转录方式，分别由三种 RNA 聚合酶（Ⅰ、Ⅱ和Ⅲ）催化，因此有三种启动子。根据启动子的不同，将真核生物的基因分为三类，即Ⅰ类、Ⅱ类和Ⅲ类基因（涂知明，2007）。这三种基因分别由三种启动子控制，它们在结构上各有特点。

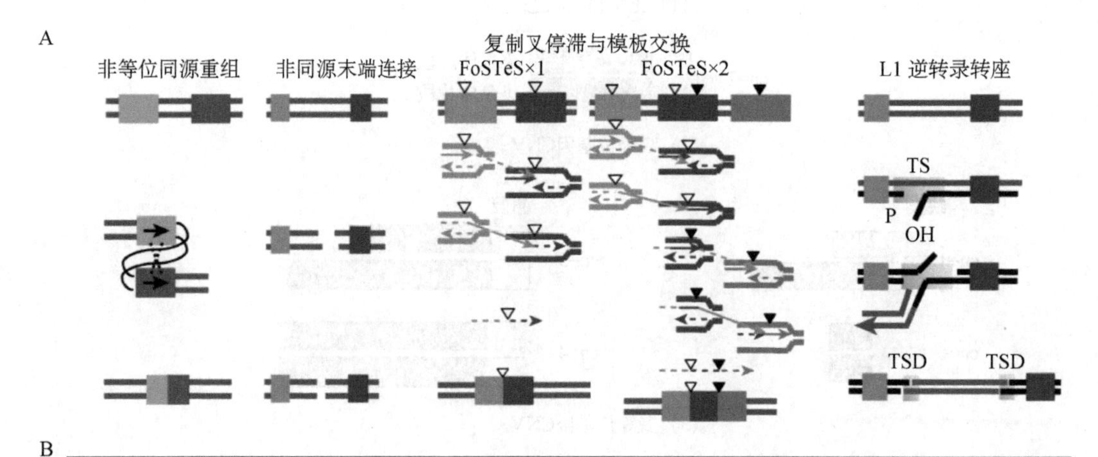

B

	非等位同源重组	非同源末端连接	复制叉停滞与模板交换	L1 逆转录转座
结构变异类型	重复，缺失	重复，缺失	重复，缺失，复杂	惯导
同调侧翼断点（重排之前）	是	无	无	无
断点	内同调	碱基对的增加或删除，或微同源性	微同调	无规格
SV 序列	全部	全部	全部	转座序列

图 7-8　CNV 形成的 4 种机制和序列特点（Zhang et al.，2009）

A：CNV 形成的 4 种机制原理图；B：4 种形成机制的特点

1. RNA 聚合酶 Ⅰ 的启动子结构

与其他两类启动子相比，RNA 聚合酶Ⅰ 的启动子间的差异最小。因为 RNA 聚合酶 Ⅰ 只转录 rRNA 一种基因（阚彬彬，2005），包括 5.8S、18S 和 28S rRNA。三种 rRNA 的基因（rDNA）成簇存在，共同转录在一个转录产物上，然后经加工成为三种 rRNA。

RNA 聚合酶 Ⅰ的启动子主要由两部分组成。目前了解较清楚的是人 RNA 聚合酶 Ⅰ的启动子。在转录起始位点的上游有两部分序列。核心启动子（core promoter）位于−45 ～+20 的区域内，这段序列就足以使转录起始。在其上游有一个序列，从−180 至 107，称为上游控制元件（upstream control element，UCE），可以大大地提高核心启动子的转录起始效率。两个区域内的碱基组成与一般启动子结构有所差异，均富含 GC 对，两者有 85%的同源性。

2. RNA 聚合酶 Ⅱ 的启动子结构

RNA 聚合酶 Ⅱ主要负责蛋白质基因和部分 snRNA 的转录，其启动子结构最为复杂。RNA 聚合酶Ⅱ单独并不能起始转录，必须与其他辅因子共同作用形成转录起始复合物后才能起始转录（曹慜，2013）。RNA 聚合酶 Ⅱ 的启动子位于转录起始点的上游，由多个短序列元件组成。该类启动子属于通用型启动子，即在各种组织中均可被 RNA 聚合酶 Ⅱ所识别，没有组织特异性。通过对 B 珠蛋白基因转录起始位点上游的 100 个碱基进行替代试验发现，在 HeLa 细胞中，大多数突变并不影响启动子起始转录的能力。其中有三个下降突变，发生在三个短序列元件上，远离转录起始位点的短序列元件突变对转录起始的影响比接近起始点的短序列元件要大。只发现了一例上升突变。经过比较多种启动子，发现 RNA 聚合酶 Ⅱ的启动子有一些共同特点，在转录起始位点的上游有三个保守序列，又称为元件（element）。

（1）加帽位点

加帽位点（cap site）又称转录起始位点，其碱基大多为 A（指非模板链），这与原核生物相似。

（2）TATA 框

TATA 框位于−30 处，又称 Hogness 框或 Golderg-Hogness 框，一致序列为 TATAA（T）AA（T），经突变试验分析（曾庆尚，2009），它是三个元件中转录起始效率最低的一个。虽然有些

TATA 框的突变不影响转录的起始，但可改变转录起始位点。这说明 TATA 框具有定位转录起始位点的功能。将 TATA 框反向排列，也可降低转录的效率。TATA 框周围为富含 GC 对的序列，可能对启动子的功能有重要影响。它与原核生物的启动子有些相似。TATA 框具有选择起始位点的功能。在有些启动子中缺少 TATA 框。

（3）CAAT 框

CAAT 框位于转录起始位点上游的−75 bp 处，一致序列为 GGC（T）CAATCT，因其保守序列为 CAAT 而得名。虽名为 CAAT 框，头两个 G 的作用却十分重要。它是最先被人们发现的转录起始元件，一般位于−80 bp 左右，但离转录起始位点距离的长短对其作用影响不大，并且正反方向排列均能起作用。CAAT 框内的突变对转录起始的影响很大，说明它决定了启动子起始转录的效率及频率。对于启动子的特异性，CAAT 框并无直接的作用，但它的存在可增强启动子的强度。

（4）GC 框

GC 框位于−90 bp 附近，核心序列为 GGGCGG，一个启动子中可以有多个拷贝，并且可以正反两个方向排列。GC 框也是启动子中相对常见的成分。

另外，在有些启动子中还发现了其他的元件。例如，八聚核酸元件（octamer element，OCT element），一致序列为 ATTTGCAT；KB 元件，一致序列为 GGGACTTTCC；ATF 元件，一致序列为 GTGACGT。在转录起始位点下游也有一些与启动子功能有关的元件。各元件间的距离对启动子的功能没有太大影响，不同启动子中各元件的距离差异很大，但如果距离太近（小于 10 bp）或太远（大于 30 bp），就会影响启动子的功能。

上面讲述了组成启动子的基本元件。在不同的启动子中，这些元件的组合情况是不同的。在这些启动子中，共有 4 种元件，分别为八聚核酸元件、CAAT 框、GC 框和 TATA 框。这些元件在 SVan 早期启动子、胸苷激酶启动子、组蛋白 H2B 启动子三种启动子中的数目、位置和排列方向均有差异，没有一个元件在三个启动子中都存在。在 SV40 的早期启动子中，含有 6 个 GC 框：在胸苷激酶启动子中，有 1 个八聚体元件、2 个 GC 框、1 个 CAAT 框和 1 个 TATA 框；在 H2B 启动子中，含有 2 个八聚体元件、2 个 CAAT 框及 1 个 TATA 框。GC 框和 CAAT 框在启动子中的排列正反方向均有，但启动子仍然能只在一个方向（下游方向）上起始转录。在启动子中，每种元件与转录起始位点的距离不同。将 B 珠蛋白和胸苷激酶启动子的相应元件互相交换，形成的杂交启动子的功能没有变化。各种元件将相应的蛋白质因子结合到启动子上，而这些蛋白质因子共同组合成起始复合物。蛋白质因子间的相互作用决定了转录的起始。

上已提及，在有些启动子的结构中并不含有 TATA 框。在这种启动子中，也有一些启动子功能必需的元件。在转录起始位点周围，尽管碱基的保守性较差，但也可发现 CA 的出现概率较高，CA 被几个碱基包围。经计算机分析上百个启动子的序列，发现+3 位的 T 比较保守。经过对 80 个不含 TATA 框的启动子进行突变实验，得到一个比较保守的序列 PyPyA+1nt/APyPy。进一步研究证实，这一保守序列是启动子必需的，可能在不同组织中被一种蛋白质因子所识别。在上述保守序列中，+1 位的 A、+3 位的 A 或 T 和−1 位的碱基十分关键，但只有 CANT 是不够的，还必须有几个碱基。在保守序列中，不要求 4 个碱基均存在启动子才有活性，只是 4 个碱基都存在时能增强启动子的活性。令人不解的是，这样一个序列如何保证其功能的发挥。在基因组中，有很多类似的结构。至于哪些能作为起始信号，可能与它们所处的位置有关，即只有处于启动子特定的上下文序列中才能发挥作用。

这里有必要介绍一下起始子（initiator，Inr）。起始子首次由 Grosschdl 和 Bimstiel 出，用于描述海胆组蛋白 H2A 基因中一个包括转录起始位点在内的 60 bp 长的 DNA 片段，缺失这一片段时，启动子虽能正常起始转录，但强度下至 1/4。在含或不含 TATA 框的启动子中，均发现有起始子。上面所讲述的，实际上是起始子的一些特点。在不含 TATA 框的启动子中，转录起始位点的下游也有一些元件，对转录的起始非常重要。实验证明在 AdML 的启动子中，+7 ～+33 这段片段是启动子活性所必需的，TFⅡD 可保护其免受 DNaseⅠ降解，说明可与之结合。另外，还发现帽结合蛋白质（cap binding protein，CBP）可与+10 左右的区域结合；TFII-I和USF可与+45左右的区域结合。在鼠的TdT启动子中，缺失+33～+58可使启动子完全失去活性。在果蝇基因的不含TATA框启动子的下游，发现了一保守序列A/GGA/TCGTG，称为下游启动子元件（downstream promoter element，DPE），可与高度纯化TFⅡD结合。并且，DPE对于含Inr但不含TATA框的启动子的活性十分重要，但对含TATA框的启动子却无作用。现已发现，RNA聚合酶Ⅰ的启动子有的只有TATA框，有的只有Inr，有的二者均有，有的二者均没有。各种启动子具体的结构与功能还有待于进一步研究。

3. RNA聚合酶Ⅲ的启动子结构

RNA聚合酶Ⅲ转录5S rRNA、tRNA和部分sRNA的基因。这三种基因的启动子结构不同。因此，RNA聚合酶Ⅲ要想识别不同的启动子必须与其他的辅因子共同作用。RNA聚合酶Ⅲ的启动子根据识别方式不同可分为两类。5S rRNA和RNA基因的启动子位于转录起始位点的下游，称为内部启动子（internal promoter）。snRNA基因的启动子位于转录起始位点的上游，与其他基因的启动子比较相似。启动子含有可被辅因子识别的特殊序列，只有辅因子与相应序列结合后，RNA聚合酶才能与启动子结合，从而起始转录。

内部启动子最先发现于非洲爪蟾的5S rRNA基因。开始人们试图在转录起始位点的上游寻找启动子，但都没能实现。在缺失试验中，即使将转录起始位点的所有上游序列都缺失，转录仍能起始。因此便开始转录起始位点下游序列的缺失试验，在+55 bp以前，转录仍能起始，只不过合成的RNA比正常5S rRNA稍短。当缺失至+55 bp以后，转录不能起始。用相同的方法从5S rRNA基因的另一端开始进行缺失，当缺失进行至+80 bp时，转录不能起始。这说明+55～+80 bp这段序列与转录起始有关，即5S rRNA基因的启动子位于基因内部的+55～+80 bp，该启动子可使RNA聚合酶在其上游的55 bp处起始转录。野生型的转录起始位点十分固定，当该起始点缺失时，会选择离55 bp最近的邻碱基作为转录起始位点。

进一步研究确定，内部启动子可分为两类，每类启动子均含有两个短序列元件。两个短序列元件间由其他序列隔开。第一类内部启动子含A框（box A）和C框（box C）；第二类内部启动子含A框和B框（box B）。两个保守区域间由其他序列隔开。第二类内部启动子的A框与B框间的间隔序列长短差异很大，但如果间隔序列过短，会影响启动子的功能。转录起始位点也可影响转录起始的效率，紧接转录起始位点的上游序列的突变会影响转录的起始。

4. 研究真核生物启动子结构与功能的方法

研究启动子结构与功能的方法主要有缺失、点突变和足迹法。在分析得到了启动子的功能序列后，还要弄清与之结合的蛋白质及两者间的相互作用（刘敏，2007）。启动子研究的第一步是确定启动子的位置及长度。主要方法是用缺失试验来确定启动子的上游边界，即当缺失影响转录起始时，说明该处就是启动子的上游边界；用缺失试验结合重组试验来确定下游边界。确定了启动子的位置后，可采用点突变来研究每个碱基在启动子中所起的作用。研究蛋白质辅因子与DNA（启动子）的相互作用可采用DNase、足迹法、凝胶阻滞法（band shift）和硫酸二甲酯方法等。

（七）DNA重组

基因组在时间上和空间上都不是固定的，它们结合了为遗传所要求的稳定性和变异所要求的可变性，基因组的可变性和稳定性之间必须维持一个恰到好处的平衡，这样才能使生物体得以生存并能世代相传，繁衍不息。

有性繁殖的双倍体机体在减数分裂时，同源染色体彼此独立分配，在配子中存在着染色体的不同组合。当雄性和雌性配子融合时，便产生一个基因组不同于该物种其他成员的个体。这种情况的发生是通过彼此不同的染色体再分配形成的，是一个简单却十分重要的重组机制，但在该过程中没有DNA间遗传物质的物理交换。在不同染色体上的基因重新分配，不需要有物理交换，但它需要染色体的遗传差异。如果一个个体的染色体与同种的其他成员一样，则独立分配和有性繁殖只产生遗传上一样的个体。染色体的遗传差异主要由两种机制产生，一种是突变，一种是遗传重组。所谓遗传重组指的是遗传物质的重排，其共有的特征是DNA双螺旋之间的遗传物质发生交换，因发生的机制不同分为几种类型。遗传重组系统的存在，确保了物种中代与代之间基因组的重排，从而形成一个物种个体之间的遗传差异。在减数分裂时染色体的独立分配、基因突变、遗传重组共同作用降低了一个物种个体间的遗传相似性。

遗传重组不仅发生于代与代之间，一个个体的基因组也可以发生重排。这能产生基因表达的改变，在一个个体的细胞之间产生遗传基因的多样性。这些过程不能通过染色体重新分配产生，但能通过重组机制产生。重组不只是在减数分裂和体细胞核基因中发生，也在线粒体基因间和叶绿体基因间发生。地球上所有的机体可能都有一些重组机制，这表明重组对物种的生存是十分重要的。生物要生存便得适应，要适应便得有变异，而变异的来源便是突变和重组。重组可使有利和不利的基因分离，并作为一个单元在新的组合中被检验。它提供了一种方式，使有利的等位基因得以保存，使不利的基因被清除。通过重组获得基因的新的重组体允许该物种更快地适应环境并加速进化的进程，同时重组对DNA损伤的修复也起重要作用。

突变和重组提供进化起始物质的两个过程，突变引起的遗传改变是引起蛋白质中氨基酸序列的变化，该变化引起表型改变，通过自然选择发生作用。相类似地，重组提供一个基因组结构的变化，引起表型变化，也通过自然选择发挥作用。重组反应在体细胞的分化和损伤DNA的修复中也起重要作用。重组在生物学的中心位置反映在遗传学中它的中心作用。突变和重组是遗传学家的重要工具。

根据不同机制可将重组分成4类，同源重组（homologous recombination）、位点专一重组（site-specific recombination）、转座（transposition）和异常重组（illegitimate recombination）（钟敏，2009），有人曾把后三种称为非同源性重组，或只把第四种称为非同源性重组，但现在认为，即使异常重组，有时也需要微小的同源性存在，所以现在把重组分成上述4种基本类型。

三、转录水平的调控

绝大多数调控发生在转录起始阶段，但由于基因表达的控制可发生在多个阶段，RNA产物并不一定会形成蛋白质产物。组织特异性基因表达调控是真核细胞分化的核心，控制胚胎发育的转录因子中也可看到这方面的例子（梁艳，2010）。一个转录因子可以对许多目的基因进行调控。找到关于调控模式的两个问题的答案，即什么决定了转录因子的目的基因？转录因子的活性怎样受到内外信号的调控？

（一）顺式作用元件

真核基因的顺式作用元件按照功能可以分为启动子、增强子及沉默子（silencer）（钟东，2003）。

1. 启动子的选择

RNA聚合酶Ⅱ的启动子有含TATA框的典型启动子和不含TATA框的非典型启动子两种。

（1）TATA框启动子

有TATA框的典型启动子是上游启动子和增强子产生诱导效应所必需的。有时一个基因上有串联着的两个TATA框，它们可分别地或有侧重地对不同诱导物作出应答；在某些情况下，也参与组织特异性的选择。α淀粉酶基因在唾液腺和肝脏两种组织中分别选择了相距2.8 kb、转录效率不同的两个转录起始位点，以保证唾液中酶的活性远高于肝脏组织（张天星，2008）。

（2）不典型的启动子

有少数基因没有典型的TATA框启动子序列，有的无TATA框启动子的序列富含GC，即具有GC框，有的则没有GC框。

1）富含GC、无TATA框的基因转录

起始是不规则的，并且只有基础水平表达。例如，小鼠的金属硫蛋白基因在睾丸组织中低表达，转录起始位点散布在−160～+1 bp之间，其中60%的转录起始于−150～−50 bp的区间内。

持家基因是以维持细胞正常结构、基本生命活动所需的蛋白质编码基因。这些基因的5′端上游有时没有TATA框，只有富含GC的上游序列（冯丹丹，2008），其中常有一个以上的SP1结合位点（GGGCGG），SP1 普遍存在于多种细胞中，对基础转录的活化有重要作用。持家基因常有多个转录起始位点，分布跨度也较大（韦龙芹，2020），具有这类典型散在起始点的基因有二氢叶酸还原酶和人表皮生长因子受体的基因等。另外一些组成型表达的基因如组蛋白 H2B 等，在其近侧启动子区有 Oct1 结合的 8 个核苷酸序列存在。若将 H2B 启动子区中的 Oct 序列删除，则 H2B 转录不再具有细胞周期特异性。可见基因的启动子元件与转录起始方式和表达性质有密切关系。

2）转录起始子与无 TATA 框、GC 框的基因转录

TATA 框与转录 Inr 是决定转录起始位点（+1）的关键序列。有些基因虽有 TATA 框但属于较弱的启动子，此时 RNA 聚合酶Ⅱ的转录起始于一个或数个紧密成簇的起始元件 Inr 的 A 位上。这种元件的保守性序列（5′-PyPyCAPyPyPyPyPy-3′）很有限。这类基因有果蝇发育时的同源转换基因 *ubx* 和 *antp*、T 淋巴细胞特异性的 T 细胞受体（TcR）β 链编码基因、原癌基因 *lck* 等。具有淋巴细胞分化特异性表达的末端脱氧核苷转移酶（TdT）启动子上没有 TATA 框，却在其转录起始位点附近−6～+11 bp 的 17 个核苷酸处形成起始子，控制着 *TdT* 基因在前 B 和前 T 淋巴细胞中特异地由+1 位的 A 起始准确转录。若在 Inr 上游加入 TATA 框或上游启动子如 GC 框等都可明显提高 Inr 的转录效率。有趣的是在腺病毒主要晚期启动子中有典型的 TATA 框也有 Inr，其−6～+5 bp 范围内的序列与 *TdT* 的 Inr 完全相同，提示在上述典型的启动子中，TATA 框可与 Inr 同时起作用。

2. 增强子

在真核生物基因组很长距离上都可能发生基因表达的调控。一些真核生物的基因受增强子（enhancer）序列调控。增强子是真核细胞中通过启动子来增强转录的一种远端遗传性控制元件。有效的增强子可位于基因的 5′端，也可位于 3′端，还可位于基因内的内含子区。增强子区在真核细胞中一般跨度为 100～200 bp。增强子和启动子同样是由多个独立的、具有特征性的核苷酸序列所组成的。其基本的“核心”元件（element）常由 8～12 bp 组成；可以有完整的或部分的回文结构，并以单拷贝或多拷贝串联的形式存在。一般认为各个独立序列彼此间隔 50 bp 以内，至少 2～3 个同时存在，就能有效地协同促进转录活性。

（1）增强子的特性

增强子首先发现于 SV40 病毒中。早期启动子 5′上游约 200 bp 的 DNA 片段连接在其他基因旁侧可促使该基因转录效率提高 100 倍，该片段可远离基因转录起始位点达 3000 bp 以上。SV40 病毒基因增强子区有前后两个 72 bp 的重复序列，其中的“核心”元件是 5′-GGTGTGGAAAG-3′。随后在免疫球蛋白重链 J 与 *C* 基因间的大内含子中发现了第一个 μ 基因的细胞增强子，表明真核细胞中也有远距离调控的增强子存在；并发现这种激活基因转录的细胞增强子具有细胞特异性；该增强子在免疫球蛋白基因的“内部”，即位于转录起始的“帽”位点下游。

增强子的特性可归纳为 7 个方面。①增强子能（通过启动子）提高同一条 DNA 链上靶基因转录的速率；②增强子对同源或异源基因同样有效；③增强子的位置可在基因 5′上游、基因内或基因的 3′下游序列中；④增强子在 DNA 双链中没有 5′与 3′固定的方向性；⑤增强子可远离转录起始位点，通常远离 1～4 kb（个别情况下可远离转录起始位点达 30 kb）起作用；⑥增强子一般具有组织或细胞特异性；⑦增强子的活性与其在 DNA 双螺旋结构中的空间方向性有关。

（2）增强子的作用机制

由于增强子的活性与半周 DNA 双螺旋（5 bp）的奇、偶位点有关，且常在电镜下呈球状结构，提示增强子作用受 DNA 双螺旋空间构象影响。增强子在转录起始位点远端起作用可能有 3 种方式。①增强子可以影响模板附近的 DNA 双螺旋结构，如导致 DNA 双螺旋弯折，或在反式因子的参与下，以蛋白质之间的相互作用为媒介形成增强子与启动子之间“成环”连接的模式活化转录；②将模板固定在细胞核内特定位置，如连接在核基因上有利于 DNA 拓扑异构酶改变 DNA 双螺旋结构的张力，促进 RNA 聚合酶Ⅱ在 RNA 链上的结合和滑动；③增强子区可以作为反式作用因子或 RNA 聚合酶Ⅱ进入染色质结构的“入口”。

（3）增强子的种类

1）细胞特异性增强子

许多增强子的活性虽然只在个别细胞或组织

中出现，但其中绝大部分组织特异性的增强效应都是由不同细胞（或组织）中含有特异的DNA调控蛋白的活性（反式调控机制）所决定的。病毒增强子对细胞的选择性和细胞中固有基因增强子的组织特异性是有区别的。例如，胰腺内分泌性的β细胞中胰岛素基因5′上游−353～−103 bp是强的组织特异性增强子。

2）诱导性增强子

诱导性增强子的活性通常需要有典型的启动子参与。金属硫蛋白基因可在多种组织中转录，又受类固醇激素、重金属和生长因子等多种因素诱导。其调控元件除启动子外，也相应地包括两个基础水平元件以及诱导性类固醇激素应答元件和金属应答元件等。基础水平元件有助于基因的组成性表达，两个诱导性元件可被相应因素诱导而促进转录。

3. 转座元件

转座元件（transposable element）的基因调控可能是由于转座元件的插入，带来新的序列特异性DNA结合蛋白及其结合位点，这些序列可以增强子的方式远距离地调控基因转录；当这样的调控序列转座到原癌基因附近就可使之转变为癌基因，进而产生出肿瘤细胞。由于真核细胞基因组中蛋白质编码区仅占2%，因此转座元件的移动很少引起外显子的改变，而主要是通过其调控作用使机体在长期的进化过程中适应环境压力，选择出更多的异质品系。

（二）反式作用因子

真核生物启动子和增强子是由若干DNA序列元件组成的，由于它们常与特定的功能基因连锁在一起，因此被称为顺式作用元件。这些序列组成基因转录的调控区，影响基因的表达。在转录调控过程中，除了需要调控区外，还需要反式作用因子。

根据不同功能，常将反式作用因子分为以下三类：具有识别启动子元件功能的基本转录因子、能识别增强子或沉默子的转录因子以及不需要通过DNA-蛋白质相互作用就参与转录调控的共调节因子（transcriptional regulator/cofactor）。实验中，常将前两类反式作用因子统称为转录因子（transcription factor，TF），包括转录激活因子（transcriptional activator）和转录阻遏因子（transcriptional repressor）。这类调节蛋白能识别并结合转录起始位点的上游序列或远端增强子元件，通过DNA-蛋白质相互作用而调节转录活性，并决定不同基因的时间、空间特异性表达（杨雪芮等，2022）。共调节因子本身无DNA结合活性，主要通过蛋白质-蛋白质相互作用影响转录因子的分子构象，从而调节转录活性。实验中，常将与转录激活因子有协同作用的那类共调节因子称为共激活因子，将与转录阻遏因子有协同的作用那一类共调节因子称为共阻遏因子。所有共激活因子都能识别靶位点（启动子、增强子），而靶位点的特异性则由DNA结合域的特定序列决定。DNA结合域结合在特定的序列上，从而将激活因子上的转录激活域带到基础转录区域附近。通常情况下直接作用的激活因子具有DNA结合域和转录激活域。没有转录激活域的激活因子可能与具有转录激活域的共激活因子一起行使功能。基础转录区域中许多元件是激活因子的靶位点。

一般认为，如果某个蛋白质是体外转录系统中起始RNA合成所必需的，它就是转录复合物的一部分。根据各个蛋白质成分在转录中的作用，将整个转录复合物分为三部分：

1）参与所有或某些转录阶段的RNA聚合酶亚基不具有基因特异性。

2）与转录的起始或终止有关的辅因子不具有基因特异性。

3）与特异调控序列结合的转录因子，它们中有些被认为是转录复合物的一部分，因为所有或大部分基因的启动区都含有这一特异序列。更多的则是基因或启动子特异性结合调控蛋白，它们是起始某个（类）基因转录所必需的。

根据结构特点可将反式作用因子分为以下几类：

1）锌指（zinc finger）结构反式作用因子：在锌指结构模式中大约每30个氨基酸就出现一对半胱氨酸和一对组氨酸，或两对半胱氨酸。它们通过与锌离子结合形成配位键以维持空间结构。例如，从油菜中分离到的BcZFP，它有两个Cys2/His2锌指结构。锌指结构往往形成多指状，锌指的重复个数一般与DNA结合能力有关。然而也有些反式因子为单指结构，如单锌指DNA结合蛋白（DNA-binding protein with one finger，Dof）（孟春晓，2005）。

2）螺旋-转角-螺旋（helix-turn-helix，HTH）反式作用因子：HTH是大部分同源盒基因编码的蛋白质——同源盒结构域（homeobox domain，HD）蛋白所具有的结构。植物反式因子的HD蛋白对细胞特异分化的转录调控具有重要作用。

3）亮氨酸拉链（leucine zipper）反式作用因子：该类型的反式作用因子空间结构资料来自于动物和酵母系统。一般与碱性域组合在一起，称为碱性亮氨酸拉链（basic leucine zipper，bZIP）。碱性域往往形成α螺旋结构，决定了与DNA结合的特异性。bZIP反式作用因子的DNA结合序列中大多有一个ACGT核心。植物中的bZIP蛋白大致分为两类：与TGA相类似的蛋白质家族和G-盒结合因子（G-box binding factor，GBF）。TGA是从烟草中发现的能与CaMV35S启动子as-1元件结合的反式作用因子，GBF为G盒结合蛋白。此外，植物同源盒基因的上游通常也编码一个类似亮氨酸拉链的结构域。

4）螺旋-环-螺旋（helix-loop-helix，HLH）反式作用因子：HLH可与碱性域结构基序共同组成DNA结合域，该结构域与bZIP相似，碱性域负责与DNA结合，HLH基序介导二聚体的形成。例如，控制增殖细胞核抗原（proliferating cell nuclear antigen，PCNA）基因表达的反式作用因子是PCF1、PCF2。

根据作用方式反式作用因子可分为以下几类：

1）普通转录因子（general transcription factor）：它是多数细胞中普遍存在且转录所必需的一类反式作用因子。真核生物RNA聚合酶Ⅱ不能单独起始转录，必须依赖普通转录因子的结合形成前起始复合物（preinitiation complex，PIC）。体外试验表明，小麦的TFⅡA能使基本转录增强5倍。TFⅡA增强转录的机制可能是：①增加转录复合物形成速率；②稳定转录形成的寡核苷酸链；③提高转录延伸过程的速率。

2）组织特异型反式作用因子（tissue-specific *trans*-acting factor）：造成植物基因表达在不同组织差异的根本原因在于与顺式作用元件相互作用的反式作用因子在不同组织中的浓度梯度。与CaMV35S启动子中一串联重复序列（TGACG）（称为as-1）结合的烟草反式作用因子TGA1a、TGA1b在根中的表达量是叶的2～5倍。组织特异性反式作用因子通常与发育调控有关（谢迎秋等，2000）。

3）诱导型反式作用因子（inducible *trans*-acting factor）：这类反式作用因子的活性依赖于环境信号或机械信号等特异性诱导因素。植物损伤信号传递途径的末端通常有一个损伤特异性因子与损伤诱导启动子成分结合并激活基因的表达。例如，蛋白酶抑制剂Ⅱ基因有一个421 bp序列对于转基因烟草的损伤诱导表达是必需的，其中10 bp的AAGCGTAAGT序列能与损伤叶子中的核因子结合。

（三）转录复合物

反式作用因子与顺式作用元件相互作用调控基因表达的功能与其特定的三维空间结构有关。

（四）激素的调节

许多类固醇激素（如雌激素、孕激素、醛固酮、糖皮质激素和雄激素）及一般代谢性激素（如胰岛素）的调控作用都是通过起始基因转录而实现的。靶细胞具有专一的细胞质受体，可与激素形成复合物，导致三维结构甚至化学性质发生变化。经修饰的受体与激素复合物通过核膜进入细胞核内，并与染色质的特定区域结合，导致基因转录的起始或关闭。研究发现，体内存在的许多糖皮质激素应答基因都有一段大约20 bp的顺式作用元件（激素应答元件，简称HRE），该序列具有类似增强子的作用，其活性受激素制约（夏珣，2009）。靶细胞中含有大量激素受体蛋白，而非靶细胞中没有或很少有这类受体，这是激素调节转录组织特异性的根本原因。所有类固醇激素的受体蛋白分子都有相同的结构框架，包括保守性极高的（42%～94%）、位于分子中央的DNA结合区，位于C端的有15%～57%同源性的激素结合区，以及保守性小于15%的N端。该区的具体功能不详，但它的存在保证了转录高效进行。研究还发现，如果糖皮质激素受体蛋白激素结合区的某个部分丢失，就变成一种永久型的活性分子，即无须激素诱导也有激活基因转录的作用。

研究表明，激素、受体与顺式作用元件的结合位点三者缺一不可，其中无论是受体蛋白与激素的结合，还是激素本身，都不是与DNA结合并激活转录所必需的。其实，通常情况下，受体蛋白中激素结合结构域妨碍了DNA结合区及转录调控区发挥生理功能，只有与相应激素结合后才能打破这种障碍。糖皮质激素通过核穿梭（nuclear shuttling）激活下游信号通路。该激素与相应受体结合，改变其构象，使之进入细胞核内，结合在能够促进转录的相应增强子上，从而促进下游基因的转录。实验中，利用糖皮质激素地塞米松（dexamethasone，DXMS）激活靶基因表达的原理，构建可诱导表达融合蛋白系统。首先，将糖皮质激素受体GR和要研究的核蛋白X构建成融合蛋白，转基因到酵母、动物或者植物细胞中。不施加外源DEX时，融合蛋白与HSP90形成复合物，由于构象和空间位阻等原因，融合蛋白存在于胞质基质中，不能定位到细胞核内。添加DEX时，DEX扩散入胞与GR结合，融合蛋白构象改变，核定位信号暴露，行使入核功能，导致下游基因表达。

四、转录后的调控

（一）mRNA稳定性

对于真核生物的mRNA来说，它的半衰期、丰度、基因表达与调控之间存在着非常重要的联系。mRNA的稳定性，即mRNA的半衰期，受内外因素影响而发生变化，而mRNA的稳定性变化会对基因表达产生调控。因为mRNA半衰期的微弱变化可能在短时间内使mRNA的丰度发生1000倍甚至更大的变化。同时，mRNA水平的调节比其他调节机制更快捷、更经济（韩飞和王高，2007）。

1. 真核生物mRNA的序列元件

（1）5′-帽子结构

真核mRNA 5′端帽子结构的功用有2个：①保护5′端免受磷酸化酶和核酸酶的作用，从而使mRNA分子稳定；②提高在真核细胞蛋白质合成体系中mRNA的翻译活性（钟珍萍和吴乃虎，1997）。研究表明：如果细胞内的脱帽酶被mRNA中的序列元件激活，则有可能导致mRNA降解。因为在这种情况下，细胞中的5′→3′外切核酸酶，或者某种作用位点曾被帽子结构及与其偶联的结合蛋白所屏蔽的内切核酸酶，此时便可乘虚而入，对失去帽子结构的mRNA进行降解。

（2）5′UTR

在5′UTR参与mRNA稳定性调控的研究中，引人关注的是对原癌基因的研究。正常的*C-myc*基因的mRNA不稳定，半衰期仅为0～15 min。但突变的*C-myc*基因的mRNA被截短，它们有正常的编码区，3′UTR及poly（A）却没有了通常的5′UTR。但这截短了的mRNA的半衰期却比其正常的mRNA延长了3～5倍。正因为如此，淋巴结细胞才有可能被诱发产生超量的C-myc蛋白，从而使细胞异常增殖而导致癌变。

（3）编码区

真核基因的编码区同样也参与对mRNA稳定性的调节。令人信服的证据是有关组蛋白mRNA进行的各种转换。研究发现：突变后的mRNA的半衰期至少比正常转录本增加2倍以上，其原因可能与终止信号的位置发生变化有关。如果终止密码子发生突变，使核糖体得以继续前行进入3′UTR，将激发mRNA降解。这可能是因为扰乱了的RNA二级结构或调控稳定性的蛋白质-RNA之间的互作。

（4）3′UTR

3′UTR对mRNA稳定性起着重要作用。3′UTR中最具普遍意义同时也是研究最为透彻的序列元件是稳定子IR序列形成的茎环结构和不稳定子富含AU的元件（ARE）。许多真核基因转录本的3′UTR都可形成茎环结构。普遍认为该结构具有促进mRNA稳定的作用，其主要依据是，稳定的环结构既然能阻碍逆转录酶通过，则同样可望抵御3′→5′外切核酸酶的降解活性，从而在一定程度上加强了mRNA 3′端的屏蔽作用。典型例子是运铁蛋白受体mRNA上的铁效应元件。

ARE保守元件普遍存在于哺乳动物mRNA的3′UTR序列中，尤其是一些短寿命mRNA，包括许多编码生长因子的mRNA和C-fos mRNA。ARE元件的核心序列通常是AUUUA，其的作用最初是在哺乳动物粒细胞-巨噬细胞集落刺激因子（GM-CSF）mRNA中发现的。如今，ARE常被定义为mRNA不稳定子，其启动mRNA衰变的机制大致是：先激活某一特异内切核酸酶切割转录本，使转录本脱去poly（A）尾，从而变得对3′→5′外切核酸酶敏感，然后再激活下一步的降解过程。同时也可能通过对翻译的调控来间接影响mRNA稳定性，因为ARE对翻译的抑制作用已在β干扰素（IFN-β）、GM-CSF、C-fos及肿瘤坏死因子（TNF）中得以证实。相对而言，植物基因对ARE序列元件的要求似乎不那么严格，因为只有个别叶绿体基因mRNA 3′UTR中具有类似的ARE元件，但叶绿体基因是一类兼有真核特性的原核基因。植物中还发现一个也能导致mRNA不稳定的序列元件，即大豆等植物的*SAUR*基因3′UTR中一段长约40 nm的高度保守序列。DST与至今在哺乳动物细胞中鉴定的不稳定子都不同，或许，这是植物基因所特有的一种元件。

（5）poly（A）尾

自发现真核RNA 3′端具有尾巴以来，就认为poly（A）参与mRNA稳定性的调控。因为poly（A）尾缓冲了外切核酸酶对mRNA 3′→5′方向的降解。这一观点基于诸多实验：细胞质中poly（A）尾的长度多随着mRNA滞留时间的延长而逐渐缩短，尤其是一些短寿命mRNA，如C-fos，其poly（A）的缩短异乎寻常地迅速。对爪蟾卵等的研究发现，许多不同的mRNA经poly（A）化后具有更高的化学稳定性；小鼠在渗透胁迫下抗利尿激素基因mRNA变得更稳定，伴随这种稳定的是poly（A）长度的增加。另一更直接的证据是，有人曾将一种很稳定的mRNA的poly（A）去除，结果其半衰期从原来的60多小时，下降到只有4～8 h。不过，并非在poly（A）尾完全去除之后才开始进行3′→5′的核酸外切作用，而是在poly（A）剩下不足10 Å时，mRNA便开始降解，因为其不足10Å的序列长度无法与poly（A）结合蛋白高度亲和，其屏蔽功效自然也就丧失。至于mRNA稳定性的增加究竟应归功于poly（A）本身的附加和删除还是poly（A）的长度，尚不清楚。

2. mRNA特异性结合蛋白

（1）5′-帽结合蛋白质

5′-帽结合蛋白质至今已发现有两种：一种存在于细胞质中，即eIF4E；另一种存在于细胞核内的蛋白质复合体，它的结构和功能尚不清楚，称为帽结合蛋白质复合体（CBC）。eIF4E与m^7GGDP结合的构象已被鉴定出来。eIF4E的α、β亚基组装成一个凹陷的臂，此臂由8个弯曲的β片层结构在3个长α螺旋的基础上组成。它的基底面为凹面，其中有一条长窄的帽子结合槽。在槽中有两个具有保守性的色氨酸侧链可以识别m^7G，并将其夹在中间。鸟嘌呤可以通过3个氢键与槽中一个保守的谷氨酸的主链和侧链识别、结合，还可以与另一个保守的色氨酸以范德瓦耳斯力结合。这种结构可以解释eIF4E与mRNA 5′端帽子结构在翻译起始时怎样相互识别，也可以证明eIF4E与mRNA 5′端帽子结构结合后可以抑制Dcp1对5′端帽子结构的降解。

（2）编码区结合蛋白

在C-fos、C-myc、C-jun中存在着能识别编码区中mRNA稳定性调节元件的结合蛋白。例如，70 kDa蛋白与C-myc mRNA编码区结合，防止mRNA降解，而竞争RNA与P70蛋白结合，可促进C-myc编码区暴露而易受核酸酶作用。

（3）3′UTR结合蛋白

在真核生物mRNA 3′UTR序列结合蛋白中，最引人注意的是ARE结合蛋白。ELAV蛋白是现在已知对mRNA起稳定作用的ARE结合因子（ARE-binding factors）。此外，还发现CP1（hnRNPE1）和HuR可以通过与mRNA 3′UTR中特定的序列结合，从而稳定renin mRNA。这是由于CP1和HuR分别与renin mRNA 3′UTR序列中的顺式作用富含C碱基的序列（*cis*-acting C-rich sequences）和富含AU碱基的序列（AU-rich sequences）互相作用，促进mRNA稳定。

（4）poly（A）结合蛋白

研究最为深入的poly（A）结合蛋白当属PABP。研究表明，poly（A）-PABP复合物是某些转录本维持稳定的必要成分，其作用是保护mRNA免受核酸酶降解。然而在酵母中，PABP却启动poly（A）缩短，因为poly（A）-RNase（PAN）活性的发挥需要PABP。其PAN不同于已鉴定的任何一种真核RNase，它需要蛋白质-RNA复合物作为底物。体外分析发现，PAN的脱poly（A）机制与ARE刺激下的脱poly（A）可能类似。对PAN的研究揭示了一些有趣的特性：①PAN的作用底物并非裸露的RNA，由此推翻了“RNA 结合蛋白总是保护 RNA 免遭降解”的设想；②PAN 活性可被远距离调控，这意味着导致 mRNA 不稳定的序列元件可以“隐藏”于 mRNA 的其他位置而不一定就在降解的启动位点；③PAN 可作为翻译起始因子，这与前面所述翻译过程本身也可能参与 mRNA 衰变的观点相符。

3. mRNA 翻译产物

有些 mRNA 的稳定性受自身翻译产物的调控，这是一种自主调控，如组蛋白基因是细胞周期依赖性的。在 S 期组蛋白 mRNA 达高峰期，以偶联新合成的 DNA。一旦 DNA 复制减缓、终止，组蛋白基因的转录、翻译也随之减慢、停止，且已合成的 mRNA 迅速降解。实验证明，组蛋白 mRNA 的迅速降解是由 DNA 合成结束后余下的组蛋白所引发的。推测组蛋白结合于 mRNA 3′端区域，从而使 3′端对一种或多种核苷酸变得更敏感。

另一种自主调控的实例是细胞中微管蛋白 mRNA 的稳定性与微管蛋白单体的浓度密切相关，提高细胞内微管蛋白单体的浓度，可使与核糖体结合的微管蛋白 mRNA 稳定性急剧降低。这是由于游离的微管蛋白结合到刚从活跃翻译的核糖体上合成的新生肽链的 N 端 4 个氨基酸（甲硫氨酸-精氨酸-谷氨酸-异亮氨酸），由此向核糖体发生某种信号，激活了与核糖体偶联的核酸酶，从而使 mRNA 被酶切降解。

4. 其他因素

除上述因素之外，mRNA 稳定性还受核酸酶、病毒、胞外因素的调控。以单纯疱疹病毒（HSV）为例，它与其他病毒一样，通过捕获宿主细胞的蛋白质合成装置来为已所用。运铁蛋白受体 mRNA 的稳定性受细胞内外铁离子水平的调控；肌质网中的 Ca^{2+}泵调节心脏和平滑肌中的 mRNA 稳定性；神经生长因子通过磷蛋白 ARPP-19 调节 GAP-43 mRNA 的稳定性；一些正负调节因子通过钙和磷酸调节甲状旁腺素 mRNA 的稳定性；在老鼠肺中发现，糖皮质激素增强脂肪酸合成酶 mRNA 的稳定性；cAMP 通过特异的 RNA 结合蛋白控制人类肾素 mRNA 的稳定性。当然，任何因素可能最终都是通过核酸酶或结合蛋白来促成 mRNA 降解。

（二）小分子 RNA 引起基因沉默

1. siRNA

干扰小 RNA（siRNA）伴随 RNAi 现象被发现，它源于双链 RNA（double-stranded RNA，dsRNA），dsRNA 分子在细胞质中经 Dicer 酶复合体切割为 21～23 nt 的小片段，即形成 siRNA。siRNA 在解旋酶作用下分解为两条单链，由反义链与内切核酸酶、外切核酸酶、解旋酶等结合形成 RNA 诱导沉默复合物（RISC）。单链 siRNA 在 RISC 中与同源基因 mRNA 通过碱基配对结合，并降解此 mRNA 或抑制其翻译，从而实现基因转录后表达调控。也有研究发现，siRNA 可从细胞质进入细胞核，靶向作用于目标基因启动子，并促进其甲基化。需要指出，在 RNAi 过程中，目标 mRNA 被抑制翻译还是降解取决于 miRNA、siRNA 与 mRNA 的互去甲基化，进而调控基因转录；提示 siRNA 也可在转录水平调节基因表达。因 dsRNA 源自外来病毒、转座子或自身基因组，故基于 siRNA 的 RNAi 是生物自身及外来遗传物质参与基因表达调控的共同途径。若 miRNA、siRNA 完全互补结合于 mRNA 的编码区或 ORF，则导致 mRNA 降解；若部分互补，通常结合于 mRNA 的 3′UTR，则抑制 mRNA 翻译。故 RNAi 过程并非绝对特异，存在多种 miRNA、siRNA 抑制同种 mRNA，或同种 miRNA、siRNA 抑制不同 mRNA 的可能。

2. miRNA

miRNA 是基因转录后表达调控的研究热点，它是一类长 18～25 nt 的非编码单链小分子核苷酸，源于生物自身基因组。细胞核内 miRNA 基因在 RNA 聚合酶Ⅱ作用下先产生初级 miRNA（pri-miRNA），pri-miRNA 在细胞核内被 Drosha 酶复合体切割为发夹状 miRNA 前体（pre-miRNA），pre-miRNA 再被输出蛋白（exportin）-5 转运至细胞质，由 Dicer 酶复合体进一步切割为 miRNA，即 miRNA 双链，然后其中一条链降解，遂形成成熟 miRNA。miRNA 可与 RISC 选择性结合，成熟单链 miRNA 在 RISC 中通过碱基互补结合于同源基因 mRNA，并降解或抑制该 mRNA 翻译，从而调控基因表达（图 7-9）。另有研究发现，miRNA 还可通过抑制 DNA 甲基转移酶而改变基因组甲基化

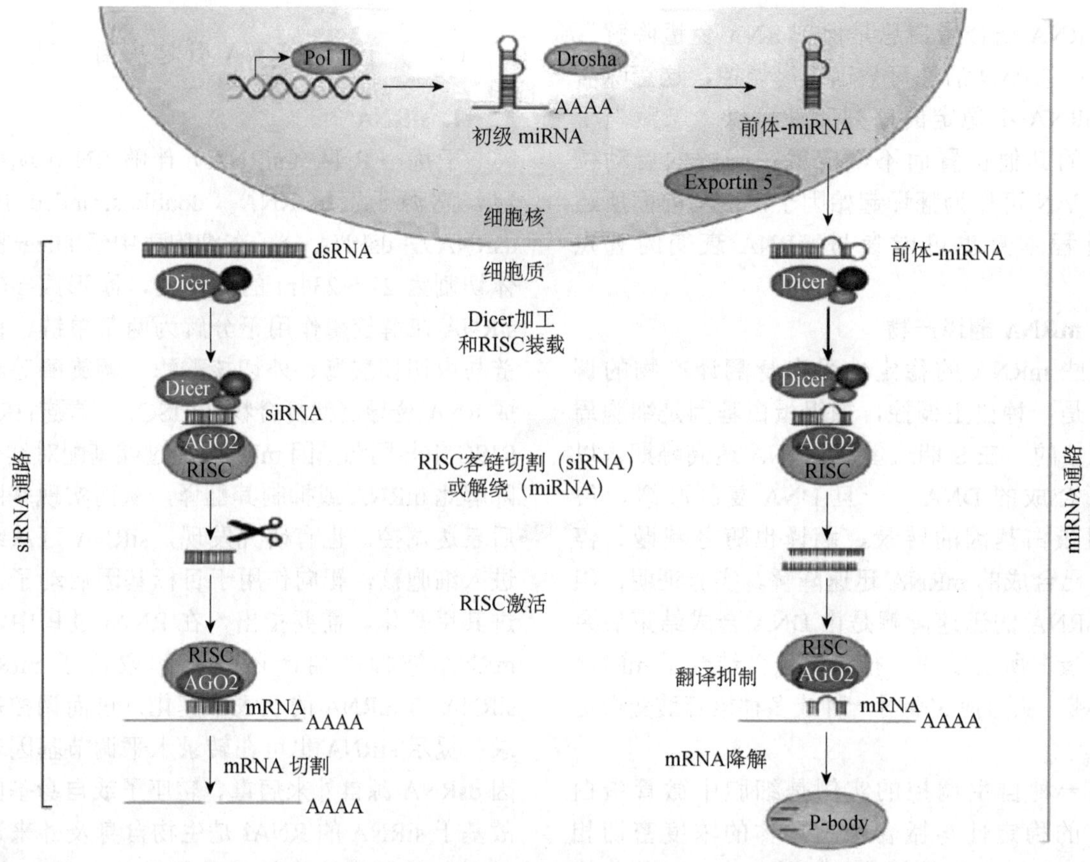

图 7-9　siRNA 及 miRNA 作用机制图示（Antonin and Vornlocher，2007）

谱，从而在转录水平调控基因表达。人类基因组中约 1/3 的基因受 miRNA 调控，涉及生长、发育、凋亡、增殖、肿瘤等方面。由于 miRNA 源于生物自身基因组，故基于 miRNA 的 RNAi 是生物自身参与基因表达调控的方式。

（三）mRNA 前体的选择性剪切

真核细胞 mRNA 前体经过剪接成为成熟的 mRNA，而 mRNA 前体的选择性剪接极大地增加了蛋白质的多样性和基因表达的复杂程度，剪接位点的识别可以以跨越内含子的机制（内含子限定）或跨越外显子的机制（外显子限定）进行。选择性剪接有多种形式，即选择不同的剪接位点、选择不同的剪接末端、外显子的不同组合及内含子的剪接与否等。选择性剪接过程受许多顺式作用元件和反式作用因子的调控，并与基本剪接过程紧密联系，剪接体中的一些剪接因子也参与了对选择性剪接的调控。选择性剪接也是一个伴随转录发生的过程，不同的启动子可调控产生不同的剪接产物（章国卫等，2004）。mRNA 的选择性剪接机制多种多样，已发现 RNA 编辑和反式剪接也可参与选择性剪接过程（宋士芹，2009）。

1. mRNA 剪接的基本模式

以外显子和内含子为单元的基因结构形式在真核生物中普遍存在，人类基因中的大多数都含有内含子。因此通过切除内含子把外显子按一定顺序拼接起来形成成熟的 mRNA，再经过翻译产生蛋白质就是一种最普遍的基因表达方式。现在已经知道，mRNA 的剪接是基于对剪接位点的识别基础上，由被称为剪接体的核酸蛋白复合物完成的。剪接体包含了 5 种 snRNP 和超过 200 种的蛋白质因子，这些蛋白质因子有富含精氨酸和丝氨酸的 SR 蛋白和非 SR 蛋白，包括 hnRNP、RNA 促旋酶、激酶等。剪接复合体的形成开始于 U1-核小核糖核蛋白（U1-snRNP）结合至 5′剪接位点和剪接因子（splicing factor 1，SF1）、U2-核小核糖核蛋白（U2-snRNP）结合至 3′剪接位点处的分支点，U2-snRNP 的结合需要辅因子 U2AF，U2AF 由 65 kDa 和 35 kDa 两个亚基组成，U2AF65 识别多聚嘧啶区域，U2AF35 识别 3′剪接位点的 AG，随后 U2snRNP 结合到分支点上，从而形成了剪接前体。最后 U5 和 U4/6snRNP 的结合完成剪接体组装，经过两个连续的转酯反应完成了内含子的切除和外显子的连接。

2. 选择性剪接的基本形式

在不同的真核生物基因中，外显子和内含子的长度往往有很大差别，有的外显子很长而内含子很短，而大多数脊椎动物基因的外显子常常很短，一般在 50～300 nt，而内含子却很长，常常达到数万核苷酸，平均长度有 3365nt，因此外显子之间常被很长的内含子所间隔。这两种结构形式的基因剪接位点的识别机制不同。对于小内含子基因，剪接因子识别内含子两侧的剪接位点形成剪接复合体，称为内含子限定（intron definition）；对于大内含子基因，剪接因子寻找外显子两侧相匹配的 3′和 5′剪接位点形成剪接复合体，称为外显子限定（exon definition）。这预示着当剪接位点的突变或者其他因素影响剪接体的形成时，就会影响外显子拼接的进行，从而产生外显子被跳过（exon skipping）的现象（熊蔚俐，2010）。

已经发现的选择性剪接形式有多种，几乎包括了所有可能的形式：通过选择外显子上不同的 5′或 3′剪接位点进行选择性剪接（图 7-10C、D）；多个外显子可以进行不同组合的可变拼接（图 7-10A、B、F）；内含子可以被选择保留在 mRNA 中（图 7-10E）；内部外显子可以被选择保留或切除（图 7-10F）；对 5′端和 3′端的选择性剪接（图 7-10G、H）等。这些不同的剪接形式形成了不同的剪接组合，产生了不同的剪接产物。有时候这种剪接组合产生的产物数目极其惊人（成迎端，2007）。例如，果蝇的 *Dscam* 基因经选择性剪接产生的产物达 38 000 余种，超过果蝇整个基因组基因数目的 2 倍（吕树文等，2008）。

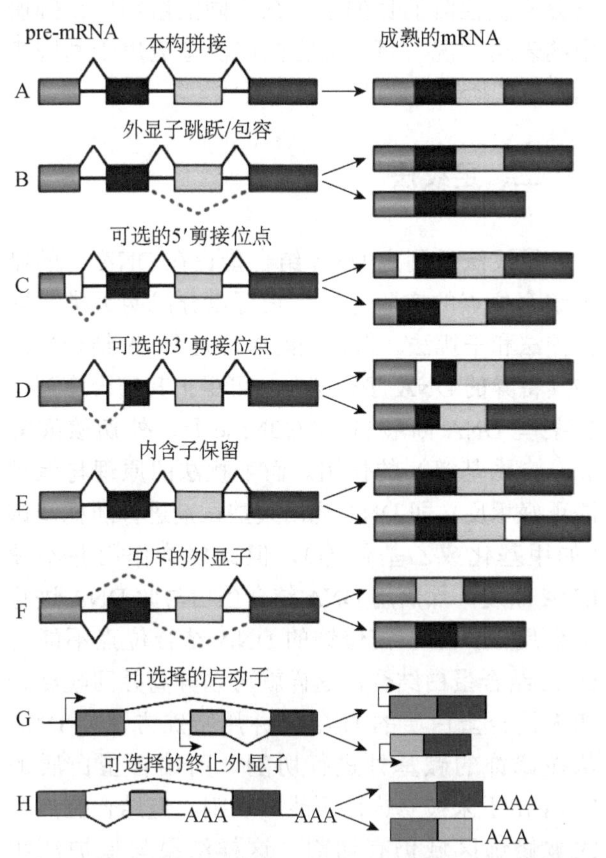

图 7-10 mRNA 选择性剪接的方式（来自 Frankiw et al.，2019 并修改）

不同颜色的长方形表示不同的外显子

第三节 基因表达调控研究的方法

由于基因表达的调控是一个多水平（即基因组、转录、转录后翻译和翻译后）的复杂过程，所以研究基因表达调控的方法种类繁多，新方法、新技术层出不穷。目前常用的方法有：DNase Ⅰ超敏感分析法、DNA 甲基化分析、蛋白质-核酸紫外交联法、体外转录分析法、氯霉素乙酰转移酶分析、足纹法、凝胶滞留法、Northern 印迹法、转录起始位点分析法、二相杂交检测法、三相杂交检测法和 Western 印迹法等（陆艳梅，2013）。在此选择其最常用的或最新的方法详细介绍。

一、Northern 印迹法

Northern 印迹法又称 RNA 印迹法，它的工作原理和操作过程与 Southern 印迹法基本相同。所不同之处是 Northern 印迹法是将电泳分离的 RNA

从凝胶中转移至固相支持物上。其基本操作过程是从细胞或组织中提取的总RNA，经变性琼脂糖凝胶电泳分离后，转移至硝酸纤维素膜上或尼龙膜上，然后用特异性放射性探针去检测目的基因的表达状况。如果对Northern印迹法的放射自显影结果进行密度扫描或计算机技术分析，就可定量分析被检测的目的基因在不同的组织中或细胞中的表达状况。目前此方法广泛地应用于基因表达水平的研究。

二、足纹法

足纹法是测定DNA结合蛋白在DNA上的精确结合位点的实验方法。它可以分成两大类，即保护法和干扰法。保护法的原理是DNA结合蛋白与其特异的DNA序列结合，可保护其结合序列免受某些DNA断裂试剂（DNase Ⅰ、外切核酸酶Ⅱ、自由基等）的作用。而干扰法的原理与保护法正好相反，即DNA先用某些试剂进行随机修饰（如甲基化或乙基化等），但此修饰作用并不使DNA断裂，然后用DNA结合蛋白与此DNA进行结合反应，由于被修饰的DNA结合位点不能与DNA结合蛋白结合，这样就可以分离并回收结合和未结合蛋白质的DNA，并用特殊方法将DNA从被修饰的碱基处进行切割，而结合蛋白质的DNA由于未被修饰而不能被切割，但结合位点外的被修饰区域仍有切割，这样结果与保护法相同，在结合位点形成一个空白区，即足纹。

DNase Ⅰ足纹法的工作原理及操作过程与DNA化学测序法相似。首先将待测双链DNA片段中的某一条单链的一端进行标记然后用适当浓度的DNase Ⅰ与其作用，使DNA双链上形成随机的切口，经变性电泳分离和放射自显影后，在X线片上可见只差一个碱基的梯形DNA条带。但当DNA结合蛋白与标记的DNA作用后结合的序列未受DNase Ⅰ的作用，则在放射自显影图谱上就形成一个空白区。如果同时进行化学测序，即可知道被结合序列的精确序列。

三、二相杂交检测法

二相杂交检测法又称二相杂交系统，简称二相杂交法。它是利用酵母细胞的基因表达系统进行检测蛋白质的相互作用。我们知道许多真核细胞的转录激活因子（包括酵母的GALA）都含有2个在空间结构上相互独立的结构域，即DNA结合结构域和转录激活结构域。前者是专一地识别基因转录区上游的调控序列，并结合到这一特异的序列上；而后者与其他转录因子相互作用，并启动基因的转录。这2个结构域在启动基因转录的过程中缺一不可，利用这一特点，将2个所要研究蛋白质的基因分别克隆到2个酵母表达型的质粒载体上，并各自与转录激活因子的结合结构域基因和激活结构域基因相连接，在共同转化酵母细胞后，就产生2个融合蛋白（如GAL4bd-X和GAL4ad-Y）。如果被研究的蛋白质互相不作用，就不能启动酵母细胞基因组上的报道基因*Lac Z*（或*His3*）。如果相互作用，报道基因*Lac Z*就能转录表达。这样就可用X-gal检测到结果。

四、三相杂交检测法

三相杂交检测法是在二相杂交检测法技术的基础上建立起来的，用于研究蛋白质和RNA的相互作用。其工作原理与二相杂交检测法基本相同。不同之处是将分别携带GAL4的DNA结合结构域的基因与已知的RNA结合蛋白基因（如*RevM10*）、已知的被此RNA结合蛋白所专一识别和结合的RNA基因（如*RRERNA*被RevM10 RNA结合蛋白专一识别和结合）和所要研究的RNA基因，以及所要研究的蛋白质的基因与GAL4的激活结构域基因的3个酵母细胞基因表达型质粒，共同转化酵母细胞，并在酵母细胞中产生2个融合蛋白。其检测过程与二相杂交检测法相同，用X-gal显色反应即可检测到所要研究的RNA分子和蛋白质分子是否相互作用。另外，此方法也可用于筛选与某个已知的RNA分子相互作用的RNA结合蛋白的基因。

五、Western印迹法

Western 印迹法又称免疫印迹法，用于蛋白质分析。它与 Southern 印迹法、Northern 印迹法的相同之处均是把电泳分离的组分转移至一种固相支持体上，并均用针对特定的氨基酸或核苷酸序列的特异性试剂作为探针检测之。对于 Western 印迹法来讲，通常使用的探针是抗体。

Western 印迹法的基本操作过程是，将待测样品溶于含有去污剂和还原剂的溶液中（如 SDS、巯基乙醇），经 SDS 聚丙烯酰胺凝胶电泳分离后，转移至固相支持物上（通常是硝酸纤维素膜），然后膜与抗靶蛋白的非标记抗体反应，最后，结合在膜上的抗体可用多种二级免疫试剂检测。

Western 印迹法能从混杂的抗原蛋白中检测出特定的抗原蛋白，并可对转移至固相膜上的蛋白质进行连续分析，同时，结合了凝胶电泳分辨力高和固相免疫测定的特异敏感等多种优点。目前此技术通常与 Northern 印迹法一并使用，用于检测基因转录表达的水平。

本章小结

基因表达调控的研究已成为当代分子生物学的一个研究热点。所谓的基因表达就是指生物体内基因组中特定的结构基因在特定的条件下通过转录、翻译等一系列复杂过程，合成具有特定氨基酸序列并具有特定生物学功能的蛋白质分子。但是基因组上的所有结构基因并非在所有的细胞中都同时表达，每一个特定的结构基因的表达都是在生物体发育的特定阶段，在特定的组织或细胞中得以进行，即体内基因的表达具有选择性和程序性，而且表达的数量也是特定的，这就是基因表达的调控。不管是原核生物还是真核生物，基因表达的调控都发生在 DNA 水平、转录水平、转录后的翻译水平和翻译后水平。由于真核生物基因组结构上的特点，基因表达调控的活动范围更广、方式更多、机制更复杂。

思考题

1. 真核生物基因表达在 DNA 水平上有哪些调控方式？
2. DNA 重组的类型有哪些？
3. 简述拷贝数变异的定义及变异类型。
4. 简述正负调控的作用机制。
5. 真核生物基因组结构有何特点？
6. 基因表达调控研究方法有哪些？

第八章　基因突变与DNA修复及其应用

遗传与变异是生物界普遍存在的两大生命现象。遗传保证了物种的相对稳定性，使生命在世代间延续。而变异则使生物不断产生新的类型，为生物进化提供了最初的原材料。引起生物变异的因素很多，有些变异仅仅是由环境因素的影响造成的，生物体内的遗传物质并没有发生变化，因而不能在世代间传递，属于不可遗传的变异（non-hereditary variation）。另外一些变异是由于细胞内遗传物质的改变引起的，能够在世代间传递，属于可遗传的变异（hereditary variation）。基因重组和突变是可遗传变异的两种来源。基因重组是对原有基因的重新编排和组合，既没有产生新的基因，也没有遗传物质的增加或减少。没有突变，就不会出现新的物种。突变是生物发生遗传变异的主要方式之一，是自然界生物进化的基础。突变包括染色体畸变和基因突变两种类型，染色体畸变是染色体结构和数目的变化。引起基因突变的因素很多，生物体中存在多种修复系统，能够对突变进行修复，从而保持物种的稳定性。

第一节　基因突变的概念与分类

一、基因突变的概念

尽管DNA是一种非常稳定的分子，并且能够准确复制，使遗传信息能够在世代间传递。但是DNA在复制过程中也会发生一些错误，导致遗传信息的改变。基因突变（gene mutation），又称点突变（point mutation），是指染色体上某一基因位点内部发生了化学性质的变化，与原来基因形成对性关系。例如，作物的高秆基因*D*突变为矮秆基因*d*，*D*与*d*为一对等位基因。发生突变的细胞或个体称为突变体或突变型（mutant），而没有发生突变的个体称为野生型（wild type）。

二、基因突变的类型

对基因突变的分类方式有多种，有些是依据突变引起的表型来分，有些是依据引起突变的物质来分，也有些是依据引起突变的原因划分的。

（一）体细胞突变和性细胞突变

基因突变可发生在生物个体发育的任何时期，体细胞和性细胞都可能发生突变。根据突变发生的细胞不同，可分为体细胞突变和性细胞突变。在多细胞生物中，体细胞突变（somatic mutation）发生在体细胞中，不会产生配子，不会传递给后代。当产生突变的体细胞进行有丝分裂时，突变会传递到新细胞中，从而会产生一些遗传信息完全一致的细胞，称为克隆。在发育过程中体细胞突变发生的越早，形成的克隆就会越多，后代中就会有更多的细胞包含突变。由于真核生物个体所含细胞数量巨大，所以体细胞突变也非常多。例如，人有大约10^{14}个细胞，一般每100万次细胞分裂就会产生一个突变，所以每个人都会产生上亿个体细胞突变。很多的体细胞突变都不会表现出明显的表型，但是如果是那些促进细胞分裂的体细胞突变就会快速地扩散，这种突变使得突变细胞相对于正常细胞就会更有优势，这也是癌症产生的基础。由于体细胞突变出现的一些优良变异，很多果树和花卉的优良品种就是通过扦插、嫁接或组织培养等无性繁殖方式培育优良品种。

种系突变（germinal mutation）发生在最终产生配子的细胞中，性细胞突变可以通过配子传递给下一代，产生的后代个体的体细胞和生殖细胞中将都含有相同的突变。一般情况下，性细胞突变的频率要高于体细胞，因为性细胞在减数分裂时期对外界环境条件更为敏感。

（二）大突变和微突变

根据基因突变引起性状变异的程度不同，可分为大突变和小突变。具有明显、容易识别的表型变异的基因突变称为大突变（macromutation），产生大突变的性状往往属于质量性状，如禾谷类植物籽粒形状突变、玉米籽粒的糯性和非糯性等。而有些突变的效应比较小，很难察觉，必须通过对群体的统计分析才能鉴别，这种类型的突变称为微突变（micromutation），产生微突变的性状往往是数量性状，如玉米果穗长度、小麦籽粒大小、乳牛的泌乳量、鸡的产蛋数等性状变异。育种中在注意大突变的同时，不能忽视微突变。

（三）显性突变和隐性突变

基因突变的频率很低，在一对等位基因中，通常只有一个基因突变而不是两个基因同时发生突变。根据突变基因的显隐性变化，基因突变可分为显性突变和隐性突变。也就是说，基因突变可能是显性突变，也可能是隐性突变。显性突变是指突变的基因由隐性基因突变为显性基因（*aa*-*Aa*）。显性突变如果发生在生殖细胞或配子中，突变基因在当代就能表现，经自交一代，可获得显性纯合体和突变杂合体，以及隐性纯合体，经自交二代，就能鉴定出突变纯合体。隐性突变指突变的基因由原来的显性基因突变为隐性基因（*AA*-*Aa*）。隐性突变即使发生在生殖细胞中，当代也不能表现，必须经过自交一代，隐性基因突变达到纯合才能检出突变纯合体。

对于自交生物，隐性突变基因经自交一代就能鉴定出纯合体。而显性突变虽然当代表现，但必须经过自交二代才能鉴定出纯合体。对于异花授粉植物，隐性突变基因的鉴定比较困难，需要在若干代后隐性基因纯合后才能表现。

（四）自发突变和诱发突变

根据突变发生的原因可划分为自发突变和诱发突变。在自然条件下，自发发生的突变，叫自发突变（spontaneous mutation）。在自然界中，一些物理和化学因素都能增加自发突变的频率。人为用许多理化因素对生物体或细胞处理所引起的基因突变称人工诱变或诱发突变（induced mutation）。

（五）正向突变和回复突变

根据突变发生的方向性可分为正向突变和回复突变。正向突变是指从野生型变为突变型，回复突变是指从突变型变为野生型。回复突变可使突变基因产生无功能或有部分功能的多肽，恢复部分或全部功能。

（六）其他突变类型

按DNA碱基序列改变多少分为单点突变、多点突变和移码突变。单点突变指只有一个碱基对发生改变的基因突变。多点突变是指两个或两个以上碱基对发生的改变。移码突变是指插入或丢失不是3的倍数碱基引起密码子改变的突变。

从遗传信息的改变上讲有同义突变、错义突变和无义突变。同义突变是指碱基改变没有造成氨基酸序列的改变。错义突变是指碱基序列的改变引起了氨基酸序列的改变；无义突变是指碱基的改变使原来氨基酸的密码子变为终止密码子的突变。

按启动子序列突变的效应可分为启动子上升突变和启动子下降突变。启动子上升突变是指突变位点发生在基因调控的DNA序列中，是启动子增强了转录作用的突变。启动子下降突变是指突变位点发生在基因调控的DNA序列中，是降低了启动子效能的突变。

三、基因突变的表型效应

（一）形态突变

形态突变（morphological mutation）是指突变主要影响生物的形态结构，导致性状、大小、颜色等的改变，因为这类突变可以在外观上看到，又称为可见突变（visible mutation）。例如，果蝇的白眼、残翅突变，家畜中的无角突变，小麦和水稻的矮秆突变，可育植株中出现的不育个体，细菌和菌落的形态和颜色等。

（二）生化突变

生化突变（biochemical mutation）是指突变主要影响生物的代谢过程，导致一个特定的生化功能的改变或者缺失。例如，细菌的营养缺陷型突变。一般野生型细菌可在基本培养基中生长，而其营养缺陷型突变体则需要在基本培养基中添加某种特定的营养成分，如某种氨基酸或维生素才能生长。

（三）致死突变

致死突变（lethal mutation）是指突变主要影响生物体的生活力，导致生活力下降甚至死亡，可分为显性致死突变和隐性致死突变。显性致死无论是在杂合状态还是在显性纯合状态均有致死作用。例如，人的神经胶质症，患者皮肤畸形生长，严重智力缺陷，多发性肿瘤，往往年轻时就致死；而隐性致死只有隐性纯合时才有致死作用。一般隐性致死突变比较常见，如植物的白化突变，由于不能形成叶绿素，因此不能进行光合作用，最后植株死亡。

致死突变的致死作用可发生在不同的发育阶段，分别称为配子致死、合子致死、胚胎致死、幼龄致死、成年致死等。基因型上属于致死个体的，有全部死亡的、有部分或大部分活下来的，分别称为全致死（90%以上个体死亡）、半致死（50%～90%个体死亡）和低活性[也叫亚致死（10%～50%个体死亡）]。

（四）条件致死突变

条件致死突变（conditional lethal mutation）是指在一定条件下表现出致死效应，而在其他条件下却能正常存活。例如，T4噬菌体的温度敏感型，在25℃时能浸染大肠杆菌，形成噬菌斑，但在40℃时则不能浸染大肠杆菌。

（五）功能丧失突变

功能丧失突变（loss of function mutation）是指由于基因突变、消除或改变了基因的功能区，从而干扰了野生型对某种表型的活性功能。完全丧失基因功能的突变称为无效突变（non-sense mutation）。渗漏突变（leaky mutation）是指基因突变的产物仍有部分活性，使表型介于完全突变型和野生型之间。例如，细菌的营养缺陷型突变体通常在基本培养基上不能生长，但在筛选营养缺陷型突变体的过程中，却发现某种突变型在缺乏所需的营养物质时能够成活，只是生长缓慢，一旦添加了这种必需营养物质，就能正常生长。

（六）功能获得突变

功能获得突变（gain of function mutation）是指由于基因突变导致基因功能丧失，但有时突变引起的遗传随机变化有可能使基因获得新的功能。

（七）抗性突变

抗性突变（resistant mutation）是指突变细胞或生物体获得或者丧失了对某种病菌、药剂，或其他生物等的抵抗能力。例如，细菌对某种抗生素的抗性突变，农作物对某种病虫害的抗性突变。

突变后出现的表型多种多样，对基因突变可以从不同角度分类。突变是无法从单系统分类的，因为它的因果、状态、过程等各方面既有区别又有联系。

第二节　基因突变的分子机制

突变是遗传物质发生可遗传的变异。广义上的突变包括染色体畸变和基因突变。染色体畸变可以通过显微镜直接观察，而基因突变只能通过表型变异观察。现在DNA测序可以直接检测到基因突变。基因突变和染色体畸变的主要区别在于DNA损伤的大小。染色体畸变一般指染色体结构或数目的大范围遗传变异，而基因突变是小范围的单个基因内的DNA损伤。

基因突变可以自然发生，也可以诱导产生。在自然状况下，由于外界环境条件的改变或生物体内发生生理生化变化而产生的突变称为自发突变。自发突变的频率非常低，高等动植物每10万到1亿个配子中可能有1个配子发生突变。在各种物理（紫外线、离子辐射）或化学（如芥子气）等诱变因素的影响下产生的变异称为诱发突变。诱发突变的频率要高于自发突变。但无论是自发突变还是诱发突变，其本质都是一样的，都是改变了原来正常的DNA结构或序列，从而影响其编码的蛋白质的结构和功能。基因突变包括DNA上碱基序列的改变和DNA分子结构的改变。

一、碱基序列的改变

根据基因突变发生在DNA序列的变化可以分为下列几种类型。

（一）碱基置换

碱基置换（base substitution）指一种碱基被另一种碱基所替代，是单个核苷酸的改变，也是最简单的基因突变方式。碱基替代只改变一个碱基对，也称为点突变（point mutation）。

碱基置换有两种类型：转换（transition）和颠换（transversion）。转换是指同类型碱基之间的替换，即DNA分子中一个嘌呤被另一个嘌呤替代，或一个嘧啶被另一个嘧啶替代（图8-1）。例如，鸟嘌呤代替腺嘌呤，胞嘧啶代替胸腺嘧啶，这种替换比较常见。

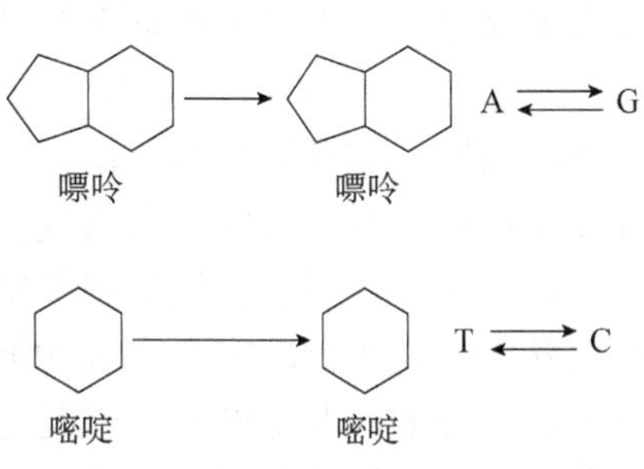

图8-1　DNA碱基对的转换

颠换是指不同类型碱基之间的替换，即嘌呤与嘧啶之间的替换，或者是嘧啶被嘌呤替换，这种替换比较少见（图8-2）。由于碱基替代，所以理论上可产生4种不同的转换和8种不同的颠换（图8-3），但是通常情况下转换比颠换更常见。

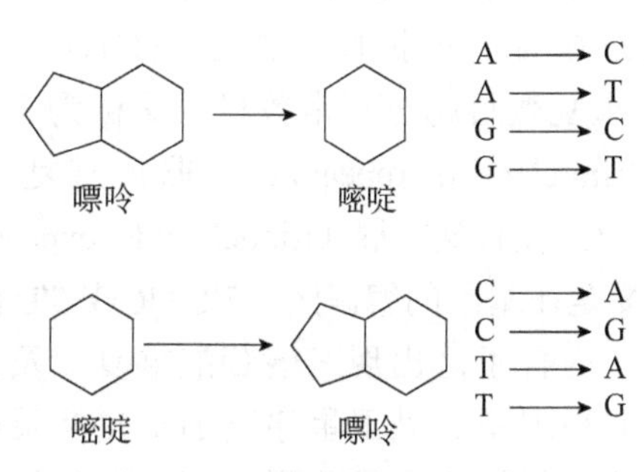

图8-2　DNA碱基对的颠换

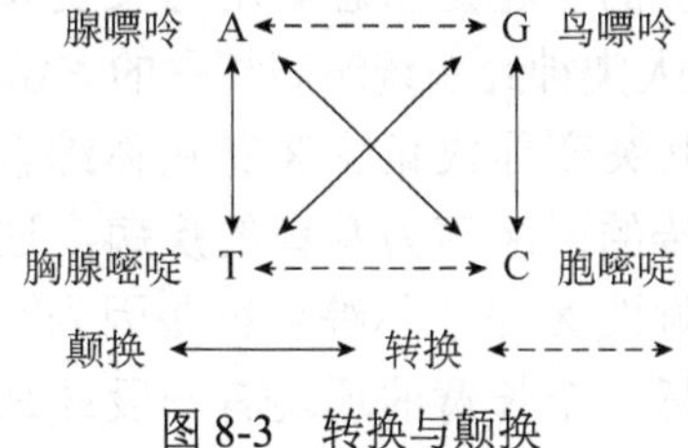

图8-3　转换与颠换

碱基替换后如果原来正常编码的密码子变成终止密码子，就会造成mRNA翻译的提前终止，从而形成短截的不完整的蛋白质；如果替换后造成了氨基酸的替换，就会造成所编码的蛋白质功能的改变，从而表现出突变的表型，由于密码子的简并性，有时即使发生了碱基替换，编码的也是同一个氨基酸，所以不会产生明显的影响。

（二）碱基的插入缺失突变

碱基的插入缺失突变（inDel）是指DNA分子中一个或多个核苷酸被插入或缺失，是基因突变的第二大类主要来源。碱基对的插入和缺失也有可能同时发生。分子分析表明，相对于碱基替换，插入和缺失发生的频率更高。由于插入或缺失，常常会导致基因所编码的蛋白质发生移码突变，进而导致突变位点后核苷酸编码的氨基酸序列全部发生变化，使蛋白质完全丧失功能，所以移码突变对表型的影响非常剧烈。但是也不是所有的插入和缺失都能导致移码，如果插入或缺失的核苷酸刚好是3的倍数，那么将不会影响翻译时的阅读，仍然会保持一个完整的阅读框，但是由于少了或者多了氨基酸，所以可能仍然会对表型有影响。

（三）动态突变

动态突变是一类新的DNA序列改变，即某一特定的三核苷酸被扩增（如CTG/CTG/CTG/CTG/CTG），重复数目超过正常数目，又称为三核苷酸重复（trinucleotide repeat）、三联体重复（triplet repeat）或三核苷酸扩展（trinucleotide expansion）。动态突变是在基因的编码区、3′UTR或5′UTR、启动子区、内含子区出现三核苷酸重复，及其他长短不等的小卫星、微卫星序列的重复拷贝数，在减数分裂或体细胞有丝分裂过程中发生扩增而造成遗传物质的不稳定状态。动态突变现象最初是在1991年人类神经系统疾病相关的*FMR-1*基因中发现的，其突变导致脆性X染色体综合征，是一种可以遗传的影响智力发育的疾病。这种疾病之所以称为脆性X染色体综合征是因为在患者的X染色体的每一个长臂的顶端有一段纤细的螺纹状结构。在正常人的*FMR-1*基因中有60个或者更少的CGG拷贝，但是在那些脆性X染色体综合征患者中，*FMR-1*基因中CGG序列的拷贝数增加到了上百个甚至上千个。

目前已知涉及人类神经发生与退化、神经肌肉和发育等相关疾病的动态突变有40多种，如强直性肌营养不良症（myotonic dystrophy）、亨廷顿病（Huntington's disease，HD）、脆性X染色体综合征、多趾畸形、脊髓小脑性共济失调（SCA）等。其中大部分是三核苷酸的扩展，序列为CNG，N可以是任何核苷酸。但是也有一些疾病是由于四核苷酸（如CCTG、CAGG）扩展引起，或由五核苷酸（如ATTCT、AGAAT），甚至十二核苷酸（C_4GG_4GCG、$CGCG_4CG_4$）扩展引起，核苷酸重复序列拷贝数的多少往往与疾病的严重程度，以及得病的年龄有关，也与核苷酸重复序列的不稳定有关，即当越来越多的重复序列出现时，那么重复序列进一步扩展的概率也将大大增加。在动态突变与疾病相关的研究中，发现扩增的重复序列是不稳定地传递给下一代，往往倾向于增加几个重复拷贝；重复拷贝数越多，病情越严重，发病年龄越小。这种核苷酸重复序列拷贝数与疾病的严重程度以及重复序列进一步扩展的可能性之间的联系称为遗传早现（anticipation），对于那些表现早现的疾病，随着遗传代数的增加，疾病也会越来越严重，但是也在一些不常见的例子中发现，重复序列在一个谱系中也有下降的现象。核苷酸扩展现象在微生物和植物中也存在。

核苷酸扩展导致疾病产生的原因不同，在很多如亨廷顿病等疾病中，核苷酸扩展发生在基因的编码区域，这样就会产生一个有毒性的蛋白质，导致额外的谷氨酰胺的产生。而在脆性X染色体综合征中，核苷酸扩展发生在基因编码区外，虽然不会影响基因编码的蛋白质序列，但是会影响基因的表达。在脆性X染色体综合征中，核苷酸扩展会引起DNA的甲基化，从而关闭*FMR*基因的转录。

二、分子结构的改变

（一）自发突变

1. DNA复制错误

DNA在复制的过程中，可能会产生碱基的错配，带有错配碱基的DNA在下一次复制时，会引起碱基的替代，从而引起DNA分子结构的错误。异构体的转换构型是导致随机发生复制错误的最主要原因。在生物体细胞中，DNA分子中的每种通用碱基都存在稀有形式的化学结构（图8-4），称为互变异构体（tautomer）。嘌呤和嘧啶中都存在异构体，普通碱基和异构体之间存在着平衡，只是普通碱基更常见。

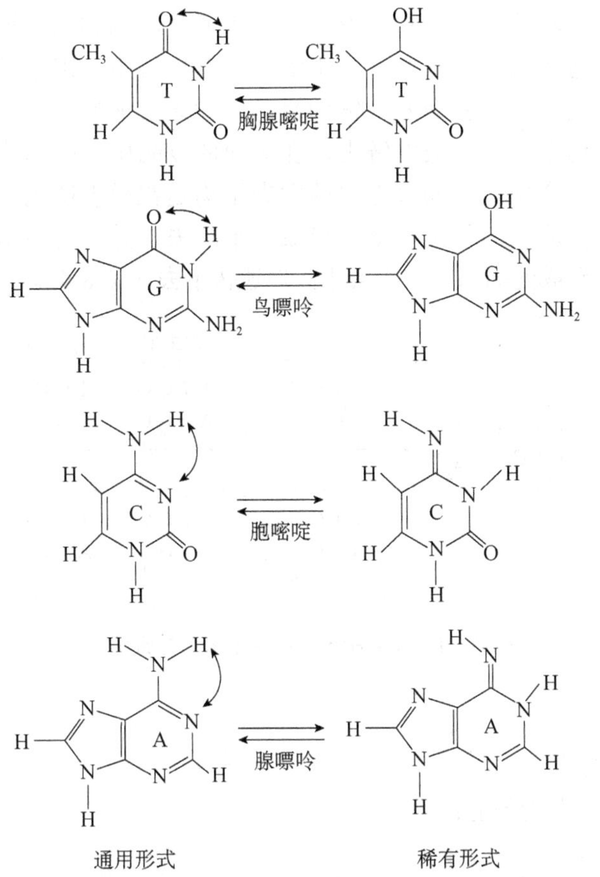

通用形式　　稀有形式

图 8-4　DNA 中四种常见碱基的互变异构体

异构体的形成是由于普通碱基中质子的位置发生变化所引起的。如果碱基发生了互变异构作用，就会改变原有的配对方式。正常情况下，胸腺嘧啶（T）通常以较稳定的酮式存在，这时它与腺嘌呤（A）配对，同样稳定的氨基态的胞嘧啶（C）与鸟嘌呤（G）配对（图 8-5）。

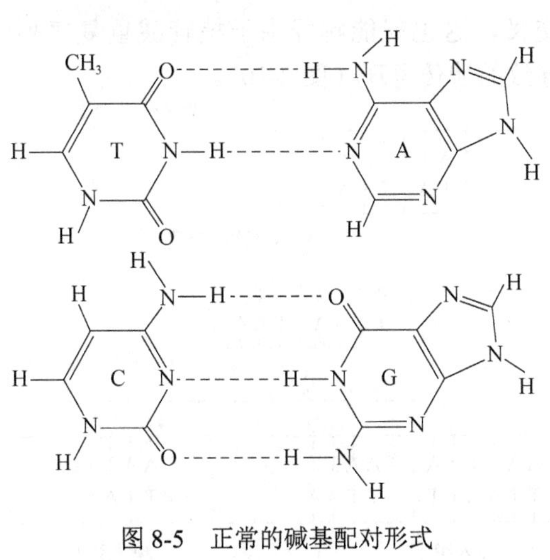

图 8-5　正常的碱基配对形式

如果发生互异构作用，胸腺嘧啶（T）处于稀有的烯醇式状态时，就会与鸟嘌呤（G）配对，在复制形成的子代DNA分子中就由CG替换了原来的TA碱基对。但变成亚氨基后的胞嘧啶（C）就与腺嘌呤（A）配对，从而使CG变为TA（图 8-6）。

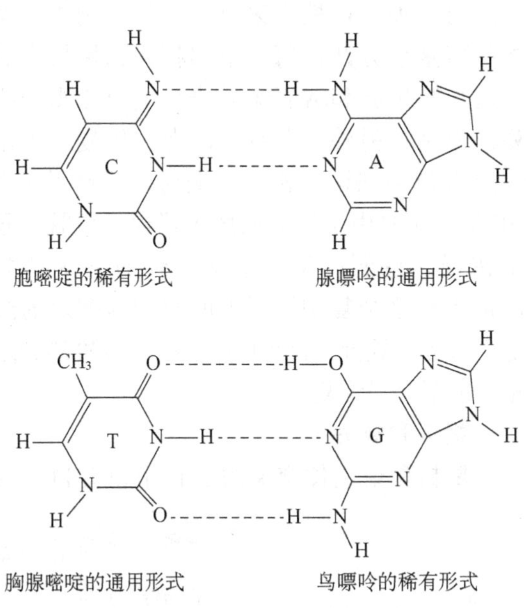

图 8-6　稀有碱基的配对形式

2. DNA 链的摆动

DNA 链的摆动也是导致复制过程中错配发生的原因。由于 DNA 双螺旋结构的灵活性，DNA 中正常的碱基就可以与质子化的其他形式的碱基配对，通过链的摆动，导致 T 和 G 配对，C 和 A 配对（图 8-7）。

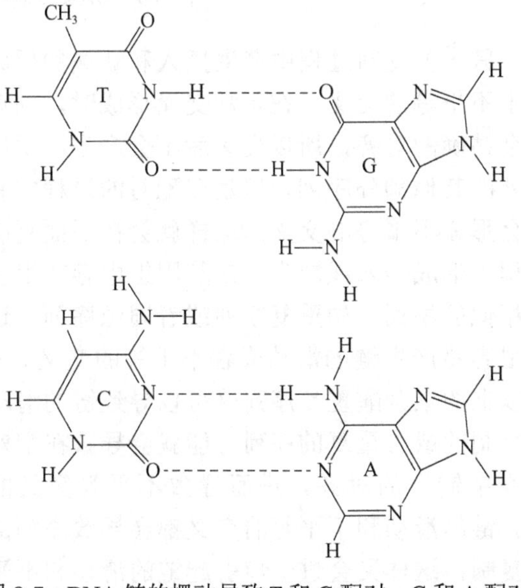

图 8-7　DNA 链的摆动导致 T 和 G 配对、C 和 A 配对

3. 掺入和复制错误

掺入和复制错误是指在新合成的DNA中出现了一个错配，这种最初的掺入错误最终就会导致复制错误，进而产生一个永久性的突变。例如，如果在复制过程中通过链的摆动T错误地和G进行了配对，那么在接下来第二轮的复制中，两个错配的碱基会分开，每一个都将作为模板合成新链，这时候T会和A配对，产生与野生型一样的序列，但是在另外一条链上，上一轮复制中错误插入的G就会在这一轮和C配对，代替了原来的AT碱基，这样由于原来的插入错误最后就会导致复制错误，进而产生一个永久性的突变（图8-8），由于在这个复制过程中所有碱基配对的过程都是正常的，因此DNA修复系统不会检测到这个错配，也不会来修复。

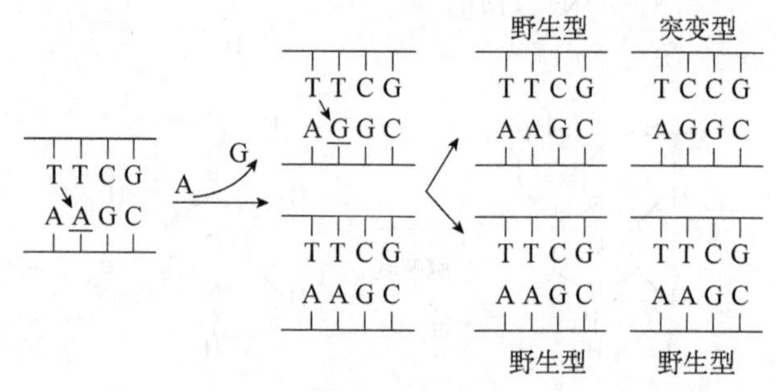

图8-8 DNA复制过程中由于掺入导致的突变

4. 插入和缺失

在复制和染色体交叉的过程中也会自发的产生小的插入和缺失突变，这主要是因为链的滑动造成的。当复制过程中如果核苷酸链中出现小的发夹结构就会发生链的滑动，如果形成的发夹结构是在新合成的链上，在后面的复制中就会形成一个插入，如果形成的发夹结构是在模板链上，在后面的复制中就会形成一个缺失，并且这些新形成的插入和缺失会永久地遗传下去（图8-9）。

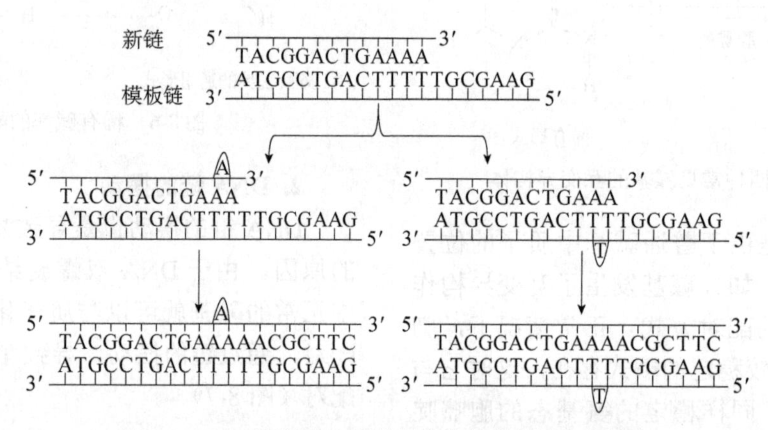

图8-9 DNA复制中由于错误产生的碱基插入和缺失

另一种复制过程中产生插入和缺失的原因来自于不平等的交叉。在正常交叉形成时，同源序列会精确的对齐，所以交叉后不会产生同源序列之外的其他额外序列，但是在配对的过程中有时候会形成不平等的交叉，这样就会在后面复制的过程中形成插入或缺失。在基因组中存在很多非常相似的序列，如重复序列或者同源序列，这些都很容易产生链的滑动或者不平等的交叉。有5个以上的核苷酸重复序列就可以导致链的滑动，而复制的或者重复的序列可能就会导致在配对的过程中错误的对齐，进而导致不平等交叉的发生。链的滑动和不平等的交叉都会导致序列的重复复制，这样又会进一步引起链的滑动和不平等的交叉，这也就能解释由于核苷酸重复序列的扩展导致的遗传早现（图8-10）。

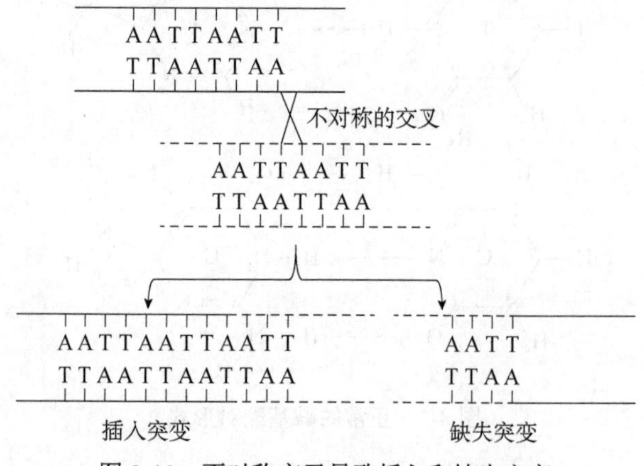

图8-10 不对称交叉导致插入和缺失突变

生物基因组内的转座子或插入序列（insertion sequence）等可移动DNA序列，通过在基因组内的移动，会引起基因功能的失活或改变（图8-11）。例如，在果蝇、玉米等生物中发生的一些典型突变就是由这些可移动的DNA序列的插入引起的。

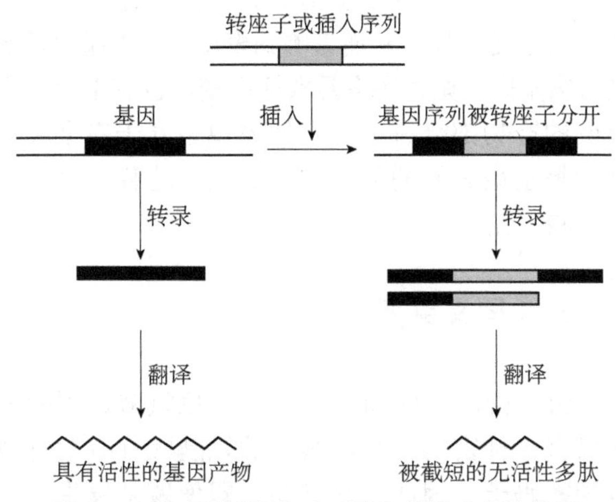

图8-11　转座子或插入序列引起基因突变的机制

（二）自发化学损伤

DNA除了在复制过程中自发的突变外，DNA本身自发的化学改变也是突变的主要来源，如脱嘌呤作用、脱氨基作用等。

1. 脱嘌呤作用

脱嘌呤作用（depurination）是从一个核苷酸上脱掉嘌呤碱基，是由于嘌呤碱基与脱氧核糖间的糖苷键断裂，从而引起腺嘌呤（A）或鸟嘌呤（G）从DNA分子上脱落下来，形成一个无嘌呤位点。在DNA复制过程中，无嘌呤位点没有特异碱基与之互补，如果这些嘌呤位点未被修复，在下次DNA复制过程中，就可能在新合成的子链对应位置随机插入一个碱基，从而导致基因突变（图8-12）。脱嘌呤反应是一种常见的导致自发突变的原因，一个哺乳动物细胞每天大概要发生近万次的脱嘌呤反应。

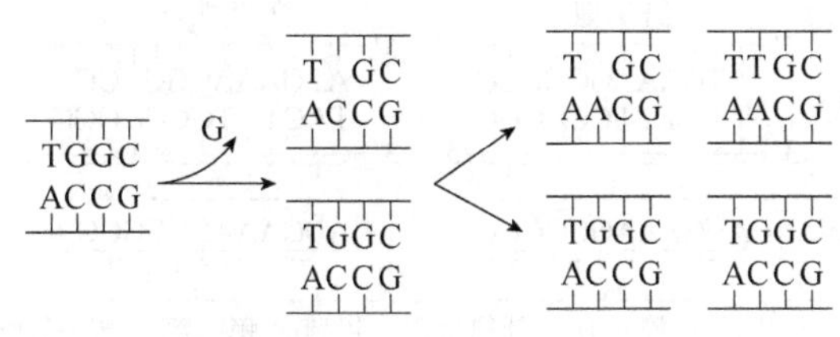

图8-12　脱嘌呤作用

2. 脱氨基作用

脱氨基作用（deamination），即从一个核苷酸上的碱基丢失了一个氨基。脱氨基可以自发的发生，也可以由诱变剂处理引起。脱氨基可以引起碱基配对改变的原因主要是DNA的四种碱基除了侧链基团不同外，基本的结构都是相同的，如胞嘧啶（C）脱氨基后变成尿嘧啶（U），U不是DNA的正常碱基组分，可被体内的校正修复系统切除修复；如果不被修复，在复制过程中尿嘧啶（U）与腺嘌呤（A）配对，最终导致该位点由CG转换为TA。在哺乳动物包括人类中，一些胞嘧啶会被自然的甲基化从而使得在DNA序列中存在5-甲基胞嘧啶，当发生脱氨基反应时，5-甲基胞嘧啶就会变为胸腺嘧啶（图8-13），由于胸腺嘧啶在复制过程中与腺嘌呤配对，这就通过5-甲基胞嘧啶的脱氨反应发生一个CG-TA的突变，最终导致CG→TA的突变在哺乳动物中非常常见，5甲基位点也因此就成为突变热点区域。

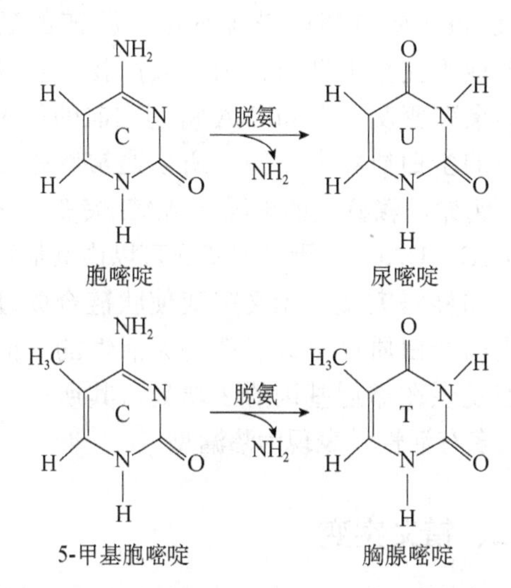

图8-13　胞嘧啶和5-甲基胞嘧啶的脱氨基作用

3. 碱基的氧化损伤

碱基的氧化损伤（oxidative damaged bases）是指细胞内的超氧离子（O_2^-）、过氧化氢（H_2O_2）和羟自由基（$-OH$）等有活性的氧化剂可导致DNA的氧化损伤，如T氧化后产生T-乙二醇，G氧化后产生8-氧-7，8-二氢脱氧鸟嘌呤、8-氧嘌呤等。自由基对糖残基的攻击导致碱基的丢失、DNA的碎裂和有末端糖残基片段的链断裂等多种损伤，从而引起突变。

第三节　突变的蛋白质效应

DNA 序列或结构发生变化后，改变了原有 DNA 核苷酸的顺序，对多肽链中氨基酸顺序产生影响，从而引起蛋白质水平的变化，对蛋白质功能产生不同程度的影响，可能使蛋白质完全失活、部分失活，获得新功能或并不影响其正常功能，导致无义突变、错义突变或同义突变等。

一、无义突变

无义突变（nonsense mutation）是指某个碱基的改变使编码某种氨基酸的密码子变为蛋白质合成的终止密码子。由于 DNA 中碱基替换，导致了蛋白质翻译的提前终止。例如，编码区的单碱基突变导致终止密码子（TAG、TGA 或 TAA）形成，使 mRNA 的翻译提前终止，肽链的延长停止，形成不完全的肽链，因而其产物一般没有活性。如果突变发生在 mRNA 特别靠前的位置，那么形成的蛋白质将非常短，所以通常都是没有功能的。例如，赖氨酸的密码子 AAG 突变为终止密码子 TAG（UAG）。无义突变还可以由其他种突变产生，如移码突变。无义突变使肽链合成过早终止，因而蛋白质产物大多都是无活性的。但无义突变若发生在靠近基因的 3′端处，其所产生的多肽链大多有活性，表现为渗漏型。

二、错义突变

错义突变（missense mutation）是指碱基置换后导致该位点编码的氨基酸发生改变，结果产生结构异常的多肽链，导致原有蛋白质的功能异常或丧失。这种突变大多发生在密码子的第一位或第二位。例如，DNA 中碱基对 T-A 被 G-C 代替，使 mRNA 中编码色氨酸的三联体 UGG 改变为 GGG，GGG 是甘氨酸的密码子，因而被带有甘氨酸的 tRNA 所识别，这样插入到多肽链中的不是色氨酸而是甘氨酸。大多数突变属于这种类型。人的镰状细胞贫血，由于碱基替换，使血红蛋白 B 链的第 6 个氨基酸由谷氨酸变为缬氨酸，改变了血红蛋白的性质，从而引起了溶血性贫血。

有些错义突变严重影响到蛋白质的活性甚至使之完全无活性，从而影响到表现型。如果该基因是必需基因，则该突变是致死突变。也有不少错义突变的产物部分有活性，使表现型介于完全突变型和野生型之间的某种中间类型，这种突变又称为渗漏突变。

三、同义突变

由于密码子的简并性，除了色氨酸、甲硫氨酸只有一种密码子外，其他的氨基酸都有两种或多种密码子。因此有些时候，即使碱基发生了变化，密码子编码的仍是同一个氨基酸，所以不会产生明显的影响。这种突变虽然改变了 DNA 序列但是并没有改变对应的氨基酸，称为同义突变（synonymous mutation）。例如，DNA 中一个碱基的替换，使 mRNA 上的密码子由 GAU 变为 GAC，由于密码子 GAU 和 GAC 都被携带天冬氨酸的 tRNA 分子所识别，所以插入到多肽链相应位置上仍是天冬氨酸。

四、移码突变

移码突变（frameshift mutation）是指 DNA 分子中插入或缺失的碱基数不是 3 的倍数时造成编码框的移动。由于 DNA 分子中插入或缺失碱基，读码时，原来的密码子移位，导致从插入或缺失碱基的位置开始，编码框发生改变（图 8-14）。在自发突变中，移码突变占比例很大，移码突变可

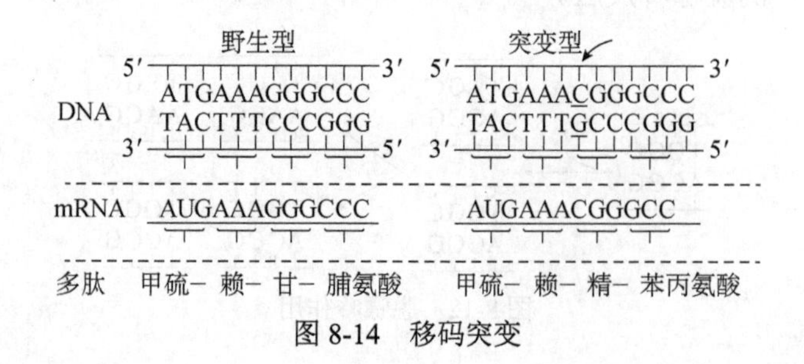

图 8-14　移码突变

引起编码蛋白质的多肽链合成提前终止或出现更罕见的延长，这取决于移码后终止密码子退后或提前出现，从而引起蛋白质结构和功能发生相应的改变，移码突变造成的影响一般比较大。

五、整码突变

整码突变（inframe mutation），也称密码子插入或缺失（codon insertion or deletion），是指 DNA 分子中插入或缺失一个 3 的倍数的碱基时，造成 DNA 链的密码子之间插入或缺失一个或几个密码子，相应合成的肽链增加或缺失一个到几个氨基酸，但插入或缺失前后氨基酸的序列不变。

六、中性突变

如果一个突变由于核苷酸的改变导致产生了不同的氨基酸，但是对蛋白质的功能没有影响，称为中性突变（neutral mutation）。中性突变的产生主要是由于性质相似的氨基酸之间的替换，或者是由于被改变的氨基酸对于整个蛋白质功能的影响很小。小麦籽粒颜色的变化、水稻芒的有无和动物毛色的变化等突变，并不影响其正常的生活能力和繁殖力。有些编码血红蛋白的基因发生突变，尽管蛋白质的序列被改变了，但是不会影响它们运输氧气的能力。中性突变和同义突变常同称为沉默突变（silent mutation）。

第四节 突变的发生过程

自然条件下，基因突变的频率比较低，为了提高诱变效率，可以采用各种理化因素诱发突变。物理诱变中应用较多的是 γ 射线，穿透力强、速度快、效果好，其射线源主要是钴 60（^{60}Co）和铯 137（^{137}Cs）。中子诱变成本高，剂量不容易准确测定。α 射线、β 射线穿透力较弱，一般是将其引起生物体内的诱变。采用化学诱变剂处理引起的基因突变称为化学诱变（chemical mutagenesis）。化学诱变剂具有使用成本低、操作方便、诱变效率远高于自发突变等优势，自 20 世纪初期以来，逐渐发展成为一种有效的育种途径而被推广到多种研究领域。遗传学中常用的化学诱变剂有碱基类似物、改变 DNA 化学结构的化合物以及能结合到 DNA 分子上的化合物。

一、碱基类似物的诱发突变

碱基类似物（base analogue）是指在结构上与 DNA 分子碱基相似的化学物质。常见的碱基类似物有 5-溴尿嘧啶（5-BU）和 2-氨基嘌呤（2-aminopurine，2-AP）等。由于这类化合物的分子结构与 DNA 碱基类似，在复制过程中 DNA 聚合酶不能辨别这些碱基类似物和正常碱基，所以当复制时出现碱基类似物时，这些类似物就会被插入到新合成的序列中，可以与正常的碱基配对，从而导致复制错误。这些类似物容易发生互变异构化（tautomerization），在复制时改变配对的碱基，引起碱基对的置换，通常是转换，而不是颠换。

5-溴尿嘧啶是胸腺嘧啶（T）的碱基类似物，5-溴尿嘧啶除了 5 号碳原子上有一个溴原子，胸腺嘧啶是一个甲基之外，其他的结构完全相同（图 8-15，箭头所示）。

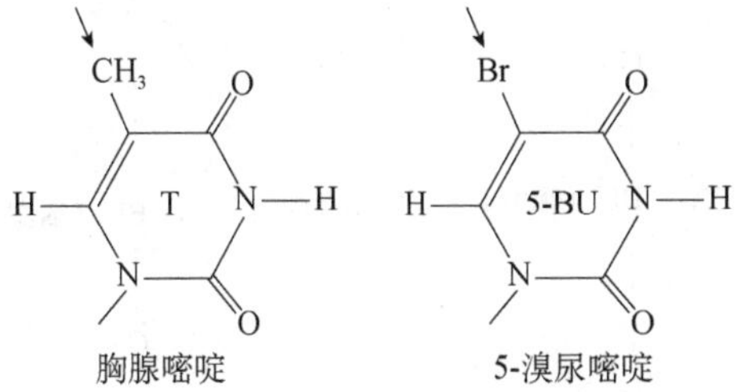

胸腺嘧啶　　5-溴尿嘧啶

图 8-15 胸腺嘧啶及其碱基类似物 5-溴尿嘧啶

5-溴尿嘧啶有酮式（keto）和烯醇式（enol）两种异构体，其中酮式的比较稳定。如果复制过程中出现了 5-溴尿嘧啶，正常情况下，稳定的酮式 5-溴尿嘧啶与腺嘌呤（A）配对，较不稳定的烯醇式 5-溴尿嘧啶会与鸟嘌呤（G）错配（图 8-16）。结果使 A-T 转变为 G-C，或 G-C 转变成 A-T（图 8-17）。

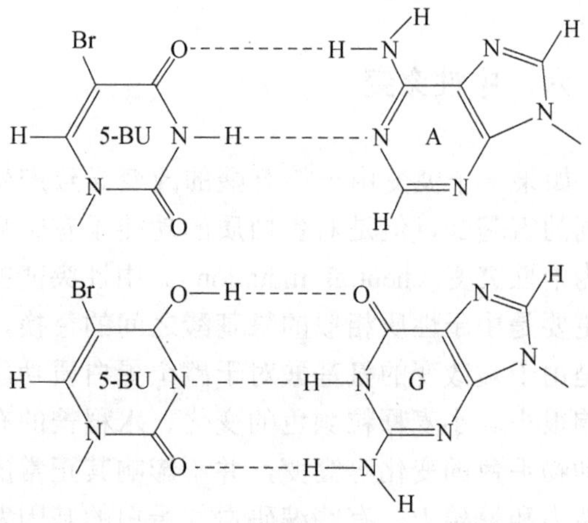

图 8-16　酮式（上）和烯醇式（下）5-溴尿嘧啶与碱基的配对

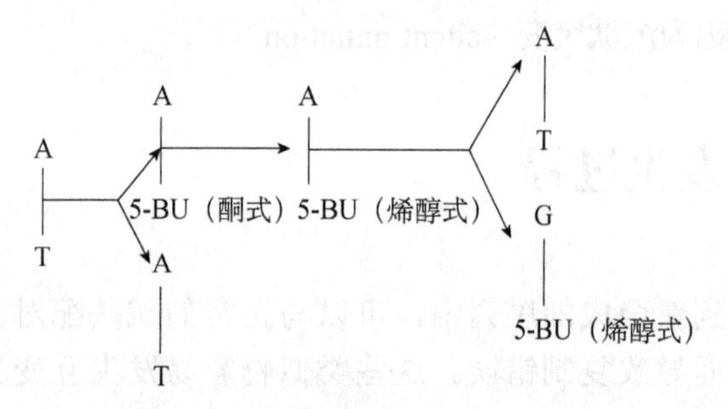

图 8-17　5-BU 的烯醇式结构与 G 配对

如果在 DNA 复制时，5-溴尿嘧啶烯醇式异构体掺入 DNA，与鸟嘌呤配对，在下一次复制时，由于 5-溴尿嘧啶烯醇式异构体转变为酮式异构体，与腺嘌呤配对，结果就导致再一次复制时，出现 G-C 对转换成 A-T 对，其过程见图 8-18。

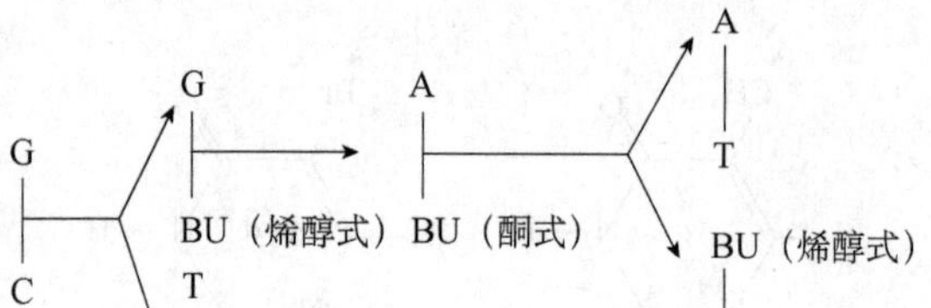

图 8-18　BU 的酮式结构与 A 配对

另一个诱变型的化学诱变剂是 2-AP，2-AP 是腺嘌呤（A）的碱基类似物。正常情况下 2-AP 是和胸腺嘧啶（T）配对的，但是有时候 2-AP 会以亚氨基状态存在，就会和胞嘧啶（C）配对（图 8-19），从而导致一个 A-T 转变成 G-C（图 8-20）。同时，与 5-溴尿嘧啶类似，2-AP 也会插入到与 C 相对的那条新合成的 DNA 链中，然后在后面的复制中和 T 配对，从而导致 G-C 转换成 A-T。

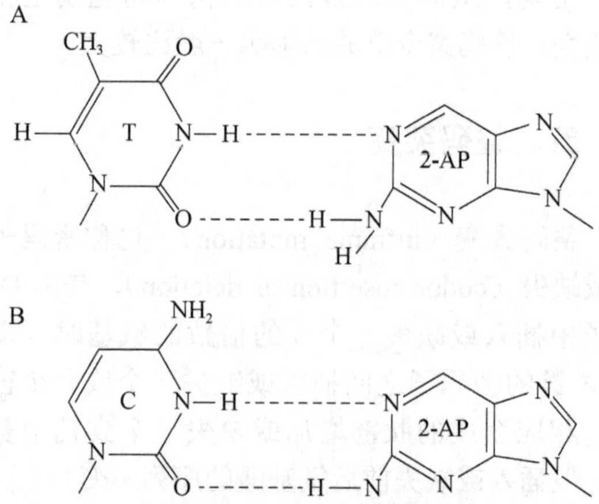

图 8-19　2-AP 的不同配对形式
A. 2-AP 正常状态存在时与胸腺嘧啶配对；B. 2-AP 的亚氨基状态与胞嘧啶配对

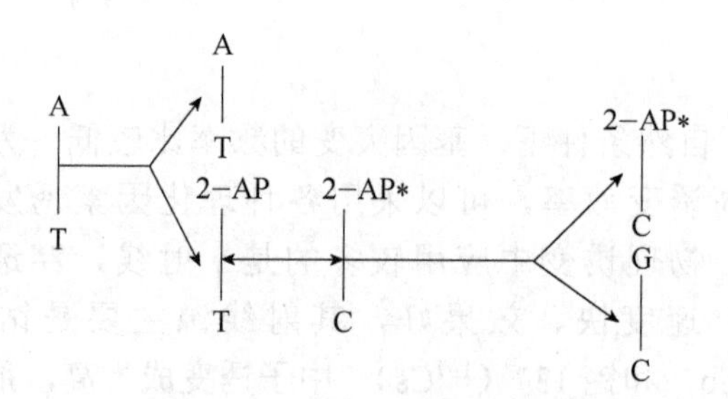

图 8-20　2-AP 的诱变机制

二、使DNA化学结构改变的化学诱变剂

这类化合物的主要作用是改变核酸中的核苷酸化学组成，从而引起 DNA 损伤或复制错误，如烷化剂（alkylating agent）、亚硝酸和羟胺等。

1. 烷化剂

烷化剂是指能向核苷酸碱基提供烷基的化学物质，如甲基磺酸乙酯（ethyl methyl sulfone，EMS）、甲基磺酸甲酯（MMS）、亚硝基胍（NG）、乙烯亚胺（EI）及芥子气（NM）等，是目前应用最广泛且有效的化学诱变剂。它们都带有一个或多个活化烷基，可以转移到其他电子密度较高的分子中，使 DNA 碱基许多位置烷基化，从而改变其氢键形成能力。例如，EMS 诱变效果好，诱变效应最强，因此是应用最为广泛的一种化学诱变剂。它主要通过与 DNA 分子中的磷酸、嘌呤、嘧啶之间发生化学修饰作用导致碱基的错配与修复，从而产生突变。其作用原理是烷化剂有一个或者多个活跃的烷基，能够通过被转移至其他分子上的过程置换出氢原子。例如，EMS可以向鸟苷酸提供甲基或乙基，产生一个O^6-甲基或O^6-乙基鸟嘌呤，而这个O^6-甲基或乙基鸟嘌呤将不再与C配对，而是与T配对，这样就可以产生一个G-C与A-T的转换（图8-21）。EMS也能向T提供乙基，产生一个4-乙基胸苷酸，从而产生一个A-T到G-C的转换（Greene et al.，2003）。由于EMS既能产生G-C与A-T的转换，也能产生A-T到G-C的转换，EMS导致的突变可以通过再次的EMS处理得以恢复，在拟南芥的化学诱变研究中发现EMS具有随机诱发点突变的特点，且主要是G-C与A-T的转换突变类型（McCallum et al.，2000）。

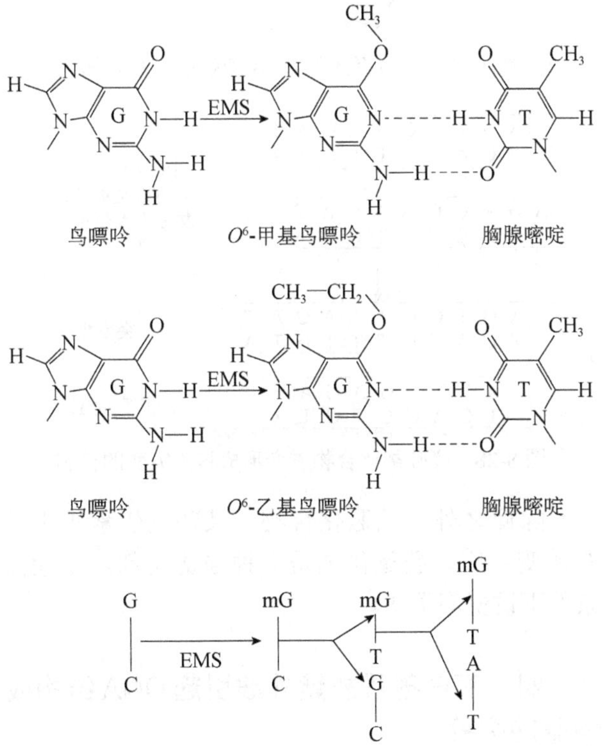

鸟嘌呤　　O^6-甲基鸟嘌呤　　胸腺嘧啶

鸟嘌呤　　O^6-乙基鸟嘌呤　　胸腺嘧啶

图8-21　烷化剂EMS的突变效应

2. 亚硝酸

亚硝酸具有氧化脱氨作用，它能使腺嘌呤（A）脱去氨基，成为次黄嘌呤（H）。次黄嘌呤不能与胸腺嘧啶配对，而能与胞嘧啶配对。这样受亚硝酸处理的DNA分子中就具有了次黄嘌呤，经过DNA复制，会使原来的A-T对转换成G-C对（图8-22）。

腺嘌呤　　次黄嘌呤　　胞嘧啶

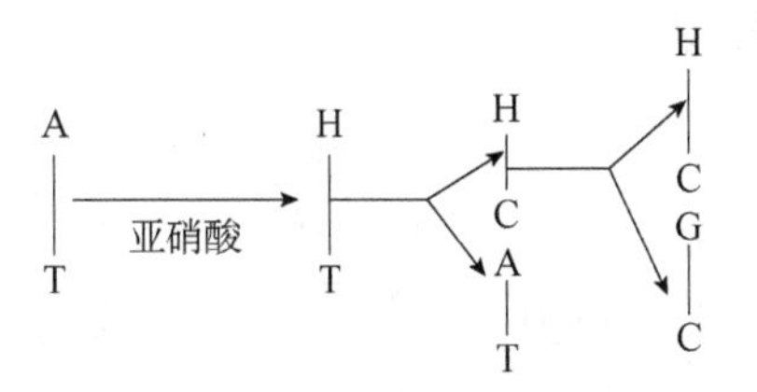

图8-22　亚硝酸的突变效应

同样机制，亚硝酸也可使胞嘧啶脱去氨基成为尿嘧啶，结果使尿嘧啶不能与鸟嘌呤配对，而能与腺嘌呤配对。这样经过DNA复制，使原来的G-C对转换成A-T对（图8-23）。

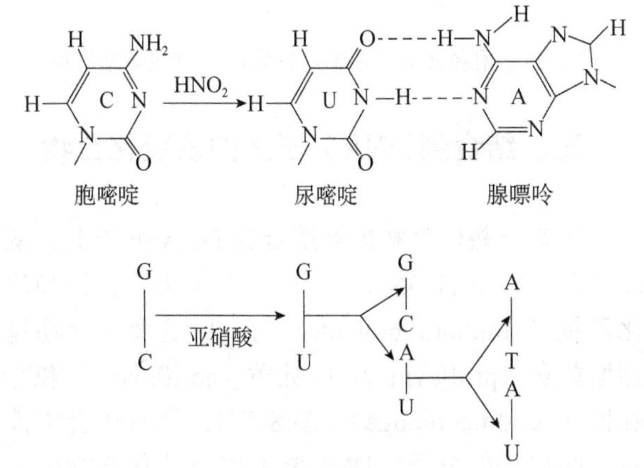

胞嘧啶　　尿嘧啶　　腺嘌呤

图8-23　亚硝酸对嘧啶的作用

然而亚硝酸和鸟嘌呤作用后，可使鸟嘌呤脱氨变成黄嘌呤。黄嘌呤与鸟嘌呤一样能与胞嘧啶配对，所以它的产生不会引起碱基的替换现象（图8-24）。

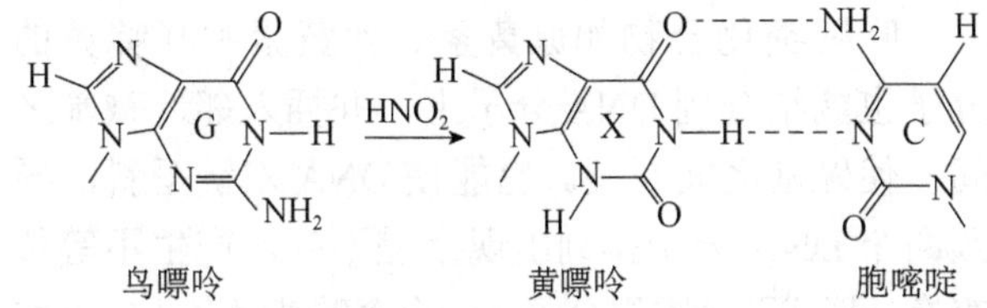

鸟嘌呤　　黄嘌呤　　胞嘧啶

图8-24　鸟嘌呤脱氨变成黄嘌呤不会引起碱基替代

3. 羟胺

羟胺（hydroxylamine，NH_2OH）是一种非常专一的碱基修饰诱变剂，可特异性地与胞嘧啶作用，羟胺可以向胞嘧啶上添加一个羟基，结果产生 4-羟胺胞嘧啶（hydroxylam inocytosine，C′），而与腺嘌呤配对，这种转换可以增加稀有碱基出现的概率，导致 G-C 到 A-T 的转换（图 8-25）。由于羟胺只能对胞嘧啶添加羟基，所以这种转变是不能被逆转的。

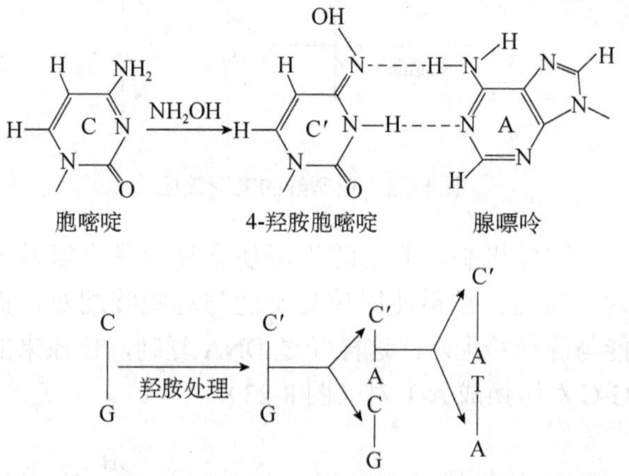

图 8-25　用羟胺处理后配对行为改变出现碱基替换

三、结合到DNA分子上的诱变化合物

还有一些化合物能够结合到 DNA 分子上，从而诱发复制中的 DNA 突变，如吖啶类化合物和溴化乙锭（ethidium bromide）等。吖啶类化合物包括原黄素（proflavine）、吖啶黄（acriflavine）和吖啶橙（acridine orange）（图 8-26），这些化合物都是一些扁平的分子，DNA 复制时这些化合物可以插入到 DNA 链的两个相邻碱基之间，破坏 DNA 双螺旋的三维结构，从而导致复制过程中的单核苷酸的插入或缺失，这些化合物导致的插入和缺失通常会产生移码突变，并且是不能被回复的，所以由这些化合物导致的突变往往都非常严重，具体机制如图 8-27 所示。

吖啶类化合物如原黄素、亚黄素和吖啶黄的分子也能结合到 DNA 分子上，并插入邻近碱基之间，使碱基之间断裂。也能使 DNA 双链歪斜，导致两个 DNA 分子排列出现参差不齐，产生不等位交换，形成两个重组分子，一个含碱基对多［(+) 突变型］，一个含碱基对少［(−) 突变型］（图 8-28）。

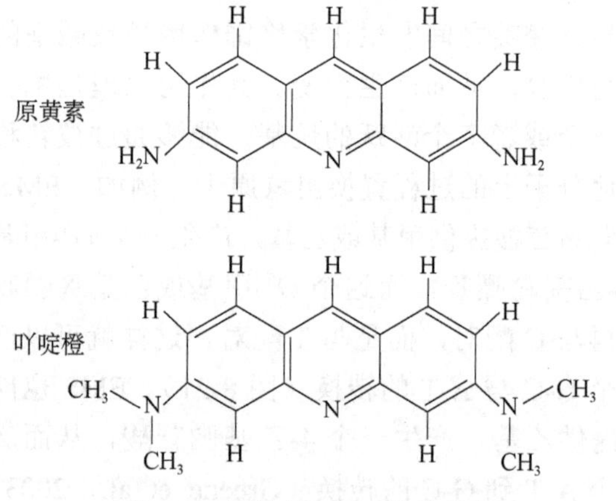

图 8-26　原黄素和吖啶橙的结构

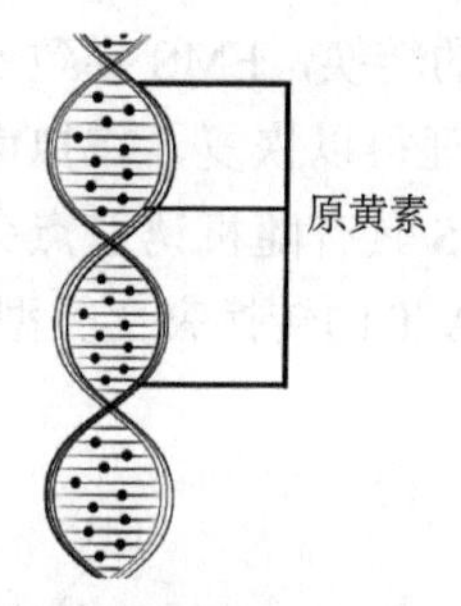

图 8-27　原黄素插入 DNA 双链的碱基之间

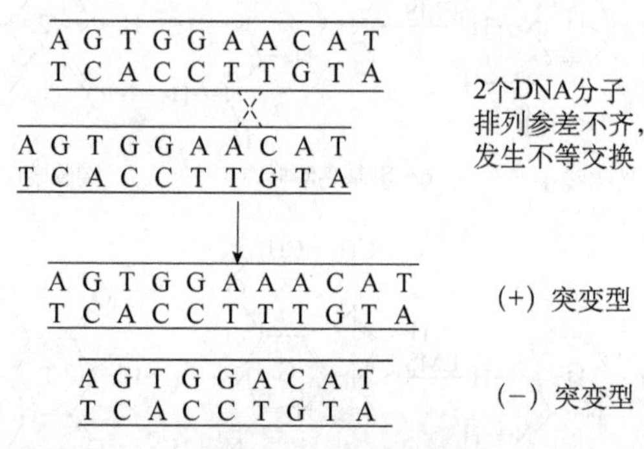

图 8-28　吖啶类化合物诱变形成移码突变的机制

除此之外，叠氮化合物、某些抗生素等也具有诱变效应。叠氮化钠是一种强诱变剂，在酸性条件下诱变率很高。

四、高能射线或紫外线引起DNA结构或碱基的突变

20 世纪 20 年代末 Muller 和 Stadler 研究发现，用 X 射线和 γ 射线照射处理生物样品，如果蝇、玉米及大麦种子，可诱发突变的产生。此后 α 射线、β 射线、中子、质子、紫外线、超声波、激光等多种物理诱变源也被相继发现，从而开始了物理诱变的研究。物理诱变又分为电离辐射

(ionizing radiation)和非电离辐射(nonionizing radiation)两种类型。

(一)电离辐射引起DNA结构或碱基的突变

电离辐射是指高速带电粒子或致电离光子及中子等可以直接或间接引起被照射物质电离的辐射，如α粒子、β粒子、X射线、γ射线及中子等。其作用机制主要是DNA分子受照射后，通过直接或间接的作用，使DNA分子发生氢键断裂，以及DNA单链断裂、双键断裂、碱基和糖基损伤等结构变化，引起基因突变，其中以DNA链断裂最为常见。电离辐射对DNA的作用没有特异性。最早用于诱发变异的是X射线，1927年，Muller发现用X射线照射可以诱导果蝇发生突变，随后的研究发现X射线照射也可以在其他生物中显著提高突变率。^{60}Co和^{137}Cs是γ射线的主要辐射源，γ射线穿透力强、速度快，应用最为广泛。这种具有高能量的射线如X射线、γ射线及宇宙射线称为离子辐射。这些离子能使它们遇到的原子上的电子剥离，使原来稳定的分子成为自由的粒子和活化态的离子，进而改变碱基的结构，打破DNA中的磷酸二酯键。离子辐射也常常导致DNA双链断裂，在修复这些断裂DNA时就会导致突变的产生。

辐射剂量指单位质量被照射物质所接受的能量数值。DNA损伤程度和基因突变率与辐射剂量呈正向关系，辐射剂量越大，损伤程度、基因突变率就越高。就基因突变来说，突变率通常与辐射剂量成正比，但不受辐射强度的影响。辐射强度指单位时间内照射的剂量。照射总剂量不变，不管单位时间内所照射剂量是多少，基因突变率都保持一定。

(二)非电离辐射引起DNA结构或碱基的突变

非电离辐射主要是指那些仅能引起分子振动、转动或电子能级状态改变而不能引起物质分子电离的辐射，如紫外线、激光和离子束等。其作用机制主要是通过启发DNA分子激活，内电子产生活化或激发分子致使化学键发生断裂。非电离辐射中最为重要的是紫外线(ultraviolet，UV)。紫外线是一种电磁波，带有的能量很小，穿透力弱，不足以引起物质发生电离，但足以杀死细胞，尤其是单细胞生物，这也是紫外线消毒灭菌的原理。紫外线特异地作用DNA的嘧啶，其主要作用是诱发相邻嘧啶碱基之间的交联，形成嘧啶二聚体，其中主要是胸腺嘧啶二聚体(图8-29)。其他嘧啶碱基之间也能形成二聚体，但数量较少。二聚体通常发生在同一DNA链的两个相邻胸腺嘧啶之间，从而阻碍复制时腺嘌呤的正常渗入，使DNA复制差错而诱发突变；也可以发生在两条单链之间，使DNA分子扭曲，影响正常的复制。

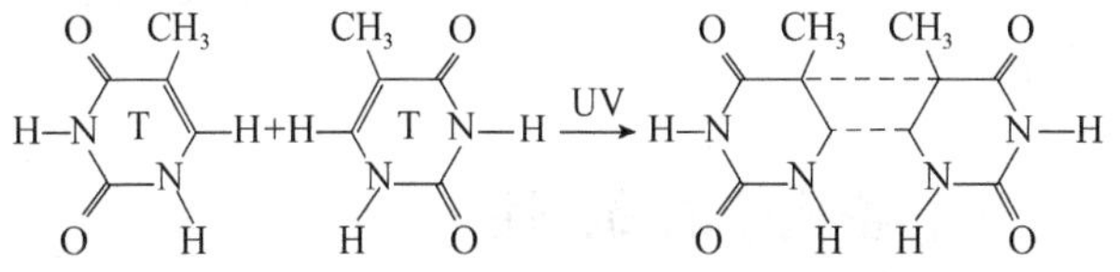

胸腺嘧啶 + 胸腺嘧啶 —UV→ 胸腺嘧啶二聚体

图8-29 紫外线照射形成胸腺嘧啶二聚体

物理因素的诱变作用是随机的，性质和条件相同的辐射可以诱发不同的变异，性质和条件不同的辐射也可以诱发相同的变异。

五、转座成分的致突变作用

转座子(Tn)是存在于染色体DNA上可自主复制和移位的基本单位。Barbara于20世纪40年代最早在玉米的遗传学研究中发现。转座子几乎存在于所有的生物体内，人类基因组中有35%以上的序列为转座子序列。转座子可以引起插入突变。转座子动员能高度致突变，作为转位的DNA序列的插入很可能在插入轨迹扰动天然基因表达和/或功能。转座子插入的后果包括开放阅读框破坏，启动子序列改变，剪接和转录终止受干扰，以及影响附近序列的表观遗传效应。最近的研究进一步揭示了转座对插入基因座基因表达的影响。

六、生物因素

生物因素主要是细菌和病毒，如疱疹病毒、麻疹病毒和免疫缺陷病毒等，能够将自身的基因组插入到宿主染色体DNA中，从而引起DNA损伤。另外，它们产生的毒素和代谢产物可以诱发DNA突变。

第五节 DNA突变的抑制

引起DNA结构变化的因素很多，但是自然界中作为遗传物质的DNA非常稳定，基因的个别碱基发生改变后，并不都表现为生物体性状的改变，这是由于生物具有广泛的机制来防止有害突变的表现及其对生物个体、物种生存的影响。生物自身对诱变因素的作用有一定的抑制作用，也能对已经发生的DNA结构变化进行一定程度的修复。

一、密码子的简并性

遗传密码的简并性可以降低编码蛋白质产物基因突变表现的概率。由于多个密码子编码同一种氨基酸，因此一些单个碱基的改变并不影响翻译的氨基酸。例如，CUA和UUA两个密码子都编码亮氨酸，基因突变导致mRNA分子中CUA-UUA变化，并不改变其蛋白质产物中的氨基酸残基。

二、回复突变

某个突变自发生突变以后，又发生回复突变，回复原来的结构。尽管回复突变的频率比正向突变的频率低很多，但突变位点回复可使基因回复成野生型基因。回复突变是生物抵御外界诱变因素的防护机制之一。

三、基因内突变的抑制

基因内抑制（intragenic suppression）是指突变基因内另一个座位上再次发生突变，第二次突变的效应抵消了第一次突变的效应，使突变表型恢复为野生型。但是，DNA的结构并没有恢复。

如果突变是由于碱基对的增加或减少，就会从增加或减少碱基对以后的密码子全部误读。若这时在这个突变密码子附近又发生缺失（-）或插入（+），就会使读码恢复正常，往往就会形成有活性的蛋白质。这种双移码突变已在噬菌体T4中发现。

四、基因间突变的抑制

基因间抑制（intergenic suppression）指与突变基因表达或功能相关的另一个基因发生突变，使其恢复为野生型性状。主要是tRNA基因发生突变，或者是与tRNA功能有关的基因发生突变，使另一个基因已经发生的无义突变、错义突变或移码突变所导致的突变表型恢复为野生型。

1）无义突变和错义突变的抑制。结构基因发生碱基替代会造成无义突变和错义突变，如果相应密码子的tRNA基因也发生突变，使得tRNA反密码子也发生变异，就会带有相同氨基酸合成完整的多肽，使突变得到抑制。

2）移码突变的抑制。移码突变也可由tRNA分子结构的改变而被抑制。例如，在正常DNA序列中插入一个G，使其后的密码子发生移码突变，这时如果反密码子上增加一个C，使反密码子成为CCCC，从而校对了由插入一个碱基造成的移码突变。

五、其他方式

其他方式如二倍体选择，突变细胞竞争不过正常细胞而被淘汰。

致死和选择：如果防护机制未起作用，一个突变可能是致死的，在这种情况下，含有此突变的细胞将被选择所消灭。

多倍体：在高等植物中，多倍体种占很大的比例。在多倍体种，相同的基因组或相近的基因组有几份，对突变尤其是隐性突变的耐受力要比二倍体和低等生物强很多，有时隐性基因由于剂量效应甚至能够掩盖显性突变基因的表现。

第六节　DNA损伤的修复

作为遗传物质，尽管DNA是一种非常稳定的分子，并且以一种超乎寻常的准确性在复制，但是DNA在复制过程中，由于很多内外因素，如物理辐射、化学诱变等环境因素的胁迫，细胞代谢过程中产生的活性氧等胞内因子都可以造成DNA组成和结构的变化，引起DNA损伤，使DNA在复制过程中发生一些错误，复制的稳定性受到严重威胁。同时，DNA在复制时会产生自发性错误。但是尽管如此，生物体的基因组仍然维持在很低水平的突变率，这都得益于细胞中强有力、高效率的修复系统。在长期进化过程中，生物体或细胞自身形成了各种修复机制来消除这些错误，从而保持DNA稳定性，包括DNA复制修复和损伤修复等类型。

一、DNA的复制修复系统

DNA的复制修复包括DNA聚合酶的修复，错配的修复系统和尿嘧啶糖基酶修复系统。

（一）DNA聚合酶的修复

原核生物和真核生物有多个修复系统应对DNA的损伤，均涉及酶的参与，这是DNA的一种防护机制，用以保持自身的遗传稳定性。

在DNA合成过程中，DNA聚合酶偶尔也能催化不能与模板形成氢键的错误碱基的参加，这种复制的错误，DNA聚合酶可以通过其3′→5′外切核酸酶活性立即切除不配对的碱基，进行纠正，然后才开始下一个核苷酸的聚合，使复制继续进行（图8-30）。

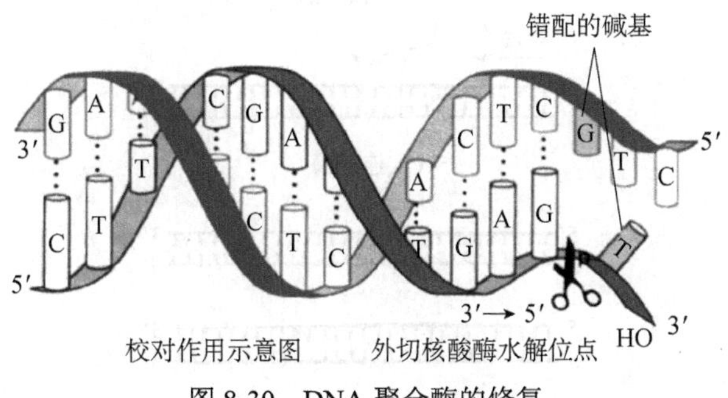

图8-30　DNA聚合酶的修复

（二）错配修复（mismatch repair，MMR）系统

抵御错配的第一道防线是具有3′→5′外切核酸酶活性的DNA聚合酶。在一些情况下，DNA聚合酶没有把极少数错误的碱基进行修正，使之留在DNA的序列中，这种错误出现的频率是10^{-8}，然而实际出现只是理论值的1%，这就是细胞内错配修复系统修正的结果。参与这种修复系统的酶有错配修正酶、DNA聚合酶Ⅰ和连接酶。

在这一修复系统中，腺嘌呤的甲基化是其识别的标记，其过程是首先错配修正酶识别并结合到腺嘌呤甲基化和错误碱基位点，然后该酶切掉一段包含错配碱基的DNA，再通过DNA聚合酶Ⅰ和连接酶补齐和连接，完成修复过程（图8-31）。这一修复系统也能对掺入DNA分子中的碱基类似物进行除去修复。

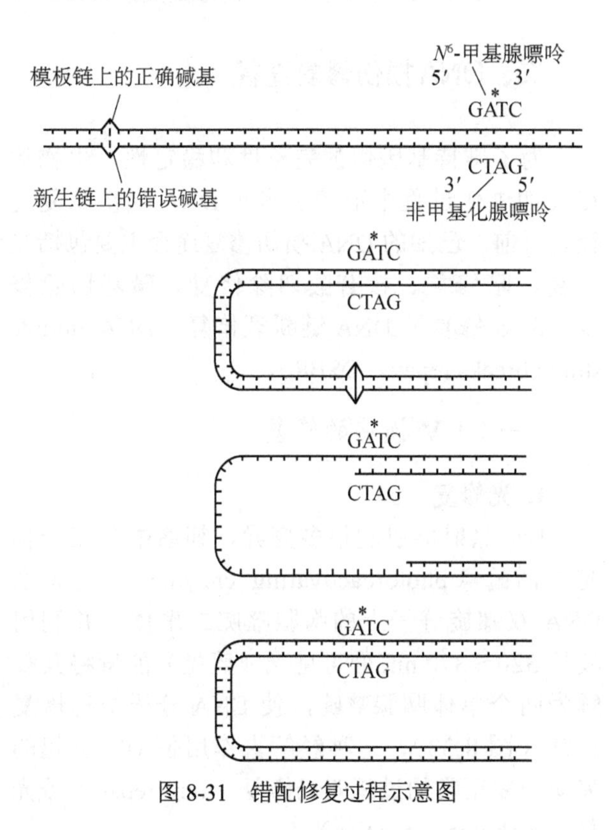

图8-31　错配修复过程示意图

（三）尿嘧啶-N-糖基酶修复系统

生物体内虽然有dUTPase，但仍有少数dUTP渗入到DNA链中，由于U能与A发生氢键结合，聚合酶Ⅲ的前述功能无法识别它。另外，细胞内由于胞嘧啶自发的脱氨氧化而生成尿嘧啶。不管哪一系统的尿嘧啶都能通过尿嘧啶糖基酶系统修复。在这一修复系统中需要尿嘧啶-N-糖基酶、AP内切核酸酶、DNA聚合酶Ⅰ和连接酶。首先由尿嘧啶糖基酶将尿嘧啶（U）切除，再由AP内切核酸酶在缺失U的部位切一切口，然后由DNA聚合酶Ⅰ切除几个碱基并合成补齐，最后由连接酶连接，完成修复（图8-32）。

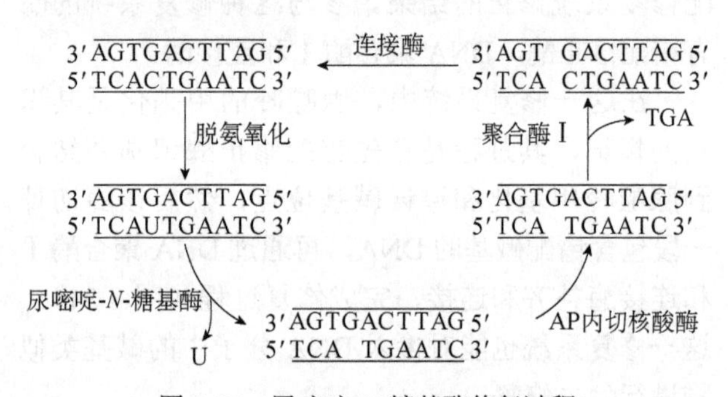

图8-32 尿嘧啶-N-糖基酶修复过程

二、DNA损伤修复途径

为了维持基因组的完整性和稳定性，生物体在长期进化过程中形成了多种DNA损伤修复途径。目前，已知的DNA损伤修复途径主要包括光修复、暗修复、核苷酸切除修复、碱基切除修复、SOS修复及DNA链断裂修复（DNA double strand breaks repair，DSBR）。

（一）UV损伤的修复

1. 光修复

UV照射能引起很多变异，细菌中存在一种光复活酶（photoreactivating enzyme），能识别DNA双螺旋分子上的胸腺嘧啶二聚体，并利用波长320～370 nm的可见光（蓝光）能量将其裂解为两个单体胸腺嘧啶，使DNA分子结构恢复正常（图8-33），这种经解聚作用使UV引起的突变恢复正常的过程叫光修复（light repair）或光复活（photoreactivation）。

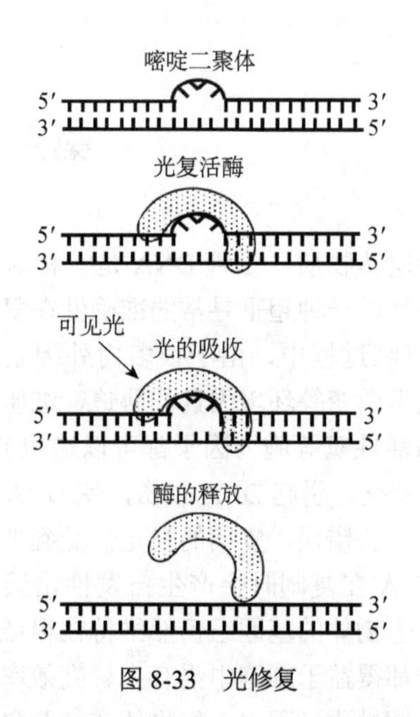

图8-33 光修复

2. 暗修复

UV诱发胸腺嘧啶二聚体（TT）的第二种修复过程不依赖于光的存在，在黑暗中也能进行，所以称为暗修复（dark repair）。修复过程是在内切核酸酶、DNA聚合酶Ⅰ和DNA连接酶等的参与下进行的。首先，由核苷酸内切酶在TT二聚体（或其他DNA损伤）的一侧切开；然后由外切核酸酶在另一端切开，把包括TT二聚体（或其他DNA损伤）在内的一段单链切除；由DNA聚合酶Ⅰ以未切除的一段正常单链为模板，按照碱基配对原则修补切除的缺口；最后由DNA连接酶将切口连接，使DNA恢复原来的结构（图8-34）。

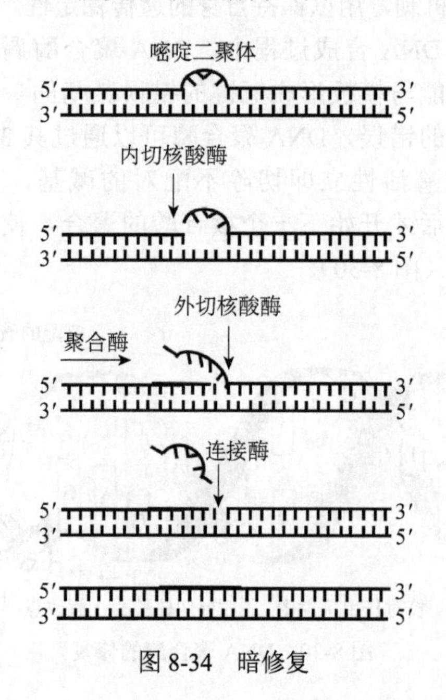

图8-34 暗修复

3. 二聚体糖基酶修复系统

二聚体糖基酶修复系统与尿嘧啶糖基酶修复系统相同，所用的酶有二聚体糖基酶、AP内切酶、DNA聚合酶Ⅰ和连接酶。在这个修复系统中，首先由二聚体糖基酶将胸腺嘧啶二聚体（TT）切除，再由AP内切酶在缺失TT的部位切一切口，然后由DNA聚合酶Ⅰ合成几个碱基并切除多余的单链，最后由连接酶连接，完成修复。这种修复可以简单表述为“切—补—连”。

（二）其他损伤类型及其修复

1. 非标准碱基切除修复（base excision repair，BER）

非标准碱基即非正常的碱基。除U可以掺入DNA外，还有胞嘧啶（C）自发脱氨形成的尿嘧啶（U）、腺嘌呤（A）自发脱氨变为次黄嘌呤（H）、3-甲基腺嘌呤、6-氢-5，6-二羟胸腺嘧啶等DNA中多种被修饰（如氧化、烷基化、脱氨基等）的受损碱基都可以通过碱基切除修复来恢复其正常结构，此过程需要多种酶参与。首先，DNA糖基化酶（glycosylase）识别DNA中受损的碱基，切断戊糖-碱基之间的糖苷键，从DNA骨架上将其切除，留下一个无碱基的脱氧核糖位点（AP位点）；然后，在无嘌呤/无嘧啶内切核酸酶催化下，断裂磷酸二酯键，去除剩余的磷酸核糖部分。产生的单一核苷酸空隙可以由DNA聚合酶和连接酶填补修复。

2. 核苷酸切除修复

核苷酸切除修复（nucleotide excision repair，NER）可修复体内各种DNA损伤，特别是大片段DNA损伤或DNA双螺旋结构的变形。其修复过程与碱基切除修复相似，首先由内切核酸酶识别损伤部位，然后去除受损的一段核苷酸序列，并以另一条完整的DNA链为模板，在DNA聚合酶作用下合成一段新的DNA链来填补空隙，最后由DNA连接酶连接起来。

3. 重组修复

重组修复（recombination repair）又称为复制后修复，是在DNA复制后进行修复。这种情况出现在DNA分子损伤面积较大，来不及修复就进行复制。其损伤部位失去模板的作用，造成子链上出现缺口。此时，可通过链间的交换，填补缺口。这种修复并不切除胸腺嘧啶二聚体。修复的主要步骤如下：①含二聚体（TT）的DNA仍可复制，但在合成的子链上在二聚体的部位留有缺口；②有缺口的子链与完整的双链中的母链重组（交换），子链中的缺口便由这条母链中的正常部分填补了；③母链中新形成的缺口可通过DNA聚合酶的作用，以对侧子链为模板合成单链的DNA片段来填补；④由DNA连接酶将缺口连接起来，完成修复（图8-35）。重组修复后母链DNA的损伤依然存在，但子代DNA损伤被成功修复，随着多次复制，损伤链所占的比例越来越少。

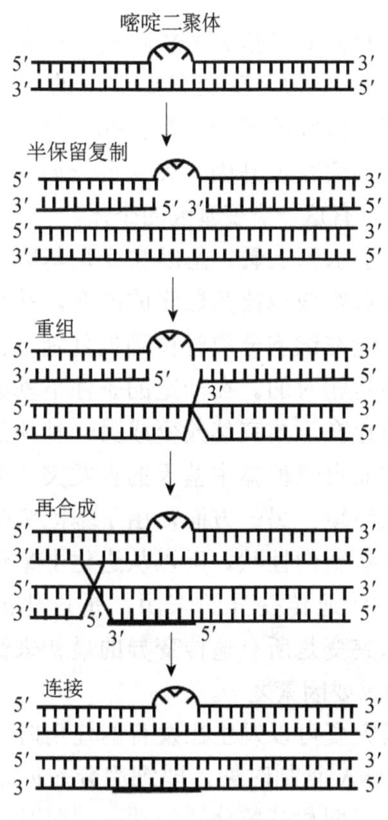

图8-35 重组修复

4. SOS修复

SOS修复（SOS repair），是指在DNA损伤严重，正常修复机制被抑制，细胞处在危急状态下的一种修复方式，必须在DNA复制后进行。SOS应答是DNA受到损伤或复制受阻时的一种诱导反应。SOS修复允许新链越过损伤部分而继续合成，但是很容易在损伤区段甚至其他区段产生碱基错配，容易产生新的突变。SOS应答在DNA损伤发生后几分钟之内就可出现，SOS应答诱导的产物也可参与重组修复、切除修复、错配修复等各种途径的修复过程。

在进化的过程中，生物体会受到内外环境中各种因素的影响：一方面DNA损伤不可避免；但另一方面，各种生物都具有损伤修复系统，可以保持细胞的正常功能。修复作用是自然界生物体内的一种普遍功能，细胞的修复系统十分复杂，对维持遗传物质DNA的稳定性和完整性有重要的意义。修复系统的缺陷或异常与遗传病、衰老、免疫及肿瘤的发生密切相关。

第七节　突变的研究与应用

一、基因突变的意义

广义的突变包括染色体畸变。狭义的突变专指点突变。实际上畸变和点突变的界限并不明确，特别是微细的畸变更是如此。野生型基因通过突变成为突变型基因。突变型一词既指突变基因，也指具有这一突变基因的个体。

从分子水平上看，基因突变是基因在结构上发生碱基对组成或排列顺序的改变。基因虽然十分稳定，能在细胞分裂时精确地复制自己，但这种稳定性是相对的。在一定的条件下基因也可以从原来的存在形式突然改变成另一种新的存在形式。一方面自然群体中基因的自发突变会使群体更能适应环境；另一方面，由于基因突变，后代会出现一些新的性状。所以从进化上来说，基因突变是一切遗传变异的来源，是进化的主要动力。基因突变是所有遗传变异的最初来源，是生物进化的重要因素之一。

基因突变可以发生在发育的任何时期，通常发生在DNA复制时期，即细胞分裂间期，包括有丝分裂间期和减数分裂间期；同时基因突变与DNA的复制、DNA损伤修复、癌变和衰老等都有关系，同时很多突变也会导致很多疾病的产生，给物种的生存造成威胁。利用理化因素诱发突变，可以为研究突变的过程和性质、为育种工作提供有效的方法和丰富的变异材料，还能为环境保护和医疗保护提供重要的理论依据。基因突变为遗传学研究提供突变型，所以研究基因突变在科学研究、医学实践、农业生产等方面具有重要的理论和实际意义以及广泛的生物学意义。

二、基因突变研究的发展

化学诱变从20世纪初开始，Morgan等陆续发现化学物质可以提高果蝇和部分微生物的突变速率，物理诱变主要是由高能辐射引起微生物遗传物质的变异。传统物理诱变剂有紫外线、微波、各种射线和超声波等。紫外线使用最早，当微生物DNA吸收紫外线后，DNA双链会形成胸腺嘧啶二聚体，从而引起遗传特性的改变。微波是一种高频率电磁波，可刺激极性分子快速震动，从而发生遗传变异。

1910年摩尔根首先在果蝇中发现基因突变。1927年，Hermann Muller发现用X射线照射可以诱导果蝇发生突变，随后的研究发现X射线照射也可以在其他的生物中显著提高突变率。1928年美国科学家L. J. Stadler使用X射线照射大麦，成功引起大麦遗传物质的改变，自此开启了世界诱变育种的新序幕，其也成为现代植物诱变育种的奠基者。1930年拉帕帕特（I. A. Rappaport）发现亚硝酸可以使某些霉菌的突变增加。1937年，美国植物学家布莱克斯利（A.F. Blakeslee）用秋水仙素诱导植物产生多倍体。这些研究为人工诱导变异开创了新途径。随后多种物理因素，如α射线、β射线、γ射线、中子、质子、紫外线、超声波、激光等多种物理诱变源也被相继发现，从而揭开了物理诱变的研究序幕。1943年，奥尔巴克（C.Auerbach）等发现*N*-芥子气对生物的诱变作用，表明了化学诱变的可能，并开创了化学诱变发展的先河。1943年Oehlkers在脲脘处理的月见草中发现了染色体的畸变，肯定了化学药剂效应。其后，Rapoport首次展开了化学诱变育种，正式拉开了全世界化学诱变育种技术应用的序幕。1943年卢里亚和德尔布吕克最早在大肠杆菌中证明对噬菌体抗性的出现是基因突变的结果。接着在细菌对于链霉素和磺胺类药的抗性方面获得同样的结论。于是基因突变这一生物界的普遍现象逐渐被充分认识，基因突变的研究也进入了新的时期。1949年光复活作用发现后，DNA损伤修复的研究也迅速推进。这些研究结果说明基因突变并不是一个单纯的化学变化，而是一个与一系列酶的作用有关的复杂过程。1956年，有人发现果蝇暴露在芥子气（mustard gas）中，突变率增加50倍。随之对一系列化学试剂进行研究，发现许多化学药物都可以诱发基因突变，并建立了化学诱变的新学科。1958年本泽发现噬菌体T4中有特别容易发生突变的位点——热点，指出一个基因的某一对核苷酸的改变和它所处的位置有关。1959年弗里茨提出基因突变的碱基置换理论。1961年克里克等提出了移码突变理论。

20世纪60年代以来，核技术及其应用研究有了较大发展，诱变因素逐渐增多，诱变规律逐渐被人们认识。近年来，离子注入法、超高压、离子辐射成为诱变育种的新方法。辐射诱变与现代生物技术及常规育种结合，成为一种综合性更强并且更有效的新体系，具有巨大的应用潜能。

目前已经发现的化学诱变剂，根据化学结构不同，可以分为碱基类似物、碱基修饰物、DNA插入剂等。相比于物理诱变，化学诱变有着简单、经济、容易突变、无须遗传转化的特点。又因为不同试验材料染色体倍数的不同，部分多倍体材料对化学物质有较高的耐性，可以得到高密度突变，因此可以用反向遗传学技术从突变体库中筛选出突变体。化学诱变成为国内外众多学者高度依赖的诱变技术方法，国内外已利用化学诱变创造了多种作物的新材料。

随着分子遗传学的发展和DNA核苷酸序列分析等技术的出现，现在已能确定基因突变所带来的DNA分子结构改变的类型，包括某些热点的分子结构，并已经能够进行定向诱变。

三、基因突变的检测方法

基因突变的检测包括直接检测和间接检测。直接检测是指在DNA水平上的检测，包括利用探针技术、基因测序、PCR技术、基因芯片法等进行检测和分析。间接检测是指在基因表达产物或代谢水平上的检测，包括蛋白质水平和代谢产物的检测等，如Western印迹法、免疫组织化学、蛋白质芯片法或某种特异的代谢产物测定等。一般来讲，直接测定是主要的，间接测定是辅助的。

（一）直接检测方法

1. 直接测序法

可以对欲测样本采集组织或血样样本，提取基因组DNA，进行全基因组重测序，然后与参考基因组序列进行基因组比对分析，判断突变基因。

2. 核酸探针法检测

对已知的基因突变可以利用核酸探针及Southern印迹法进行检测，这种方法在基因突变检测分析时，由于诸多限制难以满足这种工作的需要。

3. PCR技术检测

自从PCR技术问世以来，建立于PCR技术基础上的突变基因检测技术发展迅速，它不仅能在短时间内检测出发生突变的基因，而且即使获得极微量的组织，也可经PCR扩增而进行各种检测，加上PCR技术与探针杂交技术、RFLP技术及PCR产物直接测序的结合，该方法得以迅速发展和推广，大大促进了遗传病及肿瘤有关的基因的研究进展。

4. 基因芯片检测

该方法是把具有突变基因的序列制成芯片，用欲测DNA与其杂交，通过计算机图像扫描系统收集杂交信号与并进行分析。

（二）间接检测方法

间接检测方法是对突变基因表达产物或代谢物的检测。

1. Western 印迹法

首先提取欲测样本的蛋白质，经琼脂糖凝胶电泳，转膜并固定，用特定抗体处理结合，用化学或其他方法显带后分析。

2. 免疫组织化学法

这种方法是首先制备组织切片，经固定处理后再用特定的荧光抗体结合，冲洗掉未结合上的荧光抗体，干燥后荧光显微镜观察下观察与分析。

3. 蛋白质芯片法

这种方法是把具有突变基因的蛋白质制成芯片，用欲测蛋白质的标记抗体与之结合，再进行分析。

4. 代谢组学分析法

这种方法主要是分析突变基因表达的蛋白质可能参与的代谢过程及产物。所以可以采集相关组织样本，进行代谢组学的检测与分析。

（三）表型直接观察法

基因突变一般也可以通过表型直接观察，但当某一表型性状发生变化时还不能确定它是由突变引起，还必须进行突变基因的测定才能确定。表型观察检出突变的方法常因不同生物而异。

1. 病毒、细菌和真菌基因突变的检测

（1）病毒、细菌基因突变的检测

病毒基因组的突变可造成宿主范围、生长速率（噬菌斑大小）、形态等表型发生变化。根据这些变化可以区分和鉴别突变。例如，大肠杆菌 T4 噬菌体快速溶菌 γ 突变体可以导致受体细胞快速裂解，形成大而透明的溶菌斑，根据在不同大肠杆菌品系（*E.coli* B、S、K12）中的表现，又可细分为γⅠ、γⅡ和γⅢ三种不同的突变型。有些病毒基因发生突变后不但可以改变其宿主范围，繁殖速率、毒性也可能发生变化。

从大量诱变的细菌后代中分离出突变体的方法难度差异很大。对于细菌的抗噬菌体、抗抗生素突变相对容易，只要对诱变群体添加抗生素或喷洒噬菌体就可以筛选出突变体。但对于细菌的营养缺陷型则主要采取负选择法进行。利用可在完全培养基上正常生长、在基本培养基上不能生长的影印实验就可以选出突变体。但由于突变率一般较低，直接采用负选择法工作量大、效率低，往往采用青霉素富集法首先浓缩大量突变体，然后再进行负选择。

青霉素富集法的原理是青霉素可以抑制细菌细胞壁的合成，使新分裂的细菌细胞不能合成新的细胞壁，这样新分裂的细菌细胞就处于部分原生质体状态，在培养基的低渗条件下就可能破裂死亡。经诱变处理的细菌在添加青霉素的基本培养基上培养几个周期，其大量的野生型细菌会因细胞分裂、新细胞壁的合成被青霉素抑制而处于原生质体状态，低渗破裂而死亡；而营养缺陷型突变因其生长的营养物质不能合成，又不能在基本培养基中获得，因而并不发生分裂，青霉素也不能对其发挥作用，这样反而存活下来，经几个周期后，收集菌体，再经完全培养基培养，负选择法筛选就可获得营养缺陷型突变体。

（2）真菌营养缺陷型的检测

真菌营养缺陷型突变体一般使用营养缺陷型筛选的方法检出。真菌能发生各种营养缺陷突变。多数真菌生活史中有一个丝状体阶段，利用这一特性可获得大量营养缺陷型突变体。其方法是经诱变处理的真菌孢子，在基本培养基上让其萌发，形成丝状体，过滤可去除大量由野生型孢子萌发而成的丝状体，绿叶中的孢子多为营养缺陷型孢子，由于基因突变，这些孢子在基本培养基上由于营养物质不能合成，又在培养基中无法获得，所以不能萌发。但滤液中还包含一些生长缓慢的野生型孢子、死亡孢子等。因为营养缺陷型在基本培养基中不能生长，以后需每隔一定时间进行过滤，连续若干次后，所剩下来的都是缺陷型或死亡的分生孢子。对缺陷型分生孢子通过各种补充培养基进行培养，再通过基因鉴定其属于何种类型的营养缺陷型突变体。

真菌细胞壁的主要成分为几丁质，与细菌明显不同，因此青霉素富集法不能应用于真菌的诱变选择过程。但制霉菌素与几丁质的合成有关，可在真菌的基本培养基中加入一定量的制霉菌素，也可采用与细菌营养缺陷型筛选类似的方法进行真菌营养缺陷型筛选。

粗糙脉孢菌的分生孢子经过 X 射线或 UV 处理后，与另一交配型的子囊果杂交获得子囊，分离各子囊孢子，进行筛选鉴定也可获得大量的突变型，通过生长谱的鉴定和遗传杂交实验，可以证实其突变的性质。

2. 植物基因突变的检出

与细菌和真菌相比，植物突变体的筛选和鉴定要复杂得多。首先要对突变的真实性进行鉴定，即突变是由于环境引起的，还是由于遗传物质的改变引起的。其次对突变的性质进行鉴定，判断是显性突变还是隐性突变。以二倍体的植物为例，二倍体植物中的突变，可根据后代性状的分离情况进行检出。由于基因突变表现世代的早晚和纯化速度会因显隐性而有所不同。显性突变表现早而纯合的慢，隐性突变表现晚而纯合的快。显性突变在第一代就能表现，第二代能够纯合，在第三代中才能检出突变纯合体；隐性突变在第一代表现不出来，在第二代才能表现出来，但一经表现就是能够稳定遗传的纯合体，最后还要对突变的频率进行测定。

3. 果蝇突变的检出

（1）果蝇性连锁突变的检出

1）ClB 品系：ClB 是果蝇的一个品系，C、l、B 是位于 X 染色体上的基因。另一条是正常 X 染色体，因此性别为雌性。ClB 是 1927 年由美国遗传学家 Muller 首创，用来检测 X 染色体隐性致死突变的基因突变。其中 C（cross over supress，交叉抑制）代表 X 染色体上一段包括 l 和 B 的倒位，使它不能与另一同源染色体发生交换，因而在连续世代中保持这种 X 染色体的特性。因此，这个区段在上下代遗传中不能发生交换和重组。l（lethal）代表 X 染色体上的一个隐性致死基因，因此具有这种染色体的雄果蝇不能存活。B（bar）代表在倒位区段之外有一个 16 区 A 段的重复，表现为棒眼，相当于一个显性棒眼基因，可作为识别含有倒位 X 染色体个体的标志。

纯合的 ClB//ClB 雌果蝇和 ClB 雄果蝇受 l 的影响，在胚胎发育的早期死亡。只有 $ClB//X^+$（代表正常 X^+染色体）杂合雌果蝇可以成活和传递 ClB。由于倒位杂合体的交换重组受抑制，ClB 总是连锁在一起，$ClB//X^+$雌果蝇只能产生 ClB 和 X^+ 两种配子。ClB 测定就是利用 $ClB//X^+$雌果蝇测定 X 染色体上是否发生了基因的隐性突变。

具体方法是先用 X 射线照射正常的雄果蝇（$X^+//Y$），诱导 X^+染色体上的基因发生突变（受到 X 射线照射的 X 染色体用 X^-表示）。然后用该雄性果蝇（X^-/Y）与 $ClB//X^+$雌果蝇杂交，杂交子代中的 ClB//Y 在胚胎发育的早期就死亡，只存活 $ClB//X^-$（棒眼）雌果蝇、$X^+//X^-$（正常眼）雌果蝇和 $X^+//Y$（正常眼）雄果蝇 3 种（图 8-36）。子代中的棒眼雌果蝇（$ClB//X^-$）与正常眼雄果蝇（$X^+//Y$）成对杂交产生 F_2 代。根据 F_2 代中是否出现成活的雄果蝇及雄果蝇的表型即可推测雄性亲本经 X 射线照射后 X 染色体是否发生了致死突变或者隐性突变。

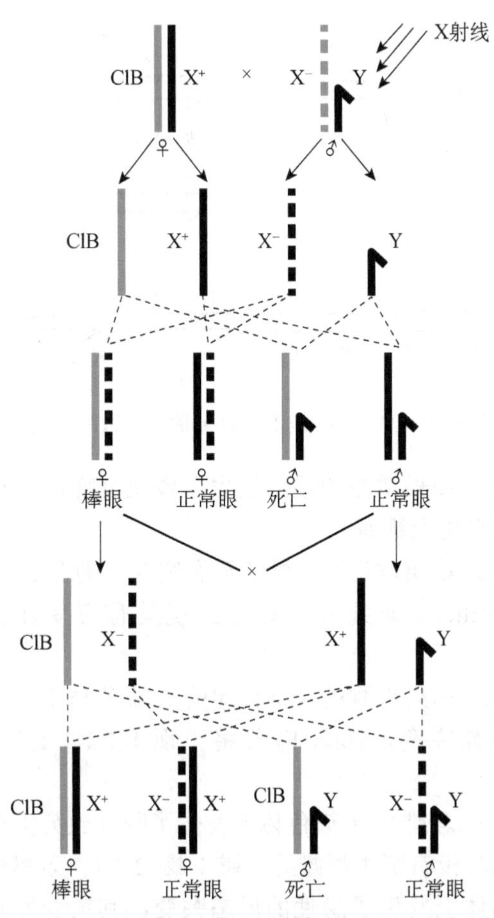

图 8-36　ClB 技术检测果蝇 X 染色体上隐性或致死突变

若 F_2 代中无雄性果蝇存活，则表明雄性亲本 X 染色体发生了致死突变，若 F_2 代中存活有雄性果蝇（X^-/Y），则表明未诱导雄性亲本 X 染色体发生致死突变；将 F_2 中的雄性果蝇与野生型雄果蝇进行比较，就可证明雄性亲本 X 染色体是否发生了隐性突变。

2）Muller-5 品系：Muller-5 品系是由摩尔根的学生缪勒在 ClB 基础上人工创建的一个果蝇品系，可以有效检出果蝇 X 染色体上的隐性突变，特别是致死突变。Muller-5 品系的 X 染色体上带有一个棒眼基因 *B*（bar）、一个杏色眼基因 W^a（apri-cot，杏色眼）和一个小盾片少刚毛基因 *sc*。此外，X 染色体还有一个倒位区段，可以有效抑制 Muller-5 的 X 染色体与野生型 X 染色体重组。其基本原理与 ClB 技术相同。

检测时，先用经诱变处理的雄果蝇与 Muller-5 品系的纯合雌果蝇杂交，得到 F_1 代。再将 F_1 代单对交配，观察 F_2 代的分离（图 8-37）。

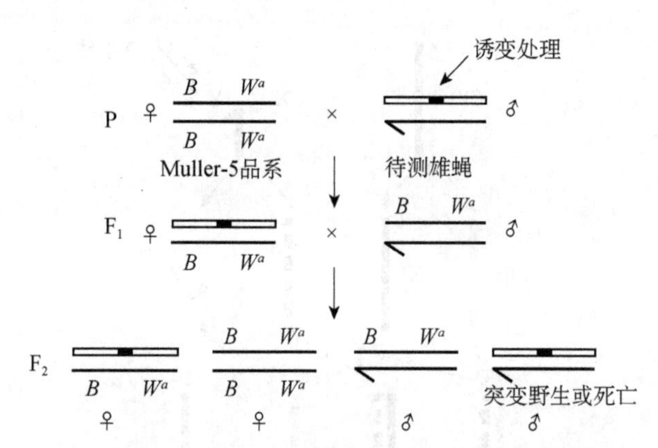

图 8-37　Muller-5 技术检验 X 隐性（致死）突变

a. 如果诱变的果蝇发生了致死突变，F_2 代中没有野生型雄蝇。

b. 如果发生了隐性的形态突变，则在 F_2 代中除 Muller-5 雄蝇外，还会出现具有突变性状的雄蝇。

c. 如果待测的雄蝇传递的 X 染色体上没有隐性致死突变，那么 F_2 代将出现 1∶1∶1∶1 的比例。

d. 若雄蝇 X 染色体上发生了隐性致死突变，F_2 代将没有野生型雄蝇，雌∶雄=2∶1；若雄性 X 染色体上发生了隐性的形态突变，其突变性状将在 F_2 代雄蝇中表现出来。

隐性致死基因存在于 F_2 代杂合体雌蝇中，可供进一步研究利用。可研究致死基因在杂合体中的作用。

3）并联 X 染色体技术：并联 X 染色体（attached X chromosome）是指两条在着丝粒处并合的 X 染色体，这两条 X 染色体紧密相连，在雌配子形成过程中不分离。果蝇的性染色体组成为 XY 时为雄蝇；XX、XXY 时为雌蝇；XXX 时为超雌蝇，不能成活。所以，如果细胞中含有并联 X 染色体 XXY 的果蝇为雌性。用此法测定果蝇 X 染色体上隐性可见突变时，可用含有并联 X 染色体的野生型雌蝇（XXY）与经过辐射诱变的野生型雄蝇杂交（图 8-38），根据 F_1 代的表现情况可做出如下判断：如果辐射后雄蝇的 X 染色体发生了隐性致死突变，那么 F_1 代将全部为野生型雌蝇。如果 X 染色体发生了隐性可见突变，那么突变性状将在 F_1 代雄蝇中表现出来。

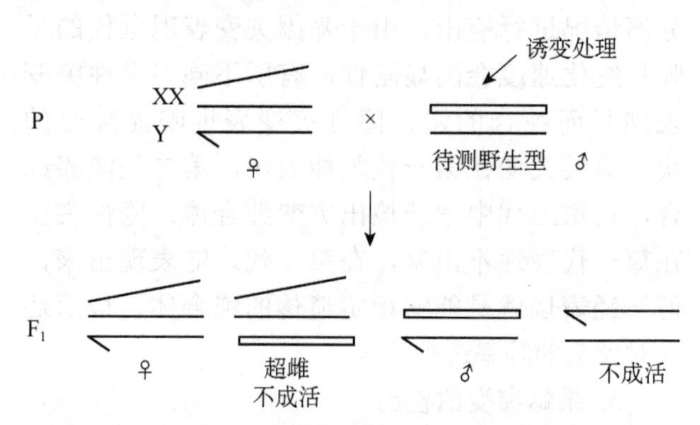

图 8-38　并联 X 染色体技术检验 X 隐性（致死）突变

（2）果蝇常染色体基因突变的检测

常染色体上的基因成对存在，隐性性状只有在纯合时才能表现出来，鉴定比较复杂。可利用平衡致死系（balanced lethal system）进行常染色体上隐性突变基因的鉴定。平衡致死（balanced lethal）是指同源染色体上两个非等位基因的纯合致死，显性基因的杂合体能够正常存活的表现。

果蝇 2 号染色体上有一个翘翅显性基因 *Cy*，该基因纯合（*Cy/Cy*）致死，含有一个倒位区段。另有一个杏眼基因 *S*，也是纯合（*S/S*）致死的。这两个基因各自纯合（*Cy/Cy*，*S/S*）均表现致死，当两个显性基因位于同一条染色体（*CyS*/++）上也致死，因此，存活的品系基因型（*Cy*+/+*S*）为平衡致死系。

用平衡致死系测定果蝇 2 号染色体上某一基因的隐性突变时，将平衡致死系（*Cy*+/+*S*）的雌果蝇和待测的雄蝇杂交。从 F_1 代中选取翘翅雄蝇，与平衡致死系雌蝇（*Cy*+/+*S*）成对回交分别饲养。在 F_2 代中分别选取翘翅的雌、雄个体交配，最后从 F_3 代中进行分析鉴别（图 8-39）。

1）如果被测雄蝇的 2 号染色体上带有致死基因，则 F_3 代中只有翘翅类型的果蝇。

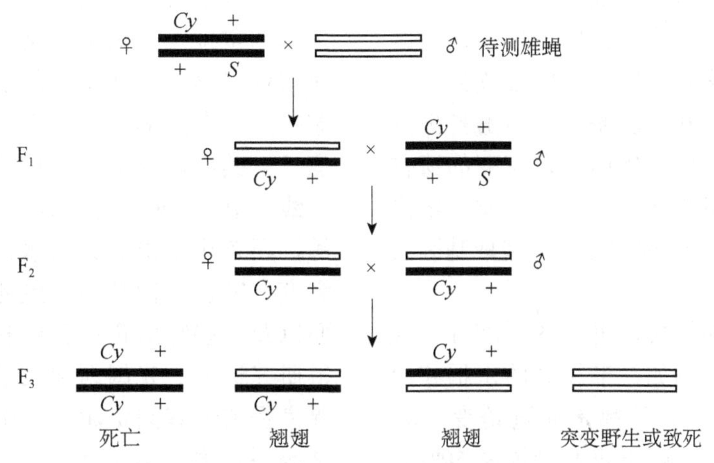

图 8-39　平衡致死系鉴定果蝇常染色体隐性突变基因

2）如果被测雄蝇 2 号染色体上不带致死基因与突变时，F_3 代中将会出现 1/3 左右的野生型果蝇和 2/3 的翘翅杂合型个体。

3）如果被测雄蝇的 2 号染色体上发生隐性突变基因，则 F_3 代中在出现翘翅类型的同时，还将出现 1/3 左右的突变型个体。

4. 人类基因突变的检出

人类基因突变的检出不易鉴定，比较复杂，主要依据家系分析和出生调查的方法鉴别基因突变。常染色体显性突变的检测比较简单，一个家系中，如果双亲均正常，子代中出现了显性遗传基因，则可推测此基因由突变而来。对于常染色体的隐性突变，仅靠家系分析则难以鉴别。因为无法分辨隐性突变纯合体的出现是隐性突变的结果，还是两个携带者婚配后分离的结果，所以必须借助其他方法如蛋白质电泳技术、DNA 分子标记等进行鉴别。

人的性别取决于 XY 型，X 染色体的许多基因在 Y 染色体上无等位基因。性连锁突变的检出比较容易，如果女性的一条 X 染色体发生显性突变，其后代无论男女均可表现；如果发生隐性突变，会使她一半儿子表现突变性状；如果是致死突变，她的后代中性别比例会发生改变，呈现男∶女=1∶2。

随着分子遗传学的发展，许多现代分子生物学的手段已经用于基因突变的检测，如等位基因特异的寡核苷酸、DNA 芯片技术、检测 DNA 点突变的毛细管电泳技术、等位基因特异性寡核苷酸杂交技术等，从而提高了检测的可靠性和效率。

四、基因突变的应用

（一）诱变育种

基因突变在育种上是一条行之有效的重要途径。利用各种物理、化学和生物学因素均可诱导生物发生变异，并从中进行新品种的选育，称为诱变育种。诱变育种具有突变率高，能够打破同一连锁群相邻基因之间的紧密连锁，促进连锁基因重新组合，突变的频率高、类型多、变异的性状稳定快等特点，可以缩短育种年限。因此，多年来诱变育种已受到人们的广泛关注，并已用于改良生物品种的生产实践，诱发突变在微生物、植物和动物育种上都发挥重要的作用。

微生物育种方面，利用各种诱变因素选育优良菌种，在微生物育种方面有重要作用。例如，青霉菌，经 X 射线和紫外线以及芥子气和乙烯亚胺等理化因素反复交替处理和选择后，不断有新品种培育出，仅 10 年青霉素的产量由原来的 250 U/mL 提高到 5000 U/mL，提高 20 倍。林可霉素是由林可链霉菌（*Streptomyces lincolnensis*）产生的一种抗生素，主要用于治疗由有革兰氏阳性菌引起的疾病。利用紫外线诱变照射林可链霉菌，可以将林可霉素的产量从 77.69% 提高到 84.62%。目前诸多的抗生素菌种，如青霉菌、红霉菌、白霉菌、土霉菌、金霉菌等都是通过诱变育成的。

植物育种方面，通过诱变使生物产生大量而多样的基因突变，从而可以根据需要选育出优良品种，这是基因突变的有用方面。诱变育种技术在植物育种上发挥了独特作用。它可以诱发基因突变，产生自然界原来没有的或一般常规方法难以获得的新类型、新性状、新基因，能够打破基因连锁，提高重组率。电离辐射诱发突变的遗传效应是由于辐射能使生物体内各种分子发生电离和激发，导致DNA分子结构发生变化造成基因突变和染色体畸变。

植物诱变育种发展很快，世界各国相继育成许多高产优质新品种。例如，菲律宾的水稻和墨西哥的大麦矮秆抗病新品种都是通过诱变育种的；印度的‘阿隆那’蓖麻不仅产量提高50%，而且成熟期缩短了120天。我国大量的诱变育种工作是20世纪50年代后期开始的，利用诱变育种的方法已先后在水稻、小麦、高粱、玉米、大豆等品种改良上起到了重要作用。曹亚萍等（2019）归纳了小麦甲基磺酸乙酯（EMS）诱变突变体的相关研究与方法以及取得的抗白粉病小麦新种质。陈天子等（2021）通过EMS诱变获得抗咪唑啉酮除草剂水稻新种质。据联合国粮农组织（FAO）和国际原子能机构（IAEA）突变数据库统计（https://mvd.iaea.org/），截至2022年底，国际原子能机构登记在册的全世界利用辐射育种技术育成的作物品种已达3402个，其中我国育成的品种有1050个，占比约1/3（刘晓娜等，2023）。多年来不仅在作物新品种选育和种植创新方面取得显著成效，在观赏植物、药用植物和微生物育种以及诱变育种方法技术和诱变机制研究等方面都取得了明显进展。

在动物诱变育种中，由于动物机体更趋复杂，细胞分化程度更高，生殖细胞被躯体严密而完善地保护，所以人工诱变比较困难，但也取得了一定的成就。例如，蝇中各种突变种的产生；在家蚕中应用电离辐射，育成ZW易位平衡致死系用于蚕的制种，提供全雄蚕的杂交种，大幅度提高了蚕丝的产量和质量。在哺乳动物的鼠类和毛皮兽中也作了一些试验。例如，野生水貂只有棕色的皮毛，用诱变使毛色基因发生突变，从而育成经济价值很高的天蓝色、灰褐色、纯白色的水貂等。

家蚕是突变基因研究最多的生物之一。日本从1910年就开展家蚕突变基因的研究，至今共发现600多个突变基因，并对大多数突变基因进行了基因定位。这些突变基因的发现、分析及应用对蚕业科学、蚕业生产的发展起了重要的作用。家蚕发生突变的原因很多，有自然突变、诱导突变等。其中诱导突变常用的有属于电离辐射的X射线、中子、γ射线、离子束注入诱变、激光诱变等，还有化学诱变如秋水仙素等。利用家蚕基因突变在家蚕限性品种、致死性品种、丝质相关方面以及一些特殊资源创新利用等家蚕育种领域取得研究进展。我国西南大学和日本九州大学是世界家蚕突变基因资源保存中心，保存的家蚕突变基因系统数量覆盖世界现存突变系统的90%以上。突变包括胚胎、幼虫期致死、茧形、茧质、茧色、卵形、卵色、幼虫头尾斑、眼纹、斑纹、幼虫体色成虫等主要作为性状记录。

但诱变育种也存在一些缺点，如很难控制变异的方向和性质，对数量性状控制的微突变鉴定比较困难，有些变异不易稳定等。因此，要进一步研究诱变的机制和方法，并重视与其他育种手段的结合，以提高育种水平和效果。

（二）航天育种

航天育种也称为空间技术育种或太空育种，就是指利用返回式航天器和高空气球等所能达到的空间环境对植物的诱变作用以产生有益变异，在地面选育新种质、新材料，培育新品种的农作物育种新技术。其原理是利用太空环境的高能射线的辐射作用使植物种子发生基因突变。目前，航天育种已经成为诱变育种的一种趋势。

早在20世纪60年代初，苏联及美国的科学家就开始将植物种子搭载卫星上天，在返回地面的种子中发现其染色体畸变频率有较大幅度的增加。80年代中期，美国将番茄种子送上太空，在地面试验中也获得了变异的番茄，种子后代无毒，可以食用。1996～1999年，俄罗斯等国在“和平号”空间站成功种植小麦、白菜和油菜等植物。

我国航天育种研究开始于1987年8月5日，随着我国第九颗返回式科学试验卫星的成功发射，一批水稻和青椒等农作物种子被送向了遥遥天际，这是我国农作物种子的首次太空之旅。当时搭载作物种子的目的并不是想育种，只是想看看空间环境对植物遗传性是否有影响。但是，科学家们在实验中无意发现，上过天的种子中发生了一些意外的遗传变异，因此人们开始考虑利用这种方式进行农作物航天育种。

中国航天育种研究中心采用航天技术选育的‘87-2卫星甜椒’，具有果大、丰产、抗病、质佳、耐储、耐运输等优点，在全国推广种植数万亩。到目前为止，我国利用返回式卫星先后进行了13次70多种农作物的空间搭载试验，特别是国家高技术研究发展计划实施以来，我国航天育种关键技术研究取得了显著进展，在水稻、小麦、棉花、番茄、青椒和芝麻等作物上诱变培育出一系列高产、优质、多抗的农作物新品种、新品系和新种质，并从中获得了一些有可能对农作物产量和品质产生重要影响的罕见突变材料。据统计，截至2023年8月，我国航天育种搭载试验3000余项，育成主粮审定品种240多个，蔬菜、水果、林草、花卉新品种400多个，创造直接经济效益逾3600亿元，年增产粮食约26亿kg。航天育种技术已成为快速培育农作物优良品种的重要途径之一，在生产中发挥作用，为提升我国粮食综合生产能力和农产品市场竞争力提供了重要技术支撑。

（三）害虫防治

基因突变害虫防治是用诱变剂处理雄性害虫使之发生致死的或条件致死的突变，然后释放这些雄性害虫，便能使它们和野生的雄性昆虫互相竞争而产生致死基因突变的或不育的子代。

（四）疾病的预防和治疗

1. 疾病的预防

通过基因检测技术，可以预测某些癌症的风险，并采取预防措施。多种恶性肿瘤，如恶性黑色素瘤、甲状腺癌、结直肠癌、肺癌等存在不同比例的*B-raf*基因突变；结直肠癌、胰腺癌、肺癌等存在不同比例的*K-ras*基因突变。良性肿瘤患者若是检出*B-raf*或*K-ras*基因突变，提示有肿瘤恶变的可能。*PIK3CA*基因突变检测，对肺癌、乳腺癌、结直肠癌等肿瘤患者的早期筛查、诊断及预后具有重要意义。

2. 疾病的治疗

2009年，美国加州大学旧金山分校的生物化学和生物物理学教授Elizabeth Blackburn的研究团队，在癌细胞端粒酶的遗传密码中插入了一个由RNA构成的小突变，以重建细胞复制过程中丢失的染色体部分的正常活性，从而达到利用基因突变使癌细胞“自杀”的目的。2013年，英国爱丁堡大学罗斯林研究所的研究人员发现猪和人竟然共有112个相同的基因突变。这些基因突变与帕金森病、阿尔茨海默病等有关，这一研究成果若用于医学研究，很可能能帮助治疗上述疾病。猪和野猪在很多方面都与人存在共同点。研究人员马丁·格罗恩称：“通过对猪的基因进行研究，可以帮助我们了解并治疗人类由基因突变引发的疾病，这些疾病包括肥胖、糖尿病、阅读障碍、帕金森病和阿尔茨海默病。”针对某种特定基因突变的疗法，可以通过使用小分子抑制剂或抗体来实现。例如，针对某些肺癌细胞中的表皮生长因子受体（EGFR）突变，可以使用EGFR抑制剂来抑制肿瘤细胞生长。*p53*突变是肺腺癌患者常见的基因突变，使用腺病毒将正常的*p53*基因导入到肿瘤细胞中，可以替代突变的*p53*基因，从而回复细胞的正常功能。CRISPR等基因编辑技术被用于单基因疾病（血友病、地中海贫血、着色性干皮病等遗传性疾病）、癌症肿瘤和线粒体疾病等的治疗（Wang et al.，2022；Wei et al.，2022）。例如，人原代T细胞的CRISPR基因编辑可以产生抗肿瘤活性更高、不良反应更低的同种异体T细胞，这使得通用CAR-T细胞在临床上得到广泛应用成为可能。精确的基因编辑有望改善急性白血病患者的预后，显著降低制造成本，并克服与激活素（ACT）相关的脱靶效应和移植物抗宿主病（GVHD）。大多数人类遗传病都是基因中单一碱基的突变引起的。例如，当胞嘧啶（C）替换为尿嘧啶（U）时，需要通过氧化脱氨作用脱去一位点上的氨基；而腺嘌呤（A）替换为鸟嘌呤（G），则需脱去另一位点上的氨基。这种变化可以通过酶的催化作用来实现。单碱基编辑技术的基本原理是通过工具酶确定突变位点，然后进行氧化脱氨作用实现碱基对的替换（Lee et al.，2019）。

（五）诱变物质的检测

多数突变对生物本身来讲是有害的，人类癌症的发生也与基因突变有密切的关系，因此环境中诱变物质的检测已成为公共卫生的一项重要任务。

许多化学诱变剂，既可以诱发基因突变，又能致癌。Ames 等经十余年努力，于 1975 年建立了一种简易检测诱变剂的方法，称为沙门菌回复突变试验[也称埃姆斯（Ames）试验]，Ames 试验全称污染物致突变性检测。该方法采用鼠伤寒沙门菌（*Salmonella typhimurium*）的营养缺陷型菌株，其组氨酸生物合成途径中一个酶的基因发生了突变，因此该菌株是组氨酸营养缺陷型（his^-）菌株，将该菌株与待测物置于无组氨酸的培养基中，如果待测物具有诱变作用，就可使大量细胞发生回复突变，自行合成组氨酸，发育成肉眼可见的菌落，根据菌落的多少即可判断诱变力的强弱。该法比较快速、简便、敏感、经济，且适用于测试混合物。利用 Ames 试验发现，致癌物质中 90%有诱变作用。目前这种检测方法在食品和环境的安全性检查中十分有用，已被世界各国广为采用。

（六）DNA 组成的改变与新品种培育

DNA 的改变是动物、植物、微生物育种的基础，所以，只要能够改变生物基因组 DNA 的方法，加上定向选育，都有可能培育出新的品种和创造新的种质资源。能够改变生物 DNA 的方法有很多，概括起来有杂交、转基因技术、基因敲除和敲入、基因诱变、基因编辑、基因工程技术等。

1）杂交：杂交虽然没有基因突变，但可以通过两个品种基因组的重新编排与组合改变一个个体的基因组 DNA 组成。再通过自交或相互交配，产生不同基因型的个体，经选育可以培育新的品种。

2）转基因技术：转基因技术可以把外源基因转移到动物或植物体内，可以给动植物添加进新的基因成分，从而产生新的性状，经选育可以形成新的种质资源或新品种。

3）基因敲除和敲入：基因敲除和敲入可以改变原有生物个体的基因组组成，可以使原有基因的功能丧失，导致生物性状改变，同时加以选择，可以形成新的品种。

4）基因诱变：基因诱变方法很多，前面已经叙述，有物理的、有化学的。诱变产生的表型效应有些是有害的，也些是有利的。后者经定向选育，可培育成人们需要的新品种。

5）基因编辑：基因编辑技术是近 10 多年出现的新技术，尤其是 CRISPR/Cas9 技术的出现，使人们可以在生物基因组的任何区域进行改造与编辑，从而获得新的生物类型。

6）基因工程技术：人们可以利用基因工程技术，让基因在动物、植物、微生物间进行交流，使生物原有的基因组 DNA 发生改变，从而可以获得新的生物类型。

本章小结

遗传与变异是生物界普遍存在的两大生命现象。遗传保证了物种的相对稳定性，使生命在世代间延续。而变异则使生物不断产生新的类型，为生物进化提供了最初的原材料。生物变异有不可遗传的变异和可遗传的变异。基因重组和突变是可遗传变异的两种来源。基因重组是对原有基因的重新编排和组合，既没有产生新的基因，也没有遗传物质的增加或减少。突变是生物发生遗传变异的主要方式之一，是自然界生物进化的基础。突变包括染色体畸变和基因突变两种类型，染色体畸变是染色体结构和数目的变化。基因突变是指是指染色体上某一基因位点内部发生了化学性质的变化，由一个基因变为它的等位基因。基因突变可自发产生，也可受外界理化因素诱发产生，引起基因突变的因素很多。根据突变的表型效应，突变可分为形态突变、生化突变、致死突变、条件致死突变和抗性突变等类型。基因突变产生的分子机制主要是碱基置换、碱基的插入缺失及 DNA 分子结构的改变。基因突变能引起无义突变、错义突变、同义突变、移码突变等蛋白质效应。引起基因突变的诱变剂有碱基类似物、改变DNA化学结构的化学诱变剂及能够结合到DNA分子上的诱变化合物、转座子及高能射线等，辐射诱变包括电离辐射和非电离辐射。生物体中存在多种DNA突变的抑制和损伤的修复系统，能够对突变进行修复，从而保持物种的遗传稳定性。DNA突变的抑制有密码子的简并性、基因内突变的抑制和基因间突变的抑制等。DNA损伤修复的途径主要有DNA聚合酶的修复、错配的修复系统、尿嘧啶-*N*-糖基酶修复系统、二聚体糖基酶修复系统、光修复、暗修复、碱基切除修复、重组修复和SOS修复等。

思 考 题

1. 名词解释：基因突变　同义突变　错义突变　渗漏突变　无义突变　碱基类似物　碱基替换　转换　颠换
2. 基因突变有哪些表现效应？
3. 为什么说基因突变大多数是有害的？
4. 简述碱基类似物的诱变机制。
5. 试说明核苷酸切除修复的主要过程。
6. 细胞通过哪些修复系统对DNA损伤进行修复？
7. 试述基因突变的主要类型。
8. DNA损伤修复的途径有哪些？
9. 试述物理因素诱变的机制。
10. 常见的化学诱变剂有哪些？简述其诱变机制。
11. 举例说明基因突变有何重要意义。
12. 举例说明基因突变的特点。
13. 试述重组修复的过程。

第九章 遗传重组

第一节 概 述

生物体性状的形成是遗传物质和环境共同作用的结果。生物体内的遗传物质持续进行着可遗传和不可遗传的变异，以产生生物进化和对环境的适应所需要的新基因。遗传信息的稳定性是物种延续所必需，但可变性也是生物进化所必需，基因组的可变性和稳定性之间必须维持平衡，才能使生物体得以生存并世代相传，繁衍不息。可遗传变异的根本原因是突变，而不可遗传的变异就依赖已经存在于基因组内的遗传信息的重新组合。就每个个体而言发生突变的概率很低，涉及的基因数目非常有限，如果只有突变而没有不同个体间的基因交流。则生物体难以迅速地产生最能适应环境条件的基因组合。生物体在积累选择优势的有利突变时也会积累不利突变。通过不同个体间的基因交流，可以将具有选择优势和选择劣势的基因分开，在短期内产生具有各种基因型的个体，接受自然选择，从而使整个群体维持在一种不断淘汰有害等位基因和不断积累有利基因的动态变化之中。

从广义上讲，任何造成基因型变化的基因交流过程都叫遗传重组（genetic recombination）。有性繁殖的双倍体生物在减数分裂时，同源染色体彼此独立分配，非同源染色体自由组合，从而形成各种不同组合类型的配子，雌雄配子结合后产生的后代基因型各不相同（图 9-1）。这种情况的发生是通过同源染色体再分配和非同源染色体的自由组合形成的，这是一个非常重要的重组机制，但在该过程中没有 DNA 间遗传物质的物理交换，只是同源染色体的再分配和非同源染色体的自由组合而形成不同基因型个体，并造成后代的遗传差异。这种遗传重组的实质是物种内原有遗传物质的重新组合，并没有改变原有遗传物质的序列或排列。

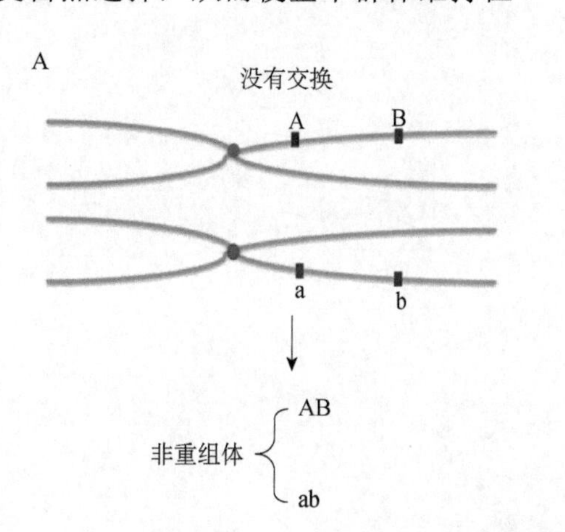

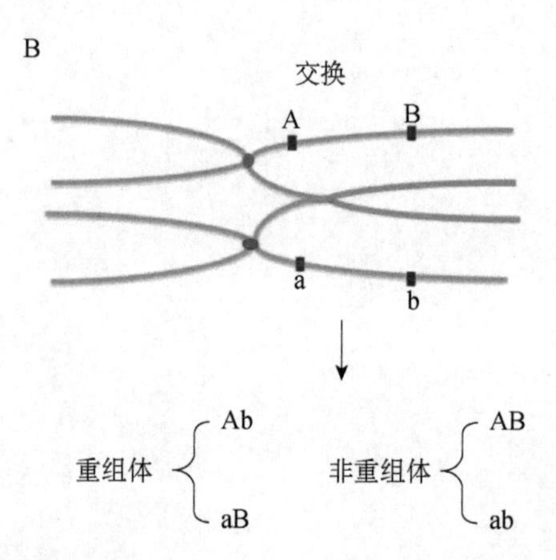

图 9-1　同源染色体交换与重组

（A）A 和 B 基因之间没有交叉只会产生非重组配子；（B）A 和 B 基因之间交叉会产生重组配子 Ab 和 aB 以及非重组配子 AB 和 ab。

狭义上的遗传重组指涉及DNA分子内断裂-复合的基因交流，有时又叫作交换（crossing over）。在有性繁殖的双倍体生物减数分裂时，同源染色体通常发生联会（synapsis），从而引起非姐妹染色单体的交换，这种交换造成了原有遗传物质的序列或排列的改变，这种改变依赖于配对和交换序列的同源性或特异性序列的存在，且发生了DNA间遗传物质的物理交换。这种重组方式有别于上述由于同源染色体再分配和非同源染色体自由组合所引起的遗传重组类型。根据对DNA序列和所需蛋白质因子的要求，可以把遗传物质有物理交换发生的重组方式分为四种，即同源重组、位点特异性重组、转座作用和异常重组。其共有的特征是DNA双螺旋之间的遗传物质发生交换。遗传重组系统的存在，确保了物种代与代之间基因组的重排，从而形成一个物种个体之间的遗传差异。

重组可以在减数分裂和体细胞核基因中发生，也可在线粒体基因间和叶绿体基因间发生。重组也见于噬菌体整合和转座子转座等过程中。重组对物种的生存和延续十分重要，地球上所有的机体可能都具有重组现象，以使有利和不利的基因分离，并作为一个新的组合被生存环境选择。生物要生存就要适应环境，由于环境在不断改变，就需要有变异来适应环境，而变异的来源便是突变和重组。重组使有利的等位基因得以保存，使不利的基因被清除。通过重组获得基因的新的重组体允许该物种更快地适应环境并加速进化的进程。重组对DNA损伤的修复也起着重要作用。

同源重组发生在DNA的同源序列之间。负责DNA配对和重组的蛋白质因子无碱基序列特异性，只要两条DNA序列同源或接近同源就可以发生。影响同源重组发生的因素很多，在生物体内可能存在重组热点，在这种序列内发生重组的概率远远高于其他序列。真核生物中染色质状态对重组也有影响，如异染色质及附近区域很少发生重组。同源重组发生过程中需要某些蛋白质因子和酶的存在，如在大肠杆菌中需要RecA蛋白质，类似的蛋白质也存在于其他细菌中。因此，细菌中的同源重组又叫作依赖RecA重组（RecA dependent recombination）。

位点特异性重组发生在两条DNA的特异位点上。λ噬菌体DNA通过其attp位点和大肠杆菌DNA的attB之间的位点特异性重组而实现整合过程。在重组部分有一段15 bp的同源序列，它是重组的必要条件，但不是充分条件，还须有位点特异性的蛋白质因子参与催化。这些蛋白质因子不能催化其他任何两条序列（不管是同源的还是非同源的）之间的重组，这就保持了λ噬菌体DNA整合方式的特异性和高度保守性。因此，位点特异性重组又常叫作保守重组（conservative recombination）。位点特异性重组不需要RecA蛋白质的参与。

早期称为“跳跃基因”的转座作用是基因组的片段从染色体的一个区段转移到另一个区段或从一条染色体转移到另一条染色体的生物学现象。转座作用既不依赖转座成分和插入区段序列的同源性，也不需要RecA蛋白质。由于转座作用总是伴随着转座成分的复制，故又称为复制重组（replicative recombination）。

异常重组也不需要DNA序列的同源性和RecA蛋白质，而且它也不需要转座酶。异常重组分为末端连接和链滑动，这两种反应中的重组特征是很少或没有序列同源性，因此，异常重组有时被称为非同源性重组。但在某些异常重组中常需要一小段序列具有同源性。

有人曾把后三种称为非同源性重组，或只把第四种称为非同源性重组，但现在认为，即使异常重组，有时也需要序列的同源性存在。重组发生的机制可能不止一种。例如，Tn10的转座涉及转座和同源性重组；免疫球蛋白VDJ连接涉及位点特异性识别和一种类似异常重组的末端连接过程，酵母接合型的转换既具有同源重组和位点特异性重组的特征，也具有复制转座过程的特征等。目前有关的重组机制并没有完全阐释清楚，因此其分类也是相对而言。

重组是遗传学的重要基石。遗传重组和重组DNA技术在概念的不同，前者指发生在生物体内的基因交流；后者指在体外人为地将不同源的DNA组合在一起，是人们有目的、有计划地改造生物体的一项技术和手段。了解重组的原理，可以更好地改进动物遗传操作的技术和方法。利用同源性重组的原理，人们可以对生物体的基因组进行定向改造。转座元件也可以将某些DNA序列引入到染色体或沉默基因。位点特异性重组系统引入特异重组反应依赖同源DNA序列。异常重组能被用于整合任何DNA序列到一个基因组中。通过同源性重组将DNA序列引入真核基因组为改良生物体重要性状开辟了新途径。

第二节 同源重组

一、同源重组模型的共同特点

同位素标记DNA的方法是早期研究同源重组的经典方法。应用该方法Matthew Meselson和Frank W.Stahl证明了DNA的半保留复制，同时也揭示了重组过程中DNA分子断裂和重新接合的保守性。同源重组过程中DNA链的断裂和接合（重新合成）是非常重要的两个现象。目前已经提出了多个学说来解释同源重组的机制，这些学说共同的关键步骤主要包括以下几点。

1. 在交换区具有相同或相似的序列

同源重组的显著特征是发生交换的DNA的两个区域的核苷酸序列必须是相同或很相似的。同一物种的不同个体中，DNA分子核苷酸序列常常是几乎一样的。两个同源染色体的DNA分子同样区域中序列一般是相同的。同源重组常常只发生在两个DNA分子中的相同部位。两个DNA分子中不同部位间的重组有时也会发生，因为在DNA分子中，同样或类似的序列有时可见于多处。这种类型的重组称为异位重组，它可引起DNA序列的缺失、复制、倒位和其他DNA重排等。细胞已经产生了一种特殊的机制以防止异位重组的发生。

2. 单链或双链DNA的断裂

发生同源重组的DNA分子中一定具有单链或双链的DNA断裂，这也是不同学说的遗传基础。

3. 重组DNA分子间的碱基配对

两个同源重组DNA分子的重组启动一定存在碱基配对，即断裂的DNA分子与重组同源的亲代DNA分子以碱基配对法则进行配对，这个步骤称为链侵入（strand invasion），造成交叉的形成并将两个重组的DNA分子连接在一起，所形成的结构称为霍利迪连接体（Holliday junction）。两个DNA分子链之间互补的碱基配对确保重组只发生在同样的基因座之间，也就是DNA分子的相同部位。在该部位两个双链DNA分子通过链之间互补的碱基配对被维系在一起。

4. Holliday连接体的迁移

通过发生重组的DNA分子解链和重新配对，Holliday连接体可以沿同源DNA进行移动。当交叉移动时，原来DNA分子的碱基配对被打开，侵入的DNA链与亲代同源DNA链重新进行配对，并形成重组中间体。这个过程称为分支迁移（branch migration）。

5. Holliday连接体的拆分

在Holliday连接体中DNA链通过切割产生两个独立的双螺旋DNA分子，并结束交叉互换，这个过程称为拆分（resolution）。Holliday连接体中两对DNA链在拆分中的切割方式对重组分子的DNA交换具有重要影响。

二、同源重组模型举例

（一）Holliday双链侵入模型

第一个被广泛接受的重组模型是1964年由Robin Holliday提出的Holliday模型。根据这个模型，是在即将发生重组的两个DNA分子中，通过在两个DNA分子的同一部位两个单链的断裂而引发重组。然后两个断裂单链的游离末端彼此交换，每一条链同另一分子的互补序列配对形成两个异源双链。随后末端彼此连接产生的十字样结构称为Holliday连接体，它由两个双链分子通过它们交换的链连在一起。Holliday连接体是所有重组模型的核心。经典Holliday模型的主要步骤包括：①同源重组DNA分子相互配对。与减数分裂过程中同源染色体相互配对相似，参与重组的两个双链DNA分子相互靠近。这两个DNA分子含有相同或几乎相同的遗传物质和基因。②同位切割。在同源重组发生时，两个同源DNA分子的一条DNA链在相同的位置分别进行切割并产生DNA断裂端。③链侵入。位于切割位点的DNA末端，在其配对的位置脱落离开其互补的DNA链，侵入同源的即将重组的双链DNA分子，并与其相对应的断裂末端相连接，产生Holliday连接体。这个过程发生于两个双链DNA分子，也是双链侵入模型的基础。④分支迁移。Holliday连接体也能通过碱基之间氢键的断裂和再连接而发生左右移动。这个过程称为分支迁移。当交互连接移动时，同样数目的氢键断裂和再形成，不需要能量。但是在没有能量的实验中，氢键断裂得不够迅速，所以不能有效地进行支链迁移。特异的ATP水解蛋白似乎在分支迁移中被需要，在Holliday连接体中分支的迁移能增加异源区长度。如果一个异源双链扩展到含有不同序列的区域，将发生错配，这可能导致基因转换。⑤交叉体拆分与异构化。一旦形成Holliday连接体后，就必须通过Holliday连接体的拆分，以恢复原来的两个DNA双链分子。是否发生重组依赖于拆分时Holliday交叉体构象的变化。Holiday连接体能由一种类型转变为另一种类型而在碱基之间没有任何氢键的断裂。由一种构象转变为另一种构象不需要能量，所以能很快发生，每种构象存在的概率各占50%。重组的发生与否与Holiday连接体构象拆分有关，不同的拆分方式会产生不同的结果，引起重组发生（DNA序列交换）或者不发生。

Holliday模型被称为双链侵入模型，因为由每一个DNA分子的一条链侵入到相对应的同源DNA分子，它解释了在重组时，两个DNA分子的异源双链是如何形成的。然而这种模型存在的一个问题是两个DNA分子必须同时几乎在同一部位被切断而引发重组。但是当碱基被藏在双链DNA螺旋的内部，而不能随意地与另一个DNA分子配对时，两个相似的DNA分子在它们被切断之前是如何配对而排列在一起的呢？如果两个DNA分子不被排列在一起，它们如何能在确切的同样部位被切断呢？为了回答这个问题，Holliday认为在DNA分子上存在某些位点，这些位点能被特殊的引发重组的酶切断。然而，还没有足够的证据证明这些位点的存在，而重组似乎多少有些随机地发生在整个DNA分子的任何部位。

电镜下，在大肠杆菌质粒中观察到了Holliday连接体的存在，也证实了Holliday连接体是遗传重组发生的重要结构。未经过酶切处理的质粒呈现“8”字形结构，而经过酶切处理的质粒呈现“十”字形结构，并存在有Holliday连接体连接的4个游离末端（图9-2）。

虽然Holliday双链侵入模型尚存在一些问题，但该模型已被作为一个标准模型。几乎所有的重组模型都涉及Holliday连接体和支链迁移。它们之同的差别主要存在早期阶段，在Holliday连接体形成之前。

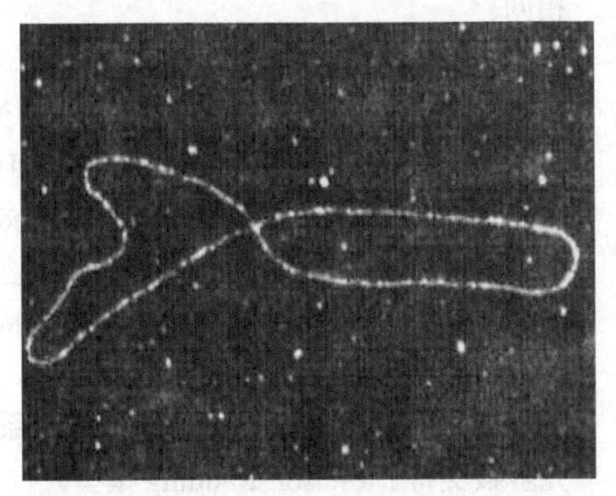
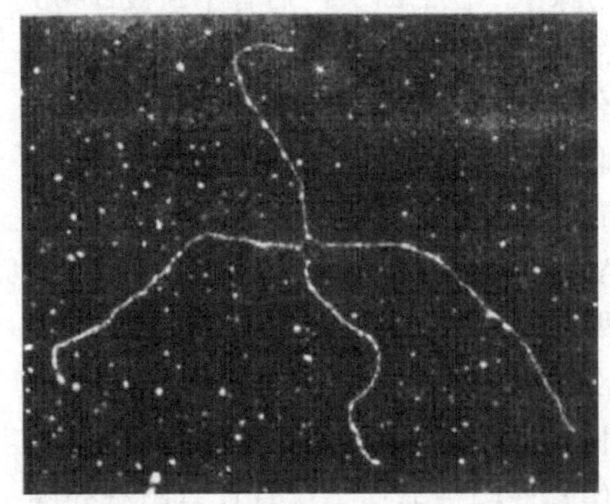

图9-2 从大肠杆菌质粒观察到的Holliday连接体电镜照片（Potter and Dressler，1976）

（二）单链侵入模型

为了解释在Holliday模型中的问题，Meselson和Radding对Holliday模型进行了修改，从而形成了单链侵入模型，主要包括以下几个步骤。

1）切断（nicking）：同源联会的两个DNA分

子中任意一个出现单链切口，切口由某些 DNA 内切核酸酶产生。很可能在正常情况下 DNA 分子上随机发生这类切割和随后由连接酶催化的连接。也有可能使同源 DNA 接近并发生联会的蛋白质因子同时具有内切核酸酶活性，负责切口的产生。

2）链置换（strand displacement）：切口处形成的 5′端局部解链，由细胞内类似于大肠杆菌 DNA 聚合酶 I 的酶系统利用切口处的 3′-OH 合成新链，而把原有的链逐步排挤置换出来，使之成为游离的以 5′-P 为末端的单链区段，单链置换反应可以一直进行下去，由此产生的单链区段随之越来越长。

3）单链侵入（single-strand invasion）：由链置换产生的单链区段侵入到参与联会的另一条 DNA 分子因局部解链而产生的单链泡中。局部解链可能由某种 DNA 结合蛋白质的作用产生，也可能由 DNA 呼吸作用产生。大肠杆菌中，单链侵入需要 RecA 蛋白的参与。

4）切除（loop cleavage）：侵入的单链 DNA 与参与联会的另一条 DNA 分子中的互补链形成碱基配对，同时把与侵入单链的同源链置换出来，由此产生 D 环。D 环的单链区随后被切除降解。这一步骤至少需要一个内切反应和 5′→3′外切核酸酶活性。外切作用可能扩展到整个 D 环单链区及其附近区段。

5）链同化（strand assimilation）：环切除中产生的 3′-OH 断头和侵入单链的 5-P 由 DNA 连接酶共价连接。同时，侵入的单链可以沿 5′→3′方向继续置换出环切除中产生的断头，后者不断被 5′→3′外切核酸酶活性切除降解。通过单链侵入和链同化作用，被侵入的 DNA 双螺旋分子上有一段区域含有来自联会对方的一条链，它随链同化作用的继续进行而逐步扩大。这一区域叫作杂合 DNA（hybrid DNA）或异源双链（heteroduplex）。因为参与重组的两条同源 DNA 的碱基序列不一定完全一致，异源双链区内往往含有错配碱基，这些错配碱基对面临着细胞内修复系统的修复。异源双链区的形成在立体结构上几乎没有什么困难和障碍，很少造成较长的未配对的碱基区段。到此为止异源双链区只出现在两条 DNA 分子的一条之中，因此这段异源双链区叫作非对称（dissymmetry）异源双链区。

6）异构化（isomerization）：链同化进行过程中，DNA 经过一定的扭曲旋转而形成如图 9-3 第 5 步所示的异构体。这样，两条 DNA 分子不再以一条链相连而是以两条同源的单链交叉相连，而且相连的链不再是前面一系列变化中涉及的单链而是原来一直“安然未动”的链。图 9-3 第 5 步所示的结构最初由 Holliday 提出，故叫作 Holliday 中间体（Holliday intermediate）。实验证明图 9-3 所示的 DNA 分子异构化过程很容易发生，并不造成任何立体结构上的张力。

7）分支迁移：两条 DNA 分子之间形成的交叉点可以沿 DNA 移动，这一过程叫作分支迁移。迁移实际上是两条 DNA 分子之间交叉的同源单链互相置换的结果，迁移的方向可以朝向 DNA 分子的任意一端。分支迁移与 DNA 呼吸作用有关，呼吸作用产生的单链区为两条 DNA 分子间的进一步单链取代提供了方便。由于 DNA 呼吸作用不断发生，所以交叉点也不断处于左右移动之中。长距离的分支迁移需要 DNA 拓扑异构酶系统参与。分支迁移使两条 DNA 分子中都出现异源双链区，有时叫作对称（symmetry）异源双链区，其长短视分支迁移情况而异，有时可达数千碱基对。分支迁移改变了交叉点的位置，但 Holliday 中间体的基本结构未变。

8）Holliday 中间体的拆分：Holliday 中间体的形成只完成了重组的一半，由它连锁在一起的两条 DNA 分子又必须经过拆分回复到彼此分开的双螺旋分子状态。拆分的形式与 Holliday 模型相同。

Holliday 中间体的形成机制是长期争论的问题。除了上述 Meselson-Radding 模型外，还有 Whitehouse 提出的 Whitehouse 模型，Holliday 自己提出的 Holliday 模型（为 Meselson-Radding 模型的原型），以及所谓“先配对后切割”模型（pair then cut model）等。所有这些模型的共同特征是：重组中间体异源双链区的形成和分支迁移。近年来大量实验结果尤其是对大肠杆菌 Rec 重组系统的精细研究多数支持 Meselson-Radding 模型。

这个模型认为，异源双链首先只在两个 DNA 分子中的一个形成。然而一旦 Holliday 交叉体形成，分支迁移能在另一个 DNA 分子上产生异源双链。这就解释了两个 DNA 分子中异源双链是如何形成的。

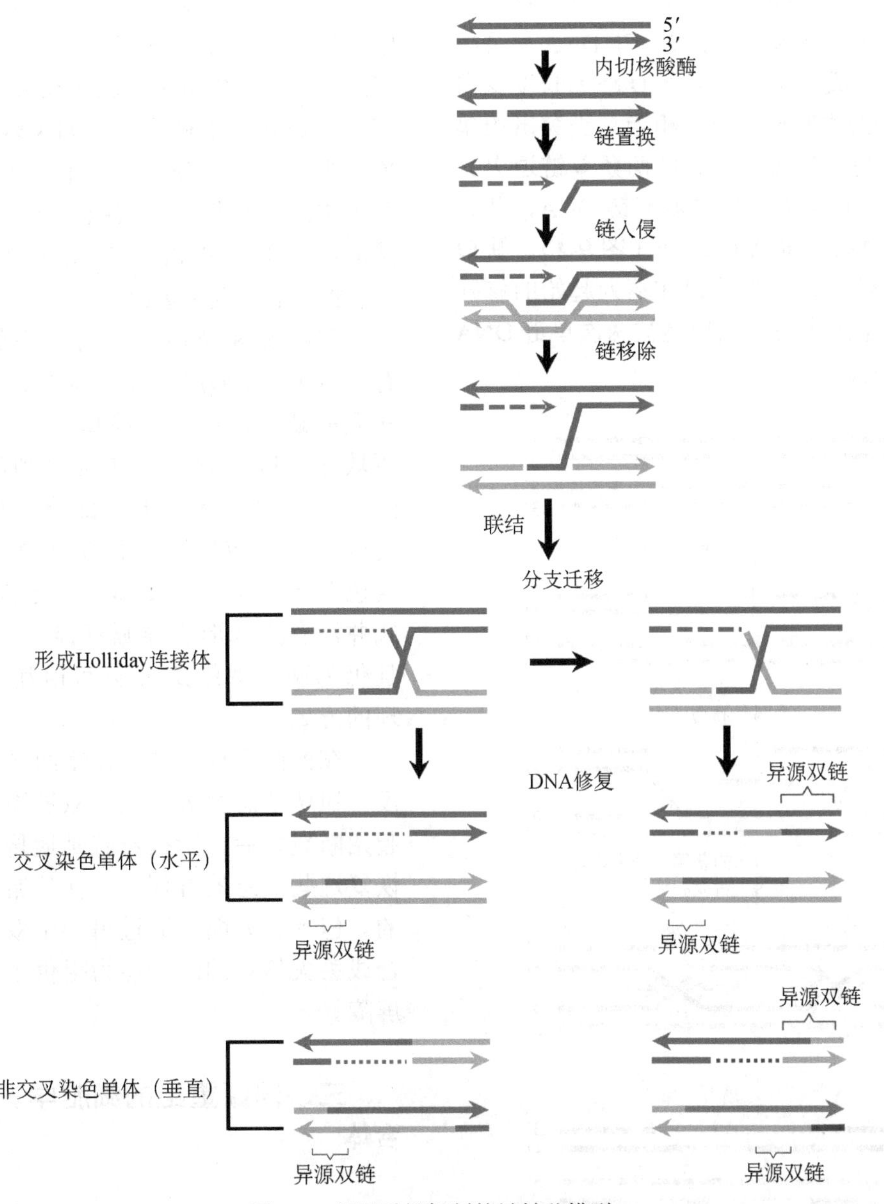

图 9-3 同源重组机制的链转移模型

（三）双链断裂修复模型

在 DNA 分子中，通过双链断裂（double strand break，DSB）引发重组看起来是不可能的。如果在 DNA 分子两条链中一条链发生断裂，另一条链仍然会将分子维系到一起，然而如果双链发生断裂，DNA 分子的两部分则可能被分开，这可能是一个致死的过程。这样双链断裂模型首先被排除。然而，现在似乎很明确的是，两个 DNA 分子之中的一个双链发生断裂可引发重组，至少在某些情况下是这样。

当前的重组模型认为，遗传信息的交换是由双链的断裂而引发的。DNA 双链断裂引发重组的第一个证据来自酵母的遗传实验。后来证明，通过双链断裂引发重组是个常见的机制。例如，细菌、噬菌体和低等真核生物的归巢 DNA 内切酶（homing DNA endonucleases）可因产生双链断裂而引发重组（图 9-3）。

双链断裂重组模型认为，参与重组的一对 DNA 分子之一的两条链被内切核酸酶切断，然后在外切核酸酶作用下扩展为一个缺口，并在（一种或几种）外切核酸酶的作用下产生 3′单链黏性末端，此两个 3′游离末端之一侵入到另一个双螺旋的同源区，置换“供体”双螺旋的一个单链而形成一段异源双链DNA，并同时产生一个D环。此D环由于以3′游离末端为引物，在DNA聚合酶作用下因修补合成而扩展。最终D环的长度变得与“受体”染色体的缺口长度相当。当突出的单链到达缺口的另一端时，互补的两条单链退火。此时在缺口的两侧各有一段异源双链DNA，并且此缺口被D环单链DNA所占据（图9-4）。缺口处双链的完整性可以被以缺口3′端为起始的修补合成来恢复。总的来说，缺口是被两次单链DNA的合成而修复的。

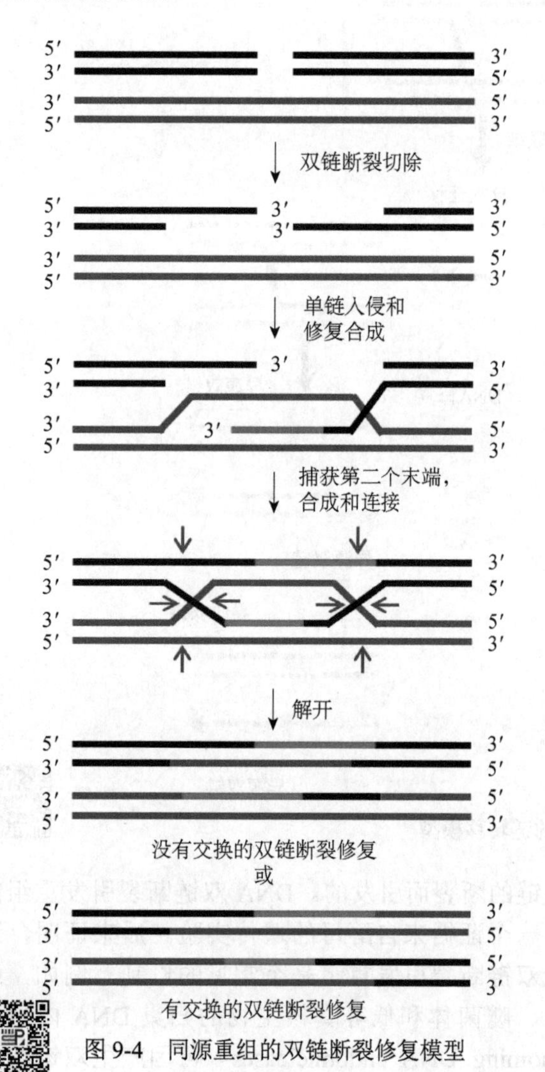

图9-4　同源重组的双链断裂修复模型

重组事件由双链断裂启动，随着核酸酶对末端的降解（称为DNA切除），含有3′-OH端的单链尾部就形成了。链中一个末端对同源序列的攻击形成D环。由DNA合成引起的3′-OH端的延伸增大了D环。一旦置换环与断裂的另一边配对，就可获得第二个双链断裂末端。DNA合成已完成断裂修复，紧随着连接反应，就会形成两个Holliday连接体。蓝色箭头的解开导致非交换产物的产生；而蓝色箭头中的一个Holliday连接体或红色箭头中的其他Holliday连接体的解开导致交换产物的产生

分支迁移使这一结构转换成一个具有两个重组交叉体的分子。也就是有两种Holliday交叉体形成。是否发生重组依赖于在拆分时两个Holliday交叉体是处于哪种构象。如果两者处于相同的构象，当它们被拆分时，则不发生交换，这样就不发生重组，且每一个双螺旋皆含一段异源双链。然而如果两个Holliday交叉体是处在不同的构象时，拆分后将发生重组。

双螺旋断裂后，参与交换的区间的两侧皆有杂合DNA形成。在此两个杂合双螺旋之间为断裂的缺口，并且此缺口为“供体”DNA序列所填充。因此异源双螺旋序列的排布是非对称的，一个双螺旋分子的部分序列被另一个双螺旋分子的相应序列所替换（这就是引发重组的染色单体被称为“受体”的原因）。双链断裂模式并没有降低形成异源双链DNA的重要性，并且仍为两个双螺旋分子间相互作用唯一似乎合理的方式。

在前两个模型中，在重组过程的任意阶段都没有遗传信息丢失。但在双链断裂修复模型中，起始断裂之后，紧接着就是遗传信息的丢失。在恢复这些信息的过程中，任何错误都可能是致命的。但另一方面，通过另一个双螺旋分子而重新合成丢失信息的这一能力提供了细胞的主要安全屏障。

三、同源重组的细胞学基础——联会复合体

真核细胞染色体的联会是在分子水平上最难解释的一个阶段。染色体复制后进入减数分裂过程，同源染色体配对形成联会复合体。许多年来人们一直认为它有可能代表重组过程中DNA交换的一个预备阶段。最近的观点认为联会复合体是重组的结果而不是其发生的原因。但是不论哪种情况，我们皆不清楚联会复合体的结构与DNA分子相互接触间的确切关系。

在这一阶段，每个染色体皆呈现为以两条侧成分作为边界的染色质的集合体，而且两个侧成分被一个细微但密集的中央成分所分离。此三股平行而密集的线状结构位于同一平面并围绕其轴线而扭曲。在此结构中同源染色体间的距离大于

200 nm（DNA 分子直径为 2.0 nm）。因此理解此复合体作用的一个主要难点在于，虽然它使同源染色体排列到一起，但远没有做到使它们之间相互接触。

联会复合体两侧之间唯一可见的连接物为见于真菌和昆虫的球状或圆柱状结构，它们横跨此复合体并被称为小结（nodes）或重组小结（recombination nodules），它们产生的频率和分布的情况与染色体交叉相同。它们的名称表明人们希望证明它们即是重组的发生位点，但它们是否是重组发生的位点，有待证明。

近期的实验表明在果蝇（*Drosophila* sp.）或酵母中，所有阻止染色体配对的突变同时也阻止重组的发生。在少数几个系统中，重组事件可以在分子和细胞水平上相比较，酿酒酵母减数分裂过程的研究工作已经取得了进展，图 9-5 为重组在分子和细胞水平上对应的时间表。

已有证据表明，在酵母中双链断裂引发同源重组和位点特异性重组。在一个序列为另一个序列所取代的接合型的变换中，首先涉及双链断裂。双链断裂也发生在减数分裂早期的特殊位点上，这些位点被称为重组的热点。重组频率在热点的一侧或两侧以梯度形式衰减。热点即为重组起始点，梯度反映出重组过程可能是由此而扩展开的。

我们现在可以在分子水平上解释这一观点。双链断裂产生两个平头的 DNA 末端，两个平头末端很快转换为 3′单链黏性末端。一个不能使平头末端转换为单链黏性末端的酵母突变体（rad 50）不能进行重组。这表明双链断裂是重组所必需的。梯度的产生则是由于产生单链区的可能性随其与断裂点之间的距离增加而降低。

双链断裂的出现和随后消失大约经过 60 min。双链断裂消失后不久即产生第一个交联分子，并且，一般认为，此交联分子是重组的中间体。这些过程的发生顺序表明双链断裂、配对反应和重组子结构的形成是在染色体的同一位点连续发生的。

双链断裂发生在轴心体（axial element）形成期间，并且随着配对的染色体转换成联会复合体的过程而消失。这一相对的时间顺序表明联会复合体的形成是由双链断裂引发重组和随后转换成重组中间体的结果。实验观测到的 rad 50 突变种不能使轴心体转换成联会复合体的事实支持这种观点。这就说明传统的，认为在减数分裂中，联会复合体的存在表明染色体只有在配对后才能发生

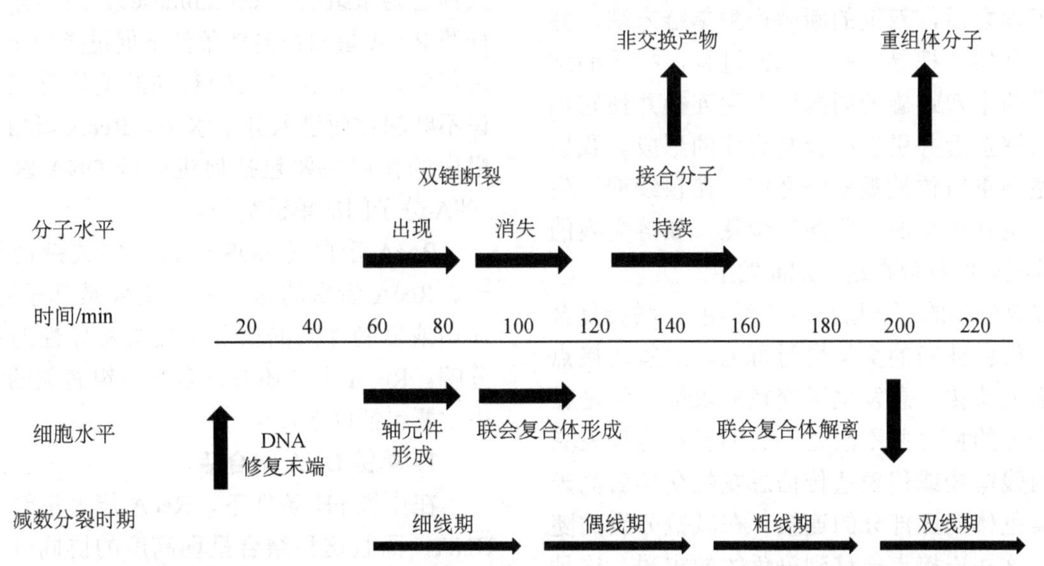

图 9-5 同源重组在细胞和分子水平的对应关系（J. E. 克雷布斯等，2013，并稍做修改）

当轴向分子形成时，双链断裂就会出现；而当联会复合体形成时，它又消失。接合分子出现并持续存在到粗线期结束，直至 DNA 重组体被检测到为止

重组的观点是不正确的。

确定重组是否发生在联会阶段是很困难的，因为重组是通过对减数分裂后重组子的产生而评估的。但是，在酵母中重组子的产生可直接根据含有诊断性限制性酶切位点（diagnostic restriction sites）的DNA分子的产生进行评估。实验表明，在粗线期的末期即有重组子产生，这清楚地表明，重组过程起始于联会复合体形成之前，重组过程的完成在联会复合体形成之后。

所以，联会复合体的形成是在引发重组的双链断裂之后，并一直保持到重组分子的形成。这表明在染色体配对后联会复合体的形成是染色体重组的一个结果，并且是随后的减数分裂阶段所必需的。一个联会复合体形成的酵母突变体（ZipI）能去除交换干扰（一个重组过程能抑制附近另外一个重组发生的能力）。这表明联会复合体的形成可能在重组位点被引发，而且此复合体沿染色体的扩展本身抑制进一步重组事件的发生。在这种情况下，重组事件可能并不完全是被同时引发的，并且联会复合体有可能在重组引发时开始形成并在重组尚未结束时完成。这一关于联会复合体抑制重组的看法与早期关于它对重组起主要作用的假说形成了鲜明对照。

从分子水平来看，我们可以推测当同源染色体相互识别之后，双链的断裂产生单链末端，并且此末端开始了搜寻互补序列的过程。搜寻的结果可能是两个双螺旋的同源区发生连接并使它们相互间足够接近并引发联会复合体的形成。我们仍不清楚当重组体被观察到之前，在粗线期发生了什么。也许重组的一些随后步骤，如链交换的扩展、重组体的释放在这一期间发生。

在减数分裂的下一阶段（双线期），联会复合体消失，染色体间的交叉变得可见。这些连接点已被假定为遗传信息发生了交换的表征，但是在分子水平上的特性并不清楚。它们有可能代表完全交换的残留物或代表遗传信息发生交换后尚未解离的染色体同源部分的连接。在减数分裂的随后阶段，这些连接点迁移到染色体的末端。这种可变性表明这些交叉点代表重组的残留物而不是重组的中间体。

重组发生在减数分裂的染色体分离的位点上，但是我们还不能把这些位点与已观察到的分离的结构单位（重组小结和交叉点）相关联。但是在酵母中，对一些存在于这些分离位点上的蛋白质的鉴定有助于在分子水平上提供了解这些分离结构形成的一些线索。这些蛋白质包括MSH4（与一种参与细菌不配对修复的蛋白质有关）、DmC1和Rad51C（大肠杆菌RecA蛋白的类似物）。这些蛋白质在重组中的确切作用尚不清楚。

重组是一个受控制的过程，只有一小部分经相互作用而最终完成交换。通常情况下，每对同源染色体只获得1～2个交换，同源染色体不发生交换的可能性特别低（< 0.1%）。这种过程可能是单一交换控制的结果，因为在某些突变体中，交换的非随机性通常被破坏。并且，重组过程是完成减数分裂所必需的。由于检验系统的存在，如果没有发生重组，减数分裂会受到抑制。当重组完成后，此种抑制则消除。这一安全系统确保在重组未发生之前细胞不会发生分裂。

四、同源重组的酶学基础

（一）RecA蛋白在联会链交换中的作用

大肠杆菌的RecA蛋白是一个39 kDa的单肽链，是同源重组过程中最重要的蛋白质，因此有人称它为重组酶（recombinase）。近年来，对大肠杆菌RecA蛋白在离体条件下促进类似于体内重组过程的研究正在使人们对同源遗传重组机制的认识不断深化而进入分子水平。RecA蛋白在遗传重组中的作用主要包括促进同源DNA联会和促进DNA分子间的单链交换。

RecA蛋白是SOS应答中的关键调节蛋白之一。RecA蛋白的这一特点主要是基于它在DNA损伤或复制受阻的情况下促进特异性的蛋白质的分解。RecA蛋白还有许多与重组有关的活性，其中主要包括以下几点。

1. 单链DNA结合活性

在中性pH条件下，RecA能大量结合于单链DNA，而且这种结合呈现高度的协同效应。在有足够RecA时，能将单链DNA全部占据。平均一个RecA单体能与4个核苷酸结合（3～6个）。RecA与单链DNA结合后，这个复合物的半径大约为12 nm，其轮廓长度大约为自由双链DNA长度的 60%。但是在 ATP 存在时，RecA-单链 DNA 复合物的长度可达自由双链 DNA 长度的 150%。这样的复合物很可能就是 RecA 所促进的 DNA 单链交换过程中的活性形式。

RecA 蛋白与单链 DNA 结合得非常稳定，其半寿期大约为 30 min，但这种稳定性受阴离子种类和核苷酸辅因子的强影响。当 ATP 加入到 RecA-单链 DNA 复合物中时，其半寿期缩短至 3 min，当 ADP 加入时，其半寿期缩短得更加厉害，大约为 0.2 min。然而 ADP 的存在并不影响 RecA 蛋白与单链 DNA 的结合倾向，只不过是加快结合与解离的平衡。与 ATP 相反，ATPyS 的加入并不能使 RecA 从它与单链 DNA 的复合物中解离。这就表明，在体内，当 ATP 存在时，促进了 RecA 与单链的结合，然后由于 RecA 具有依赖于单链 DNA 的 ATPase 活性，分解了 ATP 而释放出 ADP，又由 ADP 促进 RecA 脱离已经发生链交换的单链 DNA，再由 ATP 促进转移到其他单链 DNA 上。

2. 双链 DNA 结合活性

RecA 蛋白与双链 DNA 的结合不同于它与单链 DNA 的结合：①高度的 pH 依赖性，最适 pH 为 6.0，在 pH 为 7.5 时结合活性已难以观察到；②这种结合只有在 ATP 等核苷三磷酸存在时才发生。由于 RecA 的结合，双螺旋 DNA 发生解链，这样形成一种较粗的棒状螺旋形复合物，其直径大约为 100 Å，螺距也为 100 Å 左右，其中包含 18.6 个碱基对，结合有 6.3 个 RecA 分子。RecA 与双螺旋 DNA 的结合以及 DNA 的解链并不伴随着 ATP 的大规模水解，而是一个相当缓慢的过程，最终导致了 RecA 与单链 DNA 的结合状态。以便进行链交换。在体内，RecA 蛋白很可能与双螺旋 DNA 结合，使 DNA 接近于这种转变状态。

3. NTP 酶活性

在单链或双链 DNA 存在时，RecA 蛋白能够水解 ATP（dATP）、GTP（dGTP）、UTP（dUTP），水解 CTP（dCTP）的活性较低。水解 TTP 的活性更低。与单链或双链 DNA 结合活性相一致的是：单链 DNA 存在时，可在较宽 pH 范围内发挥 NTPase 活性，最适 pH 为 8.0；而在双链 DNA 存在时，仅在极狭的 pH 范围内（pH 5.5～6.5）具有 NTPase 活性，最适 pH 为 6.2。然而，只有 ATP 的水解才能促进联会。用 UTP 抑制试验表明，RecA 分子只有一个核苷三磷酸结合位点。而与此相反，RecA 分子可能有两个 DNA 结合位点。

4. 促进互补单链复性的能力

在 ATPyS 存在时，一个 RecA 分子能够结合 8 个单链 DNA 的核苷酸。这就意味着，RecA 分子可能具有两个核苷酸结合位点。这样，两条单链可能通过 RecA 分子相互连接（DNA・RecA・DNA）。这样的模式可用下述试验证明：一种当 RecA 蛋白与 ΦX174 正链 DNA（线形）结合以后再加负链 DNA（线形）；另一种是将 ΦX174 的正链（线形）和负链（线形）以及 RecA 蛋白一起混合。这样，两种情况下形成 RFII 形式所需的时间大体相同。当然，还不能排除另一种可能性，即通过形成 DNA・RecA・RecA・DNA 而促进单链 DNA 的复性，因为 RecA 分子本身也有相互结合成丝状复合物的能力。在复性过程中，碱基互补当然是不可缺少的条件。RecA 所促进的单链 DNA 复性与 SSB 所促进的复性完全不同：①RecA 所促进的单链 DNA 复性是在 RecA 亚饱和状态下进行的，大约 1 分子 RecA 比 30 个单链 DNA 核苷酸，饱和状态的 RecA 会抑制复性。SSB 却与此相反。②SSB 促进的单链 DNA 复性，可能是防止链内二级结构形成，从而增加了“成核”的机会，然后通过拉链作用实现复性，分子碰撞仍然是其限制步骤，因此为二级反应；而 RecA 促进的单链 DNA 复性为一级反应，表明在复性之前有一个迅速的非限制性的中间复合物形成过程。③RecA 蛋白质所催化的复性强烈地受到 ATP 的刺激，而 SSB 促进的复性不需要任何核苷三磷酸。

上述关于 RecA 蛋白的四种性质，在体内汇聚于一个更为复杂和更为完整的反应之中，那就是促进 DNA 分子的同源联会和 DNA 分子之间的单链交换。

RecA 蛋白促进单链 DNA 和双螺旋 DNA 之间的同源联会，参与联会的可以是单链 DNA 片段、双链 DNA 片段、线状的完整单（双）链 DNA、环状的单（双）链 DNA；双链 DNA 上可以带有也可以不带有单链切口或单链末端。但无论哪种组合，其中的一方必须是单链分子或带有部分单链区。同源联会全过程可以分为三个阶段，即联会前、联会和链交换。

（1）联会前阶段

首先 RecA 蛋白与单链 DNA 区域结合形成丝状复合物。RecA 蛋白的需要量取决于单链 DNA 的长度，二者呈化学计量关系。当每 3～5 个核苷酸的单链 DNA 对应一个 RecA 蛋白分子时，同源联会效率最高。

（2）联会阶段

RecA-单链 DNA 复合物与双链 DNA 结合，形成 RecA-单链 DNA-双链 DNA 三元复合物。这种结合与单、双链 DNA 序列的同源性无关，仅靠开始形成复合物时的随机碰撞。单链 DNA 和双链 DNA 之间很难做到同源序列的正好对齐，还需进一步反应才能做到这一点。一种可能性是 RecA-单链 DNA 与双链 DNA 之间极其迅速地反复形成三元复合物，然后随即被破坏，直至找到同源序列；另一种可能性是在三元复合物内单链 DNA 和双链 DNA 之间以某种方式运动，直至“寻找到”同源序列。目前尚不知双链 DNA 是如何解链以允许同源性测试的。

（3）链交换阶段

当单链 DNA 和双链 DNA 在 RecA 蛋白的促进下实现同源配对后，单链 DNA 便能侵入双链 DNA 将其中的同源单链置换出来，自己与互补链进行碱基配对，这一反应叫作单链摄入（single strand uptake）或单链同化。单链同化导致 D 环的产生。这一过程需要 ATP 水解。由 RecA 蛋白行使 ATP 酶活性，水解 1 分子 ATP 可以促进 5～10 个核苷酸同化。单链同化所形成的异源双链区随同化作用而逐步扩大，该效应类似于前面所述的分支迁移。但在无 RecA 蛋白的情况下，D 环的分支迁移是双方向性的，由 DNA 呼吸作用控制，位移速度极快，可达每秒 80 000 bp。而由 RecA 蛋白催化的单链同化是单方向性的，速度极慢，每秒仅几个 bp。不过单链同化可以允许 1%以上的错配碱基对出现，而 D 环的分支迁移难以越过一个错配碱基对。

链交换的单方向性可以由以下实验得到证实。将闭合环状单链 DNA 和同源的线状双链 DNA 在 RecA 蛋白催化下重组。双链 DNA 中与环状单链 DNA 互补的链能够从一端开始与单链环状 DNA 配对，形成在性质上与 D 环等同的连锁分子（joint molecule）。然后，通过单链同化作用，异源双链区越来越长，直至把原来双链 DNA 中与单链环状 DNA 同源的单链整个置换出来，其长度可达数千 bp。人们发现，若在线状双链 DNA 的不同一端共价连接一段与单链环状 DNA 完全不同源的异种双链 DNA（heterologous DNA），对链交换的效应截然不同：如果异种 DNA 连接在双链 DNA 上，与单链 DNA 互补的那条链的 5′端侧链交换照常发生，异源双链一直形成到异种 DNA 处才停止；如果异种 DNA 连接的一端相当于单链 DNA 互补链的 3′端，则无链交换出现。这说明单链同化只能沿固定方向进行，这个方向对双链 DNA 上的互补链来说是 3′→5′；对入侵的单链（在这里是单链环状 DNA）来说是 5′→3′。其他实验结果表明，连锁分子形成起始阶段无方向性，而单链同化则有方向性。

链交换过程中异源双链的形成与双方序列的同源性有密切关系。ΦX174 DNA 和 G4 DNA 有 70%的同源性，在 RecA 蛋白存在时，ΦX174 DNA 的单链片段不能与非超螺旋的 G4 DNA 双螺旋之间形成 D 环；不过如果 G4 DNA 双螺旋呈负超螺旋状态，则可以形成 D 环，产生数百 bp 长的异源双链区。其中平均约 30%为错配碱基对。而如果不加 RecA 蛋白，则即使在 G4 DNA 为负超螺旋的情况下也无异源双链形成。这一结果表明 RecA 蛋白的存在可以容忍异源双链中较多的错配碱基，同时也表明双链 DNA 的负超螺旋状态对异源双链的形成有促进作用。目前对这些效应的解释是：RecA 蛋白作为解旋酶为 ΦX174 DNA 和 G4 DNA 的链交换提供了方便；但所形成的异源双链区极不稳定，需要负超螺旋通过内部储存能量的释放使之稳定。

如果以序列同源性高达 97%的 fd DNA 和 M13 DNA 进行重组反应，RecA 蛋白可以在双链处在非超螺旋的状态下催化连锁分子形成，所形成的异源双链区包括许多错配碱基对，不过，fd DNA 和 M13 DNA 的链交换不能进行彻底：异源双链区的伸长可以顺利通过所有单一出现的错配碱基对，但不能通过连续两个或两个以上的错配碱基对。

RecA 蛋白促进含有众多错配碱基对的异源双链区形成的能力表明，两段同源性不是很精确的

DNA也可以发生重组，重组可能伴随富含错配碱基对的异源双链区的产生，由此造成大量的基因转换事件，在RecA蛋白及单链DNA片段的大量存在下，染色体的许多区域可能出现非同源序列之间的链交换，这可能是SOS应答中诱变作用的原因之一。

这里提一下SSB蛋白的作用，它们单独存在时不能促进D环形成，但可以帮助RecA蛋白促进形成D环。当SSB蛋白以饱和量（即足以与所有单链DNA结合）存在时，RecA蛋白的需要量只是原来的1%，而且对ATP的消耗也大大减少。但过量SSB蛋白对D环的形成有抑制作用。SSB蛋白质对RecA蛋白功能的促进作用可能是基于这两种蛋白质的相互作用，其机制目前尚不清楚。

DNA促旋酶和DNA拓扑异构酶Ⅰ对RecA蛋白催化的链交换作用也十分重要。离体条件下，DNA促旋酶的抑制剂能使重组频率降低70%～80%。这些酶大概与促进异源双链的形成和解决重组时出现的拓扑学问题有关。

（二）RecA蛋白和Holliday中间体的形成

真核生物细胞内的遗传重组发生在两条线状DNA之间，细菌转导和某些噬菌体的重组等也发生在两条双链DNA之间，那么RecA蛋白离体催化同源重组的功能能否模拟这一情况形成Holliday中间体呢？实验证明两条同源的线状双链DNA分子中只要一条含有一段单链区，就能导致Holliday中间体的产生。

当单链区域出现在一条线状双链DNA分子的末端时，在RecA的催化下，单链区域取代另一条分子上的同源链而与互补链进行碱基配对，形成局部异源双链区，使原来的双链DNA末端呈被置换的单链状态。随着链同化作用的发展，异源双链区进一步扩大，这样就为另一对互补单链之间的配对提供了可能，于是便出现对称的第二条异源双链区，然后转化成Holliday中间体结构。这种结构已通过电镜在RecA蛋白催化的线状双链DNA之间的离体重组中被发现。

关于RecA蛋白如何促进Holliday中间体中的分支迁移问题，现在仍然不清楚。可能RecA分子结合于一条双螺旋DNA，使其处于松弛缠绕状态，在其大沟中暴露可以进行链交换的活性部位。链交换的实质就是原有双螺旋中两条链之间的氢键断裂，再分别与另一条双螺旋中的补链形成氢键。没有结合RecA蛋白的一条双螺旋绕着有RecA蛋白的一条双螺旋旋转，产生链交换和分支迁移。在Holliday中间体中分支点一侧的两个双螺旋DNA分子形成一段四股螺旋区域，在这一区域发生了链交换活动。这两个模型都还缺乏过硬的实验证据，只是从推理上来说是行得通的。但是不管哪一种模型，都需要DNA拓扑异构酶来解决链交换和分支迁移过程中所产生的拓扑学问题。实验表明，在离体条件下，DNA促旋酶的抑制剂能使DNA重组能力降低70%～80%。

过去所提出的有关遗传重组机制的模型主要是基于遗传学尤其是减数分裂时基因转换的分析。对大肠杆菌RecA蛋白作用的研究为了解同源重组的一般机制提供了新认识。首先，所有生物中的同源重组可能都需要RecA蛋白或类似的蛋白质催化。除了已经在许多细菌中发现了RecA蛋白外，现在还在一些真核生物中发现了功能上与大肠杆菌RecA十分相似的蛋白质，使它们失活的突变造成遗传重组的缺陷型。其次，单链DNA在RecA蛋白离体催化同源重组中的突出作用验证了它在细胞内遗传重组中的重要性。此外，RecA蛋白在单链同化中具有单方向性，这一点可以部分解释基因转换中的极性现象。

（三）RecBCD在同源重组中的作用和重组热点

RecA蛋白无疑是遗传重组中最重要的蛋白质之一，可是它只能催化同源联会和链交换而不能催化遗传重组过程中的其他步骤，包括单链DNA区域的形成、连锁分子（Holliday中间体等）的拆分。细胞内，遗传重组的全过程需要其他基因产物的存在。根据对大肠杆菌各种重组突变体的研究，发现同源重组的实现除了这个最重要的称作重组酶的RecA蛋白之外，还需要基因*recB*、*recC*、*recD*、*recE*、*recF*、*recG*、*recJ*、*recK*、*recL*和*recN*的产物。目前，只有RecA、RecB、RecC、RecD已经分离纯化出来。除了RecA之外，其余三种基因产物在同源重组中的作用也很重要。

大肠杆菌的 *recB*、*recC* 和 *recD* 基因分别编码 130 kDa、120 kDa 和 60 kDa 的多肽链，三者构成一个在同源重组中的功能单位——RecBCD 蛋白。RecBCD 蛋白是一个多功能的酶，它具有依赖于 ATP 的单链和双链外切核酸酶的性质，因此又称为外切核酸酶 V。它既能利用水解 ATP 所释放的能量，又具有线形 DNA 促旋酶活性。此外，RecBCD 蛋白还是序列特异性的单链内切酶。对 RecBCD 酶中的三种亚基的功能最近已有初步了解。其中亚基 RecD 直到 1986 年才被发现（在此之前，人们称 RecBCD 蛋白为 RecBC 蛋白）。根据对突变体的研究，RecB 具有依赖于 DNA 的 ATP 酶活性并具有促旋酶活性（RecC 可能会加强这种活性）；RecD 具有核酸酶活性，包括外切核酸酶和特异的单链内切核酸酶活性。各种亚基功能的细节还有待于各种体外重建试验的研究。

RecBCD 酶在同源重组中到底有什么作用？这必须从它的促旋酶活性和核酸酶活性入手。在离体试验中，如果缺少 SSB，RecBCD 能从线形双链 DNA 末端起始进攻，解旋 1000 bp 左右，其中一股被切成 4～5 个碱基的寡核苷酸，另一股成为 1000 个碱基左右的单链尾巴。但是在 SSB 存在时，单链片段的产生极大地减少，外切核酸酶活性（包括线形单链 DNA 的外切活性）也受到抑制。在较高 ATP 浓度（3～5 mmol/L）时更是如此。这更符合体内情况（存在着大量的 SSB 和较高浓度的 ATP）。RecBCD 对线形双链 DNA 的外切活性最高；也能作用于含有 5 个核苷酸以上单链缺口的双链 DNA，但活性比线形双链 DNA 作底物时低至 1/10。这很可能是首先由内切核酸酶切断单链后才作为 RecBCD 外切酶的底物。RecBCD 酶对于平头末端的双链 DNA 的促旋酶活性最高，当单链末端长达 25 个核苷酸以上时，RecBCD 几乎不能使之解旋。除了解旋酶活性外，RecBCD 还有再旋酶活性，但比解旋酶活性弱得多。

这样，当细胞内 DNA 具有平头末端时（这个平头末端是如何产生的？至今还不清楚），RecBCD 就结合上去。它利用 ATPase 活性水解 ATP，从 DNA 一端将双链 DNA 解开，并向另一端移动。由于再旋酶活性较低，而且解旋位点和再旋位点由同一个酶复合体所固定，因此形成所谓兔耳结构，也就是两个单链环结构。当 RecBCD 所识别的单链位点即所谓 χ 位点（5′GCTGGTGG3′）进入单链的环区域时，RecBCD 的特异性单链内切核酸酶活性就在 χ 位点的 3′方向 4～6 个核苷酸处将单链切断。这样，当 RecBCD 继续前进时，就留下一条包含 χ 位点在内的单链尾巴和一段单链缺口。其结果是 RecA 蛋白结合于这个单链尾巴，然后与同源序列进行链交换。

RecA 蛋白催化的同源重组从原则上讲可以发生在 DNA 的任何同源序列之间。但实际上某些序列中重组发生的频率要远远高于其他序列。也就是说，DNA 分子上含有重组概率较高的热点。目前发现的重组热点主要就是 χ 位点。χ 位点最初是在突变的λ噬菌体中发现的。

λ 噬菌体在裂解生长中的 DNA 复制有两种方式：一种是 θ 式复制，在 DNA 复制的最初阶段采用；另一种是滚环式复制，在复制后期采用。由 θ 式复制到滚环式复制的转变需要λ噬菌体基因 *red* 和 *gam* 的产物存在。*gam* 基因产物的作用之一是抑制寄主 RecBCD 蛋白的外切核酸酶活性；没有 *gam* 基因产物；RecBCD 蛋白就会妨碍由 θ 式复制到滚环式复制的转变。λ 噬菌体的成熟需要形成 DNA 多联体，它可以由滚环式复制方式提供，也可以由 θ 式复制所形成的单体 λDNA 经过重组形成二聚环，再逐步形成多聚环（即多联体）。*gam*-突变体中因不能进行滚环式复制，多联体的制造不得不全依赖 DNA 重组过程。噬菌体释放量因此大大降低。λ 噬菌体的 *red* 基因产物负责 λDNA 的遗传重组。*red*-*gam*-双重突变体不但使 DNA 复制只局限于采用 θ 方式，而且失去了噬菌体自身编码的重组系统，这时多联体的产生和 λDNA 的正常遗传重组必须依赖寄主的 RecA 重组系统。人们发现，当 *red*-*gam*-噬菌体双重突变体中出现另外一些突变时，该噬菌体的释放量和重组频率大大增加。对这些突变体的 DNA 进行序列分析，发现它们都是单碱基替代的点突变，使突变了的 λDNA 中出现野生型所没有的 8 bp 序列 5′GCTGGTGG3′。这一序列被人们称为 χ 序列。

大肠杆菌含有大约 1000 个 χ 位点，也即每 5 个基因就有一个 χ 位点，这就给 RecBCD 酶提供了许多作用位点。然而，这些位点通常是很难得到利用的，因为大肠杆菌染色体没有自由末端。在细菌接合过程中，χ位点可能起重要作用。自由末端可由雄性细菌产生，RecBCD结合上去，直到发现χ位点并切断，然后由RecA蛋白促进与受体菌的同源重组。

近来人们发现许多低等和高等真核生物的DNA中都存在着χ位点，而且有证据表明，这些χ位点中很多能够作为重组热点而刺激遗传重组的发生。

（四）拆分Holliday中间体的酶活性

同源重组的最后一步就是Holliday中间体的拆分。人们根据RecBCD的核酸酶性质，推测RecBCD在Holliday中间体的拆分中起重要作用，但是目前还缺乏直接的证据。最近人们发现T4噬菌体基因*49*所编码的内切核酸酶Ⅶ能够切割Holliday中间体的类似物——“十”字形DNA。这种酶能对称地在离“十”字形端点的5′方向2～3个核苷酸处切开“十”字形DNA。在酵母的抽提液中也发现了类似的酶活性。

（五）RecF途径

遗传学分析表明，*recA*⁻突变使大肠杆菌细胞内遗传重组频率降低至$1/10^6$；当*recA*基因正常时，*recBCD*⁻突变使重组频率降低至1%，这说明RecBCD途径是正常细胞中遗传重组的主要途径。$recA^+recBCD^-$细胞中残存的重组活性受许多基因控制，其中较为重要的有*recE*、*recF*、*sbcA*、*sbcB*等。正常细胞中RecF途径的重组效率非常低，但在$recBCD^-sbcB^-$双重突变体中这一效率可以大大提高。已知*sbcB*基因编码外切核酸酶Ⅰ（*Exo*Ⅰ），该基因突变为什么能提高RecF途径的重组效率，至今仍很清楚。*recE*编码外切核酸酶Ⅰ，能提高RecF途径的重组效率，但是*recE*基因活性又被*sbcA*基因产物所阻遏。因此，大肠杆菌细胞内同源重组有两条途径：主要途径为RecBCD途径，次要途径为RecF途径。但是其中需要证实的问题还有很多。

第三节 位点特异性重组

特化重组也称位点特异性重组，涉及两个特异位点之间的反应，包括λ噬菌体的整合与切除。目标位点长度一般为14～50 bp。两个位点不一定是同源序列。位点特异性重组能够使游离的噬菌体DNA插入细菌染色体或将整合的噬菌体DNA从染色体上切割出来（图9-6）。这种情况下，两个重组序列是不同的。这种重组也发生在分裂前，即将普适化重组产生的二联体变为单体的环状染色体事件，这种情况下重组序列是相同的。催化位点专一性重组的酶通常称为重组酶，目前已知有100多种。参与噬菌体整合过程或与这些酶相关的酶被称为整合酶家族，其中具有代表性的是λ噬菌体的Int蛋白、P1噬菌体的Cre蛋白和酵母的FLP酶。

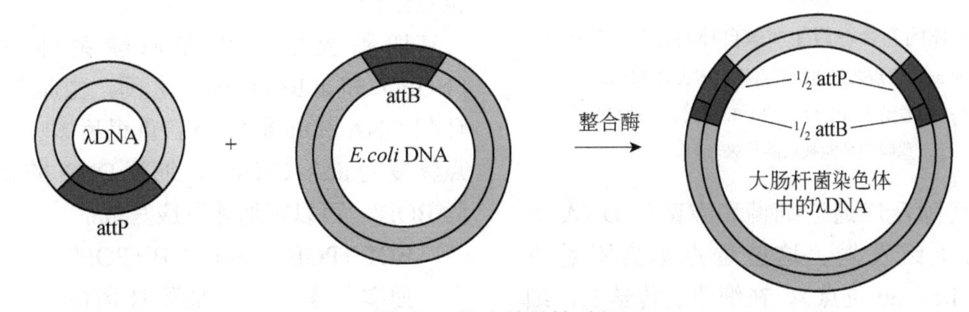

图9-6 位点特异性重组

噬菌体整合到大肠杆菌染色体中就是位点特异性重组，λ噬菌体的attP位点序列和大肠杆菌的attB位点间发生了重组，该重组由重组酶催化

一、λ 噬菌体的整合与切除

λ噬菌体是位点专一性重组的典型，其不同生活方式的转换涉及两类事件，即溶源状态和裂解状态下DNA的结构是不同的。在裂解状态下，λ噬菌体DNA以独立的环状分子存在细菌中。在溶源状态时，λ噬菌体DNA是细菌染色体的整合部分，这称为原噬菌体（prophage）。这两个状态的转变涉及位点专一性重组。要进入溶源状态，游离的λ噬菌体DNA必须插入到宿主DNA中，这个过程称为整合（integration）。要脱离溶源状态并进入裂解周期，原噬菌体必须从染色体中释放出来，这个过程称为切除（excision），如图9-7所示。

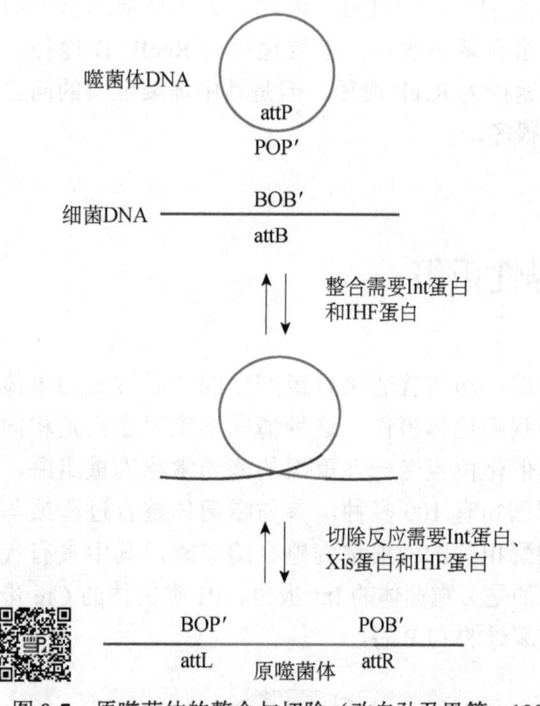

图9-7　原噬菌体的整合与切除（改自孙乃恩等，1990）
通过在aatB位点和aatP位点之间的相互重组，环状噬菌体DNA转变成线性的原噬菌体；而通过在attL位点和attR位点之间的相互重组，原噬菌体能被切除出来

整合与切除反应通过细菌和噬菌体DNA上特定位点的重组发生，这些位点称为附着点（attachment site，att位点）。在细菌遗传学上，细菌染色体上的att位点是attA，这个位点突变使λ噬菌体DNA不能整合。在溶源菌中，这个位点被λ噬菌体占据。当从大肠杆菌染色体中去除attA位点，感染的λ噬菌体可以通过整合到其他位点建立溶源，但是这一反应的效率小于attA位点发生整合的0.1%。低效率整合也发生在与真正的att序列相似的第二附着点。

为了便于描述整合和切除反应，细菌DNA上的aat位点称为attB，位于bio和gal操纵元件之间，含B、O和B′三个序列组分；λ噬菌体DNA上的att位点叫作attP，由P、O和P′三个序列组分构成。attB和attP中的B、B′、P、P′序列大不相同，而O序列则完全一致，是位点特异性重组发生的地方，也被称为核心序列。由于线状的λ噬菌体DNA在侵入细胞后不久就已经首尾连接成环了，所以在att处的相互重组导致了整个λ噬菌体DNA整合进寄主DNA。在整合状态下，λ噬菌体DNA呈线状，两边各有一个att位点，这两个位点是重组的产物，不同于原来的attB和attP。原噬菌体左边的是attL，由序列组分BOP′组成，右边的是attR，由序列组分POB′组成。有时把整合反应写成：

BOB′+POP′ ⟶ BOP′+POB′
细菌　噬菌体　　　原噬菌体

这一反应由λ噬菌体基因*int*的产物整合酶（integrase，Int）催化。Int只能催化BOB′和POP′之间的重组，不能催化BOP′和POB′之间的重组。因此在只有整合酶存在时，上述的反应是不可逆的。Int是一种DNA结合蛋白质，对POP′序列有强烈的亲和力，同时它具有Ⅰ类拓扑异构酶活性。整合反应还需要一种叫作整合宿主因子（integration host factor，IHF）的蛋白质，该蛋白质含有两个亚基，均由寄主基因编码，其中的一个是受SOS应答控制的基因*himA*。IHF也与att位点结合。

切除反应发生在原噬菌体两端的attL（BOP′）和attR（POB′）之间，由此产生λ噬菌体环状DNA和细菌DNA。重组后λ噬菌体的att位点恢复为attP（POP′），细菌DNA的att位点恢复为BOB′。可以把切除反应写成：

BOP′+POB′ ⟶ BOB′+POP′
原噬菌体　　　细菌　噬菌体

催化这一反应的蛋白质因子除了Int和IHF之外，还需要一种叫作切除酶（excisionase，Xis）的蛋白质，由λ噬菌体的*Xis*基因编码。Xis与Int

结合形成复合体，该复合体具有与BOP′和POB′结合的能力，促使二者之间的相互作用和重组，Xis-Int复合体不能催化BOB′和POP′之间的重组。故在Xis大量存在时，切除作用是不可逆的。此外，寄主基因编码的另一个蛋白质逆转刺激因子（factor of inversion stimulation，FIS）也可能参与λ原噬菌体的切除反应。

λ噬菌体的整合与切除受到严格的遗传学控制。λ噬菌体DNA侵入细胞后，整合能否发生取决于Int蛋白的合成。*int*基因的转录调控和*cI*基因（编码λ阻遏蛋白）的调控是一致的。当CⅡ蛋白大量存在时，它可以作为正向调节因子促进λ阻遏蛋白的产生；同时与*int*基因的启动子P1结合，促进RNA聚合酶从这里起始转录产生Int蛋白。P1位于*Xis*基因中，CⅡ蛋白与P1结合，使*Xis*基因失活，这保证了在溶源化过程中Int蛋白起作用时没有Xis蛋白存在，否则刚刚整合的λ噬菌体DNA会马上被切除下来。λ原噬菌体的切除需要*Xis*和*int*基因同时转录产生Xis和Int蛋白。当寄主细胞内出现SOS应答时，RecA蛋白促进了λ阻遏蛋白的水解，把O_L和O_R从阻遏状态解放出来。由P_L处发动的转录使*Xis*和*int*基因表达产生Xis和Int蛋白。

att位点组成的一个重要结果是整合和切除反应并不发生在相同的反应序列对中。整合要求attP位点和attB位点之间的识别；而切割要求attL和attR位点之间的识别。位点专一性重组的指导特异性由重组位点的一致性所决定。尽管重组事件是可逆的，但是不同环境决定了它朝某一个方向进行的反应占优势。这是噬菌体生活史的一个重要特点，因为这样才能保证整合事件不会立即就被切除反应所逆转，反之亦然。整合与切除的区别从参与这两个过程的蛋白质可以反映出来。

整合反应（attP×attB）需要噬菌体*int*基因的产物，它编码整合酶和一个细菌蛋白，即IHF。切除反应（attL×attP）除了需要Int蛋白和IHF蛋白之外，还需要噬菌体Xis蛋白存在。Xis蛋白在控制反应取向中起重要作用，它是切除反应所必需的，但是却抑制了整合作用。

在P1噬菌体中也发现有相似机制，但是其对蛋白质和序列的要求更简单。噬菌体编码的Cre重组酶催化两个目标位点间的重组。λ噬菌体中的重组序列是不同的，而P1噬菌体中则是相同的，都由长度为34 bp的序列组成，称为loxP位点。Cre重组酶足以完成这个反应，因而不需要其他辅助蛋白质。鉴于它的简单性和有效性，现在Cre/lox系统已经被应用于真核生物细胞中进行功能基因研究，成为进行位点专一性重组的标准技术，如图9-8所示，能够实现基因的位点专一性整合或切除。

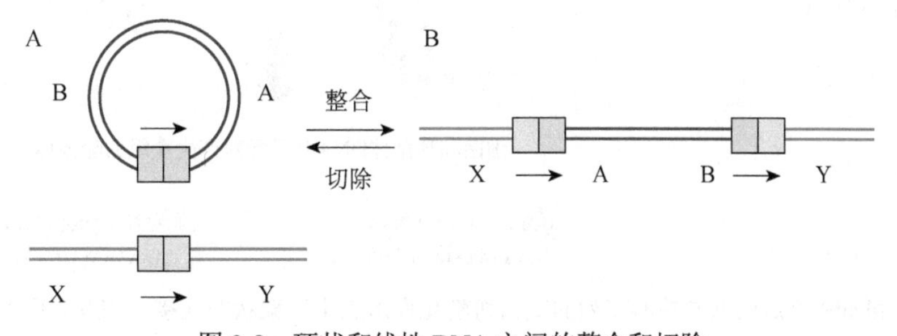

图9-8 环状和线性DNA之间的整合和切除

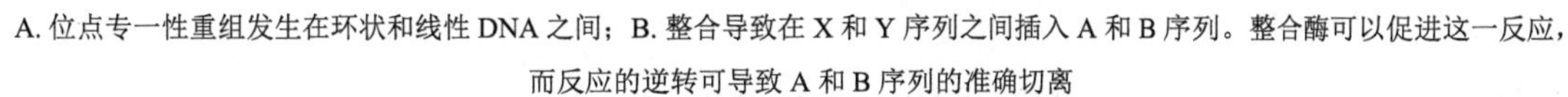
A. 位点专一性重组发生在环状和线性DNA之间；B. 整合导致在X和Y序列之间插入A和B序列。整合酶可以促进这一反应，而反应的逆转可导致A和B序列的准确切离

二、λ噬菌体整合的分子机制

上面谈到，λ噬菌体DNA的整合是一种位点特异性重组过程。重组发生在作为attB和attP各自核心的O序列中，因此O序列又叫作核心序列（core sequence）。核心序列在attB和attP以及由它们形成的attL和attR中均完全一致。它全长15 bp，富含A-T碱基对，无碱基倒转对称性。

λ噬菌体DNA的整合涉及attB和attP的核心序列中链的断裂与复合（图9-9）。断裂在双链的不同位置上发生，形成参差不齐的5′单链末端，类似于某些限制性内切核酸酶形成的黏性末端。这种参差断裂形成了 5′-OH 和 3′-P 的切口。5′端单链区全长 7 个碱基。同位素标记试验证明，两个核心序列中参差断裂完全相同，复合过程不需要任何新的 DNA 合成。attB 和 attP 核心序列两侧 B、B′、P 和 P′序列的界限可以通过在这些序列中制造位置不同及长短不同的缺失，并分析它们对重组的影响而鉴定。结果表明，attP 中 P 序列的上限为−152 bp（以核心序列的中心碱基为零位），P′序列的下限为＋82 bp，整个 attP 共长 235 bp。attB 则短得多，只有 23 bp 长，其上、下限分别为−11～＋11 bp，也就是说，B 和 B′实际上只分别包括核心序列上、下游各 4 bp。attB 和 attP 的不同长度表明它们在重组中有着不同的功能。

离体条件下，Int 和 IHF 可以催化 λ 噬菌体 DNA 和寄主 DNA 的位点特异性重组。当采用超螺旋 DNA 分子作为反应底物时，几乎所有的超螺旋都依然保留在生成的整合产物中，说明整个反应中没有可以自由旋转的游离末端出现，断裂-复合的机制可能类似于 DNA 拓扑异构酶 I 催化的反应机制，不同之处仅在于位点特异性重组中复合发生在两条不同的 DNA 分子上的断口之间。Int 具有拓扑异构酶 I 活性，它可能直接参与了断裂-复合反应。

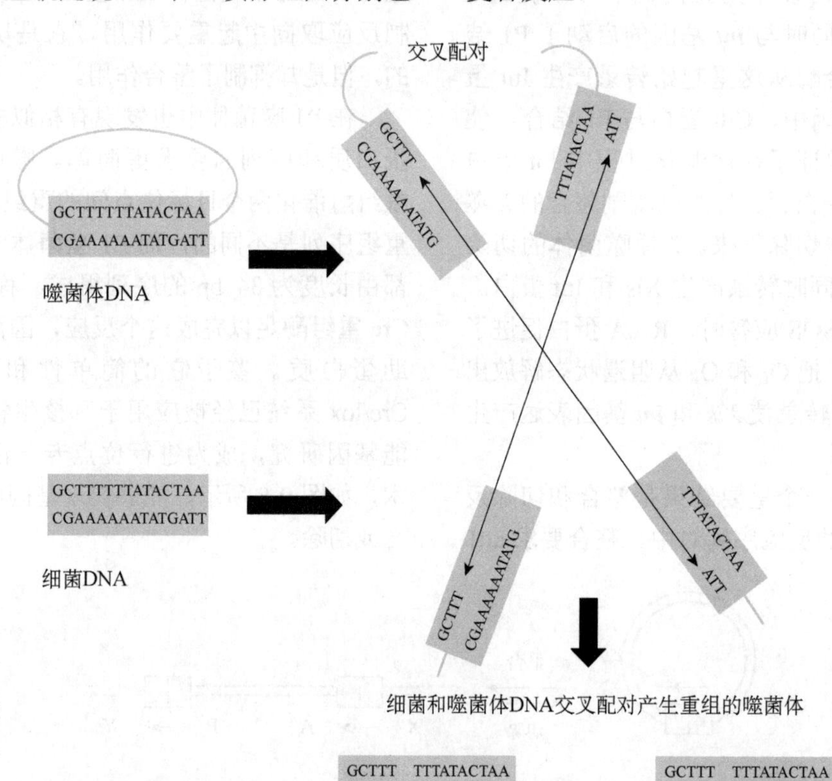

图 9-9 attB 和 attP 位点的共同核心序列的交错切割允许形成十字架状的连接，相互之间产生重组接点（J. E. 克雷布斯等，2013 年，并稍做修改）

第四节 异常重组

异常重组（illegitimate recombination）也称为非同源重组，是指不依赖于同源序列就能改变特定 DNA 序列位置，引起遗传性状改变的重组。以转座重组较普遍。异常重组发生在彼此同源性很小或没有同源性的 DNA 序列之间。这种重组过程可发生在 DNA 很多不同的位点，它们可能是最原始的重组类型，不需要对特异性序列进行识别的复杂系统或对 DNA 同源序列进行识别的机制。这些重组过程与癌症发生、遗传性疾病和基因组进化有关。

依据生物来源的不同，转座子可分为原核生物转座子和真核生物转座子。常见的原核生物转座子有插入序列（IS）、转座子和转座噬菌体。而常见的真核生物转座子有玉米转座子 Ac-Ds 系统，酵母转座子 Ty 因子，果蝇转座子 P 因子及人类转座子 LINE-1（L1）。

一、原核生物转座子

20 世纪 60 年代，James Shapiro 等研究噬菌体时发现，有些突变体不像点突变那样容易发生回复突变，而且突变基因含有一长串额外的 DNA 序列。Shapiro 利用噬菌体裂解大肠杆菌时偶尔会携带宿主的一段 DNA，并用这段“外源”DNA 整合到自身基因组的事实来说明突变体的异常表现。这为细菌转座子的发现奠定了基础。

插入序列（inserted sequence，IS）是细菌最简单的转座因子，IS 是细菌染色体和质粒的正常组成部分，可进行同源序列间的重组。IS 中仅含有转座必需的因子，包括转座子的末端反向重复序列以及编码转座酶的基因。典型的 IS 中含有 15～25 bp 的反向重复序列，大转座子的反向重复序列可以长达上百个碱基。IS 是自主单元，每个 IS 只编码自身转座的蛋白质。各种 IS 的序列不同，但是在结构上有共同特征，IS 转座子插入靶位点前后的常见结构如图 9-10 所示。表 9-1 中总结了一些常见的 IS 的特征和区别。

IS 除了含有反向重复序列之外，还有转座酶（transposase）。转座酶是转座必需的元件，如果该区域序列突变将不能转座。IS 的另外一个特征

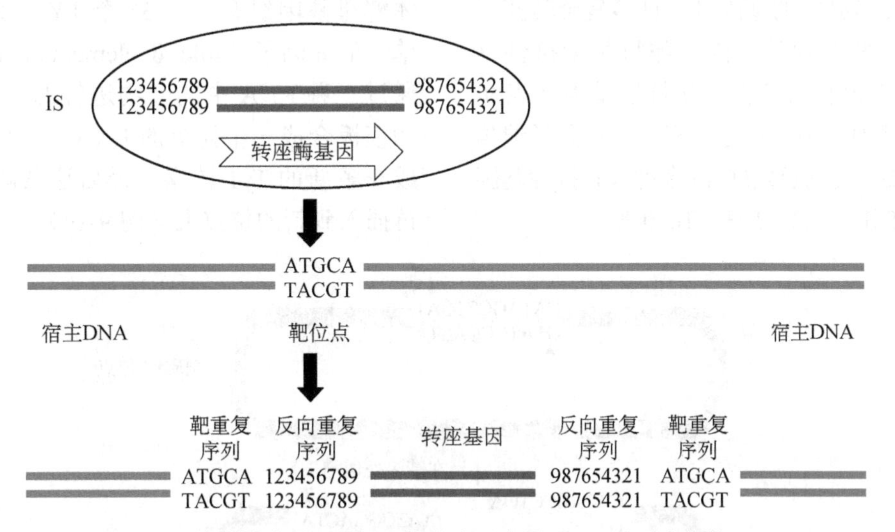

图 9-10 IS 结构模式图及其插入靶位点示意图（J. E. 克雷布斯等，2013）

IS 末端的反向重复序列为 9 bp，数字 1～9 表示碱基序列

表 9-1 细菌 IS 和转座位点信息

插入序列	靶重复序列/bp	反向重复序列/bp	转座因子总长度/bp	靶位点选择
IS1	9	23	768	随机
IS2	5	41	1327	热点
IS4	11～13	18	1428	$AAANN_{20}TTT$
IS5	4	16	1195	热点
IS10R	9	22	1329	NGCTNAGCN
IS50R	9	9	1531	热点
IS903	9	18	1057	随机

就是在转座子两外侧的靶DNA中有一小段正向重复序列。这段正向重复序列产生于转座子插入过程中。在转座子插入之前是没有的。表明转座酶切靶DNA时采用错位剪切方式，即不是在两条链的对等位点处切割。如图9-11所示，靶DNA的两条链在插入点错位切割后形成正向重复。形成正向重复序列的长度取决于靶DNA上两个切点的间距。

美国斯坦福大学的Stanley Cohen用一个巧妙的试验证实了转座子末端具有反向重复序列。如图9-12所示，构建一个含有转座子的质粒。如果转座子的末端确实有反向重复序列，那么，可以将重组质粒的双链分开，每一条链上的反向重复序列可以相互配对，形成茎环结构。茎部是反向重复序列组成的双链DNA，其余序列形成环。他用电镜图像证实了这种预期的茎环结构。

除了含有转座必需的基因外，许多复合转座子（Tn）还含有一些其他的基因，如抗生素抗性基因。转座子Tn3含有氨苄青霉素抗性基因（表9-2）。这些抗性基因有利于跟踪转座子，对分子遗传学研究非常重要。目前已发现40多种含有抗性基因的转座子，如Tn1、Tn2、Tn3、Tn10等。

二、真核生物转座子

美国玉米遗传学家McClintock于1940～1950年发现玉米籽粒色斑的不稳定遗传现象。经长达10年的研究，提出激活—解离（Ac-Ds）系统。首次提出了遗传因子可以移动的观点，1983年获得诺贝尔生理学或医学奖。McClintock首次清楚地表明，在任何基因组中都存在可移动的DNA序列（movable DNA sequence）。

酵母菌是低等真核生物，其转座子类似于细菌转座子。酵母转座子中研究较清楚的是TY（transposon yeast）类转座子，如Ty1和Ty917。TY结构（图9-13）：含约5.9 kb中心区，分布于两端的340 bp的同向重复序列（称为δ），其作用与IS、转座子中的反向重复序列类似。每个单倍体酵母基因组有30～35个TY，以及至少100个单一的δ因子（solo δ element）。Ty1因子转座是通过一种RNA中间产物进行的。首先以其DNA为模板合成一个拷贝的RNA；然后通过逆转录合成一条新的Ty1转座；最后这条新的Ty1转座子再插入到新的位点上（图9-14）。

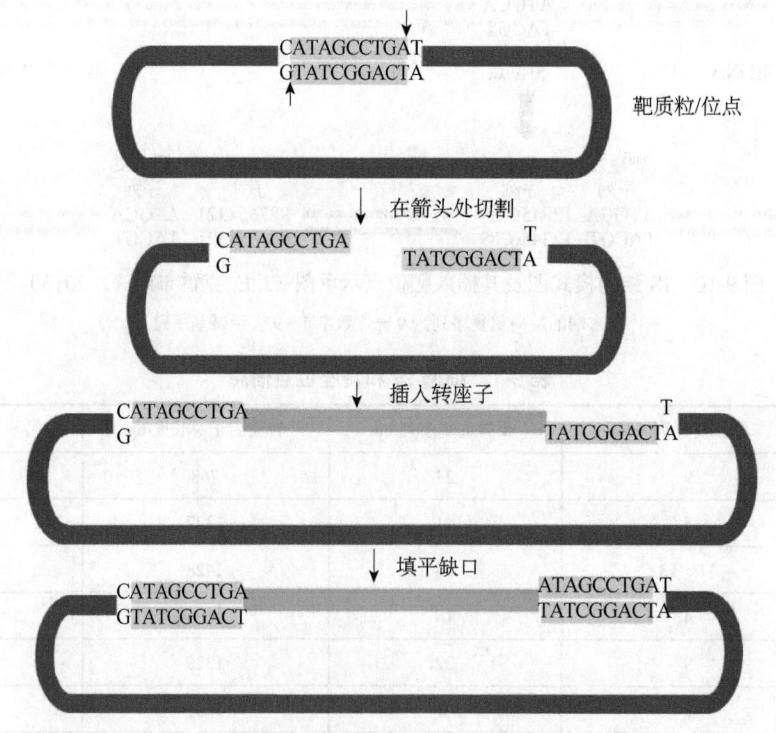

图9-11　转座子两侧的寄主DNA正向重复序列的形成（Robert F. Weaver，2010，稍作修改）

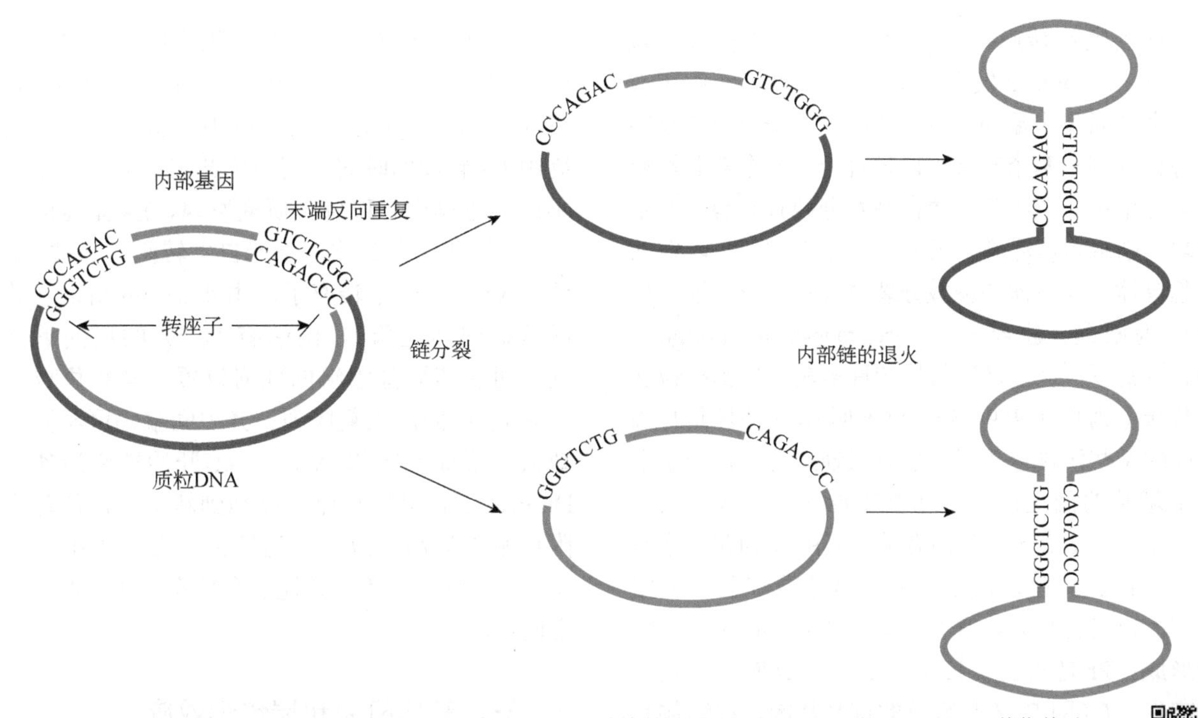

图 9-12 含有 IS 的质粒经变性后，单链复性茎环结构的形成（Robert F. Weaver，2010，稍作修改）

大环是质粒 DNA，小环是 IS 的中间序列，茎的部分是 IS 的反向重复序列

表 9-2 几种复合转座子（Tn）的特征

转座子	抗性标记	长度/bp	反向重复序列中的共同序列/bp
Tn1、Tn2、Tn3	氨苄青霉素	4 975	38
Tn4	氨苄青霉素、链霉素、磺胺	205 000	短
Tn5	卡拉霉素	5 400	8/9
Tn6	卡拉霉素	4 200	
Tn7	三甲氧苄二胺嘧啶、链霉素	14 000	
Tn9	氯霉素	2 638	18/23
Tn10	四环素	9 300	17/23

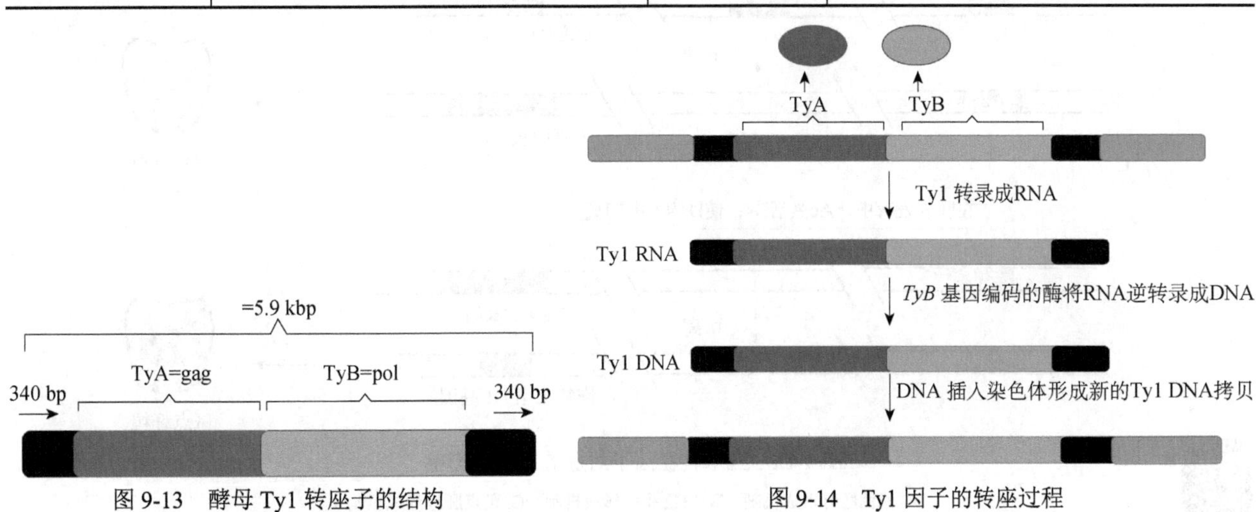

图 9-13 酵母 Ty1 转座子的结构

图 9-14 Ty1 因子的转座过程

真核生物转座子在20世纪40年代初首次被Barbara McClintock发现。她观察到如果玉米细胞遗传一个含断裂末端的染色单体，这一染色单体就能够进行复制，两个断端可以融合产生一个双着丝粒的染色单体。该染色单体在减数分裂时断裂并产生断端，断端再次融合，又产生一个新的双着丝粒的染色单体，在下次的减数分裂时又将断裂，这一过程称为断裂-融合-桥（breakage-fusion-bridge，BFB）循环。这一循环将持续许多轮，直到端粒加到断端上为止（图9-15）。已表明BFB循环是与染色体的某些区域以头对头的方式连接有关，产生上兆个碱基的回文区。玉米糊粉层颜色至少与*A*、*C*、*R*、*Pr*、*I*等5个基因有关。其中*A*为花青素基因；*C*代表颜色，决定颜色（紫色或红色）的发生；*R*为红色基因，在存在*A*、*C*基因时决定红色的形成；Pr是紫色，在存在*A*、*C*、*R*时决定紫色的产生；*I*（即Ds）是颜色的抑制基因，抑制颜色产生，位于C基因附近。*I*可以发生位置改变，它解离转座到别处时，由于没有它的抑制作用，*A*、*C*、*R*共同作用可产生红色，因此被称为解离因子（dissociator，DS）。当它停留在原位点时，籽粒表现无色。

在*A-C-R*或*A-C-R-Pr*基因型的胚乳发育过程中，*I*解离越早，籽粒上色斑的面积就越大；解离越晚，则籽粒上色斑面积越小。由于不同胚乳细胞中Ds解离的时间不同，因此在籽粒上产生大小不同的色斑嵌合现象。研究发现，Ds是激活因子（Ac）的缺失突变体，不能自主转座，需被Ac激活。Ac也是一个转座子，由4563 bp组成（其中间区编码转座酶），两端有11 bp的反向重复序列，可转座到基因组的任何位置，其靶位点有两个8 bp的同向重复序列。其中间编码区不同程度缺失，形成不同的Ds。当Ac开始转座活动时，Ds被激活也进行转座，移动到新位点，使靶位点附近基因失活或改变表达活性。在玉米中，除了Ac-Ds系统外，还有其他5个转座系统。但是它们之间作用类似。

三、转座机制和遗传学效应

转座子能通过转座酶改变自己位置的DNA序列。转座子转座时插入的位点被称为靶位点，如转座子从染色体的一个区段转移到另一个区段或从一条染色体转移到另一条染色体。根据转座中

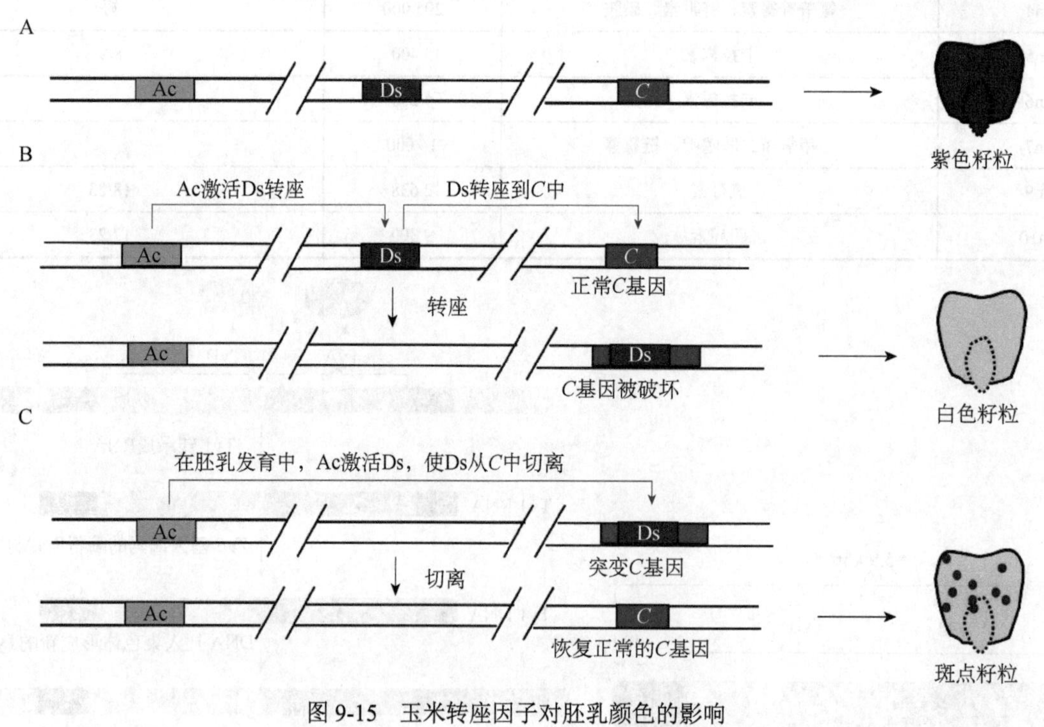

图9-15　玉米转座因子对胚乳颜色的影响

A. 紫色胚籽形成机制；B. 白色胚籽形成机制；C. 斑点胚籽形成机制

转座子复制与否，转座可分为两种。①复制型转座：在转座过程中转座子被复制，1个拷贝保留在原位点，1个拷贝被转移到新位点，依赖于转座酶及解离酶。②保守型转座：转座过程中转座子作为一个实体被转移到一个新位点。

由于转座子具有从一个地方移动到另一个地方的能力，所以也被称作跳跃基因。转座过程通常是：①转座酶在靶位点上制造一个交错的切口。②然后转座子与突出的单链末端相连接，并填充缺口。交错末端的产生和修复，可产生靶位点的同向重复。其交错长度决定了同向重复的长度。由于转座子或转座因子是可以在不同位置间移动的一段DNA，因此会产生遗传效应。一些转座子在复制后在原来位置保留一个拷贝，而有些转座子不复制，直接从原来位置移动，就可形成不同的遗传学效应，包括：①引起插入突变（引起基因失活）或切离引起回复突变等，从而对基因表达进行调节。②给靶位点带来新的基因，如转座子上的抗药性基因等。③引起序列重复，如转座子复制重复，靶位点同向重复序列。④引起染色体结构变异，如处在不同位点（甚至不同染色体上）的同源转座子间可相互重组，导致染色体片段的重复、缺失、倒位等结构变异。如果重组的两个转座子的重复序列相同，重组后产生缺失；如果相反，则重组后发生倒位。⑤可能诱发新的变异，产生新基因。转座时可引起插入突变。⑥转座子作为基因转移的供体或标记，在遗传研究及基因工程等方面有广泛的应用。

第五节 同源重组在遗传操作中的应用

同源重组是生物界普遍存在的现象。从噬菌体、细菌到真核生物都存在同源重组的现象。同源重组在基因工程中研究和应用非常广泛，包括遗传连锁图谱的构建、基因定位、宿主细胞的改造、融合基因（或DNA片段）构建、克隆和表达载体构建、基因编辑、酶和蛋白质特性改造等。下面就以融合基因制备、基因过表达载体构建和Cre/lox系统为例讲述同源重组在基因工程中的应用。

一、利用同源重组原理获得融合基因或者DNA片段

重组PCR也可以称为overlap PCR，其在动物基因工程中应用非常广泛。重组PCR可以把两个基因或者两个DNA片段连接到一起，就是利用同源序列重组的原理。具体讲就是把要连接到一起的两个基因在拼接位置处加上同源序列，该同源序列就是两个基因首尾连接处的序列，同源序列长14 bp就可以实现两个基因的重组。例如，连接*A*、*B*两个基因。假设*A*基因序列为：5′-ATGCTGGGTAGCAAGCGnnnnnnnnnnnnnnTCTCATCACCA<u>GGCAGAG</u>-3′；*B*基因的序列为5′-<u>ATACGGG</u>nnnnnnnnnnnnATTCCCAGAACTAGG-3′。可以利用同源重组的原理把两个基因拼接到一起。操作步骤如下：①首先在*A*基因3′端用下划线标记出7个碱基，在*B*基因的5′端用下划线标记出7个碱基。②以这14个碱基就作为同源序列设计引物。在引物5′端加上该14个碱基，作为重组配对的工具序列，如表9-3所示。获得扩增产物*A*基因3′端将携带有*B*基因的7个碱基序列，而*B*基因的5′端将携带*A*基因的7个碱基序列。③以获得的*A*、*B*扩增产物为模板，以F_A和R_B为引物再次进行PCR，这样就利用同源重组的原理把两个基因连接到了一起，形成了重组基因*AB*。图9-16为利用同源重组原理构建融合基因过程示意图。

表9-3 重组（overlap）PCR引物设计（张丽，2007）

基因	引物序列
A	F_A：5′ATGCTGGGTAGCAAGCG 3′ R_A：5′<u>CCCGTATCTCTGCC</u>TGGTGATGAGA 3′
B	F_B：5′A<u>GGCAGAGATACGGG</u>AAACGATC 3′ R_B：5′CCTAGTTCTGGGAAT3′

注：带下划线序列为重组序列

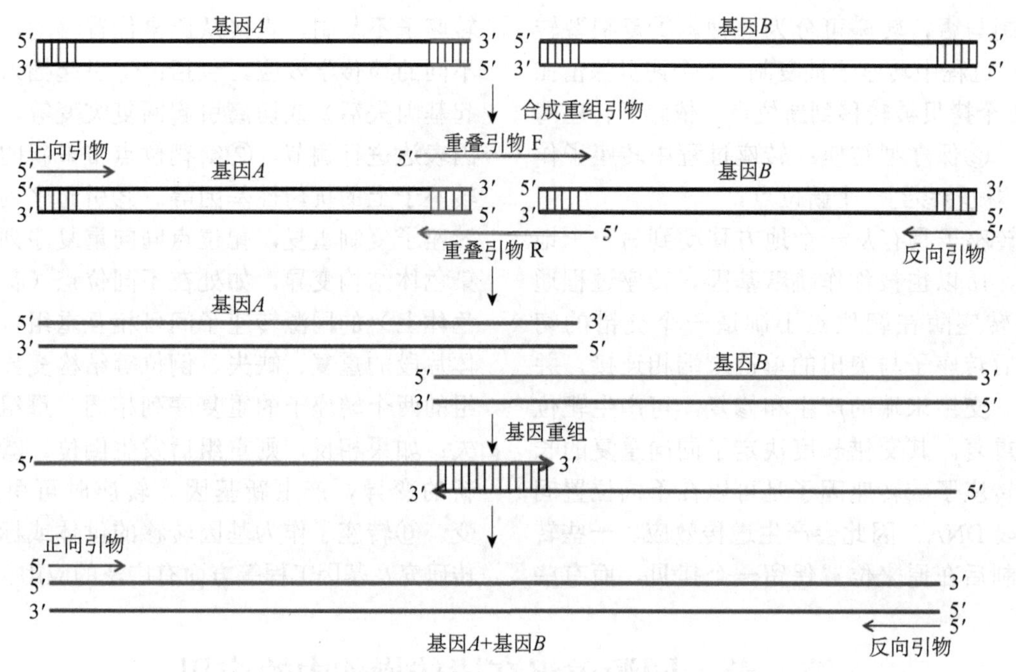

图 9-16 利用同源重组原理构建融合基因

二、利用同源重组原理构建载体

基因克隆和表达通常会把目的基因与载体进行连接，进行基因功能研究，这是利用同源重组的原理。例如，把牛的*NPY*基因连接到 pCDNA3.1 表达载体上，构建 *NPY* 基因的过表达载体 pCDNA3.1-NPY，其原理如图 9-17 所示。操作步骤如下：首先生物信息学分析牛的*NPY*基因序列，设计带有酶切位点引物，PCR 扩增*NPY*基因并对其产物纯化回收，之后用 *Bam*HⅠ和 *Hind*Ⅲ酶切并回收酶切产物。同时将 pCDNA3.1 质粒用 *Bam*HⅠ和 *Hind*Ⅲ双酶切，使载体与*NPY*基因产生相同的黏性末端。酶切产物回收纯化后，取 5 μL 回收产物和 2 μL pCDNA3.1 质粒酶切产物，加 1 μL 10×连接酶缓冲液、1 μL H_2O、1 μL T4 DNA 连接酶（350 U/μL），16℃连接 12 h。连接产物转化 *E.coli* DH5α 感受态细菌，在含氨苄青霉素的 LB 培养板上，37℃培养 18 h。挑取单个白色菌落于液体培养基中增菌，进行菌落 PCR 扩增及酶切鉴定正确后测序确认过表达载体 pCDNA3.1-*NPY* 构建成功。

在载体构建过程中，载体与目的基因产生相同的黏性末端，也就是载体与目的基因拟连接的两端具有相同的序列。因此，能够实现载体与目的基因的重组和连接。在该例子中，一段是 *Bam*HⅠ的酶切序列，另一端是 *Hind*Ⅲ的酶切序列，因此，把 pCDNA3.1 与 *NPY* 基因通过重组连接到一起形成了重组质粒 *p*CDNA3.1-*NPY*。

三、利用Cre/lox系统进行靶向重组和基因敲除

Cre/lox 系统是经典的位点专一性重组案例。Cre/lox 系统衍生自 P1 噬菌体，Cre 重组酶可以识别和切割 lox 位点。例如，Cre/lox 系统可以靶向小鼠的一个基因位点，能够条件性开启或关闭小鼠中的基因。在目标基因序列两侧携带有 lox 位点，而 *Cre* 基因处于可诱导启动子的控制下，它可被温度或激素所开启。*Cre* 基因的表达导致 Cre 重组酶的产生，可以识别和切割 lox 位点，推动 lox 位点的重接反应。重接只留下单一 lox 位点，而另一个以及两个 lox 位点之间的一些序列被切除。因此，Cre/lox 系统可用于条件性去除小鼠的基因或者某一段序列，产生基因敲除。同时该系统也可以融合目标基因到某一启动子，从而控制目的基因的表达。

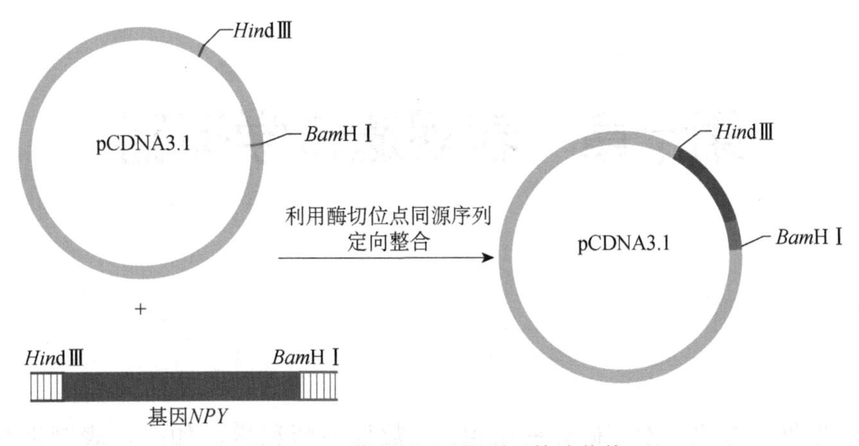

图 9-17 利用同源重组原理构建载体

本章小结

同源重组是一个重要的细胞过程。从广义上讲，任何造成基因型变化的基因交流过程都叫遗传重组。重组过程能够实现染色体分离和修复DNA损伤，因此重组可以形成遗传多样性。没有遗传重组就没有进化，如果同源染色体之间不能发生物质交换，那么当突变发生时，就很难区分有利的或不利的变异。随着突变的累积，使得突变效应越来越明显，最终一条染色体上众多的有害突变将会导致其功能丧失。通过基因重排使有利和不利的突变分开，这有助于有利等位基因的逃逸或传递，同时在不影响其他连锁基因的条件下，消除有害等位基因，这就是自然选择的基础。阐释清楚遗传重组的机制有助于把该原理应用于基因工程研究等领域。目前利用重组原理已经可以制备基因敲除体、转基因动物、载体构建和融合基因构建等，在基因功能研究领域发挥了重要作用。

思考题

1. 试述原核和真核生物转座子的结构和转座机制。
2. 概述同源重组的模型及特点
3. 某种转座子的转座酶在宿主DNA上5 bp间距处错位切割，图解错位切割对宿主DNA的影响。
4. 利用同源重组原理绘制小鼠某一基因敲除原理示意图。
5. 试述同源重组在基因组进化中的作用。

第十章　表观遗传学基础

表观遗传学的发展与进化和发育研究密切相关。在过去几十年里，随着人们对基因表达调控的不断深入研究，表观遗传学的理论观点和科学数据不断积累。如今，表观遗传学逐渐形成体系。本章重点介绍表观遗传学的基本概念，研究内容和功能机制等。

第一节　表观遗传学的概念与现象

一、表观遗传学基本概念

表观遗传学（epigenetics）是在基因的核苷酸序列不发生改变的情况下，基因表达的可遗传的变化的一门遗传学分支学科。这种改变通常是指细胞内除了DNA遗传信息以外的其他可遗传物质发生了改变（如DNA甲基化等表观遗传修饰），即基因型无变化而表型却出现了改变，并能通过有丝分裂与减数分裂在代内（intro-generation）及代间（inter-generation）稳定遗传。从表观遗传学概念可以看出，所有的遗传信息不仅存在于DNA序列里还存在于表观基因组一些其他类型的修饰中。目前已知的表观遗传学内容主要有DNA甲基化、基因组印记、RNA修饰和组蛋白修饰等。

二、表观遗传学发展历史

2000多年前，古希腊哲学家亚里士多德首先提出后生理论（the theory of epigenesis），认为新器官的发育由未分化的团块（undifferentiated mass）逐渐形成，“epigenesis”这个词就是由此产生的。表观遗传学是由“epigenesis”和“genetics”缩写而成。这里前缀“*epi-*”的含义是“除此之外”，加在“genetics”前面组成“epigenetics”表示“DNA序列编码蛋白质信息以外的信息”，即表观遗传学信息。

1896年，德国心理学家Erik Erikson发展了表观遗传学理论。他认为人体发育需要经历几个阶段，每个阶段都有一个转折期。根据这个理论：虽然人体发育各个阶段主要是由遗传因素预先决定的，但是完成阶段转化的方式不是遗传因素决定的。

1939年，生物学家C.H. Waddington首先在《现代遗传学导论》一书中提出了Epigenetics这一术语。他认为表观遗传学是研究基因型产生表型的过程，因而在表观遗传学命名方面做出了杰出的贡献。1942年，他把表观遗传学定义为“生物学的分支，研究基因与决定表型的基因产物之间的因果关系”。

1975年，R. Holliday对表观遗传学进行了较为准确的描述。他认为表观遗传学不仅发生在发育过程中，而且应在成体阶段研究可遗传基因的表达改变，这些信息能经有丝分裂和减数分裂在细胞和个体世代间传递，而不借助DNA序列改变，也就是说，表观遗传是非DNA序列差异的核遗传。

近年来，有关表观遗传学的内容发展很快，取得了一系列重要的成果。另外，相关机制也不断被阐明。例如，通过基因修饰、RNA修饰、蛋白质与DNA及其他分子相互作用来调节基因表达和功能。基于此，表观遗传学在分子水平上得到更加系统的研究，形成了独立的分支学科。

1999年，英国、德国和法国成立了人类表观基因组协会。

2003年，全球科学家在经过共同努力后，终于完成了人类基因组测序工作；同年10月，人类表观基因组协会正式宣布开始实施人类表观基因组计划（HEP）。此后，表观遗传学领域的文章发表量也呈指数增长趋势，表观基因组研究也为癌症和其他复杂疾病解析打开了新的研究思路。

2010年1月，有多个国家参与的国际人类表观遗传学合作组织在巴黎成立。

近10年来，世界多国和国际组织均对表观遗传学领域展开研究，表观遗传在基础研究、应用研究及方法技术上都取得了诸多进展。主要体现在以下几个方面。

1. 新技术的突破与应用

（1）单细胞表观遗传学技术的发展

近年来，单细胞测序技术得到了飞速发展，使研究者能够以前所未有的精度研究单个细胞的表观遗传状态。这为解析复杂组织中的细胞异质性以及疾病发生过程中的细胞变化提供了有力工具。

（2）高通量表观遗传组学方法的发展

随着高通量测序技术的不断进步，表观遗传组学研究也取得了显著进展。这些方法能够同时检测基因组范围内的多种表观遗传修饰，大大加速了表观遗传机制的研究进程。

2. 重要研究成果的发表

（1）复杂疾病中表观遗传机制的研究

近年来，越来越多的研究揭示了表观遗传变化与复杂疾病（如癌症、神经性疾病等）之间的紧密联系。这些研究不仅深化了对疾病发生机制的理解，也为疾病的早期诊断和治疗提供了新思路。

（2）表观遗传调控网络的解析

随着研究的深入，科学家们开始解析复杂的表观遗传调控网络，揭示了多种表观遗传修饰之间的相互作用以及它们对基因表达的精确调控。

3. 表观遗传学在临床应用方面的进展

（1）表观遗传标志物在疾病诊断中的应用

研究者们发现了一些与特定疾病相关的表观遗传标志物，这些标志物可用于疾病的早期诊断和预后评估。这为疾病的精准治疗提供了重要依据。

（2）表观遗传疗法的发展

近年来，表观遗传疗法作为一种新兴的治疗手段，在临床试验中取得了一些初步成果。这种方法通过调节表观遗传修饰来影响疾病进程，为一些难以治疗的疾病提供了新的治疗策略。

三、表观遗传的特点

表观遗传的特点有以下几点。

1. 不发生DNA序列的变化

表观遗传不发生DNA序列的变化。例如，同卵双生子具有完全相同的基因组，但在长大成人后出现性格、健康方面的很大差异，这种违背经典遗传的现象被认为主要是由于“表观遗传修饰”导致的。

2. 可遗传性

表观遗传修饰可以通过有丝分裂和减数分裂在细胞或个体世代间遗传。例如，一个遗传物质完全一致的小鼠品系，其皮肤却具有不同颜色，这取决于一个基因的甲基化程度，这种皮毛颜色的性状差异往往由母鼠传递给后代。

3. 可引起基因沉默

表观遗传学的作用机制与基因突变引起基因沉默的机制不同。

4. 受环境影响

环境的变化可以导致基因表观修饰的变化，进而引起基因突变、表型改变。个体在发育和生长过程中获得的环境影响，能够遗传给后代。

四、表观遗传学的主要研究内容

当前表观遗传学研究内容主要包括DNA甲基化、染色质重塑、染色质失活和RNA修饰等。

广义上，DNA甲基化、基因沉默、基因组印记、染色质重塑、RNA剪接、RNA编辑、RNA干扰、X染色体失活、组蛋白修饰等均可以归为表观遗传学的范畴。表观遗传学具体研究内容主要分为两大类：①基因选择性转录表达的调控，主要包括DNA甲基化、基因组印记、组蛋白共价修饰和染色质重塑等；②基因转录后的调控，主要包括非编码RNA、RNA干扰和核糖开关等。

五、表观遗传学的主要调控机制

表观遗传学的调控机制主要包括DNA甲基化、染色质重塑、蛋白质修饰和非编码RNA调控等方面，任何一方面的异常都将影响染色质结构和基因表达。此外，表观遗传学还包括很多调控机制，接下来简要介绍DNA甲基化、染色质重塑、蛋白质修饰和非编码RNA调控。

（一）DNA甲基化

DNA的胞嘧啶甲基化在碱基共价修饰中占重要的地位，常在CpG岛处高发。DNA甲基化是在DNA甲基转移酶（DNMT）的作用下，将*S*-腺苷甲硫氨酸（SAM）提供的甲基共价结合到胞嘧啶的第5位碳原子上，生成5-甲基胞嘧啶的过程，具有调节基因表达和保护DNA该位点不受特定限制酶降解的作用。DNA甲基化对基因表达的调节主要通过两种途径完成：一是甲基化能直接阻碍转录因子与靶基因的结合，而CpG二核苷酸的甲基化则能影响DNA的结构；二是甲基化CpG结合区域蛋白质家族与基因中甲基化的CpG二核苷酸相结合，能诱导染色体状态改变从而抑制基因转录。

（二）染色质重塑

染色质重塑（chromatin remodeling）是指在基因表达的复制和重组等过程中，染色质的包装状态、核小体中组蛋白以及对应DNA分子会发生改变的分子机制。在真核生物中，染色质不以线性分子的形式存在，而是经过复杂而有序的折叠，分层包装在细胞核内。染色质重塑通过改变核小体位置和结构调控染色质结构，并通过允许或阻止关键调控序列与转录因子结合，进而激活或抑制特定基因在不同发育时期的转录，从而实现一系列表观遗传层面的变化。

染色质重塑可导致核小体位置和结构的变化，使染色质结构发生改变，进而改变基因的表达。

（三）蛋白质修饰

在蛋白质的共价修饰中，最主要的是组蛋白的共价修饰。组蛋白是真核生物染色体的基本结构蛋白，是将DNA折叠形成染色质的关键蛋白质。基因正常表达除了需要相应转录因子的诱导和处于低甲基化状态的启动子区外，还需要组蛋白修饰位点处于激活状态。组蛋白对特定氨基酸的修饰可以间接提供某些蛋白质的识别信息，然后通过蛋白质和染色质的相互作用改变染色质的结构，从而调控基因表达。组蛋白翻译后修饰包括乙酰化与去乙酰化、磷酸化与去磷酸化、甲基化与去甲基化、泛素化与去泛素化等，由此构成多种多样的组蛋白密码。其中，以乙酰化和去乙酰化为主，乙酰化与基因活化及DNA复制有关，去乙酰化与基因失活有关。不同位置的修饰需要不同的酶来完成。因此，乙酰化酶家族既可以作为辅助激活因子来调控转录、调节细胞周期以及参与DNA损伤的修复，又可以扮演DNA结合蛋白的角色。

（四）非编码RNA调控

非编码RNA（ncRNA）是指在转录过程中产生的RNA分子，与编码蛋白质的mRNA不同，它们在细胞中并不被翻译为蛋白质。非编码RNA种类繁多，包括长链非编码RNA（long non-coding RNA，lncRNA）、短链非编码RNA（short non-coding RNA）和微RNA（microRNA，miRNA）等。

1）长链非编码RNA（lncRNA）：这类RNA分子长度通常超过200 nt，可以通过多种机制调控基因表达。它们可以与DNA、RNA和蛋白质相互作用，参与调控基因转录、剪接、翻译和染色质结构等过程。有些lncRNA还具有调控细胞周期、细胞分化和细胞凋亡等功能。

2）短链非编码RNA：这包括核内小RNA（small nuclear RNA，snRNA）、核仁小RNA（small nucleolar RNA，snoRNA）、转运RNA（tRNA）和小结构RNA（small structural RNA）等。它们在细胞中扮演重要角色，参与基因表达的调控、RNA剪接、转运和翻译等过程。

3）微RNA（miRNA）：这是一类长度约为

21～25 nt 的小 RNA 分子，通过与 mRNA 靶标的互补配对，在转录后水平调控基因表达。miRNA 能够靶向特定的 mRNA，引发其降解或抑制其翻译，从而调控基因的表达水平。miRNA 在细胞生物学中扮演着重要的调控角色，参与细胞增殖、分化、凋亡和肿瘤发生等过程。

除了上述几种常见的非编码 RNA，还有一些其他类型的非编码 RNA，如环状 RNA（circular RNA，circRNA）、天然反义 RNA（natural antisense RNA，naRNA）等，它们在基因调控和细胞功能中也发挥着重要作用。非编码 RNA 的研究仍在不断深入，这对于理解基因调控网络和疾病机制具有重要意义。

六、表观遗传学研究的应用进展

（一）表观遗传与人类疾病

在过去几十年中，人们发现几种表观遗传调节及表观遗传特征变化与多种疾病相关。表观遗传疾病也表现出基因组印记。例如，孕期母鼠食谱可以影响子代在成年后的发育和疾病。由于在生物发育过程中 DNA 甲基化错误不断积累，表观遗传疾病会随着衰老而逐渐显现出来。例如，某些癌基因和抑癌基因的异常甲基化或去甲基化可能会导致癌症。表观遗传的改变可以增加或降低心血管疾病的危险。

营养物质在表观遗传的调控中也具有重要作用。表观遗传不是不可以逆转的，人们可通过食疗、干涉治疗等途径对动物的表观遗传变化进行改变。孕期母亲的平衡食谱对婴儿健康具有非常重要的作用。在进行 DNA 甲基化的过程中，甲基化所需的甲基基团最终来源于食物中的甲基供体或携带一碳单位的代谢组分。食物中摄入的叶酸在人体内一碳单位代谢过程中起着非常重要的作用。提供甲基化基团的叶酸会将半胱氨酸转化成甲硫氨酸，而甲硫氨酸会变成通用的甲基化供体——SAM。SAM 可以作为甲基化 DNA 的底物。如果食物中的叶酸水平过低会导致高半胱氨酸积累，高半胱氨酸对于心血管疾病是一个已知的危险因子，它可能会使血管柔韧性下降，损害肌动蛋白以及动脉脂质沉淀。食物中的叶酸含量过低，会出现低甲基化。通常甲基化会抑制基因的活动，但是基因表达的产物不一定对人体健康有利，因此，不可以武断地通过改变食谱来调节甲基化水平。环境中的镍、砷、雌激素等物质对动物的表观遗传修饰也具有重要的影响。

癌症的发生与表观遗传学的改变有关。许多种类的癌细胞都有着异常的 DNA 甲基化行为。首先，某些基因的高甲基化诱发肿瘤。某些肿瘤抑制基因的高甲基化会引起肿瘤抑制基因沉默从而导致肿瘤，如 *p53* 抑癌基因的高甲基化会导致结肠癌。DNA 修复基因的高甲基化会引起错配修复基因的沉默，或引起 *p53* 和 *k-ras* 基因突变从而导致肿瘤。另外，肿瘤中整体低甲基化又会导致原癌基因的去甲基化机制失活，以及细胞染色体不稳定并使肿瘤转移概率增加。除此之外，其他表观遗传修饰，如染色体不稳定、印记基因改变也是细胞癌变的重要原因。

表观遗传修饰的异常改变也与其他疾病有关。研究发现，基因组印记缺陷会导致人的智力障碍，白血病与人的染色体错位有关，自身免疫病由表观遗传调控致使自身反应性淋巴细胞激活而引起。

（二）表观遗传与畜禽育种

在猪育种过程中，基因组印记影响约克夏猪、大白猪和兰德瑞斯猪的生长速率和胴体组成。猪背膘厚度表型方差的 5%～7%和生长速率表型方差的 1%～4%是父本基因组印记结果，母本印记效应的比例则为 2%～3%和 3%～4%。猪的父本基因表达的数量性状基因座（QTL）影响骨骼肌和心肌细胞群和脂肪沉积。在梅山猪和 Dutch 猪杂交后代中，发现了影响身体组成的 5 个 QTL 中有 4 个是印记的。在绵羊育种中发现了出生重、生长速率和其他性状的许多差异。例如，陶塞特羊与考力代羊正反交，不仅母体大小影响后代的生长，公羊通过胎盘供应营养的能力和母羊的母性能力，对后代的生长也有影响。印记基因 *Peg1*、*Mest* 和 *Igf2* 影响绵羊生长发育和母羊的哺育行为。绵羊中发现印记基因 *Callipy* 位于 18 号染色体上，该基因能使绵羊后躯肌肉群肥大，它的最显著遗传效应是提高双肌臀羊的瘦肉率。通过试管胚胎方法所产生的犊牛与羊羔体型过大，与基因组印记有关。远缘品种或种间杂交可能有较强烈的差异，这种差异的一个经典例子是马与驴的正反交。与马骡相比，驴骡的受孕障碍更大，许多证据表明这与印记现象有关。测定种内交配和种间杂交已怀孕的母马与母驴的马绒毛膜促性腺激素的浓度，表明这种激素的生产受亲本印记的影响。马与驴之间的形态差异与子宫功能的强烈差异，与马骡和驴骡之间的相应差异非常一致。

以上所述表明杂交育种方案要考虑基因组印记效应。印记基因往往按如下原则选择：父系印记基因，母系选择；母系印记基因，父系选择。对于含有印记基因的群体，应采用特殊的交配方案以保证尽可能多的有利印记基因得以表达，从而提高动物的生产性能。

第二节　DNA 甲基化与基因表达

表观遗传修饰虽然不会引起 DNA 序列的改变，但是它对器官的发育和个体的生长仍然有重要的影响。DNA 甲基化是一种主要的基因组表观遗传修饰方式，在调控基因选择性表达、维持基因组稳定性以及保证机体正常生长发育等生命过程均发挥至关重要的作用。本小节主要介绍 DNA 甲基化的相关内容。

一、DNA甲基化定义

DNA 甲基化指在 DNA 甲基转移酶（DNA methyltransferase，DNMT）的催化下，以 SAM 作为甲基供体，将甲基基团转移到 DNA 分子的碱基上，生成 5-甲基胞嘧啶（5-methylcytosine）的反应过程（图 10-1）。

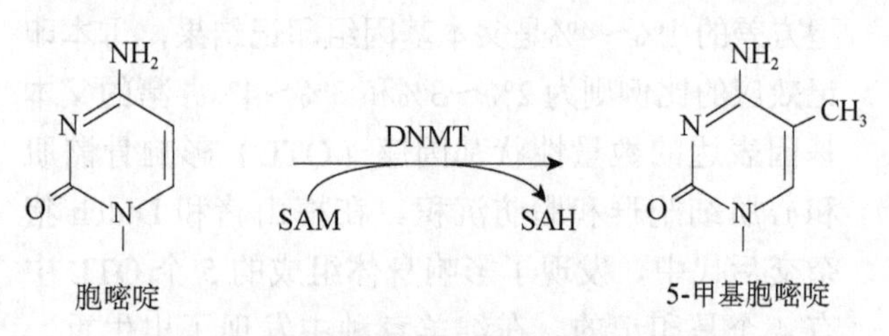

图 10-1　胞嘧啶和 5-甲基胞嘧啶的化学式

二、DNA甲基化特点

（一）DNA 甲基化位点

DNA 甲基化可以发生在基因组序列中腺嘌呤的 N-6 位（m^6A）、鸟嘌呤的 N-7 位（m^7G）、胞嘧啶的 N-4 位（m^4C）和胞嘧啶的 C-5 位（m^5C）。通常情况下，真核生物胞嘧啶的 C-5 位发生甲基化频率最高，因而成为热门研究对象。

（二）DNA 甲基化分布

发生 DNA 甲基化修饰的主要位点是在与鸟嘌呤相连的胞嘧啶上，即聚集成簇的 CpG 二核苷酸位点，基因组中富含 CpG 二核苷酸位点的 DNA 片段被称为 CpG 岛，而某些基因型更易受 DNA 甲基化的影响，即对甲基基团更加敏感。

三、DNA甲基化形成及去除机制

（一）DNA 甲基化形成

DNA 甲基化功能的本质是甲基化机制的建立、维持和去除甲基。DNMT 在调节基因甲基化过程中起着重要作用。

DNMT 以 SAM 作为甲基供体，将甲基基团转移到胞嘧啶第五位碳原子上，生成 5-甲基胞嘧啶。哺乳动物中与甲基化有关的甲基转移酶主要有 5 种：DNMT1、DNMT2、DNMT3A、DNMT3B 和 DNMT3L（图 10-2）。

1. DNMT1

甲基转移酶 1（DNMT1）编码 1620 个氨基酸，蛋白质分子量为 190 kDa，其羧基端为保守的催化甲基化反应的结构域，具有被认为是所有 DNA 胞嘧啶甲基转移酶活性位点的脯氨酸-半胱氨酸二肽。在 DNMT1 氨基端还含有一个类似锌指结构的富含半胱氨酸区，可以与 DNA 双螺旋的大沟发生碱基特异性相互作用。DNMT1 在体内和体外都有维持甲基化酶的作用，即按照模板的甲基化模式，将亲代的甲基化模式遗传给子代。在体外DNMT1也能将未修饰的DNA从头甲基化，但在细胞中正常存在的DNMT1无此作用。

2. DNMT2

DNMT2与原核和真核生物的DNA 5-甲基胞嘧啶（m^5C）甲基转移酶具有高度同源性，其蛋白质包含5-甲基胞嘧啶甲基转移酶中保守的全部10个主要区域，如SAM结合域和DNA特异位点识别域等。该蛋白质与DNA具有较强的结合能力，并且在体外可与DNA结合并阻止DNA变性。这些特点都表明DNMT2可能起着识别DNA上特异序列并与之结合的作用，但不具备催化CpG位点甲基化的特性。

3. DNMT3A和DNMT3B

DNMT3A和DNMT3B是CpG位点胞嘧啶特异的从头甲基化酶，负责DNA的从头甲基化。DNMT3A和DNMT3B能在体内进行从头甲基化，而在体外，其甲基转移酶的活性小于DNMT1，这可能是DNMT3A和DNMT3B的从头甲基化能力需要甲基转移酶与其他蛋白质或染色质的相互作用。

4. DNMT3L

DNMT3家族还有一个新的成员是DNMT3L。与DNMT3A和DNMT3B有高度同源性，但缺乏甲基转移酶活性，其主要作用是协助DNMT3A和DNMT3B完成卵母细胞的重新甲基化，也可通过其前体精原干细胞中对分散重复片段的甲基化起作用。DNMT3L失活可导致精原细胞中的反转座子进行转录，从而导致精子发生过程失败，精子滞留。

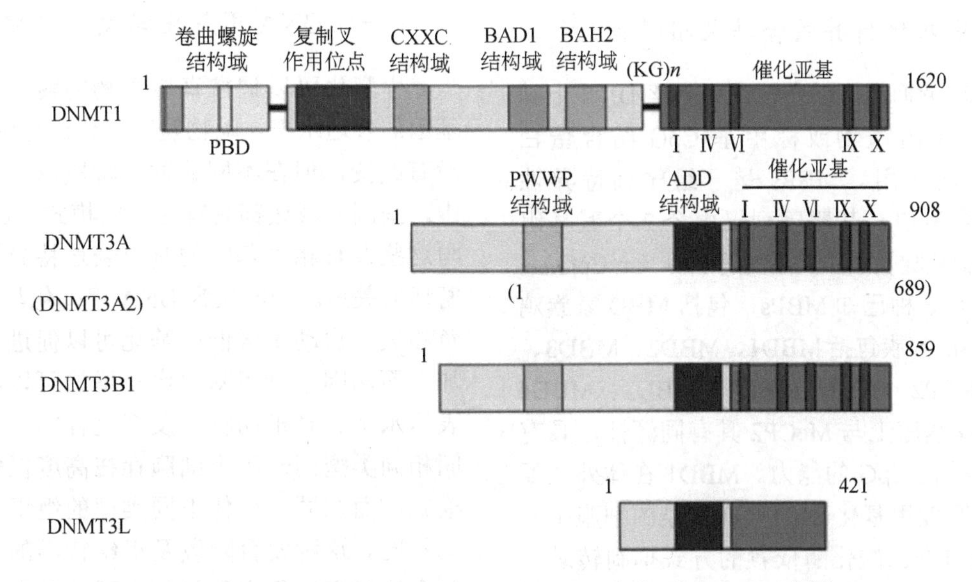

图10-2　哺乳动物DNA甲基转移酶DNMT1、DNMT3A、DNMT3B1和DNMT3L示意图（Tajima et al.，2016）

（二）DNA甲基化的去除

作为一种调控方式，甲基化过程必然要求相应的去甲基化过程与之协调来解除甲基化的抑制作用，使沉默的基因激活。真核生物去甲基化机制目前还不明确。去甲基化可能是由糖基化酶或含有mC结合域的多肽以去除甲基的方式进行。在DNA复制过程中，一些核因子结合于DNA上，阻碍了甲基化酶对半甲基化的识别。因此甲基化形式不能被“遗传”，而在不断的传代过程中，原有模板上的甲基化逐渐被“稀释”

四、DNA甲基化影响基因表达机制

DNA甲基化调节基因表达的机制主要有三种。

（一）干扰转录因子结合启动子

5-甲基胞嘧啶DNA双螺旋的大沟是众多蛋白质因子与DNA结合的部位，且含有丰富的能被转录因子识别的 GC 序列，但 CpG 发生甲基化后，转录因子就不能结合到 DNA 上，从而影响转录因子与启动子区 DNA 的结合效率；如转录因子 AP-2、C-Myc/Myn、CAREB、EZF 和 NF-κB 能够识别 CpG 残基序列。当 CpG 残基上的 C 被甲基化后，结合作用即被抑制。但有一些转录因子如 SP1 和 GF 等对其结合位置上的甲基化不敏感，还有许多因子在 DNA 的结合位点上并不含 CpG 二核苷酸，DNA 甲基化对这些转录因子基本不起作用。

（二）影响染色质结构

DNA 甲基化导致染色质结构改变，从而抑制基因表达。伴随个体发育，当需要某些基因保持“沉默”时，迅速发生甲基化，此时基因转录抑制，基因不表达；若需要恢复转录活性，则被去甲基化。

（三）甲基化特异结合转录阻遏物

甲基化转录抑制可以通过在甲基化 DNA 上结合特异的转录阻遏物或称甲基-CpG 结合蛋白（MBPs）而起作用。MBPs 是一组序列特异性的 DNA 结合蛋白，其靶序列仅由个 2 个碱基组成——甲基胞嘧啶及紧跟其后的鸟嘌呤（m^5CpG）。哺乳动物中有 6 种已知 MBPs，包括 MBD 家族鸡 KAISO。MBD 家族包括 MBD1、MBD2、MBD3、MBD4 和 MeCP2。其中，MBD1、MBD2、MBD4 主要在 MBD 基序上与 MeCP2 具有同源性，具有优先结合甲基化 CpG 的能力。MBD1 在体外主要优先结合高密度甲基化 DNA，在转染的细胞中，它通过组蛋白去乙酰化酶依赖的方式抑制转录。MBD4 不具备抑制基因转录的功能，具有 C/T 错配糖基化酶的活性和 5-甲基胞嘧啶 DNA 糖基化酶的活性，因而起着 DNA 修复作用。与这几种蛋白质相似，MBD3 也包含高度保守的 MBD 基序，但 MBD3 分子中有一个氨基酸被替代，而失去与甲基化 CpG 位点结合的能力。MeCP2 有两个结构域，一个是染色体定位的必需甲基化 DNA 结合结构域，另一个是在一定距离内可抑制启动子转录的转录抑制结构域，能够识别 mCpG 回文序列，并且可在数百碱基以外的距离发挥抑制作用（图 10-3）。

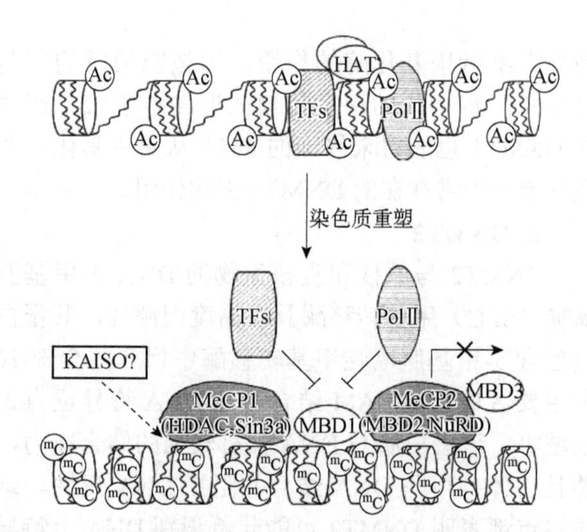

图 10-3　甲基化特异结合转录阻遏物抑制转录因子的结合（Turek-Plewa et al，2005）

五、DNA 甲基化生物学作用

（一）DNA 甲基化与发育分化

甲基化可以调控真核生物的转录，从而影响基因的表达水平。动物发育分化过程中 DNA 序列没有改变，但在不同的发育阶段以及不同的组织中，基因的表达都具有特定的模式，DNA 甲基化与这些发育相关基因的时空表达特异性具有非常密切的关系。一般认为 DNA 甲基化与基因表达呈负相关，启动子区低甲基化可以促进转录活性增加，而基因本身甲基化水平增加可以降低基因的表达水平。脊椎动物在发育过程中，不同个体之间相同类型同一种类细胞存在高度保守的甲基化模式，而在同一个体不同类型的组织中甲基化模式不同。这种发育阶段及组织特异的甲基化模式与个体发育过程中甲基化水平的动态变化有关。在胚胎发育中基因组甲基化发生了完全去甲基化和重新甲基化变化，形成个体特异的甲基化发育编程，在以后的发育阶段，组织特异性基因又会按照编好的程序，发生选择性的甲基化或去甲基化变化，形成组织特异的表达类型，使不同的组织行使不同的功能。牛正常胚胎发育到一细胞前，甲基化程度进一步下降，发育到一细胞时开始再甲基化。

（二）DNA 甲基化与基因组印记

基因组印记是一种违反了孟德尔遗传定律的

遗传现象。甲基化是基因组印记发生和维持的主要机制。在基因组印记中，甲基化发生在配子发生至受精前，经历胚胎早期广泛的去甲基化和重新甲基化后，在胚胎发育中继续保持双亲特异的甲基化模式。甲基化在基因组印记中有两种形式：一些基因在启动子区 CpG 岛上有等位基因差异的甲基化；另一些基因在非启动子区甲基化，并与其表达呈负相关。

（三）DNA 甲基化与 X 染色体失活

雌性哺乳动物胚胎在囊胚期通过一条 X 染色体随机失活实现 X 连锁基因的剂量补偿。X 染色体失活始于 X 失活中心（XIC），然后向邻近扩展。XIC 是一条候选基因，它的表达先于印记和 X 染色体的失活，是迄今发现唯一只在失活染色体上表达，在活性染色体上不表达的基因。同时，*Xist* 基因 5′端在活性染色体中是完全甲基化的，而在失活 X 染色体上是非甲基化的。450 kb 的 XIC 序列具有选择、启动和保持染色体失活的功能。染色体失活的另一机制是甲基化模式能通过抑制基因调控元件（如启动子、增强子和抑制物等）调控基因表达。DNA 调节功能因甲基 CpG（如 CTCF、甲基 CpG 特异结合蛋白）的出现而改变。甲基 CpG 特异结合蛋白抑制物是染色质的成分，当其作为特定位点时，加速失活染色质的生成。

六、DNA 甲基化研究方法

同 DNA 甲基化的生物学功能多样性一样，甲基化的研究方法也非常多。目前已经有 10 多种检测基因组甲基化水平的方法，有的是从全基因组角度探测基因组的甲基化水平；有的是对一些特异性基因如致癌基因启动子区域或基因内部甲基化水平进行研究；有的是基于甲基化敏感的限制性酶消化，然后结合电泳分离，或扩增、印迹等来检测甲基化水平；有的则是用亚硫酸氢盐处理目标，然后结合电泳或其他途径定量或定性分析目标的甲基化状态。了解 DNA 甲基化分析技术的原理、适用范围和优缺点有利于研究者根据自身不同需求和设备条件来选择有效方法达到最终目的。以下简述目前一些甲基化检测的主要方法。

（一）酶切法

酶切法是检测基因组甲基化水平的一种常用的也是最简便的方法。它的原理是由于限制性内切核酸酶在它的识别位点对 m^5C 敏感性不同，当采用甲基化敏感性的限制性内切核酸酶对基因组 DNA 进行消化时，如果在消化的基因组上与该酶对应的位点没有被甲基化，或甲基化的状态不影响此酶的酶切活性，基因组 DNA 就会被消化成小片段；如果基因组 DNA 对应的位点处于该酶敏感的甲基化状态，就不会有小片段产生。比较不同状态的相同基因组 DNA 的酶切产物，就可以发现对应位点不同的甲基化状态。酶切法常常用来对不同基因组总的甲基化水平进行估计，或者对目的基因片段进行已知位点的甲基化状态检测。因为不同的内切核酸酶识别的序列不同，应根据需要检测的实验材料进行有目的的选择，才有可能得到正确的结果。*Hpa* Ⅱ、*Msp* Ⅰ 和 *Not* Ⅰ 等是酶切法常用的几种酶。在限制性内切核酸酶中，有时两种酶识别相同的位点，但是这两种酶对胞嘧啶甲基化状态的敏感性不同，用这样一对酶在相同的条件下处理相同的基因组时，就会产生与这两种酶对应的甲基敏感性多态片段，根据片段的多态，就可以了解对应位点的甲基化状态。酶切法只能分析对应酶切位点胞嘧啶的甲基化状态，检测的未知基因组的甲基化水平会偏低，不能反映整个基因组的甲基化水平。但是，从全基因组水平研究目的组织或个体的甲基化状态，比较整体水平的甲基化程度变化趋势，寻找特异的甲基化位点，酶切结合 PCR 方法无疑是最佳的选择，因为它可以简单、快速、有效地进行分析而不需要事先知道某个位点的甲基化信息。

（二）亚硫酸盐测序法

亚硫酸盐测序法是检测基因组 DNA 甲基化状态比较可靠的方法，可以发现有意义的关键性 CpG 位点。其原理是 DNA 经亚硫酸盐处理后，非甲基化的 C 通过脱氨基作用形成 U，而甲基化的 C 不会改变。然后以 CpG 岛两侧不含 CpG 点的一段序列为引物进行扩增，模板上的就会扩增为 T，通过对扩增片段测序结果 T 与 G 的变化，通过测序等方法就可以检测目的片段的甲基化状态

（图 10-4）。

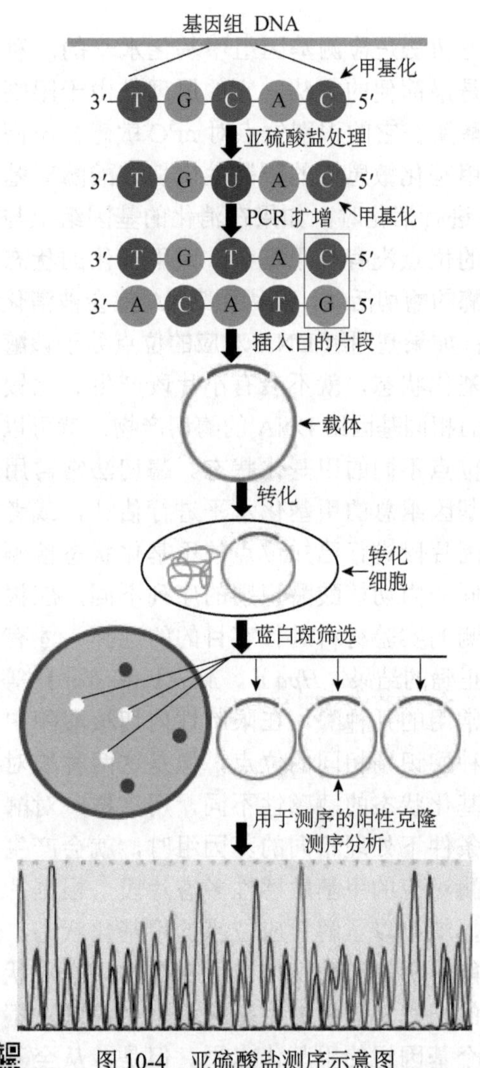

图 10-4　亚硫酸盐测序示意图
（邢朝斌等，2017）

亚硫酸盐测序法应注意 3 个问题。第一，采用亚硫酸盐处理 DNA 时，DNA 易变性形成不完全配对双链，使亚硫酸盐修饰不完全，从而不能准确反映 C 序列上的状态。第二，在亚硫酸盐处理过程中，DNA 会部分降解，导致后来 PCR 反应中的模板受到破坏而不能进行扩增，而且过长时间的处理会引起 m^5C 的脱氨基反应，降低了产物中 m^5C 水平。第三，如果 DNA 中的胞嘧啶没有甲基化，经亚硫酸盐处理后，胞嘧啶转化成尿嘧啶，原有的双链形成两条单链并且只含有 A、T 和 G 三种主要碱基，容易降解或形成二级结构。在亚硫酸盐测序法中，PCR 产物的测序有两种：克隆测序能提供 CpG 岛甲基化状态的准确信息，适用于半甲基化或细胞构成复杂的样品甲基化分析；直接测序比较适合分析杂合性小的细胞样品和甲基化状态均等的组织样品。

（三）甲基化特异性 PCR

甲基化特异性 PCR 是一种快速敏感的检测方法，且只需要少量的 DNA 就可以进行分析。该方法的原理与亚硫酸盐测序法相同。但 PCR 引物设计比较特殊，它有两套不同的引物对，其中一条引物序列来自处理后的甲基化 DNA 链，如果用这种引物扩增出片段，说明该检测位点发生了甲基化。另一条引物来自处理后的未甲基化 DNA 链，如果用这个引物能扩增出片段，说明该检测位点没有甲基化。与其他方法相比，该方法从非甲基化模板背景中检出甲基化模板的敏感性大大提高，但是需要两组已知的关键性位点来设计上下游引物，并且这些位点必须完全甲基化或完全非甲基化，所以该方法只能对已知序列的基因组进行分析，而且还存在目标片段扩增难度大和特异性差等缺陷（图 10-5）。

（四）高效液相色谱法

高效液相色谱法测定基因组整体甲基化水平，其过程是将样品经盐酸或氢氟酸水解成碱基，水解产物通过色谱柱，结果与标准品比较，用紫外光测定吸收峰值及定量，计算 $m^5C/(m^5C+^5C)$ 的积分面积就得到基因组整体的甲基化水平。这是一种检测 DNA 甲基化的标准方法，但它需要较精密的仪器。

（五）限制性标志物全基因组扫描法

限制性标志物全基因组扫描法是将基因组进行标记，通过二维电泳结合酶切技术，将消化后的基因组在凝胶上多次分离，最后分离得到的片段可以包含整个基因组序列，并且片段大小适合克隆和序列分析。该方法可在没有基因组序列信息的情况下分析数千个 CpG 岛的甲基化状态。基本步骤如下：首先将基因组 DNA 用甲基化敏感的 *Not* Ⅰ 酶消化，用同位素标记消化后的 DNA 片段，电泳分离；然后用第二个甲基不敏感性酶消化，电泳；再用第三个甲基不敏感性酶消化，继续电泳，显影成图谱。与正常对照相比，样本中

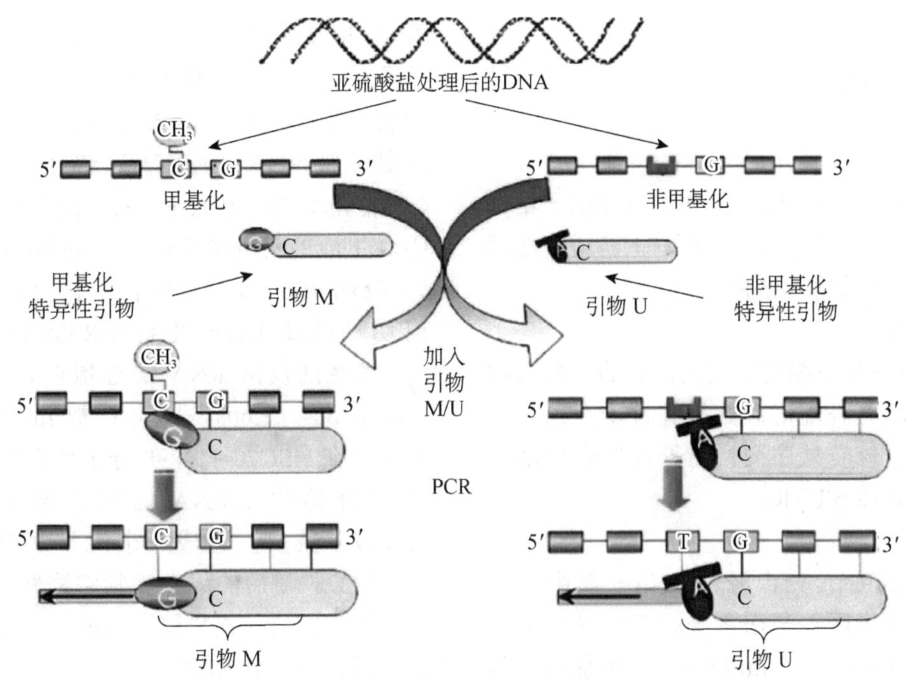

图 10-5 甲基化特异性 PCR 流程

缺失或信号减弱的点表示高甲基化的 CpG 岛。相反，新出现或信号增强的点则表示低甲基化的 CpG 岛，为了进一步确定这些差异点的情况，需先克隆再进行测序或作为探针进行 Southern 印迹。限制性标志物全基因组扫描法可一次得到数以千计 CpG 岛的甲基化定量信息。但对 DNA 质量要求较高，只能利用新鲜组织，且不能快速地分析多个样本。

第三节 miRNA 及其调控机制

miRNA 在细胞增殖分化、生物发育及疾病发生发展过程中发挥巨大作用，且随着对 miRNA 作用机制的深入研究，以及利用最新的如 miRNA 芯片等高通量技术手段对 miRNA 和疾病之间的关系进行研究，将会使人们对高等真核生物基因表达调控网络的理解提高到一个新水平。

一、miRNA的发现

1993 年 Lee 等利用遗传筛选方法在线虫中首次发现一个 22 nt 小分子非编码 RNA——lin-4。它的转录产物在幼虫 L1 后期表达，与 lin-14 mRNA 的 3′非翻译区（3′UTR）序列互补，从而抑制 lin-14 蛋白的表达，使线虫由 L1 期向 L2 期转化；*lin-14* 基因突变后，线虫虽然能够蜕皮，但只能停留在 L1 期，不能发育成成虫。2000 年 Ruvkun 在线虫研究中发现了一个相似的小分子非编码 RNA——let-7，它也通过与靶基因 3′UTR 结合发挥调控作用，同时该研究还在人基因组中找到同源基因。当时，科学界认识到这类小 RNA 代表了一种高度保守的基因表达机制，但直到 2001 年在 *Science* 杂志同期刊登的标志性文章分别发现果蝇、线虫、哺乳动物细胞中共有 96 种与 lin-4 和 let-7 相似的非编码小 RNA 后，此类小 RNA 才被正式命名为 miRNA。

二、miRNA的定义

miRNA 是一类由 18～25 nt（一般为 22 nt）组成的高度保守的，通过靶向 mRNA 3′UTR 发挥降解 mRNA 或阻遏 mRNA 翻译的负调控作用的核苷酸序列。

三、miRNA的特征

1. 形态

成熟的miRNA为单链，其5′端具有帽子结构和3′端有poly（A）尾，它们可以与上游或下游的序列不完全配对形成茎环结构。

2. 编码能力

成熟的miRNA不编码蛋白质，它的经典调控机制是通过碱基互补配对方式以其种子序列（一般为5′端前8个核苷酸序列）特异性结合靶基因mRNA的3′UTR或5′UTR。

3. 来源

绝大部分miRNA为内源性RNA。其中，编码基因位于内含子区并与宿主基因共同受到上游启动子调控的称为内含子miRNA；位于基因间隔区的并可以独立转录的称为基因间miRNA。此外，机体中还可能存在外源性miRNA。

4. 定位

miRNA主要存在于细胞质，少量存在于细胞核和外泌体。

5. 表达

miRNA的表达具有时序表达和组织表达特异性。在不同组织和不同发育阶段，miRNA的表达水平有显著差异，而且miRNA的表达是动态调控的。

6. 保守性

miRNA具有高度的序列保守性。

7. 功能

miRNA主要通过两种方式抑制靶基因的表达：第一种是使靶基因mRNA降解，RNA诱导沉默复合物（RISC）抑制靶基因正常转录使靶基因脱帽、脱尾并最终被降解；第二种是抑制其翻译，RISC通过在翻译起始前抑制核糖体形成阻碍翻译起始或在翻译过程中阻止核糖体前进导致翻译终止。

四、miRNA形成机制

在标准的miRNA生物发生途径中，初始微RNA（pri-miRNA）转录本由细胞核中的Drosha和细胞质中的Dicer处理。pri-miRNA由RNA聚合酶Ⅱ（PolⅡ）转录，起始于7-甲基鸟苷（m^7Gppp），终止于3′-poly（A）尾。pri-miRNA包含一个茎环结构，该结构被内切核酸酶Drosha及其双链RNA（dsRNA）结合蛋白配体DGCR8（在哺乳动物中）或Pasha（在果蝇中）切割在核中。生成的前miRNA（pre-miRNA）通过输出蛋白（exportin）5从细胞核中输出，然后进一步被内切核酸酶Dicer及其dsRNA结合伴侣TRBP（反式激活反应RNA结合蛋白，哺乳动物）或Loquacious（Loqs，蝇）释放miRNA–miRNA双链体。在HSC70–HSP90分子伴侣机制的支持下，该双链体以dsRNA的形式载入了Argonaute（AGO）蛋白，形成一个沉默复合物前体（pri-miRISC）。随后的成熟步骤将降解miRNA的后随链，剩下的成熟指导链（guide strand）与AGO蛋白相互作用形成RISC。

替代途径通常替代miRNA前体加工的各个步骤。pri-miRNA剪接可以用其他细胞途径的核酸酶代替，包括一般的RNA降解机制或pre-mRNA剪接因子。在这种情况下，pri-miRNA由分支的内含子编码的小RNA mirtron结构产生，pri-miRNA经剪接，套索脱支酶（Ldbr）去支，然后折叠成pre-miRNA发夹，进入细胞质，参与典型的miRNA生物合成途径。在此特定情况下，pre-miRNA在核输出后不经过Dicer加工，而是直接加载到AGO2蛋白中，从而触发其为成熟单链miRNA（图10-6、图10-7）。

五、miRNA的分子作用机制

miRNA介导的基因调控是一个复杂的过程，与转录因子介导的“开关式”基因表达调控方式不同。miRNA仅适当调控靶标基因表达的整体水平，因此被称为“微调剂”。尽管单个miRNA对特定靶基因的影响似乎很小，但miRNA对在同一生物学途径内起作用的多个mRNA靶标的作用组合可能是协同的。此外，mRNA通常在其3′UTR中具有多个miRNA结合位点，并且可能提供不同的miRNA靶结合区域，因此，miRNA和mRNA之间的这种“一对多”和“多对一”的调控机制多样性，不仅增加了miRNA调控网络的复杂性，还提高了其协同性。其具体的分子作用机制如下所述。

（一）翻译抑制

miRNA 抑制 mRNA 翻译过程主要包括抑制翻译的起始及启动后的翻译抑制。抑制翻译的起始主要通过 miRNA 介导的沉默复合物（miRISC）抑制启动。其通过影响真核翻译起始因子 4F（eIF4F）帽识别 40S 小核糖体亚基募集或通过抑制 60S 亚基掺入和 80S 核糖体复合物的形成来实现。一些与 miRISC 结合的靶标 miRNA 被转运到加工体中进行储存，接收到诸如压力等外源信号时可能会重新进入翻译阶段。启动后的翻译抑制则是由于 miRISC 可能抑制核糖体的延伸，导致它们脱落 mRNA 或促进新合成肽的降解（图 10-6）。

（二）降解 mRNA

如果 miRNA 与靶位点完全互补或几乎完全互补，miRNA 的结合通常会促进靶 mRNA 降解（在植物中较常见），其结合位点通常都在 mRNA 的编码区或者 ORF 中。若互补程度不高，则阻遏调节基因的翻译。

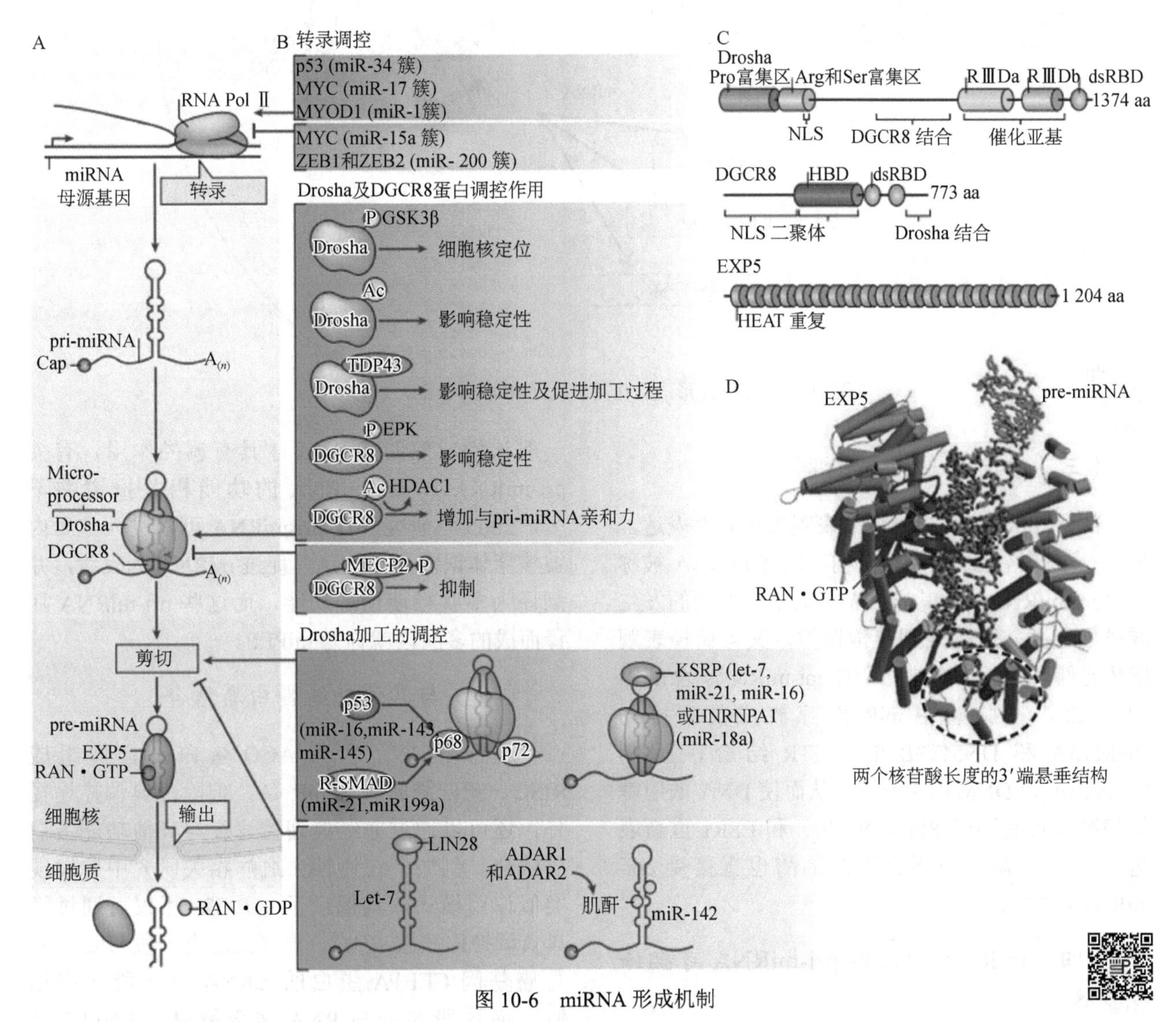

图 10-6 miRNA 形成机制

A. miRNA 从转录生成到出核示意图；B. 初始微 miRNA 前体（pri-miRNA）加工受到调节（以 miR-34 簇等为例）；C. 人类 Drosha、DGCR8 和 EXP5 的结构；D. EXP5（粉红色）、RAN • GTP（紫色）和 miRNA 前体组成的复合物模型（Ha and Kim，2014）

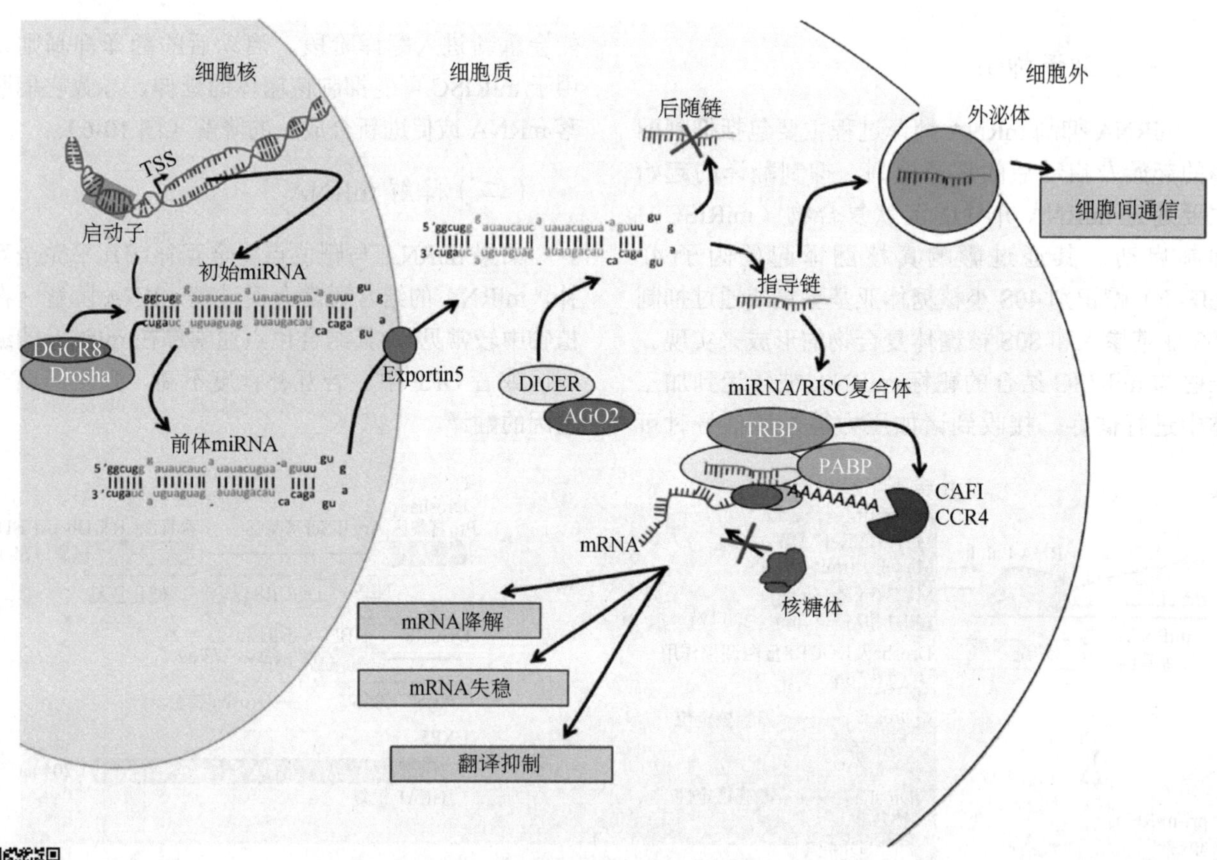

图 10-7　miRNA 形成及作用机制（Murphy et al.，2017）

（三）参与与表观遗传调控

部分 miRNA 可自身调节表观遗传元件表达，形成一个严格控制的反馈机制，这些 miRNA 被称为“epi-miRNAs”，其异常表达通常与癌症的发生或进展相关，既受表观遗传调控，又可调控表观遗传元件表达。首次被发现的 epi-miRNAs 为 miR-29 家族，在肺癌中 miR-29 家族成员直接与 DNMT3A 和 DNMT3B 的 3′UTR 结合，抑制 DNMT3A 和 DNMT3B 表达，从而使 DNA 低甲基化和肿瘤抑制因子 PI5（INK4b）和 ESR1 重新表达。另外，调节组蛋白修饰的酶也直接受 epi-miRNAs 调控。

（四）miRNA 的前体 pri-miRNA 可翻译成多肽

miRNA 成熟一般需要经历：miRNA 基因转录产生 pri-miRNA，pri-miRNA 经 Drosha 酶复合体剪切产生 pre-miRNA，pre-miRNA 从核内进入胞质，经 Dicer 酶复合体剪接产生成熟的 miRNA。一般认为成熟的 miRNA 才具有调控作用，有关 pri-miRNA 和 pre-miRNA 的功能相关报道并不多。2005 年研究发现 pri-miRNA 可以进入胞质内被核糖体识别为 mRNA，促进 miRNA 的表达，并翻译为多肽行使生理功能，而这些 pri-miRNA 翻译而成的多肽段就称为 miPEP。

（五）与其他功能蛋白质结合

通常 miRNA 会与 AGO 蛋白复合体组成 RISC，靶向降解目标 mRNA，但除经典调控途径外，还可以通过非经典调控途径与其他功能蛋白质结合。例如，在慢性白血病相关研究中曾发现类似作用模式，其揭示了 miR-328 不仅可通过经典负调控癌基因 *PIM1*，序列上还有一段 U/C 序列与癌基因 CEBPA 蛋白的 mRNA 上一段序列相似，而这段序列与 RNA 结合蛋白 hnRNPE2 结合，竞争阻碍了 hnRNPE2 与 CEBPA 蛋白的 mRNA 结合，导致 CEBPA 核转录因子表达量上升。

（六）miRNA 靶向调控线粒体相关基因 mRNA

靶向调控线粒体相关基因 mRNA 的 miRNA 被称为 mitomiRs，一般都可以同时调控多个线粒体相关基因的 mRNA 表达，从而破坏线粒体的正常功能，如线粒体生物合成、能量代谢、钙稳态调节及线粒体自噬等。例如，miR-29 缺失可上调转录共激活因子家族成员过氧化物酶体增殖物激活受体-1α（PGC-1α）的表达，导致线粒体合成异常和大量的小线粒体病理性堆积；miR-181c 可负调控细胞色素 c 氧化酶亚单位 MT-COX1，又可促进 MT-COX2 的表达水平；miR-421 靶向抑制靶向线粒体的丝氨酸/苏氨酸蛋白激酶(Pink1)，从而促进心肌细胞中线粒体的分裂，导致心肌细胞凋亡和心肌梗死。

（七）miRNA 的跨界调控

miRNA 的跨界调控在 2012 年首次被发现，该研究发现在人的各种脏器或组织结构如心、肝、脾、肺、肾、胃、肠、脑及血清中，均稳定检测到了如 miR-156a、miR-166a、miR-168a 在内的多种植物 miRNA。随后的研究也不断证明 miRNA 跨界调控是确实存在的。例如，在喂食油菜花粉的小鼠血清里检测到高表达的 miR-166a 和 miR-159，在小鼠血清和尿液中检测到植物 miRNA，在人血清里检验到来自甘蓝植物的 miRNA 等。

（八）miRNA 作为 TLR 的配体发挥功能

以上所描述各种 miRNA 的功能基本上都是通过与靶基因 mRNA 结合来调节靶基因的表达，但 miRNA 也可以通过不依赖 miRNA 与 mRNA 结合来行使功能。Toll 样受体（Toll-like receptors，TLRs）是天然免疫系统中宿主用以识别外来入侵抗原的一个蛋白质家族。miRNA 独特的序列结构，可以在不依赖经典的与靶 mRNA 结合的方式充当 TLRs 的配体，激活 TLRs。有研究发现，miRNA let-7b 和人类免疫缺陷病毒（HIV）的 ssRNA40 相似，都含有一个 GU 富集结构域，而该结构正好是 TLR7 的识别位点，后续实验也证明 let-7b 的确能激活 TLR7。同时，外泌体分泌的 miR-21 和 miR-29a 到肿瘤组织-正常组织的交界面，然后被位于该处的巨噬细胞摄取，激活巨噬细胞里的 TLR8，从而促进炎症因子释放，最终促进肿瘤生长和转移。

六、miRNA 的分析与研究

（一）miRNA 的全基因组测序

基于第二代测序技术对 miRNA 进行测序，其过程主要分为 4 步：文库制备、簇的创建、测序（DNA 聚合酶结合荧光可逆终止子，荧光标记簇成像，在下一个循环开始前将结合的核苷酸剪切并分解）、数据分析。第二代测序在 Sanger 等测序的基础上，通过基础创新，用不同颜色的荧光信号并经过特定的计算机软件处理，从而得到数百万条 miRNA 序列，能够快速准确鉴定出不同组织、发育阶段、疾病状态下已知和未知的 miRNA 及其表达差异。

（二）miRNA 的实验验证

由于成熟 miRNA 长度较短，因此，难以设计成熟 miRNA 的有效特异引物和探针，于是对较长的前体 miRNA 分子进行定量实时 PCR 检测，利用前体 miRNA 的水平作为成熟活性 miRNA 的替代标记。然而细胞内存在的前体 miRNA 的水平不能有效指示相应的成熟 miRNA 水平，因此这种方法无法达到预想中的效果。目前已有新的 qPCR 方法被用来解决检测 miRNA 中遇到的问题。该新方法利用一种茎环（stem-loop）状引物进行 miRNA 反转录，然后再进行定量实时 PCR。这个茎环状结构对成熟的 miRNA 3′端具有特异性，能够将非常短的成熟 miRNA 分子扩展并且增加一个通用的 3′端；引物位点进行实时 PCR。这种茎环状结构也被认为可以形成一种空间的阻碍以防止对前体 miRNA 进行 PCR 引导。然后就可以利用 qPCR 进行高特异性 miRNA 的定量表达水平检测。

（三）Northern 印迹分析

Northern 印迹是一种常用的基于杂交检测 miRNA 的方法，其通过 miRNA 探针与 RNA 印迹杂交来检测 miRNA 在组织中的表达情况，还结合 RNA 标志物通过凝胶电泳检测 miRNA 的分子大小。但该方法每次仅有一条 miRNA 探针与一个 RNA 印迹杂交，因此，不适合大规模的筛选实验，同时，Northern 印迹对样品的需求量较高，需要微克级样品才可避免假阴性。

（四）微点阵分析

微点阵（microarray）分析也称芯片分析，是一种基于杂交原理来检查 miRNA 的表达水平，从而分析 miRNA 的表达调控机制及由 miRNA 调控的基因表达的方法。微点阵采用高密度的荧光探针与 RNA 样本杂交，通过荧光扫描获得表达图谱，借助相应软件进行 miRNA 的表达分析，但微点阵以杂交为基础，因此同 Northern 印迹一样无法清楚区分序列差异很小的 miRNA，同时，也很难区分相同序列的前体 miRNA 和成熟 miRNA。

（五）miRNA 的功能探究

miRNA 功能探究最常用的方法为 miRNA 模拟物（mimic）和 miRNA 抑制物（inhibitor），它们均为人工合成的 RNA 寡核苷酸（RNA oligos）。其中，mimic 是双链，它的两条双链的 3′端各带 2 nt 的悬垂结构，其与序列完全互补，模拟天然经 Dicer 切割后的 miRNA 双链。miRNA mimic 转入细胞核后，可以提高 miRNA 含量，研究对靶基因的抑制作用。而 miRNA inhibitor 则是与对应 miRNA 完全互补的单链，转入细胞后，可以降低 miRNA 含量，解除对靶基因的抑制。但转染入细胞的 mimic 多数被溶酶体降解，并没有与 AGO 蛋白识别，因此 qPCR 检测到的效果并不一定能真实反映有作用的 miRNA 的量。而 miRNA inhibitor 则可能干扰 PCR 进行，使定量反应不准确。

锁核酸（locked nucleic acid，LNA）探针作为 mimic/inhibitor 的升级版，提高了 mimic 的稳定性及 inhibitor 的效率。另外，miRNA 激动剂（agomir）和 miRNA 拮抗剂（antagomir）技术是在 mimic/inhibitor 的基础上，在 3′端增加了硫代磷酸和胆固醇的修饰，每个 2′-O 也进行了甲基化修饰，稳定性得以提高。此外，质粒载体表达产生 pri-miRNA 或 pre-miRNA，随后经加工产生的成熟 miRNA 也可以作为提高 miRNA 表达的一种方法。

2007 年，Ebert 等提出了高效降低 miRNA 有效含量的 miRNA 海绵（miRNA sponge）技术，其利用 miRNA 与 mRNA 的相互作用，设计出带有串联排列的 miRNA 结合位点的载体，通过转染试剂将其转染至细胞里，作为分子海绵吸附相应 miRNA，解除对其靶基因的抑制。

若要稳定的 miRNA 上调/下调效果，还可以考虑慢病毒稳转细胞或转基因构建稳转细胞系或转基因动物。虽然较其他方法，该方法成本高、周期长，但能长时间在生理范围内改变相应的 miRNA 含量，同时得到的结果也更加可靠，特别是近年来突飞猛进的以 CRISPR/cas9 为主的基因编辑技术，为稳定调节 miRNA 表达提供了选择。

（六）miRNA 的定量和定位

荧光原位杂交（fluorescence *in situ* hybridization，FISH）技术是一种非常重要的非放射性原位杂交技术，具有无放射性、实验周期短、稳定性高、定位准确和灵敏度高等特点。该技术通过利用报告分子标记核酸探针然后将探针与靶 DNA 杂交，形成杂交体。随后，可利用该报告分子与荧光素标记的特异性亲和素的直接免疫化学反应，经荧光检测体系，在镜下对 DNA 进行定性、定量和定位分析。基于 FISH 的 miRNA 检测方法使用的是 LNA 探针。其中，LNA 由一类新型双环高亲和的 RNA 类似物组成，其中的核糖环通过亚甲桥连接 2-O 和 4-C 原子而被锁定，这样，LNA 探针表现出对靶 RNA 的显著亲和性和特异性，但 LNA-FISH 传统技术仍不能精确提供 miRNA 表达的定量信息。

新型 LNA-ELF-FISH 技术将 LNA 探针对 miRNA 的唯一性识别性质与酶标记荧光（enzyme labeled fluorescence，ELF）结合在一起。ELF 能通过磷酸酶裂解产生荧光底物将信号放大，磷酸酶产生黄绿色荧光沉积物，比单个荧光素亮度强 40 倍，使得待检测单个 miRNA 的明亮、耐光的荧光点被荧光显微镜成像简单地计算出来。

（七）miRNA 的靶基因预测

目前，主要应用计算机辅助预测 miRNA 靶基因，用于预测的软件或数据库有 TargetScan、miRanda、RNAhybrid、PicTar、TarBase 等。根据 miRNA 和靶 mRNA 间的作用规律，在预测过程中主要遵循以下原则：①miRNA 与靶基因序列的互补性，如miRNA与靶基因间的错配不得超过4个（G-U配对认为有0.5个错配），miRNA/靶基因复合体中不得超过有2处发生相邻位点的错配；②miRNA/靶基因复合体双链的热稳定性，如复合体的最低自由能（MFE）应不小于该miRNA与其最佳互补体结合时MFE的75%；③miRNA种子区的配对原则，如从miRNA的5′端起第1～12个位点不得超过有2.5个错配；④miRNA/靶基因复合体不存在复杂的二级结构；⑤不同物种间同源miRNA靶基因的保守性等。由于不同软件参数设置各不相同，其预测结果会有较大差异，因此采用多种软件预测是比较可靠的手段。对miRNA与靶基因间的相互关系进行鉴定，目前应用最多的方法是荧光素酶报告基因载体系统。实验方法是将靶标基因中包含miRNA靶序列片段克隆到荧光素酶报告基因开放阅读框序列的下游，然后，将荧光素酶载体系统与人工合成的miRNA模拟物共同转染细胞，与对照组相比。如果转染miRNA模拟物细胞中的荧光素酶活性降低，则可初步证明miRNA与其靶基因能够相互作用（图10-8）。

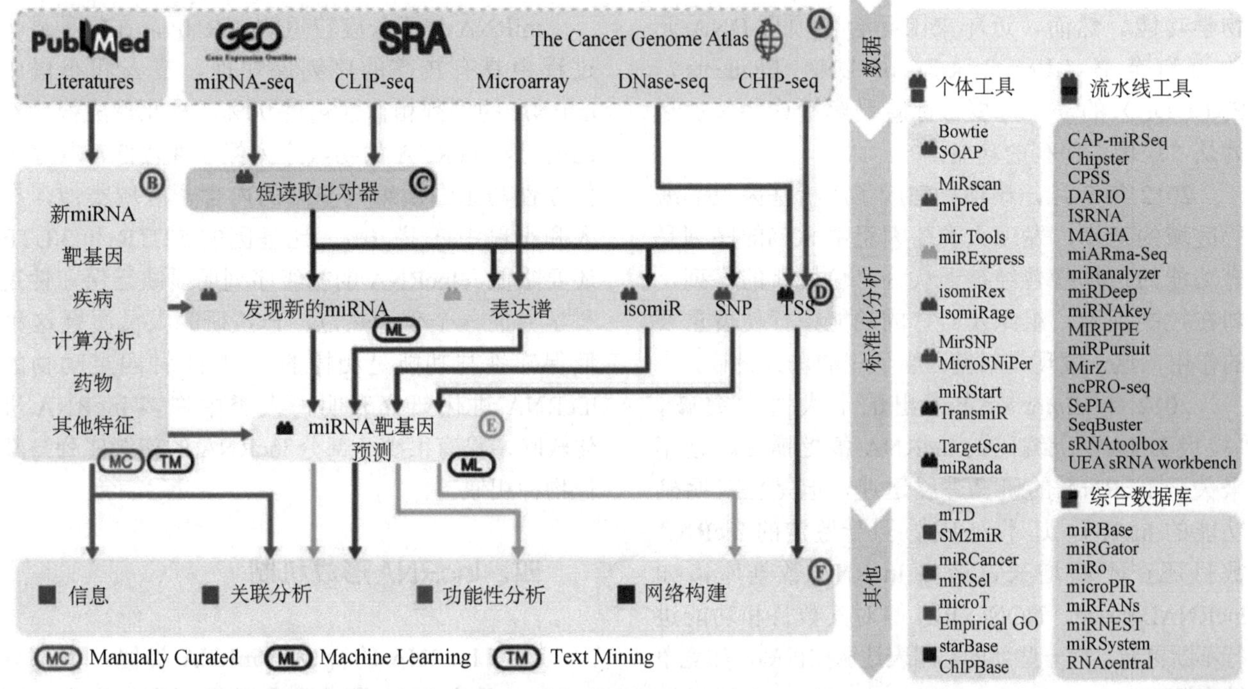

图10-8　miRNA的一般分析工作流程相关工具的示例（Liang et al., 2018）

带有箭头的左侧面板显示一般的生物信息学miRNA分析工作流程，右侧面板显示相关工具的列表，这些工具标有与左侧工作流程中的同一项目相对应的不同颜色和形状

第四节　lncRNA及其调控机制

随着生物学技术的发展，哺乳动物的转录本已被全面解析，大量ncRNA中的lncRNA也被解析。目前，科学家已发现并鉴定了与肌肉、脂肪细胞生长和分化相关的一些重要功能基因，如*MyoD*、*MyHC*、*PPARγ*、*C/EBPα*等，以及一些关键miRNA，如miR-125b、miR-133、miR-204、miR-143等。近年来，新兴的lncRNA正逐渐被揭开“神秘面纱”，且大量研究表明它们参与动物组织器官的形成、个体发育等生命过程。

一、lncRNA的发现

1991年Ballabio等研究发现*Xist*基因可以调控小鼠和人的X染色体失活。2007年Howard

Chang 等在 HOXC 基因座鉴定出一个 2.2 kb 的 ncRNAHOTAIR，以反式作用的方式调控染色质沉默。这一发现对发育和疾病状态的基因调控具有广泛意义。随着高通量测序技术的飞速发展，对基因组及其转录产物有了深入了解，生命体中大量的 lncRNA 被挖掘。

lncRNA 是一类转录本长度超过 200 nt，缺乏蛋白质编码能力的 RNA，有含 poly（A）尾和不含 poly（A）尾两种形式。哺乳动物基因组中有 4%～9%的序列产生的转录本是 lncRNA，它们起初被认为是基因组中的“垃圾”序列，不具备生物学功能。然而，近年来国际合作项目 DNA 元件百科全书（Encyclopedia of DNA Elements，ENCODE）的一个主要目标就是解析这些曾被认为是“垃圾”序列的功能。

2012 年 9 月，该项目完成了解析基因组非编码区域的工作，发现人类基因组中 80%的序列是有功能的，那些曾经被误认为“垃圾”的序列，却在控制细胞、组织及器官的功能中行使着重要的作用，这一发现是对基因组认识的重大突破。

2012 年 *Times* 杂志评出的十大医学突破，“垃圾 DNA”所编码的 lncRNA 备受瞩目。近年来关于 lncRNA 的研究进展迅速，但是已有明确功能的 lncRNA 还不到 1%，且新鉴定的 lncRNA 数目还在不断增长，诸多 lncRNA 数据库诸如 lncRNADisease、NONCODE 等对其数目和功能进行不断更新，而一些新的基因表达调控机制，如竞争性内源 RNA（competing endogenous RNA，ceRNA）也在围绕 lncRNA 展开，这些研究工作改写了统治人们数十年的对 RNA 的分子生物学认知。

二、lncRNA的定义

起初，将 lncRNA 定义为一类长度大于 200 nt，缺乏 ORF，不具有氨基酸编码潜能的非编码 RNA。但最近研究者发现它们也可以编码一些具有调控功能的小肽，但这并不影响它们调控 RNA 的功能作用。

三、lncRNA的特征

部分 lncRNA 与 mRNA 一样，具有 5′帽和 3′ ploy（A）尾结构，但有的 lncRNA 没有 poly（A）尾，目前对这部分 lncRNA 的特征缺乏足够的描述，它们很可能由 RNA 聚合酶Ⅲ转录而来，或是剪切过程断裂的 lncRNA 或 snoRNA 产物。

lncRNA 比编码基因具有较强的组织和细胞表达特异性，这表明 lncRNA 在决定细胞命运中具有关键作用。目前发现，在细胞的很多组分中都存在 lncRNA。lncRNA 在不同的亚细胞结构中均可能存在，特定的亚细胞定位对 lncRNA 的生物学功能具有重要意义。

miRNA 属于长度较短的 ncRNA，在物种进化过程中具有较高的序列保守性，在人和小鼠中 miRNA 的序列相似性超过 90%。与此形成鲜明对比的是，lncRNA 的初级序列保守性较低，其序列保守性与蛋白质编码基因的内含子区域类似，在人和小鼠中低于 70%，比基因的 5′UTR 和 3′UTR 还要略低。lncRNA 的初级序列明显缺乏保守性是科学界的一个争论热点，一些研究人员质疑这种低保守性与功能是相悖的。对 11 种四足动物的 lncRNA 进化研究表明，人类中许多 lncRNA 进化较晚，只有很少一部分 lncRNA 的初级序列与其他物种相似。

四、lncRNA形成机制

动物 lncRNA 的合成与 mRNA 类似，大部分 lncRNA 是由 RNA 聚合酶Ⅱ转录而来，也有一部分 lncRNA 是由 RNA 聚合酶Ⅲ转录的。由 RNA 聚合酶Ⅱ转录而来的 lncRNA 具有与 mRNA 相似的生物学特性、剪接模式、5′端帽结构和 poly（A）尾。根据 lncRNA 与蛋白质编码基因的位置，将 lncRNA 分为四大类：基因间型（intergenic）、内含子型（intronic）、正义型（sense）和反义型（antisense）。lncRNA 除了具有上述提到的 mRNA 样结构，还具有其他特征。转录生成 lncRNA 的 DNA 序列也具有启动子的结构，启动子可以结合转录因子，染色体组蛋白同样具有特异性的修饰方式与结构特征；大多数 lncRNA 具有明显的时空表达特异性，并且在不同的生物过程中，还会形成不同的转录本，从而动态调控生物学过程；相对于蛋白质编码基因在物种间保守的特征，

lncRNA 在物种间的序列保守性较低。

lncRNA 的具体形成机制主要包括以下 5 种（图 10-9）：①蛋白质编码基因的结构中断从而形成一段 lncRNA；②染色体重排，即两个未转录的基因与另一个独立的基因串联，从而产生含多个外显子的 lncRNA；③非编码基因在复制过程中的反移位产生 lncRNA；④局部的复制子串联产生 lncRNA；⑤基因中插入一个转座成分而产生有功能的非编码 RNA。虽然 lncRNA 来源不一，但研究显示它们在基因表达的调控方面有相似的作用。

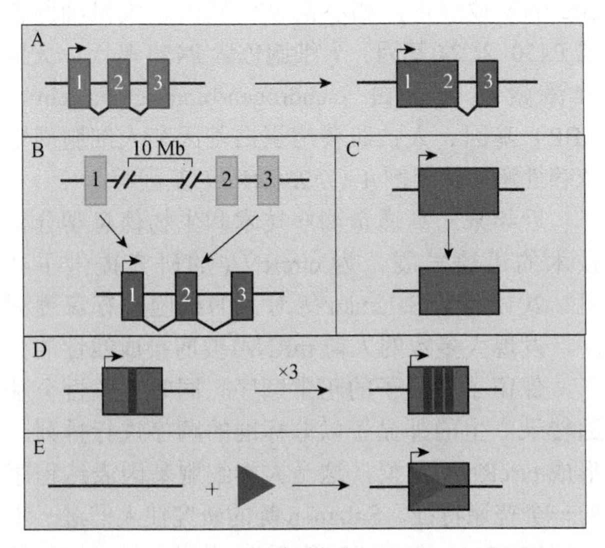

图 10-9 lncRNA 形成机制（Ponting et al，2009）

五、lncRNA的分子作用机制

研究发现 lncRNA 可在在多层面上影响基因的表达水平，主要涉及表观遗传调控、转录调控及转录后调控等。在表观遗传调控方面，lncRNA 在关键分子过程中发挥着重要的表观遗传调控作用，如基因表达、基因组印记、组蛋白修饰、染色质动态及同其他的分子相互作用。在转录调控方面，lncRNA 可以在序列水平上与基因组连接，并且折叠成能够与蛋白质特异性相互作用的三级结构，它们特别适合于调节基因表达，可以抑制或激活转录。在转录后调控方面，如果存在较长的碱基配对，lncRNA 可以稳定或促进靶 mRNA 的翻译，而部分碱基配对加速 mRNA 衰变或抑制靶 mRNA 翻译；在不存在互补配对的情况下，lncRNA 可以作为 RNA 结合蛋白或 miRNAs 的诱饵抑制前体 mRNA 剪接和翻译，并且可以竞争 miRNAs 介导的抑制导致 mRNA 的表达增加。作为理解 lncRNA 功能的初始框架，依据 lncRNA 距离转录位点远近的调控形式，将 lncRNA 粗略地分为顺式作用与反式作用两类。顺式作用的 lncRNA 至少存在 3 种潜在的功能机制调控邻近染色体或基因的表达：①lncRNA 转录本自身通过其向基因座募集调节因子的能力，调节邻近基因的表达；②lncRNA 的转录或剪接过程赋予基因调节功能，该功能独立于 RNA 转录物的序列；③顺式调控仅依赖于 lncRNA 启动子或基因座内的 DNA 元件，并且完全独立于编码的 RNA 或其产物。反式作用的 lncRNA 也至少存在 3 种情况：①lncRNA 在远离其转录位点的区域调节染色质状态和基因表达；②lncRNA 影响核结构；③lncRNA 与蛋白质或其他 RNA 分子相互作用并调节其性能。

六、lncRNA的分析与研究

无论是在畜牧领域还是在医学领域，目前关于 lncRNA 对性状调控的研究思路大致分为以下几个方面。

1）采取不同处理组/实验组的样品，对其进行转录组测序；

2）根据测序结果，筛选各处理组/实验组间差异表达的 lncRNA，并进行全长扩增；

3）对其编码能力进行预测，同时进行原核表达等实验，验证候选 lncRNA 的不具备编码蛋白质的能力；

4）RT-qPCR 等实验探究候选 lncRNA 在不同处理组/实验组的表达趋势是否与测序结果保持一致；

5）候选 lncRNA 在不同组织中的表达情况；

6）候选 lncRNA 的功能探究：过表达或干扰候选 lncRNA 的表达，进一步探究其对细胞增殖、凋亡、分化、癌变等的调控；

7）定位：通过细胞 RNA 核质分离、免疫荧光等实验，探究候选 lncRNA 主要是在细胞核内表达，还是在细胞质内表达，还是二者均有，进而可预测 lncRNA 的作用机制；

8）候选 lncRNA 的机制探究：通过 RIP 等实验，探究候选 lncRNA 是通过吸附 miRNA 的分子机制，或者是通过调控转录因子的结合，进而影响关键基因的表达来发挥作用，或者是通过其他的作用机制。通过这些调控机制，lncRNA 可以调控细胞生长、分化、凋亡等生物学过程，并且在人类疾病发生以及正常组织器官发育过程中扮演重要角色。

第五节　circRNA 及其调控机制

一、circRNA 的发现

1976 年，Sanger 和 Kolakofsky 等首次观察到 circRNA 的存在，轰动了学术界。Sanger 等在对番茄和菊三七属植物的类病毒进行研究时，利用超速离心、热变性、电子显微镜和末端分析技术发现一些类病毒是共价闭合的环状 RNA 分子。

同年，Kolakofsky 利用仙台病毒感染细胞后从细胞分离出末端互补的 circRNA 分子。

1979 年 Hsu 和 Coca-Prados 等在 HeLa 细胞的细胞质中鉴定到 circRNA 的存在。从而将 circRNA 的研究由病毒延伸到动物细胞层面。之后，又在酵母样品中发现线粒体等 circRNA 的存在。

1991 年，Nigro 等在对人类细胞中结肠癌缺失基因（deleted in colorectal carcinoma，*DCC*）转录本的研究时发现了由基因产生的内源性 circRNA。他们发现外显子没有按照 5′到 3′的顺序进行拼接，而是 5′被拼接到 3′的下游。尽管拼接顺序发生了改变，但是外显子仍然是完整的，并且使用了原来的剪接供体和受体位点。这种排列被称为“外显子混编（exon shuffling）”。这种发生重排的转录本在啮齿动物和人类来源的各种正常细胞和肿瘤细胞中表达水平相对较低，主要来源于细胞质 RNA 的非聚腺苷酸成分中。Nigro 等推测这种产物可能来自于分子内剪接，从而产生外显子 circRNA。基因中预期下游外显子的 3′尾与通常位于上游的 5′头相连的位点被称为“反向剪接”。

1992 年，Cocquerelle 等鉴定到一个新的人 *et-1* 基因转录本，该转录本外显子的正常顺序被打乱。通过 PCR 和 RNase 保护试验发现，est-1 位点成环不是基因组重排的结果，也不是由于 est-1 伪基因转录导致的，这些结果证明观察到的反向剪接是真实存在的。但鉴于当时生物技术的局限性和 circRNA 结构的特殊性，大部分人认为 circRNA 是剪接错误或者剪接过程中形成的副产物。

在随后近 20 年中，也仅有为数不多的 circRNA 被鉴定，如小鼠 *SRY* 基因、大鼠细胞色素 P450 *2C24* 基因、人细胞色素 P450 基因、大鼠雄激素结合蛋白（androgen-binding protein，ABP）基因、人抗肌萎缩蛋白基因和人细胞周期依赖性激酶抑制剂 4（*INK4*/*ARF*）基因等。

近年来，高通量测序技术和生物信息学分析技术的迅速发展，为 circRNA 的研究提供了契机。2012 年，Salzman 等对人的细胞进行深度测序，发现大多数的人前 mRNA 被剪接成线性的分子，保留了外显子的正常顺序。同时有数百个基因转录产生的外显子以非标准的顺序进行排列，形成 circRNA 亚型，这是人类细胞基因表达程序的一个普遍特征。Salzman 等的研究使人们进一步认识 circRNA 这一“暗物质”，从此，circRNA 的研究才正式进入人们的视野并受到极大的关注。

二、circRNA 的定义

circRNA 是一类经前 mRNA 反向剪接后、由 3′端和 5′端共价结合形成的环状 RNA 分子。最初 circRNA 被发现的时候，由于大量研究表明 circRNA 没有被翻译，因此，研究人员将 circRNA 归为 ncRNA。但是随着对 circRNA 研究的深入，将其归为 ncRNA 还有待商榷。因为有的 circRNA 内部含有核糖体结合位点和完整的 ORF，有翻译的潜能，可以编码小肽。

三、circRNA 的特征

circRNA 是一类古老的、在真核基因中保守的分子。迄今为止，研究人员已经在多种生物细胞和组织中鉴定到circRNA的存在，有超过10%的表达基因可以通过可变剪接产生circRNA。根据circRNA的定义、来源、作用机制等将circRNA的特征归纳如下。

（一）形态

circRNA是不具有5′端帽和3′端poly（A）尾，以共价键形成的环形RNA分子。由于circRNA分子呈闭合环状结构，不易被外切核酸酶RNase R降解，因此比线性RNA更稳定。

（二）编码能力

大部分circRNA为ncRNA，部分circRNA含有内部核糖体进入位点（internal ribosome entry site，IRES）和完整的ORF可以编码功能蛋白或小肽。

（三）来源

大多数circRNA来源于外显子，由一个或多个外显子构成，少部分由内含子直接环化形成，还有的同时含有外显子和内含子。大多数人类circRNA包含多个外显子，通常为两个或三个。在人类细胞中，单外显子形成的circRNA长度中位数在353 nt，多外显子的circRNA每个外显子的长度中位数在112～130 nt。外显子的环化已经在哺乳动物的许多基因位点得到确认。外显子的环状依赖于侧面的内含子互补序列。外显子的环化效率可以通过两翼反向重复Alu对配对竞争来调节，导致一个基因可以产生多个circRNA。由于有的circRNA与mRNA来源于同一基因，circRNA可以被视为一种特殊的RNA可变剪切产物，绝大部分circRNA与mRNA使用相同的拼接位点和剪切机制，因此环化过程与mRNA剪接可能存在剪接因子等的竞争。

（四）定位

circRNA是一类内源性的RNA分子，主要存在于细胞质中，在细胞核和外泌体中也有少量分布。

（五）表达

circRNA广泛存在于病毒和真核生物细胞内，它的表达具有一定的组织、发育阶段特异性，表达水平也会随着机体状态的改变而发生改变（如正常组织和疾病组织circRNA的表达存在差异）。circRNA表达水平差异较大，目前鉴定到的多数circRNA的表达水平均较低，但有的circRNA的表达水平会超过同一基因线性异构体的表达水平。大多数circRNA的半衰期超过48 h，而线性RNA的平均半衰期只有约10 h，但大部分circRNA在血清外泌体中的半衰期小于15 h。

（六）保守性

外显子区来源的circRNA具有高度的序列保守性，基因间区和内含子来源的circRNA保守性相对较低。

（七）功能

部分circRNA分子含有miRNA应答元件（miRNA response element，MRE），可充当竞争性内源RNA（competing endogenous RNA，ceRNA），与miRNA结合，在细胞中起到miRNA海绵的作用，进而解除miRNA对其靶基因的抑制作用，上调靶基因的表达水平。细胞质中的circRNA主要通过ceRNA机制发挥作用。由于circRNA在形成时也需要剪接因子，因此也会通过竞争剪接因子影响目的基因的表达。由于部分circRNA可以编码小肽段，因此circRNA可以通过小肽发挥功能。circRNA可以在转录或转录后水平发挥调控作用。

四、circRNA形成机制

通常情况下，DNA在转录产生RNA的过程中会将内含子去除，外显子按照在DNA中的排列顺序依次连接，形成一条线性单链RNA。与线性RNA不同，circRNA是由外显子和内含子通过“反向剪接”形成的环状单链RNA分子。“反向剪接”是指在前体mRNA分子中，位于下游的某一外显子或内含子的3′端尾部位点连接到某一上游的外显子或内含子5′端头部位点。

目前发现的circRNA根据来源可分为3类：外显子来源的circRNA（exonic circRNA）、内含子来源的circRNA（circular intronic RNA，ciRNA）和由外显子及内含子共同组成的circRNA（exon-intron circRNA，EIciRNA）。关于这3类circRNA

的生成机制，科学家们共提出了6种模型，其中有3种是关于exonic circRNA和EIciRNA的反向剪接推测模型，还有3种是关于ciRNA的剪接机制（图10-10）。

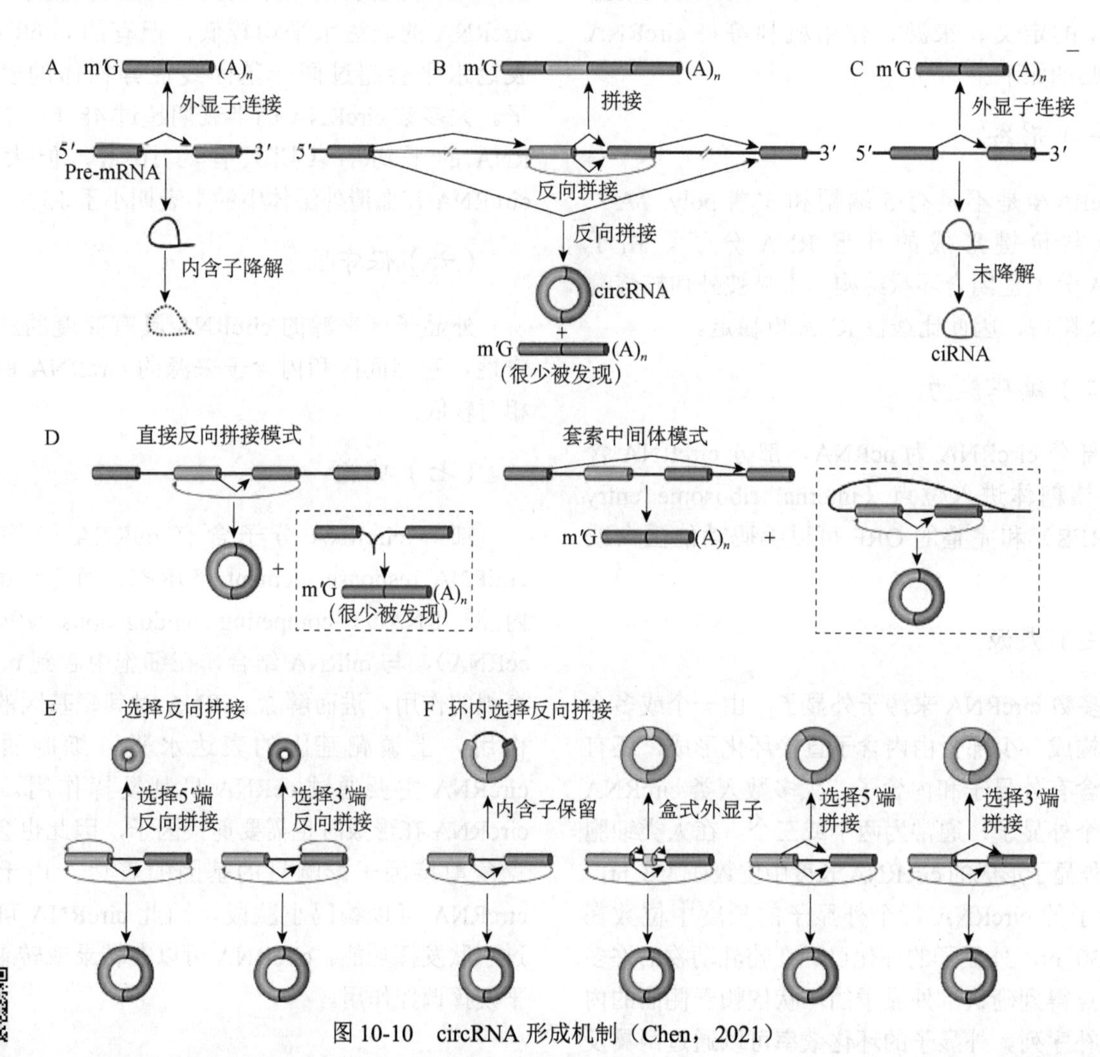

图10-10　circRNA形成机制（Chen，2021）

（一）内含子配对驱动的环化

位于外显子侧翼的内含子之间存在互补序列，其可直接通过碱基配对来驱动环化，当两个以上的外显子参与环化时，它们之间的内含子有可能被保留，最终形成既有外显子又有内含子的circRNA。

（二）RNA结合蛋白配对驱动的环化

结合到外显子侧翼内含子上的RNA结合蛋白（RBP）之间发生相互作用，最终驱动首尾连接环化产生exonic circRNA或EIciRNA。

（三）外显子跳跃（exon skipping）"+"套索驱动的环化

前体RNA部分折叠，使线性序列上本不相邻的两个外显子相互靠近，上游外显子的3′端剪接配体与下游外显子的5′端剪接受体跳过中间外显子和内含子，发生共价结合，形成一个包含中间外显子及内含子的套索（intra-lariat）结构，进一步环化产生circRNA。

（四）内含子介导的circRNA形成

内含子介导形成环状圈需要内含子3′端外显子的释放，内含子3′端2′-OH基团攻击内含子5′端碱基位点，伴随着2′，5′-磷酸二酯键形成，产生一个 circRNA。

（五）内含子参与常规剪接

结合在内含子 5′端的一个外源鸟苷（exoG）作为亲核体攻击内含子 3′端剪接位点。①酯基转移作用，内含子 5′端外显子被剪切掉，exoG 连接到内含子 5′端上。②内含子 5′端外显子的 3′端 3′-OH 基团攻击内含子 3′端剪接位点，顺序连接的外显子和 1 个带有 exoG 的线性内含子被释放出来。③线性内含子通过末端鸟苷（ωG）的 2′-OH 基团亲核攻击结合靠近内含子 3′端的磷酸二酯键，环化成 circRNA，同时释放出一个短的 3′端尾。值得注意的是在这种情况下，内含子通过 2′，5′-磷酸二酯键闭合成环。除此之外，在前体 RNA 剪接过程中，部分内含子的 5′端和 3′端会通过 2′，5′-磷酸二酯键形成索套结构，虽然大部分都会发生脱酯反应进而被降解，但有一部分套索结构因为含有特殊序列而不会被脱支酶（debranching enzyme，DBE）降解，形成 circRNA。这类内含子在 3′端剪接位点的分支位点（BP）附近含有 11 nt C 富集序列，在 5′端剪接位点附近含有 7 nt GU 富集序列，这些序列形成的特殊结构会阻止脱支酶与之结合，使其不能被核酸酶降解。

（六）3′端外显子水解后，可以使 ωG 直接亲核攻击 5′碱基位点

研究发现，circRNA 的反向剪接与线性 RNA 的转录和 circRNA 自身的转录是同时进行的。circRNA 的转录也需要 RNA 聚合酶Ⅱ和剪接因子的参与，因此 circRNA 的反向剪接过程也会受到剪接因子和 RNA 聚合酶的调控。但具体是什么因素决定一个基因转录产生更多 circRNA 还是更多 mRNA 仍然是一个迷。在多细胞动物细胞中，tRNA 前体在剪接的过程中也能够形成 circRNA，并将这些来源于 tRNA 内含子的 circRNA 命名为 tRNA 内含子环状 RNA（tRNA intronic circRNA，tricRNA）。目前对 circRNA 生成机制的研究还在不断完善。

五、circRNA 的分子作用机制

虽然 circRNA 的表达量普遍较低，但综合研究揭示，至少有一些 circRNA 通过在分子水平上不同的作用方式在生理和病理条件下发挥着潜在的调控作用。目前 circRNA 的作用机制主要包括以下 7 个方面。

（一）circRNA 的加工影响其线性同源基因的拼接

对 circRNA 的基因组定位发现，大多数 circRNA 来自蛋白质编码基因的外显子和内含子，少数 circRNA 来源于基因间区。蛋白质编码基因区域来源的 circRNA 的处理可以影响其前体转录本的剪接，与线性 mRNA 竞争性剪接，导致含有外显子的线性 mRNA 水平较低，基因表达水平改变。一般来说，外显子循环越多，在加工的 mRNA 中出现的就越少。然而，并不是所有跳过的外显子都能产生 circRNA，这表明额外的调控因子可能会影响外显子环化或线性异构体中的跳过。确定在内源条件下外显子环化与外显子跳跃剪接相关的程度，以及这样的事件是否会导致可观察到的生物效应将是很有意义的。

（二）核内滞留的 circRNA 可以调节转录和剪接

circRNA 定位研究发现，大多数 circRNA 位于细胞质中，少数 circRNA 位于细胞核中。保留在细胞核中的 circRNA 被发现参与转录调控。敲低 EIciRNA 可能会减少其亲本基因的转录。EIciRNA 可以与 U1 小核糖核蛋白（U1snRNP）相互作用，EIciRNA-U1snRNP 复合物与 RNA 聚合酶Ⅱ在其亲本基因的启动子上相互作用，促进基因表达。阻断这种 RNA-RNA 相互作用会削弱 EIciRNAs 与 RNA 聚合酶Ⅱ的相互作用，从而减少其亲本基因的转录。更多的核保留的 circRNA 是否能以类似的方式发挥作用还有待探索。

核内保留的 circRNA 还可以通过形成 RNA-DNA 复合物调节同源基因的转录。circSEP3 是一种来自拟南芥 SEPALLATA3（*SEP3*）基因外显子 6 的细胞核保留的 circRNA。circSEP3 与其同源 DNA 位点结合较强，形成 RNA：DNA 杂交体，而具有相同序列的线形 RNA 与 DNA 结合较弱。推测这种 circRNA：DNA 的形成导致转录暂停，导致具有外显子跳跃的选择性剪接 SEP3 mRNA 的

形成。这些研究共同表明，一些核定位的circRNA可以在转录和剪接水平上调节基因表达（图10-11）。

（三）circRNA可以充当miRNA海绵

细胞质中的circRNA主要作为ceRNA，通过吸附miRNA分子进而释放miRNA对靶基因的抑制来发挥作用。最近的研究表明，几个表达丰富的circRNA可以作为miRNA海绵发挥功能。

CDR1as是哺乳动物大脑中的一个单外显子，高度保守和有丰富的circRNA，包含60多个miR-7结合位点。CDR1as的表达减少导致含有miR-7结合位点的mRNA的表达减少，这表明CDR1as通过调节miR-7参与基因表达网络。除此之外，还有很多circRNA被发现可以通过调节miRNA的活性参与生物过程的调控，如circSRY和miR-13、circBIRC6和miR-34a/miR-145。但应该注意的是，大多数circRNA在哺乳动物中的表达水平很低，而且它们很少包含同一miRNAs的多个结合位点，因此，许多circRNA可能并不会通过miRNA海绵发挥作用（图10-12）。

（四）circRNA可通过与蛋白质互作发挥作用

circRNA可以与不同的蛋白质相互作用，形成特定的circRNP，从而影响相关蛋白质的作用方式（图10-13）。多功能蛋白MBL可以促进由同一基因位点产生的circMbl的生物发生；MBL也被发现与circMb1相关。因此，已经推测在MBL和circMbl生产之间存在反馈环路。当蛋白质过量时，它会通过促进circMbl的产生来减少自己mRNA的产生。然后，这种circRNA可以通过与其结合来吸收多余的MBL蛋白。在哺乳动物心脏中高表达的circFOXO3中也观察到了这样的作用模式，它可以通过增强其与抗衰老蛋白ID-1、转录因子E2F1以及抗应激蛋白FAK和HIF1a的相互作用来促进心脏衰老。尽管有这些有趣的发现，但一个普遍且尚未回答的问题是，低表达的circRNA能在多大程度上对其隔离或结合的蛋白质进行可检测的调节。

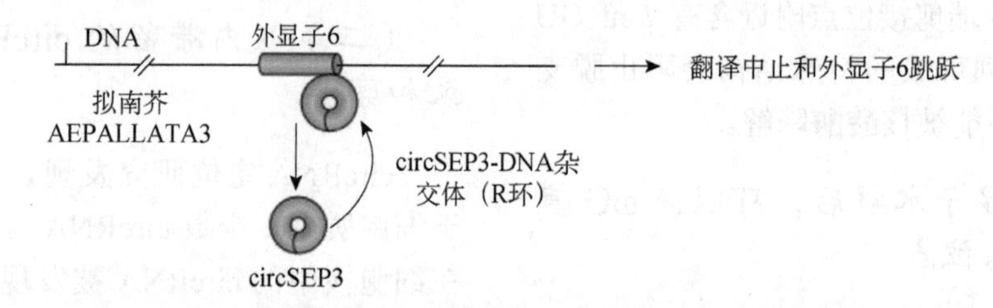

图10-11　拟南芥circSEP3影响SEP3转录机制（Chen，2021）

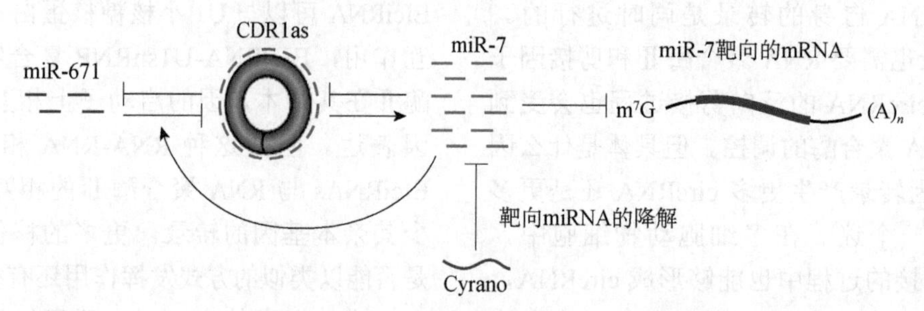

图10-12　circRNA作为miRNA的分子海绵作用机制（以CDR1as为例）（Chen，2021）

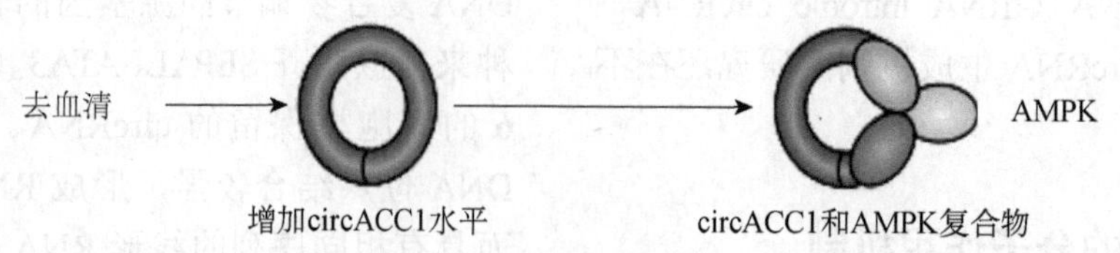

图10-13　circRNA与蛋白质相互作用发挥功能机制（Chen，2021）

（五）circRNA 翻译

通过反向剪接产生的绝大多数 circRNA 主要位于细胞质中，这让研究人员开始考虑，它们是否可翻译。线性 mRNA 翻译通常需要一个 5′端 7-甲基鸟苷（m^7G）帽结构和一个 3′端 poly（A）尾。由于 circRNA 既没有帽，也没有 3′端 poly（A）尾，因此 circRNA 的翻译主要以帽不依赖的方式进行。实现 circRNA 翻译的一种方法是通过作为内部核糖体进入位点（IRES）的序列来促进起始因子或核糖体与可翻译的 circRNA 的直接结合。有研究表明，一小部分内源性 circRNA 可翻译蛋白质或者小肽。

circRNA 的翻译方式主要包括以下几种：①在依赖帽子结构的翻译中，eIF4 复合体识别 m^7G 并将 43S 复合物招募到 mRNA 以启动翻译；②eIF4G2 直接与 IRES 结合并集 43S 复合物以 circRNA 启动翻译；③YTHDF3（m^6A reader）识别 m^6A、招募 eIF4G2 到 m^6A，然后 eIF4G2 启动翻译（图 10-14）。

（六）来源于 circRNA 的假基因

假基因通常是通过将逆转录（线性）mRNA 整合到宿主基因组中而产生的。据估计，数千个近全长的加工假基因是由位于人类和小鼠约 10% 的已知基因位点上的 mRNA 产生的。通过检索存在于小鼠和人类参考基因组中的非共线反向剪接连接序列，已经鉴定了数十个 circRNA 衍生的假基因。其中，在不同品系的小鼠中发现了数十个由 circRFWD2 衍生的假基因。其侧翼区域长末端重复序列（LTR）逆转录转座子序列的高密度表明，circRFWD2 的逆转录转座加工与 LTR 有关。有趣的是，插入逆转录转座的 circRNA 可能会潜在地破坏宿主基因组的完整性。例如，在几个小鼠细胞系中，circSATB1 衍生的假基因位点与 CCCTC 结合因子（CTCF）和/或 Rad21 结合位点重叠。这种 CTCF 结合在 circSATB1 衍生的假基因区域有特异性，但在其原始 SATB1 区域中不具特异性。目前关于 circRNA 逆转录转座的分子机制尚不清楚。

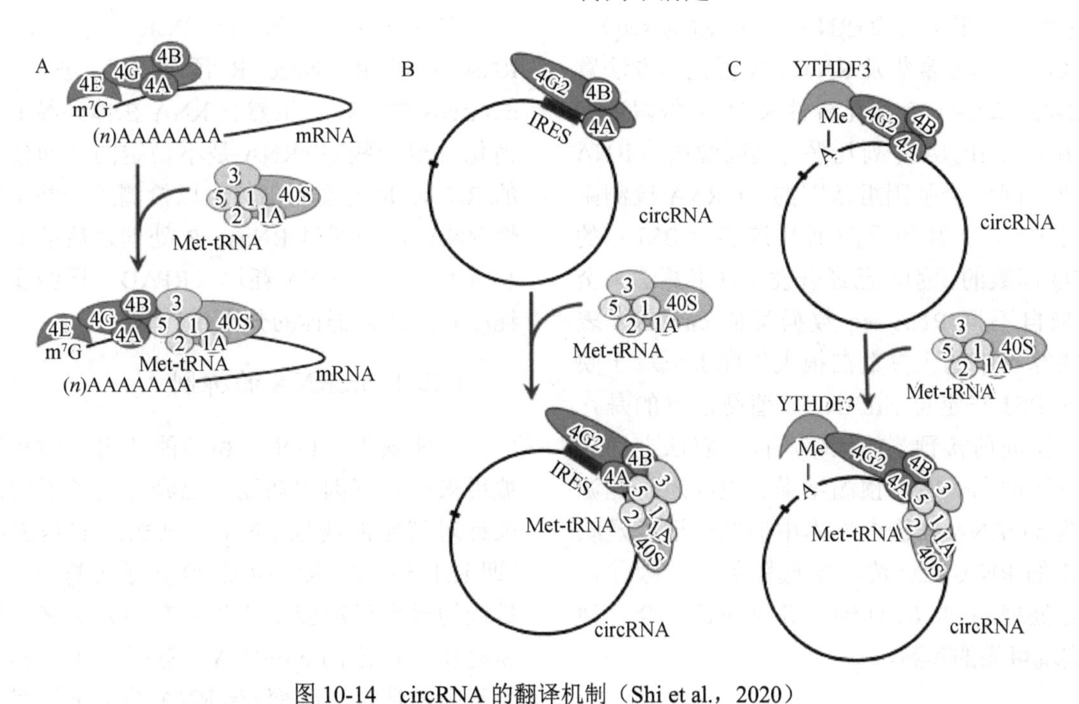

图 10-14　circRNA 的翻译机制（Shi et al.，2020）

（七）循环 circRNA 生物标志物

固有的环状特征使 circRNA 在细胞内和细胞外血浆中都异常稳定，包括血液和唾液。据报道，circRNA 还被外泌体从细胞体转运到细胞外液。虽然不确定 circRNA 是否可以调节远距离（不是在它们产生的地方）组织和细胞的基因表达，但循环 circRNA 的存在表明，与疾病相关的

circRNA是有希望的诊断生物标志物。

六、circRNA的分析与研究

到目前为止，circRNA的功能含义还只被初步探索，部分是由于用于研究它们的工具的局限性。由于单个circRNA的序列与从相同的前mRNA加工而来的同源线性RNA亚型完全重叠，剖析circRNA的功能意义一直是一个挑战。将circRNA从其驻留基因转化为可观察到的效应仍然困难。下文，讨论现有的可能用于解决circRNA功能及其局限性的方法。

（一）circRNA的全基因组注释

与大多数线性RNA不同，circRNA不含3′端poly（A）尾。这一固有特性导致了在poly（A）RNA-seq中不能在全基因组范围内鉴定circRNA。目前，在RNA-seq分析之前，会先从总RNA中收集了不含poly（A）的RNA组分，使得circRNA的广泛表达得以被发现。在circRNA测序建库过程中，采用去除rRNA（ribo RNA-seq）、非poly（A）RNA富集及RNase R消化的方法富含circRNA。RNase R消化线性RNA并保留环状RNA。由于circRNA序列几乎与其同源线性RNA完全重叠，因此全基因组范围的circRNA检测主要取决于唯一映射到反向剪接连接（BSJ）的RNA-SEQ读数的识别。已经开发了许多算法来全局检测来自不同RNA-seq数据集的circRNA表达。这些算法中的大多数在很大程度上依赖于映射唯一的BSJ来定位circRNA。值得注意的是，由于用于反向剪接预测的策略不同，算法之间观察到了不同的circRNA预测结果。差异还可能源于大多数circRNA在检查样本中的低表达以及映射到BSJ的RNA-SEQ读出的低覆盖率。因此，应该小心处理circRNA注释，并且应该结合几种算法来实现可靠的预测。

（二）circRNA的实验验证

考虑到现有计算方法的高假阳性率，需要实验方法来验证计算预测的结果，并选择高置信度的circRNA进行进一步研究。一种简单的方法是使用发散PCR扩增推测的BSJ位点，然后进行Sanger测序以确认这些位点。“背靠背引物”位于BSJ位点的两侧，与常规的“聚合引物”相比，它们是“尾对尾”朝向BSJ位点的外侧，而常规的“聚合引物”是“头对头”定向的。值得注意的是，当一组“聚合引物”位于circRNA产生的外显子内时，由于它们的序列重叠，可以同时检测环状和线状RNA。另一组聚合引物位于线性RNA产生外显子或跨越线性和环形RNA产生外显子，只检测线性RNA。然而，这种基于PCR的验证并不能保证circRNA的存在，因为任何序列与BSJ位点上的序列相同的线性RNA都可以通过PCR扩增。然而，这样的信号可以由其他机制产生，包括通过逆转录酶进行模板切换、串联复制和反式剪接。

确认circRNA存在的更直接、更准确的方法是使用Northern印迹法分析。针对circRNA产生的外显子内序列的探针可以检测到环状和线性RNA；识别线性RNA特定外显子中的序列的探针只检测线性转录本。通过变性PAGE，circRNA迁移比具有相同核苷酸长度的线性对照慢得多。

在Northern印迹法和PCR方法中，分离的RNA可以用RNase R预处理以进一步验证circRNA的存在。虽然总RNA在体外经RNase R消化发现一些circRNA是不稳定的（即使在长期的RNase R处理后仍然可以检测到一些丰富的线性RNA），但通过RNase R处理之后的聚腺苷酸和poly（A）+RNA耗尽（RPAD）已经实现了高纯度circRNA群体的分离。

（三）circRNA的抑制

功能缺失（LOF）和功能获得（GOF）通常被用来诠释基因的功能。已经开发了不同的方法来针对特定的线性RNA或其相应的基因组位置（即RNAi）和CRISPR/Cas9介导的基因组编辑。最近的研究已经应用这些现有的方法来抑制细胞和动物中特定的circRNA；然而，在不影响其母源基因的情况下改变circRNA的水平仍然是一个挑战。为了区分circRNA及其同源线性RNA之间的重叠序列，特定的siRNA或短发夹状RNA（ShRNA）必须针对circRNA中唯一存在的BSJ位点，以实现circRNA特异性的敲低效应。这样的要求带来了限制，因为不可能设计具有不同覆盖率的多个RNAi分子来排除潜在的脱靶效应。

此外，半RNAi序列（10 nt）与其同源线性RNA的部分互补性可能会影响双亲RNA的线性表达。为了克服这一缺点，应使用具有半序列（即10 nt）替换的严格控制RNAi分子，以排除对线性RNA的影响。到目前为止，现有的方法似乎不足以实现针对circRNA的特异性或高效性。最近开发的RNA引导、RNA靶向的Cas13系统代表了一种有希望的工具，用于选择性降解circRNA。Cas13酶属于Ⅱ型VICRISPR/Cas效应器，它们具有RNA切割活性，并能在CRISPR RNA（crRNA）的引导下降解ssRNA靶标。高效的Cas13拆卸需要28～30 nt的长间隔件，并且不能容忍间隔件中的不匹配。因此，携带特定靶向和跨越BSJ位点的间隔区的crRNA原则上应该能够区分环形和线性RNA。

circRNA基因敲除的策略也同样棘手。线性mRNA可以被经典的Cre-loxP系统或CRISPR/Cas9工具常规敲除，从而引入框架外突变，从而导致LOF在蛋白质水平上的不可或错误翻译产物。然而，从理论上讲，这种策略对circRNA不起作用，因为大多数circRNA不编码功能蛋白。另外，CRISPR/Cas9可以通过大片段缺失来实现circRNA敲除，但由于circRNA序列与线性RNA完全重叠，这不可避免地会影响线性RNA的表达。在这种情况下，使用基因组编辑工具进行的基因敲除实验应该谨慎。然而，通过删除整个产生CDR1as的基因组区域，产生了第一个circRNA KO动物模型，成功地实现了CDR1as位点的敲除。但应该注意的是，使用这样的策略来研究CDR1as基因座的circRNA功能更有可能是例外，而不是一般规则，因为CDR1as是大多数被检查样本中从该基因座产生的主要RNA。此外，即使在CDR1位点，CDR1as也嵌入到一个长的非编码RNA中。此外，完全移除基因组序列可能会对邻近基因的表达产生影响。

circRNA的LOF可以通过靶向内含子捕获的自剪接（intronic capture self-splicing，ICSS）来实现，因为ICSS的RNA配对大大增强了反向剪接。因此，通过CRISPR/Cas9系统去除内含子的单侧ICS，以破坏RNA配对的形成，原则上能够减少circRNA的表达，或者在某些情况下，完全敲除circRNA。在人PA-1细胞中已经实现了circGCN1LI的几乎完全敲除。然而，由于ICSS对RNA配对的调节对circRNA形成的调控是复杂的，因此需要很好地设计和评估RNA配对抑制circRNA表达的靶向性损伤。

最后，由于敲除方法可以结合用于高通量筛选，未来对特征良好的RNAi和单引导RNA（sgRNA）或为circRNA设计的crRNA文库的研究可能会促进这一过程，以注释它们的功能。

（四）circRNA的过表达

过表达circRNA也是具有挑战性的。与线性RNA过表达类似，一些含有circRNA产生外显子的质粒及其带有ICSS的侧翼内含子序列已被用于通过转染将circRNA导入细胞。虽然反向剪接的效率只有内源位点的标准剪接反应1%不到，但设计良好的具有适当ICSS的circRNA表达载体可以在细胞系中产生与线性RNA相当的circRNA水平。然而，来自质粒构建的反式circRNA过表达自然伴随着丰富的前期和成熟的线性RNA异构体。为了最大限度地减少线性RNA的产生，需要精心设计circRNA过表达载体，并且应该建立额外的对照集合来分离这些RNA异构体对测量效应的贡献。最近的研究已经开发出不带外显子的circRNA载体来产生最小的线性RNA。

基因的过度表达也可以在顺式病毒中完成。用基因组编辑工具将原来的弱启动子替换为强启动子将增强RNA产物，包括线形和环状的。这样的策略为研究感兴趣基因的功能提供了一种精确的方法。然而，在操纵circRNA产生基因的启动子后，线形和环状RNA都会增加。理论上，虽然这可能很耗时，但在形成圆的外显子上插入一对完美的ICSS应该能够促进circRNA在顺式中的过度表达。

（五）circRNA成像

与蛋白质一样，调控RNA的功能取决于它们的亚细胞定位模式，circRNA也不例外。然而，通过RNA FISH对circRNA进行成像是困难的，因为它们在细胞中的拷贝数很低，并且与它们的同源线性RNA存在很大程度上难以区分的信号干扰。为了避免这种情况，RNA FISH与RNase R处理相结合已被用于削弱固定细胞中的线性 RNA 信号。然而，与其线性异构体相比，大多数 circRNA 的表达水平较低，因此 RNase R 对 circRNA 的这种富集可能不能完全破坏线性 RNA，应谨慎使用。或者，用于可编程 RNA 打靶的催化非活性 CRISPR/Cas9 或 Cas13 与增强型荧光蛋白标签系统（如 Suntag，其可以招募多达 24 个 GFP 拷贝）相结合，代表了用于活细胞中 circRNA 可视化和跟踪的附加未来工具。

总而言之，理解 circRNA 的物理化学性质和作用机制的技术障碍出现在多个层面。在鉴定 circRNA 结合蛋白的分析中还存在进一步的挑战。除了上述对 circRNA 研究的方法外，通常适用于许多其他用于研究线性调控 RNA 的实验的方法也适用于 circRNA。未来使用改进的实验分析方法将能够为阐释 circRNA 的调节和功能提供新的见解。

circRNA 的动态表达模式、复杂的调控网络和在多个细胞水平上新兴的角色共同表明，它们不是简单的异常剪接的副产品，而是新兴的调控 RNA 分子。尽管对 circRNA 的生物发生和功能的理解最近取得了这些进展，但关于其转录后调控的许多问题仍有待探索。例如，缺乏对它们最终是如何降解的理解，以及它们的结构可能如何赋予与它们的线性 RNA 对应物不同的功能。由于调控 RNA 的表达和功能往往在一定程度上是耦合和协调的，深入诠释 circRNA 的生物发生和调控无疑会加深对其功能的理解。此外，未来对 circRNA 在神经系统、癌症发展、先天免疫反应和其他生物环境和疾病中的研究将进一步揭开 circRNA 的神秘面纱。在不影响其驻留基因的情况下研究这些 RNA 环的方法的改进将是了解它们在细胞中作用的关键。

第六节　piRNA 及其调控机制

piRNA 属于非编码小 RNA 的一员，常见于生殖系干细胞中。既往学者们认为它主要在维持干细胞功能、配子的形成以及沉默外来转座子等方面发挥作用。但近来在体细胞系中的发现，使人们对它的生物起源以及功能行使有了更大的兴趣。下文就 piRNA 的发现、结构特征、功能与基因调控等进行介绍。

一、piRNA 的定义

在果蝇、小鼠及大鼠等物种的生殖系干细胞内均发现了一类新型的小分子非编码 RNA，因为它们能与 PIWI 蛋白相互作用故被命名为 PIWI 相互作用 RNA（PIWI-interacting RNA），简称 piRNA。研究中发现 piRNA 除了能组装为 RISC 以外，它还能通过形成异染色质等手段进行转录水平的基因调控。关于 piRNA 的由来、结构特征及它在基因调控方面的潜在作用，都是当下以及未来的研究热点之一。

二、piRNA 的发现

2006 年，Aravin 等与 Girard 等先后从小鼠的睾丸组织中提取出总 RNA，进一步分离提纯后得到一组小 RNA。他们发现这一组小 RNA 的长短异于同属于非编码小 RNA 的 siRNA 与 miRNA，长度范围在 26～31 nt，且大部分为 29～30 nt。同时他们观察到 PIWI 家族的成员蛋白质能与之结合形成核糖体蛋白复合体，故将此组 RNA 命名为 piRNA。Aravin 等还发现 piRNA 的 5′端多由尿嘧啶构成，这与 Andresen 等后续实验所观察的结果相吻合。早期的研究仅在果蝇、斑马鱼、小鼠及大鼠的生殖系干细胞中提取出 piRNA，故有学者认为 piRNA 存在组织特异性，并认为它与调控干细胞增殖有密不可分的关系。但 Yan 等观察到，在属于体细胞系的雌性果蝇卵泡细胞里也存在 piRNA，并且在苍蝇的头部、小鼠胰腺以及恒河猕猴的附睾组织体细胞系中也检测到了长短以及结构序列均与 piRNA 相似的 pilRNA（piRNA-like small RNA）的存在。Gonzalez 等的实验则发现在雄果蝇睾丸里，包被着生殖系干细胞的体细胞系来源的包囊干细胞（cyst stem cells，CySC）内也存在 piRNA。通过下调与之作用的 Piwi 蛋白，他们发现这导致了包囊干细胞分化的缺陷，这说明在体细胞系中，piRNA 可能通过相关通路，从表观遗传方面实现它的调控作用。

三、piRNA的特征

1）piRNA 是一类长度为 24～31 nt 的单链小 RNA，大部分集中在 29～30 nt，与 miRNA 和重复相关干扰小 RNA（rasiRNA）一样，5′端也具有强烈的尿嘧啶倾向性（约 86%）。虽然 rasiRNA 和 piRNA 的大小相似，但有两点不同：首先，piRNA 以高度特异链的方式对应于基因组；相反，rasiRNA 在有义或反义定位之内对应于重复区域，它们似乎是由长 dsRNA 前体随机产生的。其次，piRNA 主要对应于单链基因组位点，但是 rasiRNA 是通过定义可转座元件在内的重复位点来对应的。piRNA 的表达具有组织特异性，调控着生殖细胞和干细胞的生长发育，目前只在老鼠、果蝇、斑马鱼等动物的生殖细胞中发现了这类小分子。

2）piRNA 在染色体上的分布极不均匀，在小鼠中它们主要分布于 17、5、4、2 号染色体上，而很少分布于 1、3、16、19 号染色体和 X 染色体上，基本不分布于 Y 染色体上。

3）piRNA 主要存在于基因间隔区，而很少存在于基因区或重复序列区。它们主要成簇分布在 1～100 kb 相对较短的基因组位点，且包含有 10～4500 个小分子 RNA。

4）由于 piRNA 成簇分布，且每一个几乎都具有同一取向，说明同一簇 piRNA 可能来源于同一长初始转录物，但有一部分成簇的 piRNA 会突然改变取向，说明这些双向的成簇 piRNA 可能由相同的启动子按不同的方式转录而来。

四、piRNA形成机制

piRNA 的分布极不均匀，大部分 piRNA 只能定位在数目有限的几个基因组位点上。这种现象被学者们解释为 piRNA 聚类（piRNA cluster），即这些少数散在分布的基因组产生了绝大部分的 piRNA。进一步的观察发现这些 piRNA 簇的序列包含有转座子片段，并且根据转录模板是否为基因组双链分为单链簇和双链簇。双链簇在两端由两个启动子转录出互补的双链，而单链簇又可根据转录方向分为单向及双向。单向单链簇的转录与传统的 mRNA 转录模式极其相似，双向单链簇则由一个双向的启动子从同一起始位点以双链为模板朝相反的方向分别转录。

当前关于 piRNA 发生的模型是由与 Piwi、AUB 和 Ago3 结合的 piRNAs 序列推断出的。与 Aub 和 Piwi 相结合的反义链 piRNA 的 5′端均偏爱尿嘧啶，而同 Ago3 相结合的正义链 piRNA 的 5′端第 10 位核苷酸有腺嘌呤保守性，同反义链 piRNA 的 5′端尿嘧啶互补。反义 piRNA 与被切割转座子 mRNA 互补，而装配到 Ago3 的 piRNA 对应于转座子本身。而且，反义 piRNAs 的前 10 个核苷酸与 Ago3 里的正义 piRNA 互补的情况较多。这种出乎意料的序列互补性可能反映了循环扩增机制，即所谓的“乒乓模型”（图 10-15）。

五、piRNA的分子作用机制

（一）沉默转录基因过程

piRNA 的作用是沉默重复元件。在裂殖酵母（*Schizosaccharomyces pombe*）中，小 RNA 和 RNAi 途径涉及了转录基因沉默（TGS）。在研究哺乳动物中的 TGS 因子时，纯化得到了一个包含小 RNA 和 Riwi 的复合物（与人类 Piwi 同源），该复合物称为 piRNA 复合物。它的制备物中包含 rRecQ1，与脉孢菌（*Neurospora* sp.）*qde-3* 基因的表达蛋白同源，而该基因参与沉默途径。因此推断哺乳动物的 piRNA 可能在 TGS 中起作用。

在果蝇中，一个迄今尚未克隆的异染色质基因的功能性等位基因弗拉门戈（*flamenco*）能抑制内源性逆转录酶病毒 gypsy。Piwi 突变体是已知的影响 RNA 介导的同源决定的转录基因沉默，也说明了其在限制性雌性生殖腺中阻断 gypsy 的抑制作用。因此，推断 piRNA 的功能与 Piwi 蛋白密切相

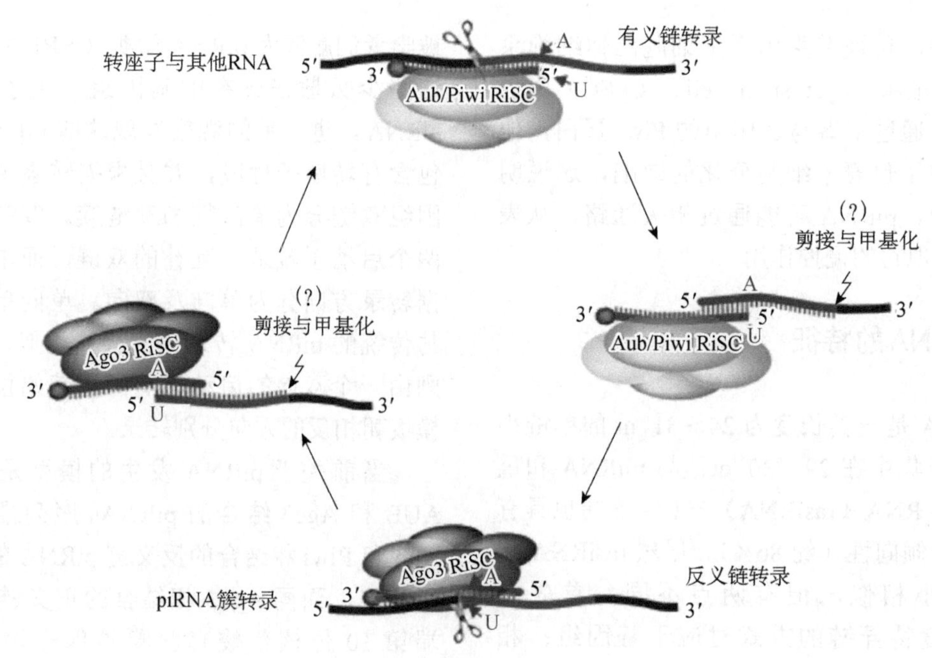

图 10-15　piRNA 形成机制（Seila and Sharp，2008）

关，具有 Piwi 依赖性。又发现，在 flamenco 敲除突变体中成熟 piRNA 的表达水平大量减少，而在 Piwi 敲除突变体中 gypsy RNA 的表达水平却增加了 150 倍，这些结果说明 Piwi 蛋白结合的 piRNA 的功能是维持转座子沉默。

在另外一项研究中发现了果蝇中存在的一种 Aub associate piRNA 的沉默机制。Aub 突变体导致卵巢和睾丸中的逆转录转座子积累，以及睾丸中 Stellate 转录物积累。在卵巢中 Aub associate piRNA 来源于包括逆转录转座子在内的基因间的重复元件。而在睾丸中的 Aub 也联合着不同的 piRNA。大多数 piRNA 与 Stellate 抑制基因转录本的反义链对应，Stellate 是已知的关于基因沉默的基因，另一个富含的种类由来自 X 染色体和与 vasa 转录本高度互补的序列组成。这是首次以生物化学的观点提出的由 Aub 和 piRNA 介导的沉默机制。

（二）维持生殖系和干细胞功能

Piwi 是一个表观遗传调控因子，起着调节生殖干细胞维持的作用。Polycombgroup（PcG）蛋白可以维持关键的发育调节因子。在果蝇中，PcG 与 PcG 反应元件（PREs）结合沉默持家基因。在果蝇基因组中，Piwi 与 PcG 蛋白体共定位簇集成 PcG 反应序列。这样，一些 Piwi 有关的 piRNA 可能与表观遗传调控有关。研究人员在果蝇中检测了关于 RNA 积聚而假定的 RNA 沉默机制的效果。这些积聚的 RNA 包括不同的 gypsy 序列并报道了沉默的效果确实是与存在于卵巢中 25～30 nt 长度的有义 RNA 的数量有关。实验结果发现 rasiRNA 对 gypsy 转录本的有义链有下调作用，而且，在雄性生殖系中，Piwi 蛋白能够阻止逆转录转座子的转录。这样证据表明一些 piRNA 可能与后生调控有关。

Piwi 亚家族主要有 3 个成员，分别是 MIWI、MILI 和 MIWI2，是生殖系细胞中的特异性蛋白，与精子的发生有非常密切的关系，敲除 *Miwi*、*Mili* 或 *Miwi2* 基因，都会造成小鼠精子产生明显缺陷，表现为雄性不育。MILI 在早期精子发生时表达，即从精原细胞的有丝分裂到精母细胞的粗线期，缺失 MILI 的小鼠则停止在粗线期；MIWI 的表达则要晚一些，从粗线期到球形精细胞期，基因敲除的 MIWI 会导致精子发生停止在球形精细胞期。而敲除 *Miwi2* 基因的 MIWI2 小鼠在减数分裂早期有减数分裂进展的缺陷，并且生殖细胞随着龄期有显著的损失。MIWI2 突变体中生殖细胞表型的损失与果蝇中 Piwi 突变体一样，证明小鼠中的 MIWI2 和果蝇中的 Piwi 在维持生殖系和干细胞时起着类似的作用。

尽管 piRNA 的具体功能还未完全弄清，但是生殖细胞中的piRNA富集现象和*Miwi*突变种的雄性不育表明了piRNA在配子发育过程中起重要作用，并且可能参与配子发生过程中基因表达模式及染色体组结构的调节。

（三）调节翻译和mRNA的稳定性

Wilson等在果蝇胚胎发育时发现*aub*在*osker*翻译时有很重要的作用。尽管*aub*突变体似乎没影响*osker* mRNA或Osker蛋白的稳定性，但在这突变体中Osker蛋白表达量却明显地减少了。Megosh等对果蝇中的Piwi蛋白研究发现，Piwi的减少不能影响Osk和Vasa蛋白的表达但能导致极质维持和原始生殖细胞（primordial germ cell，PGC）形成的失败，而增加Piwi蛋白的表达量能提高Osk和Vasa蛋白的水平，也相应成比例地提高PGC的数量。由此推断，Piwi和Aub在果蝇胚胎发育时的翻译可能具有正调节作用。同样Miwi也可能促进睾丸中精子形成时一种主要调节子（CREM）的稳定性和目标mRNA翻译的稳定性。

六、piRNA的功能分析

研究表明，piRNA主要存在于哺乳动物的生殖细胞和干细胞中，通过与Piwi亚家族蛋白结合形成piRNA复合物（piRC）来调控基因沉默途径。对Piwi亚家族蛋白的遗传分析以及piRNA积累的时间特性研究发现，piRNA在基因转录水平调控、转录后调控和配子发生过程中发挥着十分重要的作用。

（一）piRNA在种系细胞中的功能

果蝇的Piwi亚家族蛋白成员有piwi、Aubergine（AUB）和Ago3，小鼠的有MILI、MIWI和MIWI2（又称PIWIL1、PIWIL2和PIWILA），人的有HIL1、HIWI1、HIWI2和HIWI3（又称PIWIL2、PWIL、PIWIL4和PIWIL3）。果蝇中，Piwi家族蛋白成员局限于种系细胞和邻近体细胞的核质（nucleoplasm）。Piwi对维持种系干细胞是必需的，而且能促进其分裂。果蝇中，Piwi突变引起不育和生殖干细胞的丢失；Aub对生殖细胞系产生有正常功能的卵母细胞是必需的，Aub突变也会导致逆转录转座子的去抑制。Aub和piwi不仅在生殖系组织细胞中存在和行使功能，它们也是重要的表观遗传调控因子，如参与形成异染色质。目前，对Ago3的研究还比较少。在哺乳动物中，Piwi亚家族的三种蛋白质成员MILI、MIWI和MIWI2主要局限在生殖细胞中表达，MILI、MIWI在精子发生过程的不同阶段先后表达，三者的突变会引起精子发生出现显著缺陷，致使雄性不育。在卵母细胞生长早期MILI蛋白大量表达，但是检测不到MIWI或MIWI2。在卵巢中同MILI结合的长约26 nt的小分子RNA就是piRNA。

研究发现，piRNA具有抑制逆转录转座子的作用。所有涉及piRNA通路的突变都显著导致逆转录转座子的过量表达，其结合蛋白Piwi的突变使雄性动物体无法产生成熟精子而不育。果蝇gypsy元件是无脊椎动物中第一个被发现的内源性逆转录病毒，gypsy元件与其他两种逆转录元件Idefix和ZAM共同受flamenco元件调控。flamenco元件是位于X染色体上的一个特殊异染色质座位。最近人们发现flamenco元件通过产生一些piRNA来调节那些转座子（gypsy、Ildefix、ZAM）。这表明，piRNA具有对逆转录转座子的抑制作用。鉴于逆转录转座子的活动将引发DNA损伤，推测piRNA有维持基因组稳定性和参与调节雄性生殖细胞成熟的功能。

Piwi和Aub在果蝇胚胎分化早期对翻译进行正调控，MIWI蛋白促进它的靶mRNA分子的稳定和翻译。所以一些piRNA可能对翻译具有正调控作用和稳定mRNA的功能。减数分裂粗线前期出现的piRNA同MILI结合、粗线期出现的piRNA同MIWI结合，这些行为可能对细胞减教分裂的精确行进具有调控作用，以确保具有正常功能的精子生成。在雄小鼠中，交配后的第14.5天配子DNA中出现甲基化，在这个阶段，MILI和MIWI2均表达，缺乏MILI和MIWI2的小鼠则丢失了转座子上的DNA甲基化标记。因此，与MIWI2和MILI相结合的粗线前期piRNA可能作为向导引导转座子的甲基化。Brenecke等在生长的哺乳动物卵巢中也发现了25～27 nt的piRNA。在卵母细胞生长初期即有大量piRNA从少数有限的中心体和末端着丝粒位置上出现，这些位置上有丰富的逆转录转座子序列。他们的实验数据表明，小鼠卵巢里的piRNA和siRNA均能抑制逆转录转座子。Nishida等证实，在体外试管条件下，不管是来自果蝇卵巢还是来自精巢的Aub piRNA复合物均对其互补的靶RNA具有剪接活性。Tam等甚至指出，在小鼠卵巢中一些piRNA基因簇可能既产生piRNA也产生siRNA，且在雌性体内某些关于piRNA通路的突变并不会明显影响卵的形成和成熟。据此他们推测，在卵巢中piRNA和siRNA通路可能都具有抑制转座子活性的功能，因此在保证siRNA通路不出现问题的情况下，piRNA通路的突变并不会明显影响卵的发育。这似乎也可以解释piRNA最初在雄性睾丸中发现而没有在雌性生殖系发现。

位置效应花斑（position effect variegation，PEV）是一种转录水平的沉默形式，由于扩增中心体周围和末端着丝粒区域的异染色质而形成。piRNA途径中的相关基因的突变能引起PEV的破坏，因此piRNAs可能通过促进汇编异染色体来沉默基因的表达，这是直接抑制转录的行为。新近的研究指出，Piwi促进常染色体组蛋白的修饰和3号染色体右臂的端粒相关序列（3RTAS）异染色质化并活化此处的piRNA转录。Piwi的这种性质同已知的Piwi角色和在表观遗传沉默中的RNA干扰途径不同，推测这种行为可能源于同某些piRNA（如3RTASpiRNA）相互作用的结果，对生殖干细胞的稳定是必需的。有学者提出一个Piwi-piRNA引导假说（Piwi piRNA guidance hypothesis），以解释果蝇体细胞中Piwi-piRNA介导的表观遗传过程，认为Piwi-piRNA复合体作为识别基因组特殊位点序列的机器招募如HPla（heterochromatin protein 1a）等的表观遗传效应物到此处执行表观遗传调控。

（二）种系细胞以外的piRNA

piRNA在果蝇体细胞中的功能是备受争议的问题。目前尚不清楚piRNA是否如同种系细胞中一样能在体细胞中产生，或在种系发育过程中存在的piRNA是否储存长期染色质标记，以便日后发挥其作用。

在种系细胞中，piRNA和endo siRNA均抑制转座子的表达。种系细胞中转座导致的突变能遗传到下一代。由RNAi通路产生的siRNA可能对种系中引进的新转座子做出迅速反应。相反，piRNA系统似乎是对转座子的获得提供一个长期的解决方案，如在体细胞阶段对转座子的表达进行调控。然而在体细胞中，endo siRNA是最主要的一类转座子来源小RNA，其在DCR-2和Ago2突变体中的缺失会提高转座子的表达。在果蝇Ago2突变体的体细胞中发现像piRNA的小牛RNA。没有endo siRNA的条件下，piRNA可能在体细胞中产生，并重启转座子监督。这种模型暗示piRNA和产生endo siRNA的机器之间的交互作用。

（三）相互关联的通路

RNAi、miRNA和piRNA通路最初被认为是相互独立且不同的。然而，区别它们的界限已经越来越模糊。这些通路在好几个水平上对靶标、相关蛋白质的竞争结合与共同使用等方面相互作用、相互依赖。

1. 装配过程中对底物的竞争结合

siRNA和miRNA通路均装配19 nt的双链核心区被3′端2 nt的悬臂包围的dsRNA二聚体。siRNA二聚体包括向导链和旅客链，二者在核心区互补。miRNA-miRNA′二聚体包含错配、突起和GU摆动（wobble pairing）。在果蝇中，小RNA二聚体的产生与其装配到Agol或Ago2的过程并非偶联在一起。相反，装配由二聚体的结构控制：有突起和错配的二聚体依次进入miRNA通路并因此装配到Agol；有较大双链区的二聚体与RNAi相关的Argonaute蛋白Ago2结合。

小RNA和Ago2之间的分配对调控有所启示，Agol主要抑制翻译。而Ago2以靶标切割的方式抑制翻译，表明Ago2对靶标的切割速率较快。排序（ortinr导致两个通路对底物的竞争。在果蛹中，小RNA二聚体进入某一通路就意味着它与另一通路的远离。不同的dsRNA前体需要蛋白质之间不同的组合去产生小沉默RNAs。例如，果蝇中由结构座产生的endo siRNA需要LOQS而非R2D2的参与。由此研究人员推测，在有些条件下endo siRNA和miRNA通路可能对LOQS产生竞争性选择。

与果蝇相反，植物中根据小RNA 5′端的同源性将小RNA装配到Argonautes。Ago 1对miRNA

来说是起主要作用的 Argonaute 蛋白。绝大多数 miRNA 由尿嘧啶起始。Ago4 是在异染色质化通路中起主要作用的蛋白质，并主要与嘌呤 A 起始的小 RNA 装配在一起。Ago2 和 Ago5 在植物中却没有特别典型的功能。将 5′ 端的嘌呤 A 改变成嘧啶 U 后会使植物小 RNA 与 Ago2 装配的倾向性转变为与 Agol 装配的倾向性，反之亦然。与此类似，拟南芥 Ago4 与嘌呤 A 开头的小 RNA 相结合，而 Ago5 却倾向于与嘧啶 C 开头的小 RNA 结合。与 AUB 和 piwi 结合的 piRNA 趋向于由嘧啶 U 开头，而与 Ago3 结合的 piRNA 却没有 5′端碱基的倾向性。目前尚不确定这是反映与植物 Argonautes 相似的 5′端碱基的倾向性，还是反映我们尚未发现的 piRNA 装配机制的某种特征。

2. 交互作用

多种小 RNA 通路经常纠缠在一起。拟南芥 ta-siRNA 的发生是多个通路之间交互作用的典型例子。miRNA 引导的产生 ta-siRNA 转录本的切割起始了 ta-siRNA 的产生过程及后续的对 ta-siRNA 靶的调控。在线虫中，有线索表明至少一个 piRNA 起始了 endo siRNA 的产生过程。在果蝇中，endo siRNA 通路可能抑制 piRNAs 在体细胞中的表达。而且，小 RNA 的丰度可能会受到某种负反馈的缓和作用。例如，从某一通路产生的小 RNA 可能会影响在同一通路或另一种通路中起作用的 RNA 沉默蛋白的表达水平。

第七节　m^{6}A RNA 及其调控机制

N6-甲基腺嘌呤（N6-methyladenosine，m^{6}A）修饰是现阶段发现的真核生物体内最广泛的 RNA 表观遗传修饰方式。近年来研究显示，m^{6}A 在真核生物间具有较高的保守性，在基因表达及细胞命运调控中发挥着关键作用，而且对 mRNA 的可变剪接、定位、翻译及稳定性有较大影响。本小节重点介绍 m^{6}A 的相关内容。

一、m^{6}A 甲基化的发现

在分析酵母中的盐溶性 RNA 时首次发现了 RNA 修饰，迄今为止，已经发现有超过 100 种化学性质不同的 RNA 修饰。N6-甲基腺苷（m^{6}A）甲基化修饰是发现的第一个 mRNA 内部修饰，是能够发生在 mRNA、lncRNA 等 RNA 的腺嘌呤（A）上的甲基化修饰，也是 mRNA 和 lncRNA 中最常见的一种 RNA 甲基化修饰方式。哺乳动物细胞内约 25%的 mRNA 会发生 m^{6}A 修饰，且后续的研究证明，在不同的原核生物、真核生物和病毒的 mRNA 中均存在 m^{6}A 修饰。m^{6}A 修饰在细胞分化和调控基因表达等多种生理功能中均有重要作用。

二、m^{6}A 甲基化的定义

m^{6}A 是指腺嘌呤核苷 N6 位置发生了甲基化修饰。m^{6}A 是真核 mRNA 最普遍的内部修饰，在功能上调节真核转录组，影响 mRNA 的剪接、输出、定位、翻译和稳定性。

三、m^{6}A 甲基化的特征

m^{6}A 是目前在真核生物中最多见、含量最丰富的 mRNA 甲基化修饰，已发现在酵母、拟南芥、果蝇、哺乳动物、病毒等多种生物中存在 m^{6}A 甲基化修饰。另有研究发现 m^{6}A 甲基化修饰在酵母、植物、动物等真核生物及 RNA 病毒中具有较高的保守性。m^{6}A 甲基化修饰主要分布在 mRNA 外显子、编码区（CDS）、终止密码子、3′UTRs 附近，其共有序列为［G/A/U4］［G>A］m^{6}AC［U>A>C］；m^{6}A 在哺乳动物中多个组织中广泛存在，其中在肝脏、肾脏和大脑中含量最高。此外，也有研究发现 m^{6}A 甲基化仅在 GAC 和 AAC 序列的中央 A 处存在，且对 GAC 有 75% 的偏好。由此可知，m^{6}A 甲基化修饰的分布具有普遍性和组织偏好性。在转录组中，m^{6}A 甲基化修饰分布不均匀，其中在 3′UTRs 附近富集最多、其次为 CDS 和 5′UTR。

四、m^{6}A 甲基化形成机制

研究显示，m^{6}A 甲基化主要由 SAM 作甲基供体，通过大型甲基转移酶复合物来实现整个甲基化过程。甲基转移酶复合体（methyltransferase complex，MTC）是由甲基转移酶 METTL3 和 METTL14 组成的功能性异源二聚体为催化核心，由 WTAP 蛋白作其载体，最后由其他相关蛋白质因子如 KIAA1429、RBM15 等共同完成 m^{6}A 甲基化过程。在这个大型 MTC 中，METTL3 可以催化 SAM，将甲基由 SAM 转移至腺苷酸上；METTL14 作为 METTL3 的同源物，可以稳定 METTL3 的空间构象保持其生物活性，并识别可甲基化的 RNA，促进甲基化过程。WTAP 作为甲基转移酶复合物中第 3 个关键组成成分，募集由 METTL3 和 METTL14 组成的异源二聚体；同时还可以募集可甲基化的 mRNA 及 lncRNA，并加速甲基化过程。一般情况下，m^{6}A 甲基化过程需要在细胞核内完成，但在一些特殊情况下（如病毒的复制）也可在细胞质内完成。

五、m^{6}A 去甲基化机制

m^{6}A 去甲基化酶的主要功能是去除受 m^{6}A 修饰 RNA 上的甲基基团。目前已被发现的 m^{6}A 去甲基化酶只有 ALKBH5 和 FTO 2 种，二者同属 ALKB 族蛋白质，且在发挥作用时都需要氧气及二价铁的参与，但二者在去甲基化的机制上有所不同。ALKBH5 主要在细胞核内富集，除去甲基化外还可调节 mRNA 的加工、代谢及出核运输，其去甲基化过程一步完成，不产生任何中间体。而 FTO 在细胞质内的去甲基化过程中主要通过分步氧化的方式完成：首先将甲基（m^{6}A）氧化成羟甲基（N6-羟甲基腺苷，hm^{6}A）；之后再将其进一步氧化成甲酰基（N6-甲酰基腺苷，f^{6}A）；最后在多种酶的作用下还原成腺苷。这种方式从动力学角度来看反应更容易进行，FTO 通过分步氧化甲基，不断加大修饰基团与腺苷之间的极性，更利于修饰基团的脱除。此外，FTO 还可以调节前 mRNA 的剪切（图 10-16）。

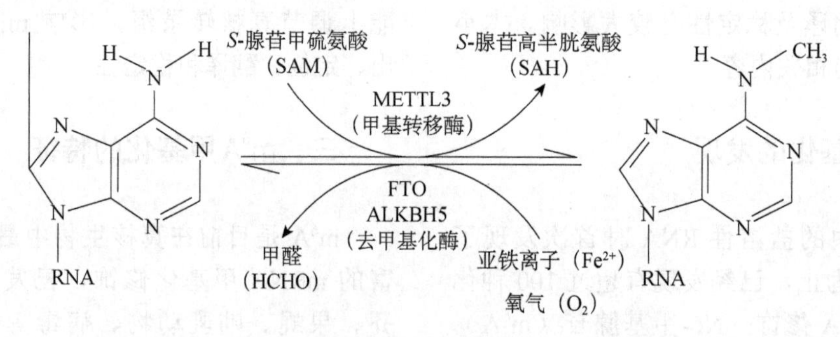

图 10-16　m^{6}A 形成和去除机制（Niu et al.，2013）

六、m^{6}A 结合蛋白

m^{6}A 读取蛋白主要由 YTH 域蛋白组成，包括 2 个亚型：YTH 结构域家族蛋白（YTH domain family proteins，YTHDFs）和含有 YTH 结构域的家族蛋白（YTH domain containing family proteins，YTHDCs）。YTHDFs 主要包括 3 种蛋白质：YTHDF1、YTHDF2 和 YTHDF3；YTHDCs 主要包括 2 种蛋白质：YTHDC1 和 YTHDC2。此外，除 YTH 域蛋白外，m^{6}A 读取蛋白还包括 eIF3 和 hnRNPs 等多种蛋白质。除了少部分读取蛋白在细胞核内发挥作用外，大多数作用场所在细胞质内。对于 YTHDFs 蛋白而言，不同的 YTHDF 蛋白会结合到不同的 m^{6}A 修饰区域上，并影响下游被修饰 RNA 的可变剪接、翻译、降解及 RNA 稳定性。从实际功能上看，YTHDF1、YTHDF3、YTHDC2 及 eIF3 蛋白可诱导经 m^{6}A 甲基化修饰的 mRNA 进行翻译。但由于 m^{6}A 甲基化在终止密码子附近富集，远离翻译起始位点，m^{6}A 对 mRNA

翻译的促进作用仅存在于可环化的 RNA 中，其原因可能是由于 mRNA 发生环化后，终止密码子和起始密码子相邻导致 m^{6}A 可促进 mRNA 的翻译。此外，YTHDF2、YTHDF3、YTHDC1 及 YTHDC2 可将 m^{6}A 诱导至 P-body，并募集 CCR4-NOT 复合物，将转录本腺苷酸化并降解。在热应激情况下，YTHDF2 可转移至核内，通过限制去甲基化酶 FTO 的去甲基化过程来维持体内 m^{6}A 甲基化水平的稳定。由于被 m^{6}A 修饰的 mRNA 区域通常缺乏二级结构，致使 YTHDC1 和 hnRNP 有利于与其结合从而发生选择性剪切。

七、m^{6}A 基因表达调控作用

（一）调节前 mRNA 剪接

在哺乳动物中对甲基转移酶复合物组分的分析发现其定位于前 mRNA 发生剪接的核斑点处，而且，在内含子中发现的 m^{6}A 能够影响 Sxl 前 mRNA 的选择性剪接。存在于可变外显子中的 m^{6}A 可募集 m^{6}A 结合蛋白 YTHDC1，然后 YTHDC1 募集剪接因子 SRSF3，促进外显子保留，并限制外显子跳跃因子 SRSF10 的结合。

在果蝇 mRNA 中缺少 m^{6}A 则会改变大约 2%的基因的选择性剪接，而这其中大约 75%的选择性剪接发生在 5′UTR，此时，m^{6}A 导向的选择性剪接直接减少了 5′UTR 中上游 AUG 的数量，这表明 m^{6}A 调节的选择性剪接增加了 ORF 的翻译（图 10-17）。

（二）调节 3′UTR

较短的 UTR 通常与细胞增殖以及蛋白质表达水平增高相关，而较长的 UTR 则普遍存在于如神经元这样的分化细胞中。在人的胚胎干细胞（embryonic stem cell，ES cell）和 B 细胞类淋巴母细胞系 GM12878 中，最后一个外显子中 m^{6}A 的存在与近端 poly（A）位点的选择相关，这可能是 m^{6}A 表观印记决定细胞类型特异性的原因。

敲除甲基转移酶 METTL3 改变了 poly（A）位点的添加，这表明了 m^{6}A 在可变多腺苷酸化中

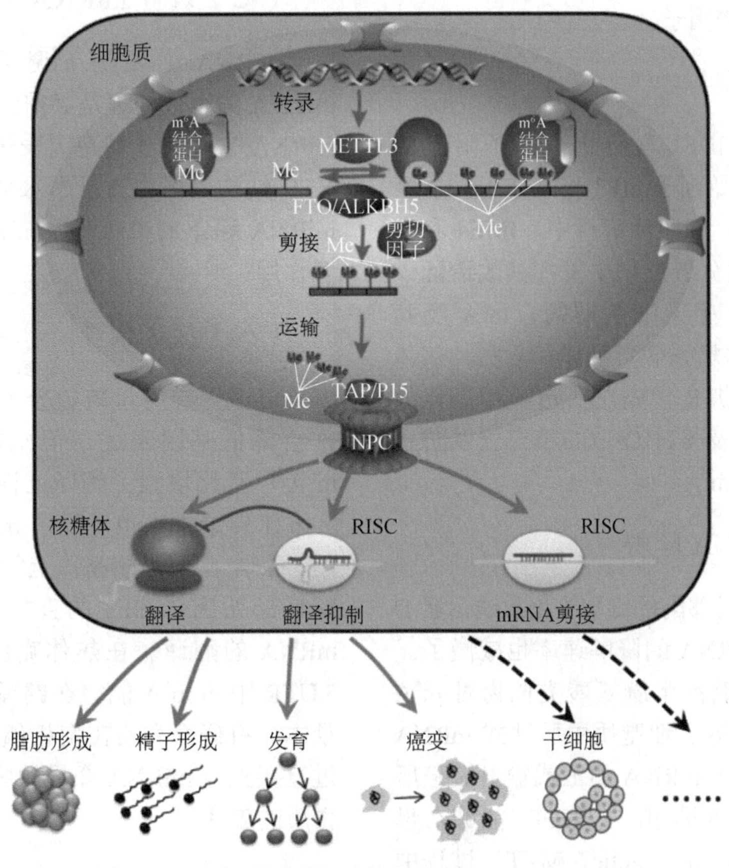

图 10-17　m^{6}A 影响基因表达机制（Niu et al.，2013）

的作用。在 HeLa 细胞中敲低 CPSF5-mRNA 末端 poly（A）加工因子，2800 多种 mRNA 的 3′UTR 变短，而且这些 mRNA 中高达 84%的 3′UTR 均含有 m^6A 修饰；敲低甲基转移酶复合物组分中的 VIRMA，可导致 mRNA 的 3′UTR 和近终止密码子区的 m^6A 水平显著降低，同时还可降低 WTAP 蛋白水平。这些结果均说明 mRNA 上 m^6A 的修饰与其选择性添加 poly（A）尾间存在联系。

（三）调节 mRNA 的细胞核输出

m^6A 去甲基化酶 ALKBH5 缺失会导致细胞质中 mRNA 增加，这说明发生 m^6A 修饰的 mRNA 更容易从细胞核中输出。细胞质缺乏 m^6A 会导致时钟基因转录本的出现发生延迟。此外，研究发现 m^6A 聚集在 HIV-1 3′UTR，病毒 3′UTR 的 m^6A 位点或类似细胞的 m^6A 位点，通过招募细胞 YTHDF 而增强 mRNA 表达，减少 YTHDF 表达所受到的抑制；而 YTHDF 过表达则增强 HIV-1 蛋白和 RNA 表达以及 $CD4^+T$ 细胞中的病毒复制。这说明 m^6A 及 YTHDF 蛋白的募集是核输出 HIV-1 转录本所必需的正调控因子。

（四）转录调节

哺乳动物中 YTHDF1 与终止密码子附近的 m^6A 结合后与翻译起始因子 eIF3 相互作用，从而实现刺激翻译的作用。在酿酒酵母中，IME4 和它引入的 m^6A 仅在减数分裂过程中发挥其改造翻译组的作用，在 HIV-1 感染细胞期间，m^6A 及其 YTHDF 结合蛋白能够增强病毒翻译和复制。热休克应激反应基因的 5′UTR 优先发生 m^6A 甲基化导致帽独立翻译，其涉及 YTHDF2 的核定位以防止 FTO 去甲基化酶去除 m^6A。

（五）调节 mRNA 降解

在缺乏 m^6A 甲基转移酶的细胞中用放线菌素 D 终止转录时，许多 mRNA 的降解速率也减慢了。在 HeLa 细胞中 *S*-腺苷高半胱氨酸类似物对 m^6A 甲基化的抑制作用延迟了细胞质中脉冲式 mRNA 的出现，这可能是由于 mRNA 加工或输出缺陷所致。在斑马鱼胚胎发育早期，YTHDF2 能够在母本-合子转变（maternal-to-zygotic，MZT）过程中清除母源 mRNA。这些结果表明 m^6A 具有促进 mRNA 降解的作用。

（六）调节 RNA-蛋白质间的相互作用

m^6A 的甲基位点可通过减弱碱基配对来改变 RNA 结构，这与 hnRNPC 蛋白和 hnRNPG 蛋白的结合增加相关，且随可变剪接的变化而变化。敲除甲基转移酶 METTL3 和 METTL14 的细胞，RNA-HNRNPC 互作明显减弱。而将细胞内 METTL3、METTL14 和 HNRNPC 同时敲除，有接近 1000 个包含 m^6A 的转录本的剪切形式出现变化，而 HNRNPC/METTL3 共沉默会造成 258 个外显子水平变化，HNRNPC/METTL14 共沉默则会造成 245 个外显子水平变化，且这些外显子主要集中于 m^6A 附近，也表明 m^6A 最容易影响邻近外显子剪切形式。这说明 m^6A 修饰可以通过调控 RNA-HNRNPC 相互作用来影响 mRNA 及 lncRNA 的结构，从而进一步影响核内基因转录及成熟过程。

（七）调节 miRNA 加工

miRNA 主要是下调基因表达，m^6A 对前 miRNA 的有效处理是必需的，因此 m^6A 能够通过 miRNA 来实现下调基因表达的调控作用。m^6A 中 YTH 结构域蛋白转录本水平的改变能够通过影响 miRNA 翻译来实现调控 m^6A 与 miRNA 之间的相互作用。

（八）促进翻译

饥饿诱导酵母减数分裂时，尽管饥饿胁迫通常会降低基因表达，但减数分裂转录物却通过 m^6A 甲基化增强了翻译过程。在二氢叶酸还原酶和 p21 转录本中也发现了 m^6A 在上调翻译中的作用。m^6A 在翻译核糖体上的富集以及 YTHDF1 与翻译起始因子 eIF3 的直接相互作用都能够增强 mRNA 的翻译。在热休克应激中 A103 的 Hsp70 5′UTR 中的 m^6A 能够在翻译后直接选择性翻译转录本。有研究表明在帽相邻位置 m^6A 与 m^6Am 通过直接抵消 miRNA 介导的脱帽反应来实现增加蛋白质的表达。

第八节　组蛋白修饰与基因表达

一、组蛋白修饰的概念

组蛋白修饰（histone modification）是指组蛋白在相关酶作用下发生甲基化、乙酰化、磷酸化、腺苷酸化、泛素化、ADP 核糖基化等修饰的过程。组蛋白修饰是真核生物中最重要的控制基因转录调节的表观遗传修饰之一。其中，组蛋白甲基化和去甲基化又是组蛋白最主要的并且研究较为清楚的修饰种类。在此对组蛋白甲基化和去甲基化的机制和功能进行介绍。

二、组蛋白修饰的发现

与原核生物不同，绝大多数真核生物 DNA 以结构复杂、高度折叠的染色质为载体，这使得两者在基因表达上具有很大差异。染色质以核小体为基本组成单位，每个核小体包括一个八聚体的组蛋白（2 分子的 H2A-H2B 二聚体，2 分子的 H3 和 2 分子的 H4）以及缠绕其上 1.75 圈的长约 146 bp 的 DNA，核小体之间以 40～60 bp 的 DNA 连接，组蛋白 H1 与之结合。

2001 年，Thomas 等提出“组蛋白密码”（histone code）学说，学说内容主要包括：八聚体的三维结构为球状，而组蛋白亚基的氨基端游离出来，称为氨基端尾巴（或组蛋白尾巴）。氨基端尾巴上的许多残基可以被共价修饰，不同位点上的不同修饰可形成大量特殊信号，类似各种不同的密码，供其他蛋白质识别，并影响一系列相关蛋白质的活动，最终调控真核生物基因表达。简单地说，组蛋白密码就是通过对组蛋白进行共价修饰来控制基因表达的过程。

三、组蛋白修饰的特点

组蛋白可以经过不同形式的翻译后修饰（post-translational modification，PTM），致使其与 DNA 的相互作用受到影响。目前人们已经发现了 20 多种组蛋白修饰类型，包括磷酸化、乙酰化、单甲基化、二甲基化、三甲基化、丙酰化、丁酰化、巴豆酰化、2-羟基异丁酸化、丙二酸化、琥珀酰化、戊二酸化、甲酰化、羟基化和泛素化等。

单一组蛋白的修饰往往不能独立发挥作用，一个或多个组蛋白尾部的不同共价修饰依次发挥作用或组合在一起，形成一个修饰的级联，它们通过协同或拮抗来共同发挥作用。这些多样性的修饰以及它们在时间和空间上的组合与生物学功能的关系可作为一种重要的表观标志或语言，也被称为组蛋白密码，在不同环境中可以被一系列特定的蛋白质或者蛋白质复合物所识别，从而将这种密码翻译成一种特定的染色质状态以实现对特定基因的调节。例如，PCAF 蛋白通过 Bromo 结构域识别 H3K36 乙酰化（图 10-18）。组蛋白修饰与 DNA 甲基化、染色体重塑和非编码 RNA 调控等，在基因的 DNA 序列不发生改变时，使基因的表达发生改变，并且这种改变还能通过有丝分裂和减数分裂进行遗传，这种遗传方式是遗传学的一个分支，被称为“表观遗传学”。组蛋白密码扩展了 DNA 序列自身包含的遗传信息，构成了重要的表观遗传学标志。

四、组蛋白修饰的生理功能

（一）组蛋白修饰与生物钟

与生物钟相关的基因有 *CLOCK*、*BMAL*，以及新发现的 *CCA-1*、*LHY* 和 *TOC-1* 等。它们的转录过程受到促进因子如 CLOCK-BMAL 蛋白复合体和抑制因子如 PER-CRY 蛋白复合体的控制，形成一个转录的反馈环，转录反馈环是生物节律的基础。与转录强度的振荡性对应，生物钟基因的组蛋白修饰也是以一种节律方式发生。例如，研究发现，组蛋白去甲基化酶 JARID1a 对转录促进因子 CLOCK-BMAL 复合体的活性有重要影响。可见组蛋白修饰必然与生物钟之间必然存在着某种联系。但是又发现，虽然组蛋白甲基化酶 MLL 对生物节律很重要，但是当消除其衔接子蛋白 WDR5

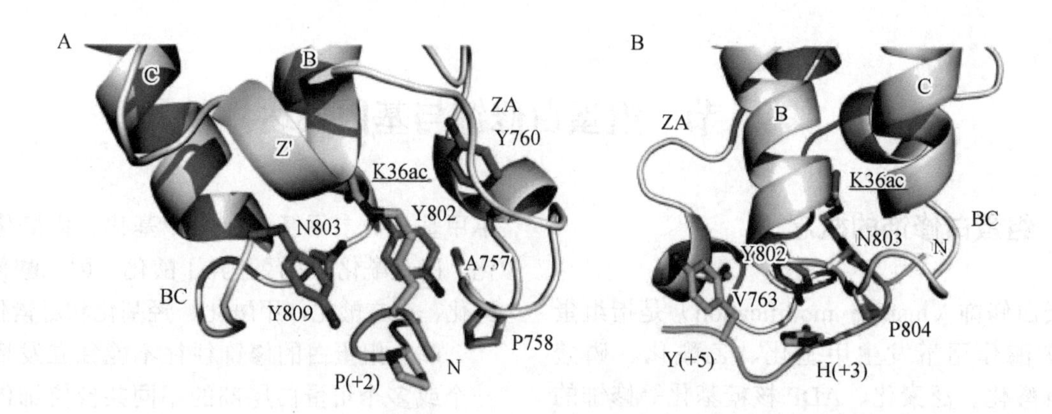

图 10-18 PCAF 蛋白通过 Bromo 结构域识别 H3K36 乙酰化（王维等，2012）

A. 初步识别；B. 识别强化（这种强化机制在不同蛋白质同种结构域往往不同，即存在特异性）。银灰色螺旋表示 Bromo 结构域，由保守的左手四螺旋束 αZ、αA、αB、αC 以及 ZA 环和 BC 环组成。N 指 H3 组蛋白氨基端多肽链的氨基端。绿色表示 PCAF 碳原子，黄色表示 H3 多肽链碳原子，红色为氧原子，蓝色为氮原子

以清除众多生物钟基因组蛋白的甲基化修饰时，基因的生物钟功能却不受影响。这表明对生物钟真正发挥作用的是组蛋白修饰蛋白复合体而不是修饰本身。也就是说，存在着某种组蛋白之外的修饰靶蛋白，或许可以称之为“非组蛋白密码”。

（二）组蛋白密码与有丝分裂

H3 组蛋白第 3 位的苏氨酸（H3T3）经磷酸化修饰后，可以被 Survivin 的 BIR 结构域进化保守的结合口袋直接识别。Survivin 是染色体乘客复合物[（chromosome passenger complex，CPC）在有丝分裂和减数分裂中扮演了多重角色]的组分之一，两者结合后可以调节染色体对 CPC 的招募，并导致其激酶亚基 Aurora B 的激活。随后，磷酸化 H3T3 的 Haspin 的激酶活性受到调节，导致依赖 Aurora B 的纺锤体集合受到阻遏和细胞核重建受到抑制。这些发现表明有丝分裂中 H3T3 组蛋白磷酸化是通过 CPC 来读出和翻译相关信息以确保精确的细胞分裂的。

（三）组蛋白密码与 DNA 修复

正常情形下生物的基因组处于相对稳定状态，DNA 损伤如 DNA 双链断裂（DNA double-strand break，DNA DSB）则打破了这种稳定性，“稳定性的打破”再作为一种信号影响一系列下游蛋白质，最后“反馈性”地修复 DNA 损伤并重新稳定基因组。组蛋白就是一种非常重要的下游蛋白质，组蛋白的磷酸化、乙酰化、甲基化、泛素化等多种修饰类型可作为一种损伤标记，同时招募修复蛋白，在 DNA 的损伤修复过程中扮演了至关重要的角色。①磷酸化：DNA 损伤后的一个明显变化就是组蛋白变体 H2AXS139 的磷酸化，它可以招募修复酶如 MDC1、53BP1、PP2A 及 Pph3 等，这可能为阐明 DNA 修复的分子机制提供了出路。②乙酰化：DNA 损伤后组蛋白乙酰化位点包括 H3K9、H3K56、H4K5、H4K8 等。乙酰化的主要作用在于诱导染色质去浓缩，便于其与相关蛋白质的相互作用。当然，为了维持基因组稳定，乙酰化后经常是大规模的去乙酰化。③甲基化：组蛋白甲基化也与 DSB 的检测修复有关，常见修饰位点有 H3K79 和 H4K20 等。④泛素化：组蛋白的泛素化修饰在介导 BRCA1/BRAD2 修复蛋白复合体与 DSB 位点的结合过程中是必不可少的。

（四）组蛋白修饰作用机制与基因表达

组蛋白 PTM 被认为通过两种机制调节染色质的结构和功能。首先，组蛋白 PTM 可以通过改变组蛋白的电荷状态或通过核小体间的相互作用直接调节染色质的包装，从而调节染色质的高级结构与 DNA 结合蛋白（如转录因子）的结合。此外，组蛋白 PTM 可以通过募集 PTM 特异性结合蛋白（也称为“readers”）及其相关的结合伴侣（“effector proteins”）或抑制蛋白质与染色质的结合，来修饰染色质的结构和功能。PTM 诱导的染色质与其结合蛋白之间相互作用的变化又转化为生物学结果。通过直接结合到特定结构域，蛋白

质被募集到组蛋白PTM中。例如，已知Chromo、Tudor、PHD、MBT、PWWP、WD、ADD、zf-CW、BAH和CHD结构域均与甲基赖氨酸结合，而溴结构域则与乙酰赖氨酸结合。包含这些PTM特异性结合域的蛋白质可能募集其他蛋白质因子来执行其功能，或者它们可以携带可以进一步修饰染色质结构和功能的酶活性。

组蛋白修饰对调节各种以DNA为模板的生物过程至关重要。根据PTM的类型和位置，其中一些组蛋白PTM与转录激活或抑制相关。为了执行DNA模板处理，组蛋白PTM协调染色质的分解以执行特定功能。例如，组蛋白赖氨酸乙酰化（Kac）通常与转录激活相关，而赖氨酸脱乙酰化与转录抑制相关。赖氨酸甲基化（Kme）与基因激活（H3K4、H3K36和H3K79）和转录抑制（H3K9、H3K27和H4K20）有关。此外，一些组蛋白的单甲基化可以促进转录激活，如H3K9me1和H3K27me1，而相同位点（H3K9me3和H3K27me3）的三甲基化与抑制相关。同样，其他一些组蛋白PTM也与DNA修复（如H2AS129磷酸化和H4S1磷酸化）和复制（如乙酰化）相关。组蛋白PTM的每个步骤的调节异常，包括通过写入蛋白（writer）添加组蛋白标记、通过擦除蛋白（eraser）去除组蛋白标记，以及通过读取蛋白（reader）进行蛋白质错误的解释，均与疾病的发生（如癌症）密切相关。

染色质动力学主要受ATP依赖的染色质重塑酶/复合物和组蛋白PTM的控制。相反，染色质重塑酶也会影响组蛋白PTM。例如，ATP依赖性核小体重塑复合物、核小体重塑和脱乙酰基酶复合物（NuRD）可以促进目标组蛋白的脱乙酰化。

某些组蛋白PTM（如果不是全部的话）在细胞分裂过程中是可遗传的，并且与基因表达相关。因此，组蛋白PTM与表观遗传现象有关，通常被认为是表观遗传标记的主要类型。

（五）与基因组印记异常有关的疾病

基因组印记紊乱将导致多种疾病，常常是由于印记丢失导致两个等位基因同时表达，或突变导致有活性的等位基因失活所致。基因组印记与肿瘤的发生也有密切联系，如葡萄胎的发生，其主要原因就是遗传的失衡。还有研究表明Igf2基因组印记缺失可增加散发性结肠、直肠肿瘤的发病风险。

1. Prader-Willi综合征和Angelman综合征

普拉德-威利（Prader-Willi）综合征（PWS）和快乐木偶综合征（Angelman）综合征（AS）是两种先天性神经异常发育综合征，是最先被研究的基因组印记紊乱的例子。PWS病因为缺失父源15q11—q13上的一个5～6 Mb区域。PWS发病率约为万分之一，其特征为婴儿期张力减退，发育迟缓，重度肥胖，矮小，第二性征及生殖器发育不全和轻度的认知障碍。AS患者具有重度发育迟缓，语言能力极差，运动失调，双手不正常摆动，头小畸形，癫痫及一些异常的外形，如突出的上腭和宽大的嘴。AS是由母源的15q11—q13区域缺失造成的。说明父源和母源的15q11—q13区功能不同，在15q11—q13区域至少包含6个父系和2个母系表达的印记基因，其中，*SNRPN*和*UBE-3A*分别在PWS和AS中起着关键性作用。这两个基因主要在脑组织中表达，父本表达的*SNRPN*基因微缺失可导致PWS，其上游进一步缺失则可导致AS，由此表明这两个区域就是印记基因所在的位置。

2. Beckwith-Wiedemann综合征

贝一维Beckwith-Wiedemann综合征（BWS）的主要特征是体细胞过度增长，先天异常，易患小儿胚胎型恶性肿瘤等。目前研究发现可引起BWS的分子缺陷包括：①涵盖*IGF2*区域的父源性倍增；②11p15.5的父源性单亲源二倍体；③CDKNIC母源等位基因的功能缺失；④母源染色体上的易位，这些易位破坏KCNQ1，影响*IGF2*基因组印记；⑤最常见的是*ICR2/KCNQ1OT1*基因组印记的丢失。

3. Silver-Russell综合征

拉塞尔-西尔弗综合征（Silver-Russell syndrome，SRS）是一种先天性的发育紊乱的遗传病，主要表现为发育迟缓，身材矮小且不对称，部分具面部、头盖骨及手指和脚趾畸形。引起SRS的遗传病因很多，但约10%患者是由7号染色体的母源性单亲源二倍体所造成的。可能是某父源性表达的促进生长的基因的功能缺失导致了SRS。

第九节　印记基因及其基因表达

一、印记基因的概念

基因组印记也是一种表观遗传现象，即来自父亲和母亲的等位基因在传递给子代时发生了某种修饰，使子代只表现出父方或者母方的一种基因，这种现象即为基因组印记。

二、印记基因的发现

历史上关于印记基因现象的最早报道出现于1960年，Crouse在Sciara昆虫的X染色体中发现，等位基因中来自于父方的基因不能正常表达发挥作用，反而只有来自于母方的基因可以正常表达。在此之后，于20世纪80年代，科学家在对小鼠细胞进行核移植的试验时发现了位于哺乳动物体内染色体上的印记基因。1984年，Barton等发现，当2个细胞核来自同一个体时，其只能在初期发育，到发育后期就会死亡；而当2个细胞核来自2个不同个体时，就得以正常存活并继续生长发育。根据现在已有的科学研究得知，同一来源的2个细胞核组成的个体之所以会在早期发育而后期死亡，是由某些印记基因的作用引起的。继而于90年代初，有3个试验室分别在对小鼠的试验中发现了3种具有重要意义的印记基因，分别是父源印记基因*IGF2*、母源印记基因*IGF2R*和*H19*。这一发现是印记基因的研究历史上的里程碑式进步。

三、印记基因的特点

印记基因的特点主要是以下几个方面。

1）根据亲本来源，在来自父方与母方的等位基因中，仅有一方的等位基因会表达，以使来自两方的基因组表达而表现不同的功能。

2）含CpG岛，十分容易被高度甲基化修饰，表明在印记状态的维持上，甲基化修饰发挥着重要作用。

3）在基因组DNA上，印记基因很少单独存在，往往是多个相连着出现，这表明印记基因相互之间存在着某种共线性的作用，因此多个印记基因的区域才会相连出现。

4）印记基因具有印记遗传的组织特异性，具体来说，在基因组印记过程中，相同的一对等位基因只在特定的个体部位表现印记效应，即只表达父源或者母源一方的等位基因，而在另外的组织器官等，两者都会表达，不显示印记效应。

5）目前关于印记基因的研究，大部分出现于小鼠或人类，可见印记基因具有物种间的保守性。

6）存在包括*H19*基因在内的少量印记基因，它们不会最终翻译生成蛋白质，但是转录生成RNA的过程却会发生。

7）约有15%印记基因的反义链是可以通过转录生成RNA的，并且这些RNA的生成也属于基因组印记，且是父方等位基因的表达，但不包括Tsix（Xist的反义序列；Xist即X-inactive specific transcript，失活X染色体特定转录；Tsix为Xist的负向调节因子），其他多数印记基因的反义链都只转录不翻译。

8）在DNA的复制过程中，印记基因具有复制时可以不同时发生的特性。

四、印记基因的生理功能

目前有两种假说解释印记基因为何存在。一种假说认为印记基因的生理功能主要是调节动物两性之间的矛盾冲突。父方表达的印记基因，如*IGF2*、*PEG1/MEST*等，如果缺失或基因敲除（knock-out），将表现为胎儿在子宫内生长受限；母方表达的印记基因，如*IGF2R*、*H19*等，如果缺失或基因敲除，表现为IGF2表达过量，导致胎儿生长过大。由此可见，两性冲突的遗传假说是，父方表达的印记基因，为了自己的这个后代健康成长和具备较强的生存能力，促进胎儿迅速生长，促进胎盘的发育并为胎儿提供更多的营养，以期获得强壮的个体；而母方表达的印记基因，为了自己的终生的繁殖能力，限制胎儿的生长速率和体重，节省和平均分配各胎次的繁殖资源。另一种假说认为印记基因为调节胚胎发育所必需。雌核胚和孤雌胚发育后缺少胎盘组织，即胎盘的发育需要父方表达的印记基因表达；而雄核胚可发育成较好的滋养层细胞，但胚胎本身发育不良，即胎儿的发育要求母方表达的印记基因表达。因此，基因组印记是平衡胎儿和胎盘发育的重要调节因素。但是，并不是所有的印记基因都与胚胎的发育有关。一些印记基因与遗传疾病有关。例如，人的15号染色体上一个区域有3个印记基因，分别为*SNRPN*、*IPW*、*ZNF127*，它们都是只父方表达。这些基因与人类的Prader-Willi综合征、Beckwith-Wiedemann综合征和Angelman综合征有密切关系。一些印记基因与代谢及生长发育有关。

五、印记基因的作用机制与基因表达

（一）印记基因的甲基化

基因组印记的机制是配子在形成过程中被打上的标记，这个标记就是对DNA结构的修饰。DNA甲基化是一种DNA结构修饰，甲基化修饰可阻止基因转录，因此，转录活跃的基因是低甲基化或不甲基化的，不表达的基因是高度甲基化的。目前发现的绝大多数基因组印记都是DNA甲基化的结果。呈印记一方的基因调控序列DNA（一般为启动子）被甲基化、组蛋白被乙酰基化和组蛋白被甲基化，其中DNA甲基化是其关键。研究过的印记基因，来源于父母双方的等位基因甲基化的程度不同，这一区域称为差异甲基化区域（differentially methylated region，DMR），该区域出现大量的CG重复序列（大于500 bp），形成所谓的CpG岛，通常为基因的启动子。超过70%脊椎动物的CpG岛甲基化，但是在体细胞和性细胞之间甲基化程度不同较为常见。88%小鼠印记基因存在CpG岛，而普通基因只有47%。胞嘧啶被甲基化成为5-甲基胞嘧啶（5-methylcytosine）。该等位基因将被关闭，不再表达。另一方等位基因的调控序列未被甲基化，其组蛋白乙酰基化，在转录复合体的作用下可正常地进行mRNA转录。

（二）基因组印记的发生时期

基因组的印记过程可分为三个阶段：建立阶段、维持阶段和抹除与重建阶段。在哺乳动物生命周期中，在性原细胞（精原细胞和卵原细胞）阶段，DNA分子的甲基化被清除。在配子（精子和卵子）阶段，DNA甲基化重新开始建立。印记基因在受精时及之后，甲基化的等位基因将维持甲基化状态，非甲基化的等位基因也将维持非甲基化状态，基因组印记在囊胚期正式建立。胚胎期后基因组印记在身体的各组织器官充分表达，但是性原细胞中印记标记再次被清除。这种以基因组DNA分子甲基化为形式的基因组印记标记在动物的整个生命周期中可被清除和再建立。

本章小结

表观遗传学的应用研究在未来的几十年中将是一个非常引人注目的研究领域，无论是在医学领域还是在畜牧学领域，都可以为解决实践中的问题提供新思路。但是，表观遗传学作为一个发展中的研究领域，形成和维持的分子机制、基因表达的调控、生态因子调控基因表达等方面还有待于进一步深入研究。相信飞速发展的植物表观遗传学，将对探知生命活动规律、研究其分子机制并进行遗传改良等方面起到积极的推动作用。

思 考 题

1. 什么是表观遗传学，表观遗传学的主要内容有哪些？
2. DNA 甲基转移酶有哪几种？作用分别是什么？
3. 什么是组蛋白密码？组蛋白有哪些？
4. 非编码 RNA 有哪些？主要作用机制是什么？
5. 什么是 m^6A 修饰？其功能有哪些？

第十一章　动植物分子育种基础

第一节　基因组育种

一、DNA分子标记

DNA分子标记（DNA molecular marker），是以个体间遗传物质内核苷酸序列变异为基础的遗传标记，是DNA水平遗传多态性的直接反映。过去30多年，DNA分子标记技术得到了飞速发展，至今已有数量众多的分子标记类型相继出现，并在DNA文库构建、基因克隆、基因组图谱、基因/QTL定位、分子标记辅助选择、基因聚合等多个研究领域得到应用。理想的DNA分子标记应满足以下要求：①具有较高的多态性；②呈共显性遗传，能够区分杂合和纯合基因型；③能明确辨别等位基因变异；④在整个基因组均匀分布，除特殊位点的标记外，要求分子标记均匀分布于整个基因组；⑤选择中性（即无基因多效性）；⑥检测手段简单、快速（如实验程序易自动化）；⑦开发成本和使用成本尽量低廉；⑧在实验室内和实验室间重复性好（便于数据交换和共享）。

目前，动植物中常用的DNA分子标记主要有以下几种类型：①基于Southern印迹法的分子标记，如RFLP等；②基于PCR的分子标记，如随机扩增多态性DNA（random amplified polymorphic DNA，RAPD）、简单序列重复（simple sequence repeat，SSR）等；③基于测序信息的分子标记，如SNP等。除了这种简单的分类之外，不同标记在原理上的相互重叠，又衍生出了其他众多的标记类型。

（一）RFLP

1974年，Grodzicker等在鉴定温度敏感表型的腺病毒DNA突变体时，利用经限制性内切核酸酶（其识别序列一般为5～6 bp）处理DNA后得到DNA片段长度的差异，首次阐述了这种类以DNA限制性内切核酸酶和Southern印迹法为基础的DNA分子标记。1980年，Botstein等发现RFLP标记可用于构建遗传连锁图谱。1983年，Soller和Beckman最先把RFLP用于品种鉴别和品系纯度的测定。之后，RFLP标记技术开始用于多个动植物物种完整遗传图的构建和遗传学研究的其他领域。

RFLP产生多态性的原理是探针（标记的DNA序列）与限制性内切核酸酶产物结合区域位点的改变。尽管任一物种的两个不同个体具有几乎相同的基因组，但由于点突变、插入缺失、易位、倒位、重复等原因，会使它们在某些核苷酸序列上出现差异，进而造成DNA序列上的酶切位点的增加、丧失或位置改变。当目标区域的酶切位点发生改变时，探针与酶切产物的杂交片段大小也发生相应的改变。因此，限制性内切核酸酶切割DNA所产生的片段数目和大小就会在个体、群体甚至种间产生差异，进而产生多态性。而且，由于不同DNA限制性内切核酸酶的酶切位点不同，不同的酶/探针组合就可能产生不同的杂交结果，表现出多态性。

（二）RAPD

RFLP 标记作为最早的 DNA 分子标记，有众多的优越性，但因其操作过程烦琐、对 DNA 的质量和数量要求较高，以及不能快速分析等缺点，其应用范围大大受限。随着热稳定性 DNA 聚合酶的发现，使得基于 DNA 体外复制过程的 PCR 原理的一类分子标记得以推广应用。

RAPD 由 Williams 和 Welsh 两个研究小组在 1990 年分别提出。作为最早的 DNA 体外合成反应，RAPD 是以长度为 10 bp 的随机寡聚脱氧核苷酸 ssDNA 作为引物，对基因组 DNA 进行 PCR 扩增以获得长度不同的多态性 DNA 片段的一类标记。RAPD 标记扩增有别于标准 PCR 的地方主要表现在以下 3 个方面。①引物长度：常规的 PCR 所用的是 1 对引物，长度通常为 20 bp 左右；RAPD 所用的引物为 1 个，长度仅 10 bp。②反应条件。标准 PCR 复性温度（严谨度）较高，一般为 55～60℃，而 RAPD 的复性温度仅为 36℃左右。③扩增产物：常规 PCR 产物为特异扩增，而 RAPD 产物为随机扩增。这样，RAPD 反应在最初反应周期中，由于短的随机单引物，低的退火温度：一方面保证了核苷酸引物与模板的稳定配对；另一方面因引物中碱基的随机排列而又允许适当的错配，从而扩大引物在基因组 DNA 中配对的随机性，提高了基因组 DNA 的分析效率。RAPD 的扩增产物可经由琼脂糖凝胶电泳进行分离，进而进行数据识别和进一步分析。

（三）扩增片段长度多态性

1992 年，Zabeau 和 Vos 开发出一种新的 DNA 分子标记技术，即扩增片段长度多态性（amplified fragment length polymorphism，AFLP）。该技术结合了 RFLP 技术和 RAPD 技术的特点，又被称为 PCR 的 RFLP，可获得多态性图谱，具有重要的实用价值。1993 年 Keygen 公司以专利形式买下 AFLP 技术，并注册于欧洲专利局。Thomas 等于 1995 年以论文形式正式发表。AFLP 标记的多态性强（一次可获得 100～150 个扩增产物），因而非常适合绘制品种指纹图谱、遗传多样性分析等。

AFLP 标记的原理是基于目标 DNA 双酶切（*Mse*I 和 *Eco*RI）基础上的选择性扩增。首先对基因组 DNA 进行双酶切，其中一种为酶切频率较高的限制性内切核酸酶，另一种为酶切频率较低的限制性内切核酸酶。用酶切频率较高的限制性内切核酸酶消化基因组 DNA 是为了产生易于扩增的且可在测序胶上能较好分离出大小合适的短 DNA 片段；用后者消化基因组 DNA 是为了限制用于扩增的模板 DNA 片段的数量。AFLP 扩增数量是由酶切频率较低的限制性内切核酸酶在基因组中的酶切位点数量决定的。将酶切片段和含有与其黏性末端相同的人工接头连接，连接后的接头序列及邻近限制性内切核酸酶识别位点作为以后 PCR 的引物结合位点，通过选择在末端上分别添加 1～3 个选择性碱基的不同引物，选择性地识别具有特异配对顺序的酶切片段与之结合，从而实现特异性扩增，最后用变性聚丙烯酰胺凝胶电泳分离扩增产物。

因此，AFLP 分析的基本步骤可以概括为：①将基因组 DNA 同时用 2 种限制性内切核酸酶进行双酶切后，形成分子质量大小不等的随机限制性片段，在这些 DNA 片段两端连接上特定的寡核苷酸接头（oligonucleotide adapter）；②通过接头序列和 PCR 引物 3′端的识别，对限制性片段进行选择扩增，一般 PCR 引物用同位素 ^{32}P 或 ^{33}P 标记；③聚丙烯酰胺凝胶电泳分离特异扩增限制性片段；④将电泳后的凝胶转移吸附到滤纸上，经干胶仪进行干胶处理；⑤在 X 线片上感光，数日后冲洗胶片并进行结果分析。为了避免 AFLP 分析中的同位素操作，目前已发展了 AFLP 荧光标记、银染等新的检测扩增产物的手段。

（四）SSR

SSR 又称微卫星标记（microsatellite marker）。1987 年，Nakamura 发现生物基因组内有一种短的重复次数不同的核心序列，它们在生物体内多态性水平极高，这类重复序列统称为可变数目串联重复序列（variable number of tandem repeat，VNTR）。VNTR 标记包括小卫星（minisatellite）标记和微卫星标记两种。微卫星标记，是一类以 1～6 个碱基组成为重复单元（motif）串联重复而成的 DNA 序列，其长度一般较短，广泛分布于基因组的不同位置，如（CA）$_n$、（AT）$_n$、（GGC）$_n$、

（GATA）$_n$等重复，其中 n 代表重复次数，其大小在 10～60。另外，研究还发现 SSR 在基因组间和基因组内呈现非随机分布。SSR 在非编码 DNA 中占了相当大的比例，而在蛋白质的编码区则相对罕见。尽管微卫星 DNA 可分布于整个基因组的不同位置上，且在不同个体间重复次数存在变化，但其两端的序列多是相对保守的单拷贝序列。因此，可根据微卫星 DNA 两端的保守序列来设计一对引物，利用 PCR 方法来扩增微卫星序列的等位变异，通过电泳分析核心序列的长度多态性。

建立 SSR 标记必须克隆足够的 SSR 并进行测序，设计相应的 PCR 引物。其一般程序如下：①建立基因组 DNA 质粒文库；②根据预得到的 SSR 类型设计并合成寡核苷酸探针，通过菌落杂交筛选所需重组克隆；③对阳性克隆 DNA 插入序列测序；④根据 SSR 两侧序列设计并合成引物；⑤以待研究的动植物 DNA 为模板，用合成的引物进行 PCR 扩增反应；⑥高浓度琼脂糖凝胶、非变性或变性聚丙烯酰胺凝胶电泳检测其多态性。此外，也可利用标记的 SSR 探针与基因组酶切片段进行杂交、测序的方法获得 SSR 标记。目前 SSR 标记技术已广泛用于遗传图谱构建、品种指纹图谱绘制和品种纯度测定，以及目标性状基因标记等领域。

（五）表达序列标签

表达序列标签（expressed sequence tag，EST）是指通过对 cDNA 文库随机挑取的克隆进行大规模测序所获得的 cDNA 的 5′端或 3′端序列，长度一般为 150～500 bp（图 11-1）。

EST 标记除具有一般分子标记的特点外，还有其特殊优势：①信息量大。如果发现一个 EST 标记与某一性状连锁，那么该 EST 就可能与控制此性状的基因相关。②通用性好。由于 EST 来自转录区，其保守性较高，故具较好的通用性，这在亲缘物种（closely related species）之间校正基因组连锁图谱和比较作图方面有很高的利用价值。③开发简单、快捷、费用低，尤其是以 PCR 为基础的 EST。

（六）SNP

SNP 主要是指个体在基因组水平上由单个核苷酸变异所引起的 DNA 序列多态性，它们是基因组中最丰富的 DNA 分子标记类型。已有研究表明，SNP 在生物基因组中广泛分布（尽管发生频率不同）。据估计，在人类基因组中，平均 1000 bp 就有 1 个 SNP，在主要农作物中 SNP 的发生频率可能更高，如小麦中每 20 bp 就有 1 个 SNP，玉米每 60～120 bp 就有 1 个 SNP。SNP 所表现的多态性只涉及单个碱基的变异，这种变异可由单个碱基的转换或颠换引起，也可由碱基的插入或缺失所致。

理论上讲，SNP 既可能是二等位多态性，也可能是 3 个或 4 个等位多态性，但实际上，后两者非常少见，几乎可以忽略不计。因此，通常所说的 SNP 都是二等位多态性。这种变异可能是转换（C↔T，在其互补链上则为 G↔A），也可能是颠换（C↔A、G↔T、C↔G、A↔T）。转换的发生率总是明显高于其他几种变异，具有转换型变异的 SNP 约占 2/3，其他几种变异的发生概率相似。

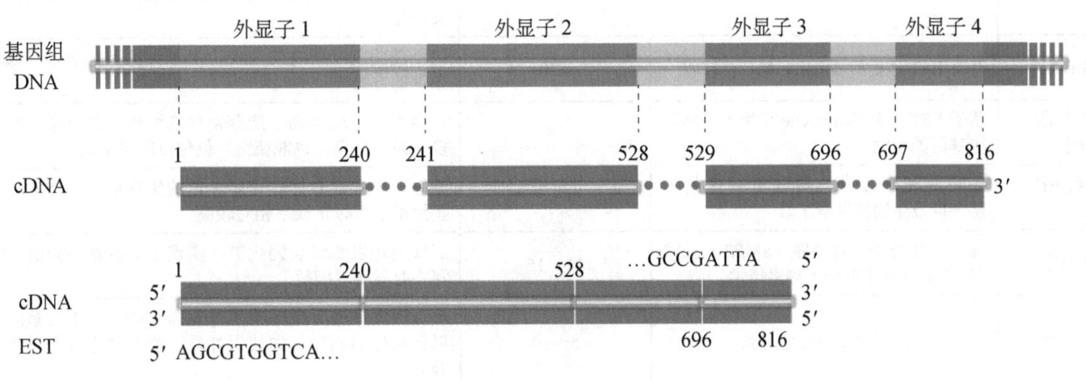

图 11-1 EST 产生的模式图

在基因组DNA中，任何碱基均有可能发生变异，因此SNP既有可能在基因序列内，也有可能在基因以外的非编码序列上。总的来说，位于编码区内SNP（coding SNP，cSNP）比较少，在外显子内，其变异率仅是周围序列的1/5。但它在遗传性疾病研究中却具有重要意义，因此cSNP的研究更受关注。从对生物的遗传性状的影响上来看，cSNP又可分为两种：①同义cSNP（synonymous cSNP），即SNP所致的编码序列的改变并不影响其所翻译的蛋白质的氨基酸序列，突变碱基与未突变碱基的含义相同；②非同义cSNP（non-synonymous cSNP），指碱基序列的改变可使以其为模板翻译的蛋白质序列发生改变，从而影响了蛋白质的功能，这种改变常是导致生物性状改变的直接原因。cSNP中约有一半为非同义cSNP。在人类中，先形成的SNP在人群中常有更高的频率，后形成的SNP所占的比率较低。各地各民族人群中特定SNP并非一定都存在，其所占比率也不尽相同，但大约有85%是共同的。植物中，从拟南芥数据库直接比较的结果表明，内含子区域SNP的发生频率比外显子区域高1.4倍。

与上述分子标记相比，SNP具有以下特点及优点：①数量多、覆盖密度大，在人类基因组中两个SNP间距不会超过1000 bp，在植物基因组中SNP出现的概率可能更高；②由于SNP一般只有两个等位基因，在检测时只需要通过一个简单"+/−"方式即可进行基因分型，这使得检测、分析易于实现自动化；③遗传稳定性强，与微卫星等重复序列多态性标记相比，SNP具有更高的遗传稳定性；④多态性丰富，SNP包含了目前已知DNA多态性的80%以上，是最常见的遗传变异类型。

生物学及其相关技术的发展，使得发掘SNP可以通过多种途径（表11-1）。在动植物中，较常用的方法主要包括基于已有的EST序列数据、基于芯片分析、基于对扩增产物的再测序、基于基因组测序和重测序技术五种途径。

随着测序技术的进步和数据库中EST序列的不断增加，使得从DNA水平分析遗传变异变得更为直接，目前对SNP的检测分析方法也主要基于以下某一种或两种机制：位点特异性杂交（allele specific hybridization）、引物延伸（primer extension）、寡核苷酸连接（oligonucleotide ligation）和侵入性酶切（invasive cleavage）。高通量分析方法，如DNA芯片、位点特异性PCR以及引物延伸等方法，可以方便对SNP作为遗传标记的分析过程实现自动化，进而提高分析效率，这样就能在更大范围内应用于动植物育种领域（如对品种的快速鉴别、超高分辨率遗传图谱的构建等）。

分子遗传标记种类繁多，随着分子遗传学及分子生物学技术的发展，其在动植物的起源进化、品种分类、基因定位、遗传图谱构建、标记经济性状以及品种资源保护等遗传育种领域得到了广泛的应用和发展。

表11-1　SNP发掘方法比较

方法	必需条件	当前条件下的错误率/%	特殊要求与局限性
EST数据库	大量的EST序列信息	15～50	依赖基因的表达水平或需要均一化的文库，对直系同源（orthologous）或旁系同源（paralogous）序列较难区分，序列质量差
芯片技术	基于EST序列的unigene和芯片技术	>20	并不能鉴别出所有的SNP，对于大基因组需要降低基因组复杂性的方法
扩增产物的再测序	基于EST序列的unigene和用于扩增相应基因的引物	<5	可靠性高，成本高，能获得详细的单倍型信息，可同时比较多个系的信息，也能获得等位位点的频率信息
新一代测序技术（NGS）	独特的测序技术，降低复杂性的方法，以及生物信息学工具	15～25	能够产生大量数据，需要大量的生物信息学技术，没有全部基因组信息时错误率相对较高
三代测序	PacBio单分子实时测序（SMRT）技术和ONT纳米孔单分子测序技术	11～15	三代测序以长读长为优势，实现了对碱基序列的实时读取，测序时间得以缩短
基因组序列分析	参考基因组和生物信息学工具	5～10	小基因组物种可全部测序以发掘SNP，对于大基因组物种可以针对性的测序（如使用外显子捕捉技术或多引物扩增技术等）

（七）其他类型的分子标记

除了上述类型的分子标记外，在 RFLP 和 PCR 的基础上，还发展起来了一些 DNA 遗传标记，如单链构象多态性-RFLP（SSCP-RFLP）、变性梯度凝胶电泳-RFLP（DGGE-RFLP）、单链构象多态性-PCR（SSCP-PCR）、DNA 扩增产物指纹分析（DAF）、切割扩增多态性序列（CAPS）、序列标签位点（STS）等。

二、DNA分子标记的应用

分子标记的类型众多，原理、遗传模式及使用的复杂程度和费用也各不相同。因此，具体到动植物研究的各个领域，对标记的使用也就有所区别。

（一）种质资源的遗传多样性分析

遗传多样性是生物多样性的核心，保护生物多样性最终是要保护其遗传多样性。广义的遗传多样性是指地球上的所有生物所携带的遗传信息的总和，狭义的遗传多样性是指生物种内不同群体之间和群体内不同个体间遗传变异的总和。遗传多样性是生物进化和适应的基础，种内遗传多样性越丰富，生物对环境变化的适应能力也就越强。遗传多样性的本质是生物在遗传物质上的变异，就农业而言，丰富多样的种质资源是动植物育种的物质基础，也是研究和利用基因资源的基础。利用 DNA 分子标记分析种质资源遗传多样性将为评估基因资源的开发应用前景提供重要信息，同时也为种质资源的收集、保存、评价和开发利用提供依据。在植物遗传多样性分析中，常用多态性信息指数、平均等位变异丰富度、遗传多样性指数、平均遗传距离等指标来评价生物自身的多样性状况，而对所用分子标记多态性水平的评价则常用平均杂合度（average heterozygosity）、有效复合比（effective multiplex ratio）和分子标记指数（marker index）等指标。平均杂合度是指两个等位基因在随机取样时被区分的可能性。有效复合比是指每次对样本分析所获得的多态性位点数目。分子标记指数是指多态性水平（平均杂合度）与有效复合比的乘积。

在分子标记的发明和使用初期，RFLP 以其共显性遗传、重复性好、可靠程度高等特征得到了广泛应用，但在生物的遗传多样性分析时，RFLP 标记呈现出较低的多态性。除了对全基因组遗传多样性所进行的一般性了解外，研究人员开始转向利用那些开发自基因组功能区域的标记（如 EST、SRAP、cDNA-AFLP 等）、来自基因组特定成员的标记（如来自转座子的 IRAP 等标记），甚至是来自细胞器基因组的标记系统（如叶绿体 SSR 和线粒体 SSR）来评价动植物的遗传多样性状况。EST 标记来源于功能基因本身，是对基因内部变异的一种直接评价，有可能与生物的重要性状相联系，在遗传多样性研究方面比其他分子标记更具优越性。同时，由 EST 序列所开发的新的标记类型，如 EST-RFLP、EST-SSR 和 EST-SNP 等，其在遗传多样性研究中也有重要价值。

（二）指纹图谱构建及品种鉴别

种质资源作为国家的重要战略资源，是提高作物产量、畜禽肉蛋奶产量和适应性的重要物质基础，在动植物育种领域中占有重要地位。在植物种质资源研究早期，株高、穗长、外色、千粒重等外部特征特性是鉴别品种的常用方法。该方法简便、经济，在种质资源研究中曾发挥过重要作用，但形态学性状受环境影响的波动性较大、经验性较强，难以标准化。另外，随着育种亲本利用的集中化和育种家对知识产权保护的需求，靠单纯的形态学特征越来越不能满足品种鉴定和纯度分析的需要。之后，生化标记（如同工酶和种子胚乳蛋白等）的出现，虽然在一定程度上缓和了这种矛盾，但由于生化标记数量的有限性、蛋白质表达谱易受环境影响等缺陷，仍然不能从根本上改变这种困境。而基于 DNA 分子标记的指纹图谱技术的出现，为这一问题的解决带来了契机。

DNA 指纹图谱是指能够鉴别生物个体之间差异的 DNA 电泳图谱，在种质资源的鉴别、（品种/杂种/亲本）身份的识别等方面意义重大。因为每种动植物及其品种都有各自特定的性状和相应的 DNA 序列，品种之间存在一定的序列差别，这种序列上的差别能够在电泳图谱（或测序仪上的特定峰值）上被表现出来，具有高度的个体特异性和环境稳定性，就像人的指纹一样，因而被称为“指纹图谱”。指纹图谱主要应用于品种的鉴定与知识产权保护、品种纯度和真实性检测、品种亲缘关系和分类研究等。

在育种研究过程中，育种家需要对新育成品种或品系的遗传纯度进行检测；同时，由于诸多的原因（如外血引入、机械混杂、串粉等）可能导致动植物品种、品系或自交系间的混杂，也需进行检测。传统方法是采用生长测验，即通过长成 F_1 代个体的表型来判断真伪及纯度。这种检测方法费工费时，且检测结果易出偏差。DNA 指纹图谱具有高度的个体特异性，甚至可以区分开一些基因组中的微小变异，因而是一种理想的品种纯度和真实性检测技术。在指纹图谱构建及其数据库建设中，还需注意指纹数据库建设的规范化，以保持实验结果的稳定性、一致性和可重复性。因此，就要求 DNA 分析技术本身的标准化，能够适用于所有进行 DNA 检测的实验室。

（三）遗传作图及基因/QTL 定位

20 世纪 80 年代以来，随着现代分子生物学和相关 DNA 分析技术的快速发展，以 RFLP、RAPD、AFLP 和 DNA 指纹等为代表的分子遗传标记得到大量开发和应用。与传统的遗传标记相比，基于 DNA 多态性的分子遗传标记分布于整个基因组中，多态性丰富、数量大；同时，标记形式多样，如有 RFLP 标记、RAPD 标记、AFLP 标记、SSR 标记和 STS 标记等，为遗传育种实践提供了更多、更有效的标记类型，在动物数量性状基因座（quantitative trait locus，QTL）的鉴别和定位、连锁图谱构建等动植物育种方面显示了广泛的应用价值。

遗传作图（又称连锁作图）是 DNA 分子标记的众多应用领域之一，是指利用分子标记确定基因在染色体（或遗传连锁图）上的相对位置以及基因与标记间的相对距离。第一张遗传图谱由摩尔根（T. H. Morgan）及其学生 Alfred Sturtevant 绘制于 1911 年，在这张图上共定位了果蝇的 6 个性连锁基因。由摩尔根创建的遗传作图原理和连锁分析方法至今仍在使用，但方法更加先进。在过去的 20 年里，遗传作图从最初使用多态性十分有限的形态标记（突变体）和同工酶标记到多态性异常丰富的 DNA 标记迈出了一大步，使得在很多物种上建立起广泛的遗传图谱。具备高水平基因组覆盖度的详细遗传图谱的构建是体现分子标记在动植物育种领域的第一步，基本原理是利用基因的连锁与互换规律，即连锁基因在细胞减数分裂时有发生交换的可能性来计算遗传距离。可在分离世代（如 F_2 代、测交后代等）根据重组型（交换型）个体所占的比例来估计连锁基因（或标记与基因）间的交换值。

基因图谱的构建是遗传学研究中的一个重要领域，是对基因组进行系统性研究的基础，也是遗传育种的基础。选择用来构建图谱的标记有两个原则：一是它们必须在一个亲本中存在而在另一个亲本中不存在；二是它们在后代中必须以 1∶1 分离。这种方法相当于一个杂合体和一个隐性纯合体的测交，称为双向假测交。在多倍体植物中，不论基因组是如何组成的（异源多倍体或同源多倍体）、材料的多倍性水平如何，单剂量的标记都相当于简单的等位基因（同源多倍体）或相当于二倍体基因座上的杂合等位基因（异源多倍体）。因此，根据这些单剂量标记的连锁情况可以构建分子图谱。RFLP、SSR、EST、CAPS、RAPD、AFLP、ISSR、DArT 及 SNP 等标记类型均已被用于遗传图谱构建，每种标记系统各有优缺点。

（四）分子标记辅助育种

分子标记辅助育种（molecular marker assistant breeding）是分子育种的重要技术之一，是利用与目标性状紧密连锁的分子标记对目标性状进行间接选择的现代育种技术。在利用常规育种方法估计育种值时，环境效应的影响难以完全消除，从而导致数量性状育种值估计的准确性差，遗传进展缓慢。而分子标记辅助选择技术利用与目标基因紧密连锁或表型共分离关系的分子标记对选择个体进行目标区域以及全基因组筛选，从而减少连锁累赘，获得期望的个体，达到提高选择效率的目的，不仅可在早代进行准确、稳定的选择，而且可克服再度利用隐性基因时识别难的问题。与常规育种相比，该技术可显著提高育种效率。

选择是育种中最重要的环节之一，在传统育

种中，选择的依据通常是表现型而非基因型，而多数情况下表现型是基因型和环境综合作用的结果，这就可能大大降低选择效率甚至导致错误的选择结果。分子标记为实现对基因型的直接选择提供了可能，因为分子标记的基因型是可以识别的。如果目标基因与某个分子标记紧密连锁，那么通过对分子标记基因型的检测，就能获知目标基因的基因型。通过借助分子标记对目标性状的基因型进行选择，即为标记辅助选择（marker assisted selection，MAS）。传统的表型选择方法对质量性状一般是有效的，因此在多数情况下，对质量性状的选择无须借助分子标记。但对于以下三种情况，采用标记辅助选择可提高选择效率：①表型测量在技术上难度大或费用太高时；②当表型只能在个体发育后期才能测量，但为了加快育种进程或减少后期工作量，希望在个体发育早期（甚至是对植物的种子或者动物的胚胎）就进行选择时；③除目标基因外，还需要对基因组的其他部分（即遗传背景）进行选择时。另外，有些质量性状不仅受主效基因控制，而且还受一些微效基因的修饰作用，易受环境的影响，表现出类似数量性状的连续变异。许多常见的植物抗病性和动物经济性状都表现为这种遗传模式。这类性状的遗传表现介于典型的质量性状和典型的数量性状之间，所以有时又称之为质量数量性状。不过，育种上感兴趣的主要还是其中的主效基因，因此习惯上仍把它们作为质量性状来对待。这类性状的表型往往不能很好地反映其基因型，所以按传统育种方法，依据表型对其主效基因进行选择，有时相当困难，效率很低。因此，标记辅助选择对这类性状就特别有用。

三、全基因组选择育种

基因组学研究的是生物体基因组的组成；而全基因组选择（genomic selection，GS）是利用覆盖全基因组的标记信息估计不同染色体或单个标记效应值，然后将该个体全基因组范围内染色体或标记效应值累计，得到全基因组育种值（genomic estimated breeding value，GEBV）。全基因组选择是一种新的生物育种方法，由 Meuwissen 等在 2001 年提出，可以通过定向选择基因组的标记密度，缩短育种的世代间隔，提高育种效果。相较于传统的育种方法，全基因组选择通过对拟留种的个体进行早期选择和增加选择的准确性进而加快育种的遗传进展。

（一）全基因组选择的流程

全基因组选择的流程包括建立参考群体和在候选群体中进行基因组选择两个步骤。①建立参考群体，获得每个个体的性状表型值，测定每个个体的 SNP 基因型，估计 SNP 效应值；②在候选群体中进行基因组选择，测定候选个体的 SNP 基因型，计算个体的 GEBV，依据 GEBV 进行选择。

根据选择方法的不同，大体可分为两大类：直接法和间接法（图 11-2）。直接法第一步在建立完参考群后，会结合基因型、表型值和系谱等信息，建立标记亲缘关系矩阵，再结合特定的线性模型计算出群体的综合选择指数；在第二步对候选群体选择时，待选择个体的基因型和系谱信息也可以直接加入计算模型计算得出 GEBV 和综合选择指数，从而进行个体的排序和选择。间接法在第一步建立参考群时，通过结合个体的基因分型信息和性状表型值信息估计不同性状的 SNP 效应值，在第二步对候选群体进行基因芯片分型后，依据参考群体得到的 SNP 效应获得个体的 GEBV，进而确定综合选择指数。直接法［以基因组最佳线性无偏检测（GBLUP）为代表］计算效率较高，但是计算准确性略差于间接法。在应用全基因组选择技术时不管选择哪种方法，由于在计算过程中不需要候选群体的表型信息，所以可以在候选群体出生不久后就对其进行选择，将世代间隔缩短，使选择准确性提高，从而提高群体的遗传进展。

（二）全基因组选择优势及影响因素

常规育种手段主要利用性状记录值、基于系谱计算个体间亲缘关系，通过最佳线性无偏预测（best linear unbiased prediction，BLUP）来估计各性状个体育种值，通过加权获得个体综合选择指数，根据综合选择指数高低进行选留。标记辅助选择育种利用遗传标记将部分功能验证的候选标记联合 BLUP 计算育种值，不仅可以提高育种值

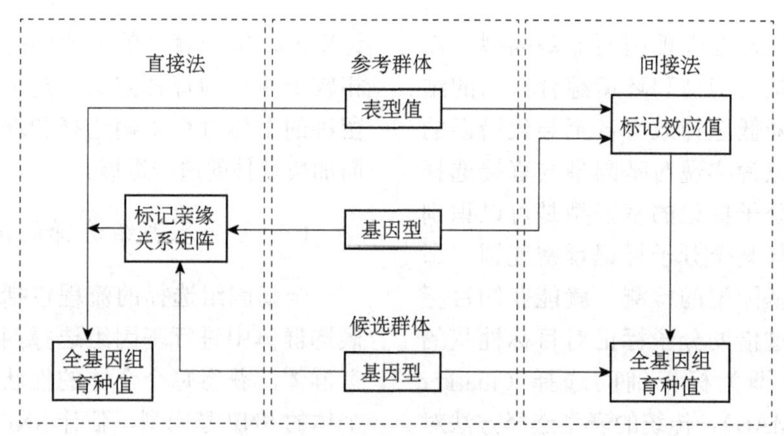

图 11-2　全基因组选择流程

估计的准确性，而且可以在能够获得 DNA 时进行早期选择，缩短世代间隔，加快遗传进展。全基因组选择则通过覆盖全基因组范围内的高密度标记进行育种值估计，继而进行排序、选择，可以简单理解为全基因组范围内的标记辅助选择，其理论假设是在分布于全基因组的高密度 SNP 标记中，至少有一个 SNP 能够与影响该目标性状的数量遗传位点处于连锁不平衡（linkage disequilibrium，LD）状态，这样使得每个 QTL 的效应都可以通过 SNP 得到反映。相比 BLUP 方法，全基因组选择可以有效降低计算个体亲缘关系时孟德尔抽样误差的影响；相比 MAS 方法，全基因组选择模型中包括了覆盖于全基因组的标记，能更好地解释表型变异。近年来，随着 SNP 分型技术的不断发展、芯片检测的成本不断降低和计算方法的不断丰富，全基因组选择迅速成为动物育种工作中的热点技术，并且越来越多地应用于动物育种工作中。

尽管如此，在应用全基因组选择时仍存在一些重要的影响因素。①标记类型和密度：不同类型的标记具有不同的多态信息含量，标记的密度越高越可能与 QTL 保持连锁不平衡，从而获得更高的 GEBV 准确性。②单倍型：单倍型的影响与连锁不平衡、标记距离、种群等有关，但在遗传力较低的性状中，较短的单倍型有着更好的预测效果。③参考群体中具有表型和基因型的个体数：基因组选择的准确性也将受到用来估计 SNP 效应的表型记录数量的影响，即可用的表型记录越多，每个 SNP 等位基因的观察越多，基因组选择的准确性就越高。因此增加参考群体的大小，能够增加 GEBV 的准确性。④标记-QTL 连锁不平衡的大小：要使基因组选择起作用，单个标记必须与 QTL 保持足够的连锁不平衡水平，以便这些标记能够预测 QTL 在群体和世代中的作用。r^2 是一个 QTL 上的等位基因引起的变异比例，GEBV 的准确性随着相邻标记间 r^2 平均值的增加而显著提高。⑤性状遗传力：性状的遗传性也很重要，预测的准确性和性状的遗传性之间有很强的关系，遗传力越高，需要的记录就越少。对于低遗传力性状，在参考群体中需要大量的记录，才能在未分型动物中获得高的 GEBV 准确性。

（三）全基因组选择的局限

全基因组选择可以不经生产性能测定而对个体进行选育，极大地提高了选育的速度和准确性，对于低遗传力、微效多基因决定的复杂性状也有较高的检测准确率。目前，全基因组选择已经在各动植物育种中得到广泛应用，并且取得了巨大成效。尽管如此，GS 仍存在许多局限性：①GS 主要考虑加性效应，显性效应和互作效应等未纳入育种值估计模型中；②GS 目前主要在品种内进行，品种间由于遗传背景不同，预测准确性难以保证；③只用到基因组信息，大量的多组学研究结果利用不够充分；④计算较为复杂，现目前还未有简化的手段；⑤检测成本仍然较高。

四、全基因组选择展望

目前，在动植物中已经成功地将标记辅助选择与传统育种方法相结合，极大地促进了动植物育种的发展。然而，与标记辅助选择或者标记轮回辅助选择相比，全基因组选择更具无可比拟的优势。当前，大部分关于全基因组选择的研究集中在动物育种领域，其中，有限群体容量的连锁不平衡、衰减程度、育种目标、试验设计和其他群体的特性以及育种程序都与植物育种不同。相信随着人们对植物基因组水平的认识不断深入、标记密度不断增加以及演算方法不断完善，全基因组选择将会成为作物遗传育种的有效手段。可以预见的是，在不久的将来，动植物全基因组选择的方法将会逐步建立并完善。

第二节　转基因育种

一、转基因生物育种的概念

转基因生物是指利用基因工程技术导入外源基因或修饰内源基因，使得某些性状被改良的动物、植物或其他生物。转基因植物涉及的改良性状有抗虫、抗病毒、抗细菌、抗真菌、抗除草剂、抗旱、抗盐渍等，也包括提高产量、改善品质、调控生长发育等。转基因动物包括肉质、生长和抗病等性状优良的品种，或者生产疾病模型、药用蛋白以及人异种医用组织和器官。同常规遗传育种相比，转基因育种打破了自然繁殖中的种间隔离，使基因能在种系关系很远的个体间转移，在定向改变动植物性状上具有无可比拟的优势。

1975 年 Jaenisch 等获得含有 SV40 DNA 的嵌合体小鼠。1981 年，Gordon 和 Ruddle 首次应用显微注射法成功地将重组的外源 DNA 直接注入小鼠受精卵雄原核中，并将注射后的受精卵植入假孕母鼠子宫，产生了 78 只小鼠，其中 2 只小鼠的所有细胞中（包括生殖细胞）都含有外源基因，但因缺乏启动子而不能表达，他们把出生后携带外源基因的小鼠叫作转基因小鼠（transgenic mice），自此以后，凡带有外源基因的动物都叫作转基因动物。1982 年，Palmiter 和 Brinster 将大鼠的生长激素基因用微注射方法导入小鼠的受精卵中获得巨型小鼠（super mouse），在理论上和实践意义上都将转基因技术进一步提高，引起了生物学界极大关注，为基因工程育种提供了诱人的前景。

二、转基因育种的一般步骤

（一）作物转基因育种步骤

转基因作物是指利用基因工程（DNA 重组技术）技术，把从动物、植物或者微生物中分离到的目的基因或特定的 DNA 片段，加上合适的调控元件，通过各种方法转移到作物的基因组中，得到的该基因或 DNA 序列能稳定表达和遗传的作物。

作物转基因育种主要包含如下步骤：①载体构建，包括目的基因扩增，表达载体构建；②遗传转化，最简单的是花序浸染，常用的有农杆菌转化、基因枪轰击，还有花粉管通道等；③阳性筛选，包括标记基因筛选、阳性植株目的基因 DNA 水平 PCR 检测、RNA 水平 PCR 检测、目的基因表达蛋白水平检测；④功能验证，即表型分析（验证转基因是否在体内表达），利用这些植物培育新的作物品系。

（二）动物转基因育种步骤

转基因动物的出现是重组 DNA 技术和胚胎技术发展的必然结果。重组 DNA 技术的出现，使人类首次可以分离并扩增足够数量的遗传物质 DNA。在这种情况下，人们不仅仅满足于在微生物宿主中表达基因，而是要把基因转移到植物和动物中，看一看会发生什么情况。20 世纪 70 年代初，在美国活跃着一批科学家，他们尝试各种方法，向动物体转移外源遗传物质，经过数年的努力，终于找到了向动物转移外源基因的可靠方法，并证明了遗传物质的统一性，即无论是微生物来源的基因还是动植物来源的基因，它们在动物基因组中都可以有效地表达。从此，转基因动物育种作为生物学中的一个分支学科被确立下来，并逐步展示出越来越光明的发展前景，在动物育种领域也得到了充分应用（图 11-3）。

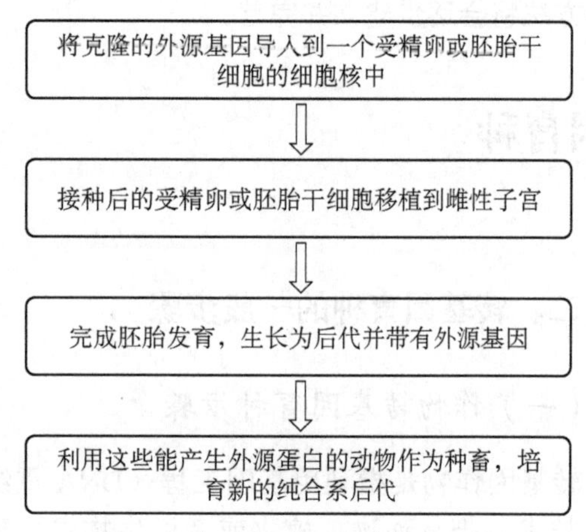

图 11-3　转基因动物育种步骤图

生产转基因动物的步骤包括：①选择能有效表达的蛋白质；②克隆与分离编码这些蛋白质的基因；③选择能与所需组织特异性表达方式相适应的基因调控序列；④把调控序列与结构基因重组拼接，并在培养细胞或小鼠中预先检验其表达情况；⑤把拼接的基因引入到受精卵的细胞核中；⑥把引入外源基因后的受精卵移植到子宫，完成胚胎发育；⑦检测幼畜是否整合外源基因、外源基因的表达情况以及外源基因在其后代中的传递情况。部分后代细胞携带有转入的外源基因，利用这些动物培育新的品系。在这个技术中涉及基因工程、胚胎工程和分子诊断等技术，其关键是目的基因的选择和提高外源基因导入的成功率。

三、导入基因的方法

（一）转基因植物导入基因的方法

植物基因工程具有的得天独厚的优势是植物细胞的“全能性”（totipotency）理论，这是动物细胞所不能比拟的；其次是植物基因工程不会像动物或人类基因工程那样遇到较多的社会、伦理、道德等问题。植物基因工程为育种开辟了一条崭新的途径。

外源基因导入植物细胞和转基因植株再生是植物基因工程的关键环节之一。需要构建植物基因转化载体、选择受体细胞和导入外源基因的方法、调节外源基因在植物细胞中的表达并减少或者消除转基因植株的潜在风险。

有多种途径将外源基因导入植物细胞，概括起来有三类：①生物介导，如农杆菌介导的基因转移；②物理方法，以基因枪为代表；③化学方法，以聚乙二醇（PEG）为主。经过多年来的探索，植物基因转化的技术已非常成熟，已形成了以农杆菌载体转化和基因枪转化技术为主体的两大植物基因转换系统。前者主要用于双子叶植物，后者主要用于单子叶植物尤其是重要的谷类作物。这两种转化系统机体清楚、证据确凿、成功例子最多，约占已获得转基因植物的 90% 以上，下面主要介绍这两大系统。

1. 农杆菌介导法

农杆菌是普遍存在于土壤中的一种革兰氏阴性菌，它能在自然条件下趋化性地感染大多数双子叶植物的受伤部位，并诱导产生冠瘿瘤或发状根。根癌农杆菌和发根农杆菌中分别含有 Ti 质粒和 Ri 质粒，其上有一段 T-DNA，农杆菌通过侵染植物伤口进入细胞后，可将 T-DNA 插入到植物基因组中。因此，农杆菌是一种天然的植物遗传转化体系。人们将目的基因插入到经过改造的 T-DNA 区，借助农杆菌的感染实现外源基因向植物细胞的转移与整合，然后通过细胞和组织培养技术，再生出转基因植株（图 11-4）。

2. 基因枪法

基因枪（gene gun）法又称基因枪转化法（microprojectile bombardment）、高速粒子喷射技术或基因枪轰击技术，1988 年，Klein 首先应用此技术将烟草花叶病毒（TMV）RNA 吸附到钨粒表面，轰击玉米表皮细胞，经检测发现病毒 RNA 能进行复制，并以同样技术将氯霉素乙酰转移酶基因导入洋葱表皮细胞。该技术已在烟草、水稻、小麦、黑麦草、甘蔗、棉花、大豆、菜豆、洋葱、番木瓜、甜橙、葡萄等多种作物上成功应用。

基因枪技术之所以发展较快，是由于该技术具有下列特点：基因枪法克服了农杆菌介导转化的寄主限制，能够把外源基因导入双子叶植物，也能导入单子叶植物，特别是禾谷类粮食作物；

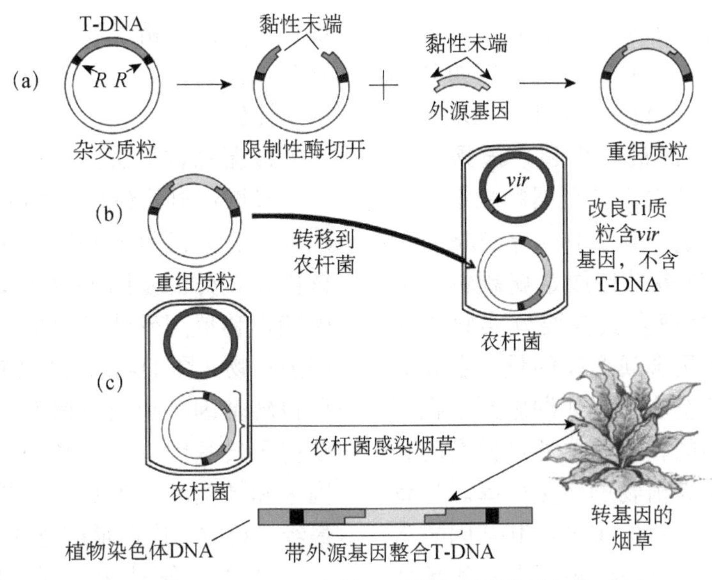

图 11-4　农杆菌载体转化系统获得转基因植物

基因枪法克服了化学转化只能使用原生质体作为受体的弱点，可以使用细胞、组织和器官作为基因导入的受体。此外，可以用两个或两个以上的质粒进行共转化，减少了质粒的构建过程，提高了工作效率。

基因枪法的基本原理是将外源DNA包被在微小的金粒或钨粒表面，利用高速冲击作用，将微粒射入受体细胞或组织，使外源DNA进入细胞、整合到植物染色体上并表达。基因枪有三种类型，即以枪药（gunpowder）为推动力的类型、以高压气体（氦气、氢气、氮气等）作为动力的类型和以高压放电为动力的类型。三种类型基因枪的机械结构装置基本相同，如由发射装置（点火装置）、挡板、样品室及真空系统等几部分组成。以Bio-Rad公司PDS-1000/He基因枪为例（图11-5），其工作原理是将氦气（He）充入一很小的高压室中，可以在3103～15 169 kPa调节氦气压力。高压室出口用一易碎片（rupture disk）封闭，以不同厚度的易碎片确定冲击所需的氦气压力。易碎片下方是包裹有DNA的钨（金）粉的微弹载片。操作过程中，首先打开真空开关，降低气体加大管内的压力。当真空表到达真空水平（160～760 mmHg），将开关置于关闭状态。此时，启动点火按钮，使氦气压力在气体加速管内升高。当达到临界压力时，易碎片自动破裂，释放出强大冲击力的氦气。氦气继续冲击包凝DNA微弹的微粒载片，使其高速向下运动。微粒载片碰到坚硬的阻拦网（stopping screen）时，载片挡住，发射出DNA微弹，其继续向下运动，射入轰击室底部的受体细胞。

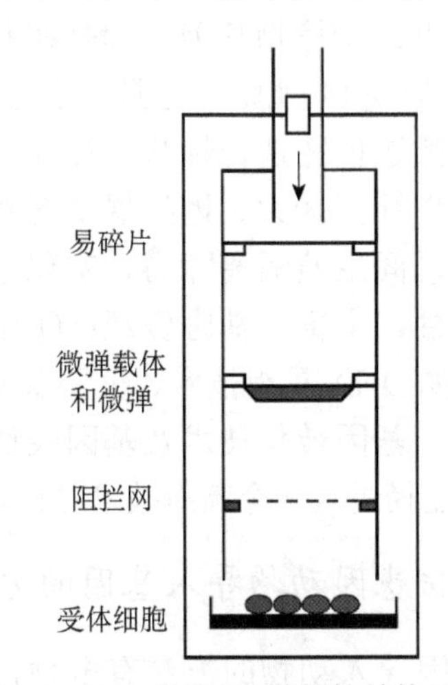

图 11-5　PDS-1000/He基因枪结构示意图

PDS-1000/He基因枪比火药驱动的基因枪更干净、安全，爆炸的能量易于控制，使不同轰击之间的差异较小，对靶细胞的损伤较小，转化效率可提高4～300倍。高压放电的基因枪转化率也较高。由于高压氦气基因枪造价高，易碎片、氦气等消耗性材料较贵，限制了在一般实验室的使用。除基因枪自身转化的差异之外，有许多因素可以影响基因枪的转化效果。首先，金属微弹的特性及DNA的包裹技术。选用的金属应该是化学惰性的，不易与DNA或其他细胞成分发生有害反应，所以常用的是金、钨等金属。金属颗粒的形状、大小及分散性等也影响DNA的结合状态和颗粒的穿透能力。DNA 的沉淀包裹常常需要加入一定量的 $CaCl_2$ 和亚精胺或其他 DNA 沉淀剂如 PEG 等。为了保证 DNA 的均匀包裹，在加入 DNA 溶液之前，金属颗粒悬浮液最好用超声波探头处理，并在无菌水中冲洗几次，使金属颗粒很好地分散。DNA 溶液的加入量一般在 1～4 pg/mg 微弹的范围内。DNA 用量过多易造成金属颗粒的凝聚。其次，基因枪的物理参数需要预实验来确定。例如，轰击一次所用金属微弹的量、金属微弹的速度、样品室的真空度和受体细胞到阻拦网之间的距离等，对不同的靶细胞要通过预实验来确定不同的参数，以提高植物的转化效率。尽管基因枪有各种不同类型，总的来说，其基因导入步骤极为相似：①受体细胞或组织的准备和预处理；②DNA 微弹的制备；③受体材料的轰击；④轰击后外植体的培养和筛选。

大量转基因植株的研究表明其在作物育种上具有以下特点：①植物基因工程是在基因水平上来改造植物的遗传物质，更具有科学性和精确性；②定向改造植物遗传性状，提高了育种的目的性和可操作性；③大大地扩展了育种的范围，打破了物种之间生殖隔离障碍，实现了基因在生物界的共用性，丰富了基因资源；④集现代新技术为一体，如 DNA 重组技术、分子杂交技术、细胞培养技术、基因转化技术及基因表达调控技术等，使育种途径进入一个高新技术时代。

（二）转基因动物导入基因的方法

外源基因导入动物的方法有多种，主要包括显微注射法、精子载体法、ES 细胞介导法、染色体片段注入法等。在转基因动物中，DNA 显微注射法比较常用。

1. 显微注射法

显微注射法最早由 Gordon 建立，其通过显微注射仪将外源目的基因直接注射到小鼠受精卵的核内，使外源基因整合到受体细胞基因组，再将受精卵移植到受体动物的子宫内，从而发育成转基因动物（图 11-6）。自 1982 年 Palmiter 应用此法获得转基因“超级小鼠”引起世人瞩目后，相继获得了转基因猪、转基因绵羊、转基因兔、转基因牛和转基因山羊等。目前，显微注射法仍然是最经典可靠、应用最广泛的方法。

显微注射法的优点包括：①转化率高达 20%，特别是在没有合适 DNA 载体系统时更有价值；②对各种受体细胞均适用，从体细胞、淋巴细胞到受精卵；③对转移物质没有限制，可以是 DNA、RNA、蛋白质、病毒、代谢物或代谢底物乃至细胞器、染色体和细胞核；④可以控制转移的量和转移物的浓度；⑤可选择受体细胞核的接受位点，可研究物质在细胞内的运转、区隔化和依赖区隔的修饰；⑥受体不用特殊的选择系统；⑦要求的样品量少，2 mL 样品足够作显微注射；⑧实验周期相对比较短。它的缺点是，对设备和技术的要求较高、一次处理细胞数量不能太多、对细胞有损伤、操作复杂，需专门技术人员。

2. 逆转录病毒载体法

逆转录病毒载体法以逆转录病毒作为转基因

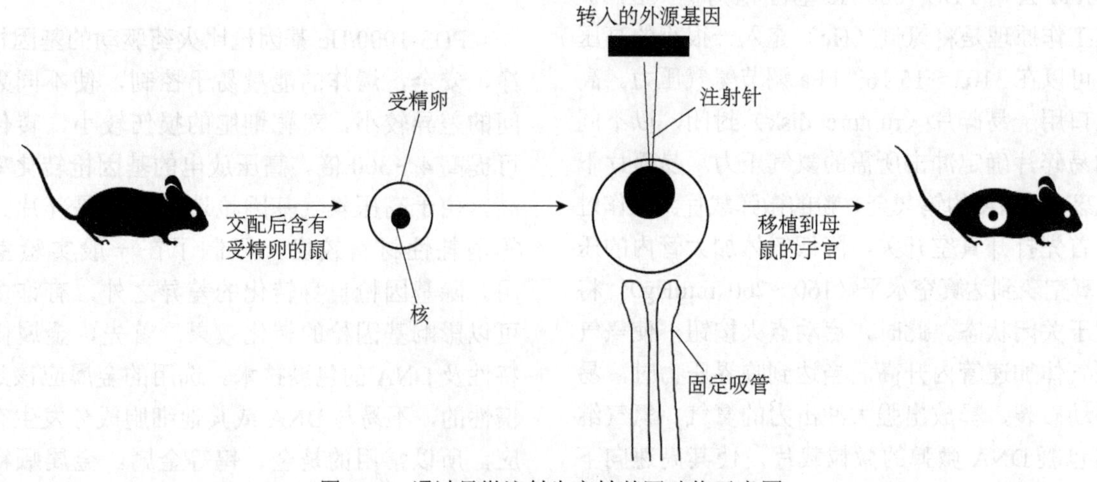

图 11-6　通过显微注射生产转基因动物示意图

载体，是目前应用较成功的一种基因转移方法，主要是利用逆转录病毒的LTR具有转录启动子活性这一特点，将外源基因连接到LTR下部进行重组，再使之包装成为高滴度病毒颗粒，去直接感染受精卵或注入囊胚腔中，携带外源基因的逆转录病毒DNA可以整合到宿主染色体上。此法的优点是感染率高、宿主范围广、外源基因为单拷贝整合；不足之处是整合依赖于宿主细胞的DNA复制、病毒序列可能干扰外源基因的表达、可能产生有感染能力的重组野生型病毒的危险、操作较为复杂。

3. 胚胎干细胞转染法

胚胎干（ES）细胞是指从早期胚胎的内细胞团中获得的具有无限增殖且保持未分化状态的全能性细胞。当ES细胞注入受体胚胎时，能够参与各种组织和器官的发育。研究表明，ES细胞可使受体动物细胞中外源基因整合率达50%，其中生殖细胞整合率可达30%。随着功能基因组学的研究，对ES细胞进行特定遗传修饰，借助于同源重组技术使外源基因整合到靶细胞染色体的特定位点上，实现基因定位整合，即基因打靶技术，并且运用最近发展起来的基因敲除（knockout）技术和特异基因敲入（knockin）技术成功地制作了基因敲除小鼠（gene knockout mice）和基因敲入小鼠（gene knockin mice）。ES细胞是最理想的受体细胞，已被公认是转基因动物、细胞核移植和基因治疗等研究领域的一种新实验材料。目前，此法在小鼠中应用比较成熟（图11-7），在大动物上应用较晚。ES细胞转染法的优点是：通过操作桑葚胚和囊胚来完成，胚胎存活率高，可通过各种方法对ES细胞系进行体外的外源基因导入。不足之处是ES细胞系难以建立，有潜在发生性嵌合，从而导致有生殖功能紊乱的可能性。

4. 精子载体法

精子具有吸附外源DNA的能力，可直接用精子作为载体。将精子与外源基因共培养，通过电穿孔或脂质体介导等方法将外源基因导入成熟的精子，使精子携带外源DNA进入卵子并受精，将外源基因整合到染色体中（图11-8）。这种方法比较简单，利用人工授精过程就可产生转基因动物，自Brackett报道以来，受到了广泛的研究，目前已在多种动物中获得了转基因动物。1989年，Arezzo用吸附有外源基因氯霉素乙酰转移酶基因的海星精子与卵子受精，将外源基因整合到受精卵中，并发现氯霉素乙酰转移酶基因在胚胎内获得表达。此法的优点是整合率高、简单易行、能将附加体质粒导入宿主细胞。不足之处是稳定性较差，可能是精子结合外源DNA后能激活精子内的核酸酶，使外源DNA受到降解，导致外源DNA大大减少。

5. 体细胞核移植法

体细胞核移植法是用动物的体细胞（包括动物成体体细胞、胎体成纤维细胞等）为受体，将外源基因导入能传代培养的动物体细胞中，再以导入基因的动物体细胞作为核供体进行动物克隆，从而得到带有外源基因的转基因动物。1997年英国PPL公司的Schnieke等用体细胞核移植技术首次成功制作转基因绵羊“Dolly”。目前，应用体细胞核移植的方法得到了转基因小鼠、牛、羊和猪等。该方法的优点是显著提高了转基因的效率，其外源基因的大小不受限制、无嵌合体的产生。缺点是操作技巧高、费用高、胎儿存活率低。

6. 原始生殖细胞技术

原始生殖细胞（PGC）介导的转基因技术在原理和方法上与ES细胞技术相似，PGC类似于ES细胞，具有发育全能性，在制备转基因家禽方面有明显的优势，禽类尚未得到ES细胞，其卵子和胚胎结构也不允许像哺乳动物那样生产转基因动物。1994年，Atiotff用此方法制备出了转基因鸡。

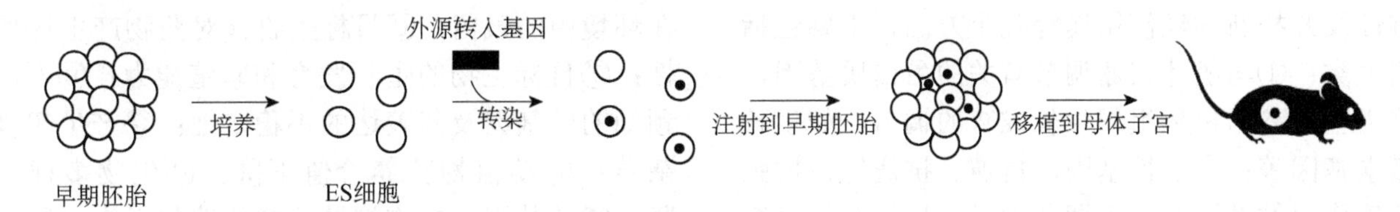

图11-7　ES细胞介导的转基因动物生产

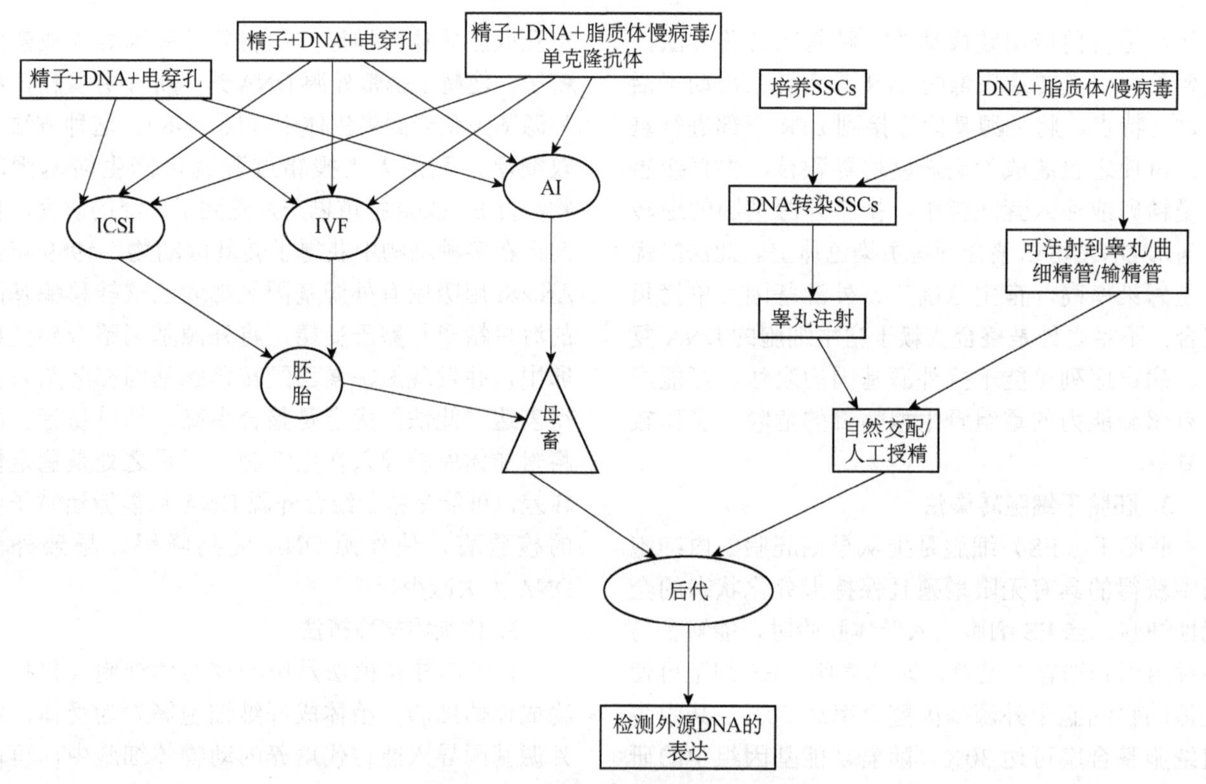

图 11-8 精子载体法各种技术的汇总

ICSI. 精子载体法；IVF. 体外受精；AI. 人工授精

7. 同源重组法（基因打靶法）

将设计合成的同源重组载体（载体上含有目的基因以及位于两端的与靶基因位点上 DNA 序列相同的 DNA 片段，也叫同源臂）导入靶细胞，然后进行核移植，最终获得转基因动物。同源重组的效率与异源基因和内源基因同源区域的大小成正比。这一技术不仅为基因定位整合进而为哺乳动物种系的改造开拓了道路，而且在缺陷基因的修复及生命科学的理论研究上都将有很大的应用价值。我国 2002 年在国际上首先通过此方法获得转基因山羊。

四、候选基因的选择原则

目前，在动植物转基因的选择上主要考虑能提高动植物的生长速率、生产性能、繁殖性能、抗性及开拓新的经济用途等几个方面，主要包括四大类：①与机体代谢调节有关的蛋白质基因，这类基因参与机体组织生长发育的调节，如生长激素基因等；②抗性基因，抗逆、抗病等，增强抗病作用的基因及免疫调节因子，目的在于培育出抗某些疾病或具有广谱抗病性的品系；③经济性状主效基因，如猪和绵羊的高繁殖力基因和肉牛的“双肌”基因等，促进产毛（绒）的基因，目的在于培养出高产毛（绒）的品系，这些基因与动物生产力密切相关；④治疗人类疾病所需的蛋白质基因，目的在于制作动物生物反应器，生产某些昂贵的特殊药用蛋白质，以拓宽植物和动物的经济用途。

转基因动植物携带的外源基因可以来自不同物种，甚至来自人工合成的 DNA 片段，与自然杂交和传统育种技术相比，转基因技术改良动植物性状的时间大大缩短，为满足人类社会发展的需要开辟了一条新的途径。转基因动植物基因选择还需要考虑安全性等问题。安全性一般应涉及以下几个方面：①食物毒性；②食物过敏性；③抗营养因子；④抗生素抗性；⑤所转基因及其产物在环境中的残留；⑥目标生物体对药物产生耐受性；⑦目标生物的生长发育和繁殖能力；⑧不可预知的转基因及其表达的不稳定性；⑨产生超级杂草；⑩动植物营养价值下降；⑪生物多样下降；⑫转基因动植物扩散造成的遗传污染；⑬所转基因启动子的水平传递；⑭所转基因向微生物传递；⑮通过重组产生新的病毒。

五、转基因育种的研究现状

（一）转基因作物的研究现状

自 1983 年第一个转基因植物问世以来，植物基因工程的发展日新月异，硕果累累。国际农业生物技术应用服务组织（International Service for the Acquisition of Agribiotech Applications，ISAAA）历年发布的转基因作物年度报告数据显示，转基因作物自 1996 年开始商业化种植以来，全球转基因作物的种植面积总体呈逐年攀升趋势，其中 1996～2014 年为转基因作物种植面积急速上升期，2014～2021 年随着转基因作物种植的普及，世界前五大转基因作物种植国家的转基因作物种植应用率已达 90%以上，接近饱和，这段时期为转基因作物种植的稳步上升期。ISAAA 统计，全球共批准 438 项转基因作物申请，2019 年全球转基因作物种植面积超过 1.9 亿 hm^2，是 1996 年种植面积 170 万 hm^2 的 112 倍。其中全球转基因作物种植面积前五的国家分别为美国（7150 万 hm^2）、巴西（5280 万 hm^2）、阿根廷（2400 万 hm^2）、加拿大（1250 万 hm^2）、印度（1190 万 hm^2）。四大主要转基因作物的种植面积占全球转基因作物种植面积的 99.1%，其中转基因大豆在全球范围内仍是主要的种植品种，种植面积为 9190 万 hm^2，占全球转基因作物种植面积的 48.2%，其次是转基因玉米（6090 万 hm^2，32%）、转基因棉花（2570 万 hm^2，13.5%）、转基因油菜（1010 万 hm^2，5.3%）。全球转基因作物种植应用率居于前五的国家分别为美国、巴西、阿根廷、加拿大和印度，其种植应用率分别为 95%、94%、约 100%、90%和 94%。我国 2021 年前共批准了 77 项转基因作物申请，包含油菜 14 项、棉花 11 项、玉米 24 项、番木瓜 1 项、矮牵牛 1 项、白杨 2 项、水稻 2 项、大豆 17 项、甜菜 1 项、甜椒 1 项、番茄 3 项。2013 年抗虫棉在我国种植的应用率高达 90%以上，近几年基本保持在 95%～99%。目前，转基因作物性状主要是抗虫、抗病毒、抗细菌和真菌、抗除草剂、抗逆等几类。

1. 抗虫害

据统计，虫害、病害和杂草每年给农作物造成的损失高达 37%，其中，虫害引起的损失最大。利用化学杀虫剂控制虫害，不但可使害虫产生耐药性，而且污染环境，不利于人类和动物的健康。利用植物基因工程培育抗虫害的品种，既能有效毒杀害虫，又能减少使用化学杀虫剂引起的环境污染，保护环境。通常使用的抗虫害基因主要来源于微生物和植物。

1）微生物来源的抗虫基因。这类抗虫基因主要来自苏云金杆菌（*Bacillus thuringiensis*）。苏云金杆菌属于革兰氏阳性土壤细菌。在芽孢形成过程中，苏云金杆菌产生由一种或多种蛋白质组成的伴胞晶体，分子量为 130～160 kDa。伴胞晶体对昆虫幼虫具有高度特异性杀虫活性，这类蛋白质被称为 δ-内毒素（δ-endotoxin）、杀虫结晶蛋白（insecticidal crystal protein，ICP）或苏云金杆菌毒蛋白（Bt-toxin）。

2）高等植物来源的抗虫基因。已利用的植物来源的抗虫蛋白质主要有两类，即消化酶抑制剂（包含蛋白酶抑制剂和淀粉酶抑制剂）和植物外源凝集素。蛋白酶抑制剂（proteinase inhibitor，PI）在植物组织器官中含量丰富，如种子和块茎中，能与昆虫消化道内的蛋白消化酶相互作用，形成酶-抑制剂复合物（EI），阻断或减弱消化酶的蛋白质水解作用。当昆虫摄食蛋白酶抑制剂后，蛋白消化酶功能削弱或散失，不能正常消化食物中的蛋白质。与此同时，蛋白酶抑制剂和蛋白消化酶复合物能刺激昆虫过量分泌消化酶，通过神经系统的反馈，使昆虫产生厌食反应。所以，蛋白酶抑制剂对昆虫进食和消化两个生理过程起作用，导致昆虫缺乏代谢中必需的氨基酸，造成昆虫发育不正常和死亡。此外，未被消化的抑制剂分子有可能通过消化道进入血液淋巴系统，抑制与脱皮或细胞免疫系统等有关的蛋白酶，严重干扰昆虫脱皮过程和免疫功能，抑制昆虫发育，产生致命伤害。淀粉酶抑制剂基因（α-amylase inhibitor，*α-AI*）杀虫机制与蛋白酶抑制剂类似。外源凝集素（lectin）是一种糖结合的蛋白质，广泛存在于植物组织，特别是储藏器官和繁殖器官。外源凝集素的生物学功能之一是对害虫侵害起防御作用，杀虫机制主要是与昆虫肠道围食膜上的糖蛋白结合，影响营养物质的正常吸收。具体表现为：第一，与肠道围食膜的几丁质结合；第二，与消化道上皮细胞的缀合物结合；第三，与糖基化的消化酶结合。同时，在昆虫消化道内诱发病灶，促进细菌繁殖，抑制害虫生长发育，最终达到杀虫目的。

2. 抗病毒害

抗病毒基因工程主要利用病毒外壳蛋白（CP）基因、卫星RNA基因等，获得抗病毒转基因植株。在转基因抗病毒植物中利用病毒外壳蛋白基因是以病毒交叉保护为基础的。交叉保护指预先感染（自然或人工接种）温和病毒株系后，植物可以在一定的程度上防御与该病毒亲缘关系相近的强病毒株系的侵染。进一步研究表明，病毒的CP在交叉保护现象中起关键作用，而且两种病毒之间的CP成分及结构相似程度越高，交叉保护作用越强。自1986年首次获得转TMV CP基因的抗TMV转基因植株以来，将病毒CP基因导入其他植物，也可以获得抗病毒植株。

3. 抗细菌和真菌病害

在自然界，植物对致病微生物（包括病毒）的抗性有4类：①组织学上的防卫，即角质层、树皮和蜡质层等增厚，这是植物抗病的第1层防线。②利用已有的蛋白质和次生代谢物抵抗微生物侵入，这是植物抗病的第2层防线。该类蛋白质包括防御素和防御素类似蛋白质，与昆虫和哺乳动物中发现的抗菌肽相似，常随种子萌发出现，并分泌到周围环境中形成抗菌的微环境。次生代谢物有萜烯、多酚物质和生物碱。③诱导抗性系统，这是致病菌入侵植物细胞后诱发的抗性，属于植物抗病的第3层防线。植物细胞的诱导抗性反应分3步：第1步是植物抗病基因（*R*）产物与病原体致病基因（*Avr*）产物相互作用；第2步为识别决定的抗病，是由植物细胞与病原体的相互作用引起一系列反应，最终激发超敏反应（hypersensitive response，HR）；第3步为诱导系统抗病性，涉及信号分子如水杨酸传递到植物其他部分，甚至传递到其他植株。④产生系统抗病性。

转基因植物主要涉及的是第二类和第三类抗细菌和真菌病害的分子功能，并获得一些转基因抗病植物。目前常用的抗菌蛋白包括几丁质酶、葡聚糖酶、抗菌肽、诱导超敏反应的抗性蛋白等。由于植物抗性蛋白与致病蛋白结合，激发超敏反应，所以将抗病植物的抗病基因转移到敏感植物能对携带*Avr*基因的病原体产生抗性。然而，利用植物抗病基因面临的挑战是，一些植物无抗病基因也能感受病原体，抗病基因不能识别的致病微生物可以激活植物的防卫系统，意味着植物中存在其他的防病机制控制致病微生物的危害。揭示植物新的抗病机制有利于培育广谱抗病植物。

4. 抗除草剂

利用基因工程技术培育转基因抗除草剂植物主要有两种策略：①修饰除草剂作用的靶蛋白，促使其过量表达或者对除草剂不敏感，以便植物吸收除草剂后仍能正常生长发育。这类基因有抗草甘膦、磺酰脲类、均三氮苯类的阿特拉津除草剂基因。②导入解毒蛋白基因，降解除草剂分子，这类基因有乙酰-CoA转移酶基因（*bar*）、2,4-D单氧化酶基因（*TfdA*）和腈水解酶基因（*bxn*）等。

5. 抗逆性

随着世界人口不断增长、耕地面积减少、水资源短缺和生态环境恶化，转基因植物可以提高作物的抗旱、抗盐、抗冻和抗金属污染的能力，这使得作物能够在不利条件下生长，提高了作物的适应性和产量。例如，通过转基因技术，科学家们已经成功培育出了能够在干旱条件下生长的玉米品种和能够在盐碱土壤中生长的大米品种。植物转基因工程是培育作物抗逆品种、促进农业可持续高效发展的途径之一。

6. 植物品种品质的改良

对不同植物品种品质的要求是不一样的，归纳起来主要有蛋白质成分、淀粉和糖类含量、脂肪酸组分、维生素水平和果实成熟期等。目前，改良农作物产品质量已取得较大进展。

1）种子贮藏蛋白：对于禾谷类作物来说，改良品种的品质主要在于改良种子贮藏蛋白的营养品质。谷物种子蛋白有四种类型：清蛋白、球蛋白、醇溶蛋白和谷蛋白。将玉米*Zein*基因导入烟草，转基因烟草在种子发育的特定时期和组织中合成玉米醇溶蛋白，表达量占种子总蛋白质量的

1.6%；用巴西坚果2S清蛋白基因分别转化烟草和油菜后，转基因烟草和油菜种子的Met分别增加了30%和33%。另外，改良小麦种子储藏蛋白还涉及面包的烘烤质量，即面包的伸展性和弹性。

2）淀粉和糖类：淀粉和一些糖类，如果聚糖、环糊精和海藻糖对植物品种品质影响很大。这些碳水化合物生物合成代谢的途径和亚细胞结构部位是不同的。淀粉及其衍生物如环糊精在质体中合成，果聚糖合成和储藏在液泡中，而海藻糖等在细胞溶质中合成。然而，不同类别的储藏碳水化合物积累的组织和器官是不同的。例如，禾本科植物的淀粉储藏于籽粒胚乳的淀粉体，马铃薯的淀粉积累在块茎，甘蔗和甜菜果聚糖分别积累在茎和叶。直链淀粉与支链淀粉的比例一般为20%～30%比70%～80%。支链淀粉比例高的淀粉，其加工品质好；而直链淀粉比例高的淀粉则有利于用作饲料。马铃薯淀粉的合成取决于一种淀粉合成酶（GBSS1）和两种分支酶同工酶（SBEA和SBEB）。将GBSS1的反义基因导入马铃薯，转基因植株产生无直链淀粉的马铃薯。相反，如果需要获得高比例直链淀粉的马铃薯，通过反义抑制SBEA和SBEB的活性就能实现。

3）脂肪酸：油料种子中脂肪酸种类有棕榈酸（16∶0）、硬脂酸（18∶0）、油酸（18∶1）、亚油酸（18∶2）和亚麻酸（18∶3）等，但各脂肪酸比例在不同油料作物中有较大差异。对于油菜种子来说，可以根据人们的需要，增加或减少饱和脂肪酸的含量。Knutzon等（1992）把来自甘蓝型油菜的硬脂酰脂酰基载体蛋白质（ACP）脱饱和酶的反义基因导入油菜后，转基因油菜植株中脱饱和酶的活性及酶本身都几乎检测不到，而种子中硬脂酸的含量提高了20倍。

4）维生素：人体细胞不能合成维生素，人类必须从食物中摄取维生素。在食物维生素中，引起最大关注的是维生素A。缺乏维生素A将导致眼球干燥症和角膜软化症，引发夜盲症和完全失明。估计全球每年有1.24亿儿童患维生素A缺乏症，使50万儿童眼睛失明。以水稻为主食的地区容易发生维生素A缺乏症，原因是水稻不含β-胡萝卜素（原维生素A）。转基因水稻平均每2g籽粒能产生2 μg原维生素A，如果人们每天摄取300 g稻米，转基因水稻能满足人体对维生素A的需要，人体能将原维生素A转换为维生素A。利用基因工程技术获得胚乳细胞产生原维生素A的水稻，其籽粒呈橘黄色，故荣称为“金水稻”。

5）延迟果实成熟：果实成熟过程中细胞生理生化和细胞之间的结构会发生一系列变化，使果实色泽、香气、甜酸度和质地均达到可食的最佳状态。根据果实在成熟期间的呼吸特征，其分为跃变型和非跃变型两种类型。跃变型果实在成熟期间出现明显的呼吸高峰，即果实成熟初期呼吸强度低，然后跃迁升高，最后衰退下降。而非跃变型果实呼吸缓慢下降，无呼吸高峰出现。跃变型果实有番茄、香蕉、西瓜、苹果、桃、杏等，非跃变型果实有柑橘、葡萄、甜樱桃、草莓、菠萝等。跃变型果实成熟过程中，乙烯具有显著的催熟作用。乙烯生物合成具有“自我催化”功能，即内源乙烯能诱导乙烯大量合成，乙烯水平升高后引起细胞透性增加、RNA和蛋白质增加、呼吸升高，促进过氧化物酶、过氧化氢酶、水解酶、果胶酶、纤维素酶等活性增加，细胞代谢以分解为主；而在非跃变型果实成熟过程中检测不到乙烯含量。因此，乙烯生物合成途径中的关键酶或限速酶是1-氨基环丙烷-1-羧酸（ACC）合成酶，其他调节作用强的酶还有乙烯形成酶（EFE）和ACC脱氨酶，降低这些酶的活性对控制乙烯水平、延长跃变型果实的成熟期和储藏期非常有利。Rottmann等（1991）将ACC合成酶cDNA的*PtACC2*反向插入表达载体中并转化番茄，转基因番茄果实内乙烯合成降低99.5%，果实在自然条件下不能成熟，无香味，不变红，不变软。在外源乙烯处理下，番茄果实能成熟。其果实品质与自然成熟的果实相比无显著差异。对于*EEF*反义基因和*ACC*脱氨酶基因的转基因番茄来说，果实内乙烯合成降低97%，延缓了果实的成熟过程。利用转基因技术控制乙烯合成，延缓果实成熟，大大增强了果实的储存保鲜时间。

7. 药物生产

利用转基因植物生产药物最早开始于1988年。当时，比利时PGS公司的研究人员将一种编码神经肽的基因导入烟草，从转基因烟草中获得高产量的神经肽。随后，各国相继进行转基因植物生产白介素、血清蛋白和单克隆抗体等的研究。多肽药物有人胰岛素、人生长激素（hGH）、干扰素、白介素、组织型纤溶酶原激活物（tPA）、免疫球蛋白（Ig）、心钠素、降钙素、红细胞生成素（EPO）、水蛭素（抗凝血因子）等。疫苗有麻风杆菌疫苗、脑膜炎球菌疫苗、乙型肝炎疫苗、流感疫苗和人免疫缺陷病毒疫苗等。与转基因动物、微生物细胞生产疫苗和活性多肽相比，利用转基因植物生产药物具有更大的优越性，具体表现在：①转基因植物细胞容易再生完整的植株。②转基因植物种植的成本低。③进一步改良的可能性非常高。④生产规模容易扩大。⑤用植物生产疫苗容易操作。利用植物种子储藏蛋白的特性，可以简单地、方便地生产、储藏和发放疫苗。同样，使疫苗能够在水果和蔬菜中表达也是目前研究的一个重要方向。⑥表达产物无毒性和副作用，安全可靠，无残存DNA和潜在致病、致癌性。

（二）转基因动物的研究现状

目前利用转基因技术对动物进行品种改造的研究主要是集中在农业动物的生产性状上，包括动物生长速率、畜产品质量以及提高动物抗病能力。目前已成功培育出转基因鼠、猪、羊、牛、鸡、兔、鱼等多种转基因动物。

1. 改善农业动物生产性状

1）提高动物生长速率：利用转基因技术改良动物的生产性状最早应用于提高动物个体大小和生长速率方面的研究。生长激素（growth hormone，GH）是一种单链肽类激素，可以促进神经系统以外的所有其他组织生长，促进机体合成代谢和蛋白质分解。在早期研究中，科学家将生长激素基因分别导入了猪和鱼的体内，得到的转基因猪和鱼的生长速率显著提高。2019年，国际农业技术研究生院和首尔国立大学绿色生物科学与技术研究所联合研究生成了G0/G1开关基因2（*G0S2*）敲除鸡，G0S2-KO鸡的腹部脂肪沉积显著减少，但不会影响其他经济性状。

2）改良肉质：利用转基因技术可以改善畜产品的肉质组成，得到的畜产品具有瘦肉率高、脂肪量少、肉质成分得到改良的特点。通过基因工程技术，可以在动物体内特定地改变基因表达，以期达到增加瘦肉率、减少脂肪含量、改善肉质组成等效果。例如，科学家们可以通过转基因手段来调控生长激素或肌肉生长相关基因的表达，以促进肌肉生长，减少脂肪积累。

3）可改善乳成分：通过转基因技术，在牛乳中表达人乳特有的成分，得到人乳化牛奶。乳是人类的一种优良食品，它不仅含有丰富的氨基酸组成和平衡的蛋白质，也含有丰富的脂肪、糖类、维生素和矿物质，是一种全价食品。牛奶中乳铁蛋白的含量只有人乳的10%，只有通过在动物乳腺表达外源乳铁蛋白基因，才能使牛奶中乳铁蛋白的含量达到接近或超过人乳中的水平。

4）改善羊毛产量与品质：Nancarrow于1991年把以半胱氨酸为主要成分的A2蛋白基因转到绵羊的胚胎中，从而获得了产毛率明显提高的转基因山羊。随后，Powell于1994年把毛角蛋白Ⅱ型中间细丝基因转入绵羊基因组内，得到的转基因羊的羊毛具有色泽亮丽和毛脂含量高等显著特点。1996年，Damak等把人的*IGF-1*基因显微注射到羊的胚胎中，显著提高了羊的毛脂含量。IGF-1主要通过其受体引发信号通路，在动物体不同组织的生长发育中发挥重要作用。它调控整个机体的生长，尤其是出生后的生长。2005年，Adams等制备了转生长激素基因的绵羊，其生长速率和羊毛产量都比对照组有显著提高。

5）改善抗病力：禽白血病病毒（avian leukosis virus，ALV）是生产中对家禽危害较大的病原之一。2020年，首尔国立大学的Lee等利用CRISPR/Cas9技术成功构建鸡*MDA5*、*TLR3*单基因敲除和*MDA5*/*TLR3*双基因敲除的DF-1细胞系，结果表明，*MDA5*基因对RNA型病原分子模式配体识别起主要作用，*TLR3*基因具有补充作用，该研究为进一步研究先天免疫缺陷细胞系的发展提供了参考。利用CRISPR/Cas9技术将人*IFN-β*基因插入PGC的卵清蛋白基因中，通过PGC注射产生嵌合型公鸡，杂交产生的母鸡所产蛋清均含有丰富的IFN-β蛋白。

2. 利用家畜生产药物蛋白的研究

由于人类医学的需要，转入人类蛋白质基因生产药用蛋白是转基因动物研究的一个重要方面。人们已把人的血红蛋白基因成功转入猪，所得到的转基因猪在血液中表达了人血红蛋白。经检测发现，它与天然的人血红蛋白性质完全相同。由此可见，在不远的将来，可以用转基因动物生产血红蛋白来辅助输血。转基因动物育种技术的进步，不仅可提高畜牧业的生产效率，还可拓展家畜新的用途，为畜牧业持续、高效发展提供技术力量。

3. 其他转基因动物新品种培育

鱼类是脊椎动物门中种类最多的一个类群，是人类动物蛋白的重要来源。人们一直在探索培育生长迅速、抗病力强的鱼类品种。近年来，基因工程的方法被广泛地用于农作物的培育，但是越来越多的研究转向了动物，包括鱼类。我们把遗传物质整合到鱼的基因组内，从而得到人类所期望的新品种，为我们的生产生活服务。1984年，我国科学家获得了转基因金鱼。经过多年的发展，我国的转基因鱼类研究处于世界领先水平。这些研究主要集中在以下三个方面：①培育具有生长优势的鱼类新品种；②培育抗逆性状的鱼类新品种；③把鱼类作为模式动物进行基础研究。

家兔属于兔形目动物，与啮齿类实验动物相比，在系统发育上更接近人。家兔的妊娠周期短，性成熟时间比大动物牛短，体型大，易于实验操作，也不存在严重的人兔共患病。短短的十几年，动物转基因技术迅速发展，已取得了一系列重大进展。Costa等（1998）把牛的生长激素基因整合到兔的基因组中，并在肝和肾中表达。在这些转基因兔的血液中出现了高水平的牛生长激素及IGF-1，体重比对照兔高出1.7倍。随后的研究表明，转基因兔表现为胰岛素耐受，并且出现与指端肥大患者类似的症状，如高胰岛素血症及肝、肾、骨骼肌显著的纤维化。

这些研究表明，转基因技术在提高动物性能以及抗病力上有着不可忽视的作用。当然，除此之外，转基因动物育种本身也存在一些问题，如转基因效率低导致育种成功率较低、外源基因表达不稳定、基因行为难以控制、可遗传性差、目的蛋白高效表达及翻译后修饰问题、转基因表达产物分离纯化复杂、转基因育种成本太高等问题。就我国目前情况而言，转基因动物育种技术虽然已经比较先进，但未来转基因的技术手段和实际应用的道路依然任重道远。

第三节　基因编辑育种

一、基因编辑的概念

基因编辑（gene editing）又称基因组编辑（genome editing）或基因组工程（genome engineering），是近年基因工程技术的新发展，可对目的基因进行编辑，包括特定DNA片段敲除、特异突变引入和定点DNA片段转入等，是一种新兴的比较精确的对生物体基因组特定目标基因进行修饰的基因工程技术或过程。早期的基因工程技术只能将外源或内源遗传物质随机插入宿主基因组，基因编辑则能定点编辑想要编辑的基因。基因编辑依赖于经过基因工程改造的核酸酶，也称“分子剪刀”，在基因组中特定位置产生位点特异性双链断裂（DSB），诱导生物体通过非同源末端连接（NHEJ）或同源定向修复（homology-directed repair，HDR）来修复DSB，因为这个修复过程容易出错，从而导致靶向突变，这种靶向突变就是基因编辑。基因编辑能够高效率地进行定点基因组编辑，在基因研究、基因治疗和遗传改良等方面展示出了巨大的潜力。

二、基因编辑技术

（一）锌指核酸酶（ZFN）技术

锌指核酸酶（zinc finger nuclease，ZFN），又名锌指蛋白核酸酶，不是自然存在的，而是一种经人工改造的内切核酸酶，它由两部分组成：一是能够序列特异性地结合DNA的锌指结构域[即锌指蛋白（zinc finger protein，ZFP）]，二是非特异性的核酸酶结构域，两者结合就可在DNA特定位点进行定点断裂，具有操作简单、效率高、应用范围广等优点。锌指核酸酶技术发展迅速，已经应用到了植物（如大豆、玉米、烟草和拟南芥等）、模式动物（如果蝇、斑马鱼、小鼠和大鼠等）、各种人类细胞，以及猪、牛等大动物上。

ZFN 由 Chandrasegaran 等于 1996 年首先创制，它由三个锌指结构域相连后，与Ⅱ型限制性内切核酸酶 *Fok*Ⅰ 连接而成。因为 ZFN 的每个锌指结构域都可以识别 3 个连续的碱基组合，如果是包含 4 个锌指结构域的 ZFN，其识别的 DNA 序列为 12 bp，被识别的序列中间有 5～7 bp 的间隔序列，因此一对 ZFN 可以特异性地结合近 30 bp 长的 DNA 双链，这一长度的序列对于大多数生物的基因组容量几乎不会重复出现，所以在生物体中 ZFN 理论上能够做到位点特异性的 DNA 双链断裂。另外，锌指蛋白分子的排列可以有多种组合（3×10^{N}，N 代表已经发现的锌指蛋白分子个数），从而可构建结合不同 DNA 序列的大量特异性 ZFN。基于 ZFN 的这些优点，自 2008 年起，ZFN 被广泛应用于基因打靶的研究工作中，为基因敲除及基因修饰开启了一个新的时代。

近年来 ZFN 的发展之势迅速，但发展的道路并不平坦，由上可知 ZFN 的 3 个结构域仅可以结合 9 bp 的序列，并且该 *Fok*Ⅰ 无须形成二聚体便可对 DNA 完成切割，所以 ZFN 仅通过 9 bp 就完成基因组的识别与切割，易造成非特异性切割，脱靶的概率极大，对细胞具有可怕的毒性。这种毒性可能会引起细胞的大面积死亡与凋亡，因此，ZFN 在很长一段时间里没有得到广泛的应用。在之后的研究中，科学家对 *Fok*Ⅰ 进行了突变改进，使其只有在形成二聚体时才有切割活性，研究者利用蛋白质定向进化技术，对 *Fok*Ⅰ 单体的互作结构域部分进行定向修饰，产生能有效互作的异型单体，互作能量较低，这样在两个 ZFN 单元都结合相邻的 DNA 序列后，切割酶的异源二聚体方能形成，该方法将识别碱基的数目扩大了 1 倍，大大降低了 ZFN 脱靶发生的概率，至此，ZFN 技术才真正被推上了科研舞台。为了进一步降低 ZFN 的脱靶率，有人将 ZFN 单体锌指结构域的数量从 3 个提高到 4 个，这样就提高了 ZFN 的切割特异性。继续深入研究 ZFN 的切割特异性强弱与锌指结构域数量之间的动力学关系，可能会得到更多的规律。

DNA 识别域由一系列 Cys2-His2 锌指蛋白串联组成，研究还表明每个锌指蛋白识别并结合 3′ 到 5′方向 DNA 链上一个特异的三联体碱基以及 5′ 到 3′方向的一个碱基。

锌指蛋白源自转录因子家族，在真核生物中从酵母到人类广泛存在，其共有序列为（F/Y）-X-C-X2-5-C-X3-（F/Y）-X5-ψ-X2-H-X3-5-H，其中 X 为任意氨基酸，ψ 是疏水性残基。它能形成 α-β-β 二级结构，每个锌指蛋白含有单个锌离了，这个锌离子位于双链反平行的 β 折叠和 α 螺旋之间，并且与 β 折叠一端中的两个半胱氨酸残基和 α 螺旋羧基端部分的两个组氨酸残基形成四配位化合物，此外 α 螺旋的 16 个氨基酸残基决定锌指的 DNA 结合特异性，骨架结构保守。

现已公布的从自然界筛选的和人工突变的具有高特异性的锌指蛋白可以识别所有的 GNN 和 ANN 以及部分 CNN 和 TNN 三联体碱基。多个锌指蛋白可以串联形成一个锌指蛋白组识别一段特异的碱基序列，具有很强的特异性和可塑性，很适合用于 ZFN 设计。

与锌指蛋白组相连的非特异性内切核酸酶来自 *Fok*Ⅰ 羧基端 96 个氨基酸残基组成的 DNA 剪切域。*Fok*Ⅰ 是来自海床黄杆菌的一种限制性内切核酸酶，只在二聚体状态时才有酶切活性，每个 *Fok*Ⅰ 单体与一个锌指蛋白组相连构成一个 ZFN，识别特定的位点，当两个识别位点相距恰当的距离时（6～8 bp），两个单体 ZFN 相互作用产生酶切功能。从而达到 DNA 定点剪切的目的。

1. ZFN 技术原理

针对靶序列设计 8～10 个锌指结构域，将这些锌结构域连在 DNA 核酸酶上，便可实现靶序列的双链断裂。Kim 等使用该策略设计出了第一个 ZFN，该酶使用 3 个锌指结构域连接一个 *Fok*Ⅰ 核酸酶的催化活性功能域。结果表明人工合成的 ZFN 可以特异性地识别切割靶位点。ZFN 要切割靶位点必须以二聚体的形式绑到靶位点上。因此，两个 ZFN 分别用锌指结构识别 5′到 3′方向和 3′到 5′方向的 DNA 链（图 11-9），两个 *Fok*Ⅰ 核酸酶的催化活性功能域可以切割靶位点。当两个 ZFN 分别结合到位于 DNA 的两条链上间隔 5～7 bp 的靶序列后，可形成二聚体，进而激活 *Fok*Ⅰ 内切核酸酶的剪切结构域，使 DNA 在特定位点产生双链断裂，再通过非同源末端连接或同源重组修复断裂。

当 DNA 双链被 ZFN 切割，发生断裂后，会

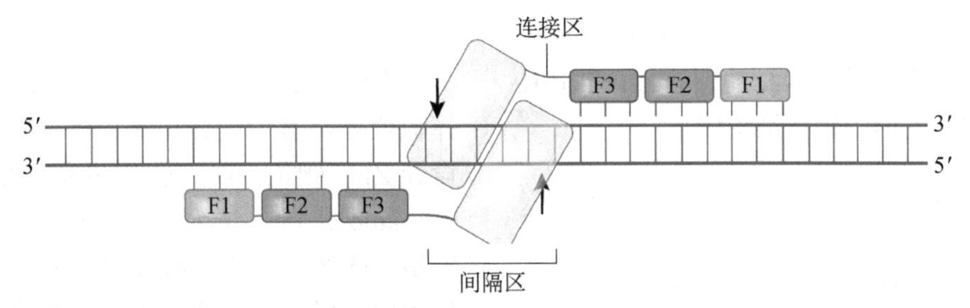

图 11-9　ZFN 特异性识别 DNA 并与 DNA 结合示意图

启动自我修复机制。其中一种最为直接的修复方式为非同源末端连接修复，在该修复过程中，断裂的两条 DNA 双链会自行直接连接起来，但是在连接过程中可能会随机产生碱基的插入或缺失，这些碱基数目大多数情况下较少，但仍然有大片段 DNA 的插入或缺失的发生，只是概率较低。当插入或缺失的碱基数目不为 3 的倍数，且突变的区域在基因的编码区时，就会导致基因的翻译产生移码，不能产生正常蛋白质，以达到基因敲除的目的。如果 DNA 修复是非同源的末端连接，有大约 70%的概率通过随机删减或添加引起移码突变的碱基，或无义突变引起蛋白质长度变化，从而导致基因敲除。如果修复过程中引入模板发生同源重组可以对目标基因进行修饰。

除了非同源末端连接修复，另一种修复方式就是同源重组修复，该修复过程需要带有同源臂的打靶载体（或称为供体载体）参与。其过程与传统打靶相近，与之不同的地方在于发生同源重组的概率，当 DNA 发生双链断裂后，断裂位点附近发生同源重组的概率可提高上千倍。在同源重组修复的过程中，我们可以将外源基因借助修复过程定点插入断裂位点中，从而达到定点敲入的目的。当细胞中含有打靶载体时，DNA 双链断裂会随机启动以上两种方式，但其中 70%的细胞会采用非同源末端连接修复，为了能提高同源重组修复的概率，科学家采用提高打靶载体浓度、抑制连接酶活性等方法，取得了较好的效果。

非同源末端重组连接机制在体细胞的 DNA 损伤修复中起主导作用，而同源重组机制倾向于在 ES 细胞中正调节。在早期胚胎中，由内切核酸酶引起的双链断裂会选择两种机制的哪一种，以及这两种机制如何被调节，将会是未来 ZFN 研究中的重点。

2. ZFN 设计

因为 ZFN 识别和结合特异性是由一系列 Cys2-His2 锌指蛋白串联组成的 DNA 识别域决定的，所以在设计 ZFN 时主要还是设计如何将多个 Cys2-His2 锌指蛋白串联，以及如何通过改变 α 螺旋的 16 个氨基酸残基决定每个锌指蛋白识别和结合特定的三联体碱基。

Isalan 等使用噬菌体展示技术鉴定了与靶 DNA 序列具有较高亲和力的锌指结构。该实验表明，根据已知的 DNA 序列可以找到与之结合的锌指结构。由于一个锌指结构域只能识别 3 bp，对于全基因组来说至少有 18 bp 才能确保靶位点的特异性。因此需要有 8～10 个锌指结构连在一起才能实现长片段的识别。Doyon 等用 8 个锌指结构域实现了 DNA 的特异识别，而且没有脱靶现象，因此可以认为 8～10 个锌指结构域就可以实现靶位点的特异识别。

但是随着 DNA 加长，9 bp 并不对应 3 个锌指结构域，因此 Moore 等在实验中设计了两种策略来确定锌指结构域：①3×2F，这种方法在靶序列中，每隔 6 个碱基跳过 1 个碱基，两对锌指结构域之间插入一个甘氨酸（Gly）。②2×3F，这种方法在靶序列中，每隔 9 个碱基跳过 2 个碱基，2 个三联体锌指结构域之间插入甘氨酸-丝氨酸-甘氨酸（Gly-Ser-Gly）。实验结果表明 2×3F 方法设计的锌指蛋白对靶位点的突变非常敏感，因此 2×3F 方法设计的锌指蛋白对靶序列的识别特异性更高。

人工合成的锌指结构域采用了通用的氨基酸序列作为模板，这个氨基酸序列框架被证明是高效的，如图 11-10 所示。锌指结构域中有 7 个氨基酸残基（XXXXXXX）用于识别三联体碱基，X 位置为可变的氨基酸，改变这些氨基酸可以识别不同的三联体碱基，其上部表示氨基酸在 α 螺旋上的位置。因此，可以通过改变这些氨基酸残基来提高锌指结构域识别靶 DNA 的特异性。TGEK 序列用于连接相邻的两个锌指结构域。

TALE重复序列

Linkcr　　　　　　　　　－1123456
TGEK PYKCPECGKSFS XXXXXXX HQRTH

图 11-10　锌指结构通用氨基酸序列

目前的实验已经测定了一些识别三联体碱基的锌指结构域氨基酸序列，这些氨基酸序列被证实与靶序列有较高的亲和力，在设计锌指蛋白时通常以这些氨基酸序列作为参考。虽然是以设计 ZFN 的 DNA 结合域为主，但是也可对目前使用的 ZFN 的核酸酶结构域进行突变改造，这样可以防止同源 ZFN 结合在一起，造成非特异性切割。

后来人们又提出 ZFN 识别结构域的两种主要设计思路。其一是简单地将能够识别三个连续碱基的锌指作为一个“模块”，再根据目标序列把不同的“模块”拼接在一起，这种方法被称为“模块组装法”。这种设计思路中 ZFN 特异性的效率是由每一个模块的特异性效率所决定的，模块活性的筛选方法主要是利用细菌双杂交（B2H）技术：将目标序列克隆到报告基因的上游调控区，一个“模块”与诱饵蛋白组装成融合蛋白，靶蛋白与 RNA 聚合酶组装成融合蛋白，通过定量检测报告基因产物来比较模块识别结构域与目标序列的亲和性，再将多个高亲和性模块组装，再次测试亲和性。这种方法的缺点在于即使每一个模块的亲和性都很高，组装所产生的综合作用却不一定理想，可能的原因在于多个锌指蛋白之间的空间结构及作用力相互产生不可预期的影响。

其二是锌指技术协会面向所有研究者提供免费的寡聚文库构建（oligomerized pool engineering，OPEN）设计，同样利用了细菌双杂交技术进行筛选，OPEN 作为一个共享的锌指资源库，每个锌指库中针对一个特异的三联体碱基包含了大量的不同氨基酸序列的锌指识别结构域，通过将不同的库组合在一起可以得到成百上千种 ZFN 的组合，其中亲和性高的组合将激活下游的药物筛选基因，并在选择培养基中获得竞争优势。

3. ZFN 的制备方法

在制备 ZFN 之前，我们需要面对的是如何选择靶位点，然后设计出相应的 ZFN 构建思路。在设计 ZFN 靶位点时，我们将面对众多的限制，以 Sangamo 公司方法为例。Sangamo 公司主要采用锌指库筛选的方法，ZFN 对 DNA 的识别主要由锌指蛋白完成，这些蛋白质与对应的 DNA 序列有比较好的亲和力，该公司测定了大量的锌指蛋白与三联体碱基的对应关系，然后将它们进行归类。例如，将能够识别相同三联体碱基的锌指蛋白归入一类，并用这种方法构建出一个锌指库，在选择位点时，被选择位点的序列所对应的三联体组合往往需要在锌指库中找到对应的锌指蛋白，如果不能找到，则无法构建出该 ZFN，所以 ZFN 靶位点受锌指库的限制。为了能够更为方便地设计出合适的 ZFN 靶位点，不同的公司根据自己的数据库开发了相应的设计软件，可以根据这些软件设计出所需的靶位点。值得注意的是，在设计靶位点之前首先应该排除 SNP，因为 SNP 很有可能影响 ZFN 的识别效率。目前应用最广泛的锌指结构是 Cys2His2 锌指，它为量身定做序列特异性的 ZFN 提供了最好的骨架。

目前设计与制备 ZFN 的方法共有 4 种：模块组装法（modular assembly，MA）、Sangamo 公司方法、开源（OPEN-Source）法及 CoDA 法。

1）模块组装法。模块组装法是最早出现的人工构建 ZFN 的方法。其主要原理是首先将能够识别并结合的三联体碱基的锌指蛋白作为一个单元模块，再根据现有的实验数据，收集有效的锌指蛋白与三联体碱基的对应信息，并建立出一一对应的关系，得到锌指信息库。其后根据我们需要编辑的核苷酸位点，找出对应的锌指蛋白，然后将它们依次串联起来，连入锌指酶表达载体中得到 ZFN。模块组装法通常是将 3 个锌指蛋白串联起来，所以能够识别 9 个碱基，该方法的制备非常简单，设计容易，不需要特殊的设备。然而正是该方法的设计过于简单，没有考虑上下游锌指蛋白之间的关系，且该效应对 ZFN 识别和结合目标 DNA 序列的能力影响很大，由此制备出来的 ZFN 打靶效率较低，所以并没有得到广泛的应用。

2）Sangamo 公司方法。由于模块组装法并没有考虑相邻的锌指蛋白相互作用对ZFN效率的影响，Sangamo公司开发了一种新型的组装方法。该公司投入大量科研经费，收集了大量锌指蛋白与三联体碱基的对应关系，并依此构建了自己的锌指库。另外，该公司将单个锌指扩展为二联锌指单位（将两个锌指组合在一起），使得所组装的ZFN单体可包括4～6个锌指蛋白，从而使一个ZFN单体可以识别12～18个碱基，一对ZFN则可以识别24～36个碱基。在拥有自己的锌指库后会面临一个问题，即由于识别同一个三联体碱基对应有大量的锌指蛋白，一条单体ZFN中可能有上千种锌指蛋白组合可能，所以需要寻找一种有效方法鉴定出识别效率最高的锌指蛋白组合体。Sangamo公司主要采用酵母双杂交的方法从锌指库中筛选出与靶位点结合效率最高的组合，同时对其效率进行鉴定。由于该公司对锌指库投入了大量经费，所以并未对外公开，科学家只能购买最终产品，使用成本很高。但由于Sangamo公司开发的ZFN效率更为稳定，成功率高，所以在人、鼠与牛等物种中得到了应用。

3）开源（OPEN-Source）法。由于Sangamo公司的锌指库不对外公开，且公司制备成本高，使得ZFN的应用受到一定的限制。为了解决这一问题，Joung实验室在2009年联合8个实验室开发了一套新的方法——寡聚文库构建（OPEN）法。该方法可以看做是Sangamo公司方法的简易版，他们共同开发了一套简易版的锌指库，该库共有66个“锌指”库，每一个锌指结构可与一个特异的DNA位点结合。之后利用细菌双杂交法筛选出与靶位点结合效率最高的组合，得到所需的ZFN。由于该方法的锌指库较小，因此所组装的ZFN单体仅包括3个锌指蛋白，使得一个ZFN单体可以识别9个碱基，一对ZFN则可以识别18个碱基，识别区较短，可能会导致脱靶的概率提高。另外，由于锌指库的限制，并不是所有位点都能选择，使其应用受到很大的限制。

4）CoDA法。尽管ZFN的制备方法在不断改进，然而利用锌指库筛选出ZFN的制备方法仍然较为烦琐，制备一对大约需要2个月，所以Joung实验室2010年又开发了一种新的方法：上下文依赖组装（context-dependent assembly，CoDA）法。该方法为模块组装法的改进版，也是根据靶序列直接组装对应的锌指蛋白。与模块组装法不同的是，在CoDA法设计的过程中，考虑了相邻锌指蛋白之间的相互作用的影响。该方法提供了一个在线软件（https://www.zincfingers.org/software-tools.htm），软件中收集了大量实验数据，其中包括成功的ZFN案例，然后根据这些案例找出上下游锌指蛋白的对应关系，即总结哪些锌指蛋白相连效率较高。他们发现这些有效ZFN的中间锌指蛋白往往是一样的，于是认为其具有普遍性，将其固定下来，建立数据库用于ZFN设计。

（二）转录激活因子样效应物核酸酶技术

转录激活因子样效应物核酸酶（TALEN）技术紧随ZFN技术出现，是新的基因操作工具。它的本质也是可靶向结合特异DNA序列的核酸切口酶，它是通过转录激活因子样效应物（transcription activator-like effector，TALE）——一种由植物细菌分泌的天然蛋白对特异性DNA碱基对进行识别。只要针对感兴趣的DNA序列设计出对应的TALE序列，然后把它们用酶切连接的方式串联，再附加一个在DNA序列产生双链断裂的内切核酸酶的催化性结构域，便产生了完整的TALEN。TALEN被定义为异源二聚体分子（两单位的TALE DNA结合结构域融合到一单位的催化性结构域），能够切割两个相隔较近的序列，从而使特异性增强。它在用于基因组订制化（genome customization）方面表现出较高的效率和潜力。

TALE首先是在植物病原菌黄单胞菌（*Xanthomonas* SP.）上发现的，可特异性地结合到DNA，其在该病原菌感染过程中对植物基因进行调控。TALE蛋白的作用与真核生物的转录因子类似，它能够识别特异的DNA序列，调控宿主植物内源基因的表达，从而增加植物宿主对自身的易感性。从最初发现的20年后，人们才了解了TALE能够识别其靶基因位点的原理。TALE蛋白的N端包含一段转运信号（translocation signal），而C端则存在核定位信号（nuclear localization signal，NLS）和转录激活域（transcription activation domain，AD），中部为与DNA特异性识别并结合的部分。TALE蛋白的中部是一段很长的重复序列，是其DNA结合结构域的重要组成部分，具有特异性识别并结合特异DNA序列的特征。该序列重复的部分由长度为33～35个氨基酸残基的重复单位串联，并结合末尾（C端）的一个含有20个氨基酸残基的半重复单位。在每个重复单位中，实现靶向识别特异DNA碱基的关键位点的是第12位和第13位氨基酸残基，随靶位点核苷酸序列的不同而异，被称为重复可变双残基（repeat variable di-residue，RVD），其他位置的氨基酸残基相对固定。不同的RVD能够相对特异性地分别识别A、T、C、G 4种碱基中的一种或多种，其中与这4种碱基相对应的最常见的4种RVD分别是NI（Asn和Ile）、HD（His和Asp）、NG（Asn和Gly）及NN（Asn）。近期研究发现，第12位氨基酸主要起稳定RVD环的功能，只有第13位氨基酸才是真正识别特异碱基的氨基酸。借助完美的一一对应关系，根据需要编辑的靶位点设计出相应的TALE，并将它们串联起来组成可特异性识别靶位点的TALE蛋白。

利用TALE-DNA分子密码中RVD与脱氧核糖核酸酶的对应关系，研究人员对TALE蛋白进行了多种修饰，如把TALE中的AD替换成重组酶、转录激活剂或抑制剂等，使其发挥不同生物学效应。随着TALEN技术的不断发展和非限制性内切核酸酶*Fok*I的广泛应用，2011年科学家首次把TALE中的AD替换成内切核酸酶*Fok*I，构建成TALEN，从而实现了对基因组的特定靶位点进行定点编辑的目的。

TALEN的构建原理主要是模仿ZFN，在可特异性识别靶位点序列的TALE蛋白后连入具有内切核酸酶活性的*Fok*I蛋白，并对其进行突变，当两个突变体相结合时便能对靶位点进行精确地切割从而实现基因打靶。*Fok*I的使用与优化主要来自ZFN的研究成果，该*Fok*I经过了突变改进，需要以二聚体的形式发挥其切割DNA序列的功能，因此，TALEN也能很好地减少脱靶的发生。

尽管与锌指蛋白存在一些类似性，两者都是在自然中发现的、模块化的而且还具有自然的DNA结合特异性，但是也存在较大的差别。锌指模块识别三联体碱基，而TALE结构域识别单个碱基，意味着人们只需要结合较少的锌指模块就能实现比较可观的特异性。例如，含有3个锌指模块的蛋白质识别9～10个碱基对片段，但是它将需要9个重复的TALE来识别。但是3个锌指模块串联同样意味着识别序列在如何识别上存在更少的灵活性，尽管有上百个锌指模块存在，但是仍然不能代表每个可能的序列。

一般来说，TALEN技术适用于任何物种，自2009年被报道以来，TALEN已成功运用到果蝇、水稻、非洲爪蟾、斑马鱼、芽殖酵母和拟南芥等多个物种，与ZFN相比TALEN更为简单，由于没有锌指库的限制，可选择位点更为广泛，设计难度也大大降低。

1. TALEN技术原理

TALEN实现的基因定点编辑主要是通过对基因进行剪切，造成DNA双链断裂，进而诱发损伤DNA修复，如同源重组（homologous recombination，HR）或非同源末端连接（NHEJ）等，实现对基因组特定位点的各种遗传修饰，如特定位点外源基因片段的插入、缺失、替换或修复等。NHEJ产生的基因突变效率可达10%，HR产生同源重组的效率仅为1%。

将*Fok*I切割结构域与靶点特异性TALE的C端融合后构成TALEN单体，当两个TALEN单体分别识别各自靶位点并与之结合（图11-11），且所识别的DNA位点的距离和方向符合一定要求时，两个*Fok*I切割结构域就可形成二聚体发挥DNA剪切酶活性，在两个DNA结合位点的间隔区切割基因组DNA链，形成双链断裂，继而经HR或NHEJ机制完成基因损伤后修复。TALEN技术的核心是依赖于TALE蛋白与靶位点的特异性识别时*Fok*I对靶基因的非特异性切割，于靶基因特定位点产生双链断裂，继而实现基因敲除、敲入、修正等基因编辑的目的。

2. TALEN人工构建

TALEN技术的关键是TALE的人工构建，由于TALE-DNA结合结构域简洁的分子密码，使得靶DNA的选择和设计有据可依。选择理想的靶位点能显著提高TALEN对靶DNA识别、结合的特异性和TALEN的基因打靶效率。尽管最初有研究者指出了选择TALEN靶位点的注意事项：①识别区不含有SNP位点；②左、右臂长度一般为12～19 bp；③左、右臂之间的间隔一般为12～21 bp；④第0位为T，最后一位最好为T；⑤左、右臂之间的间隔序列GC含量一定要低。但经高通量

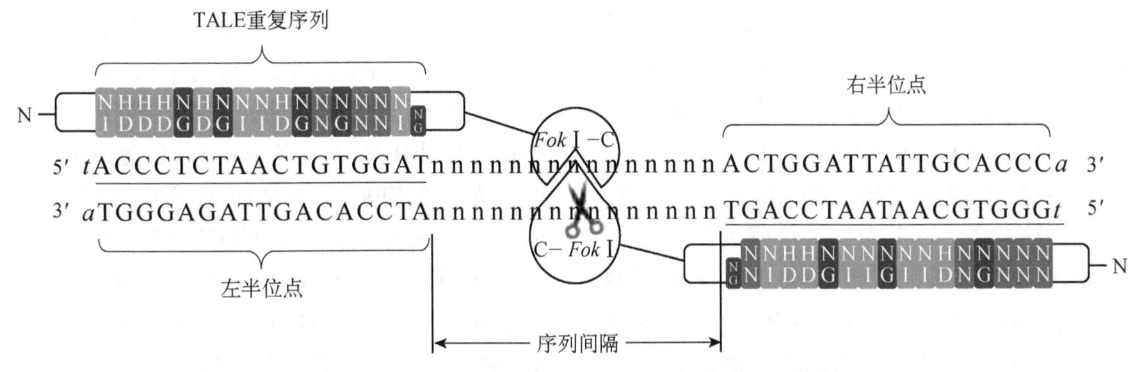

图 11-11 TALEN 实现 DNA 定点切割的原理示意图

TALEN 合成技术对其剪切活性进行大量比较分析证实，TALEN 靶位点选择只需遵从一个原则，即 TALEN 靶位点 5′端的前一位（第 0 位）碱基应为 T。并随着人们对 TALEN 的逐步深入研究，靶位点选择越来越灵活，使 TALEN 在基因组靶向修饰中的应用日益广泛。

由于 TALE-DNA 结合结构域的分子密码在不同物种之间具有通用性，使得 TALE 的构建更趋于简单化。迄今，人工构建 TALE 的方法主要包括：①Gateway 组装法，也是最早用于构建 TALEN 的方法；②基于 Golden Gate（GG）克隆的方法；③基于连续克隆组装的方法，包括限制性酶切连接法（restriction enzyme and ligation，REAL）、单元组装法（unit assembly，UA）和 idTALE 一步酶切次序连接法；④基于固相合成的高通量方法；⑤基于长黏性末端的不依赖于连接的克隆技术（ligation-independent cloning，LIC）组装方法；⑥全序列人工合成法等。其中单元组装法具有独特的优点且操作简便，应用最为广泛。

（三）CRISPR/Cas9 技术

簇状规则间隔短回文重复序列/CRISPR 相关蛋白 9（clustered regulatory interspaced short palindromic repeats/CRISPR-associated protein 9，CRISPR/Cas9）是最近发现的一种新型的基因组定点编辑技术。CRISPR 的全称为簇状规则间隔短回文重复序列，虽然这个名字的意义较难理解，但是，从字面上可以看出，这是源于对细菌 DNA 上一段序列的描述。CRISPR 的发现与细菌学家的基础研究息息相关，这个发现，要从 1987 年说起。

1987 年，日本大阪大学的分子生物学家 Yoshizumi Ishino 在研究大肠杆菌基因组时发现了一些奇怪的重复结构，这些重复序列长 29 个碱基，反复出现了 5 次，并且两两之间被 32 个碱基组成的杂乱序列分隔。在当时，科学家们对这种现象一头雾水，也没有引起重视。然而，就在 5 年多以后的 1993 年，类似的重复序列在数种细菌中被多个研究团队发现，包括结核分枝杆菌和地中海嗜盐菌。在解开这些重复序列之谜的工作中，西班牙科学家 Francisco Mojica 做出了重大的贡献。在此后的研究中，他利用生物信息学工具在 DNA 数据库中发现多达 20 种的微生物基因组包含这种重复序列。在 2001 年，Mojica 和同事 Ruud Jansen 一起，决定把这种重复序列命名为 CRISPR。

虽然名字已经确定了，但是这段奇怪的序列到底有什么功能，科学家们对此还是一筹莫展。2002 年，Ruud 团队发现了 CRISPR 序列附近总是伴随着一系列同源基因，他们将这些基因命名为 CRISPR-associated system，即 *Cas* 基因。最初发现的 4 个 *Cas* 基因被命名为 *cas1*～*cas4*。它们所编码的蛋白质，也顺理成章地被称为 Cas 蛋白。至此，CRISPR 和 Cas 被紧密联系起来。直到 2010 年，人们才发现 CRISPR 序列可以被转录成 RNA，而且这些 RNA 可以和细胞中的某些蛋白质相互结合。这些蛋白质就是 Cas 蛋白。如果这些 RNA 可以和某段 DNA 分子完美配对，Cas 蛋白就会毫不留情地切断这段 DNA 分子。科学家们也发现，与 CRISPR-RNA 结合并发挥作用，通常需要数个 Cas 蛋白共同作用，想对这样一个庞大的复合体加以利用是十分困难的，但这并没有阻止人们探索的脚步。真正将 CRISPR 系统改编为基因编辑工具的先驱者，出现在 2012 年。

瑞典于默奥大学的 Emmanuelle Charpentier 率

先在实验室中发现，在化脓性链球菌中，有一种Cas蛋白仅需与两段RNA分子结合就能完成对病毒DNA的切割任务。这个Cas蛋白当时被称作Csnl，就是后来鼎鼎大名的Cas9蛋白。为了进一步了解CRISPR/Cas9的结构，Charpentier在2011年3月的一次学术会议中找到了加州大学伯克利分校的结构生物学家Jennifer Doudna，并告知了她的这一发现。由于Doudna当时也在寻找CRISPR结构解析的突破口，两人一拍即合，迅速开展合作，工作进展飞速。2012年，两人在《科学》杂志发表论文，首次证明了CRISPR/Cas9系统作为基因编辑工具的可能性。这个崭新的基因编辑系统，打破了ZFN和TALEN的壁垒，真正地实现科学家们梦寐以求的“指哪打哪”的愿望。

1. CRISPR/Cas系统的分类

目前发现，90%以上古菌的基因组或者质粒中含有CRISPR基因座，说明CRISPR系统在古菌中具有普遍性，即广泛存在。同时，CRISPR系统还是多种多样的，即多样性。这种差异，不仅表现在Cas蛋白的不同，也表现在CRISPR系统的作用机制上。因此，根据其作用机制的共同点及差异点，CRISPR系统可以分为以下3种类型。

（1）Ⅰ型CRISPR系统

Ⅰ型CRISPR系统的主要功能元件为*cas3*基因，它能编码具有解旋酶和DNA剪切酶活性的蛋白质，是干扰阶段的主要作用酶类。在表达阶段，由多个*cas*基因编码所产生的CASCADE复合体（CRISPR-associated complex for antiviral defense）将长链的pre-crRNA加工成成熟的短链crRNA，并与之结合。结合后的cr-RNP复合体与Cas3蛋白共同作用于靶标DNA，将其剪断，在已知的3种类型CRISPR系统中，Ⅰ型CRISPR/Cas系统包含的亚型最多。

（2）Ⅱ型CRISPR系统

Ⅱ型系统和其他系统的最大区别在于Cas9蛋白，它的分子量很大，具备多种功能，既能加工pre-crRNA产生成熟的crRNA，也可切割降解外源Cas9蛋白。其在结构上有两个重要的核酸酶结构域：一个是N端的核酸酶（如RuvC）结构域，另一个是位于中部的核酸酶（如MerA）结构域。这两个结构域对Cas9蛋白的多功能性具有重要意义。另外，在3种CRISPR系统中，Ⅱ型系统是包含蛋白质最少的一种，只有4个Cas蛋白基因（*cas9*、*cas1*、*cas2*、*cas4*或者*csn2*），其根据包含蛋白质的不同又分为两个亚型，即ⅡA型（含有*csn2*）和ⅡB型（含有*cas4*）。目前研究最为透彻的Ⅱ型CRISPR系统是源于嗜热链球菌（*Streptococcus thermophilus*）的CRISPR系统，Ⅱ型系统的干扰过程需要Cas9蛋白、核糖核酸酶Ⅱ、crRNA及反式激活crRNA（*trans*-activating crRNA，tracrRNA）。启动子启动CRISPR序列的转录后，产生的pre-crRNA经过Cas9蛋白加工，长的pre-crRNA被切割成包含一个间隔序列和两端重复序列的短片段，这些短片段中的重复序列部分会与tracrRNA通过碱基配对形成二聚体，这些二聚体能够结合在Cas9蛋白上，没有配对的间隔序列将起到特异性的靶向识别作用，指导该复合体切割外源DNA。

（3）Ⅲ型CRISPR系统

在Ⅲ型CRISPR系统中，可以依据靶标的类型分为Ⅲ-A型Ⅲ-B型。前者的干扰靶标是mRNA，后者的靶标是DNA。另外，在Ⅲ型系统中，Cas10蛋白是该系统特有的。

根据效应蛋白的数量，CRSPR/Cas系统分为两类：Class1和Class2，根据Cas蛋白的结构和序列又分为不同亚型。Class1利用多蛋白效应复合物降解核酸，包括Ⅰ、Ⅲ、Ⅳ型；而Class2则利用单蛋白效应复合物降解核酸，包含Ⅱ、Ⅴ、Ⅵ型。Ⅱ型系统又称为CRISPR/Cas9，目前Ⅱ型系统和Ⅴ型系统CRISPR/Cas 12a（Cpf1）已被广泛应用于基因工程。在CRISPR/Cas基因编辑技术中，CRISPR/Cas9基因座由CRISPR序列、tracrRNA基因、Cas蛋白基因组成。CRISPR序列转录生成pre-crRNA，tracrRNA则是一种小非编码RNA，能参与pre-crRNA的成熟，成熟的crRNA负责识别外源DNA中互补的序列区域。tracrRNA与crRNA中的重复序列互补配对，形成双链RNA结构，双链RNA引导Cas9蛋白切割外源DNAU3。*cas*基因主要表达Cas9蛋白，具有内切核酸酶活性的Cas9蛋白具有两个不同的结构域：HNH结构域和RuvC结构域。HNH结构域负责切割与crRNA互补配对的外源DNA链，而RuvC结构域负责切割非互补链。

2. CRISPR/Cas9 基因组编辑技术的原理、功能及特点

目前广泛使用的 CRISPR/Cas 系统基本上都是Ⅱ型 CRISPR 系统。最为经典的Ⅱ型 CRISPR 系统中包含 4 个基因组成的基因簇，分别是 *cas9*、*cas1*、*cas2* 及 *cas4*（*csn2*）。另外还有两条 tracrRNA 及多个间隔序列和重复序列相互间隔的 CRISPR 序列。Ⅱ型 CRISPR 系统对外源双链 DNA 进行定点切割的过程分为以下几步。

1）Ⅱ型 CRISPR 系统转录出 pre-crRNA 及 tracrRNA。

2）tracrRNA 根据碱基配对法则与 pre-crRNA 形成二聚体，在相关蛋白质的作用下，pre-crRNA 被加工为成熟的 crRNA。

3）成熟的 crRNA-tracrRNA 二聚体指导 Cas9 蛋白对外源基因中的靶序列进行识别。识别过程是通过 crRNA 上的间隔序列与外源 DNA 上的原间隔序列互补配对，以及前间隔序列邻近基序（protospacer adjacent motifs，PAM）区的辅助配对实现的。

4）Cas9 蛋白中的 DNA 剪切结构域在外源基因固定的位置切开 DNA 双链。Ⅱ型 CRISPR 系统最先是由 Jinek 等开始改造，他们将 crRNA-tracrRNA 双链 RNA 二聚体改造成单链嵌合体，并且改造后的单链嵌合体能够发挥与双链二聚体相同的作用，这条人工改造的单链 RNA 被命名为指导 RNA（guide RNA，gRNA）。这一改造的出现，为人工构建 CRISPR/Cas9 系统并使用其进行基因组编辑打下了基础。另外在该研究中，他们还发现Ⅱ型 CRISPR 系统中，Cas9 蛋白包含的 HNH 结构域负责切割外源 DNA 与间隔序列互补的链，而 RuvC 结构域负责切割外源 DNA 的另一条链。

CRISPR/Cas 系统的作用机制分为三个过程：外源 DNA 的识别（图 11-12）、CRISPR 基因座表达和干扰。第一阶段为适应阶段，外源 DNA 入侵宿主细胞，Cas 蛋白识别 PAM，将外源 DNA 整合于宿主 CRISPR 中的两段重复序列之间，生成新的间隔序列，由此形成对外源 DNA 的“记忆”。

第二阶段为表达阶段，当同源 DNA 再次入侵时，宿主基因组中 CRISPR 序列快速转录上调。研究发现，CRISPR 位点的转录启动子位于前导序列末端。含有外源 DNA 片段的 CRISPR 基因转录成 pre-crRNA，pre-crRNA 经 tracrRNA、Cas 蛋白及 RNaseⅢ的加工、剪切，转变为成熟的短链 crRNA（图 11-13）。

第三阶段为干扰阶段（图 11-14），成熟的 crRNA 与 tracrRNA 结合形成新的双链 RNA，并进一步结合 Cas 蛋白，最终形成 CRISPR 核糖核蛋白复合体。识别并切割能与 crRNA 互补配对的外源 DNA，造成双链断裂，激活细胞的 NHEJ 或同源重组两种修复机制，从而实现基因的敲除、插入或修饰。

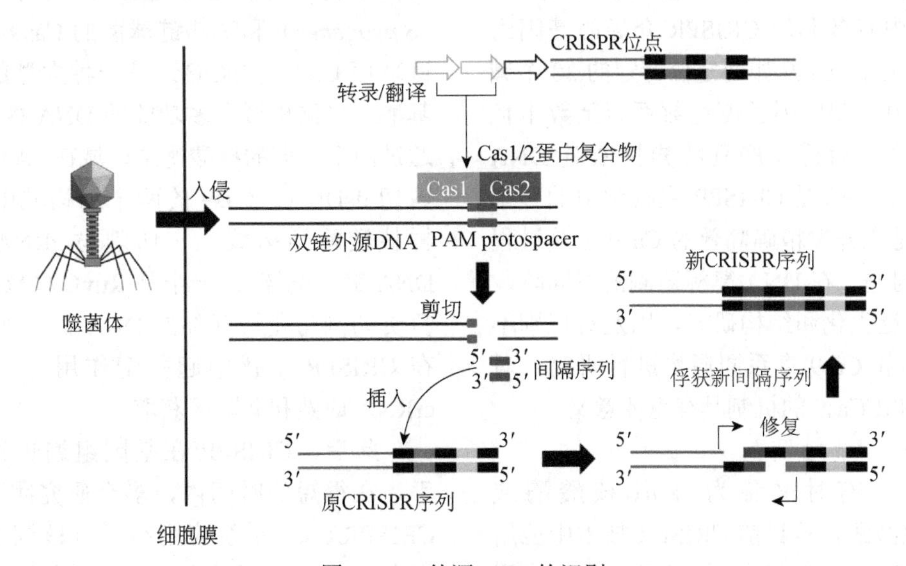

图 11-12 外源 DNA 的识别

PAM protospacer. 原间隔序列邻近基序（PAM）和原间隔序列新 CRISPR 序列

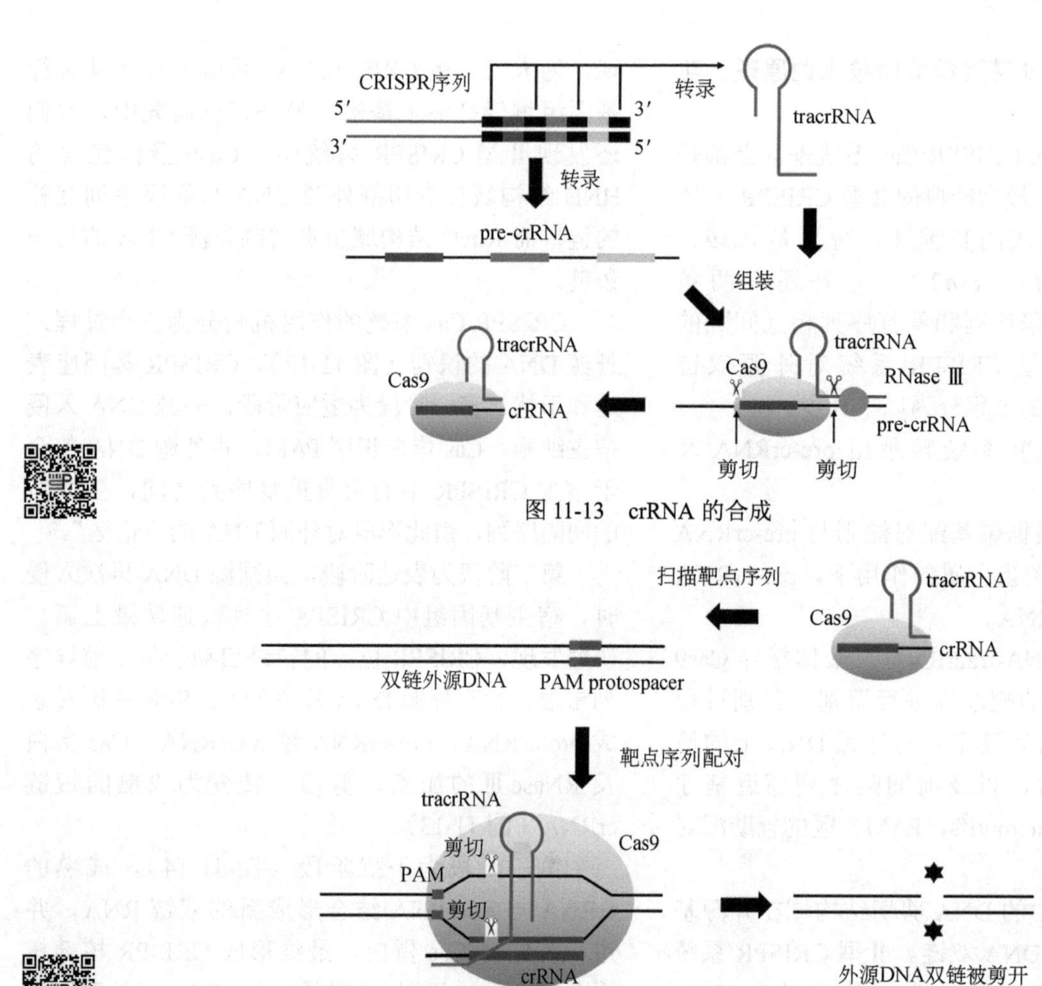

图 11-13　crRNA 的合成

图 11-14　靶向干扰

尽管有其优点和广阔前景，但是 CRISPR/Cas9 与充分发挥治疗潜力之间仍存在一些障碍。减少或避免非靶位点上出现不需要的脱靶突变，是在临床应用中有效利用 CRISPR 介导的基因组工程的关键。因此，Cas9 如何定位特定的 20 个碱基对（基因组中的靶序列长度达数百万至数十亿个碱基对），并随后诱导序列特异性双链 DNA（dsDNA）切割，不仅是 CRISPR 生物学中的一个关键问题，也是在开发精确高效的 Cas9 工具过程中的一个关键问题。在 DNA 靶标监测的不同阶段对 Cas9 进行广泛生化和结构研究，以及对识别不同 PAM 的变体和 Cas9 直系同源物进行研究，对我们理解 CRISPR/Cas9 的机制具有重要意义。

3. Cas9 酶

Cas9 核酸酶有时又称为 casn1 核酸酶或 CRISPR 关联核酸酶，是目前 CRISPR 技术中应用最广泛的核酸酶，但随着研究的发展，其他类型的 Cas 蛋白（如 Cas12a、Cas13 等）也在基因编辑中得到应用。已经在多种物种中描述了 Cas9 直向同系物，目前通常使用但不限于化脓性链球菌（*S.pyogenes*）和嗜热链球菌的 Cas9 蛋白。化脓性链球菌 Cas9（SpCa3）是一种大型的（1368 个氨基酸）多结构域和多功能的 DNA 内切核酸酶。它通过两个不同的核酸酶结构域在 PAM 上游 3 bp 处剪切 dsDNA。Cas9 的两个结构域中一个是 HNH 样核酸酶结构域，它切割与 gRNA 序列互补的 DNA 链（靶链）；一个是 RuvC 样核酸酶结构域，负责切割与靶链互补的 DNA 链（非靶链）。除了在 CRISPR 干扰中起关键作用外，Cas9 还参与 crRNA 成熟和间隔区获取。

此后，CRISPR 在基因组编辑领域中大显身手，在很短的时间内，多个研究团队都成功地将 CRISPR/Cas9 系统应用在了真核细胞的基因组编辑中。与 ZFN 系统和 TALEN 系统相比，CRISPR/

Cas9 系统对各种复杂程度的基因组具有更高的修饰能力。另外，CRISPR/Cas9 系统的构建更为简单。而且 Cas9 蛋白可以方便地将核酸酶改造为切口酶（nickase），只需要在 Cas9 蛋白中引入一个单氨基酸突变（D10A），核酸切割域的功能就变为切割单链 DNA，能够更精确地控制 CRISPR/Cas9 系统的打靶效果，大大降低脱靶的概率。综合以上三方面，CRISPR/Cas9 系统将会是基因组编辑技术的最有力工具。

4. CRISPR/Cas9 系统的构建方法

与 ZFN 技术和 TALEN 技术相比，CRISPR/Cas9 系统的构建非常简单。只包括 Cas9 蛋白和 gRNA 两部分。另外，在真核细胞中使用 CRISPR/Cas9 系统进行基因打靶或者基因敲入时，为了提高 Cas9 蛋白的表达量和进入细胞核的能力，并且鉴于 Cas9 蛋白分子量较大，所以非常有必要对 *cas9* 基因的序列进行密码子优化，同时添加核定位信号（NLS）。但是，目前对于 Cas9 蛋白添加核定位信号的位置存在争议。例如，Cong 等的研究发现，在 Cas9 蛋白的两端同时添加核定位信号能最有效地指导 Cas9 蛋白入核。而 Mali 等发现，只在 Cas9 蛋白的 C 端添加核定位信号也可以使敲除效率高达 25%，说明在 C 端添加核定位信号足以指导 Cas9 蛋白入核。

目前在 CRISPR/Cas9 系统中使用的 gRNA 有两种构造：第一种是由 Jinek 等早先提出的，将一部分重复序列和一部分 tracrRNA 拼接到一起的嵌合 RNA 结构。第二种与第一种基本相同，只是 3′ 端更长，完全与 tracrRNA 一致。关于两种结构的优劣，麻省理工学院张峰带领的研究团队进行了较为细致的研究，他们发现 gRNA 的 3′ 端越长，表达能力越高，相应的打靶效率也越高。为了保证较高的打靶活性，gRNA 的 3′ 端长度应该不低于 67 nt，而且长度为 85 nt 时打靶效率最高。

关于 gRNA 的选择和设计也很简单，只要符合 N（20）GG 的序列（N 代表 A、T、G、C 4 种碱基的任何一种）即可作为潜在的靶位点，同时靶位点必须包含 PAM。目前，大部分研究团队都开放了他们设计的寻找 CRISPR/Cas9 系统靶位点的在线工具和技术指导。例如，ZiFiT 在线软件包、著名的质粒分享网站 Addgene 及北京大学建立的工程核酸内切酶库等。可以通过这些在线工具直接选择 3～5 个候选的 gRNA 序列进行实际检测。

三、CRISPR/Cas9基因编辑研究现状

CRISPR/Cas9 基因组编辑技术具有简便、快捷的特点，科学家们也看到了它在技术应用上的极大潜力。在很短的时间内，CRISPR/Cas9 系统就在多个物种的基因组编辑、基因表达调控等方面得到了大量的应用。目前，在医学、农业和生物制药等领域的研究中，CRISPR/Cas9 基因组编辑技术发挥了不可替代的作用。

（一）基因功能研究

基因敲除是在活体动物上验证基因功能必不可少的环节，但是传统的基因敲除方法需要通过复杂的打靶载体构建、ES 细胞筛选、嵌合体动物模型选育等一系列步骤，成功率受到多方面因素的限制。即使对于技术比较成熟的实验室，利用传统技术敲除大鼠或小鼠身上的某个基因一般也需要 1 年以上。基因编辑新技术则不然，敲除基因高效快速，是研究基因功能的有力工具。CRISPR/Cas9 基因组编辑技术已在大鼠、小鼠、斑马鱼、果蝇、拟南芥、玉米、烟草等模式生物或经济物种的细胞或胚胎中，以及包括诱导多能干细胞（induced pluripotent stem cell，iPSC）在内的人体外培养细胞系中，成功地实现了内源基因的定点突变，其中在果蝇、斑马鱼、大鼠等物种中还获得了可以稳定遗传的突变体。

（二）基因治疗

基因治疗通过导入正常基因或者编辑修复缺陷基因，实现治疗疾病的目的。目前，利用 CRISPR/Cas9 基因组编辑技术在多种疾病，如单基因遗传病、眼科疾病、艾滋病及肿瘤等的基因治疗中得到了应用，已经成为基因治疗领域的一个重要工具。

在单基因遗传病方面，CRISPR/Cas9 被用于针对特定的遗传缺陷进行校正，这些遗传缺陷通常是由单个基因的突变引起的，如囊性纤维化、镰状细胞贫血和杜氏肌营养不良等。在眼科疾病

中，CRISPR/Cas9 可以用来治疗某些遗传性视网膜疾病。由于眼睛相对容易操作，并且免疫特权地位较高，使得眼睛成为基因治疗的理想靶标器官之一。对于艾滋病这样的病毒性疾病，CRISPR/Cas9 基因组编辑技术已经被用来尝试削弱或消除病毒 DNA 在宿主细胞中的存在。例如，通过编辑 *CCR5* 基因（一种 HIV 进入宿主细胞所需的共受体）来提高个体对 HIV 的抵抗力。在肿瘤治疗方面，CRISPR/Cas9 可以用来修复肿瘤抑制基因，或者用来破坏癌细胞中支持生长的关键基因。此外，还可以用来改造患者的免疫细胞，如通过基因编辑的 T 细胞受体（TCR）或者嵌合抗原受体（CAR）T 细胞治疗。

尽管 CRISPR/Cas9 基因组编辑技术在实验室和临床前试验中显示出巨大潜力，但仍然存在一些挑战，包括确保编辑的精确性与安全性、避免非目标效应、提高编辑效率以及解决体内递送系统等问题。随着这些技术和应用问题的不断解决和优化，预计 CRISPR/Cas9 将会在未来为更多患者带来革命性的治疗方法。

（三）作物育种

在过去，人们为了提高某一农产品产量，往往会对这一物种进行长期驯化，将一些优质基因聚合在一起进行优中选优，经过漫长的育种阶段后形成优质品种。这样的杂交选择过程十分漫长，动辄 10 年以上。以玉米为例，玉米一年成熟一次，如此一来，10 年才能做 10 次杂交。随着对基因研究的深入，科学家们发现了快速干预基因的方法——基因编辑。如今，通过基因编辑手段，可以迅速改变农作物基因（图 11-15）。基因编辑像一把“基因剪刀”，可以精准定位作物的特定基因。当基因被“剪断”后，细胞会修复断口并产生变异，让基因失活，从而不起作用。转基因是一种外源性改造方法，也就是“做加法”，是将外部基因转移进目标农作物内进行改造；基因编辑则是内源性改造，指使用工具剔除或改造某个基因，它们是两个完全不同的概念。目前全球范围内应用的基因编辑主要是“做减法”，也就是让自身的一些不利基因失活，培育出高产、优质、抗病的品种。

基因编辑并不是万能的，需要具备一定的前提条件。在基因编辑前，首先要了解某一基因的功能是什么。通过对种子的优良基因进行挖掘、定位、评价，进行统计基因分类，寻求优秀基因，为基因编辑提供样板。当前，科研人员大量的工作仍在基因挖掘阶段，这也是基因编辑工作最大的难点之一。相比动物和微生物，CRISPR/Cas9 在植物中的应用相对滞后，但近几年在科学家的不懈努力下得到不断改进与优化。提高了农作物产量，突破了品质改良及抗病抗逆性选育的瓶颈。基因编辑在作物育种中的应用主要包括增产、品质改善、抗逆与抗病性能提升。

（四）动物育种

基因编辑技术在家畜育种上解决了家畜育种周期长和遗传资源少等问题，大大缩短了育种周期，降低了育种成本并迅速增加了遗传多样性。当前，已经产生了许多基因编辑家畜，它们的主要应用包括以下几个方面

1）生产性能改良：传统动物育种周期长，优良性状聚合难度大，改良目标性状不确定性大。基因编辑技术不仅突破了传统育种难以解决的遗传障碍，而且能实现特定性状的精准改变，颠覆了已有动物遗传改良技术路径和选育效率，突破了动物遗传改良与新品种培育瓶颈。育种专家们发现，肌肉生成抑制素（MSTN）是一种肌肉生长负调控因子，该基因自然突变的牛肌肉量丰富，比其他肉牛肌肉量多 18%～20%。因此，针对动物育种中产肉性状改良进展缓慢问题，通过基因编辑技术，获得了 *MSTN* 基因功能缺失的猪、牛、羊，显著提高了肌肉生长速率和瘦肉率，并使其表现出了经典的“双肌臀”特征。利用生物技术（如基因打靶、RNAi 等）将 *myostatin* 基因敲除/突变，使其编码的蛋白质丧失/降低功能，可以人为快速地培育和生产更多更好的具有高产肉率的新品种，满足肉类需求。

2）产品品质改善：β-乳球蛋白是牛奶、羊奶中的固有蛋白质成分，是引起婴儿过敏的重要过敏原之一（婴儿的消化系统尚未发育完全，β-乳球蛋白较容易“整颗”被吸收，而被免疫系统判断为病原），传统选育无法去掉该过敏原成分。通过基因编辑技术，敲除奶牛 β-乳球蛋白基因，可创制奶中不含 β-乳球蛋白的奶牛，生产适合婴儿食用的

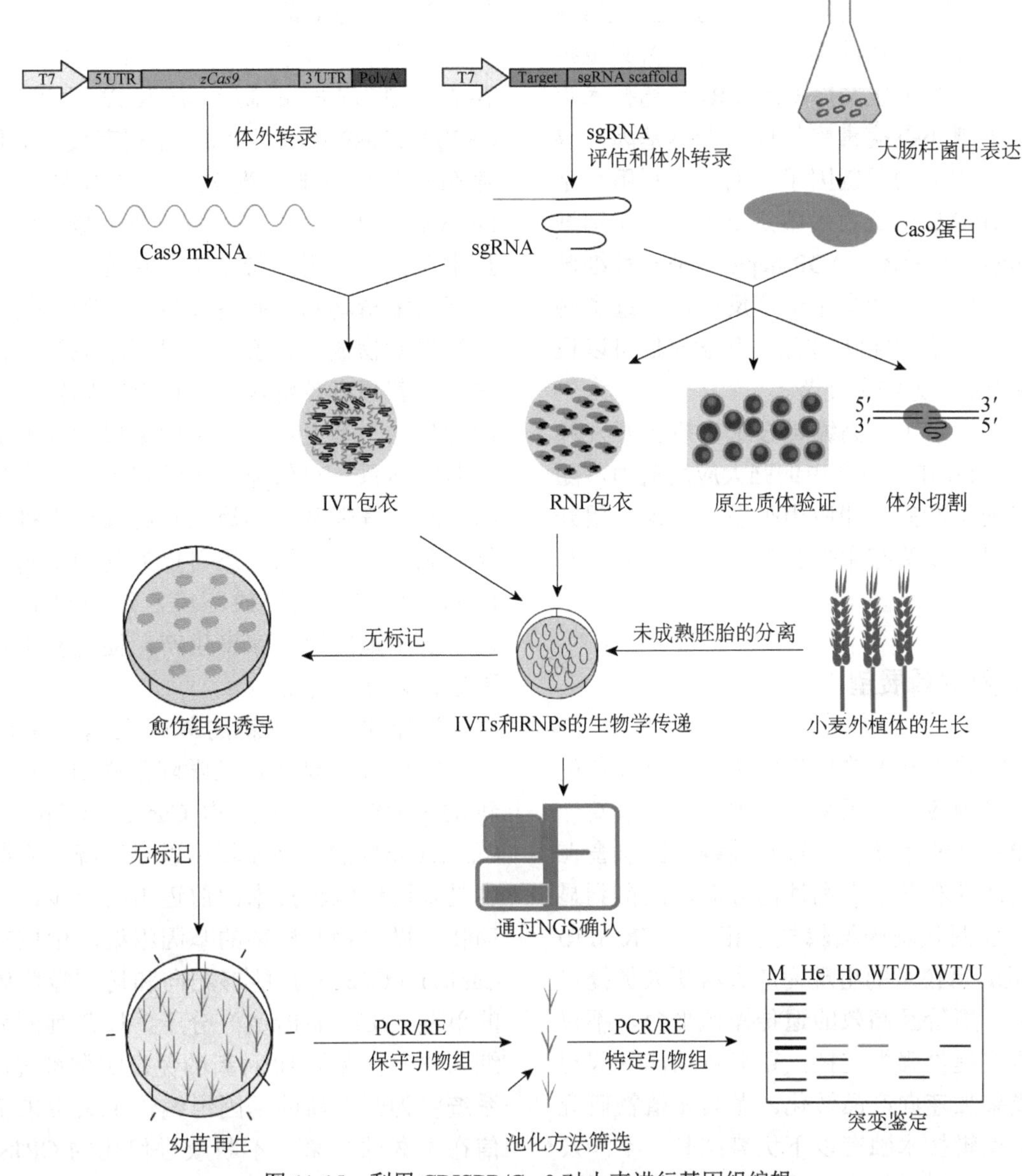

图 11-15　利用 CRISPR/Cas9 对小麦进行基因组编辑

奶制品，进一步改善乳品质。

3）抗病性能提升：动物重大传染性疾病不仅威胁人类健康，也给畜牧业造成了巨大的经济损失，这一直是育种专家和疫病专家无法解决、无法逾越的产业难题，基因编辑技术为该难题的解决提供了重要思路。以动物传染性海绵状脑病为例，该病是一种由朊病毒蛋白（*PRNP*）基因引起的牛、羊和人共患中枢神经系统疾病。研究人员利用基因编辑技术敲除了 *PRNP* 基因，获得了抗疯牛病牛和抗羊瘙痒病绵羊与山羊等育种新材料。

（五）CRISPR/Cas9 基因组编辑技术在动物疫苗研发与致病机制研究中的应用

研究人员利用 CRISPR/Cas9 系统和 Cre/Lox 系统对伪狂犬病毒进行基因编辑，构建了基因编辑候选疫苗。但是，该系统不适用于所有物种，尤其是结核分枝杆菌等病原微生物，具有复杂的细胞壁结构和独特的生理特性，使得 CRISPR/Cas9 系统在这些微生物中的应用受到限制。而基于Ⅲ型 CRIPSR/Cas10 系统的新型 CRISPR/Cas 系统，则可用于不同病原微生物基因组编辑，制备新的基因编辑疫苗（如伪狂犬病毒、非洲猪瘟病毒、结核分枝杆菌等），这种疫苗通过删除或修改致病基因来减少病原体的毒性，同时保留其免疫原性。此外，全基因组文库CRISPRi筛选技术也被用于筛选人或小鼠病毒受体以及受体基因，寻找与病毒复制相关的关键因子。例如，利用全基因组文库CRISPRi筛选技术鉴定出了宿主识别细菌ADP-heptose的受体，ADP-heptose是一种细菌内源性分子，能够激活宿主免疫反应。通过了解这些关键宿主-病原体相互作用，科学家们可以设计出更有效的治疗方法和疫苗。

这些进展展示了基因编辑技术在疫苗开发和宿主-病原体相互作用研究中的强大应用潜力。随着这些技术的不断完善和应用扩展，未来有望开发出更多针对难以治疗微生物的新型治疗方法和预防策略。

四、基因编辑展望

随着基因编辑技术的日趋成熟，畜牧行业的发展将会更多地应用基因编辑技术尤其是最新一代的CRISPR/Cas9系统。经过基因编辑的家畜在瘦肉率、抗病性和其他有利性能方面均能得到显著提高。与前两代基因编辑技术相比，CRISPR/Cas9基因组编辑技术的出现为广大科研人员提供了一个简单、廉价且高效的遗传操作平台，不仅能为基础研究提供强大支持，还能将功能基因组学的研究成果加速向产品转化。尤其在植物研究中，基因组编辑技术独有以下优势：其一不涉及伦理问题；其二脱靶效应对植物的影响较小，即使在T0代有脱靶现象发生，在后代分离中也可以把脱靶位点分离出去。

然而，植物基因组编辑依然存在着一些亟待解决的问题。例如，如何更高效地将基因组编辑材料运送到目的植物中，随后产生定点编辑的植物。目前，虽然有多种可用的遗传转化方法，但往往仅局限于特定的基因型、组织和培养类型，并不能应用于所有的植物品种。另外，目前大多数的基因组编辑依旧聚焦于产生DNA双链断裂进而破坏基因功能，仅有少数报道是运用同源定向修复（HDR）方式对内源基因进行序列插入和替换，其主要原因是由于缺乏对基因组编辑的分子机制研究，同时还缺少转化多种基因组编辑材料的有效手段与工具。

同样，在动物育种上，CRISPR/Cas9系统还存在一些问题正制约着其发展和应用，如CRISPR/Cas9系统对PAM序列有较高的依赖性、存在较为严重的脱靶效应、还容易导致过度的DNA损伤等一系列技术安全性问题，给基因编辑技术在家畜应用上带来了一系列的争议。如何规范基因编辑动物的制备和生产，如何使大众对基因编辑动物放心、安心，已逐渐成为人们关注的重点。若想有效解决这一问题，则需要政府有关部门建立一套更加适合基因编辑动物的健全的安全监管体系，在保障基因编辑动物安全生产应用的同时，确保基因编辑动物的安全审批效率，不仅有利于规范市场，还可以为基因编辑技术在我国的发展提供良好的环境，进而更加高效、便捷、安全地应用于家畜生产，促进我国畜牧行业更好、更快地发展。

近年来，一些新的基因组编辑系统不断问世。2015年，麻省理工学院张峰团队报道了一种新的CRISPR效应蛋白Cas12a（Cpf1），其中Cas12a介导的基因编辑可以显著降低脱靶率，这也是基因组编辑技术向前迈出的一步，并先后在动物、微生物及植物的基因组编辑中成功应用。Cas13a（C2c2）是能够靶向和切割噬菌体基因组的单链RNA（ssRNA）分子，以色列的科学家在细菌体内发现了10种新的免疫防御系统，这些新系统将为开发新的基因组编辑工具带来希望。相信在不久的将来，不断改进优化的CRISPR/Cas9系统以及更多新型的基因组编辑技术必将在动植物的遗传改良和品种选育方面发挥更大作用。

总而言之，基因编辑是有价值的工具，这些技术的扩展激发了研究者探索和改变动植物基因组的潜力，借助基因编辑工具，育种工作将进入新阶段，可以根据人们的需要，改变许多农产品的风味、颜色，延长农产品的货架期，为人类提供更高质量、更健康、更低成本的丰富产品，为现代农业发展注入强大的科技动力，更好地造福人类。不仅如此，CRISPR/Cas9介导的基因组工程有望治疗甚至治愈遗传性疾病，包括多种形式的癌症、神经退行性疾病、镰状细胞贫血、囊性纤维化、杜氏肌营养不良症、病毒感染、免疫性疾病和心血管疾病等。随着技术的不断进步和对基因编辑后果更深入的了解，我们可以预见未来在这一领域将会有更多突破性的进展，为人类健康和社会发展带来更多益处。

本章小结

作为动植物分子育种的基础，无论是选择利用基因组育种、转基因育种还是基因编辑育种，都有其自身优势，也存在局限性。科学技术发展迅猛的今天，各种学科技术的交融，仅凭单育种技术难以完成浩繁复杂的动植物育种工作，各种技术的相互辅助、相互配合、相互融合已成为未来动植物分子育种工作的趋势。CRISPR/Cas9 基因组编辑技术的产生与应用是生命科学的又一次技术革命，新颖的生物技术所带来的意义十分深远，不光在农业与医学方面带来全新的局面，还会对社会的经济贸易方面造成影响。利用基因编辑技术进行作物改良育种的优势已经显而易见，但在能否市场化的问题上还存在较大争议，这种不稳定的局面还无法让其飞速拓展，但随着基础研究的加深与其他学科的发展，该技术定将被大众接受并广泛应用。相信随着基因编辑技术效率的不断提高，CRISPR/Cas9 基因组编辑技术将会在育种新材料创制等方面发挥更重要的作用。目前，我国已经先后启动了多项种质自主培育联合攻关重大专项，力求突破一批关键技术，培育出具有世界竞争力的品种，降低我国对核心种质的对外依存度，提高我国种业的国际竞争力。相信在不久的将来，我国将具备该技术的成熟体系，并将其产业化以服务农业，在新的农业革命中领先于世界。

思考题

1. DNA 分子标记主要有哪些类型？其主要原理和遗传特征是什么？
2. 如何在植物育种中有效地利用 DNA 分子标记？
3. 如何在动物育种中有效地利用 DNA 分子标记？
4. 结合实际谈如何利用 DNA 分子标记实现基因聚合（与分子标记辅助选择相结合）？
5. 何谓全基因组选择？与常规育种相比，其优点有哪些？
6. 植物转基因育种的一般操作步骤包括哪些？
7. 动物转基因育种的一般操作步骤包括哪些？
8. 比较基因枪法和农杆菌质粒转化基因的优缺点。
9. 动物进行导入基因的方法有哪些？
10. 结合实际谈谈如何利用转基因育种？
11. 什么是基因编辑技术？
12. 简述 CRISPR/Cas9 的结构和作用机制。
13. 简述基因编辑技术的应用前景。

第十二章 分子进化与资源保护

第一节 分子进化理论与物种形成

一、进化理论和机制

（一）拉马克的获得性状遗传学说

拉马克在1809年出版的《动物学哲学》中提出“用进废退”学说和“获得性状遗传”假说，认为生物的种（species）不是恒定的类群，而是由以前存在的种衍生而来的。他认为动植物生存环境的改变是引起个体发生变异的根本原因，环境的改变使生物能产生适应环境的变异；适应环境的变异器官和性状因继续使用或持续存在而愈加发达，相反不使用的器官或与环境不利的性状逐渐退化或消失，即器官的“用进废退”；环境引起的性状改变是可以遗传的，从而使改变了的性状传递给下一代，即“获得性状遗传”。这一学说虽然至今未得到科学实验的支持，但由于能比较容易地说明生物进化现象，有力推动了后来进化学说的发展和遗传与变异研究。

（二）达尔文的自然选择学说

达尔文在1859年出版的《物种起源》，通过证明生物进化的事实后，提出了生存竞争和自然选择学说（theory of natural selection）。他认同拉马克关于“自然界新物种形成是一个缓慢而连续累积过程”的观点，但把选择的作用提到首要地位。他认为在自然条件下，一个种或变种内普遍存在着个体间对环境适应力差异和繁殖过剩，其结果必然导致生存竞争。群体内不定的微小变异是广泛存在的，至少其中的一部分变异是可以遗传的（虽然当时还不知道哪些变异是可以遗传，哪些是不可以遗传的）。在自然条件下，对于适应环境的个体，可遗传的微小变异得到了选择和累积，这就是自然选择。种内竞争所产生的自然选择，即“适者生存”才是物种起源和生物进化的主要动力。

达尔文还用性状分歧来解释物种的形成过程，他认为物种和变种并没有本质的区别，只是程度上的不同而已。不同变种之间的差异常常比各物种之间的差异要小些，而变种则是孕育中或正在形成中的物种。通过自然选择的累积，变种之间的微小差异可以发展成为物种之间的显著差异。这是因为在不同变种之间存在着一些中间类型，由于对环境的相对不适应而逐渐地被自然选择所淘汰，促使不同变种之间的差异增大，久之即从变种过渡为不同的物种。

（三）现代“综合进化”理论

生物的“综合进化”理论（synthetic theory of evolution）是将达尔文的自然选择学说和新达尔文主义的基因论结合起来而形成的论说。这一理论经历了达尔文之后的魏斯曼种质延续论、孟德尔遗传因子说、狄·弗里斯的突变论、约翰生纯系学说以及现代细胞遗传学等多学说和多学科发展与相互融合的过程，以杜布赞斯基（T. Dobzhansky）于1937年发表的《遗传学与物种起源》一书为标志。1970年，杜布赞斯基在《进化过程的遗传学》中，以大量实验资料论证了突变、基因重组、选择和隔离4个因素在生物进化中的作用，并从群体水平和分子水平上阐述了突变等因素在物种形成和生物进化中的遗传机制。“综合进化”理论认为，自然条件是经常变化的，栖息其中的生物也必然随之发生变化，当前的生物都是由之前生物演变而来的，而且每种生物一般也是与其生活环境相适应的。在自然条件下，一个新种的形成是在遗传、变异和自然选择及隔离等因素的作用下，从一个较古老的物种逐渐演变而来的。物种形成和生物进化的单位是种群（或称孟德尔群体），而不是单个的个体。因此，生物的进化是群体在遗传结构上的变化。

在一个群体里，不同个体具有高度的杂合性。自然界的一切生物种群基本上都是遗传混杂的，同时，群体中不同个体所具有的等位基因，多数位点也是多态的。由于这些多态位点的存在，使基因的结构维持一定的平衡，增强了群体的适应性。不同个体的杂合性，可使群体适应于不同的环境条件，而不致被淘汰，这是因为自然界选择作用的多方向性，一个单纯遗传结构的群体难以适应变化多端的环境条件。这就是个体或基因处于高度杂合或多态的优越性。

“综合进化”理论已被生物学和遗传学研究的大量事实和证据所证明。但是，这个理论还不能很好地解释生物进化中的一些重要问题，如生物体新结构、新器官的形成，适应性的起源，以及生活习性和生活方式的改变等。“综合进化”理论同新达尔文主义一样，只解释了已有变异的选择或淘汰，没有说明产生变异的原因。此外，随着分子生物学的发展，如何从分子水平上揭示生物进化的规律，进化的综合理论也未能对此做出解释。

（四）分子进化的中性学说

1968 年，日本群体遗传学家木村和太田几乎同时提出分子进化中性学说，又叫中性突变-随机漂变理论（neutral mutation-random drift theory）。该学说认为：在分子水平上，大多数进化演化和物种内的大多数变异不是由自然选择引起的，而是通过那些对选择呈中性或近中性的突变等位基因的遗传漂变引起的。进化中的 DNA 变化可能只有一小部分与环境适应性有关，即达尔文的自然选择作用对有利突变的进化作用非常微小。中性学说指出，群体中蛋白质和核酸的遗传多态性代表了基因替换过程中的一个时期。大多数氨基酸和核苷酸的替换是因中性或近中性的等位基因突变经随机固定所造成的。这种突变不影响核酸、蛋白质的功能，也不影响个体的生存，选择对它们没有作用。

中性等位基因并不是无功能的基因，而是对生物体非常重要的基因。中性突变通常包括同义突变、同功能突变（蛋白质存在多种类型，如同工酶）、非同功能突变（没有功能的 DNA 序列发生突变，如高度重复序列中的核苷酸置换和基因间的 DNA 序列的置换）等。这种中性突变由于没有选择的压力，它们在基因库里漂动，通过随机漂变在群体中被固定下来。中性等位基因的替换率直接等于它们的突变率，它与群体大小以及其他任何参数均无关。大多数等位基因的多态性是由突变和随机漂变之间的平衡来维持的。中性突变的分子进化是由分子本身的突变率确定的。这意味着，如果突变率保持恒定，则分子进化速率也将保持恒定。事实上，蛋白质的进化表现与时间呈直线关系，可根据不同物种同一蛋白质分子的差别来估计物种进化的历史，推测生物的系统发育。中性学说强调中性等位基因在群体中的频率取决于遗传的随机漂变而不是由于选择的作用。

中性学说是在研究分子进化的基础上提出的，该学说能很好地说明核酸、蛋白质等大分子的非适应性的多态性及其对相关生物性状变异的影响，进而说明进化原因。在进化机制的认识上，中性学说从分子水平和基因的内部结构对传统的选择理论提出了挑战。须注意的是，该学说并不否认自然选择在决定适应性进化过程中的作用，也并非强调分子的突变型是严格意义上的选择中性，而是强调突变和随机漂变在生物分子水平的进化中起着主导作用。因此不宜将选择理论与中性理论做对立理解。在考虑自然选择时，必须区别两种水平：一种是表型水平，包括由基因型决定的形态上和生理上的表型性状；另一种是分子水平，DNA 中的核苷酸顺序和蛋白质中的氨基酸顺序。自然选择对后者的作用至今仍在争议中。

（五）分子进化

诸如 DNA、RNA 和蛋白质这样的大分子，是众多亚基的线性多聚体。每个分子上亚基的特定顺序决定其信息内容或功能。随着大规模基因组测序数据的获得，人们对不同物种相关分子的序列比较产生了极大兴趣，部分研究者期望把序列上的差异与功能，尤其是与蛋白质功能上的差异联系起来。

大分子序列不仅包含功能方面的信息，也包含进化历史方面的信息。即使在功能保持稳定的大分子中，其序列也要随着时间的推移而改变。事实上，很难区分物种之间的序列差异对分子功能是否重要，仅仅反映了序列随进化时间的推移而随机发生的变化。

对大分子序列随着时间推移而变化的研究，即为分子进化学（molecular evolution）。因为序列随着时间的推移而改变，所以序列差异必然随着时间的推移而累积。这种差异的累积是分子系统发生学（molecular phylogenetics）的基础，分子系统发生学对分子序列进行分析，以推断它们的进化关系。此外，由于生物大分子的序列随着时间推移而改变，所以任意两条序列之间差异的数量，可被视为它们沿着不同的进化路径进化了多长的一个量度。在假设这样一种对等关系时，存在两个问题。第一个问题是，序列的改变存在偶然性，取决于发生了哪些突变，以及这些突变在群体中被固定下来的可能性。如果某个突变型等位基因取代了群体中其他所有的等位基因，就认为该突变型等位基因被固定（fixed）。由于新突变发生的时间是随机的，任意两个分开相同时间长度的分子，其具有差异的位点多一点还是少一点，完全是随机的。在实践中，回避亲缘关系很近（序列差异的期望数目与随机变异为同一数量级）的序列，可使这一问题减到最小。第二个问题是，有些突变可能会增加生物生存和繁殖的能力，从而在群体中被固定下来的机会增大。因而，通过研究DNA、RNA或蛋白质中不大可能包含有利突变的区域，可使这类问题减到最小，但很难确定这些区域的具体位置。

分子进化研究的一个常见目的是估计一组序列的进化关系模式，这种模式称为基因树（gene tree）。之所以称为基因树，是因为它是基于单个基因（或一个基因的一部分，如本例中一样）。下面会讲到，基因树中序列之间的进化关系模式不一定与分类单元之间的进化关系模式一样。可用来估计基因树的方法有多种，并且有若干标准的软件包可用来进行计算。每种方法各有其优势和局限性，因而许多进化生物学家用多种方法来分析数据，希望得到的树只在无足轻重的细节上有差异。最常用的方法有四大类。

1）距离法（distance method）：该法基于每对序列之间差异的数目。

2）简约法（parsimony method）：该法系统地在所有可能的基因树中搜索，以发现那些可用最少的固定突变数目来解释数据的基因树。

3）最大似然法（maximum likelihood method）：该法应用一个关于核苷酸或氨基酸置换如何发生的理论模型，继而找到根据该模型可使实际数据被观察到的概率最大的基因树。

4）贝叶斯法（Bayesian method）：该法是贝叶斯定理的一个推广，根据事先关于基因树可能的分布所做的假设（例如，最简单的一种情况是，所有可能的基因树都有相同的可能性），来推断任一基因树的相对概率。

（六）遗传学与进化

进化（evolution）由基因库中逐渐发生的改变构成。更严格的要求认为，构成进化的改变必须与群体对其环境的逐渐适应有关系。无论采用哪个定义，进化都是因为群体中存在遗传变异，同时，存在有利于最适应环境的生物个体的某种自然选择。遗传变异和自然选择是群体现象，因此习惯上从等位基因频率的角度来讨论。

在群体中，大多数等位基因频率改变的原因有四个，构成了群体遗传特性逐渐改变的基础。分别如下：

1）突变（mutation）：通过基因中自发的、可遗传的改变，是在群体中产生新遗传功能的原因。

2）迁移（migration）：在大群体内部亚群之间个体的迁移。

3）自然选择（natural selection）：导致个体在其环境中不同的生存和繁殖能力。

4）随机遗传漂变（random genetic drift）：等位基因频率随机的、不定向的改变，这在所有群体中均会偶然发生，但在小群体中较容易发生。

（七）分子钟理论

20 世纪 60 年代中期，随着分子生物学的发展，进化研究发生了根本性的变化。人们开始通过分析不同生物体 DNA 序列来研究物种的进化，这样可以突破物种的界限，应用群体遗传学中的统计方法来研究种内或种间的基因进化。1962 年 Zuckerkandl 和 Pauling，以及 1963 年 Margoliash 在研究中发现两个物种间的蛋白质氨基酸序列相似性与两物种分化时间基本上呈线性相关关系。对任何蛋白质或其 DNA 序列而言，其突变在生物进化过程中以大体上恒定的速率发生和积累。通过比较不同物种同源蛋白质的氨基酸或其 DNA 序列的差异，推测分子变异的代换速率，可以确定物种发生进化分歧的时间，这就是著名的分子钟（molecular clock）理论。分子钟理论的进化速率恒定假说一直存有争议，但它为进化论的研究注入了新的活力，已经应用于物种间分化时间的估计以及系统发生树（phylogenetic tree）的建立。

二、核基因的进化和新基因的起源

（一）核酸的进化

1. DNA 含量

现已知，不同物种之间细胞内 DNA 含量具有很大的变异。总的趋势是，高等生物比低等生物的 DNA 含量高，具有更大的基因组，因为生物越高级就越需要大量的基因来维持更为复杂的生命活动。通常，基因组的核苷酸碱基对数（bp）病毒为 0.13 万～2.0 万，细菌平均为 400 万，真菌近 2000 万，而大多数动植物高达数十亿。但生物体 DNA 含量与其进化不一定都有相关性。例如，有种肺鱼的 DNA 含量比哺乳动物高 40 倍，许多两栖动物的 DNA 含量也远远超过哺乳动物。玉米的 DNA 含量是哺乳动物的 2 倍。而具有极高 DNA 含量（1012 bp）的生物却是结构和发育都十分简单的真核生物（如阿米巴虫），这些生物的一些基因具有数以千计的重复拷贝和大量的无功能 DNA 区段。可见单凭 DNA 的高含量还不足以产生复杂的生物。DNA 含量发生进化性的最常见的过程是 DNA 小片段的缺失、插入和重复。在高等植物中还可以看到通过多倍体方式增加 DNA 的含量，而在动物中是罕见的。

2. DNA 序列

分子进化研究显示，不同的基因和同一基因中的不同序列，其进化的模式和速率是不同的。特定 DNA 序列的进化速率能通过比较由共同祖先分化出的两种不同生物的 DNA 序列来加以探讨，因为由共同祖先的一种单个的 DNA 序列经过了独立进化和改变产生了我们现在所见到的两种生物间 DNA 序列的差异。这种差异可以表现为核苷酸对的不同替换，或是不同长度的序列扩增成为多份拷贝，或是基因和其他序列发生易位，等。

这种差异比较除了采用 DNA 测序分析技术外，还可用 DNA 杂交技术。被解离和断成片段的带有放射性标记的 DNA，可以与不同物种的不同量的解离 DNA 反应，同源序列间杂交而形成双链。根据这种反应的程度可估计 DNA 序列中的同源比例。如果两个种间的 DNA 有差异，彼此间核苷酸顺序不相称，这样的杂种 DNA 就比较容易解脱，从而其稳定性下降，相应的熔解温度也较低。由此，根据增加温度时 DNA 双链分开的速度，可以估算出种间 DNA 双链中非互补核苷酸的比例。这个重要的参数称为热稳定值（T_s），是 50%双链 DNA 解离时的温度。杂种 DNA 分子与对照 DNA 分子 T_s 值之差（ΔT_s），大致与杂种 DNA 中不相匹配的核苷酸量成比例。据研究，1℃的 ΔT_s 值大致相当于 6%核苷酸组成上的差异。

不同物种间 DNA 的相似程度反映了物种间的亲缘关系。表 12-1 是通过 DNA 分子杂交技术对一些哺乳动物的非重复 DNA 序列的测定结果。从表 12-1 可见，远缘种之间的核苷酸差异大于近缘种。例如，人类与黑猩猩的核苷酸差异比例是 2.4%，与绿猴为 9.5%，而人与丛猴则为 42%。然而核苷酸对的差异比例不一定与种的分化年代成正比。例如，大鼠和小鼠的亲缘关系较近，但核苷酸差异却达到 30%。

3. 进化速率

进化速率指每年每个核苷酸位点被别种核苷酸取代的比例，即将每个核苷酸位点核苷酸取代的值除以进化的年数即两种物种分开的时间。例如，大部分哺乳动物在 6500 万年以前由相同祖先进化而来，人们发现小鼠和人类的生长激素基因的序列相差 20 个核苷酸，那么该基因改变的速率为每年每个位点取代 4×10^{-9} 个核苷酸。

基因的不同区域所承受的进化压力不同，其进化的速率也不同。表 12-2 列出了哺乳动物基因的不同部分相对的进化速率。

表 12-1　各灵长类与人及绿猴 DNA 的核苷酸差别

供试的物种	测试的 DNA 差别/%	
	人类	绿猴
人类	0	9.6
黑猩猩	2.4	9.6
长臂猿	5.3	9.6
绿猴	9.5	0
罗猴	—	3.5
戴帽猿	15.8	16.5
丛猴	42.0	42.0

表 12-2　哺乳动物基因的 DNA 序列中不同部分的相对进化速率

序列	进化速率/（$\times10^{-9}$）
有功能的基因	
5′端侧翼区	2.36
前导区	1.74
同义编码序列	4.65
非同义编码序列	0.88
内含子	3.70
拖尾区	1.88
3′端侧翼区	4.46
假基因	4.85

由表 12-2 可知，在有功能的基因的编码序列中，涉及同义改变的进化速率很高，而非同义改变的进化速率最低，相差约 5 倍。同义突变并不改变蛋白质的氨基酸序列，对个体一般不造成损害，因此得以保留。相反，编码序列产生的错义突变常因会改变蛋白质中氨基酸的序列，有损个体适应性而被自然选择所淘汰。3′端侧翼区的进化速率也很高，与同义突变相似。尚不知 3′端侧翼区的序列对氨基酸序列有何作用，通常是对基因表达有影响，发生在此区的大部分突变将不会被自然选择所淘汰。内含子的进化率也很高。5′端侧翼区的进化速率并不高，虽然此区既不转录，也不翻译，但它含有基因的启动子，对基因的表达十分重要，其保守序列如 TATA 框就位于此处。保守序列的突变可能会妨碍基因转录，损害生物的适应性，自然选择会淘汰这些突变而使该区的进化速率保持较低的水平。前导区和拖尾区的进化速率比 5′端侧翼区的还要低，虽然这两个区域都不翻译，但将被转录，并为 mRNA 的加工以及 mRNA 附着到核糖体上提供信号，这两个区的核苷酸取代很有限。表 12-2 最后一行中没有功能的假基因进化速率最高，这是由于这些假基因不再编码蛋白质。由于这些假基因的改变并不影响个体的环境适应性，因此也不会被自然选择所淘汰。换言之，如果我们发现了某段序列有很高的进化速率，那么意味着此序列很可能没有什么功能。

4. DNA 长度的多态性

通过缺失或增加一段相对短的核苷酸序列而产生的变异称为 DNA 长度的多态性（DNA length polymorphism），如在黑腹果蝇的乙醇脱氢酶基因中发现了 DNA 长度的多态性。Martin Krietman 测定了这个基因的 11 个拷贝，发现除了核苷酸序列存在变异外，这 11 个拷贝中有 6 个插入和缺失。所有这些突变都发生在内含子和 DNA 的侧翼区内，在外显子中未发现有这种情况。外显子中的插入和缺失常会改变 ORF，因此它们将受到选择的作用。结果使插入和缺失通常只发生在 DNA 的非编码区。另一种 DNA 长度多态性涉及特殊基因拷贝数多少的差异。例如，在个别果蝇中，核糖体基因拷贝数发生广泛的变化，棒眼基因的拷贝数在突变体中也常不同。转座子的拷贝数在个体中变化也很大，可能引起某些 DNA 长度的多态性。

5. 多基因家族

在真核生物中常会发现基因的多拷贝，这些拷贝的序列都相同或相似。这样的一组基因称为多基因或多基因家族（multigene family）。这样的一组基因是由同一个祖先基因通过重复进化而来，基因家族的成员可以彼此形成基因簇或分居于不同的染色体上。

珠蛋白的基因家族就是一个多基因家族，它们由编码珠蛋白分子多肽链的基因组成。在人类的 16 号染色体上发现了 7 个 α-珠蛋白基因，在 11 号染色体上发现了 6 个 β-珠蛋白基因。在动物中也发现了珠蛋白基因，甚至在植物中也发现了类似珠蛋白基因，表明这是一个非常古老的基因家族。在多种动物中几乎所有有功能的珠蛋白基因结构都相同，由 3 个外显子组成，中间间隔着 2 个内含子。但珠蛋白基因的数量和次序在各种动物中是不同的。由于所有的珠蛋白基因的结构和序列都是相似的，因此可能存在着一个原始的珠蛋白基因（多半与现在存在的肌红蛋白基因相关），经重复和歧化而产生了原始的 α-珠蛋白基因和 β-珠蛋白基因。植物的豆血红蛋白基因与珠蛋白基因相关。植物豆血红蛋白基因存在着很多原始的类型，它有一个额外的内含子，尚不清楚是由一个额外的内含子插入到植物的相应基因中，还是其他种属的进化路线中丢失了此内含子。

对哺乳动物肌红蛋白单个基因的了解，为我们提供了追踪珠蛋白基因的线索。肌红蛋白基因是约在 8 亿年以前与珠蛋白在进化路线上分开的。肌红蛋白基因的组成与珠蛋白基因相似。因此我们可以将 3 个外显子结构看成是它们共同的祖先。

某些原始的鱼类只有单个类型的珠蛋白链，因此它们必然是在珠蛋白基因尚未发生重复前就歧化了出来。这个基因重复后经突变形成 α-珠蛋白和 β-珠蛋白两种不同的基因，在某些两栖动物中就含有 α 和 β 连锁的珠蛋白基因，即幼体型和成体型。后来进一步重复，在哺乳动物中形成了 α-珠蛋白家族和 β-珠蛋白家族。重复在进化中是常发生的。在某些人类群体中珠蛋白基因的拷贝数是有变化的。例如，大部分人在 16 号染色体上有两个 α-珠蛋白基因，但有些个体在此染色体上只有一个 α-珠蛋白基因，而另一些个体有的甚至有 3 或 4 个 α-珠蛋白基因。这表明在多基因家族中基因的重复和缺失是恒定的进行过程。

基因重复和缺失常常是由于不等交换所致。重复也可以通过转座而产生。随着基因的重复，基因拷贝的分离可能经受序列的改变。在有的情况下，突变会使基因拷贝变得无功能，从而产生假基因。在另一些情况下，核苷酸序列的改变也可导致基因产生的蛋白质具有不同的功能。

（二）新基因的起源：直系同源基因和旁系同源基因

在进化过程中，新基因通常来自事先存在的基因，新基因的功能从先前基因的功能进化而来。新基因的原材料来自基因组区域的重复，这种重复可包括一个或多个基因。重复发生的相当频繁。对多种真核生物基因组序列的分析表明，包含 3 万个基因的真核基因组，预计每百万年可发生 60～600 次重复。

从进化的角度来看，需要区分两种类型的重复。第一种类型以 β- 珠蛋白为代表。每次发生物种形成事件时（以基因树的一次分支的形成来表示），β- 珠蛋白基因在这样的意义上被重复：每个派生物种具有存在于亲本中的 β- 珠蛋白基因的一个拷贝。作为物种形成的伴随事件而被重复，并继续保持相同功能的基因，称为直系同源基因（orthologous gene）。

新的基因功能可由在单个物种的基因组中发生的重复引起，在一个基因组内部的重复导致旁系同源基因（paralogous gene）。旁系同源基因的一个例子是 β- 珠蛋白基因和 α- 珠蛋白基因。虽然现在这两种基因差别明显，但它们在序列上的相似性足以清晰地表明，它们起源于一个遥远的共同祖先中的单个基因。因此，β- 珠蛋白基因和 α- 珠蛋白基因是旁系同源基因。

当发生基因重复时，旁系同源基因是冗余基因，因而其中一个基因可不受限制地沿任意路径进化。大概最常见的事件是，其中一个旁系同源基因发生一个破坏其功能的突变，或发生一个使其被去除的缺失。但偶尔会发生导致两个旁系同源基因的功能出现分歧的突变。例如，它们可能会进化出不同的最适 pH，以致其中一个基因的产物在一些相对碱性的细胞区室中性能最佳，而另一个基因的产物在相对酸性的细胞区室中性能最佳。或者遗传重排可将两个无关的基因融合，产生新的活性。基因重复也使旁系同源基因拷贝能够进化出更为特化的功能。

（三）新基因的起源与进化

随着人类和其他一系列物种全基因组序列的测定，人们发现不同生物在基因组大小及基因数目上存在巨大的差异。例如，一种支原体 *Mycoplasma genitalium* 基因组大小为 5.8×10^5 bp，仅含 470 个基因，而人的基因组大小为 3.0×10^9 bp，基因数目约为 3 万多个，两者基因数目相差数十倍。从横向上看，正如我们在果蝇中所观察到的，即使分化时间很短的近缘物种间，基因的种类和数目也不尽相同，说明生物进化的过程伴随着基因组的大小及基因数目的不断变化。由此引出一个根本性的生物学问题：这些新基因是如何产生的？对此问题的了解还有助于我们解决其他一些进化生物学的问题，如种的形成和分子进化与物种进化的关系等。此外，可能还有应用科学上的意义。例如，知道了自然界怎么产生基因的规律后，会对人类设计制造新的生物活性药物有指导作用。

人们对新基因起源这一问题的兴趣可以追溯到 20 世纪 30 年代，尽管当时对遗传物质的本质还没有清晰的认识，Haldane 和 Muller 就已提出通过基因重复可以产生新的基因。此后，得益于分子生物学实验手段的进步和遗传学的发展，人们进一步认识了基因的本质，观察到大量的实验现象，如染色体重复、基因家族和断裂基因等，并在此基础上提出了一些新基因产生的假说。80 年代中期以后，大规模基因组序列信息的获得以及分子进化和群体遗传学理论的成熟，更使得在基因组水平的理论预测成为可能。然而由于基因组中的大多数基因产生太早，在漫长的进化时间中积累的大量突变早已湮没了大部分重要的进化信息，无论是基因最初产生的分子机制还是随后在群体中扩散并最终固定下来的群体动力学过程，都已无法直接观察和检测。因此直到 90 年代以前，有关这一问题的探讨基本上是设想性或理论性的。人们迫切需要能够获得一些年轻的新基因起源的实例，使人们能够以实验的手段近距离观察并阐明新基因起源的分子机制和进化的动力学过程。

1993 年，华裔学者龙漫远等发现了第 1 个年轻基因——精卫基因（*jingwei*），从此，新基因起源的研究进入了一个新的时期。此后，又有司芬克斯（*sphinx*）基因和猴王基因（*monkeyking*）等大约 20 多个年轻基因被报道。与那些古老的基因相比，年轻基因可以提供给人们新基因进化早期的结构、序列信息，有助于推断其起源机制及进化力量。

通过对已发现的这些年轻基因的研究，我们已得到了新基因起源与进化的一些基本认识。对此，Long 等已作了很好的总结。但为了能够归纳和总结新基因发生的分子机制和进化过程的一般规律，我们还有必要发现和研究更多的年轻基因。随着基因组数据的快速积累，目前这一领域发展迅速，而国内对这一新兴研究方向还比较陌生。本部分将对这一领域目前发展的概况作一介绍，并就我们的理解提出一些待解决的问题及简要介绍今后的研究方向。

1. 新基因产生的分子机制

有关新基因起源的分子机制，Long 等已作过系统的介绍，其主要有基因重复（gene duplication）、外显子混编（exon shuffling）、逆转录转座子（retrotransposition）、可移动元件（mobile element）、基因水平转移（gene lateral transfer）和基因分裂与融合（gene fission and fusion）等。下文简述几种主要机制。

（1）基因重复

基因重复是人们最早认识到的新基因产生机制。经典理论认为，通过重复产生的冗余拷贝，由于不受或很少受到选择压力，不断积累各种突变，与原基因（parental gene）产生分化，最终可能产生具有新功能的基因。根据重复区域的大小，基因重复可分为单个基因重复、部分基因组重复（segmental duplication）和整个基因组重复（genome duplication）（即多倍体化）。单个基因重复和部分基因组重复主要通过不等交换产生，而整个基因组重复是有丝分裂或减数分裂过程中发生错误产生的。根据前人的研究，基因重复是新基因产生的重要来源之一。Lynch 和 Conery 利用果蝇、酵母、线虫、鸡、鼠和人的全基因组信息对基因重复的频率做了保守的估计，约为每基因每百万年 0.01 次。科学家分别对酵母、线虫、拟南芥、果蝇和人的基因组序列进行分析，发现由基因重复产生的基因家族所包含的基因数占整个基因组的百分比在上述 5 个物种中分别达到 30%、48%、60%、40%、38%。Gu 等利用多个物种的基因组序列，发现大规模的和小规模的基因重复都对脊椎动物的基因组进化有着重要影响。

（2）外显子混编

外显子混编是指由来自不同基因的 2 个或多个外显子相互接合，或基因内部的外显子产生重复而形成新的基因结构。20 世纪 70 年代，在真核生物中发现断裂基因后，Gilbert 提出，通过内含子介导的重组，不同基因的外显子可发生互换，使得原基因结构发生变化，可能产生新的基因。随后发现的实例证实了这一理论。人们现已发现外显子混编可以由异常重组（illegitimate recombination）和返座子介导的外显子插入等产生。此外，相邻基因间序列的缺失产生的基因融合也可造成外显子混编。Patthy 通过对大量蛋白质家族结构域的分析、Long 等通过对内含子相位的分析以及 Li 等对 5 个真核生物基因组的共享结构域的分析，都发现真核生物中相当比例的基因是由外显子混编产生的。这些在基因组水平的分析以及大量发现的实例使人们认识到外显子混编在真核生物的新基因产生中扮演着重要角色。

（3）逆转录转座子

逆转录转座子是指转录产生的 RNA 通过逆转录合成 cDNA 插入到基因组的过程。由于通过逆转录转座子产生的新拷贝一般不含启动子和调控序列，使得大部分产生的序列成为假基因。然而，在特殊情况下，逆转录转座子序列通过原基因不正常转录携带有启动子，或者插入到基因组后获得外源调控序列而具有表达活性，进而可形成新的表达特异性或新的功能。从这个意义上，Brosius 称逆转录转座子为进化的“种子”。由于真核生物基因组中具有丰富的逆转座子序列（如 LINE 序列在人中有 10 万个拷贝），它们可介导产生逆转录转座子基因，因此逆转录转座子作为新基因产生的一种机制越来越受到人们的重视。

（4）可移动元件

可移动元件包括转座子和逆转座子。过去人们认为它们是自私基因，仅仅是为了增加其在基因组中的拷贝数。然而，现在人们认为它对新基因的产生也有着积极的贡献。可移动元件可以插入到原基因的外显子和内含子中，形成新的外显子，使基因结构发生变化，可能导致新基因的产生。哺乳动物中含有大量可移动元件（如人的基因组中 Alu 序列有 30 万～60 万个拷贝），使得可移动元件的插入频繁发生。Nekrutenko 等通过对人的基因组分析后，发现编码蛋白质的基因中有 4%的外显子是通过可移动元件的插入产生的。

（5）基因水平转移

基因水平转移是指遗传物质从一个物种通过各种方式转移到另一个物种的基因组中。在原核生物中，转化、转导、接合和转染等现象频繁发生。因此，基因水平转移对原核生物的基因组贡献相当大。Ochman 等发现一些细菌基因组的 16%是通过基因水平转移获得的。对于真核生物，基因水平转移主要通过逆转录病毒介导，并且对基因组影响不大。这些通过水平转移产生的外源基因在选择的作用下，经过突变积累、功能分化，可能形成新的基因。因此，基因水平转移也是新基因的来源之一。例如，一种毛滴虫（*Trichomonas vaginalis*）通过水平转移获得了嗜血菌（*Haemophilus influenzae*）的一种裂解酶，此裂解酶通过插入获得了 24 个氨基酸构成的一段信号肽，使其由胞内酶变成了胞外酶。

2. 新基因在群体中的固定

对于新基因的起源来说，通过不同机制产生的新拷贝只是提供了进化的原材料，如同大部分的突变会在进化过程中丢失一样，这些新拷贝也可能面临同样的命运。按照中性理论的估计，一个突变在群体中被固定的概率只有 1/2Ne（Ne 为有效群体大小），并且由于大量的突变为有害突变，即使固定下来的新拷贝也有很大一部分成为假基因，而只有其中一小部分能够保留原功能或成为具有新功能的基因。那么新的基因是如何在群体中固定下来的，在其进化的过程中又受到什么作用的支配呢？这是新基因起源及进化研究的另一个重要方面。

到目前为止，在已发现的新基因中，通过基因重复、外显子重排、逆转座及可移动元件等产生的新基因占绝大多数，但对其固定过程中动态变化的模型研究较多的主要集中在基因重复。其研究最早可以追溯到 1933 年 Haldane 的突变模型。随后 Fisher、Nei、Bailey 等，Kimura 和 King 以及 Li 等各自提出并发展了一系列新的模型，在这些模型中提出大部分的重复基因只可能是通过无功能的形式保存下来。阐明新功能基因的模型到 Ohta 才发展起来，到 Walsh 才形成了较完整的体系。Walsh 认为，在 $\rho S>>1$ 时（ρ 为有利突变对无功能突变率的比；$S=4\ Ne\cdot s$，其中 Ne 为有效群体大小，s 为选择系数），新功能基因可能被固定下来，概率为 $1-(\rho S)^{-1}$，并提出正选择（positive selection）在进化过程中是一个重要的推动力。但是为了解释真核生物中存在大量具有亚功能重复基因的现象，Force 等提出了复制—退化—互补模型（duplication-degeneration-complementation model，DDC model）。该模型认为，许多基因可能含有多个功能区域，基因重复后不同区域的互补失活会迫使2个拷贝都必须保留下来，从而导致基因的亚功能化（subfunctionalization），并指出以这种形式固定的基因随亚功能区域的数目及其突变率而增加。

以上几个模型在一定程度上描述了中性选择、正选择在进化过程中的作用。Walsh 和 Ohta 认为中性选择与正选择都会在新基因形成过程中起作用，特别在一个大群体中，选择将大大增加形成新基因的概率。

Gu 等对基因重复后功能分化的问题做了大量的研究。基于位点进化速率的改变，Gu 等提出了统计学的方法预测那些基因重复后有功能分化的拷贝，并且进一步检测出那些对功能分化有重要贡献的氨基酸位点。将此方法应用到一些蛋白质家族的分析，结果表明基因重复后的功能分化可能是一种普遍现象。

但是，人们对于新基因产生中的实际群体动力学过程仍不得而知。目前，我们对年轻基因起源的研究正是希望通过发现更多保留大量进化信息、可检验的实例，认识这一问题的真实过程。现已发现的新基因都不同程度地观察到正选择的作用，表明由选择驱动的快速进化在新基因的诞生过程中是一个普遍现象。例如，对叶猴中的胰核糖核酸酶基因的分析结果表明，其错义替换率（nonsynonymous substitution rate，0.0310）显著地高于同义替换率（synonymous substitution rate，0.0077），显示其进化过程受到了强烈的正选择作用，从而适应其在胃中消化细菌 RNA 的新功能。Moore 等在拟南芥（*Arabidopsis thaliana*）基因组数据库中筛选出3个年轻基因分别产生于0.24、0.5、1.2百万年（Ma）前，数据分析表明其中2个基因在固定过程中受到正选择作用，并认为这最终决定其固定的命运。

三、蛋白质的进化

在蛋白质进化方面，研究最多的是血红蛋白和细胞色素 c。如果比较不同生物所具有的蛋白质的不同组成，就可以估测它们之间的亲缘程度和进化速度。现以人类和其他一些物种的细胞色素 c 存在差异的氨基酸数目为例，说明人类与其他物种的进化关系（表 12-3）。

表 12-3　人类和其他一些物种细胞色素 c 的氨基酸差异数和最小突变距离的比较

物种	氨基酸差异的数目	最小突变距离
人类	0	0
黑猩猩	0	0
恒河猴	1	1
兔子	9	12
猪	10	13
狗	10	13
马	12	17
企鹅	11	18
蛾	24	36
酵母菌	38	56

细胞色素 c 的氨基酸分析表明，人类与黑猩猩、猴子等亲缘关系比与其他哺乳动物的近，与哺乳动物的亲缘关系又要比与昆虫的近，与昆虫的关系更要近于与酵母菌。一个氨基酸的差异可能需要多于一个的核苷酸改变。当不同物种蛋白质的氨基酸差异进一步以核苷酸的改变来度量时，用最小突变距离表示（表 12-3）。采用物种之间的最小突变距离，可以构建进化树（evolution tree）和系统发生树。

不同物种的蛋白质、DNA 和 mRNA 等大分子的差异不仅可以用于构建种系发生树，还可用于估算分子的进化速率。

分子进化速率取决于蛋白质或核酸等大分子中的氨基酸或核苷酸在一定时间内的替换率。生物大分子进化的特点之一是，每一种大分子在不同生物中的进化速率都是一样的，并且与年代间隔以及所处环境无关。蛋白质分子进化速率计算公式：

$$K_{aa}=(d_{aa}/N_{aa})/2T$$

式中，d_{aa} 为两种同源蛋白质中氨基酸的差异数，N_{aa} 为同源蛋白质中氨基酸残基数，T 为2种生物的分歧进化时间。每个密码子每年的突变频率约为（0.3～9）$\times10^{-9}$。

细胞色素 c 的进化速率是 0.3×10^{-9}，可以计算人类与其他物种的分歧时间（表 12-4）。人类与恒河猴的分歧时间约为0.16亿年，而与兔子、猪、狗和马等哺乳动物的分歧时间约在2亿～3亿年。人类大约在7亿年前与蛾等昆虫分歧，在约11亿年前与酵母菌等真菌分歧。这些估算的理论基础就是前已述及的木村提出的分子进化中性学说，即假设分子进化速率在不同物种及同一物种的不同进化时期都是恒定不变的。大量研究结果表明，由于自然选择的作用，分子进化速率在不同物种或不同进化时期可能不尽相同。因此，利用生物分子进化钟的速率，只能粗略地估算物种的进化分歧时间。

表12-4　基于细胞色素c估算的人类与其他一些物种的分歧时间

物种	与人类分歧的时间/10^9年
人类	—
黑猩猩	0
恒河猴	0.016
兔子	0.204
猪	0.223
狗	0.223
马	0.297
企鹅	0.317
蛾	0.708
酵母菌	1.128

四、自然选择与适应的形成

（一）自然选择

在突变改变基因频率的过程中，只要知道突变率，就能预知其引起等位基因频率改变的方向和速率，但这种改变是否增加或减少生物体对环境的适应却是随机的。自然选择（natural selection）过程是与生物的适应和高度组织化的特性相关联的，因而自然选择是最重要的进化过程。进化不仅仅是各种生物体的发生和绝灭，而更重要的是生物与其生存环境相适应的过程，因为具有与环境适合较好的表型的个体，在竞争中有更多的生存机会从而留下较多的后代。根据这一事实，自然选择作用是指不同的遗传变异体的差别的生活力（viability）和/或差别的生殖力（fertility）。从这一种观点出发，达尔文所指的自然选择正如Th.Dobzhansky精辟归纳的：自然选择的本质就是一个群体中的不同基因型的个体对后代基因库做出不同的贡献。

1. 达尔文适合度

度量自然选择作用的参数是达尔文适合度（Darwinian fitness）（或适应值）。一个已知基因型的个体，把它们的基因传递到其后代基因库中去的相对能力，就是该基因型个体的适应值（adaptive value）。适应值是一个统计概念，表示一种基因型的个体在某种环境下相对的繁殖效率或生殖有效性的度量。显然适应值要受生存能力的影响，因而，隐性致死基因的纯合体在成熟前死亡，不可能留下后代，其适应值显然为零。而个体的体力，即它的生活力，只是决定其适应值的变异因素之一。一种基因型的拥有者，不管他们自身如何健壮，若因某些原因没有留下后代，其适应值仍然为零。但另一方面，一个等位基因若能使其携带者的繁殖力增加1倍，而平均寿命减少10%，尽管它有缩短寿命的属性，仍将比其他等位基因适合度高。最常见的例子是鸟类的育雏性，一只花费大量能量喂养幼鸟的成鸟与另一只将所有食物自己享用的成鸟相比，虽然其自身的寿命较低，但最终自私的成鸟不会留下成活的后代，所以在自然选择中的优胜者是前者。

适合度（fitness）一般用相对的生育率来衡量。将具有最高生殖效能的基因型的适应值定为1，用其他基因型与之相比较时的相对值表示适合度，一般记作ω。并且认为一个群体的全部个体的平均适合度就是该群体的适合度。表12-5举例说明了计算不同基因型的相对适合度的基本方法。

表12-5　适合度的计算

参数	基因型			
	AA	Aa	aa	总数
a 当代个体数	40	50	10	100
b 每种基因型个体产生的下一代个体数	80	90	10	180
b/a 每个个体的平均子代数	80/40=2	90/50=1.8	10/10=1	
适合度（相对生殖率）	2/2=1	1.8/2=0.9	1/2=0.5	

显然，计算是分两步进行的，首先算出每种基因型的个体在下一代产生的平均子代数。其

次，每种基因型的平均子代数与最佳基因型的平均子代数相比较。

2. 选择系数

另一个与选择有关的参数为选择系数（selective coefficient），通常用 S 表示。S 是测量某一基因型在群体中不利于生存的程度，亦即在选择的作用下降低的适合度，是自然选择的强度，即选择压（selection pressure）的度量，$S=1-\omega$。显然适合度 ω 可用 $1-S$ 来表示。在表 12-5 中，基因型 AA 的 $S=0$，Aa 的 $S=1-0.9=0.1$，aa 的 $S=1-0.5=0.5$。

3. 选择对隐性纯合体的作用

在一个大的随机交配群体中，选择是造成基因频率改变的最重要力量，这种改变是进化中的一个基本步骤。所谓选择效应是指自然选择所引起的群体中基因及基因型频率在大小和方向上的改变。

（二）适应性进化

适应性进化（adaptation evolution）是指通过遗传变异增加在特定环境中生存和繁殖的可能性的过程，它的产生来自于多个进化驱动力（如选择、遗传漂变、突变和迁移等）之间的相互作用，并且已经成为许多理论研究的焦点。适应性（adaptation）是生物的形态结构、生理功能、行为习惯等或整个生物体适合于一定的生态环境的特征，具有普遍性和相对性。对于一个物种广泛分布的不同种群，空间环境变异所导致的是不同种群对本地非生物或生物条件的适应，最终由于有利于增强适应性表型的出现而产生本地适应性（local adaptation）。因而，适应性指的是本地适应性，适应性进化也就是指本地适应性的形成。

出现本地适应性的关键先决条件是存在产生不同选择压力的空间异质环境，以及在什么程度上取决于不同进化驱动力量之间的平衡。第一，本地适应性对基因流和自然选择之间的平衡最为敏感。当基因流动有限时，可以在分离的群体中维持专门的基因型，这有利于本地适应性的发展。然而，当基因流非常大时，最好的情况是处于平均状态，群体入侵或者本地适应性消失“基因淹没”。第二，遗传漂变的数量也可能影响本地适应性。遗传漂变预期通过减少加性遗传方差和减少基因型数量的随机固定来减少本地适应性。有趣的是，上述预测中的一些可能会在时间上随环境的变化而被修改。通常，中等水平的基因流可能会带来本地适应性的最大化。如果选择压力发生改变，基因流可以通过增加本地遗传变异来促进适应。在对立相互作用的背景下，快速变化的选择压力与不断升级的性状必然导致动态的“军备竞赛”共同演化，或“红皇后”动态与等位基因频率的周期性波动。

可遗传的介导表型适应性的基因变异对进化和生态学具有重要意义。近年来分子生物学、基因组学和测序技术的不断发展，使我们能够更容易揭示适应性进化的遗传和进化机制。识别鉴定基因组上控制适应性相关的基因区域主要采用了三种不同的方法，称为正向遗传学（forward genetics）、反向遗传学（reverse genetics）和候选基因（candidate gene）方法。正向遗传学方法寻求识别已知适应性特征的遗传基础，如全基因组关联分析（GWAS）和数量性状基因座（QTL）作图，利用表型测量并将其与基因型数据联系起来。而反向遗传学方法是使用基因组信息来识别适应性遗传变异的特征，并将它们与进化过程和环境变化联系起来，如群体基因组学或景观基因组学方法。正向和反向遗传学方法目前都受益于测序技术的最新进展，尽管其应用仍然面临与数据存储、分析和成本相关的几个挑战。另外，候选基因方法依赖于有关参与其他生物体适应性进化形成的基因的现有研究，性状变异与等位基因多态性之间的相关性表明候选基因在形成适应性性状中的应用。任何上述方法，单独或经常组合使用，可以高效定位到适应性相关基因。这些候选基因的进一步验证可以受益于基因表达模式的探索和功能测定，如敲除、下调或转基因的应用。最后，推定这些候选功能基因和适应性之间的联系还需要实施生态选择实验，测试这些不同等位基因的适应性响应。

（三）表型适应性研究

研究受到不同选择的性状和其响应的生态因素是理解适应性进化的首要步骤。1922 年 Turesson 首次使用这些实验来证明种群性状的变异是具有适应性和遗传性的。他创造了术语生态型

“ecotype”来描述适应特定环境条件的遗传上不同的群体。在 Turesson 的开创性工作之后，开展了大量本地适应性研究，并确定了在广泛生物体中形成其适应性量级的因素。例如，通过对适应性性状的实验调查，来观察候选性状的差异，推断对本地环境条件的适应，但是这种方法依赖于适度数量的相关和可测量适合度特征的存在。

本地适应性的严格标准是：一个种群在其本地生境要比其他引入种群具有更高的适合度。其强调两方面的内容：首先，从本地适应性的角度来看关键是比较本地基因型与来自每个测试栖息地移植基因型之间的相对适合度；其次，生物重复的单元是种群，需要研究两个以上的种群以区分本地适应性的模式以及其他形式的种群对测试栖息地的相互作用模式。适合度指的是个体基因型对下一代的贡献，近等于生存和繁殖成功的测量。在同质园试验中，所有实验植物共享相同的环境条件，不同种群间的性状差异是对其本地生境适应性进化形成的可遗传变异，而不是由于表型可塑性产生的差异，由此将原生种群的适合度与移植引入种群（或所有种群）的适合度进行比较，从而揭示不同种群间介导本地适应性的表型性状。

最常见的方法是使用一个或多个性状的表现作为适合度的度量。使用这样的性状作为适应性度量的工作假设是它们与适合度单调相关，即在所有种群中都受到稳定性选择。然而，在任何情况下都要仔细考虑给定特征性状与实际适合度的关系，这种关系通常能够通过对选择梯度的测量来验证。因而，一种识别适应性特征的方法包括分析当地栖息地内多变量的适合度梯度，估计特征性状和适合度之间的关系（通常基于差异显著性和回归分析），同时控制其他特征。适合度梯度分析也有助于确定不同选择代理：适合度梯度中的栖息地之间的差异应当与导致不同选择的环境因素差异相关。这种方法已经被广泛用于描述自然种群中的自然选择，可以提供选择性状的重要见解，特别是如果它与其他方法结合，并且其解释是由物种生物学知识指导的。

（四）适应性分子进化研究

建立适应性性状的遗传和分子基础，阐明基因型和表型之间的联系，以及进化过程一直是适应性进化研究的重要焦点。目前常用于检测适应性进化选择位点的研究方法主要有以下几种：正选择是一种重要的进化机制，其揭示了有益于本地适应性的基因突变随着时间推移在种群或物种中的固定，通常以非同义替换率（K_a/K_s）作为蛋白质编码基因受到正选择的信号。连锁作图依赖于实验室中产生遗传变异和重组群体的杂交作图子二代，利用统计分析适应性性状的数量变异与跨越基因组分布的分子标记的关联，鉴别导致表型分化的染色体区域。全基因组关联分析类似于 QTL 研究，也是基于表型和基因型的相关性，利用野生种群中的历史重组来检测分散在基因组上的分子标记与感兴趣的适应性性状之间的非随机关联。景观基因组学（landscape genomics）是基于基因组扫描的方法，通过鉴定与环境变量异常强相关的等位基因频率来揭示本地适应性的生态遗传机制。同时，基于上述几种对特异选择位点的鉴定方法，但是为了找到涉及适应的基因和调控机制还需要对基因的表达模式、分子和生态功能进行实验验证。相对于上述群体遗传学和群体基因组学方法中需要大规模的群体测序，正选择只需要对群体中的一个随机个体进行全基因组测序，然后以该基因组编码序列比对其他群体或其他近缘物种的参考基因组编码序列进行正选择分析，本部分主要采用正选择方法开展适应性分子进化研究。

分子进化中性理论认为在分子水平上，即在基因组水平上的多态性，取决于那些没有适合效应的中性突变的随机固定，也就是中性突变的随机漂移决定了基因组上的大多数突变。中性理论强调遗传漂变的作用，但也没有否认选择的作用，它承认形态、行为和生态性状，即生物的表现型是在自然选择下进化的。中性理论与达尔文进化论并无本质上的冲突。中性突变主要分为同义突变和非同义突变：同义突变，改变遗传密码子碱基而不改变氨基酸，不影响蛋白质结构和功能进而在自然选择中得以积累；非同义突变，即同时改变遗传密码子和氨基酸的突变。一般来讲，绝大多数的这类改变对生物都是有害的，所以在自然选择中受到负选择而被淘汰。但同时还有极少量的非同义突变对生物是有利的，这部分突变的积累与适应性进化有关，可以提高生物种群的适合度，甚至可以导致新种的形成。在没有适应性进化的前提下，非同义突变和同义突变将以相同的速率被固定下来，使得非同义突变与同义突变的比率近似等于 $\omega=K_a/K_s=1$；如果非同义突变是有害的，则负选择（净化选择）会将降低其固定速率，即 $0<\omega<1$。如果非同义突变有利于生物的适合度，则其被固定的速率将高于同义突变，使得 $\omega>1$。因此，可以通过计算编码基因序列的 ω 值来检测适应性选择位点是否存在。

五、物种形成与种群基因组成变化

（一）物种的概念

自然界的生物群体是物种结构的一个组成部分，也是物种形成的基础。物种是具有一定形态和生理特征以及一定自然分布区的生物类群，是生物分类的基本单元，也是生物繁殖和进化的基本单元。

达尔文认为物种就是比较显著的变种。物种之间一般有明显的界限，但这个界限不是绝对的，所以物种和变种并没有本质上的区别，前者是后者逐渐演变而来的。对于现代生物学，界定物种的主要标准是能否进行相互杂交。凡是能够杂交而且产生能生育的后代种群或个体，就属于同一个物种；不能相互杂交，或者能够杂交但不能产生能育后代的种群或个体，则属于不同的物种。例如，水稻和小麦不能相互杂交，所以水稻和小麦是属于不同的物种。又如，马和驴能够相互杂交产生骡子，但所得杂种不能生育，所以马和驴也属于不同的物种。

对于一些古生物或非有性繁殖的生物，很难应用相互杂交并产生后代的物种标准，通常采用形态结构上的以及生物地理上的差异作为鉴定物种的标准。在分类学中实际上仍然是以形态上的区别为分类的标准。还要注意生物地理的分布区域，因为每一物种在空间上都有一定的地理分布范围，超过这个范围，它就不能存在；或是产生新的特性和特征而转变为另一个物种。

从遗传学的研究得知，物种之间的遗传差异比较大，一般涉及一系列基因的不同，也往往涉及染色体数目上和结构上的差别。在不同的个体或群体之间，由于遗传差异逐渐增大它们就可能产生生殖隔离（reproductive isolation）。生殖隔离机制是防止不同物种的个体相互杂交的环境、行为、机械和生理的障碍。生殖隔离可以分为两大类（表 12-6）：①合子前生殖隔离，能阻止不同群体的成员间交配或产生合子。②合子后生殖隔离，是降低杂种生活力或生殖力的一种生殖隔离。这两种生殖隔离最终阻止群体间基因交换。

表 12-6　生殖隔离机制的分类

①合子前生殖隔离	
生态隔离	群体占据同一地区，但生活在不同的栖息地
时间隔离	群体占据同一地区，但交配期或开花期不同
行为隔离	动物群体雌雄间不存在性吸引
机械隔离	生殖结构的不同阻止了交配或受精
②合子后生殖隔离	
杂种无生活力	F_1 杂种不能存活或不能达到性成熟
杂种不育	杂种不能产生有功能的配子
杂种衰败	F_1 杂种有活力并可育，但 F_1 世代表现活力减弱或不育

地理隔离（geographic isolation）是一种条件性的生殖隔离。地理隔离是由于某些地理的阻碍而发生的。例如，海洋、大片陆地、高山和沙漠等，使许多生物不能自由迁移，相互之间不能自由交配，不同基因间不能彼此交流。这样，在各个隔离群体里发生的遗传变异，就会朝着不同的方向累积和发展，久之即形成不同的变种或亚种，最后过渡到生殖上的隔离，形成独立的物种。

地理隔离首先促使亚种的形成，然后进一步由亚种发展成新的物种。这就是说，由于较长时期的地理隔离，不同亚种间不能相互杂交，使遗传的分化得到进一步的发展，而过渡到生殖隔离。这时，不同类群就发展到彼此不能杂交，或杂交后不能产生能育的后代。

隔离是巩固由自然选择或人工选择所累积的变异的重要因素，它是保障物种形成的最后阶段，所以对物种形成是一个不可缺少的条件。

（二）物种形成的方式

根据生物发展史的大量事实，物种的形成可

以概括为两种不同方式：一种是渐变式的，在一个长时间内，旧的物种逐渐演变成为新的物种，这是物种形成的主要形式；另一种是爆发式的，这种方式是在短期内以飞跃形式从一个种变成另一个种，它在高等植物，特别是种子植物的形成中，是一种比较普遍的形式。

1. 渐变式

渐变式的形成方式是先形成亚种，然后进一步逐渐累积变异而成为新种。其中又可分为两种方式，即继承式和分化式。

继承式是指一个物种可以通过逐渐累积变异的方式，经历悠久的地质年代，由一系列的中间类型过渡到新的种。例如，马的进化历史，就是这种方式。

分化式的形成方式是指一个物种的两个或两个以上的群体，由于地理隔离或生态隔离，而逐渐分化成两个或两个以上的新种。它的特点是由少数种变为多数种，而且需要经过亚种的阶段，如地理亚种或生态亚种，然后才变成不同的新种。例如，棉属（*Gossypium*）中一些种的变化就属于这种形式。

渐变式的物种形成方式在地球历史上是一种常见的方式，通过突变、选择和隔离等过程，首先形成若干地理族或亚种，然后因生殖隔离而形成新种。

2. 爆发式

爆发式的形成方式不一定需要悠久的演变历史，在较短时间内即可形成新种。一般也不经过亚种阶段，而是通过染色体的变异或突变以及远缘杂交和染色体加倍，在自然选择的作用下逐渐形成新种。

远缘杂交结合多倍化，这种方式主要见于显花植物。在栽培植物中多倍体的比例比野生植物多。所以这种物种形成方式与人类有密切的关系。根据小麦种属间大量的远缘杂交试验分析，证明普通小麦起源于两个不同的亲缘属，逐步地通过属间杂交和染色体数加倍，形成了异源六倍体普通小麦。科学家已经用人工方法合成了与普通小麦相似的新种。

人工合成的斯卑尔脱小麦与现有的斯卑尔脱小麦很相似，它们彼此可以相互杂交产生可育的后代。已知普通小麦是由斯卑尔脱小麦通过一系列基因突变而衍生的，因此这一事实有力地证明现在栽培小麦的形成过程。

多倍体现象在棉属的进化历史中也起了重要作用。草棉（*G.herbacum*）和树棉（*G.arboreum*）各有26条染色体；陆地棉（*G.hirsutum*）和海岛棉（*G.barbadense*）各有52条染色体；后者恰为前者的二倍。根据棉属内各种间亲缘关系的研究，陆地棉很可能是非洲的草棉（$2n=26$）和美洲野生的雷蒙地棉（*G.raimondii*，$2n=26$）杂交后产生的双二倍体。

陆地棉的生殖细胞有26条染色体，可以区别为染色体大小不同的两个染色体组，每组13条；较大的一组与草棉相似，较小的一组则与美洲野生棉相似。当陆地棉与它们分别杂交时，其同型染色体组有联会现象。由此可以证明，陆地棉的两个染色体组是来源于这两个棉种。同时，由非洲的草棉和美洲野生棉杂交后所获得的双二倍体，在多个特征上都与陆地棉相近似，也可作为这个论断的证明。

烟草属（*Nicotiana*）在自然界大约有60个种，除两个栽培烟草种，如普通烟草（*N. tabacum*，$2n=48$）和黄花烟草（*N.rustica*，$2n=48$）是四倍体外，其余所有的四倍体和二倍体（$2n=24$）种都是野生种，少数野生种的染色体是9对或10对。烟草属的各个种主要分布在美洲亚热带及温带和澳洲及其附近的一些岛屿。两个栽培种都是双二倍体。它们产生的途径，可能是分布在南美的二倍体种发生了种间杂交，然后经染色体加倍而产生的。现在已经发现，美花烟草（*N. sylvesitris*）和拟茸毛烟草（*N.tomentosiformis*）杂交后人工合成的双二倍体，不论在形态上还是在生理上都有许多特征与栽培的普通烟草类似。这个事实充分说明普通烟草的起源大致与人工创造烟草双二倍体的程序一致。

芸薹属（*Brassica*）有3个基本种，即黑芥菜（*B.nigra*，$2n=16$）、甘蓝（*B.oleracea*，$2n=18$）和中国油菜（*B. campestris*，$2n=20$）。综合这3个种的任何两个，即成为另一个多倍体种。这样，不但揭示了芸薹属各个栽培种的起源，而且从细胞学的分析，也证实各个多倍体种和基本种的亲缘关系。例如，欧洲油菜（*B.napus*，$2n=38$）就是由甘蓝（$2n=18$）和中国油菜（$2n=20$）天然杂交所形成的双二倍体。又如，曾把中国油菜和欧洲油菜进行人工杂交，获得一个有生产力的复合双二倍体新种（*B.napocampestris*，$2n$=58）。

（三）物种形成过程

由于物种是群体在生殖上隔离的类群（group），因而物种形成的问题，也就是群体的类群（或组群）间是怎样产生生殖隔离的问题。物种的形成可分为两个主要阶段。

阶段Ⅰ：物种形成过程的开始阶段。首先必须完全或几乎完全阻断同一个种的两个类群间的基因交流，促使两个类群在遗传上发生分化，当类群在遗传上的差异达到前所未有的程度时，就出现生殖隔离，主要是合子后RIM。其次，生殖隔离不直接受到自然选择的推动，因为这些RIM是遗传分化的副产品。

阶段Ⅱ：生殖隔离机制完成。如果阻止处于物种形成阶段Ⅰ的两个类群间基因流动的外部条件消失了，则可能产生两种结果：①产生单个基因库，因为杂种中降低的适合度不是很大，两个类群融合。也就是说，物种形成的第一步是可逆的，如果遗传分化不完全，则先前分化了的两类群有可能混合成一个基因库。②最终产生两个物种，因为自然选择有利于生殖隔离的进一步发展。因而物种形成阶段Ⅱ有下列两个特征：①生殖隔离主要发展成合子前RIM形式；②自然选择直接推动合子前RIM发展，防止产生杂合子。如果来自不同类群的个体交配产生的后代生活力或生殖力降低，则自然选择将有利于促进同一类群内个体交配的遗传分化。假定在一个基因座上有等位基因*A1*、*A2*，则*A1*有利于同一类群内不同个体间的交配，*A2*有利于不同类群间的交配。*A1*将更经常地出现在类群内交配产生的子代中，即出现在生活力和生殖力较强的个体中。*A2*则较多地出现在类群间交配产生的杂种中。由于杂种的适合度降低，所以*A2*基因的频率将逐代减少。自然选择会使有利于群体内交配的那个等位基因（如*A1*）频率增加。

如果遗传分化的时间持续相当长，又没有基因交流时，群体也可能发展成完全的生殖隔离。例如，当群体分别在两个完全分开的孤岛上就不需要经过阶段Ⅱ而形成物种，因为自然选择直接促进了生殖隔离的形成。

（四）基因库

一个种群中全部个体所含有的全部基因叫作这个种群的基因库。

（五）基因频率

1）概念：在一个种群基因库中，某个基因占全部等位基因数的比率。

2）计算：基因频率=种群中某基因的总数/该基因及其等位基因的总数×100%

3）影响因素：突变、选择、迁移等。

（六）突变和基因重组、自然选择

1. 突变和基因重组产生进化的原材料

可遗传变异的来源：基因重组、基因突变、染色体变异。

2. 可遗传变异的形成、特点和作用

1）形成：①基因突变产生等位基因；②通过有性生殖过程中的基因重组，可以形成多种多样的基因型。

2）特点：随机的、不定向的。

3）作用：只是提供生物进化的原材料，不能决定生物进化的方向。

3. 变异的有利和有害是相对的，是由生存环境决定的

在自然界中，基因变异是生物进化的重要驱动力。然而，一个变异是否对生物体有利或有害，并非一成不变，而是与生物体所处的具体生存环境密切相关。在某些环境中，某个基因变异可能赋予生物体独特的适应性优势，使其能够更好地生存和繁衍。例如，在特定气候条件下，拥有某种变异的植物可能具有更强的抗旱性或抗寒性，从而在这些环境中具有更高的生存率和繁殖能力。这样的变异在该环境中显然是有利的。

然而，当环境发生变化时，原本有利的变异可能变得不再有利，甚至成为有害的。例如，如果气候变得湿润，原本抗旱的植物可能因无法适应湿润环境而生长不良，这时其抗旱的变异就成了累赘。同样地，在人为干扰的环境中，如污染严重的区域，某些原本无害或中性的变异可能因增加了生物体对污染物的敏感性而变为有害。

（七）自然选择决定生物进化的方向

1）原因：在自然选择的作用下，具有有利变异的个体更易产生后代，相应的基因频率会不断提高；具有不利变异的个体很难产生后代，相应的基因频率会不断下降。

2）结果：在自然选择的作用下，种群的基因频率会发生定向改变，导致生物朝着一定的方向不断进化。

第二节　mtDNA与生物起源进化

一、线粒体的进化

（一）细胞质遗传的概念和特点

1. 细胞质遗传的概念

由细胞质内的基因即细胞质基因所决定的遗传现象和遗传规律叫作细胞质遗传（cytoplasmic inheritance）。真核生物的细胞质中存在着一些具有一定形态结构和功能的细胞器，如线粒体、质体、核糖体等。这些细胞器在细胞内执行一定的代谢功能，是细胞生存不可缺少的组成部分。在原核生物和某些真核生物的细胞质中，除了细胞器外，还有另一类称为附加体（episome）和共生体（symbiont）的细胞质颗粒，它们是细胞的非固定成分，也能影响细胞的代谢活动，但它们并不是细胞生存必不可少的组成部分。例如，果蝇的σ（sigma）粒子、大肠杆菌的F因子以及草履虫的卡巴粒（Kappa particle）等，这些成分一般都游离在染色体之外，有些颗粒如F因子还能与染色体整合在一起，并进行同步复制。通常把上述所有细胞器和细胞质颗粒中的遗传物质，统称为细胞质基因组（plasmon）。因研究的遗传物质所在部位不同，细胞质遗传有时又称为非染色体遗传（non-chromosomal inheritance）、非孟德尔遗传（non-Mendelian inheritance）、染色体外遗传（extra-chromosomal inheritance）、核外遗传（extra-nuclear inheritance）等。大多数细胞质基因通过母本传递因此也称为母体遗传（maternal inheritance）。但是，近年来发现某些裸子植物如红杉等的线粒体和叶绿体属于父本遗传。

2. 细胞质遗传的特点

细胞学的研究表明，在真核生物的有性繁殖过程中，一般参与受精的卵细胞内除细胞核外，还有大量的细胞质及其所含的各种细胞器；而精子内除细胞核外，没有或极少有细胞质，因而也就没有或极少有各种细胞器。所以在受精过程中，卵细胞不仅为子代提供其核基因，也为子代提供其全部或绝大部分细胞质基因；而精子则仅能为子代提供其核基因，不能或极少能为子代提供细胞质基因。因此，由细胞质基因所决定的性状，其遗传信息往往只能通过卵细胞传递给子代，而不能通过精子遗传给子代。因此，细胞质遗传的特点是：

1）正交和反交的遗传表现不同。F_1通常只表现母本的性状，故细胞质遗传又称为母体遗传。

2）遗传方式是非孟德尔式的。杂交后代一般不表现一定比例的分离。

3）通过连续回交能将母本的核基因几乎全部置换掉，但母本的细胞质基因及其所控制的性状仍不消失。

4）由附加体或共生体决定的性状，其表现往往类似于病毒的转导或感染。

（二）线粒体遗传

1. 线粒体DNA的分子特点

线粒体DNA（mtDNA）是裸露的双链分子，主要为闭合环状结构，但也有线性的。各个物种mtDNA的大小不一。一般，动物为14～39 kb，真菌类为17～176 kb，都是环状；四膜虫属和草履虫等原生动物为50 kb，是线性分子。植物的线粒体基因组比动物的大15～150倍，也复杂得多，大小可从200 kb到2500 kb，如在葫芦科中，西瓜是330 kb，香瓜（*Cucumis melo*）是2500 kb，相差7.6倍。mtDNA与核DNA有明显的不同：①mtDNA与原核生物的DNA一样，没有重复序列，这是一级结构的重要特点。②mtDNA的浮力密度比较低。③mtDNA 的碱基成分中 G、C 的含量比 A、T 少，如酵母 mtDNA 的 G、C 含量仅为 21%。④mtDNA 的两条单链的密度不同，含嘌呤较多的一条称为重链（H 链），另一条称为轻链（L 链）。⑤mtDNA 单个拷贝非常小，与核 DNA 相比仅仅是后者的十万分之一。

真核生物每个细胞内含众多的线粒体，每一线粒体又可能具有多个 mtDNA 分子。通常，线粒体越大，所含的 DNA 分子越多。二倍体酵母约含 100 个拷贝，哺乳动物的每个细胞中含 1000～10 000 个拷贝。人的 HeLa 细胞（一种子宫颈癌组织的细胞株）的每个线粒体中约含 10 个拷贝，每个细胞中约含 800 个线粒体。因此，每个 HeLa 细胞中约含 8000 个拷贝。

2. 线粒体基因组的结构

早在 20 世纪 60 年代初就已发现线粒体中存在 DNA。到目前为止，所有已知的各种生物的线粒体基因组都基本上只编码几种与呼吸作用有关的多肽、几种组成线粒体内膜的磷酸化复合体的多肽，以及线粒体翻译系统的几种成分。尽管不同物种的 mtDNA 在构型、大小和碱基组成方面变化很大，但是各种生物的线粒体基因组都存在广泛的相似性。

1981 年，Anderson 等最早阐明了人的 mtDNA 的全序列，为 16 569 bp。目前已将编码 ATP 合成酶亚基的基因，细胞色素 c 氧化酶Ⅰ、Ⅱ和Ⅲ的基因，细胞色素 b 的脱辅基蛋白基因，22 种 tRNA 基因，编码核糖体大小亚基以及编码 NADH 脱氢酶复合体的基因等定位于人的 mtDNA 上。

同人线粒体相似，酵母 mtDNA 也只编码几种重要的线粒体成分，主要包括 24 种 tRNA 基因，核糖体大、小亚基基因、一种与线粒体核糖体结合的蛋白质基因、细胞色素 c 氧化酶三亚基的基因、ATP 合成酶复合体的两个亚基基因（线粒体 ATP 酶的亚基 6 和 9）以及细胞色素 b 的脱辅基蛋白基因等。此外，各种抗药性基因如抗氯霉素、抗红霉素、抗寡霉素的基因也在 mtDNA 上编码。

酵母 mtDNA 有 78～84 kb，其基因间有大段非编码序列间隔，如核糖体大小亚基的两个 rRNA 基因即相距约 25 kb。这与人细胞中 mtDNA 上 rRNA 基因紧密相连接的情况迥然不同。某些基因中还含有内含子，相同的线粒体在一个品系中可能有内含子而在另一个品系中则无内含子。

高等植物的 mtDNA 非常大，并且因植物种类不同而存在很大差异，其限制性内切核酸酶谱复杂，因而制作其基因组图也相当困难，比动物的基因组图研究落后，但是一些高等植物 mtDNA 的基因定位工作已相当突出。例如，Lonsdale 等（1984）已将玉米 mtDNA 的全序列基本测出来，其环状 mtDNA 含有约 570 kb，其内部具有多个重复序列，主要的重复序列有 6 种（各有 2 个重复）。目前已有不少基因如编码 rRNA、tRNA、细胞色素 c 氧化酶等的基因定位于玉米、小麦等的 mtDNA 上。

3. 线粒体内遗传信息的复制、转录和翻译系统

mtDNA 的复制也是半保留式的。复制方式有类似于大肠杆菌的形式，也有 D 环形式，还有滚环形式的复制。由于不同细胞环境的调节，在相同的细胞中，mtDNA 可以通过这几种方式中的任何一种或几种方式复制，其调节机制尚不清楚。通常，核复制与细胞分裂同步，但 mtDNA 却有迥然不同的规律：多细胞生物中，不论是分裂着还是静止的体细胞中，mtDNA 的合成常是活跃进行着的。

细胞内 mtDNA 合成的调节与核 DNA 合成的调节是彼此独立的。然而 mtDNA 的复制仍受细胞核基因的控制，其复制所需的聚合酶由核 DNA 编码，在细胞质中合成。根据对哺乳动物线粒体研究，线粒体中存在一种线粒体特异性的 DNA 聚合酶即 γ-DNA 聚合酶。有关各种生物线粒体基因组的复制机制目前还不十分清楚。

线粒体中也含有核糖体和各种 RNA。不同生物线粒体核糖体在 55S～80S，由两个亚基组成，每个亚基有一条 rRNA 分子。例如，人 HeLa 细胞的线粒体核糖体为 60S，由 45S 大亚基和 35S 小亚基组成，而其细胞质核糖体为 74S；酵母线粒体核糖体为 75S，由 53S 大亚基和 35S 小亚基组成，而其细胞质核糖体为 80S（由 60S 和 40S 组成）。试验证明，线粒体的各种 RNA 都是由 mtRNA 转录来的，并以确定许多生物的 mtDNA 上的 RNA 基因位置。线粒体核糖体还含有氨酰 -tRNA，能在蛋白质合中起活化氨基酸的作用。

现已查明线粒体中有 100 多种蛋白质，其中只有 10 种左右是线粒体自身合成的，其中包括 3

种细胞色素氧化酶亚基、4 种 ATP 酶的亚基和 1 种细胞色素 b 亚基。线粒体上的其他蛋白质都是由核基因组编码的，包括线粒体基质、内膜、外膜以及转录和翻译机构所需的大部分蛋白质。研究还表明，线粒体可以产生一种阻遏蛋白，阻遏核基因的表达。

在线粒体的研究中还发现 mtDNA 编码蛋白质的遗传密码与一般通用的密码有所不同。对酵母、果蝇、人线粒体中全部密码子的分析，发现三者的 mRNA 密码子中 UGA 是代表色氨酸而不是终止信号。人线粒体中，密码子 AUA 既编码甲硫氨酸又兼有起始作用，而不编码异亮氨酸；AGA 和 AGG 不是精氨酸密码子而是终止子。酵母中以 CU 开头的全部 4 个密码子编码苏氨酸而不是亮氨酸。在线粒体和细胞质二者的翻译系统中，密码子用法上的差异是 1980 年以来分子生物学上的一个重大发现。

综上所述，线粒体含有 DNA，具有转录和翻译的功能，构成非染色体遗传的又一遗传体系。线粒体能合成与自身结构有关的一部分蛋白质，同时又依赖于核编码的蛋白质输入。因此，线粒体是半自主性的细胞器，它与核遗传体系处于相互依存之中。

（三）用 mtDNA 追踪种群历史

mtDNA 具有许多特点，这使其在研究生物之间的遗传关系上很有用。mtDNA 的一个重要特点是，在包括人类在内的许多生物中，该分子不发生遗传重组。缺乏重组，意味着任何线粒体中的 DNA 分子都源自存在于某个祖先中的单个 mtDNA。在人类及其他具有母体遗传方式的生物中，该祖先必然是雌性。缺乏重组，也意味着 mtDNA 含有大量关于祖先的遗传信息，因为在一个 mtDNA 谱系中发生的任何突变都会被一起遗传。

（四）mtDNA 的进化

由于哺乳动物 mtDNA 中核苷酸的替换速率特别高，从而激起了人们对 mtDNA 进化问题的极大兴趣。哺乳动物 mtDNA 中，同义替换速率为 5.7×10^{-8} 位点/年，高于核蛋白质编码基因的同义替换速率约 10 倍。非同义替换的速率通常也比细胞核基因的平均非同义替换速率大得多。虽然从 mtDNA 的核苷酸替换率来看，它的进化非常迅速，但是其基因的空间排列和基因组的大小却在各物种间保持相当稳定。这说明核苷酸替换速率与结构进化速率间无相关性，表明这两个过程是相对独立的。

mtDNA 与核 DNA 不同，所有的 mtDNA 都是直接由母体遗传的，它位于细胞质里，且只是通过卵细胞带到合子中。mtDNA 没有经过减数分裂，后代中的 mtDNA 的核苷酸顺序是相同的，这种遗传方式形成母系传递。这样在一个群体中，一个家族的 mtDNA 的核苷酸顺序是相同的。

二、mtDNA 与现代人类的起源和迁徙

（一）通过 mtDNA 来追踪人类历史

DNA 序列样本的谱系历史（ancestral history），可以用分子系统发生学方法来进行推测。对于不发生重组的 DNA 分子，如 mtDNA，推断其谱系历史最为简单。这些细胞器基因组对于追踪祖先也很有用，因为在很多物种中，它们的进化大大快于核基因。在人类中，各谱系之间在 mtDNA 序列上的差异按照一个分子钟模式逐渐积累，平均速率为每个线粒体谱系每 3800 年大约 1 次改变。例如，自从巴布亚新几内亚和澳大利亚分别在 4 万年前和 3 万年前有人定居以来，巴布亚新几内亚人与澳大利亚土著人在遗传上一直相对隔离。因此，这两个种群之间进化的总时间为 7 万年（在巴布亚新几内亚进化了 4 万年，在澳大利亚进化了 3 万年）。如果平均每 3800 年积累一个核苷酸改变，则现代巴布亚新几内亚人与澳大利亚土著人在 mtDNA 上的差异的期望值预计是 18.4 个核苷酸（按 70 000/3800 计算）。这样的计算结果是非常粗略的，因为在任何特定的时间间隔中，分子钟的变化会相当大，并且，对定居时间的估计也会随新的考古发现而改变（由于上述 mtDNA 置换速率是估计的，新的证据已将澳大利亚有人定居的时间增加到 5 万年前）。不过，这个例子展示了如何用 mtDNA 的进化速率来推测种群之间的差异数目。实际上，通常是反过来进行计算的，利用成对种群之间差异的观测值，来估计种群在地理上隔离的年数。

即使当某个分子按照分子钟发生进化时，仍需要古生物学或考古学证据来锚定进化事件发生的真实时间。分子数据只能给出分支的相对长度（如一个分支是另一个分支的2倍长）。要将分支树上的相对时间转换为以年表示的绝对年代，至少要有一个与树上的某个节点联系起来的已确定年代的化石，以作为校准点。

尼安德特人mtDNA研究结果对现代人类起源问题也有说法。这些研究发现，尼安德特人的mtDNA大大不同于现代人。从尼安德特人测得的几种mtDNA序列构成一支，是与现代人mtDNA类型所构成的进化枝分开的一个姐妹群。假设人-黑猩猩趋异的时间为600万年，并运用分子钟进行估计，现代人和尼安德特人在遗传上的共同祖先在46.6万年（为32.1万～61.8万年，置信度95%）。尼安德特人的mtDNA和人的mtDNA为不同进化枝，这一发现说明尼安德特人的mtDNA并未进入现代人中。意思就是说，即使发生过杂交，也不是尼安德特人女性和现代人男性之间的杂交。

溯祖时间是指两个或多个类群遗传上最后的共同祖先存在的时间。因为共同祖先存在于突变趋异之前，所以溯祖时间必定在该祖先的直系类群相互分开之前。这种不一致解释了为什么根据遗传数据估计的溯祖时间往往比根据古生物学或考古学数据得来的种群分隔时间古老。尼安德特人和现代人的种群分隔时间可能为2.7万年～4.4万年前。

（二）mtDNA与现代人类的起源和迁徙

探索人类起源是生命科学的一个重大课题，科学家们越来越认识到其重要意义，多年来一直被列入自然科学七大疑难和有争议的问题之一。目前，学术界对现代人类的起源有3种假说：①多地区起源假说认为现代人类是在他们居住地区内的原始居民经过十分漫长的时间进化而成的。例如，黄种人由居住在亚洲的北京猿人的后代进化而成；白种人由居住在欧洲的尼安德特人的后代进化而成。②基因流学说认为现代人类起源可上溯到一个古代谱系网，对遗传的贡献在各地区间互不相同。③非洲起源假说认为现代人大约在距今20万年前起源于撒哈拉以南的非洲，然后迁徙到全球各个角落，取代了当地已存在的直立人和远古智人，并进化为现代人类。随着分子生物学，特别是mtDNA多态性应用于人类起源、演化以及群体间相互关系等方面的研究，使越来越多的证据支持非洲起源假说。

1987年以威尔逊为首的伯克利大学研究小组，提取了祖先来自非洲、欧洲、亚洲、新几内亚及澳大利亚土著居民共147名妇女胎盘细胞的mtDNA，然后用12种高分辨率限制性内切核酸酶构成限制性内切核酸酶图谱，发现在非洲3个原始部落（96%的俾格米人、93%的布什曼人和71%的班图斯人）人群中，其mtDNA 5′端识别序列中的3592位点有特异的*Hpa* Ⅰ 限制性酶切位点，而在欧洲人和亚洲人中却没有。进一步将限制性内切核酸酶图谱划分为133个类型，结果显示，mtDNA的类型具有明显的种族特异性。通过系统发生分析建立了表示这些个体mtDNA类型相互关系的系统树，这一系统树具有1个共同的祖先，并且最深的根来源于非洲。据此，他们提出：现代人类起源于距今20万年前生活在非洲的1个女性（即线粒体“夏娃”），并由此扩散到世界各地。这篇发表在国际著名杂志《自然》上的论文在国际人类学和遗传学界引起了激烈的争论；同时，也促进了分子生物学技术迅速应用于人类起源的研究领域。随后的10多年中，科学家们对不同人群的mtDNA进行了大规模的研究，其结果均支持“非洲起源说”。这些研究得出的主要结论是：①人群中mtDNA的多样性在非洲人中最明显，因而是最古老的人种；亚欧大陆次之，美洲土著人群中最少，同时mtDNA的突变和序列多样性的积累速率是相对一致的，由此可以推断现代人类最初起源于非洲。②mtDNA的多样性与个体的人种和地理起源高度相关。③在人类的进化过程中，mtDNA的“进化钟”比较恒定，而且比核基因的进化快得多。④在不同现代人群中发现的所有mtDNA谱系都可以追溯到大约距今20万年前生活在非洲的1个女性。比较不属于非洲分支内人群的mtDNA可粗略地定出他们的“迁移史”。

威尔逊研究小组根据mtDNA的核苷酸每改变2%～4%相当于100万年的进化历程，推算出现代人类的进化树具有约20万年历史。在随后的研究中，特别是通过与4种非洲猿类mtDNA的比较中发现，亚洲人和欧洲人的多样性非常接近，非洲人则远远高出，黑猩猩又是非洲人的10倍。如果按人类和非洲猿的分化约发生在1300万年计算，那么现代人类起源的时间大约是距今143 000±18 000年前，也就是说人类出现于大约15万年前的非洲大陆，当非洲母亲迁移到新的大陆以后，mtDNA发生的突变引起遗传性状的漂移，从而造成了各大陆种族之间的差异。通过对mtDNA的研究还发现，亚洲人、欧洲人与非洲人的分化时间大约在距今70 000±13 000年前。现代欧洲人进入欧洲的时间大约发生在距今39 000～51 000年前，而亚洲人则在大约6万年前从东非埃塞俄比亚进入西亚，然后再迁入南亚地区。

三、mtDNA与动物的起源和迁徙

对mtDNA的研究常采用mtDNA-RFLP分析，或对其D环区进行mtDNA的RFLP分析，也可对mtDNA进行序列分析。对动物近缘种及种内群体间亲缘关系及群体遗传多样性研究十分有用。数百种动物mtDNA多态性研究已经取得了许多令人瞩目的成果，家养动物mtDNA的研究也有相当的进展，为多种畜禽品种的起源和分化提供了重要的科学依据。

（一）家牛的起源分化

牛的驯化过程被很好地记录了下来，明显的证据表明3个独特的野牛（*Bos primigenius*）亚属有3个独特的开始驯化事件。*B. primigenius primigenius*是大约8000年前在新月沃土（Fertile Crescent）被驯化，而*B. p. opisthonomous*可能9000年前在非洲大陆东北部被驯化（Wendorf and Schild，1994），它们分别是近东和非洲无肩峰黄牛（*B. taurus*）的祖先。有人认为肩峰瘤牛（*B. indicus*）是在较晚时间即7000～8000年前在现在巴基斯坦的印度河流域被驯化的（Loftus et al.，1994；Bradley et al.，1996；Bradley and Magee，2006）。也有人提出东亚是第四个驯化中心（Mannen et al.，2004），但是，它是独立发生的还是代表本地野牛基因渗入到近东产地牛中尚不清楚。Loftus等分别采用mtDNA-RFLP和mtDNA D环全序列分析研究了来自欧洲、非洲和印度的13个不同的牛品种mtDNA，表明它们起源于两个主要血统，即欧洲型和亚洲型，这两个血统分化的时间在57.5万～115万年之前，同时为亚洲瘤牛作为一个独立的驯养牛种提供了证据。Kikkawa等分析了东亚和东南亚的三种主要家牛品种的mtDNA限制性类型，推测家牛的祖先首先在300万年前分化为巴厘牛和欧洲牛两个血统，100万年前欧洲牛又分化出瘤牛。兰宏等（1993）、文际坤等（1996）将云南黄牛的mtDNA分子划分为普通黄牛类型和瘤牛类型。雷初朝等通过对中国8个黄牛品种22个个体的mtDNA D环区全序列分析，证明中国黄牛（包括北方黄牛、中原黄牛与南方黄牛三大类型）是普通牛和瘤牛为主混合起源的。这与陈宏等（1993）年根据Y染色体多态性研究及陈幼春等（1990）根据血液蛋白多态性研究的结果基本一致。

（二）家猪的起源分化

家养猪的祖先是野猪（*Sus scrofa*）。大量的动物考古学发现表明，家养猪是在9000年以前在远东地区被驯化的。安纳托利亚东部的几个地区记录了几千年来猪在形态学和群体轮廓上的逐渐改变，表明了驯化过程及其形态学结果。考古学和遗传学证据表明东亚（中国）是第二个独立的主要驯化中心（Guiffra et al.，2000）。欧亚和北非至少有16个不同的野猪亚属，并不感到意外的是，对欧亚家养猪和野生猪mtDNA多样性的调查揭示了猪的驯化是一个复杂的过程，在横跨野生物种的地理范围内至少有5～6个独特的驯化中心（Larson et al.，2005）。Watanabe等分析了亚洲猪和欧洲猪的mtDNA，发现限制性图谱在两猪群间有明显差异，区分为欧洲型和亚洲型两大支系，大白猪则具有欧亚两种起源。兰宏等（1995）、胡文平等（1998）、章胜乔等（1998）各自用mtDNA-RFLP技术分析了云南、浙江地方猪种mtDNA多态性，得出这两个地方猪种多样性贫乏，有单一起源的结论。黄勇富等系统分析了中国21个具有代表性的地方猪品种、1个引进品种和2个中国和越南的野生近缘种mtDNA的RFLP，结果发现中国地方猪种遗传多样性非常贫乏，提示中国地方猪种可能起源于一个野猪亚种。

（三）山羊的起源分化

早在10 000年前，山羊就在新月沃土的Zagros山脉被驯化（Zeder and Hesse，2000）。野生山羊（*Capra aegragus*）可能是家养山羊的祖先之一，但是，其他物种，如*C. falconer*也有可能在家养山羊的遗传库中做出了贡献。之后，在家养山羊中鉴别出了5个独特的母系线粒体主要谱系（Luikart et al.，2001；Sultana et al.，2003；Joshi et al.，2004）。这些谱系中的一个在数量上占主要优势，并在世界范围出现，而第二个谱系看来是当代的产物。它们可能反映了在新月沃土的原始公山羊的驯化过程，考古学信息表明在新月沃土有2～3个驯化地区［扎格罗斯（Zagros）山脉、陶努斯（Taurus）山脉、约旦（Jordan）河谷］。其他谱系的地理分布更加有限，可能与其他地区包括印度河谷的另外的驯化相关（Fernández et al.，2006）。1977年，Upholt等就采用电镜和mtDNA-RFLP技术对绵羊和山羊的mtDNA进行了比较分析，发现绵羊和山羊间及种内的mtDNA-RFLP图谱都不尽相同，分子长度都在15.8～16.4 bp。李祥龙等用18种限制性内切核酸酶，研究了来自欧洲、非洲及国内的5个山羊品种的mtDNA，结果提示几个受试山羊品种可能有2种不同的母系来源。李祥龙等（1999，2000）、贾永红等（1999）研究了国内几个地方山羊品种的mtDNA多态性，结果表明我国地方山羊品种mtDNA遗传多态性比较贫乏，分化程度较低，提示我国地方山羊品种起源于两种不同的母系祖先。验证了根据山羊角形所得出的家山羊是欧亚大陆镰刀状角和螺旋状角两种野生羊种混合起源的学说。

（四）绵羊的起源分化

大约8000～9000年前，绵羊可能也在新月沃土首次被驯化。考古学信息表明在土耳其有2个独立的绵羊驯化地区——土耳其东北的幼发底河上游和安纳托利亚中部（Peters et al.，1999）。野生绵羊的3个物种［东方盘羊（*Ovis vignei*）、盘羊（*O. ammon*）和欧亚盘羊（*O. musimon/orientalis*）］被认为是家养绵羊的祖先（Ryder，1984），或至少杂交渗入一些本地品种中。但是，后来的遗传研究未发现东方盘羊和盘羊的遗传贡献（Hiendleder et al.，1998）。这支持了欧亚盘羊（*O. orientalis*）是家养绵羊的唯一祖先的观点，欧亚盘羊分布于从土耳其延伸到伊朗伊斯兰共和国的广阔地区。欧亚盘羊（*O. musinom*）现在还被认为是未驯服绵羊的后代。在家养绵羊中已经记录了4个主要母系mtDNA谱系（Hiendleder et al.，1998；Pedrosa et al.，2005；Tapio et al.，2006），其中1～2个母系mtDNA谱系与独特的驯化事件相关，而其他母系mtDNA谱系则与后来野生绵羊的基因渗入相关。至今，mtDNA谱系与绵羊表现型品种（如肥尾绵羊、小尾绵羊和肥臀绵羊）之间的关系尚不清楚。Hiendleder等通过mtDNA-RFLP分析和序列分析研究了世界上的绵羊代表品种，发现绵羊可分为两种类型，即序列相对保守的保守型和序列变异较大的突变型，这两种类型在不同绵羊品种中均有分布。赵兴波等通过绵羊mtDNA控制区左功能域PCR-SSCP和序列分析，验证了这一结果，提示现代绵羊品种在起源上存在两种主要的进化途径。

（五）家鸡的起源分化

目前关于家鸡起源的主要观点有两种，即单起源说和多起源说。达尔文认为，红色原鸡是所有家鸡品种的唯一祖先，此即单起源说。反对单起源说的学者认为四种原鸡［红色原鸡（*Gallus gallus*，red jungle fowl）、锡兰原鸡（*Gallus lafayettei*，ceylonese jungle fowl）、灰色原鸡（*Gallus sonneratii*，grey jungle fowl）、绿色原鸡（*Gallus varius*，green jungle fowl）］都是家鸡的祖先，只不过红色原鸡是家鸡的主要祖先，而其他几种原鸡是家鸡的次要祖先，此即多起源说。

尽管对家鸡的起源存在争论，但红色原鸡是家鸡的主要祖先这一结论似乎是公认的。现已了解到，红色原鸡有5个亚种，它们分别是：分布于克什米尔至阿萨姆和印度中部地区的*G. g. murghi*亚种；分布于中南半岛、泰国、苏门答腊的*G. g. gallus*亚种；分布于印度尼西亚爪哇岛的*G. g. bankiva*亚种；分布于中国云南西部和西南部、中南半岛、缅甸和马来西亚北部的*G. g.*

spadiceus 亚种，以及分布于越南北部和中国云南东南部、广西西南部、广东雷州半岛的徐闻、海南岛的 *G. g. jabouillei* 亚种，并发现 *G. g. jabouillei* 亚种在越南河内西北部有与 *G. g. spadiceus* 亚种的中间类型。由于红原鸡有 5 个亚种且分布于不同的地理环境，这些亚种是否都参与了家鸡的起源还是只有其中的一个或几个亚种参与了起源，至今仍无定论。

来自遗传学的证据有力地证明了家鸡起源于红色原鸡 *G. g. murghi* 亚种的这一推断，通过鸡属间的杂交研究表明红原鸡是家鸡的直接祖先，且红原鸡的多个亚种参与了家鸡的起源。Fumihito 等早在 1996 年通过 mtDNA D 环序列的研究结果排除了红原鸡 *G. g. murghi* 亚种而确认泰国及其邻近地区的 *G. g. gallus* 亚种是印度所有地方鸡种的祖先，然而 Kanginakudru 等（2008）通过线粒体及微卫星的研究否决了这一观点，认为 *G. g. murghi*、*G. g. gallus* 和 *G. g. spadiceus* 的三个亚种都参与了印度家鸡的起源。对于中国地方鸡种的起源，动物学家普遍认为与迄今还栖息在中国境内的红色原鸡的两个亚种有关，即云南省西南部与怒江一带的 *G. g. spadiceus*，以及在云南东南部、广东雷州半岛、广西壮族自治区与海南省的海南原鸡 *G. g. jabouillei*。而遗传学研究结果认为中国地方鸡种起源于 *G. g. gallus* 和 *G. g. spadiceus* 亚种。

早期来自分子生物学和遗传学的研究结果认为家鸡只有一个驯化中心，但许多学者都认为中国家鸡是本地独立驯化；中国有关史料说明，中国的养鸡业起源于旧石器时代末期至新石器时代早期，即距今 7500～8000 年以前，而且中国的黄河中下游流域是世界家鸡早期驯化的中心之一。当时居住在那里的中华民族的祖先东夷人最先把原鸡驯化成家鸡，处在古代东夷人辛勤开发与经营地域内的磁山、北辛和裴李岗（现在的河北省武安市、山东省滕州市和河南省新郑市）被称为“鸡源”。胡文平（1999）的研究也认为，在前述“鸡源”存在的同时，中国云南地区可能就是中国家鸡起源中心。Liu 等（2006）对中国、印度等东南亚国家和中东地区以及欧洲家鸡和红原鸡的 mtDNA D 环高变区序列系统发育的分析揭示包括云南在内的中国南部、西南部及其邻近国家和地区是家鸡的驯化中心，同时指出印度次大陆是另一个驯化中心，且认为现代家鸡是不同时间多次多地驯化的结果，这与考古学认为印度大峡谷是家鸡驯化中心的结果一致。Kanginakudru 等（2008）对印度家鸡的研究也表明印度家鸡是从印度本土的红原鸡亚种 *G. g. spadiceus*、*G. g. gallus* 和 *G. g. murghi* 驯化而来。不过，Komiyama 等（2003）研究认为日本斗鸡由有两个不同的母系起源，分别来自中国和东南亚；Niu 等（2001）对中国 6 个地方鸡种的系统发生关系研究中表明中国地方鸡种起源于泰国及其邻近地区的红原鸡。赵生国等（2009）测定了亚洲 10 个国家的地方鸡种和部分商业选育品系以及野生红原鸡部分亚种的 mtDNA D 环高变区序列，通过系统发生关系分析发现亚洲地方鸡种有 7 个主要的母系起源，红原鸡的 4 个亚种 *G. g. spadiceus*、*G. g. gallus*、*G. g. jabouillei* 和 *G. g. murghi* 分别参与了家鸡在三个驯化中心的驯化，即印度次大陆（D 进化枝），中国（B、C、E 和 F 进化枝）、印度尼西亚及其邻近地区（A 进化枝）的驯化，G 进化枝驯化地点尚不清楚。从红原鸡的分布区域和家鸡的起源地关系来看，也可以有力地证明红原鸡就是家鸡的祖先，且根据家鸡的多母系起源可以认为家鸡起源于分布在印度次大陆、中国西南和东南亚的红原鸡不同亚种。此外，mtDNA 作为生物种系发生的“分子钟”，在揭示人类起源和迁移、分化的研究方面也独具优势。已有的 mtDNA 多态性研究表明现代人类可能起源于约 20 万年前的非洲，然后向全球迁徙并演化成现代人。动物 mtDNA 还与生产性状、疾病、衰老及细胞凋亡等有密切的关系。

第三节　基因遗传多样性评价

一、群体保持遗传多样性的方式

（一）自然群体中的遗传多态性

1. 多态性和杂合性

存在于任一物种的群体内或群体间极丰富的遗传变异，可以在表型的不同层次上观察到。多态性表现在形态特征直到DNA的核苷酸序列及它们所编码的酶与蛋白质的氨基酸序列。一个基因或一个表型特征若在群体内有多于一种形式，它就是多态的基因或多态的表型。它可能作为进化变化基础的遗传变异而普遍存在。群体遗传学为了量化描述遗传变异，以群体中多态基因的比例来表示多态性的大小。例如，用电泳法观测了海蠕虫（*Phoronopsis viridis*）30个基因座，其中12个基因座上未发现变异，其余18个基因座上检出了变异，可以计算有18/30=0.60基因座在群体中是多态的，或者说群体多态性程度是60%。如果以同样方法测定了其他3个群体的多态程度分别为0.50、0.53和0.47，则可算出这4个群体在这个基因座的平均多态性为（0.60＋0.50+0.53+0.47）/4=0.525。用多态性来度量群体的遗传变异时，有样本大小和选用什么样的多态性标准等因素的影响。

杂合性（度）（heterozygosity，*H*）是遗传变异的另一个量度。杂合性是指每个基因座上都是杂合个体的平均频率，或称为群体的平均杂合性。其计算式为：*H*=每个基因座为杂合子的频率总和/基因座总数.

例如，在某一群体中研究了4个基因座，每个基因座上杂合子的频率分别为0.25、0.42、0.09和0.00。对于这4个基因座而言，其*H*=（0.25+0.42+0.09+0.00）/4=0.19。

如果同时考察同物种的5个群体，可先计算每个群体的杂合性，然后求这5个群体的平均（算术平均）杂合性。

但是杂合性并不能很好反映那些自花授粉植物或自体受精生物群体以及近交的动物群体中的遗传变异量，因为这些群体中有较多的纯合体。解决的办法是计算预期杂合性（H_e）。假定一个基因座上有4个等位基因，其频率分别为f_1、f_2、f_3和f_4。群体中在这4个基因座上的预期杂合性将由下列公式求得

$$H_e=1-(f_1^2+f_2^2+f_3^2+f_4^2)$$

多态性可能作为进化变化基础的遗传变异而普遍存在于自然群体中。群体遗传学的任务之一，就是将这些普遍的变异进行量化并建立进化变化的理论，以对观察结果做出预估。

我们不可能对物种中存在的极其丰富的遗传变异都做出合适的描述，只能考虑以下几个不同层次的例子来说明物种中存在的多样性。这些例子中的每一个都可能在其他物种或其他特征上反复地体现。

2. 形态变异和染色体多态性

陆地蜗牛（*Cepaea nemoralis*）是一种普通的欧洲蜗牛，在欧洲有广泛分布。它与果蝇（*D. pseudoobscura*）和人类一样，几乎所有曾经研究过的群体都发现有多态性。其主要表现在蜗壳五彩缤纷的颜色和条纹特征上。蜗牛形态变异的多态性涉及许多对基因。其中最重要的是决定蜗壳底色和决定有、无条纹的基因。蜗壳底色有3种主要颜色：棕色、粉红和黄色，每种底色的深浅都不止一种，在整个蜗壳颜色系列中，都是较深色的显性于较浅的颜色。另一基因座上的分离可以造成蜗壳有条纹或无条纹，无条纹对有条纹为显性。

这几个群体还在条纹的多少、壳的高度上也显出了多样性。但这些性状的遗传基础比较复杂。

研究还发现，与上述基因紧密连锁的还有使条纹中色素变成棕色斑点，以及使条纹上的色素完全消失表现为只见透明环状物的一对等位基因；另有与上述基因不连锁、控制条纹数目的一对等位基因，从而产生出令人惊奇的、极其丰富的多态类型。Lamotte等调查研究欧洲蜗牛的许多群体，认为维持其蜗壳颜色和条纹形态特征的多

态性的原因可能是一种鸫鸟的选择性捕食所产生的强大的视觉选择效应。但后来的研究进一步认为杂合体优势可作为最有可能保持多态性的普遍原因。

核型（karyotype）是一个物种的显著特征，许多物种在染色体数目与形态上有很高的多态性。相互易位和倒位等染色体结构变异引起的多态性，在植物、昆虫甚至哺乳动物中都有存在。

大约在30种果蝇的自然群体中发现有因倒位而造成的染色体多态现象。在北美拟暗果蝇（*D. pseudoobscura*）的自然群体中发现了存在于3号染色体上的20多种倒位，而且各地区所发现的倒位类型不同。在美国加利福尼亚的太平洋沿岸，标准型倒位频率最高。在一种生活在远离人类居住地的日本森林野生种果蝇（*D. bifasciata*）中发现了除X染色体、3号染色体及4号染色体的右臂外，各染色体臂都有倒位，全部的自然群体或多或少都是多态的。此外，还发现靠近物种分布中心的地区倒位现象显著，而分布在边缘地区的群体多态程度低，甚至在北美的果蝇（*D. robusta*）和欧洲的果蝇（*D. subobscura*）等也都发现有这种情况。在南美洲果蝇（*D. willistoni*）的所有染色体臂上倒位类型非常多，且多态的程度也显著地高。

3. 蛋白质多态性

遗传多态性的研究已深入到由结构基因编码的多肽层次上。如果一个结构基因上有一个非冗余密码子改变（如由GGU→GAU），那么多肽在翻译时就将有一个氨基酸被替换。若不同个体中的某种特异蛋白质可以被纯化与测序，那么就有可能在这一水平上探测群体内的遗传变异，但是实际操作时蛋白质的序列测定并非易事。好在20世纪60年代后半期以来发展了蛋白质凝胶电泳技术，可以测定其静电荷的变化。根据凝胶上观察到的条带数目和位置，就可推断样本中每个个体为该酶编码的基因座位上的基因型。如果所有个体都有相同的条带，说明这个基因座位没有变异。

凝胶电泳技术与其他遗传分析技术（如序列分析等）的根本区别在于它可以研究那些不产生分离的基因座位，因为对于结构基因，即对一段编码蛋白质的DNA序列来说，显而易见的证据就是有其对应的多肽的存在。因此，可以估计一个物种基因组的结构基因中多态性的比例。以凝胶电泳方法对病毒、真菌、高等植物、无脊椎动物与脊椎动物等大量物种的蛋白质多态性分析的结果揭示，有1/3的结构基因是多态的，群体中所有被测基因座的平均杂合度大约为10%。这就是说在几乎所有的物种中，对基因组进行扫描分析，将会发现每10个座位中就有一个是处于杂合状态的。而在任何一个群体中的所有基因座中大约有1/3的座位会有两个至多个等位基因分离。这将为进化所需的变异提供无尽的潜力。凝胶电泳技术的不足之处就是它只能检测结构基因的变异。如果生物体大部分形态、生理与行为的变异取决于调控的遗传元件，那么，就必须改用其他相关的办法进行分析。

4. DNA序列多态性

DNA分析使得人们检验物种之间与个体之间的DNA序列的变异成为可能。这类研究可在两个水平上进行。研究被限制性内切核酸酶所识别的位点上的差异可以大略地看到碱基对的变异。更精细的水平则是用DNA测序的方法，检测各个碱基的变异。在用限制性内切核酸酶对果蝇（*D.melanogaster*）X染色体不同区域与两对大的常染色体的多项研究中，发现每个核苷酸位点上有0.1%～1%的杂合度，其平均杂合度为0.4%。而一项对其最小的4号染色体的研究中，则根本没有发现多态性。Alec Jeffrey采用限制性内切核酸酶检测核苷酸序列的多态性的方法，测量了60个没有任何亲缘关系的个体，用以估计人类中DNA全序列的差异。结果显示，在β-珠蛋白基因家族中，每100个碱基中就有一个是多态的。如果假定这个区域代表整个基因组的情况，这就表明了至少有3×10^7个人的核苷酸可能是有变异的。

另外一种形式的DNA序列差异是从多重复DNA序列中发展而来的限制性片段方法。众所周知，在人类基因组中存在着许多不同的短DNA序列，它们都以串联的形式多次重复出现。在不同个体的基因组中，其重复数目从10余个至100余个，这些序列被称为可变数目串联重复序列（VNTR）。如果限制性内切核酸酶的切点位于这些串联排列序列的任何一端，酶切产生的片段的大小将与重复序列的数目成比例，在凝胶电泳中，不同长度的片段泳动速率不同。但如果单个的重复序列太短，则不能区分，如像64个重复与68个重复这样两个相近的片段。然而，可以建立一种长短分级法，按不同分级中的频率来分析一个群体。

通过某个基因的DNA测序，可以在每个碱基对的水平上研究变异。这可以提供两类信息：首先，通过翻译来自一个群体或者不同物种的各个体的编码区序列，可以得到精确的氨基酸顺序的差别。其次，可以研究那些不决定、不改变蛋白质序列的碱基对的变化，包括内含子、基因的5′端调节区和3′UTR，以及密码子的某些核苷酸（通常是第三个密码子），这些核苷酸的变异并不导致氨基酸的替换。在负责编码的序列中被称作同义突变的多态性比引起氨基酸多态性的序列改变要常见得多，这是因为大约有25%的碱基对的随机变化将产生同义密码子，它们将被翻译为同一氨基酸。这还可能是因为氨基酸的改变影响了蛋白质的正常功能而被自然选择淘汰了的缘故。如果碱基突变是随机的，而且一个氨基酸的替代不影响功能，就可以预料氨基酸替换导致沉默多态性（silent polymorphism）的比率为3∶1，但实际上在果蝇中同义多态性要比预期多得多。

（二）遗传和环境保护

环境就是对人类生命活动有影响的各种外界因素，也就是指以人类为中心，作用于人的外界影响和力量以及其范围或境界，即人类赖以生存的环境。但是，这种生存环境不同于其他生物的生存环境，也不同于原始的自然环境，而是在人类发生、发展过程中，经人类利用和改造过的环境，它有着人类活动的烙印，是自然环境和人工环境交织在一起的人类生态系统。

随着人类本身的发展，由于人类的活动作用于周围环境，常可造成对周围环境如大气、水体、土壤、食品等的污染，使得一些有害物质进入人体和生物体中，妨碍正常生理过程，导致生理变异、生长畸形、体内物质组成改变等，严重危害人类健康。环境的恶化，不仅可以引起人类的疾患，导致一些生物濒临死亡，尤为严重的是还会由此影响到有机体遗传物质的变异。20世纪初期，日本发生的一种骨痛病就是由金属镉（Cd）所引起；而久未弄清原因的水俣病，其元凶则是有机汞。现在，已发现许多环境污染物的半衰期很长，而在生态系统中，有害物质在人体和其他生物体内的积累，不仅危及亲代的发育，而且有一些物质还直接对遗传物质产生影响，引发变异，危害于后代。

生态环境的状况直接或间接地影响人类的生存和发展，对环境保护与治理的主要目的是维护人类健康，特别是要保护人类的基因库不受环境污染而遭损害，能够健康地繁衍后代。因之，有关环境保护的问题已日益突出，受到了人们的高度关注。

（三）遗传多样性

生物的遗传多样性是地球上所有生物遗传信息的总和。遗传多样性与物种多样性和生态系统多样性彼此有机联系，共同构成生物的多样性，而遗传多样性是物种及生态系统多样性的重要基础。遗传多样性就是指每一物种内基因和基因型的多样性，因此，遗传多样性是一个需用种、变种、亚种或品种的遗传变异来衡量其内部变异性的概念。我国有着丰富多样的野生动物、植物和微生物资源。其物种、亚种或变种都具有丰富的遗传变异，是遗传多样性的珍贵宝库。另外，几千年来，我国人民在农业生产活动中还驯化和培育了许多栽培植物和饲养动物，它们的遗传多样性也十分丰富。正是这些丰富的遗传多样性为中国物种的多样性奠定了基础，而通过丰富的物种多样性又形成我国不同类型的生态系统。

长期以来，作物、果树、畜禽以及渔业生产的不断发展无不与它们本身以及野生亲缘物种的遗传多样性利用有关。因此，从环境保护和生物多样性的保护而言，遗传多样性的研究既具有重要的理论意义，同时还将产生巨大的经济效益和社会效益。近年随着分子生物学和生物技术的发展，遗传多样性的研究方法也日益深入，已建立了各种测验的最新方法。例如，通过核型分型、染色体分带技术来确定物种的分类地位；利用同工酶与蛋白质多态性分析研究动、植物核基因组的遗传变异、群体的杂合度和近交情况；采用各种检测DNA多样性的技术，如RAPD、DNA指纹（DAF）、微卫星DNA、DNA序列分析及非损伤DNA分析等以提供各种遗传标记，用于分子进化、分子系统学和分子生态学研究，并辅助育种等。

我国科学工作者近年来应用这些新方法，已从遗传多样性的角度确定了一些野生珍贵动植物的进化和分类地位；还探讨了某些物种的濒危原因，并提出就地保护和异地保护的遗传管理方法。对一些经济动、植物遗传多样性的探讨，在了解它们的起源和品种分化、品种鉴定和评比、指导育种等方面都具有重要的参考价值，也为运用现代生物学技术进行基因分离和基因转移奠定了基础。

（四）遗传多样性的保护

遗传多样性的保护，实质上就是在基因和基因组水平上的保护。如果动、植物的遗传多样性得不到应有的保护，一个物种的灭绝就意味着将有难以计数的遗传多样性的消失。伴随着人类对自然资源的开发利用，自然生态系统被大面积破坏，加之环境污染等，使得物种灭绝的速度加快，畜禽、作物、果树品种等资源的大量流失。生态系统的多样性是物种和遗传多样性存在的保证，而物种多样性是人类赖以生存和发展的基础。保护物种要从生态系统和栖息地的保护入手，而评估物种受威胁的程度以及是否已摆脱受威胁的状态必须建立在遗传多样性研究的基础上。可见着眼于人类的未来，认真对待遗传多样性、物种多样性和生态系统多样性的保护，就是保护人类自身生存和发展的物质基础，也才能保证人类生产活动和经济活动的持续发展，维护人类子孙后代的生存和繁荣。

近年，生物多样性及其保护已引起人们极大的关注，20 世纪 80 年代有关“世界自然保护策略”中已提出要维护基本生态过程和生命维持系统，保持基因多样性及物种和生态系统的持续利用。在减轻对生态系统的破坏、环境污染和防止物种灭绝的同时，制定经济有效的保护对策是生物保护能否成功的关键，而正确确定生物保护中的基本单元则是其中的基础。1986 年 Ryder 从系统进化的角度提出的“进化显著单元”（evolutionary significant unit，ESU）已被国际社会普遍接受为生物保护中的基本单元。正是由于世界各国现在都在利用科学技术的新成就，从积极方面深入研究生物多样性保护的基本规律，制订周密计划，实施科学的有效管理，合理利用丰富的生物资源，从而各个方面来保护生物的多样性，因而使遗传多样性得到保护，并将造福于人民。

二、基因遗传多样性的评价

（一）评价动物遗传多样性的意义

第一，动物的遗传多样性大小是长期进化的产物，是其生存适应和发展进化的前提。

1）遗传多样性越高或遗传变异越丰富，动物对环境变化的适应能力就越强。

2）遗传变异的大小与其进化速率成正比。

3）对遗传多样性的研究有助于探讨动物物种稀有或濒危原因及过程。

第二，遗传多样性是保护动物研究的核心之一。

不了解种内遗传变异的大小、时空分布及其与环境条件的关系，就无法采取科学有效的措施来保护人类赖以生存的动物遗传资源基因，来挽救濒于绝灭的动物，保护受到威胁的动物。

第三，对遗传多样性的认识是动物各分支学科重要的背景资料。

对遗传多样性的研究无疑有助于人们更清楚地认识动物多样性的起源和进化，尤其能加深人们对微观进化的认识，为动物的分类进化研究提供有益的资料，进而为动物育种和遗传改良奠定基础。

（二）遗传标记简介

遗传标记（genetic marker）是指可追踪染色体、染色体某一节段或某个基因座在家系中传递的任何一种遗传特性，是表示遗传多样性的手段。遗传标记具有两个特征，即可遗传性和可识别性。遗传标记已在动植物多样性检测、种质资源鉴定、遗传育种研究等领域广泛应用。1913 年，Alfred H. Sturtevant 使用 6 个形态标记构建了第一张果蝇的遗传图谱。此后，遗传标记由形态标记发展到同工酶再到 DNA 分子标记。到目前为止，遗传标记主要有 4 种类型，即形态学标记、细胞学标记、生化标志物和 DNA 分子标记。其中，前三种遗传标记都是以基因表达的结果（表现型）为基础的，是对基因的间接反映；而DNA分子标记则是DNA水平遗传变异的直接反映。

1. 形态学标记

形态学标记（morphological marker）是生物的外部形态特征。19世纪中期，奥地利学者孟德尔利用豌豆杂交试验，首创了将形态学标记作为遗传标记应用的先例。形态学标记是与目标性状紧密连锁，表型上可识别的等位基因突变体。它是最早的被使用和研究的遗传标记，育种家直接根据作物的优良性状来进行选种。常见的形态学标记如株高、紫鞘、卷叶等，也包括色素、生理特征、生殖特性、抗病虫性相关的一些特性。但由于形态学标记数量少、多态性差、易受环境条件的影响，在植物育种中，由于基因多效的作用，一个目标形态学标记会影响其他形态学标记或者目的性状，因而远远不能满足遗传育种的需要。但用直观的标记研究质量性状的遗传更简单、方便，因此仍是研究生物品种分类的一种有效方法。如果要更准确、细致地了解种群的遗传变异状况，就必须进行更深层次的研究，并与表型性状进行比较和验证。形态标记尤其在种质鉴定和优异资源评价，以及品种培育等方面发挥重要作用。

2. 细胞学标记

细胞学标记（cytological marker）是动植物细胞染色体的变异。它包括染色体核型（染色体数目、结构、随体有无、着丝粒位置等）和带型（C带、G带、N带、T带等）的变化。染色体的变异必然导致遗传变异的发生，染色体数目及结构的变化如缺失、易位、倒位、重复等，常引起某些表型性状的变化，因此染色体的变化可作为一种遗传标记。与形态学标记相比，细胞学标记能进行一些重要基因的染色体或染色体区域定位。但这类标记需要花费较大的人力和较长的时间来培育，因此，到目前为止，真正用于作物遗传育种研究的细胞学标记还很少。主要应用于染色体结构数目研究、基因定位和基因图谱构建等。

3. 生化标志物

生化标志物（biochemical marker）是指以蛋白质多态性为基础的遗传标记，可分为同工酶电泳标记、等位酶标记、种子贮藏蛋白标记和免疫学标记。目前，种子贮藏蛋白标记主要有醇溶蛋白、谷蛋白、清蛋白和球蛋白等，已广泛应用于植物的系统演化、作物育种及遗传变异等方面的研究，可以对种间、属间甚至科间的关系进行探讨。每一品种，其醇溶蛋白电泳图谱的条带数目、各谱带的相对位置及染色强度便构成了该品种的小麦醇溶蛋白“指纹图谱”。同工酶电泳技术通过对各种同工酶的电泳谱带的分析，可以识别出控制这些酶的基因位点和等位基因，从而达到在基因水平上研究生物体的目的，在指纹图谱构建、种质资源研究、种子纯度鉴定等方面都有应用。与前两者相比，生化标记能提供更多的差异信息，对动、植物经济性状一般无不良影响；直接反映了基因产物差异，受环境影响小。但同工酶的表达存在阶段特异性和器官特异性，这虽然反映了有关动植物发育的信息，同时也给同工酶资料的收集增加了难度。目前可使用的生化标记还很少，有些酶的染色方法和电泳技术有一定难度，实际应用受到一定限制。

4. DNA分子标记

分子标记（molecular marker）是以生物大分子的多态性为基础的一种遗传标记。广义的分子标记是指可遗传的并可检测的DNA序列或蛋白质。狭义的分子标记只是指DNA分子标记。DNA分子标记是基于DNA分子多态性建立起来的一类标记方法，是指能反映生物个体或种群间基因组中某种差异特征的DNA片段。DNA分子标记具有更高的可靠性、高效性和更好的精确性，更容易从分子水平上研究动植物的遗传多态性。下面介绍几种常见的分子标记原理及应用。

（1）RFLP标记技术

RFLP 1983年由Soller和Beckman最先应用于品种鉴别和品系纯度的测定，这是第一个被应用于遗传研究的DNA分子标记，也是第一代分子标记。它是用已知的限制性内切核酸酶消化从生物体中提取DNA，经过电泳、通过Southern印迹法转移至硝酸纤维素滤膜或尼龙膜等支持膜上，使DNA单链与支持膜牢固结合，再用经同位素或地高辛标记的探针与膜上的酶切片段分子杂交，最后用放射性自显影显示出杂交带。特定的DNA限制性内切核酸酶组合所产生的片段是特异的，它能作为某一DNA（或含有该DNA的生物）的特有“指纹”，这种“指纹”在DNA分子水平上直接反映了生物的遗传多态性。已经应用于遗传图谱构建、遗传多样性和物种亲缘关系分析、种质鉴定等。它是一种有效的遗传标记，共显性，信息完整，重复性和稳定性好，但由于其分析程序复杂，技术要求高，成本昂贵，且存在放射性安全的问题，使它的应用受到一定限制。

（2）RAPD标记技术

1990年，Williams等发表了一种检测核苷酸序列多态性的新方法。这种方法以PCR为基础，但不必预先知道DNA序列的信息。随后，RAPD开始广泛应用，它的原理很简单，就是用10个核苷酸的随机序列寡聚核苷酸作为引物，对所研究物种的基因组DNA进行扩增，产生长度为200～2000 bp的DNA片段，经电泳分离即可检测DNA的多态性。RAPD具有所用的引物没有特异性，合成一套引物可以用于不同种生物的遗传分析，实验操作易行，所需DNA样品量少，引物合成成本低等优点。一套引物可用于不同生物的基因组分析，可检测整个基因组。RAPD主要应用于遗传图谱构建、系统进化发育、基因定位等。RAPD标记的不足之处是，一般表现为显性遗传，不能区分显性纯合和杂合基因型，因而提供的信息量不完整。另外，由于使用了较短的引物，RAPD标记的PCR易受实验条件影响，结果的重复性较差。不过，只要扩增到的RAPD片段不是重复序列，则可将其从凝胶上回收并克隆，转化为RFLP和特定序列扩增（sequence characterized amplified regions，SCAR）标记，以进一步验证RAPD分析的结果。

（3）SSR标记技术

微卫星DNA（microsatellite DNA）或称简单序列重复（SSR）。SSR是以少数几个核苷酸（多数为1～6个）为单位多次串联重复的DNA序列，微卫星的两侧一般为保守序列，据此设计特异性引物，通过PCR扩增微卫星的等位基因。近年来微卫星标记技术的发展很快，成为遗传图谱构建、重要性状基因定位、遗传多样性分析、品种指纹图谱绘制、品种纯度检测等的理想工具。已经广泛应用于拟南芥、大豆、棉花、花生和油菜等多种生物上。微卫星技术具有以下特征；①由于是采用PCR技术进行微卫星分析，只需要小量样本，对DNA质量要求不高；②SSR序列的侧翼序列保守，在同种而不同遗传型间多相同；③结果重复性高、稳定可靠；④检测出多态性的频率极高，属于共显性标记，遵循孟德尔遗传定律。故SSR可鉴别杂合子和纯合子，对个体鉴定具有特殊意义。在动植物研究中SSR主要应用于遗传连锁图谱构建、遗传多样性研究及种质资源鉴定、基因定位等。不足之处：由于SSR两侧引物具有物种特异性，需要知道其两端的DNA序列来设计专门的引物，如不能直接从DNA数据库存查寻，首先必须对其进行测序，所以开发有一定难度。

（4）ISSR标记技术

简单重复序列间区（inter-simple sequence repeat，ISSR）标记由加拿大蒙特利尔大学的Zietkiewicz等于1994年提出。它用锚定的微卫星DNA为引物，在SSR序列的3′端或5′端加上2～4个随机核苷酸，在PCR反应中，锚定引物可以引起特定位点退火，导致与锚定引物互补的间隔不太大的重复序列间DNA片段进行PCR扩增。所扩增的ISSR区域的多个条带通过电泳分布，扩增带多为显性表现。ISSR是目前应用较广的一种分子标记，已广泛应用于种质资源评价、分子标记辅助育种、动植物品种鉴定、遗传作图、基因定位、遗传多样性检测、生物进化分析等的研究。ISSR实验操作简单，不需要构建基因文库等，遗传多态性高、重复性好、显性标记、符合孟德尔遗传定律。ISSR结合了RAPD标记技术和SSR标记技术的优点，耗资少、模板DNA用量少，其PCR扩增反应的最适条件需要一定时间摸索。

（5）AFLP标记技术

AFLP技术由荷兰人Zabeau和Vos等于1993年发明，结合了RAPD和RFLP的优点。其基本原理是，通过对基因组DNA酶切片段的选择性扩增来检测DNA酶切片段长度的多态性。AFLP标记多态性强，利用放射性标记在变性的聚丙烯酰胺凝胶电泳上可检测到50～100个扩增片段。它的另外一个优点是可用于没有任何分子生物学研究基础的物种，其引物在不同物种之间是通用的。所以，AFLP标记技术被认为是一种有效和先进的分子标记，因而AFLP应用于遗传连锁图谱的构建、亲缘关系和遗传多样性研究、种质资源鉴定、分子标记辅助选择育种、基因表达和基因克隆等领域。AFLP技术的不足主要表现在：对基因组DNA质量要求较高，技术过程复杂，分析中需要同位素或非同位素标记引物的程序，在一般实验室开展此项技术尚存在一定困难，所得到的分子标记多为显性标记，无法精确地鉴别纯合基因型和杂合基因型。

（6）SRAP标记技术

相关序列扩增多态性（sequence-related amplified polymorphism，SRAP）标记是Li和Quiros于2001年提出的，是在芸薹属植物上开发出的新型分子标记技术，已在马铃薯、水稻、生菜、油菜、大蒜、苹果、樱桃、柑橘和芹菜等生物物种中成功利用。其原理是利用特定引物对ORF区域进行扩增。上游引物长17 bp，5′端的前11 bp是一段填充序列，紧接着是CCGG组成核心序列及3′端3个选择碱基，对外显子进行特异扩增。下游引物长18 bp，5′端的前11 bp是一段填充序列，紧接着是AATT组成核心序列以及3′端3个选择碱基，对内含子区域、启动子区域进行特异扩增。因不同个体、物种的内含子、启动子及间隔区长度不同而产生多态性。SRAP标记的特点：①共显性标记，更适合于基因组作图；②多态性强；③需要DNA量少，PCR扩增仅需要20～30 ng的DNA模板，对DNA纯度要求不高；④操作简单，花费少，与AFLP相比，省略了酶切、连接、预扩增等步骤；⑤标记分布均匀。由于此技术没有利用扩增区域的任何信息，产生的分子标记是随机地分布在染色体上，在筛选与目标性状连锁的分子标记时，必须与混合分组分析（bulked segregant analysis，BSA）等方法联合使用。SRAP标记从2001年开发以来，就开始在各个实验室开展研究，已经在种质资源的鉴定评价及遗传多样性分析、遗传图谱构建、重要性状基因标定、品种纯度鉴定、指纹图谱构建等方面得到应用。

第四节　生物资源保护的策略与方法

一、生物资源的基本特征

（一）生物遗传资源的概念

由于遗传资源与生物资源的关系密切，并且遗传资源绝大多数来自于生物资源，所以实践中学者们将生物遗传资源与遗传资源等同，并不加以区分。生物遗传资源就是遗传资源的另一种称谓，只是比遗传资源表达更加准确。关于生物遗传资源的概念存在不同的定义，但是一般认为1992年《生物多样性公约》的定义较能获得认同。根据《生物多样性公约》第2条，“遗传资源”是指“具有实质或者潜在价值的遗传材料”，而“遗传材料”则是指“来自动物、植物、微生物或其他来源的任何含有遗传功能单位的材料”。这个定义可以作更深层次的解读，遗传资源可以延伸到所有的动物和植物的生命体形式，当然还包含微生物，如病毒等有关的生命体结构也应该包含在内。一般认为生物遗传资源不包含人类遗传资源，但目前将人类病原体纳入保护范围。

根据以上定义可得出，生物资源中具有遗传价值的材料才能被称作是生物遗传资源。即与生物遗传资源相近的某些不携带遗传信息的遗传化合物或者材料等，都不属于生物遗传资源。为了遵从公约对生物遗传资源的定义，欧盟的获取与惠益分享规则将其界定为“具有实际或潜在的价值的遗传材料”。与此同时，生物贸易道德联盟《开展生物贸易活动应遵循的道德标准》中也清晰地指出，生物遗传资源的定义应该遵从《生物多样性公约》的规定。全球基因组生物多样性网络系统（Global Genome Biodiversity Network，GGBN）最佳行为实践中表明，生物遗传资源的概念与《生物多样性公约》第2条的规定一致。可见，在全球生物遗传资源获取与惠益分享的指南中，对生物遗传资源的界定均来源于《生物多样性公约》对生物遗传资源的定义，并且具有普遍接受性。

（二）生物遗传资源的范围

《生物多样性公约》对遗传材料的来源做出了界定，指出其来源于动物、植物和微生物以及其他来源。动物遗传资源、植物遗传资源与微生物遗传资源以及其他来源的任何含有生物材料的遗传资源共同构成了生物遗传资源。普遍认为，微生物属于生物遗传资源的载体并没有争议，但《南极环境保护议定书》提及生物遗传资源的载体有“土著植物”、“土著鸟类”及“土著无脊椎动物”等，并没有提及“微生物”。微生物作为生物遗传资源的部分载体，虽然难以与动植物的地位媲美，但是在环境恶劣的南极北极地区，却仍然是少有的生物遗传资源储存的宝库，恶劣的气候环境造就了不同生物的集体特征，也研发出异于一般生物的独特生物产品。学界一般认为，微生物同样属于生物遗传资源的载体。

植物遗传资源一般包含野生的与人工栽培的植物资源；动物遗传资源指野生经济动物资源以及饲养的动物资源等；微生物遗传资源包含大量的菌类生物资源，它们携带大量的生物遗传资源，是遗传资源在现实中的物化。“衍生物”是否能纳入公约的调整范围引起热议，与生物遗传资源不相同的是，某些“衍生物”并不具有遗传的功能单位，仅是生物遗传资源在生命活动中代谢出的一种生物化合物。《名古屋议定书》将“衍生物”规定在第2条，明确了“衍生物”的定义，在序言中，《名古屋议定书》也提及确保人类病原体的重要性，意味着“衍生物”与人类病原体都属于生物遗传资源国际公约的调整范围。

（三）生物遗传资源与生物资源和遗传材料的区别

在生物遗传资源的应用中，会出现生物遗传资源与其他概念模糊重叠的现象，为使生物遗传资源的定义更加清晰，有必要区分以下几组概念。

1. 生物遗传资源与生物资源

生物多样性维持生物圈的平衡稳定与生命的繁衍生息，生物资源其实就是生物多样性。与生物多样性表述不同，《生物多样性公约》中生物遗传资源是存在于生命体中能够决定其性状的物质。买卖生物资源的同时，其实生物遗传资源也进行了转移，但一般实践中都将两者的买卖分开讨论。例如，买卖植物活株属于买卖生物资源，但是如果将植物活株买来分析植物的遗传组织构成或者进行其他价值的研究，就是属于买卖生物遗传资源。生物遗传资源寓于生物资源之中，区分两者的关键在于应用的用途不一。

2. 生物遗传资源与遗传材料

根据《生物多样性公约》的界定，遗传材料组成了生物遗传资源，并且充当着生物遗传资源的载体。遗传材料的存在，象征遗传特征的生物遗传资源的基本信息得以复制与传播。遗传材料是具有遗传功能单位的材料，但是如何定义遗传功能单位必须考虑哪一种实体可以称为遗传单位。普遍认为具有以下几种：基因、染色体、DNA片段以及完整的活细胞。以基因为例，基因位于染色体之上，是决定遗传性状的关键。基因重组技术丰富了基因的范围，生物遗传资源的范围远大于基因的范畴。

综上所述，生物遗传资源必然具备以下几个定律：第一，生物遗传资源携带遗传信息，这种遗传信息使生物性状得以区别；第二，生物遗传资源来自于生物“活体”，倘若生物遗传资源失去了活载体的支撑，生物遗传资源很难存在；第三，生物遗传资源范围广泛，基因资源难以全面概括生物遗传资源。总而言之，遗传资源具有一个共同的生物基础，它们都具有共同的功能支柱以供繁殖后代、传承遗传特征以及构成蛋白质密码，而且绝大多数基因的共享都超过了法律边界。

（四）生物遗传资源的特征

生物遗传资源是一种特殊的资源，了解生物遗传资源的特征能为生物遗传资源的开发与惠益分享指明方向。各种生物遗传资源之间、生物遗传资源与生态环境之间存在密切的联系，仅仅保护单一的物种难以取得理想的效果，知悉生物遗传资源普遍存在的特点，对生物遗传资源的保护工作起到了推动作用，同时也可以保证获取与惠益分享的平稳运行。生物遗传资源的获取与惠益分享主要包含以下几个特点。

1. 地域分布的不均衡性

由于不同地区的地理环境存在很大的差异，光照与温度同样成为牵制遗传资源存在的重要因素，生物遗传资源的分布也存在差异性，很多热带国家与亚热带国家的生物遗传资源分布较为丰富。不同的进化途径、不同的自然地理环境再加上不同的人类活动导致了遗传资源在全球分配的极不均衡性。值得注意的是，这些地区的国家大部分是发展中国家，这恰恰印证了生物遗传资源容易被侵害、被掠夺的事实。生物遗传资源的这种分布状况，导致了生物遗传资源的提供国多数为发展中国家，如巴西、印度尼西亚、玻利维亚、马来西亚、印度及中国等，生物遗传资源的获取以及惠益分享规则是不容忽视的一个重点问题。另外值得注意的一个问题是，生物遗传资源的分布并不是沿着国家的分界线产生，可能一种生物遗传资源的聚集区横跨了好几个国家，需要生物遗传资源所有国共同合作制定相关的制度对生物遗传资源进行保护、开发和利用。倘若在某个国家境内某种生物遗传资源的数量很多，在其他国家的该生物遗传资源占比较少，数量丰富的国家滥用牟利，而数量稀缺国家加以保护导致数量骤增，就会产生生物遗传资源的动态转移，这也刚好与《生物多样性公约》第 9 条倡导的易地保护相呼应，主要为了辅助就地保护的措施。

2. 生物遗传资源载体的复合性

生物遗传资源不同于矿产等资源，生物遗传资源的重点不在于外部的表现形式，最重要的是生物所携带的生化材料，这些遗传功能单位上所携带的遗传信息为生物遗传资源提供了价值，如果生物资源不存在这样的信息，那么它们只是自然资源，而不属于生物遗传资源。遗传资源不是智力成果，而是原生性物质，20 世纪 80 年代以前被认为是人类共同的财产，可以无偿取得，其生物资源价值通过生物本身的存在以及自然资源之间的相互影响来获得，与人的创造性智力劳动没有关系。生物遗传资源作为原生性物质，以种子举例，若种子简单作为食物，生物遗传资源的价值不复存在，而若以其中的性状作为下一代生物培育，种子则具备了生物遗传资源载体的功能。可见，具备生物遗传资源的生物资源具有双重属性，表现为无形的遗传资源与有形的生物体的自然结合。当生物体中的遗传资源被提取，作为遗传资源载体的生物材料便失去了作为生物遗传资源的价值。

3. 生物遗传资源的稀缺性

生物遗传资源并非取之不尽，用之不竭。生物遗传资源一旦被破坏，将会产生不可逆转的影响，导致生物遗传资源从国际社会灭绝与消失。为了管制动植物资源的买卖，防止濒危物种在各国之间由于买卖而灭绝，1973 年，由世界自然保护联盟（International Union for Conservation of Nature，IUCN）牵头，《濒危野生动植物种国际贸易公约》在美国的华盛顿签署，遂又被称为《华盛顿公约》。该公约拥有三个附录，附录一中列举了极危动物、濒危动物、易危动物以及非受危动物，附录二中主要列举了没有灭绝危机的物种，附录三是各国家自行区域管控的物种。《华盛顿公约》主要是在确保贸易的基础上保护濒危物种，实现生物遗传资源的可持续发展。近年来，生物资源的生长环境遭到严重破坏，生物遗传资源的数量也逐渐锐减，所以保护生物遗传资源的另外一个重要举措就是需要关注环境问题，环境保护国际公约包含多种多边性条约。例如，《联合国海洋法公约》就是着眼于海洋生物的环境保护问题。

4. 开发利用需借助技术手段

生物遗传资源开发之初，主要是借助当时的科学技术进行简单的物种采集，方便发达国家进行育苗栽培，随着科学技术的发展与进步，结合传统的技术与现代高新技术，生物遗传资源的开发利用范围逐渐广泛，应用范围涉及药业、美容业等行业，在某些倡导自然生物研发有利于健康的国家，生物遗传资源的萃取与研发需要依靠更高的科学技术，这给了发达国家以可乘之机。它们率先研发生物遗传资源有关的产品，开发的数量、种类也变得庞大，某些看似价值不高的生物遗传资源在研发利用的过程中增加了价值，成为获得利益的有力手段。虽然如果没有从发展中国家获得的原材料，这些发明和由此而来的利润是不可能实现的，但这些利润没有一笔因原材料被拿走归还给发展中国家。这充分说明了，生物遗传资源之战是技术之战，发展中国家应学会既要利用发达国家的先进技术，也要保证适当地利益平分。

（五）生物遗传资源的类型

根据国家对生物遗传资源是否具有管辖权，将生物遗传资源分为国家管辖范围内的生物遗传资源与国家管辖范围外的生物遗传资源。与之分别对应的理论为国家主权原则与人类共同继承财产原则。国家主权原则属于排他权，国家可对国内的资源进行占有、处分和收益。人类共同继承财产原则认为生物遗传资源应由国际社会共同开发与继承。在通常情况下，国际公约讨论的均是国家管辖范围内的生物遗传资源，忽略了人类共同继承财产的地位。国内法中生物遗传资源的类型以国际公约为基础，并在国际实践中被普遍接受。

二、生物资源保护的意义

（一）家畜遗传资源保护的意义

第一，家畜遗传资源是与人类社会活动密切相关的生物资源的一个重要组成部分，无论过去，还是未来，家畜遗传资源的保护是保证畜牧业生产持续稳定发展的重要措施，家畜中不少品种的泯灭或者畜种的消失都将直接危及社会经济的发展和人类生活的切身利益。就这一点而言，家畜遗传资源与人类的关系比与野生动物的遗传资源更密切、更重要。

第二，家畜遗传资源是世界各民族历史文化成果的重要组成部分。在人类开始驯养野生动物以来至今的大约一万年间，从野生动物到家畜的演变、群体在家养条件下的进化以及从物种中分离出的若干品种，都是以人工选择为中心的育种活动，也是许多世代、许多民族在不同自然条件、社会经济及技术背景下，培育出的具有明显地域特征和历史遗痕的地方品种或类群，反映了不同时代民族文化的印记。

第三，目前在全球范围分布较广的少数畜禽品种，其虽然生产力较高，但其遗传内容相对贫乏，尤其缺乏适应生态环境变迁和社会需求发生改变的遗传潜力。地方品种目前虽然生产力相对较低，但却蕴藏着进一步改进现代流行品种所需要的基因资源，用其作为培育新品种或杂交生产的亲本，具有重要的价值。

第四，人类社会对畜产品的消费方式以及不同经济类型畜产品的社会经济价值不是一成不变的。例如，半个世纪以前，肉用家畜的贮脂力是普遍公认的有利性状，动物育种学家们花费大量的时间对猪的背膘厚进行选择，育出了一大批脂用型猪品种。但进入20世纪60年代以后由于人们饮食习惯的改变，即由过去喜吃肥肉变为喜吃瘦肉，使得脂用型猪的市场萧条，取而代之的是一些瘦肉率较高的欧美品种，如长白猪、大约克夏等。又如80年代以前，在我国有许多绒用山羊品种，由于绒的收购价格仅为每公斤10元左右，所以饲养量下降，同时也受到“奶山羊热”的冲击被杂交改良，但80年代以后，随着市场经济发展的需求，绒的价格一升再升，最高达300元每公斤左右，使得绒山羊的饲养量迅速增加。由以上可见，家畜遗传资源的价值不能以消费方式改变或社会经济价值变化来衡量。同时这也说明保护那些在眼前生产性能较低，经济价值较低，但确有一定潜在价值的地方品种是非常有必要的。

第五，固有地方品种群体中蕴藏有许多非特异性免疫性的基因资源。品种起源的单一化，导致许多抗性基因的丧失，加之现代良种的一般纯合化水平较高，更加缩减了免疫的范围，增加了流行病发生的机会，一旦发生，造成的损失往往不可估量，甚至使整个畜牧业生产处于瘫痪状态。所以对地方品种加以保护，不仅保存了许多非特异性免疫性的基因资源，而且也给未来新品种培育贮备了育种素材。

（二）生物遗传资源与生物多样性对人类的影响

地球生命经过亿万年的演化，由最初的简单形式发展为现在的纷繁复杂，不同生物物种之间都具有重要的协同作用，从简单互助到互生、共生和寄生等多种生命形态。人类的发展，其基本的生存需要如衣、食、住、行等绝大部分依赖于各种生物资源的供给，主要体现在以下方面。

第一，人类的食物几乎全部取自生物资源。人类历史上约有3000种植物被用作食物，另有75 000种可食性植物，当前被人类种植的约有150种。现在，全世界的食物蛋白质来源于牛、羊、猪、鸡、鸭等几种畜禽。全世界生产的水产品一半以上来源于天然捕捞，这些产品有的直接上市供人类食用，有的作为养殖饲料间接地为人类提供动物蛋白质。在不发达国家或地区，人们还相当依赖获取野生动植物作为食物。加纳人所需蛋白质的75%来源于野生鱼类、昆虫和蜗牛等；在博茨瓦纳某些地区，食物总量的40%取自于野生动物；扎伊尔人所需动物蛋白质约有75%来源于野生资源。

第二，发展中国家80%的人口依靠传统药物进行治疗。生活在亚马孙河流域西北部的人们开发了约2000个物种入药。中国利用野生生物入药已有数千年历史，中药涉及5100多个物种，其中有1700种为常用药。例如，青蒿素治疗疟疾，水蛭素是有效的抗凝血剂，蜂毒可治疗关节炎，某些蛇毒制剂能控制高血压，斑蝥素可以治疗某些癌症等。

第三，在偏远地区，人们所需能源仍主要依靠自然生物资源，其中最主要的是森林出产的薪柴。在尼泊尔、坦桑尼亚和马拉维，90%以上的能源取自薪柴。在1983年，全世界共消耗了约1.6亿m^3的薪柴，占森林木材总产量的54%。1989年中国农村总耗能已超过5亿吨标准煤，其中55%为生物能源如薪柴、秸秆、茅草等。

第四，生物多样性之生态价值对人类的贡献也是巨大的，它在维系自然界能量流动、物质循环、改良土壤、涵养水源及调节小气候等诸多方面发挥着重要的作用，生物多样性也是维持自然生态系统平衡的必要条件，某（些）物种的消亡可能引起整个系统的失衡，甚至崩溃。而且，丰富多彩的生物和它们得以生存的无机环境共同构成了人类赖以生存的支撑系统。

三、我国对动物资源的保护

（一）当代世界家畜遗传资源形势

家畜遗传资源问题，作为当代全球性生物资源问题的组成部分，涉及人类未来的生存与发展，是当代全球面临的紧迫问题之一。在过去的100年间，全球有450多个地方牛品种绝迹，70多个绵羊品种绝种或濒临灭绝，15个山羊品种处于濒危。相对而言，马、鸡、猪品种灭绝的速度远远大于牛羊。造成固有地方畜禽品种灭绝的主要原因是生产力较高的十多个欧美近代育成品种在世界相当大的地域范围内取代了当地固有的品种或类型，在畜牧业生产中占据了主导地位，其推广速度日益加速。从畜牧业生产发展来看，这十多个品种具有两方面积极因素：①就特定的畜产品消费方式而言，提高了家畜个体生产水平。②在特定的市场背景下，提高了畜牧业的经济效益。但从畜牧业长远发展目标来看，大多数地方品种灭绝或数量大减，未来家畜育种的基因资源遭到严重破坏，这十多个优良品种作为未来全球仅存的育种素材，具有以下局限性：第一，起源地域狭窄，它们全都起源于西欧和北美，种内不同品种间亲缘关系密切，制约特异性免疫性的基因种类贫乏，抗御疾病的能力相对较低，不能保证畜牧业生产的稳定持续发展。第二，这些品种长期繁育在高度集约化的饲养体制及优良牧草的特定环境中，一旦改变环境条件，就不能保证其生产性能优势，甚至不能正常生存。第三，进一步改进生产水平的潜力有限，因为，这些品种都经历长期闭锁繁育和近交育种，群体纯合化水平较高，它们并未包含有种内各地方品种所具有的全部有利基因。第四，都是经历过生产力专门化的高强度选择，损失了一部分涉及其他性状的有利基因，产品类型单调，难以满足社会对畜产品多样化的要求和社会需求的变化。因此无论从哪方面来看，这些品种的遗传资源是贫乏的。当代人类社会面临着家畜遗传资源枯竭的现实危险，是产生家畜遗传资源保护问题的形势背景。

（二）遗传资源保护的内容和目标

所谓家畜遗传资源（animal genetic resource）是家畜中存在的，被视为创造社会财富的原材料的遗传性变异。它具有耗竭性和再生性的特点：①耗竭性是指家畜遗传资源中某些品种的有利基因、基因型及基因配套体系被泯灭，造成这种现象主要是来自于盲目地追求市场效益，使少数优良品种完全或不完全地取代了原有种群中固有的某些优良遗传变异，或者作为杂交改良的对象泯灭于一次性的利用之中。②再生性就是保护家畜遗传资源，特别是要保持遗传性变异类型的数量。而一般生物资源的再生性是保持群体规模，个体数量的增加和群体的扩大与家畜遗传资源的再生并没有直接关系。

1. 家畜遗传资源保护的总体目标

家畜遗传资源主要由传统的家畜家禽、驯化程度较高的哺乳类和鸟类动物及主要家畜家禽的近缘野生动物三部分构成，所以保护家畜遗传资源就是保护上述这些物种、品种或类群及其近缘祖先的遗传多样性。

2. 家畜遗传资源保护的内容

家畜遗传资源保护主要包括以下三个方面的内容。

1）保护孟德尔群体的遗传多样性，即对各位点的基因种类进行保护，以保证群体对自然或社会需求发生变化的适应力，同时作为未来进行畜禽育种的基因贮备。分布在恶劣生态环境、自然选择作用强大的原始地方品种和生产力专门化程度较低、特点不明显的地方品种就属这一种情况，其代表性品种为牦牛、大额牛、沼泽水牛、双峰驼、驯鹿、藏猪、华北猪、藏山羊、中国鹅等。

2）保持品种的特性，即保持特定遗传位点基因型的稳定性。以保护不同的基因型特征来满足自然条件的变化和社会的不同需求。这一情况是目前全球范围内在畜禽保种中所利用的主要方式之一，如英国、美国、中国等国家都建立了许多固有地方品种的保种场，并划定了保种的区域范围。

3）保持孟德尔群体多样化的基因组合体系的稳定性：畜禽生产实践中，在品种内维持若干个品系、保持体现品种起源系统、生态类型多样化以及以基因组合体系为基础的生产力类型多样化，都属于这一种情况。

（三）我国野生动物资源的现状

我国幅员辽阔，地貌复杂，湖泊众多，气候多样。丰富的自然地理环境孕育了无数的珍稀野生动物，使我国成为世界上野生动物种类较为丰富的国家。约有脊椎动物6327种，占世界种数的10%以上。其中兽类500种，鸟类1258种，爬行类412种，两栖类295种，鱼类3862种。野生动物资源不仅种类丰富，而且还具有特产珍稀动物多和经济动物多的特点。我国有大熊猫、金丝猴、白鳍豚、扬子鳄、朱鹮、黑颈鹤、黄腹角雉、褐马鸡等特产珍稀动物100多种，有熊、猕猴、马鹿、麝、狍子、野猪、黄羊、环颈雉、雁鸭类经济动物400多种。全世界鹤类共15种，我国就有9种；雁鸭类148种，我国有46种；野生鸡类276种，我国有56种；美国、欧洲都没有灵长类动物，我国就有16种之多。

但是，随着我国人口的快速增长及经济的高速发展，对野生动物资源的需求和压力不断增大，对野生动物栖息地的破坏、开发利用和环境污染等行为的加剧，使许多野生动物严重濒危。初步统计，我国现有300多种陆栖脊椎动物处于濒危状态。

自20世纪80年代以来，尤其是实施野生动植物保护及自然保护区建设工程以来，我国采取了一系列措施加强野生动物保护工作。1995～2003年，国家林业局（林业部）组织开展了首次全国陆生野生动物资源调查，掌握了调查物种的种群数量、分布、栖息地状况。调查结果表明，通过多年的积极保护，尤其是《中华人民共和国野生动物保护法》颁布实施以来，部分野生动物的资源数量趋于稳定并有所上升。其中国家重点保护野生动物的资源数量保持稳定或稳中有升，但非国家重点保护野生动物，特别是具有较高经济价值的野生动物的种群数量明显下降。国家林业局组织开展的第二次全国重点保护野生植物资源调查于2012年正式启动，是继1997～2003年第一次全国重点保护野生植物资源调查之后，又一次全国性野生植物资源的数量化调查。综合分析调查结果，与第一次调查有可比性的54种极小种群野生植物中，有36种野外种群数量稳中有升，占67%。同时我国的野生植物资源还面临着较大的威胁，部分物种天然更新缓慢，濒危程度高，极为脆弱。本次调查获取了大量重要数据，其结果全面客观反映了我国一部分国家重点保护或重点关注野生植物资源的基本情况，既反映出多年来我国野生植物就地和易地保护工作取得的重要成果，也摸清了部分物种面临的威胁和保护管理中存在的问题，为修订《国家重点保护野生植物名录》和今后开展野生植物保护工作提供了重要科学依据。

（四）我国野生动物资源保护措施

我国政府把保护野生动物自然资源、改善生态环境列为基本国策，为保护世界濒危物种做出了巨大努力。早在1962年，国务院颁布了《关于积极保护和合理利用野生动物资源的指示》；1973

年外贸部发出的《关于停止珍贵野生动物收购和出口的通知》，同年林业部草拟了《野生动物资源保护条例》；1979年，国务院颁布了《水产资源繁殖保护条例》；1981年，国务院批转了林业部等部门《关于加强鸟类保护，执行中日候鸟保护协定的请示》；1983年，国务院发出《关于严格保护珍贵稀有野生动物的通令》；1985年国务院公布施行《森林和野生动物类型自然保护区管理办法》；1988年11月8日，全国人民代表大会通过了的《中华人民共和国野生动物保护法》，规定我国野生动物保护事业的总方针是："加强资源保护，积极驯养繁殖，合理开发利用"；2013年，十三届全国人大常委会第三十八次会议表决通过了修订后的野生动物保护法，修订后的野生动物保护法加强对野生动物栖息地的保护，并细化野生动物种群调控措施；2021年2月5日，从国家林业和草原局、农业农村部获悉，经国务院批准，调整后的《国家重点保护野生动物名录》正式向公众发布。调整后的名录共列入野生动物980种和8类，其中国家一级保护野生动物234种和1类、国家二级保护野生动物746种和7类。另外，各省、自治区、直辖市等已规定地方重点保护的野生动物。

加大野生动物保护。据报道，自1986年以来，仅林业公安机关查处的破坏野生动物的违法案件就达35 235起，查处犯罪分子62 500人。仅对猎杀、倒卖熊猫的罪犯就判刑数百人。1993年全国人民代表大会、国务院组织的执法大检查，就出动4万多人，检查了3000多个集贸市场，以及3万多个饭店、宾馆和部分林区、自然保护区，查出违法案件4304起。到2020年1～9月，全国检察机关共起诉破坏野生动物资源犯罪15 154人，同比上升66.2%。其中，非法捕捞水产品罪6974人，非法狩猎罪3769人，非法收购、运输、出售珍贵、濒危野生动物，以及珍贵、濒危野生动物制品罪3007人，非法猎捕、杀害珍贵、濒危野生动物罪1131人，走私珍贵动物、珍贵动物制品罪273人。国家为保护濒危物种，林业部门先后投资近3亿元，建立4600 hm^2的森林和野生动物类型自然保护区451处，使300多种国家重点保护野生动物的种群明显增加。

国家另外投资建立了濒危动物拯救中心和大熊猫、海南坡鹿、扬子鳄、麋鹿、野马等国家保护工程14处，仅大熊猫保护工程就计划投资3亿元。目前，我国繁殖的濒危野生动物已达60多种，多种濒危动物均有不同程度的发展。扬子鳄因人工繁养数量增多，已被批准商业注册，参与国际贸易。

对药用濒危物种代用品的研究取得积极进展。中药中有些药品是野生动植物，为了有效地保护野生动物资源，又解决人民防病治病用药需要，我国自20世纪70年代就开始了药用濒危物种代用品的研究，如人工合成虎骨、麝香、牛黄和以水牛角代替犀牛角的研究，已取得积极进展，有些研究成果已投入使用。

四、我国对植物资源的保护

截至2018年，中国共建立各级各类自然保护区2750个（不含港、澳、台地区），总面积约147万 km^2，占我国陆地面积的15.31%，其中国家级自然保护区474处，总面积约98万 km^2，约占我国陆地面积的10.2%。同时全国还建设了900处森林公园，面积达800多万 hm^2，这些保护区涵盖了我国陆地生态系统的85%左右，86%的野生植物和66%的高等植物被保护。近年来我国成立了400多处珍稀植物种质种源基地，并采取了一系列措施对濒危的野生植物进行了拯救繁育工作，使部分濒危物种逐渐摆脱了灭绝的危险。

（一）我国植物遗传资源的现状

我国是世界上生物多样性最为丰富的国家之一，拥有极为丰富的植物遗传资源。历史上，中国曾经与其他国家进行过植物遗传资源的广泛交流，中国植物遗传资源的输出曾对世界农业发展做出过巨大贡献。国外植物遗传资源的引进，也极大地促进了中国的农业生产和社会发展。近年来，由于经济、技术、能力和意识等多方面的原因，中国的植物遗传资源开始大量向国外流失。西方发达国家的医药和生物技术公司通过各种手段（通常是非法手段）从中国掠取大量的植物遗传资源，并通过这些植物遗传资源的研发获得了巨额利润，但是中国却几乎没有获得任何合理的回报。

（二）我国植物遗传资源的特点

我国国土辽阔，海域宽广，自然条件复杂多样，加之有较古老的地质历史（早在中生代末，大部分地区已抬升为陆地），孕育了极其丰富的植物及其繁育多彩的生态组合，形成了丰富多彩的生物多样性，使我国成为全球12个生物多样性最为丰富的国家之一。

中国幅员广阔，地形复杂，气候多样，植被种类丰富，分布错综复杂。总的来说我国的植物遗传资源有以下几个特点。

1. 我国植物遗传资源类型多、分布广泛

中国几乎具有北半球的全部植被类型。在东部季风区，有热带雨林，热带季雨林，中、南亚热带常绿阔叶林，北亚热带落叶阔叶林，常绿阔叶混交林，温带落叶阔叶林，寒温带针叶林，以及亚高山针叶林、温带森林草原等植被类型。最北部寒温带为落叶针叶林，向南是温带落叶阔叶林区；亚热带林区在中国面积最大，局部地区还残存着世界上其他地方早已绝迹的小片“活化石”林——水杉、银杉、银杏等；南部有热带的半常绿季雨林、雨林和红树林。在西北部和青藏高原地区，有干草原、半荒漠草原灌丛、干荒漠草原灌丛、高原寒漠、高山草原草甸灌丛等植被类型。

2. 我国的植物遗传资源种类特有度高

在我国的亚热带林区，局部地区还残存着世界上其他地方早已绝迹的小片“活化石”林——水杉、银杉、银杏等。除水杉、银杉、银杏外，还有水松、杉木、金钱松、台湾杉、福建柏、杜仲等树种为中国所特有。

3. 我国的植物遗传资源用途广泛

据统计，我国有种子植物300科、2980属、24 600种。被子植物有2946属（占世界被子植物总属的23.6%）。比较古老的植物约占世界总属的62%。种子植物兼有寒、温、热三带的植物，种类比欧洲多得多。此外，还有丰富多彩的栽培植物。我国有用材林木1000多种，药用植物4000多种，果品植物300多种，纤维植物500多种，淀粉植物300多种，油脂植物600多种，蔬菜植物也不下80余种，成为世界上植物资源最丰富的国家之一。

尽管自身拥有丰富的植物遗传资源，中国还一直注意从国外收集和引进遗传资源，成为世界上主要的植物遗传资源输入国之一。近20年来，我国通过国外引种，已从100多个国家和地区引进作物种质资源67 000份、药用植物400多种。

丰富的植物遗传资源在我国的国民经济和社会发展中起着非常重要的作用，具有巨大的直接和间接经济价值。其直接经济价值主要表现为向人类提供基本的衣、食、住等生活必需品以及木材、纤维、油料、橡胶等许多重要工业原材料和药材。间接经济价值主要表现在维系自然界能量流动、净化环境、改良土壤、涵养水源、调节小气候以及维持生物进化等多方面。据估计，在我国，以植物遗传资源为主要组成部分的生物多样性每年贡献的价值为2550亿～4100亿美元。

本章小结

本章中，围绕生物分子进化和资源保护两个方面，介绍了分子进化理论与物种形成过程和mtDNA与生物起源进化，以保持遗传多样性的方式和基因遗传多样性评价为基础，重点对生物资源保护策略与方法进行了阐述，最后介绍了生物资源利用现状并提出生物资源合理开发和可持续发展。基因突变、漂移和重组的发生，实现了物种遗传信息改变和物种进化。分子进化研究对理解生物种群遗传结构改变和物种形成起着关键作用。通过比较不同物种或个体DNA序列和蛋白质序列差异，可以推断个体间的亲缘关系和群体形成过程，揭示进化历程、预测疾病发生和传播。生物资源保护是自然资源和环境可持续利用的重要内容，其目标是满足人类需求并保护生态系统完整性和生物多样性。另外，需要制定合理的资源管理政策、加强监管和执法，形成可持续的生产和消费方式。“以自然之道，养万物之生”的生物多样性保护策略，可实现“万物并育而不相害，道并行而不相悖”的各美其美，美人之美，美美与共，天下大同。

思 考 题

1. 解释下列名词

进化速率；基因重复；外显子重排；逆转录转座子；基因水平转移；适应性进化；生物遗传资源

2. 简述动物遗传多样性的意义。
3. 简述生物资源保护的重要意义。
4. 分析我国动物资源现状及所采取的保护措施。

主要参考文献

敖光明，刘瑞凝. 1987. 细胞生物学[M]. 北京：北京农业大学出版社.

边培培，张禹，姜雨. 2021. 泛基因组：高质量参考基因组的新标准[J]. 遗传，43（11）：1023-1037.

曹憨. 2013. RNA 聚合酶 I 介导转录的 TBSV 病毒表达载体研究[D]. 银川：宁夏大学硕士学位论文.

曹亚萍，武银玉，范绍强，等. 2019. EMS 诱变技术在小麦上的应用[J]. 激光生物学报，18（5）：394-404.

陈宏，邱怀，詹铁生，等. 1993. 中国四品种黄牛性染色体多态性的研究[J]. 遗传，（4）：14-17+50-51.

陈天子，余月，凌溪铁，等. 2021. EMS 诱变水稻创制抗咪唑啉酮除草剂种质[J]. 核农学报，35（2）：253-261.

陈幼春. 1990. 加拿大对引入大型品种牛的性能测定——西门塔尔组合优势原因分析[J]. 中国奶牛，（5）：56-57.

成迎端. 2007. 人类多剪接体新基因 *ZNF415* 的克隆及功能研究[D]. 长沙：湖南师范大学硕士学位论文.

程柯仁. 2015. 小鼠卵母细胞玻璃化冷冻对 DNA 甲基化的影响[D]. 北京：中国农业大学硕士学位论文.

程罗根. 2018. 遗传学[M]. 2 版. 北京：科学出版社.

达尔文. 2014. 动物和植物在家养下的变异[M]. 叶笃庄，译.北京：北京大学出版社.

戴灼华，王亚馥，栗翼玟. 2008. 遗传学[M]. 2 版. 北京：高等教育出版社.

戴灼华，王亚馥. 2016. 遗传学[M].3 版. 北京：高等教育出版社.

俄广鑫，杨柏高，段星海，等. 2018. 西南地区肉用山羊杂交组合效果研究及应用模式探讨[J]. 现代农业科技，（23）：220-221+225.

樊守金，郭秀秀. 2022. 植物叶绿体基因组研究及应用进展[J]. 山东师范大学学报（自然科学版），37（1）：22-31.

方宣钧. 2001. 作物 DNA 标记辅助育种[M]. 北京：科学出版社.

冯丹丹. 2008. 一个控制拟南芥小孢子发育基因的定位和雄性不育基因启动子的克隆[D]. 上海：上海师范大学硕士学位论文.

甘海丽，洪岭，杨凤莲，等. 2019. mRNA 表观修饰方式及 m^6A 功能研究进展[J]. 生物工程学报，（5）：9.

郜金荣，叶林柏. 1999. 分子生物学[M]. 武汉：武汉大学出版社.

郭新民，柳明洙，闻宏山，等. 2003. 生物化学[M]. 北京：人民军医出版社.

郭兴启，苏英华. 2018. 简明分子生物学教程[M]. 北京：中国农业出版社.

韩飞，王高. 2007. 真核生物 mRNA 稳定性的控制机制[J]. 安徽农学通报，81（11）：27-29.

郝晓东，黄超，郑麦青，等. 2020. 全基因组选择育种技术在我国黄羽肉鸡产业中的初步实践. 养禽与禽病防治，（3）：2.

胡兰，杨景芝，等. 2007. 动物生物化学[M]. 北京：中国农业大学出版社.

胡文平. 1999. 云南地方鸡种的遗传多样性及其与中国家鸡起源的关系[J]. 生物多样性，7：285-290.

胡文平，连林生，宿兵，等. 1998. 滇南小耳猪遗传多样性的血液蛋白电泳研究[J]. 生物多样性，6（1）：22.

黄勇富，张亚平，邱祥聘，等. 1998. 猪线粒体 DNA 多态性与中国地方猪种起源分化的关系[J]. Acta Genetica Sinica，25（4）：322-329.

黄裕泉，樊正忠，陈彩安，等. 1989. 遗传学[M]. 北京：高等教育出版社.

黄族豪，刘迺发. 2010. 动物线粒体基因组变异研究进展[J]. 生命科学研究，14（2）：166-171.

霍正浩. 2002. mtDNA 与现代人类的起源和迁徙[J]. 生物学通报，8：14-15.

纪亚君，周青平. 2008. 青海生物资源的开发利用[J]. 农业环境与发展，2：2422-2433.
贾永红，简承松，史宪伟. 1999. 遗传标记及其在动物遗传育种中的应用（下）[J]. 黄牛杂志，25（1）：50-56.
阚彬彬. 2005. 水稻（*Oryza sativa* L.）碳酸酐酶基因5′端启动子不同区域对基因表达影响的研究[D]. 哈尔滨：东北林业大学硕士学位论文.
寇寇，曹颉，宋德秀. 1991. 猪基因组文库的构建及其生长激素基因的分离[J]. 生物工程学报，7：4.
兰宏，王文，施立明. 1995. 西南地区家猪和野猪 mtDNA 遗传多样性研究[J]. 遗传学报：英文版，22（1）：28-33.
兰宏，熊习昆，林世英，等. 1993. 云南黄牛和大额牛的 mtDNA 多态性研究[J]. Acta Genetica Sinica，20（5）：419-425.
李碧春，徐琪，刘榜，等. 2016. 动物遗传学[M]. 3 版. 北京：中国农业出版社.
李海英，杨峰山，邵淑丽，等. 2008. 现代分子生物学与基因工程[M]. 北京：化学工业出版社.
李宁. 2011. 动物遗传学[M]. 3 版. 北京：中国农业出版社.
李惟基. 2007. 遗传学[M]. 北京：中国农业大学出版社.
李祥龙，田庆义，马国强，等. 2000. 波尔山羊杂交后代及其亲本随机扩增多态 DNA 研究[J]. 遗传，22（2）：75-77.
李昕，杨爽，彭立新，等.2004. 新基因的起源与进化[J]. 科学通报，13：1219-1225.
李运嘉. 2020. 牛羊拷贝数变异数据集的构建和山羊 MUC6 拷贝数变异的免疫功能研究[D]. 咸阳：西北农林科技大学硕士学位论文.
梁红. 2018. 遗传学[M]. 3 版. 北京：化学工业出版社.
梁前进，张根发. 2017. 遗传学：关于基因的科学[M]. 北京：北京师范大学出版社.
梁艳. 2010. 灵长类特异基因 *ZNF480* 在 Myogenin 启动子上的锌指蛋白结合位点分析[D]. 长沙：湖南师范大学硕士学位论文.
刘浩，齐锐，忠海. 2013. 我国野生动物资源的现状及保护措施[J]. 养殖技术顾问，3：244.
刘敏. 2007. 猪肌肉生长相关转录因子的克隆、启动子调控及遗传效应分析[D]. 武汉：华中农业大学博士学位论文.
刘庆昌. 2020. 遗传学[M]. 4 版. 北京：科学出版社.
刘天猛. 2018. 青藏高原植物适应性进化和精油资源利用探究[D]. 拉萨：西藏大学博士学位论文.
刘晓娜，张丽华，李红军. 2023. 农作物辐射诱变育种技术中国专利分析[J]. 核农学报，37（2）：298-305.
刘祖洞，吴燕华，乔守怡，等. 2021. 遗传学[M]. 4 版. 北京：高等教育出版社.
娄治平，赖仞，苗海霞. 2012. 生物多样性保护与生物资源永续利用[J]. 中国科学院院刊，27（3）：359-365.
卢龙斗. 2016. 普通遗传学[M]. 2 版，北京：科学出版社.
卢婷，王晨，杜超，等. 2017. 林麝全基因组微卫星分布规律研究[J]. 四川动物，36（4）：420-424.
陆艳梅. 2013. SGAs 合成代谢末端酶基因组织特异性表达载体构建及对马铃薯遗传转化研究[D]. 兰州：甘肃农业大学硕士学位论文.
罗伯特·维弗. 2013. 分子生物学[M]. 5 版. 郑用琏，马纪，李玉花等译. 北京：科学出版社.
罗马. 2007. 世界粮食与农业动物遗传资源报告[M]. 北京：中国农业出版社.
吕树文，王宇，赵文成，等. 2008. 马传染性贫血病毒受体选择性剪切及功能性研究的进展[J]. 畜牧兽医科技信息，382（10）：6-8.
门正明，詹铁生. 1993. 动物遗传学[M]. 2 版. 兰州：兰州大学出版社.
孟春晓. 2005. 雨生红球藻中虾青素合成关键酶基因的顺式作用元件研究[D]. 青岛：中国科学院研究生院（海洋研究所）博士学位论文.
彭锁堂，庄杰云，颜启传，等. 2003. 我国主要杂交水稻组合及其亲本 SSR 标记和纯度鉴定. 中国水稻科学，17：1-5.
戚文华，蒋雪梅，肖国生，等. 2014. 猪全基因组中微卫星分布规律[J]. 畜牧与兽医，（8）：5.
邱峥艳，郭将，杨春，等. 2012. DNA 甲基化在动物遗传育种中的研究进展[J]. 中国畜牧兽医，39（7）：173-178.
屈伸，刘志国. 2007. 分子生物学实验技术[M]. 北京：化学工业出版社.
施巧琴，吴松刚. 2013. 工业微生物育种学[M]. 4 版. 北京：科学出版社.
宋敏艳，俞英. 2016. 畜禽表观遗传学主要研究领域及研究进展[J]. 中国畜牧兽医. DOI：CNKI：SUN：GWXK.0.2016-

10-028.
宋士芹. 2009. 不同剪接频率外显子的组成特征分析[D]. 合肥：中国科学技术大学硕士学位论文.
苏从成，曹学亮. 2007. 家畜基因印记研究进展[J]. 畜牧兽医杂志，18（6）：26-28.
孙乃恩，孙东旭，朱德熙. 1990. 分子遗传学[M]. 南京：南京大学出版社.
田余祥. 2016. 生物化学[M]. 3 版. 北京：高等教育出版社.
涂知明. 2007. Tritordeum 组织特异性启动子的克隆[D]. 武汉：华中科技大学博士学位论文.
王丽. 2020. 绵羊 3 个牛科动物特有 Y 染色体多拷贝基因的研究[D]. 兰州：兰州大学硕士学位论文.
王维，孟智启，石放雄. 2012. 组蛋白修饰及其生物学效应[J]. 遗传，34（7）：810-818.
王文达. 2021. 生物遗传资源获取与惠益分享国际法问题研究[D]. 兰州：甘肃政法大学硕士学位论文.
王晓华，朱文渊，陈新美，等. 2008. 生物化学与分子生物学实验技术[M]. 北京：化学工业出版社.
韦弗（Weaver R F）. 2013. 分子生物学[M]. 郑用琏译. 北京：科学出版社.
韦龙芹. 2020. 鸡卵清蛋白启动子功能分析及验证[D]. 南宁：广西大学博士学位论文.
文际坤，俞英，赵开典，等. 1996. 云南文山牛和迪庆牛 mtDNA 的多态性研究[J]. 畜牧兽医学报，27（1）：94-96.
吴常信，张细权，李辉，等. 2015. 动物遗传学[M]. 2 版. 北京：高等教育出版社.
夏珣. 2009. 蜡梅（*Chimonanthus praecox*）金属硫蛋白基因分子特征分析及在矮牵牛中的超表达效应的初步分析[D]. 重庆：西南大学硕士学位论文.
谢迎秋，孟蒙，朱祯. 2000. 植物反式作用因子研究进展[J]. 高技术通讯，（2）：100-105.
邢朝斌，张妍彤，王卓，等. 2017. DNA 甲基化及重亚硫酸盐测序法在药用植物中的应用策略[J]. 中草药，48（24）：7.
邢文凯，刘建，刘燊，等. 2021. 猪基因组选择育种研究进展[J]. 中国畜牧杂志，57：7.
熊蔚俐. 2010. 甲状腺激素受体 β pre-mRNA 新剪接方式体外蛋白水平的研究[D]. 天津：天津医科大学硕士学位论文.
徐晋麟. 2011. 分子生物学[M]. 北京：高等教育出版社.
阎隆飞，张玉麟. 1997. 分子生物学[M]. 2 版. 北京：中国农业大学出版社.
杨博. 2011. 转基因克隆牛犊组织中形态学、印记基因表达和 DNA 甲基化检测[D]. 咸阳：西北农林科技大学硕士学位论文.
杨明，王青东，刘敬顺，等. 2015. *MUC13*，*FUT1* 基因在 2 个种猪核心群中的分子标记辅助选择研究[J]. 华南农业大学学报，36：8.
杨荣武，郑伟娟，张敏跃，等. 2007. 分子生物学[M]. 南京：南京出版社.
杨雪芮，何沙娥，陈少雄. 2022. GRF 转录因子在植物中的研究进展[J]. 桉树科技，39（3）：57-66.
杨月. 2015. 基于细菌群体感应的自杀基因回路的数学建模及其稳定性的研究[D]. 上海：上海师范大学硕士学位论文.
于秉治，于爱民，关一夫，等. 2008. 图表生物化学 Illustrated biochemistry eng[M]. 北京：中国协和医科大学出版社.
岳敏，杨禹，郭改丽，等. 2017. 哺乳动物生物钟的遗传和表观遗传研究进展[J]. 遗传，（12）：16.
曾庆尚. 2009. 基于 Boosting 策略的启动子预测方法研究[D]. 烟台：烟台大学硕士学位论文.
翟静，吴剑. 2015. 生物化学与分子生物学应试向导[M]. 上海：同济大学出版社.
翟中和，王喜中，丁明孝，等. 2000. 细胞生物学[M]. 北京：高等教育出版社.
张耿，边佳辉，崔亚宁，等. 2021. DNA/RNA 甲基化修饰检测技术进展[J]. 电子显微学报，40（3）：348-359.
张丽. 2007. 黄牛 *NPY* 和 *HCRTR1* 基因的克隆表达及其遗传多样性研究[D]. 咸阳：西北农林科技大学博士学位论文.
张莉君. 2006. DNA 修饰及其检测方法研究[D]. 武汉：华中科技大学硕士学位论文.
张良志. 2014. 中国地方黄牛基因组拷贝数变异检测及遗传效应研究[D]. 咸阳：西北农林科技大学博士学位论文.
张龙，李云洲，梁燕. 2022. 番茄诱变育种研究进展[J]. 分子植物育种，https://kns.cnki.net/kcms/detail/ 46.1068.S.20220125.1742.009.html.
张鹏，顾玉萍，王金玉，等. 2004. 京海Ⅰ号黄鸡 DNA 指纹中 J 带与体重的相关性研究[J]. 中国家禽，8（1）：149-151.
张琼. 2007. 遗传印记基因 *PEG10* 致肿瘤生物学效应的实验研究[D]. 武汉：华中科技大学博士学位论文.
张守全，冯定远，田秀春，等. 2003. 哺乳动物印记基因的研究进展[J]. 中国生物工程杂志，（12）：48-54，61.

张天星. 2008. 人血小板生成素乳腺表达载体的构建[D]. 郑州：河南农业大学硕士学位论文.
张一鸣，陈园园，陆任平，等. 2018. 生物化学与分子生物学[M]. 2 版. 南京：东南大学出版社.
张玉静. 2000. 分子遗传学[M]. 北京：科学出版社.
章国卫，宋怀东，陈竺. 2004. mRNA 选择性剪接的分子机制[J]. 遗传学报，(1)：102-107.
章胜乔，徐继初，张亚平，等. 1998. 浙江地方猪种线粒体 DNA 多态及遗传多样性研究[J]. 动物学研究，19 (2)：125-130.
赵广荣，杨冬，财音青格乐，等. 2008. 现代生命科学与生物技术[M]. 天津：天津大学出版社.
赵海谕，蓝贤勇，雷初朝，等. 2014. 表观遗传学：家畜遗传育种的新挑战[J]. 家畜生态学报，35 (8)：5.
赵利，王斌. 2021. ^{60}Co-γ 射线辐射胡麻种子的诱变效应研究[J]. 中国油料作物学报，43 (5)：834-842.
赵生国. 2009. 亚洲部分鸡种系统发育研究及遗传资源优先保护顺序评估[D]. 兰州：甘肃农业大学博士学位论文.
郑用琏. 2012. 基础分子生物学[M]. 2 版. 北京：高等教育出版社.
郑作. 2003. 中国动物志・鸟纲（第四卷：鸡形目）[M]. 北京：科学出版社.
钟东. 2003. DNA 序列的对称性与真核基因调控元件模块的分析[D]. 广州：中国人民解放军第一军医大学博士学位论文.
钟敏. 2009. DMD 基因缺失突变及连接片段应用于基因诊断的研究[D]. 广州：南方医科大学博士学位论文.
钟珍萍，吴乃虎. 1997. 真核生物 mRNA 稳定性的分子机制[J]. 生物工程进展，(3)：33-37.
周凤燕，杨青，朱熙春，等. 2017. 环状 RNA 的分子特征、作用机制及生物学功能[J]. 农业生物技术学报，25 (3)：485-5501.
朱圣康，徐长法. 2016. 生物化学[M]. 4 版（下册）. 北京：高等教育出版社.
朱玉贤，李毅，郑晓峰，等. 2013. 现代分子生物学[M]. 4 版. 北京：高等教育出版社.
朱玉贤，李毅，郑晓峰. 2014. 现代分子生物学[M]. 北京. 高等教育出版社.
宗宪春，施树良. 2014. 遗传学[M]. 武汉：华中科技大学出版社.
DL 哈特尔，M 鲁沃洛. 2015. 遗传学基因和基因组分析[M]. 8 版. 杨明，译. 北京：科学出版社.
J.E. 克雷布斯，E.S. 戈尔茨坦，S.T. 基尔帕特里克. 2013. Lewin 基因 X [M]. 江松敏译. 北京：科学出版社.
Robert F. Weaver，2010. 分子生物学[M]. 4 版. 郑用琏，张富春，徐启江，等译. 北京：科学出版社.
Adams N R, Briegel J R. 2005. Multiple effects of an additional growth hormone gene in adult sheep[J]. J Anim Sci, 83: 1868-1874. doi: 10.2527/2005.8381868x (2005).
Alberts B, Heald R, Johnson A,et al. 2002. Molecular Biology of the Cell[M]. 4th Ed. New York: Garland Science.
Aman R,Ali Z,Butt H, et al. 2018. RNA virus interference via CRISPR/Cas13a system in plants[J]. Genome Biology, 19: 1. doi: 10.1186/s13059-017-1381-1 (2018).
Anderson S, Bankier A T, Barrell B G, et al. 1981. Sequence and organization of the human mitochondrial genome[J]. Nature, 290 (5806): 457-465.
Antonin de Fougerolles A, Vornlocher H P, Maraganore J, et al. 2007. Interfering with disease: a progress report on siRNA-based therapeutics[J]. Nat Rev Drug Discov, 6 (6): 443-453.
Aranzana M J,Kim S, Zhao K, et al. 2005. Genome-wide association mapping in Arabidopsis identifies previously known flowering time and pathogen resistance genes[J]. PLoS Genetics, 1 (5): e60.
Armstrong N J, Brodnicki T C, Speed T P. 2006. Mind the gap: analysis of marker-assisted breeding strategies for inbred mouse strains[J]. Mammalian Genome, 17: 273-287.
Bailey J A, Kidd J M, Eichler E E. 2008. Human copy number polymorphic genes[J]. Cytogenet Genome Res, 123 (1-4): 234-243.
Banik S, Bandyopadhyay S, Ganguly S. 2003. Bioeffects of microwave: a brief review[J]. Bioresour Technol, 87 (2): 155-159.
Beckmann J S, Soller M. 1983. Restriction fragment length polymorphisms in genetic improvement: methodologies, mapping and costs[J]. Theoretical & Applied Genetics, 67: 35-43.
Bickhart D M, Hou Y, Schroeder S G, et al. 2012. Copy number variation of individual cattle genomes using next-generation

sequencing[J]. Genome Res, 22 (4): 778-790.

Botstein D, White R L, Skolnick M, et al. 1980. Construction of a genetic linkage map in man using restriction fragment length polymorphisms[J]. American Journal of Human Genetics, 32: 314.

Boynton J E, Gillham N W, Harris E H, et al. 1988. Chloroplast transformation in Chlamydomonas with high velocity microprojectiles[J]. Science, 240 (4858): 1534-1538.

Brackett B G, Baranska W, Sawicki W, et al. 1971. Uptake of heterologous genome by mammalian spermatozoa and its transfer to ova through fertilization[J]. Proc Natl Acad Sci, USA, 68: 353-357, doi: 10.1073/pnas.68.2.353 (1971).

Bradley D G, MacHugh D E, Cunningham P, et al. 1996. Mitochondrial diversity and the origins of African and European cattle[J]. Proceedings of the National Academy of Sciences, 93 (10): 5131-5135.

Bradley D G, Magee D A. 2006. Genetics and the Origins of Domestic Cattle[M]. Berkeley: Published by University of California Press.

Brown T A. 2018. Gemone[M]. Now York: Garland Science, Taylor & Francis Group.

Buschiazzo E, Gemmell N J. 2006. The rise, fall and renaissance of microsatellites in eukaryotic genomes[J]. Bioessays, 28 (10): 1040-1050.

Chandrasegaran S, Carroll D. 2016. Origins of programmable nucleases for genome engineering[J]. J Mol Biol, 428: 963-989. doi: 10.1016/j.jmb.2015.10.014 (2016).

Chapman D L, Papaioannou V E. 1998. Three neural tubes in mouse embryos with mutations in the T-box gene Tbx6[J]. Nature, 391: 695-697. doi: 10.1038/35624 (1998).

Chen L L. 2020. The expanding regulatory mechanisms and cellular functions of circular RNAs[J]. Nature Reviews Molecular Cell Biology, 21 (8): 1-16.

Chen X, Liu C, Ji L, et al. 2021. The circACC1/miR-29c-3p/FOXP1 network plays a key role in gastric cancer by regulating cell proliferation[J]. Biochem Biophys Res Commun, 557: 221-227.

Cheung W Y, Champagne G, Hubert N,et al. 1997. Comparison of the genetic maps of Brassica napus and Brassica oleracea[J]. Theoretical & Applied Genetics, 94: 569-582.

Clark A J, Bessos H,Bishop J O, et al. 1989. Expression of human anti-hemophilic factor IX in the milk of transgenic sheep[J]. Bio/Technology, 7: 487-492. doi: 10.1038/nbt0589-487 (1989).

Costa C, Solanes G, Visa J,1998. Transgenic rabbits overexpressing growth hormone develop acromegaly and diabetes mellitus[J]. Faseb J, 12: 1455-1460. doi: 10.1096/fasebj.12.14.1455 (1998).

Crittenden L B, Smith E J, Fadly A M. 1984. Influence of endogenous viral (ev) gene expression and strain of exogenous avian leukosis virus (ALV) on mortality and ALV infection and shedding in chickens[J]. Avian Dis, 28: 1037-1056.

Damak S, Su H, Jay N P, et al. 1996. Improved wool production in transgenic sheep expressing insulin-like growth factor 1[J]. Biotechnology (N Y), 14: 185-188. doi: 10.1038/nbt0296-185 (1996).

Daniell H, McFadden B. 1987. Uptake and expression of bacterial and cyanobacterial genes by isolated cucumber etioplasts[J]. Proceedings of the National Academy of Sciences, 84 (18): 6349-6353.

Doan R, Cohen N, Harrington J, et al. 2012. Identification of copy number variants in horses[J]. Genome Res, 22 (5): 899-907.

Donovan D M, Kerr D E, Wall R J. 2005. Engineering disease resistant cattle[J]. Transgenic Res, 14, 563-567. doi: 10.1007/s11248-005-0670-8 (2005).

Dunnington A E, Haberfeld A, Stallard LC, et al. 1992. Deoxyribonucleic acid fingerprint bands linked to loci coding for quantitative traits in chickens[J]. Poultry Science, 71 (8): 1251-8125.

Ehrenreich B, Michael I. 2008. The Genetics of Phenotypic Variation in *Arabidopsis thaliana*[D]. North Carolina: North Carolina State University.

EI-Sherbini A, Khattab A A. 2018. Induction of novel mutants of *Streptomyces lincolnensis* with high Lincomycin production[J].

Jounal of Applied Pharmaceutical Science, 8: 128-135.

Fernández, Luis García. 2006. Diccionario de perífrasis verbales[M]. Madrid: Gredos, 2006.

Fletcher H L, Hickey G I, Winter P C. 1998. Instant Notes in Genetic[M]. Now York: Taylor & Francis.

Frankiw L, Baltimore D, Li G. 2019. Alternative mRNA splicing in cancer immunotherapy[J]. Nat Rev Immunol, 19 (11): 675-687.

Freschi L, Vincent A T, Jeukens J, et al. 2019. The *Pseudomonas aeruginosa* pan-genome provides new insights on its population structure, horizontal gene transfer, and pathogenicity[J]. Genome biology and evolution, 11 (1): 109-120.

Gao L, Gonda I, Sun H, et al. 2019. The tomato pangenome uncovers new genes and a rare allele regulating fruit flavor[J]. Nature Genetics, 51 (6): 1044-1051.

Gao Y,Wu H, Wang Y, et al. 2017. Single Cas9 nickase induced generation of NRAMP1 knockin cattle with reduced off-target effects[J]. Genome Biology, 18: 13. doi: 10.1186/s13059-016-1144-4 (2017).

Gerald K. 2009. Cell and Molecular Biology: Concepts and Experiments[M]. 6th Ed. Hoboken: John Wiley & Sons.

Gordon J, Ruddle F. 1981. Integration and stable germ line transmission of genes injected into mouse pronuclei[J]. Science, 214: 1244-1246.

Goremykin VV, Hirsch-Ernst K I, Wölfl S, et al. 2003. Analysis of the *Amborella trichopoda* chloroplast genome sequence suggests that Amborella is not a basal angiosperm[J]. Molecular Biology and Evolution, 20 (9): 1499-1505.

Greene E A, Codomo C A, Taylor N E, et al. 2003. Spectrum of chemically induced mutations from a large-scale reverse-genetic screen in Arabidopsis[J]. Genetics, 164 (2): 731-740.

Gu H, Zhou Y, Yang J, et al. 2021. Targeted overexpression of PPARγ in skeletal muscle by random insertion and CRISPR/Cas9 transgenic pig cloning enhances oxidative fiber formation and intramuscular fat deposition[J]. Faseb J, 35: e21308. doi: 10.1096/fj.202001812RR (2021).

Guryev V, Saar K, Adamovic T, et al. 2008. Distribution and functional impact of DNA copy number variation in the rat[J]. Nat Genet, 40 (5): 538-545.

Ha M, Kim V N. 2014. Regulation of microRNA biogenesis[J]. Nat Rev Mol Cell Biol, 15 (8): 509-524.

Hammer R E, Pursel V G, Rexroad C E, et al. 1985. Production of transgenic rabbits, sheep and pigs by microinjection[J]. Nature, 315: 680-683. doi: 10.1038/315680a0 (1985).

Hansen B M, Winding A，Detection of <b><em>Pseudomonas putida</em></b> B in the rhizosphere by RAPD[J]. Letters in Applied Microbiology (1997).

Hiendleder S, Lewalski H, Wassmuth R, et al. 1998. The complete mitochondrial DNA sequence of the domestic sheep (*Ovis aries*) and comparison with the other major ovine haplotype[J]. Journal of Molecular Evolution, 47: 441-448.

Hofmann A, Kessler B, Ewerling S, et al. 2003. Efficient transgenesis in farm animals by lentiviral vectors[J]. EMBO Rep, 4: 1054-1060. doi: 10.1038/sj.embor.embor7400007 (2003).

Hu Y, Wu Q, Ma S,et al. 2017. Comparative genomics reveals convergent evolution between the bamboo-eating giant and red pandas[J]. Proceedings of the National Academy of Sciences, 114 (5): 1081-1086.

Hübner A, Petersen B, Keil G M, et al. 2018. Efficient inhibition of African swine fever virus replication by CRISPR/Cas9 targeting of the viral *p30* gene (CP204L) [J]. Sci Rep, 8: 1449. doi: 10.1038/s41598-018-19626-1 (2018).

Iafrate A J, Feuk L, Rivera M N, et al. 2004. Detection of large-scale variation in the human genome[J]. Nat Genet, 36 (9): 949-951.

Ishino Y, Shinagawa H, Makino K, et al. 1987. Nucleotide sequence of the iap gene, responsible for alkaline phosphatase isozyme conversion in *Escherichia coli*, and identification of the gene product[J]. J Bacteriol, 169: 5429-5433. doi: 10.1128/jb.169.12.5429-5433.1987 (1987).

Islam M S, Saito J A, Emdad E M, et al 2017. Comparative genomics of two jute species and insight into fibre biogenesis[J]. Nature Plants, 3 (2): 1-7.

Jaccoud D, Peng K, Feinstein D et al. 2001. Diversity arrays: a solid state technology for sequence information independent genotyping[J]. Nucleic Acids Research, 29, e25-e25-doi: 10.1093/nar/29.4.e25 (2001).

Jackson R J, Hellen C U, Pestova T V. 2010. The mechanism of eukaryotic translation initiation and principles of its regulation[J]. Nat Rev Mol Cell Biol, 11 (2): 113-127.

Jacob F, Monod J. 1961. Genetic regulatory mechanisms in the synthesis of proteins[J]. Journal of Molecular Biology, 3 (3): 318-356.

Jaenisch R. 1975. Infection of mouse blastocysts with SV40 DNA: Normal development of the infected embryos and persistence of SV40-specific DNA sequences in the adult animals[J]. Cold Spring Harbor Symposia on Quantitative Biology, 39（Pt 1): 375.

Jaenisch R. 1976. Germ line integration and Mendelian transmission of the exogenous Moloney leukemia virus. Proc Natl Acad Sci U S A, 73: 1260-1264. doi: 10.1073/pnas.73.4.1260 (1976).

Jansen R K, Cai Z, Raubeson L A, et al. 2007. Analysis of 81 genes from 64 plastid genomes resolves relationships in angiosperms and identifies genome-scale evolutionary patterns. Proceedings of the National Academy of Sciences, 104 (49): 19369-19374.

Jiang R, Li H, Yang J, et al. 2020. circRNA profiling reveals an abundant circFUT10 that promotes adipocyte proliferation and inhibits adipocyte differentiation via sponging let-7[J]. Mol Ther Nucleic Acids, 20: 491-501.

Jinek M, Chylinski K, Fonfara I, et al. 2012. A programmable dual-RNA-guided DNA endonuclease in adaptive bacterial immunity[J]. Science, 337: 816-821. doi: 10.1126/science.1225829.

Joshi M B, Rout P K, Mandal A K, et al. 2004. Phylogeography and origin of Indian domestic goats[J]. Molecular biology and Evolution, 21 (3): 454-462.

Jost B, Vilotte J L, Duluc I, et al. 1999. Production of low-lactose milk by ectopic expression of intestinal lactase in the mouse mammary gland[J]. Nat Biotechnol, 17: 160-164. doi: 10.1038/6158 (1999).

Kanginakudru S, Metta M, Jakati R D, et al. 2008. Genetic evidence from Indian red jungle fowl corroborates multiple domestication of modern day chicken[J]. BMC Evolutionary Biology, 8: 174.

Kawashima T. 2019. Comparative and Evolutionary Genomics. In: Ranganathan S, Gribskov M, Nakai K, et al. Encyclopedia of Bioinformatics and Computational Biology. Oxford: Academic Press, 257-267.

Keel B N, Lindholm-Perry A K, Snelling W M. 2016. Evolutionary and functional features of copy number variation in the cattle genome[J]. Front Genet, 7: 207.

Klein R R, Klein P, Chhabra A, et al. 2001. Molecular mapping of the *rf1* gene for pollen fertility restoration in *Sorghum* (*Sorghum bicolor* L.). TAG Theoretical&Applied Genetics, 102: 1206-1212.

Klein T M, Fromm M, Weissinge A, et al. 1988. Transfer of foreign genes into intact maize cells with high-velocity microprojectiles[J]. Proceedings of the National Academy of Sciences 85: 4305-4309.

Klug W S, Cumming S M, Spencer C A, et al. 2019. Essentials of Genetics[M]. 10th Ed. London: Pearson Press.

Knips A, Zacharias M. 2017. Both DNA global deformation and repair enzyme contacts mediate flipping of thymine dimer damage[J]. Sci Rep, 7: 41324.

Knutzon D S, Deborah S, Gregory A, et al. 1992. Modification of Brassica seed oil by antisense expression of a stearoyl-acyl carrier protein desaturase gene[J]. Proc Natl Acad Sci U S A 89, 2624-2628. doi: 10.1073/pnas.89.7.2624 (1992).

Lambert C, Tepfer D. 1992. Use of Agrobacterium rhizogenes to create transgenic apple trees having an altered organogenic response to hormones[J]. Theor Appl Genet, 85: 105-109. doi: 10.1007/bf00223851 (1992).

Lee C, Hyun Jo D, Hwang G H, et al. 2019. CRISPR-Pass: gene rescue of nonsense mutations using adenine base editors[J]. Mol Ther, 27: 1364-1371.

Lee G, Choi H, Sureshkumar S, et al. 2019. The 3D8 single chain variable fragment protein suppress infectious bronchitis virus transmission in the transgenic chickens[J]. Res Vet Sci, 123: 293-297: doi: 10.1016/j.rvsc.2019.01.025.

Lee K Y, Townsend J, Tepperman J, et al. 1988. The molecular basis of sulfonylurea herbicide resistance in tobacco[J]. Embo j, 7: 1241-1248.

Lesk A. 2019. Introduction to Genomics[M]. Oxford: Oxford University Press.

Lewin B. 1997. The best of molecular biology[J]. Molecular Cell, 1 (1): 1.

Li H T, Yi T S, Gao L M, et al. 2019. Origin of angiosperms and the puzzle of the Jurassic gap[J]. Nature Plants, 5 (5): 461-470.

Li H, Yang J, Wei X, et al. 2018. CircFUT10 reduces proliferation and facilitates differentiation of myoblasts by sponging miR-133a[J]. J Cell Physiol, 233 (6): 4643-4651.

Li R, Li Y, Zheng H, et al. 2010. Building the sequence map of the human pan-genome[J]. Nature Biotechnology, 28 (1): 57-63.

Li W, Zhu Z, Chern M, et al. 2017. A natural allele of a transcription factor in rice confers broad-spectrum blast resistance[J]. Cell, 170, 114-126.

Li X, Wu L, Wang J, et al. 2018. Genome sequencing of rice subspecies and genetic analysis of recombinant lines reveals regional yield-and quality-associated loci. BMC Biol, 16: 102. doi: 10.1186/s12915-018-0572-x (2018).

Li Y H, Zhou G, Ma J, et al. 2014. *De novo* assembly of soybean wild relatives for pan-genome analysis of diversity and agronomic traits[J]. Nature Biotechnology, 32 (10): 1045-1052.

Liang C, Liisa H, Wang C, et al. 2018. Trends in the development of miRNA bioinformatics tools[J]. Briefings in Bioinformatics, (5): 5.

Lieberman-Aiden E, van Berkum NL, Williams L, et al. 2009. Comprehensive mapping of long-range interactions reveals folding principles of the human genome[J]. Science, 326 (5950): 289-293.

Lipkin E, Fulton J, Cheng H, et al. 2002. Quantitative trait locus mapping in chickens by selective DNA pooling with dinucleotide microsatellite markers by using purified DNA and fresh or frozen red blood cells as applied to marker-assisted selection[J]. Poultry Science, 81: 283-292.

Liu T, Qu H, Luo C, et al. 2014. Genomic selection for the improvement of antibody response to newcastle disease and avian influenza virus in chickens[J]. PLoS One, 9: e112685.

Liu YP, Wu G S, Yao Y G. et al. 2006. Multiple maternal origins of chickens: Out of the Asian jungles[J]. Molecular Phylogenetics and Evolution, 38: 12-19.

Locke M E, Milojevic M, Eitutis S T, et al. 2015. Genomic copy number variation in Mus musculus[J]. BMC Genomics, 16 (1): 497.

Lodish H, Berk A, Kaiser CA et al. 2004. Molecular Cell Biology[M]. Mayland: W H Freeman & Co (Sd).

Loftus R T, MacHugh D E, Bradley D G, et al. 1994. Evidence for two independent domestications of cattle[J]. Proceedings of the National Academy of Sciences, 91 (7): 2757.

Luikart G, Gielly L, Excoffier L, et al. 2001. Multiple maternal origins and weak phylogeographic structure in domestic goats[J]. Proceedings of the National Academy of Sciences, 98 (10): 5927-5932.

Maeder M L, Thibodeau-Beganny S, Sander J D, et al. 2009. Oligomerized pool engineering (OPEN): an 'open-source' protocol for making customized zinc-finger arrays[J]. Nature Protocols, 4: 1471-1501. doi: 10.1038/nprot.2009.98 (2009).

Mariani C, Beuckeleer M D, Truettner J, et al. 1990. Induction of male sterility in plants by a chimaeric ribonuclease gene[J]. Nature, 347: 737-741. doi: 10.1038/347737a0 (1990).

Mazumder A, Kapanidis A N. 2019. Recent advances in understanding σ70-dependent transcription initiation mechanisms[J]. J Mol Biol, 431 (20): 3947-3959.

McCallum C M, Comai L, Greene E A, et al. 2000. Targeted screening for induced mutations[J]. Nat Biotechnol, 18 (4): 455-457.

Meluh PB, Koshland D. 1995. Evidence that the MIF2 gene of *Saccharomyces cerevisiae* encodes a centromere protein with homology to the mammalian centromere protein CENP-C[J]. Mol Biol Cell, 6 (7): 793-807.

Meuwissen T H, Hayes B J, Goddard M E. 2001. Prediction of total genetic value using genome-wide dense marker maps[J]. Genetics, 157: 1819-1829.

Mueller U G, Wolfenbarger L L. 1999. AFLP genotyping and fingerprinting[J]. Trends Ecol Evol, 14: 389-394. doi: 10.1016/s0169-5347 (99) 01659-6 (1999).

Murphy C P, Singewald N. 2018. Potential of microRNAs as novel targets in the alleviation of pathological fear[J]. Genes Brain &

Behavior, 17: e12427.

Nakamura Y, Leppert M, O'Connell P, et al. 1987. Variable number of tandem repeat (VNTR) markers for human gene mapping[J]. Science, 235: 1616-1622. doi: 10.1126/science.3029872 (1987).

Nancarrow C D, Marshall J T, Clarkson J L, et al. 1991. Expression and physiology of performance regulating genes in transgenic sheep[J]. J Reprod Fertil, Suppl 43: 277-291.

Nishibori M, Hayashi T, Tsudzuki M, et al. 2006. Complete sequence of the Japanese quail (*Coturnix japonica*) mitochondrial genome and its genetic relationship with related species[J]. Animal Genetics, 32: 380-385.

Niu Y, Zhao X, Wu Y S. 2013. N6-methyl-adenosine (m6A) in RNA: an old modification with a novel epigenetic function[J]. Genomics Proteomics & Bioinformatics,11 (1): 8-17.

Okazaki B R, Okazaki T, Sakabe K, et al. 1968. Mechanism of DNA chain growth, I. possible discontinuity and unusual secondary sturcture of newly synthesized chains[J]. Proceedings of the National Academy of Sciences of the United States of America, 59: 598-605

Olsen K M. 2004. Linkage disequilibrium mapping of Arabidopsis CRY2 flowering time alleles[J]. Genetics, 167: 1361-1369.

Palmiter R D, Brinster R L, Hammer R E, et al. 1982. Dramatic growth of mice that develop from eggs microinjected with metallothionein-growth hormone fusion genes[J]. Nature, 300: 611-615. doi: 10.1038/300611a0 (1982).

Paudel Y, Madsen O, Megens H J, et al. 2013. Evolutionary dynamics of copy number variation in pig genomes in the context of adaptation and domestication[J]. BMC Genomics, 14 (1): 449.

Pedrosa S, Uzun M, Arranz J J, et al. 2005. Evidence of three maternal lineages in Near Eastern sheep supporting multiple domestication events[J]. Proceedings of the Royal Society B: Biological Sciences, 272 (1577): 2211-2217.

Ponting C P, Oliver P L, Reik W. 2009. Evolution and functions of long noncoding RNAs[J]. Cell, 136 (4): 629-641.

Potter H, Dressler D. 1976. On the mechanism of genetic recombination: electron microscopic observation of recombination intermediates[J]. Proc Natl Acad Sci USA, 73 (9): 3000-3004.

Powell B C, Walker S K, Bawden C S, et al. 1994. Transgenic sheep and wool growth: possibilities and current status[J]. Reprod Fertil Dev, 6: 615-623. doi: 10.1071/rd9940615 (1994).

Qian L, Tang M, Yang J, et al. 2015. Targeted mutations in myostatin by zinc-finger nucleases result in double-muscled phenotype in Meishan pigs[J]. Sci Rep, 5: 14435. doi: 10.1038/srep14435.

Qin H, Zhao A, Zhang C, et al. 2016. Epigenetic control of reprogramming and transdifferentiation by histone modifications[J]. Stem Cell Reviews and Reports, 12 (6): 708-720.

Qin P, Lu H, Du H, et al. 2021. Pan-genome analysis of 33 genetically diverse rice accessions reveals hidden genomic variations[J]. Cell, 184 (13): 3542-3558. e3516.

Richt J A, Kasinathan P, Hamir A N, et al. 2007. Production of cattle lacking prion protein[J]. Nature biotechnology, 25: 132-138. doi: 10.1038/nbt1271 (2007).

Rottmann W H, et al. 1991. 1-Aminocyclopropane-1-carboxylate synthase in tomato is encoded by a multigene family whose transcription is induced during fruit and floral senescence[J]. Journal of Molecular Biology, 222: 937-961. doi: 10.1016/0022-2836 (91) 90587-v (1991).

Ruf S, Forner J, Hasse C, et al. 2019. High-efficiency generation of fertile transplastomic Arabidopsis plants[J]. Nature Plants, 5 (3): 282-289.

Sambrook J, Williams J, Sharp P, et al. 1975. Physical mapping of temperature-sensitive mutations of adenoviruses[J]. J Mol Biol, 97: 369-390.

Sander J D, Dahlborg E J, Goodwin M J, et al. 2011. Selection-free zinc-finger-nuclease engineering by context-dependent assembly (CoDA) [J]. Nature Methods, 8: 67-69. doi: 10.1038/nmeth.1542 (2011).

Schnepf H E, Whiteley H R. 1981. Cloning and expression of the Bacillus thuringiensis crystal protein gene in *Escherichia coli*[J].

Proc Natl Acad Sci U S A, 78: 2893-2897. doi: 10.1073/pnas.78.5.2893.

Schnieke A E, Kind A J, Ritchie W A, et al. 1997. Human factor IX transgenic sheep produced by transfer of nuclei from transfected fetal fibroblasts[J]. Science, 278: 2130-2133. doi: 10.1126/science.278.5346.2130.

Sebat J, Lakshmi B, Troge J, et al. 2004. Large-scale copy number polymorphism in the human genome[J]. Science, 305 (5683): 525-528.

Seila A C, Sharp P A. 2008. Small RNAs tell big stories in Whistler[J]. Nat Cell Biol, 10 (6): 630-633.

Semagn K, Bjrnstad-Ndjiondjop M N. 2006. An overview of molecular marker methods for plants[J]. African Journal of Biotechnology, 525: 2540-2568.

Sherman R M, Forman J, Antonescu V, et al. 2019. Assembly of a pan-genome from deep sequencing of 910 humans of African descent[J]. Nature Genetics, 51 (1): 30-35.

Shi Y, Jia X, Xu J. 2020. The new function of circRNA: translation[J]. Clinical and Translational Oncology, 22 (12): 1-8.

Sonah H, Deshmukh R K, Sharma A, et al. 2011. Genome-wide distribution and organization of microsatellites in plants: an insight into marker development in Brachypodium[J]. PLoS One, 6: e21298. doi: 10.1371/journal.pone.0021298.

Stankiewicz P, Lupski J R. 2010. Structural variation in the human genome and its role in disease[J]. Annu Rev Med, 61: 437-455.

Sugimoto K, Okazaki T, Okazaki R. 1968. Mechanism of DNA chain growth, II. Accumulation of newly synthesized short chains in *E. coli* infected with ligase-defective T4 phages[J]. Proc Natl Acad Sci U S A, 60 (4): 1356-1362.

Sultana S, Mannen H, Tsuji S. 2003. Mitochondrial DNA diversity of Pakistani goats[J]. Animal Genetics, 34 (6): 417-421.

Svab Z, Maliga P. 1993. High-frequency plastid transformation in tobacco by selection for a chimeric *aadA* gene[J]. Proceedings of the National Academy of Sciences, 90 (3): 913-917.

Tagle L H, Diaz F R, Roncero S. 1992. Polymerization by phase transfer catalysis. 14. Polyesters from terephthalic acid and related diacids with bisphenol[J]. A. Polymer International, 29 (4): 265-268.

Tajima S, Suetake I, Takeshita K, et al. 2016. Domain Structure of the Dnmt1, Dnmt3a and Dnmt3b DNA Methyltransferases[M]. Berlin: Springer International Publishing.

Talbert L E, Blake N K, Chee P W, et al. 1994. Evaluation of "sequence-tagged-site" PCR products as molecular markers in wheat[J]. TAG Theoretical&Applied Genetics, 87: 789-794.

Tapio M, Marzanov N, Ozerov M, et al. 2006. Sheep mitochondrial DNA variation in European, Caucasian, and Central Asian areas[J]. Molecular biology and evolution, 23 (9): 1776-1783.

Tettelin H, Masignani V, Cieslewicz M J, et al. 2005. Genome analysis of multiple pathogenic isolates of Streptococcus agalactiae: implications for the microbial "pan-genome"[J]. Proceedings of the National Academy of Sciences, 102 (39): 13950-13955.

The International HapMap Consortium. 2003. The International HapMap Project[J]. Nature, 426: 789-796. doi: 10.1038/nature02168 (2003).

Thomas C M, Vos P, Zabeau M, et al. 1995. Identification of amplified restriction fragment polymorphism (AFLP) markers tightly linked to the tomato *Cf-9* gene for resistance to *Cladosporium fulvum*[J]. Plant J, 8: 785-794.

Tian X, Li R, Fu W, et al. 2020. Building a sequence map of the pig pan-genome from multiple *de novo* assemblies and Hi-C data[J]. Science China Life Sciences, 63 (5): 750-763.

Turek-Plewa J, Jagodziński P P. 2005. The role of mammalian DNA methyltransferases in the regulation of gene expression.[J]. Cellular & Molecular Biology Letters, 10 (4): 631-647.

Wall R J. 1999. Biotechnology for the production of modified and innovative animal products: transgenic livestock bioreactors[J]. Livestock Production Science, 59: 243-255.

Wang S W, Gao C, Zheng Y M, et al. 2022. Current applications and future perspective of CRISPR/Cas9 gene editing in cancer[J]. Mol Cancer, 21: 57.

Wang Z, Yang X, Liu C, et al. 2019. Acetylation of PHF5A modulates stress responses and colorectal carcinogenesis through alternative splicing-mediated upregulation of KDM3A[J]. Molecular Cell, 74 (6): 1250-1263.

Wang Z, Weber J L, Zhong G, et al. 1994. Survey of plant short tandem DNA repeats[J]. Theor Appl Genet, 88: 1-6.

Wei T, Cheng Q, Farbiak L, et al. 2020. Delivery of tissue-targeted scalpels: opportunities and challenges for in vivo CRISPR/Cas-based genome editing[J]. ACS Nano, 14: 9243-9262.

Welsh J, McClelland M. 1994. Fingerprinting genomes using PCR with arbitrary primers[J]. Nucleic Acids Res, 18: 7213-7218.

Wendorf F, Schild R. 1994. Are the early Holocene cattle in the Eastern Sahara domestic or wild[J]. Evolutionary Anthropology: Issues, News, and Reviews, 3 (4): 118-128.

Whitelaw B. 1999. Toward designer milk[J]. Nat Biotechno, 117: 135-136.

Williams J G, Kubelik A R, Livak K J, et al. 1990. DNA polymorphisms amplified by arbitrary primers are useful as genetic markers[J]. Nucleic Acids Res, 18: 6531-6535.

Wolc A, Stricker C, Arango J, et al. 2011. Breeding value prediction for production traits in layer chickens using pedigree or genomic relationships in a reduced animal model[J]. Genetics Selection Evolution, 43: 5.

Worrall D, Elias L, Ashford D, et al. 1998. A carrot leucine-rich-repeat protein that inhibits ice recrystallization[J]. Science, 282: 115-117. doi: 10.1126/science.282.5386.115.

Wu Z Q, Ge S. 2012. The phylogeny of the BEP clade in grasses revisited: evidence from the whole-genome sequences of chloroplasts[J]. Molecular Phylogenetics and Evolution, 62 (1): 573-578.

Yang H, Zhang J, ZhangX, et al. 2008. CD163 knockout pigs are fully resistant to highly pathogenic porcine reproductive and respiratory syndrome virus[J]. Antiviral Res, 151: 63-70. doi: 10.1016/j.antiviral.2018.01.004 (2018).

Yang Y, Sun P, Lv L, et al. 2020. Prickly waterlily and rigid hornwort genomes shed light on early angiosperm evolution[J]. Nature Plants, 6 (3): 215-222.

Yerle M, et al. 1997. The cytogenetic map of the domestic pig (*Sus scrofa domestica*) [J]. Mammalian Genome, 8: 592-607.

Zabeau M, Vos P. 1993. Selective restriction fragment amplification: A general method for DNA fingerprinting[J]. European: 0534858 A1.

Zeder M A, Hesse B. 2000. The initial domestication of goats (*Capra hircus*) in the Zagros mountains 10, 000 years ago[J]. Science, 287 (5461): 2254-2257.

Zeng J, Liu Z, Zeng S, et al. 2009. Relation between hepatitis B virus genotypes and gene mutation of basic core promoter in Li nationality[J]. Journal of Nanjing Medical University, 23 (2): 100-103.

Zetsche B, Gootenberg J S, Abudayyeh O O, et al. 2015. Cpf1 is a single RNA-guided endonuclease of a class 2 CRISPR-Cas system[J]. Cell, 163: 759-771.

Zhang F, Gu W, Hurles M E, et al. 2009, Copy number variation in human health, disease, and evolution[J]. Annu Rev Genomics Hum Genet, 10: 451-481.

Zhang L Q, Li Q Z. 2017. Estimating the effects of transcription factors binding and histone modifications on gene expression levels in human cells[J]. Oncotarget, 8 (25): 40090-40103.

Zhang S, Han RL, Gao ZY, et al. 2014. A novel 31-bp indel in the paired box 7 (PAX7) gene is associated with chicken performance traits[J]. Br Poult Sci. 55 (1): 31-36.

Zhang S D, Jin J J, Chen S Y, et al. 2017. Diversification of Rosaceae since the Late Cretaceous based on plastid phylogenomics[J]. New Phytologist, 214 (3): 1355-1367.

Zhao K, Aranzara M J, Kim S, et al. 2007. An Arabidopsis example of association mapping in structured samples[J]. PLoS Genetics, 3: e4.

Zhao P, Zhou H J, Potter D, et al. 2018. Population genetics, phylogenomics and hybrid speciation of Juglans in China determined from whole chloroplast genomes, transcriptomes, and genotyping-by-sequencing (GBS) [J]. Molecular Phylogenetics and Evolution, 126: 250-265.

Zhu L H, Holefors A, Ahlman A, et al. 2001. Transformation of the apple rootstock M.9/29 with the rolB gene and its influence on rooting and growth[J]. Plant Science: an International Journal of Experimental Plant Biology, 160 (3): 433-439.

Zhu Y L, Jouamin L, Terry N, et al. 1999. Overexpression of glutathione synthetase in indian mustard enhances cadmium accumulation and tolerance[J]. Plant Physiol, 119: 73-80.

Zuker A, Tzfira T, Scovel G, et al. 2001. RolC-transgenic carnation with improved horticultural traits: quantitative and qualitative analyses of greenhouse-grown plants[J]. American Society for Horticultural Science, 126: 13-18.

《分子遗传学》教学课件申请单

凡使用本书作为授课教材的高校主讲教师，可获赠教学课件一份。欢迎通过以下两种方式之一与我们联系。

1. 关注微信公众号“科学EDU”索取教学课件

扫码关注→“样书课件”→“科学教育平台”

2. 填写以下表格，扫描或拍照后发送至联系人邮箱

<table>
<tr><td>姓名：</td><td>职称：</td><td>职务：</td></tr>
<tr><td>手机：</td><td>邮箱：</td><td>学校及院系：</td></tr>
<tr><td colspan="2">本门课程名称：</td><td>本门课程选课人数：</td></tr>
<tr><td colspan="3">您对本书的评价及修改建议：</td></tr>
</table>

联系人：刘畅 编辑　　电话：010-64000815　　邮箱：liuchang@mail.sciencep.com